CHIMIE

TOUT-EN-UN

MP • PT

j'intègre

Sous la direction de :
Bruno Fosset

Jean-Bernard Baudin
Frédéric Lahitète
Valéry Prévost

CHIMIE
TOUT-EN-UN
MP • PT

DUNOD

Nouvelle présentation, 2010

ISBN 978-2-10-054870-5

Table des matières

1 Premier et second principes appliqués à la thermodynamique des systèmes chimiques

1. Premier principe 1
   - 1.1 Système et Univers 1
   - 1.2 Variables d'état et fonctions d'état 2
   - 1.3 Extensivité et intensivité 4
   - 1.4 Premier principe de la thermodynamique 4
   - 1.5 Second principe de la thermodynamique 6
2. Les fonctions d'état utilisées 9
   - 2.1 Énergie interne et entropie 9
   - 2.2 Autres fonctions rencontrées 10
   - 2.3 Application à l'étude de l'évolution de systèmes sous contraintes extérieures 10
   - 2.4 Caractère extensif des fonctions U, S, H, V, F et G 12

2 Le potentiel chimique du corps pur

1. Description thermodynamique d'un corps pur 13
   - 1.1 Quantité de matière 13
   - 1.2 Grandeurs molaires 14
   - 1.3 Variables d'état 14
   - 1.4 Variables canoniques associées à une fonction d'état 15
2. Cas d'un système ouvert 16
   - 2.1 Introduction au potentiel chimique du corps pur 16
   - 2.2 Premières conséquences 17
   - 2.3 Potentiel chimique et grandeurs molaires 18

2.4 Dérivées premières du potentiel chimique 19
2.5 Dérivées secondes du potentiel chimique 20
2.6 Relation de GIBBS-HELMHOLTZ 23

3. Entropie molaire absolue 24
3.1 Troisième principe de la thermodynamique ou principe de NERNST 24
3.2 Détermination de l'entropie molaire absolue 24
3.3 Capacités thermiques molaires 26

4. Étude de l'entropie molaire absolue de quelques espèces 34
4.1 Les gaz 34
4.2 Les liquides 35
4.3 Les solides 35

5. Quelques expressions et propriétés du potentiel chimique d'un corps pur 36
5.1 Cas des gaz parfaits 36
5.2 Cas des gaz réels 38
5.3 Potentiel chimique d'un corps pur en phase condensée 41

Exercices **48**

3 Équilibres diphasés du corps pur

1. Notion de phase 51
1.1 Introduction 51
1.2 Phase et ordre 52
1.3 Diversité des phases 53

2. Condition d'équilibre de phase 55
2.1 Système étudié ; modélisation 55
2.2 Critères d'évolution d'un système 55
2.3 Système évoluant à température et pression fixées 56
2.4 Système évoluant à température et volume fixés 57
2.5 Conséquence de l'existence de la condition d'équilibre 58

3. Relation de CLAUSIUS-CLAPEYRON 59
3.1 Démonstration 59
3.2 Chaleur latente de changement d'état 60
3.3 Volumes molaires 61
3.4 Interprétation de la relation de CLAUSIUS-CLAPEYRON 61

4. Représentation graphique des équilibres 63
4.1 Diagramme (T, p) 63
4.2 Diagramme (V_{m}, p) (isothermes d' ANDREWS) 64

Exercices **68**

4 Potentiel chimique d'un constituant d'un mélange

1. Grandeurs molaires partielles associées à un constituant d'un mélange . . . 71
1.1 Compléments sur les fonctions de plusieurs variables . . . 71
1.2 Variables de GIBBS . . . 72
1.3 Définition d'une grandeur molaire partielle . . . 73
1.4 Relation de GIBBS-DUHEM . . . 73
1.5 Exemple du volume molaire partiel . . . 74
1.6 Potentiel chimique d'un constituant d'un mélange . . . 76
1.7 Relations entre grandeurs molaires partielles . . . 78
1.8 Équilibre de phase . . . 80
2. Potentiel chimique d'un gaz dans un mélange gazeux . . . 82
2.1 Les gaz parfaits . . . 82
2.2 Cas d'un mélange de gaz réels . . . 83
3. Potentiel chimique d'un constituant d'un mélange en phase condensée . . . 84
3.1 Étude expérimentale . . . 84
3.2 Expression du potentiel chimique d'un constituant d'un mélange idéal . . . 87
3.3 Potentiel chimique d'un constituant d'un mélange réel . . . 89
3.4 Interprétation physique des coefficients d'activité . . . 89
4. Solutions . . . 93
4.1 Applications de la relation de GIBBS-DUHEM . . . 93
4.2 Comportement asymptotique du potentiel chimique . . . 94
4.3 Lien avec la loi de HENRY . . . 96
5. Différentes expressions du potentiel chimique . . . 96
Exercices **100**

5 Équilibres chimiques

1. Avancement d'une réaction . . . 105
1.1 Stœchiométrie d'une réaction . . . 105
1.2 Variable de DE DONDER . . . 106
1.3 Utilisation de la variable de DE DONDER . . . 107
1.4 Généralisation aux systèmes sièges de plusieurs réactions chimiques 109
2. Critères d'évolution d'un système siège d'une réaction chimique 110
2.1 Position du problème . . . 110
2.2 Introduction du second principe . . . 111

2.3 Relation entre affinité chimique et fonctions d'état usuelles 111
2.4 Évolution d'un système et signe de l'affinité 113
2.5 Lien entre affinité chimique et potentiel chimique 113

3. Constante d'équilibre 113
3.1 Expression des potentiels chimiques 113
3.2 Expression de l'affinité chimique 115
3.3 Constante d'équilibre standard 116
3.4 Influence de la température sur la constante d'équilibre 117
3.5 Relations entre grandeurs standard de réaction 119
3.6 Utilisation des grandeurs de réaction pour le calcul de variation de fonction au cours d'une réaction chimique 125

4. Utilisation de données thermodynamiques 128
4.1 Calcul de l'entropie standard de réaction à T = 298 K 128
4.2 Calcul de l'enthalpie standard de réaction 129
4.3 Énergie de liaison 131
4.4 Calcul des enthalpies standard de réaction à des températures différentes de 298 K 135
1 Diffusion de la matière 137
2 Cellules biologiques 137
3 Différents modes de transports actifs 138
4 Couplage scalaire/vecteur 138
5 Un exemple 138

Exercices **139**

Problèmes **145**

6 Déplacements d'équilibres

1. Variance 157
1.1 Définition 157
1.2 Règle de GIBBS 158
1.3 Influence des conditions initiales 159
1.4 Conséquences sur l'évolution d'un système chimique 160

2. Déplacements d'équilibre 162
2.1 Position du problème 162
2.2 Expression de l'affinité chimique 162
2.3 Influence de la température 164
2.4 Influence de la pression pour des réactions gaz/solide 165
2.5 Influence de la dilution des réactions faisant intervenir un solvant, des solutés et des solides purs 165
2.6 Introduction de constituants chimiques 166

Exercices 174

Problèmes 178

7 Diagrammes d'ELLINGHAM

1. Écriture des réactions d'oxydation 185
 1.1 Choix d'une convention d'écriture 185
 1.2 Grandeurs standard de réaction 186
 1.3 Calcul de la variance 188
2. Construction et signification du diagramme d'ELLINGHAM . . . 189
 2.1 Une première démarche 189
 2.2 Une réinterprétation du diagramme 190
 2.3 Partition du plan pour un élément et ses oxydes 193
 2.4 Structure générale des diagrammes d'ELLINGHAM 200
3. Utilisation du diagramme pour la prévision des conditions de réduction d'un oxyde 201
 3.1 Cas de réaction entre solides 201
 3.2 L'exemple de la réduction des oxydes de fer 203

Exercices 211

Problèmes 214

8 Diagrammes binaires

1. Généralités sur les diagrammes binaires 229
 1.1 Règle des phases 229
 1.2 Théorème des moments chimiques 232
 1.3 Fraction molaire et fraction massique 234
2. Étude expérimentale des systèmes binaires biphasiques liquide/vapeur 235
 2.1 Principe de l'étude 235
 2.2 Types de diagrammes obtenus 235
 2.3 Utilisation de ces diagrammes 239
 2.4 Cas particulier du point azéotropique (homoazéotrope) 240
 2.5 À propos de la variance 241
3. Études théoriques 242
 3.1 Étude des mélanges idéaux 242
 3.2 Étude des mélanges réels 246

4. Application des diagrammes binaires liquide/vapeur à la distillation fractionnée . . . 247
4.1 Les dispositifs expérimentaux . . . 247
4.2 Purification d'un mélange idéal . . . 250
4.3 Purification d'un mélange binaire réel avec homoazéotrope à maximum . . . 251
4.4 Purification d'un mélange binaire réel avec homoazéotrope à minimum . . . 252

5. Diagrammes binaires liquide/liquide/vapeur . . . 252
5.1 Les deux possibilités : utilisation de la règle des phases . . . 252
5.2 Utilisation du diagramme binaire où les deux liquides sont non miscibles . . . 254
5.3 Équation des courbes de rosée . . . 255
5.4 Lecture d'un diagramme binaire avec miscibilité partielle . . . 257
1 La formation du pétrole . . . 259
2 Le raffinage du pétrole . . . 259
3 Le dessalage . . . 260
4 La distillation sous pression atmosphérique . . . 260
5 La distillation sous vide du résidu atmosphérique . . . 261
6 La distillation des essences et le fractionnement des gaz . . . 261

Exercices **262**

Problèmes **265**

9 Oxydoréduction. Diagrammes potentiel-pH

1. Thermochimie appliquée aux réactions d'oxydoréduction . . . 274
1.1 Potentiel de GALVANI et potentiel électrochimique . . . 274
1.2 Force électromotrice d'une pile et potentiel d'oxydoréduction. Affinité chimique . . . 278
1.3 Enthalpie libre standard de réaction associée à une demi-équation d'oxydoréduction . . . 284
1.4 Applications . . . 285

2. Tracé du diagramme $E-$pH de l'eau, principales conventions . . . 291
2.1 Conventions de tracé et de frontière . . . 291
2.2 Diagramme $E-$pH de l'eau . . . 292

3. Diagramme $E-$pH du fer . . . 294
3.1 Conventions, diagramme de situation . . . 295
3.2 Équations des frontières . . . 297
3.3 Utilisation du diagramme . . . 301

4. Diagramme $E-$pH du zinc 301
4.1 Conventions, diagramme de situation 301
4.2 Équations des frontières 303
4.3 Utilisation du diagramme 304
4.4 Mise en œuvre industrielle 306

5. Diagramme $E-$pH du cuivre 309
5.1 Conventions, diagramme de situation 309
5.2 Équations des frontières 311

6. Généralisation : diagrammes $E-\text{p}L$ 315
6.1 Exemple simple, diagramme $E-$ pSCN 315
6.2 Présentation du diagramme complet 317

Exercices **321**

Problèmes **325**

10 Phénomènes de corrosion

1. Étude thermodynamique 331
1.1 Domaine de stabilité d'une espèce 332
1.2 Choix du pH 333
1.3 Influence de la présence d'autres espèces en solution 334

2. Description des phénomènes cinétiques se déroulant à une électrode 335
2.1 L'intensité : une mesure de la vitesse de réaction d'oxydoréduction 335
2.2 Le montage à trois électrodes 336
2.3 Les facteurs influençant la cinétique des réactions électrochimiques 339
2.4 Dégagement du dihydrogène à la surface des métaux 341

3. Application à la corrosion des métaux en présence d'eau 342
3.1 La protection d'un métal par protection d'une couche d'oxyde . . 342
3.2 Autres moyens de protection apparentés 343
3.3 Protection par potentiel imposé 343
3.4 Protection par anode sacrificielle 343

Exercices **347**

Corrigés des exercices et des problèmes **351**

Corrigés des exercices du chapitre 2 351
Corrigés des exercices du chapitre 3 359
Corrections des exercices du chapitre 4 365
Corrigés des exercices chapitre 5 372
Corrigés des problèmes du chapitre 5 387
Corrigés des exercices chapitre 6 415
Corrigés des problèmes du chapitre 6 425
Corrigés des exercices du chapitre 7 438
Corrigés des problèmes du chapitre 7 442
Corrigés des exercices chapitre 8 464
Corrigés des problèmes chapitre 8 470
Corrigés des exercices du chapitre 9 482
Corrigés des problèmes du chapitre 9 489
Corrigés des exercices chapitre 10 503

Index **509**

Chapitre 1

Premier et second principes appliqués à la thermodynamique des systèmes chimiques

L'objectif de ce chapitre est de faire le lien entre les connaissances acquises en thermodynamique physique et le cours de chimie. C'est donc l'occasion de revoir quelques concepts fondamentaux : premier et second principes, variables usuelles, fonctions d'état utiles pour le chimiste, notion de pression, extensivité et intensivité, critères d'évolution spontanée d'un système.

1. Premier principe

1.1 Système et Univers

La thermodynamique a pour objectif l'étude de l'échange d'énergie et de matière entre certaines parties de l'Univers. L'Univers est l'ensemble de l'espace et de la matière accessible à notre connaissance. Nous privilégions parfois l'étude d'une partie de l'Univers, que nous appellerons système. Le reste de l'Univers est l'extérieur du système. Un système peut *a priori* échanger matière et énergie avec le reste de l'Univers. Un système isolé n'échange ni matière, ni énergie. Un système fermé n'échange pas de matière mais peut échanger de l'énergie. Il existe plusieurs façons d'échanger de l'énergie : par transfert thermique (flamme, résistance chauffante), par travail des forces de pression, que l'on conseille désormais d'appeler transfert mécanique (le système est, par exemple, un gaz contenu dans un récipient de volume variable et un opérateur extérieur exerce une force qui se traduit par une diminution de volume), par travail des forces électriques appelé transfert électrique (charge d'un condensateur qui stocke sous forme d'énergie électrostatique l'énergie délivrée par un générateur), par transfert électromagnétique (tout ou partie d'un rayonnement électromagnétique incident est transféré à la matière). Un système ouvert peut échanger matière et énergie avec l'extérieur.

1.2 Variables d'état et fonctions d'état

a) Variables (ou paramètres) d'état

La thermodynamique est une branche de la physique qui reconnaît que le comportement collectif d'un très grand nombre de particules (dont l'ordre de grandeur est celui de la constante d'AVOGADRO soit 10^{23} mol^{-1}) est en partie décrit par un très faible nombre de variables (quelques unités). Ces variables n'ont pas toutes la même origine ou le même statut. Il est très utile de les classifier et de connaître même de façon approchée leur signification physique. Nous réserverons de façon assez arbitraire le nom de variable d'état à des grandeurs physiques assez facilement mesurables par des appareils de mesure. Voici ci-dessous les principales, tout en reconnaissant d'emblée que leur introduction est plus délicate que cela peut apparaître à première vue.

- le volume : cette notion est géométrique ; c'est la mesure de l'espace euclidien occupé par le système étudié ;
- la quantité de matière : c'est une mesure du nombre de particules contenues dans le système. Le chimiste utilise la mole comme unité (1 mol contient $6{,}02.10^{23}$ particules) ; si le système est constitué de plusieurs espèces chimiques, il faut préciser la quantité de matière de chaque espèce ;
- la pression : cette grandeur est nécessaire pour caractériser les échanges d'énergie possibles entre sous-systèmes ; ceux-ci étant d'une part la surface d'un solide et d'autre part un fluide (liquide ou gaz) ;
- la température : nous nous contenterons pour l'instant d'une approche relativement intuitive qui admet l'existence d'une valeur commune d'équilibre à deux sous-systèmes qui sont en contact et en équilibre.

La description microscopique de l'existence de la grandeur pression s'explique par le fait que les particules de fluide n'occupent pas de position fixe dans l'espace. Ceci se traduit par une action mécanique de ces particules sur les parois. Les particules de fluide qui rebondissent sur la paroi subissent donc une force et selon le principe de l'action et de la réaction, exercent une force sur celle-ci. Dans le référentiel lié à la paroi, si le fluide n'a pas de mouvement macroscopique par rapport à la paroi, la contrainte exercée est normale à la paroi et, en l'absence de viscosité, la pression s'identifie à la force par unité de surface exercée sur la paroi. La pression est une grandeur assez facilement mesurable par des manomètres. La pression est une grandeur profondément thermodynamique, c'est-à-dire liée au fait que le système est constitué d'un très grand nombre de particules et que la grandeur pression résulte d'une moyenne statistique des échanges de quantité de mouvement pour de très nombreux chocs. Cette description microscopique justifie le mot pression cinétique parfois rencontré pour décrire ce phénomène.

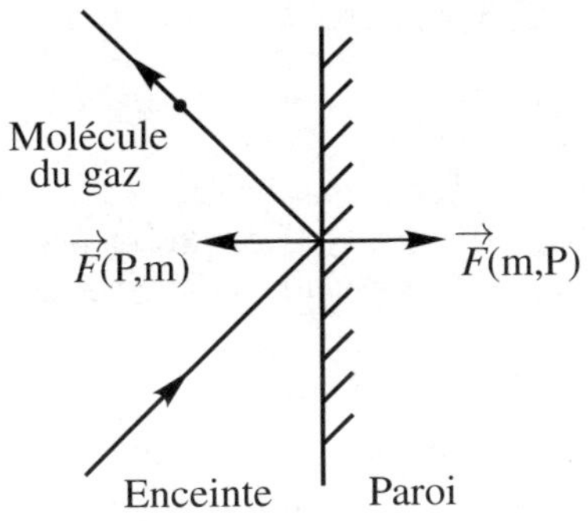

$\vec{F}(P,m)$: force exercée par la paroi sur la molécule

$\vec{F}(m,P)$: force exercée par la molécule sur la paroi

Figure 1.1 – Pression : échange de quantité de mouvement entre une molécule de gaz et la paroi

Pour la température, la mise en contact de deux corps formant un système globalement isolé se traduit par l'existence au bout d'un temps suffisant d'une grandeur commune aux deux sous-systèmes, mesurable par des dispositifs expérimentaux appelés thermomètres, et qui utilisent les variations de certaines propriétés des corps purs ou des mélanges (masse volumique, résistance électrique, $\cdots$). Cette constatation est connue sous le nom de principe zéro de la thermodynamique. Il est bien sûr insuffisant de « définir » une grandeur par l'instrument de mesure associé. Ce point sera repris ultérieurement après avoir introduit l'entropie. Cette introduction reconnaît simplement le caractère facilement repérable de la température.

b) Fonctions d'état

L'étude thermodynamique des systèmes nécessite d'introduire des fonctions qui dépendent des paramètres d'état. Ces fonctions sont appelées fonctions d'état. Les variations de ces fonctions dépendent de la variation des paramètres d'état.

1.3 Extensivité et intensivité

Il est utile, en thermodynamique, de classer les grandeurs caractéristiques d'un système en deux catégories : les grandeurs extensives et les grandeurs intensives. Une grandeur intensive est indépendante de la quantité de matière du système. Citons par exemple : la température et la pression. Une grandeur extensive est proportionnelle à la quantité de matière contenue dans le système. Soit un système S obtenu par la réunion de deux sous-systèmes S_A et S_B de même nature. La grandeur X est dite extensive si et seulement si :

$$X(S) = X(S_A \cup S_B) = X(S_A) + X(S_B)$$

Attention dans la définition précédente, union ne signifie pas mélange. En effet, les deux sous-systèmes doivent être de nature identique (même composition, même température, même pression). La notion de mélange s'applique à deux parties de l'Univers qui initialement ne sont pas identiques (par exemple le mélange d'eau pure avec de l'éthanol pur). Dans ce cas, l'additivité des grandeurs extensives n'est pas du tout assurée (le volume après mélange n'est pas égal à la somme des volumes avant mélange).

L'extensivité d'une grandeur n'est pas une évidence et l'attribution de cette propriété résulte souvent d'une approximation, en général très bien vérifiée.

1.4 Premier principe de la thermodynamique

Ce principe traduit le principe de conservation de l'énergie.

a) Énoncé

Le premier principe de la thermodynamique postule l'existence, pour tout système, d'une variable extensive E appelée énergie, qui est conservée lorsque le système est isolé. Il est utile de distinguer trois contributions à l'énergie :

$$E = E_{\text{cin}} + E_{\text{pot}} + U$$

E_{cin} désigne l'énergie cinétique macroscopique du système : elle est donc liée au choix du référentiel d'étude. E_{pot} désigne l'énergie potentielle macroscopique du système. C'est, par exemple, l'énergie potentielle de gravitation. La grandeur U désigne les énergies cinétiques et potentielles microscopiques dues aux particules constitutives de la matière : le découplage entre une contribution collective, macroscopique, liée au choix du référentiel d'étude et une contribution individuelle microscopique, n'est pas si simple à mettre en œuvre. Chaque particule est en mouvement et possède donc une énergie cinétique ; les différentes particules sont soumises éventuellement à des forces de la part des autres particules (dans un solide, dans un gaz réel). L'énergie potentielle dont dérivent ces forces d'interaction contribue à la grandeur U. Celle-ci est appelée énergie interne.

b) Expression différentielle

Lorsque le système n'est pas isolé, le transfert d'énergie au système se traduit par une variation de l'énergie E. Ce transfert peut se traduire par la modification de la vitesse du centre de masse du système (contribution du terme E_{cin}), par la modification de l'énergie potentielle (par exemple de l'altitude du centre de masse dans un champ de pesanteur) ou par variation de l'énergie interne U. Nous nous placerons désormais dans le cas où l'apport d'énergie se traduit par la seule variation de U. Il existe différentes formes d'énergie s'échangeant entre le système et le milieu extérieur :

1. Transfert mécanique (travail des forces pressantes du milieu extérieur)
   Soit δW le travail élémentaire des forces pressantes lié à une variation $\mathrm{d}V$ du volume du système :
   $$\delta W = -\, p_{\text{ext}}.\mathrm{d}V$$
   On remarquera que cette contribution se traduit par la variation d'un autre paramètre extensif (ici le volume).

2. Transfert thermique (chaleur)
   Il existe aussi (au moins) une autre possibilité de modifier l'énergie interne du système, sans modifier le volume. Ceci est obtenu par un transfert thermique et peut correspondre à une augmentation de température.

3. Autres formes d'énergie
   Certains systèmes thermodynamiques peuvent échanger d'autres formes d'énergie avec l'extérieur. Nous noterons $\delta W'$ ces contributions élémentaires à la variation de l'énergie interne. Si le système étudié est une pile connectée à un générateur de force électromotrice E_{gen}, le travail élémentaire fourni par le générateur au système lorsque la charge traversée est $\mathrm{d}q$ est :
   $$\delta W' = E_{\text{gen}}.\mathrm{d}q.$$
   De façon générale ces contributions élémentaires s'écrivent :
   $$\delta W' = A_i.\mathrm{d}x_i$$
   où A_i est une force généralisée[1] (grandeur intensive) et $\mathrm{d}x_i$ la variation infinitésimale d'une grandeur extensive, grandeur dite conjuguée de la force généralisée A_i. L'expression différentielle du premier principe s'écrit donc :
   $$\mathrm{d}U = \delta W + \delta Q + \delta W'$$

[1] Malgré son nom, une force généralisée n'est pas nécessairement homogène à une force.

Les différentes notations doivent être utilisées à bon escient :

- la notation d est réservée à la différentielle d'une fonction d'état. $\mathrm{d}X$ représente la variation infinitésimale d'une grandeur X qui est une fonction d'état ;
- la notation δ représente la variation infinitésimale d'une grandeur qui n'est pas une fonction d'état (transfert mécanique, transfert thermique) ;
- la notation Δ représente la variation non infinitésimale d'une fonction d'état (entre un état initial et un état final) ;
- la notation $\dfrac{\partial}{\partial x}$ est réservée à la dérivée partielle de la fonction d'état par rapport à la variable x (il faut préciser la ou les variables bloquées lors de cette opération). Ce n'est pas un infiniment petit.

1.5 Second principe de la thermodynamique

C'est un principe d'évolution qui rend compte de l'évolution des systèmes thermodynamiques (sous des contraintes extérieures fixées) vers des états particuliers appelés états d'équilibre.

a) Énoncé

Pour tout système isolé, il existe une fonction d'état extensive qui ne peut que croître. Cette grandeur, notée usuellement S, est appelée entropie. Les états d'équilibre des systèmes isolés sont ceux correspondant à l'entropie maximale. On admettra que l'ensemble de l'Univers est isolé et qu'il suffit, pour étudier un système non isolé d'appliquer le principe précédent à l'ensemble $\{$ système $\cup$ extérieur $\}$ = Univers.

Soit un système fermé en contact avec l'extérieur.

La variation d'entropie du système s'écrit comme la contribution de deux termes :

$$\mathrm{d}S = \delta_{\mathrm{e}}S + \delta_{\mathrm{i}}S$$

$\delta_{\mathrm{e}}S$ est l'entropie d'échange, due à l'existence de transferts thermiques :

$$\delta_{\mathrm{e}}S = \frac{\delta Q}{T_{\mathrm{ext}}}$$

où δQ est le transfert thermique reçu à travers la paroi limitant le système de l'extérieur et T_{ext} la température de cette frontière.

Le terme de création d'entropie $\delta_{\mathrm{i}}S$ est positif ou nul (l'égalité correspond aux transformations réversibles) :

$$\delta_{\mathrm{i}}S \geqslant 0$$

c'est sous cette forme que nous écrirons souvent le second principe.

Le terme d'entropie d'échange est de signe quelconque.

b) Transformations quasi-statiques, transformations réversibles

La thermodynamique que nous étudions ici est essentiellement une théorie des états d'équilibre et des transformations qui font passer le système d'un état d'équilibre initial vers un état d'équilibre final après modification de contraintes extérieures ou d'un état initial hors-équilibre vers un état final d'équilibre. Parmi toutes les transformations possibles, certaines sont particulièrement importantes : il s'agit des transformations quasi-statiques et des transformations réversibles.

- transformations quasi-statiques : une transformation quasi-statique est une transformation au cours de laquelle le système passe par une suite d'états d'équilibre infiniment proches avec le milieu extérieur ;
- transformations réversibles : un système subit une transformation réversible s'il revient à son état initial quand on effectue une transformation quasi-statique suivie de la transformation quasi-statique réalisée dans le sens opposé.

Ces deux définitions sont illustrées et éclairées par les exemples suivants.

Soit un cylindre placé dans un champ de pesanteur, d'axe vertical et fermé par un piston mobile de masse m_0, se déplaçant sans frottement (voir figure 1.2). Le cylindre contient un gaz parfait. Les parois du cylindre et le piston sont supposés athermanes (pas de transfert thermique). Soit p_0 la pression extérieure. La pression initiale dans le cylindre est donc :

$$p_1 = p_0 + \frac{m_0 g}{S}.$$

On pose en une fois une masse m sur le piston. À l'évidence, la transformation n'est pas quasi-statique car au début de la transformation, la pression intérieure est p_1 tandis que la pression extérieure est p_2 avec

$$p_2 = p_1 + \frac{mg}{S}.$$

La différence entre les deux pressions se traduit par l'existence d'une force non infinitésimale qui se traduit par une accélération du piston.

Un bloc métallique porté à une température uniforme T_1 est plongé dans de l'eau de température uniforme T_0 avec $(T_1 - T_0)/T_0$ non négligeable devant 1. Le système évolue vers la température uniforme T_2. Cette évolution est non-quasi-statique (donc non réversible) car il y a une différence non infinitésimale de température à la frontière système/extérieur.

Pour effectuer une transformation réversible, la condition nécessaire qui doit être remplie est le caractère quasi-statique de la transformation. Dans le cas

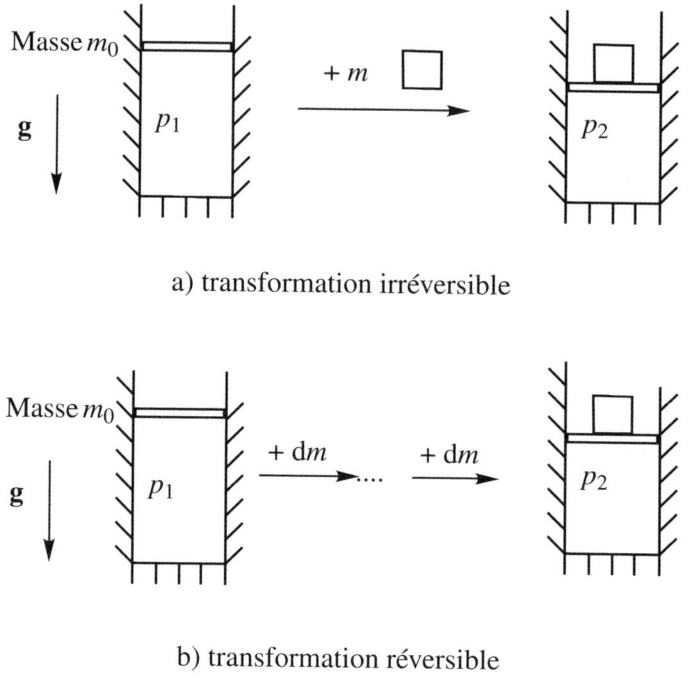

Figure 1.2 – Exemple de transformation irréversible (a) par modification brutale d'une contrainte extérieure et réversible par modification quasi-statique d'une contrainte extérieure (b)

de la masse posée sur le piston, effectuer la transformation de façon quasi-statique, c'est ajouter des incréments de masse $\mathrm{d}m$ tels que $\mathrm{d}m/m_0 \ll 1$ avec $\Sigma\ \mathrm{d}m = m$. Dans le cas du bloc métallique porté à la température finale T_2, il est possible d'imaginer une façon d'agir qui serait réversible : considérons un très grand nombre de thermostats de températures infiniment proches, le premier étant à la température T_1 et le dernier à la température T_2. La transformation qui porte le bloc métallique de T_1 à T_2 s'effectue par la plongée dans les thermostats successifs. Cette fois-ci la différence de température entre le système et l'extérieur est un infiniment petit ($\mathrm{d}T/T \ll 1$). Il suffit d'inverser le sens de parcours des thermostats pour revenir à l'état initial.

Attention dans les propositions précédentes, les modèles de transformations réversibles proposés apparaissent clairement comme des situations limites où l'écart des paramètres (entre la valeur du paramètre du système et le paramètre correspondant de l'extérieur) est infiniment petit ($\mathrm{d}m$ tend vers 0, $\mathrm{d}T$ tend vers zéro). Ces modèles sont donc des situations idéales qui ne sont jamais rigoureusement atteintes dans les situations réelles. Il n'en demeure pas moins que ces transformations permettent de calculer des variations de fonctions d'état, variations qui ne dépendent pas du chemin suivi.

Il est important de se convaincre qu'une transformation quasi-statique n'est pas forcément réversible. Prenons pour illustrer cette affirmation le cas d'un ressort dont une extrémité est fixe et l'autre soumise à l'action d'un opérateur qui exerce une force de module f. Envisageons une transformation quasi-statique qui porte le module de la force de f_1 à f_2. Tant que le ressort reste dans son domaine d'élasticité, le retour à la contrainte extérieure f_1 se traduit par un retour à l'état initial. En revanche, si au cours de la transformation, on sort du domaine d'élasticité, le retour à f_1 ne rend pas le système à son état initial, même si la transformation est réalisée de manière quasi-statique. De façon générale, les phénomènes dissipatifs (frottements visqueux, frottements solides, effet JOULE, ...) et d'hystérésis sont source d'irréversibilité.

Une transformation irréversible se traduit par l'existence d'une contribution $\delta_i S$ à la variation d'entropie : la variation de l'entropie du système ne se limite pas au seul terme d'échange. Nous verrons par la suite que la réaction chimique est aussi source d'irréversibilité.

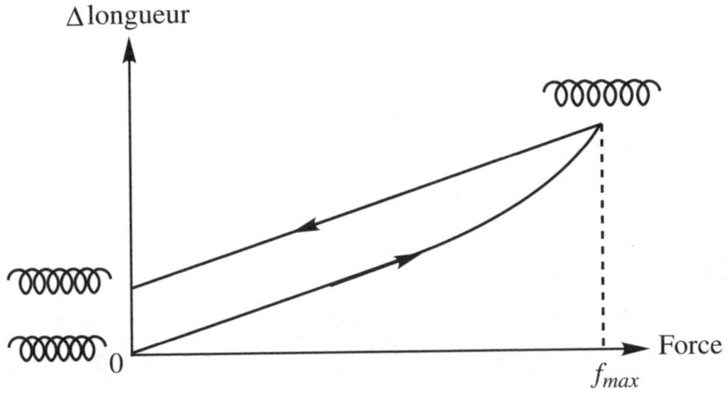

Figure 1.3 – Exemple de phénomène d'hystérésis : utilisation d'un ressort en dehors de son domaine d'élasticité

En résumé la création d'entropie est liée soit à une évolution non quasi-statique d'un paramètre, soit à l'existence de phénomènes dissipatifs ou d'hystérésis.

2. Les fonctions d'état utilisées

2.1 Énergie interne et entropie

Il existe, dans la plupart des situations, au moins deux formes de transfert d'énergie qui sont :

- le transfert mécanique dû aux forces de pression : $\delta W = -p_{ext}.dV$ pour une transformation infinitésimale
- le transfert thermique, noté δQ pour une variation infinitésimale

Le premier principe s'écrit alors :

$$dU = \delta Q - p_{ext}.dV$$

Dans le cas d'un générateur ou d'une pile électrique nous ajouterons le travail électrique :

$$\delta W' = E_{gen}.dq$$

où E_{gen} est la force électromotrice du générateur (ou de la pile). Dans ce cas le premier principe s'écrit :

$$dU = \delta Q - p_{ext}.dV + E_{gen}.dq$$

L'application du second principe permet d'écrire :

$$dS = \delta Q/T_{ext} + \delta_i S$$

Attention il est important de noter que les grandeurs énergie interne et entropie sont supposées définies même en dehors de l'équilibre.

2.2 Autres fonctions rencontrées

Pour des raisons qui apparaîtront clairement lors de l'étude de l'évolution des systèmes sous contraintes extérieures, il est utile d'introduire les fonctions suivantes :

- H : enthalpie $H = U + pV$
- F : énergie libre ou énergie de HELMHOLTZ $F = U - TS$
- G : enthalpie libre ou énergie de GIBBS $G = H - TS$

2.3 Application à l'étude de l'évolution de systèmes sous contraintes extérieures

a) Cas d'un système évoluant à entropie et volume constants

L'écriture différentielle des deux principes conduit à :

$$\delta Q = T_{ext}.(dS - \delta_i S) \quad \text{et donc} \quad dU = T_{ext}.dS - p_{ext}.dV - T_{ext}.\delta_i S$$

Pour un système évoluant à S et V fixés, $dS = 0$ et $dV = 0$. Ce qui donne :

$$dU = -T_{ext}.\delta_i S$$

Le second principe impose :

$$\delta_i S \geqslant 0$$

et donc lors de l'évolution du système U décroît. L'évolution est terminée, c'est-à-dire l'équilibre est atteint lorsque U est minimale.

b) Cas d'un système évoluant à entropie et pression constantes

Il est souhaitable ici d'utiliser le caractère constant de la pression à la place de la valeur constante du volume. Afin de trouver la fonction qui joue désormais le rôle équivalent de l'énergie interne dans le cas d'une évolution à entropie et volume fixés (partie II.3.1.), il est logique d'introduire l'enthalpie dont la différentielle s'écrit :

$$\mathrm{d}H = \mathrm{d}(U + pV) = \mathrm{d}U + V.\mathrm{d}p + p.\mathrm{d}V$$

Dans le cas d'un système évoluant à pression extérieure fixée :

$$p = p_{\text{ext}} = \text{constante}$$

Nous en déduisons :

$$\mathrm{d}H = T_{\text{ext}}.\mathrm{d}S - p_{\text{ext}}.\mathrm{d}V - T_{\text{ext}}.\delta_{\text{i}}S + V.\mathrm{d}p + p.\mathrm{d}V$$

soit :

$$\mathrm{d}H = T_{\text{ext}}.\mathrm{d}S - p_{\text{ext}}.\mathrm{d}V - T_{\text{ext}}.\delta_{\text{i}}S + V.\mathrm{d}p + p_{\text{ext}}.\mathrm{d}V$$

$$\mathrm{d}H = T_{\text{ext}}.\mathrm{d}S - T_{\text{ext}}.\delta_{\text{i}}S + V.\mathrm{d}p$$

Comme le système évolue à entropie constante et à pression constante, $\mathrm{d}S = 0$ et $\mathrm{d}p = 0$, d'où l'expression de l'enthalpie :

$$\mathrm{d}H = -T_{\text{ext}}.\delta_{\text{i}}S$$

Le caractère positif ou nul du terme de création d'entropie impose donc que l'évolution du système dont la pression et l'entropie sont constantes s'effectue à enthalpie décroissante ($\mathrm{d}H \leqslant 0$). L'équilibre est atteint lorsque l'enthalpie est minimale.

L'évolution à pression extérieure constante, avec égalité de la pression extérieure avec la pression intérieure implique que la transformation est une succession d'équilibres mécaniques.

c) Cas d'un système évoluant à volume et température constants

Introduisons l'énergie libre du système et sa différentielle :

$$\mathrm{d}F = \mathrm{d}(U - TS) = \mathrm{d}U - T.\mathrm{d}S - S.\mathrm{d}T$$

$$\mathrm{d}F = T_{\text{ext}}.\mathrm{d}S - p_{\text{ext}}.\mathrm{d}V - T_{\text{ext}}.\delta_i S - T.\mathrm{d}S - S.\mathrm{d}T$$

Comme par hypothèse le système évolue à température constante égale à celle de l'extérieur ($T = T_{\text{ext}}$ et $\mathrm{d}T = 0$), il vient :

$$\mathrm{d}F = -p_{\text{ext}}.\mathrm{d}V - T_{\text{ext}}.\delta_i S$$

Comme le système évolue à volume constant ($\mathrm{d}V = 0$) :

$$\mathrm{d}F = -T_{\text{ext}}.\delta_{\text{i}}S$$

L'énergie libre F est donc minimale lorsque le système atteint l'état d'équilibre pour un système évoluant à volume et température constants.

d) Cas d'un système évoluant à température et pression fixées

Introduisons l'enthalpie libre G définie par :

$$G = U + pV - TS$$

et dont la différentielle s'écrit :

$$\begin{aligned} dG &= d(U + pV - TS) \\ &= T_{ext}.dS - p_{ext}.dV - T_{ext}.\delta_i S + p.dV + V.dp - T.dS - S.dT \end{aligned}$$

En tenant compte de l'évolution à température constante égale à celle de l'extérieur ($T = T_{ext}$, $dT = 0$) et à pression constante égale à celle de l'extérieur ($p = p_{ext}$, $dp = 0$), l'expression de l'enthalpie libre s'écrit :

$$dG = -T_{ext}.\delta_i S$$

L'application du second principe dans ces conditions montre que l'évolution d'un système sous pression et température fixées s'effectue avec décroissance de l'enthalpie libre.

L'évolution à température extérieure constante, avec égalité de la température extérieure avec la température intérieure implique que la transformation est une succession d'équilibres thermiques.

e) Cas d'un système isolé

Ce cas, qui correspond en général à des contraintes extérieures rarement rencontrées pour des systèmes chimiques en évolution, se traite de façon très simple. En l'absence de transfert thermique, la variation d'entropie se limite au terme de création :

$$dS = \delta_i S$$

Le second principe montre que dans ces conditions l'entropie croît et la fonction $-S$ est donc minimale à l'équilibre.

2.4 Caractère extensif des fonctions *U*, *S*, *H*, *V*, *F* et *G*

Les fonctions énergie interne et entropie sont extensives. Le volume d'un système est aussi une fonction extensive. Le produit d'une fonction extensive par une fonction intensive (par exemple la température, la pression) est aussi une fonction extensive. Donc les fonctions enthalpie, énergie libre et enthalpie libre sont aussi des fonctions d'état extensives.

Chapitre 2

Le potentiel chimique du corps pur

Les systèmes sièges d'une réaction chimique sont à l'évidence des mélanges (au moins le réactif et le produit). Mais le préalable indispensable à l'étude des propriétés des mélanges est une connaissance approfondie des propriétés thermodynamiques du corps pur. Ce chapitre est consacré à l'étude d'un corps pur soumis à une ou plusieurs contraintes uniformes et à ses propriétés d'équilibre. Il est l'occasion d'introduire deux notions essentielles en thermodynamique : le potentiel chimique et l'entropie molaire absolue.

1. Description thermodynamique d'un corps pur

1.1 Quantité de matière

Une propriété importante d'un système est la quantité de matière qu'il contient. L'unité de quantité de matière du système international est la mole (symbole : mol) et fait partie des sept dimensions fondamentales.

Définition

La constante d'AVOGADRO, notée N_A, est égale au nombre d'atomes de carbone contenus dans 12 g de carbone $^{12}_{6}C$. Une mole d'une espèce chimique donnée est constituée de N_A constituants élémentaires (atomes, molécules, ions ou association d'ions).

1.2 Grandeurs molaires

Soit Y une grandeur extensive quelconque (par exemple U, S, V, F, G, H). Cette grandeur Y est proportionnelle à la quantité de matière du système lorsque celui-ci ne comporte qu'un seul constituant. Soit n la quantité de matière du système. Il est possible de construire pour une grandeur extensive Y quelconque, une grandeur intensive Y_{m} associée (grandeur molaire) définie par :

$$Y_{\mathrm{m}} = Y/n$$

Exemple : Un gaz parfait, dont l'équation d'état est $pV = nRT$, est de volume molaire $V_{\mathrm{m}} = \dfrac{V}{n} = \dfrac{RT}{p}$, soit à T = 298 K et sous la pression p = 1 bar :

$$V_{\mathrm{m}} = \frac{8{,}314.298}{10^5} = 24{,}8.10^{-3}\ \mathrm{m}^3 = 24{,}8\ \mathrm{L.mol}^{-1}.$$

L'eau liquide a, en revanche, un volume molaire de $18.10^{-3}\ \mathrm{L.mol}^{-1}$, soit un milieu environ mille fois plus dense.

1.3 Variables d'état

Une fois précisée la quantité de matière présente dans le système à un seul constituant, la question se pose de savoir quelle information est nécessaire pour connaître le comportement thermodynamique du système : combien faut-il connaître de variables d'état ?

Il n'existe pas de réponse universelle à la question. Cela dépend de la nature physique du système et du degré de précision souhaité.

Pour fixer les idées, deux variables intensives sont en général suffisantes pour décrire les propriétés thermodynamiques de la plupart des corps purs usuels, en tout cas ceux utilisés dans la plupart des réactions chimiques. Ces deux variables peuvent être, par exemple, la température et la pression. Ces deux paramètres intensifs correspondent aux deux formes d'énergie qu'échangent la plupart des systèmes avec l'extérieur : transfert thermique et transfert mécanique.

Notons que, pour un liquide ou pour un solide, la pression a peu d'influence sur les propriétés thermodynamiques. Si la pression varie assez peu et si on se contente d'une description approchée du système, une grandeur intensive associée à un corps pur solide ou liquide ne dépend que de la température.

Ce choix de deux paramètres intensifs est une approximation. Considérons de l'eau liquide. Cette matière interagit faiblement avec les champs électrique et magnétique. Comme les échanges d'énergie observés lors d'une variation du champ électrique ou du champ magnétique sont très faibles devant ceux mis en jeu pour élever la température de 1 K, l'action de $\overrightarrow{E}$ et $\overrightarrow{B}$ est en général négligée.

1.4 Variables canoniques associées à une fonction d'état

Soit $\mathrm{d}U$ la variation infinitésimale de l'énergie interne entre deux états d'équilibre infiniment proches. En l'absence d'hystérésis et de phénomènes dissipatifs, cette variation infinitésimale s'écrit :

$$\mathrm{d}U = \delta Q + \delta W = \delta Q_{\mathrm{rev}} + \delta W_{\mathrm{rev}} = T.\mathrm{d}S - p.\mathrm{d}V$$

(Si l'état initial et l'état final sont deux états d'équilibre obtenus par variations infinitésimales de paramètres d'état, le chemin qui passe de l'un à l'autre ne peut être que parcouru de façon réversible s'il n'existe pas de phénomène d'hystérésis).

Afin de s'affranchir du caractère extensif des variables U, S et V, divisons par n, la quantité de matière du système :

$$\frac{\mathrm{d}U}{n} = T.\frac{\mathrm{d}S}{n} - p.\frac{\mathrm{d}V}{n}$$

soit :

$$\mathrm{d}U_{\mathrm{m}} = T.\mathrm{d}S_{\mathrm{m}} - p.\mathrm{d}V_{\mathrm{m}}.$$

L'énergie interne molaire U_{m} dépend *a priori* de deux variables intensives que nous noterons α et β.

Remarquons alors que, parmi les cinq grandeurs U_{m}, S_{m}, V_{m}, T et p, deux servent de paramètres d'état et nous disposons de la relation différentielle issue du premier principe qui relie $\mathrm{d}U_{\mathrm{m}}$, $\mathrm{d}S_{\mathrm{m}}$ et $\mathrm{d}V_{\mathrm{m}}$, qui est la relation établie précédemment. Pour connaître les autres variables, il est donc nécessaire de compléter la description par la donnée *a priori* de deux autres équations. Celles-ci peuvent être :

- $p(V_{\mathrm{m}}, T)$ équation d'état ;
- $U_{\mathrm{m}}(T, V_{\mathrm{m}})$ équation de l'énergie.

Néanmoins, un choix judicieux permet de diminuer le nombre d'équations nécessaires.

En effet, si on connaît l'énergie interne molaire $U_{\mathrm{m}}(S_{\mathrm{m}}, V_{\mathrm{m}})$ en fonction des variables S_{m} et V_{m}, la relation liant $\mathrm{d}U_{\mathrm{m}}$, $\mathrm{d}S_{\mathrm{m}}$ et $\mathrm{d}V_{\mathrm{m}}$ montre :

$$T = \left(\frac{\partial U_{\mathrm{m}}}{\partial S_{\mathrm{m}}}\right)_{V_{\mathrm{m}}} \quad \text{et} \quad p = -\left(\frac{\partial U_{\mathrm{m}}}{\partial V_{\mathrm{m}}}\right)_{S_{\mathrm{m}}}.$$

Les variables S_{m} et V_{m} sont pour cela appelées variables canoniques (ou variables naturelles) associées à la grandeur énergie interne molaire U_{m}.

La donnée de $U_{\mathrm{m}}(S_{\mathrm{m}}, V_{\mathrm{m}})$ contient l'ensemble de l'information thermodynamique relative au corps pur étudié.

Pour établir les variables canoniques associées à une fonction d'état, il suffit d'écrire la différentielle de cette fonction : les éléments différentiels apparaissent alors clairement comme les variables naturelles associées à la fonction d'état.

Pour l'énergie libre :

$$F = U - TS$$

ce qui donne pour les grandeurs molaires associées :

$$F_{\mathrm{m}} = U_{\mathrm{m}} - T.S_{\mathrm{m}} \qquad \text{et donc} \qquad \mathrm{d}F_{\mathrm{m}} = \mathrm{d}U_{\mathrm{m}} - T.\mathrm{d}S_{\mathrm{m}} - S_{\mathrm{m}}.\mathrm{d}T.$$

ce qui donne après simplification :

$$\mathrm{d}F_{\mathrm{m}} = -p.\mathrm{d}V_{\mathrm{m}} - S_{\mathrm{m}}.\mathrm{d}T.$$

L'énergie libre molaire a donc les variables canoniques V_{m} et T.

Pour l'enthalpie :

$$H = U + pV \qquad \text{et} \qquad H_{\mathrm{m}} = U_{\mathrm{m}} + pV_{\mathrm{m}}$$

$$\mathrm{d}H_{\mathrm{m}} = T.\mathrm{d}S_{\mathrm{m}} - p.\mathrm{d}V_{\mathrm{m}} + p.\mathrm{d}V_{\mathrm{m}} + V_{\mathrm{m}}.\mathrm{d}p = T.\mathrm{d}S_{\mathrm{m}} + V_{\mathrm{m}}.\mathrm{d}p.$$

L'enthalpie molaire a donc les variables canoniques S_{m} et p.

Pour l'enthalpie libre :

$$G = U + pV - TS \qquad \text{et} \qquad G_{\mathrm{m}} = U_{\mathrm{m}} + pV_{\mathrm{m}} - TS_{\mathrm{m}}.$$

Ainsi la différentielle de l'enthalpie libre molaire s'écrit :

$$\mathrm{d}G_{\mathrm{m}} = \mathrm{d}U_{\mathrm{m}} + p.\mathrm{d}V_{\mathrm{m}} + V_{\mathrm{m}}.\mathrm{d}p - T.\mathrm{d}S_{\mathrm{m}} - S_{\mathrm{m}}.\mathrm{d}T = V_{\mathrm{m}}.\mathrm{d}p - S_{\mathrm{m}}.\mathrm{d}T.$$

Seule l'enthalpie libre a ses deux variables canoniques qui ne sont que des grandeurs intensives : la température et la pression.

2. Cas d'un système ouvert

2.1 Introduction au potentiel chimique du corps pur

Jusqu'à présent, seuls les systèmes fermés, sans réaction chimique, ont été étudiés. Si le système est ouvert (sans réaction chimique), le fait d'étudier une grandeur extensive qui dépend obligatoirement de la quantité de matière du système invite à considérer celle-ci comme une nouvelle variable à laquelle il sera logique d'associer une variable intensive conjuguée.

Définition

Pour un système à un seul constituant (corps pur) pouvant échanger de la matière avec l'extérieur, le potentiel chimique, noté usuellement μ^* pour un corps pur, traduit le caractère extensif de la fonction d'état énergie interne. Il est défini de la façon suivante :

$$\mathrm{d}U = T.dS - p.dV + \mu^*.dn$$

soit :

$$\mu^* = \left(\frac{\partial U}{\partial n}\right)_{S,V}$$

où n est la quantité de matière contenue dans le système.

Par définition, le potentiel chimique est une grandeur intensive.

2.2 Premières conséquences

Il est possible, en utilisant les relations existant entre les fonctions d'état U, H, F, G, S et les paramètres d'état T, p et V d'exprimer le potentiel chimique à partir des fonctions H, F et G.

À partir de la définition de l'enthalpie $H = U + pV$, la différentielle de l'enthalpie s'écrit :

$$\mathrm{d}H = \mathrm{d}U + p.\mathrm{d}V + V.\mathrm{d}p = T.\mathrm{d}S - p.\mathrm{d}V + \mu^*.\mathrm{d}n + p.\mathrm{d}V + V.\mathrm{d}p$$

soit :

$$\mathrm{d}H = T.\mathrm{d}S + V.\mathrm{d}p + \mu^*.\mathrm{d}n$$

et la relation différentielle liant μ^* et H est donc :

$$\mu^* = \left(\frac{\partial H}{\partial n}\right)_{S,p}.$$

À partir de la définition de l'énergie libre $F = U - TS$, la différentielle de l'énergie libre s'écrit :

$$\mathrm{d}F = \mathrm{d}U - T.\mathrm{d}S - S.\mathrm{d}T = T.dS - p.\mathrm{d}V + \mu^*.\mathrm{d}n - T.\mathrm{d}S - S.\mathrm{d}T$$

soit :

$$\mathrm{d}F = -S.\mathrm{d}T - p.\mathrm{d}V + \mu^*.\mathrm{d}n$$

et la relation différentielle liant μ^* et F est donc :

$$\mu^* = \left(\frac{\partial F}{\partial n}\right)_{T,V}.$$

À partir de la définition de l'enthalpie libre $G = U + pV - TS$, la différentielle de l'enthalpie libre s'écrit :

$$\mathrm{d}G = \mathrm{d}U + p.\mathrm{d}V + V.\mathrm{d}p - S.\mathrm{d}T - T.\mathrm{d}S =$$
$$T.\mathrm{d}S - p.\mathrm{d}V + \mu^*.\mathrm{d}n + p.\mathrm{d}V + V.\mathrm{d}p - S.\mathrm{d}T - T.\mathrm{d}S$$

soit :

$$\mathrm{d}G = - S.\mathrm{d}T + V.\mathrm{d}p + \mu^*.\mathrm{d}n$$

et la relation différentielle liant μ^* et G est donc :

$$\mu^* = \left(\frac{\partial G}{\partial n}\right)_{T,p}.$$

Il faut noter, dans les relations établies ci-dessus, l'importance cruciale de préciser la nature des variables bloquées lors de l'opération de dérivation partielle.

2.3 Potentiel chimique et grandeurs molaires

Les fonctions d'état U, H, F et G sont extensives et dépendent donc de trois paramètres d'état (les deux pour les systèmes usuels à un seul constituant, plus un qui traduit le caractère extensif de ces fonctions d'état). Il est possible de choisir, outre la quantité de matière contenue dans le système pour traduire ce caractère extensif, les variables canoniques associées à chaque fonction d'état.

Nous considèrerons donc les quatre fonctions d'état suivantes associées à leurs variables naturelles :

$$U(S, V, n)\ ;\quad H(S, p, n)\ ;\quad F(T, V, n) \quad \text{et} \quad G(T, p, n)$$

En revanche, les grandeurs molaires étant intensives, elles ne dépendent que de paramètres intensifs : en particulier, elles ne dépendent plus de n. Il est donc cohérent d'associer les variables correspondantes aux grandeurs molaires construites à partir des fonctions d'état U, H, F et G :

- $U_\mathrm{m}(S_\mathrm{m}, V_\mathrm{m})$ pour l'énergie interne molaire ;
- $H_\mathrm{m}(S_\mathrm{m}, p)$ pour l'enthalpie molaire ;
- $F_\mathrm{m}(T, V_\mathrm{m})$ pour l'énergie libre molaire ;
- $G_\mathrm{m}(T, p)$ pour l'enthalpie libre molaire.

Il apparaît donc clairement que, si on pense à écrire l'enthalpie libre du système ouvert sous la forme :

$$G(T, p, n) = n.G_\mathrm{m}(T, p)$$

que :

$$\left(\frac{\partial G}{\partial n}\right)_{T,p} = G_\mathrm{m}(T, p)$$

et le potentiel chimique s'identifie à l'enthalpie libre molaire.

Pour les autres fonctions d'état, la prise en compte rigoureuse des variables bloquées lors des opérations de dérivation partielle montre que la relation entre grandeur molaire et potentiel chimique est plus compliquée. Pour l'énergie, nous avons :

$$U(S, V, n) \;=\; n.U_{\mathrm{m}}(S_{\mathrm{m}}, V_{\mathrm{m}}) \;=\; n.U_{\mathrm{m}}(S/n, V/n)$$

et donc :

$$\mu^* \;=\; \left(\frac{\partial U}{\partial n}\right)_{S,V} \;=\; U_{\mathrm{m}}(S/n, V/n) \;+\; n.\left(\frac{\partial}{\partial n}\Big(U_{\mathrm{m}}(S/n, V/n)\Big)\right)_{S,V}.$$

La dernière dérivée partielle n'a aucune raison d'être nulle. Ceci montre bien que le potentiel chimique ne s'identifie clairement qu'à l'enthalpie libre molaire.

2.4 Dérivées premières du potentiel chimique

Considérons l'expression de la différentielle de l'enthalpie libre :

$$\mathrm{d}G \;=\; -\,S.\mathrm{d}T \;+\; V.\mathrm{d}p \;+\; \mu^*.\mathrm{d}n.$$

Comme G est une fonction d'état, dG est une différentielle totale et l'application du théorème de SCHWARZ (égalité des dérivées croisées) conduit aux relations suivantes :

$$\left(\frac{\partial \mu^*}{\partial T}\right)_{n,p} \;=\; -\left(\frac{\partial S}{\partial n}\right)_{T,p}$$

$$\left(\frac{\partial \mu^*}{\partial p}\right)_{n,T} \;=\; \left(\frac{\partial V}{\partial n}\right)_{T,p}.$$

Comme S et V sont deux grandeurs extensives. Nous avons :

$$S \;=\; n.S_{\mathrm{m}} \qquad \text{et} \qquad V \;=\; n.V_{\mathrm{m}}$$

où S_{m} et V_{m} sont respectivement l'entropie molaire et le volume molaire dont les valeurs sont fixées dès que deux paramètres d'état intensifs (par exemple la température T et la pression p) sont fixés.

Nous avons donc :

$$\left(\frac{\partial S}{\partial n}\right)_{T,p} \;=\; \left(\frac{\partial}{\partial n}\Big(n.S_{\mathrm{m}}\Big)\right)_{T,p} = S_{\mathrm{m}}$$

et

$$\left(\frac{\partial V}{\partial n}\right)_{T,p} \;=\; \left(\frac{\partial}{\partial n}\Big(n.V_{\mathrm{m}}\Big)\right)_{T,p} = V_{\mathrm{m}}.$$

D'autre part, le potentiel chimique étant une grandeur intensive, il ne dépend pas de la quantité de matière contenue dans le système. Il est donc superflu d'indiquer la quantité de matière n comme variable bloquée lors de l'opération de dérivation partielle. Enfin, dans le cadre de notre travail, le potentiel chimique ne dépend que de deux paramètres intensifs : la température et la pression seront naturellement choisies. Nous avons donc :

$$\left(\frac{\partial \mu^*}{\partial T}\right)_p = -S_{\mathrm{m}}$$

$$\left(\frac{\partial \mu^*}{\partial p}\right)_T = V_{\mathrm{m}}.$$

La connaissance du volume molaire, de l'entropie molaire et de leurs dépendances vis-à-vis des variables T et p apporte donc de nombreux renseignements sur le potentiel chimique (et réciproquement bien sûr).

Si la notion de volume molaire (volume occupé par l'unité de quantité de matière de corps pur) ne pose pas de problème de compréhension, celle d'entropie molaire n'est pas aussi coutumière et familière. Il est donc nécessaire à la fois d'expliciter les processus suivis pour accéder aux valeurs expérimentales et de dégager quelques notions sur la signification physique de cette grandeur. Afin d'atteindre ce but, nous étudierons dans le paragraphe suivant les dérivées secondes du potentiel chimique.

2.5 Dérivées secondes du potentiel chimique

En considérant d'abord la dérivée seconde du potentiel chimique par rapport à la température, nous avons :

$$\left(\frac{\partial^2 \mu^*}{\partial T^2}\right)_p = \left(\frac{\partial}{\partial T}\left(\frac{\partial \mu^*}{\partial T}\right)_p\right)_p = -\left(\frac{\partial S_{\mathrm{m}}}{\partial T}\right)_p.$$

L'expression différentielle du premier et du second principe en variables température et pression permet d'accéder à la dérivée partielle $\left(\frac{\partial S_{\mathrm{m}}}{\partial T}\right)_p$.

En travaillant avec la grandeur enthalpie molaire H_{m} pour exprimer $C_{p,\mathrm{m}}$ la capacité thermique molaire à pression constante, il vient par définition :

$$C_{p,\mathrm{m}} = \left(\frac{\partial H_{\mathrm{m}}}{\partial T}\right)_p.$$

La différentielle de l'enthalpie molaire peut s'écrire de deux façon différentes.

En partant de la définition de l'enthalpie molaire à partir de l'énergie interne molaire et en écrivant la variation élémentaire de l'énergie interne molaire entre deux états d'équilibre infiniment proches :

$$\mathrm{d}U_\mathrm{m} = \delta Q_\mathrm{rev,m} - p.\mathrm{d}V_\mathrm{m}$$

et donc :

$$\mathrm{d}H_\mathrm{m} = \mathrm{d}(U_\mathrm{m} + pV_\mathrm{m}) = \delta Q_\mathrm{rev,m} + V_\mathrm{m}.\mathrm{d}p.$$

En considérant que la fonction enthalpie molaire H_m, grandeur intensive peut être considérée comme fonction des deux variables intensives température et pression, il vient :

$$\mathrm{d}H_\mathrm{m} = C_{p,\mathrm{m}}.\mathrm{d}T + \left(\frac{\partial H_\mathrm{m}}{\partial p}\right)_T.\mathrm{d}p.$$

L'égalité des deux expressions de la différentielle de l'enthalpie molaire permet d'exprimer la grandeur $\delta Q_\mathrm{rev,m}$ et donc la différentielle de l'entropie molaire $\mathrm{d}S_\mathrm{m}$.

$$\delta Q_\mathrm{rev,m} = C_{p,\mathrm{m}}.\mathrm{d}T + \left(\left(\frac{\partial H_\mathrm{m}}{\partial p}\right)_T - V_\mathrm{m}\right).\mathrm{d}p$$

$$\mathrm{d}S_\mathrm{m} = \left(\frac{C_{p,\mathrm{m}}}{T}\right).\mathrm{d}T + \left(\frac{\left(\left(\frac{\partial H_\mathrm{m}}{\partial p}\right)_T - V_\mathrm{m}\right)}{T}\right).\mathrm{d}p$$

$\mathrm{d}H_\mathrm{m}$ et $\mathrm{d}S_\mathrm{m}$ sont des différentielles totales. L'application du théorème de SCHWARZ conduit aux relations suivantes :

$$\left(\frac{\partial C_{p,\mathrm{m}}}{\partial p}\right)_T = \left(\frac{\partial}{\partial T}\left(\frac{\partial H_\mathrm{m}}{\partial p}\right)_T\right)_p$$

$$\left(\frac{\partial}{\partial p}\left(\frac{C_{p,\mathrm{m}}}{T}\right)\right)_T = \left(\frac{\partial}{\partial T}\left(\frac{\left(\left(\frac{\partial H_\mathrm{m}}{\partial p}\right)_T - V_\mathrm{m}\right)}{T}\right)\right)_p$$

Ce qui donne après développement et substitution :

$$\left(\frac{\partial H_\mathrm{m}}{\partial p}\right)_T - V_\mathrm{m} = -T.\left(\frac{\partial V_\mathrm{m}}{\partial T}\right)_p$$

L'expression de la différentielle de la fonction S_m s'écrit donc :

$$\mathrm{d}S_\mathrm{m} = \left(\frac{C_{p,\mathrm{m}}}{T}\right).\mathrm{d}T - \left(\frac{\partial V_\mathrm{m}}{\partial T}\right)_p.\mathrm{d}p.$$

Nous obtenons ainsi deux résultats essentiels :

$$\left(\frac{\partial S_{\mathrm{m}}}{\partial T}\right)_p = \frac{C_{p,\mathrm{m}}}{T}$$

et :

$$\left(\frac{\partial S_{\mathrm{m}}}{\partial p}\right)_T = -\left(\frac{\partial V_{\mathrm{m}}}{\partial T}\right)_p$$

Ces deux relations sont connues sous le nom de relations de CLAPEYRON. Dans le cadre de notre étude de l'influence des paramètres pression et température sur le potentiel chimique, il est essentiel de connaître le comportement de la grandeur entropie molaire en fonction de ces paramètres d'état.

$$\left(\frac{\partial^2 \mu^*}{\partial T^2}\right)_p = -\frac{C_{p,\mathrm{m}}}{T}$$

Étudions maintenant la dérivée seconde croisée du potentiel chimique vis-à-vis des paramètres d'état température et pression :

$$\left(\frac{\partial^2 \mu^*}{\partial p \partial T}\right) = \left(\frac{\partial}{\partial p}\left(\frac{\partial \mu^*}{\partial T}\right)\right)_T = \left(\frac{\partial}{\partial p}(-S_{\mathrm{m}})\right)_T = -\left(\frac{\partial S_{\mathrm{m}}}{\partial p}\right)_T = \left(\frac{\partial V_{\mathrm{m}}}{\partial T}\right)_p.$$

Il est possible de faire apparaître le coefficient thermoélastique α (coefficient de dilatation isobare).

$$\alpha = \frac{1}{V}.\left(\frac{\partial V}{\partial T}\right)_p = \frac{1}{V_{\mathrm{m}}}.\left(\frac{\partial V_{\mathrm{m}}}{\partial T}\right)_p.$$

Nous en déduisons :

$$\left(\frac{\partial^2 \mu^*}{\partial p \partial T}\right) = \alpha V_{\mathrm{m}}$$

et :

$$-\left(\frac{\partial S_{\mathrm{m}}}{\partial p}\right)_T = \alpha V_{\mathrm{m}}.$$

Considérons maintenant la dérivée seconde du potentiel chimique par rapport à la pression :

$$\left(\frac{\partial^2 \mu^*}{\partial p^2}\right)_T = \left(\frac{\partial}{\partial p}\left(\frac{\partial \mu^*}{\partial p}\right)_T\right)_T = \left(\frac{\partial V_{\mathrm{m}}}{\partial p}\right)_T$$

Il est possible de faire apparaître le coefficient de compressibilité isotherme χ_T :

$$\chi_T = -\frac{1}{V}.\left(\frac{\partial V}{\partial p}\right)_T = -\frac{1}{V_{\mathrm{m}}}.\left(\frac{\partial V_{\mathrm{m}}}{\partial p}\right)_T$$

et donc :

$$\left(\frac{\partial V_{\mathrm{m}}}{\partial p}\right)_T = -\,\chi_T.V_{\mathrm{m}}$$

et pour la dérivée seconde du potentiel chimique par rapport à la pression :

$$\left(\frac{\partial^2 \mu^*}{\partial p^2}\right)_T = \left(\frac{\partial V_{\mathrm{m}}}{\partial p}\right)_T = -\,\chi_T.V_{\mathrm{m}}.$$

En conclusion, nous avons établi que la dépendance du potentiel chimique avec les paramètres d'état température et pression est contenue dans les grandeurs $V_{\mathrm{m}}(T,\,p)$ et $S_{\mathrm{m}}(T,\,p)$. Cela revient donc à déterminer les grandeurs $C_{p,\mathrm{m}}(T,\,p)$, $\alpha(T,\,p)$ et $\chi_T(T,\,p)$ et explique l'importance de ces grandeurs.

2.6 Relation de GIBBS-HELMHOLTZ

Cette relation importante relie potentiel chimique et enthalpie molaire. Ceci confirme, dans le cas particulier de l'enthalpie, que le potentiel chimique d'un corps pur contient toute l'information thermodynamique relative à celui-ci.

À partir de la relation :

$$G = H - TS$$

en divisant par la quantité de matière n du système, il vient :

$$\mu^* = H_{\mathrm{m}} - T.S_{\mathrm{m}}.$$

La différentielle du potentiel chimique en variables température et pression conduit aux relations :

$$\mathrm{d}\mu^* = -\,S_{\mathrm{m}}.\mathrm{d}T + V_{\mathrm{m}}.\mathrm{d}p \qquad \text{et} \qquad -\,S_{\mathrm{m}} = \left(\frac{\partial \mu^*}{\partial T}\right)_p$$

soit :

$$\mu^* = H_{\mathrm{m}} + T.\left(\frac{\partial \mu^*}{\partial T}\right)_p$$

Isolons l'enthalpie dans un membre et divisons par T^2 :

$$\frac{H_{\mathrm{m}}}{T^2} = \frac{\mu^*}{T^2} - \frac{1}{T}.\left(\frac{\partial \mu^*}{\partial T}\right)_p$$

On reconnaît, dans le membre de droite la dérivée partielle par rapport à la température de $-\dfrac{\mu^*}{T}$. Nous obtenons donc la relation de GIBBS-HELMHOLTZ :

$$H_{\mathrm{m}} = -\,T^2.\left(\frac{\partial}{\partial T}\left(\frac{\mu^*}{T}\right)\right)_p$$

3. Entropie molaire absolue

L'étude du paragraphe précédent montre l'importance des deux dérivées premières du potentiel chimique : le volume molaire V_m et l'entropie molaire S_m. Si la première ne pose pas *a priori* de difficulté particulière pour la mesure et le sens physique, l'entropie molaire nécessite une convention supplémentaire pour pouvoir associer à un corps pur dans un état physique donné, une valeur numérique. En effet, les grandeurs physiques mesurables associées à l'entropie sont la capacité thermique à pression constante et la dérivée partielle du volume molaire par rapport à la température à pression fixée.

3.1 Troisième principe de la thermodynamique ou principe de NERNST

Énoncé

Au zéro absolu de température, l'entropie molaire de tout solide parfaitement cristallisé est, par convention, nulle. Parfaitement cristallisé signifie absence complète de désordre. Ce critère se vérifie par la détermination de la structure du solide. Il est vérifié pour la plupart des solides courants.

Le monoxyde de carbone solide est une exception. Les molécules possèdent un très faible moment dipolaire électrique et il existe dans le solide un certain désordre dans l'orientation relative de ces dipôles : ils ne sont pas tous parallèles entre eux, même au zéro absolu. En conséquence, le monoxyde de carbone solide n'est pas d'entropie nulle à $T = 0$ K.

3.2 Détermination de l'entropie molaire absolue

La différentielle de l'entropie molaire s'écrit :

$$\mathrm{d}S_\mathrm{m} = \left(\frac{C_{p,\mathrm{m}}}{T}\right).\mathrm{d}T - \left(\frac{\partial V_\mathrm{m}}{\partial T}\right)_p.\mathrm{d}p$$

À pression constante, par exemple à $p = p^\circ = 1$ bar, la connaissance de la capacité thermique à pression constante $C_{p,\mathrm{m}}(T,p)$, notée alors $C^\circ_{p,\mathrm{m}}(T)$ permet d'accéder, par intégration, à $S_\mathrm{m}(T)$:

$$S_\mathrm{m}(T) - S_\mathrm{m}(T = 0) = \int_{T=0}^{T} \frac{C^\circ_{p,\mathrm{m}}(T)}{T}.\mathrm{d}T$$

soit, en utilisant le troisième principe, c'est-à-dire, en tenant compte de $S_\mathrm{m}(T = 0) = 0$:

$$S_\mathrm{m}(T) = \int_{T=0}^{T} \frac{C^\circ_{p,\mathrm{m}}(T)}{T}.\mathrm{d}T$$

La relation établie ci-dessus est valable tant qu'il n'y a pas de changement d'état. Lors d'une transition de phase à laquelle est associée une enthalpie de changement d'état, l'existence de cette grandeur montre que l'entropie des deux phases diffère. En utilisant la relation :

$$\mathrm{d}S = \frac{\delta Q_{\text{rev}}}{T}$$

la variation d'entropie associée à la transformation d'une mole de corps pur sous la phase α en une mole de corps pur sous la phase β est égale à $L_{\alpha,\beta}/T_{\text{ch}}$ où $L_{\alpha,\beta}$ est l'enthalpie de changement d'état et T_{ch} est la température de changement d'état.

Nous en déduisons l'expression littérale de $S^{\circ}_{\text{m}}(T)$ pour les liquides et les gaz :

- pour les liquides :

$$S^{\circ}_{\text{m}}(T) = \int_{T=0}^{T_{\text{fus}}} \frac{C^{\circ}_{p,\text{m,solide}}(T)}{T}.\mathrm{d}T + \frac{L_{\text{fus}}}{T_{\text{fus}}} + \int_{T_{\text{fus}}}^{T} \frac{C^{\circ}_{p,\text{m,liquide}}(T)}{T}.\mathrm{d}T$$

- pour les gaz :

$$S^{\circ}_{\text{m}}(T) = \int_{T=0}^{T_{\text{fus}}} \frac{C^{\circ}_{p,\text{m,solide}}(T)}{T}.\mathrm{d}T + \frac{L_{\text{fus}}}{T_{\text{fus}}} + \int_{T_{\text{fus}}}^{T_{\text{eb}}} \frac{C^{\circ}_{p,\text{m,liquide}}(T)}{T}.\mathrm{d}T + \frac{L_{\text{eb}}}{T_{\text{eb}}} + \int_{T_{\text{eb}}}^{T} \frac{C^{\circ}_{p,\text{m,gaz}}(T)}{T}.\mathrm{d}T$$

L'entropie molaire standard d'un corps pur est ainsi accessible à partir de la connaissance de la grandeur $C^{\circ}_{p,\text{m}}(T)$, des enthalpies de changement d'état (dans le cas des liquides et des gaz) et de l'application du troisième principe. Cette grandeur numérique est appelée entropie molaire absolue. Le dernier adjectif qualificatif est dû à l'application du troisième principe qui choisit le point fixe de l'intégration par rapport à la température.

Notons que les équations ci-dessus sont définies à pression constante. Les tables numériques disponibles dans la littérature sont proposées pour la pression $p = p^{\circ} = 1$ bar (la pression p° est appelée pression standard). Il s'agit alors d'entropie molaire absolue standard (sous $p = p^{\circ}$) et cette grandeur est notée S°_{m} .

La courbe représentée dans la figure 2.1 donne les variations de l'entropie molaire absolue standard du phosphore blanc en fonction de la température. On note les discontinuités de la grandeur à chaque changement d'état.

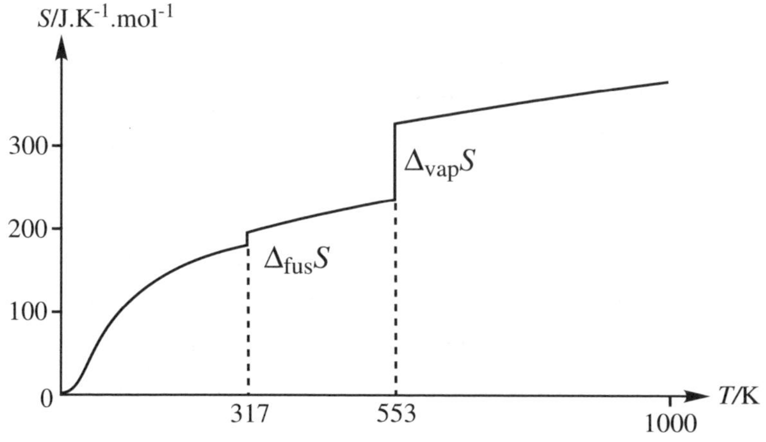

Figure 2.1 – Entropie molaire absolue standard du phosphore blanc en fonction de la température

Notons que parmi les grandeurs apparaissant dans les liens entre capacités thermiques molaires à pression constante et entropie molaire absolue, seule la température d'ébullition dépend notablement de la pression. En conséquence, l'entropie molaire absolue des gaz varie beaucoup plus avec la pression que l'entropie des autres phases : une pression plus élevée se traduit (voir le chapitre sur les équilibres de phases du corps pur) par une température d'ébullition plus basse ; donc l'intégrale d'une fonction positive ($C^{\circ}_{p,\mathrm{m}}(T)/T$) est calculée sur un domaine plus restreint et donc décroît avec l'augmentation de pression. Ceci s'interprète au niveau microscopique par une contrainte plus grande pour les constituants : ils sont astreints à se déplacer dans une portion plus petite de l'espace, ce qui conduit à un désordre moins grand.

3.3 Capacités thermiques molaires

Les deux capacités thermiques molaires qui jouent un rôle important en thermodynamique chimique sont la capacité thermique molaire à volume constant $C_{V,\mathrm{m}}$ et la capacité thermique molaire à pression constante $C_{p,\mathrm{m}}$.

a) Relation entre $C_{p,\mathrm{m}}$ et $C_{V,\mathrm{m}}$

Rappelons les relations existant entre capacité thermique molaire et énergie interne molaire U_m ou enthalpie molaire H_m :

$$C_{V,\mathrm{m}} = \left(\frac{\partial U_\mathrm{m}}{\partial T}\right)_V \qquad C_{p,\mathrm{m}} = \left(\frac{\partial H_\mathrm{m}}{\partial T}\right)_p .$$

Nous avons démontré au 2.5. la relation :

$$dS_m = \left(\frac{C_{p,m}}{T}\right).dT - \left(\frac{\partial V_m}{\partial T}\right)_p.dp.$$

Il est possible de démontrer de façon comparable que :

$$dS_m = \left(\frac{C_{V,m}}{T}\right).dT + \left(\frac{\partial p}{\partial T}\right)_{V_m}.dV_m$$

Égalons les deux expressions et écrivons la différentielle de V_m en variables T et p.

$$\left(\frac{C_{p,m}}{T}\right).dT - \left(\frac{\partial V_m}{\partial T}\right)_p.dp =$$

$$\left(\frac{C_{V,m}}{T}\right).dT + \left(\frac{\partial p}{\partial T}\right)_{V_m}.\left[\left(\frac{\partial V_m}{\partial T}\right)_p.dT + \left(\frac{\partial V_m}{\partial p}\right)_T.dp\right]$$

ce qui donne après réarrangement :

$$\left(C_{p,m} - C_{V,m} - T.\left(\frac{\partial p}{\partial T}\right)_{V_m}.\left(\frac{\partial V_m}{\partial T}\right)_p\right).dT =$$

$$T.\left(\left(\frac{\partial p}{\partial T}\right)_{V_m}.\left(\frac{\partial V_m}{\partial p}\right)_T + \left(\frac{\partial V_m}{\partial T}\right)_p\right).dp$$

Cette relation est vérifiée en tout point. Comme les variables T et p sont indépendantes, cela signifie que les deux facteurs des éléments différentiels dT et dp sont nuls. Utilisons la relation cyclique pour les variables T, p et V_m :

$$\left(\frac{\partial V_m}{\partial T}\right)_p.\left(\frac{\partial T}{\partial p}\right)_{V_m}.\left(\frac{\partial p}{\partial V_m}\right)_T = -1.$$

Nous en déduisons :

$$\left(\frac{\partial V_m}{\partial T}\right)_p = -\left(\frac{\partial V_m}{\partial p}\right)_T.\left(\frac{\partial p}{\partial T}\right)_{V_m}$$

Ceci montre bien que l'élément en facteur de dp est effectivement nul et que celui en facteur de dT impose la relation suivante (relation de MAYER) :

$$C_{p,m} - C_{V,m} = T.\left(\frac{\partial p}{\partial T}\right)_{V_m}.\left(\frac{\partial V_m}{\partial T}\right)_p$$

Introduisons les coefficients thermoélastiques α et β :

$$\alpha = \frac{1}{V_m}.\left(\frac{\partial V_m}{\partial T}\right)_p$$

$$\beta = \frac{1}{p} \cdot \left(\frac{\partial p}{\partial T}\right)_{V_{\text{m}}}$$

La différence des capacités thermiques à pression constante et à volume constant est donc liée aux coeffcients thermoélastiques α et β :

$$C_{p,\text{m}} - C_{V,\text{m}} = \alpha\beta p V_{\text{m}} T \quad \text{(relation de MAYER généralisée).}$$

Cas des gaz parfaits :

L'équation d'état est :

$$p = \frac{RT}{V_{\text{m}}}$$

et donc :

$$\left(\frac{\partial p}{\partial T}\right)_{V_{\text{m}}} = \frac{R}{V_{\text{m}}}$$

Le volume molaire du gaz V_{m} et sa dérivée partielle par rapport à la température à pression constante s'expriment selon :

$$V_{\text{m}} = \frac{RT}{p} \quad \text{et} \quad \left(\frac{\partial V_{\text{m}}}{\partial T}\right)_p = \frac{R}{p}$$

La relation entre capacités thermiques molaires s'écrit donc :

$$C_{p,\text{m}} - C_{V,\text{m}} = T.\left(\frac{R}{V_{\text{m}}}\right).\left(\frac{R}{p}\right) = R \qquad \text{(relation de MAYER)}$$

b) Relation avec la structure de la matière : cas des gaz

Nous nous plaçons dans cette partie dans le cas des gaz parfaits. Dans ce cas, le comportement des capacités thermiques n'est lié qu'à l'existence de structures internes aux molécules constituant le gaz et ne dépend pas de forces intermoléculaires à grandes distances qui sont à prendre en compte dans le cas de gaz réels.

La capacité thermique à volume constant traduit l'aptitude d'une structure à stocker (à volume constant), de l'énergie fournie. Au niveau microscopique, l'énergie peut être stockée sous différentes formes :

- énergie cinétique de translation :

  à chaque molécule ou atome est associée l'énergie cinétique de translation du centre de masse :

  $$\frac{1}{2}mv^2 = \frac{1}{2}m\left(v_x^2 + v_y^2 + v_z^2\right)$$

  Il y a trois degrés de liberté correspondant aux trois directions indépendantes de l'espace euclidien ;

- énergie cinétique de rotation :

  Une molécule polyatomique possède au moins deux degrés de liberté de rotation (deux pour les molécules linéaires et trois pour les molécules non-linéaires). Dans le cas d'une molécule linéaire, cela correspond aux rotations autour de deux axes orthogonaux à l'axe de la molécule et orthogonaux entre eux.

  À un mouvement de rotation est associée l'énergie cinétique $E_{\text{cin}}^{\text{rot}}$:

  $$E_{\text{cin}}^{\text{rot}} = \frac{1}{2} J_i \omega_i^2$$

  où J_i est le moment d'inertie par rapport à l'axe de rotation et ω_i est la vitesse angulaire de rotation autour de cet axe ;

- énergie de vibration :

  Dans les structures polyatomiques (molécules ou ions), les atomes vibrent au voisinage de leur position d'équilibre. À chaque mouvement de vibration est associée une énergie cinétique (mouvement relatif par rapport au centre d'inertie de la structure) et une énergie potentielle (énergie potentielle de vibration). Dans une structure comportant n atomes, il faut $3n$ coordonnées pour préciser la position de chacun. Une possibilité est de préciser la position du centre d'inertie (3 coordonnées), la rotation de la molécule (2 ou 3 coordonnées). Il reste donc $3n - 5$ (molécules linéaires) ou $3n - 6$ (molécules non linéaires) coordonnées pour les mouvements de vibration.

L'étude quantique des systèmes microscopiques montre que les niveaux d'énergie accessibles sont discrets. D'autre part, la description statistique des systèmes associe à chaque niveau d'énergie E une probabilité d'occupation qui, dans le cas de l'approximation de BOLTZMANN est proportionnelle à $\exp\left(-\frac{E}{k_{\text{B}}T}\right)$ où k_{B} est la constante de BOLTZMANN et T est la température absolue du système.

Pour qu'un système puisse utiliser une forme d'énergie pour stocker l'énergie apportée au système, les différents niveaux d'énergie correspondants doivent avoir une probabilité d'occupation notable et l'ordre de grandeur des écarts d'énergie entre les niveaux doit être comparable ou inférieur à $k_{\text{B}}T$. D'autre part, le théorème d'équipartition de l'énergie établit que, pour une énergie dépendant du carré d'une coordonnée généralisée (c'est-à-dire une coordonnée d'espace (position, angle) ou une vitesse (linéaire, angulaire)) et dont les niveaux sont effectivement occupés, sa contribution à la capacité thermique à volume constant est $R/2$.

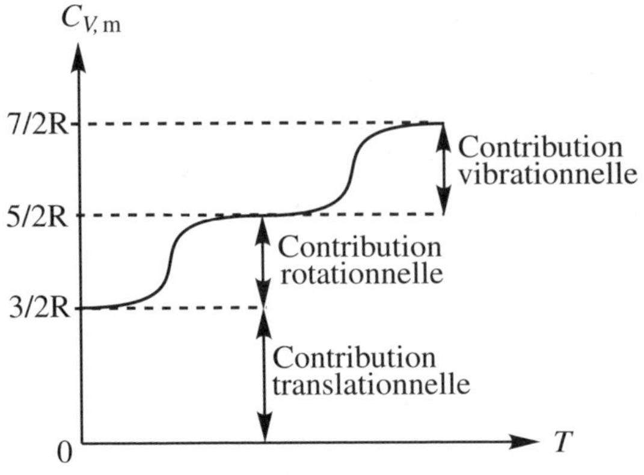

Figure 2.2 – Capacité thermique molaire à volume constant d'une molécule diatomique en fonction de la température

L'allure de la courbe $C_{V,\mathrm{m}}(T)$ pour des gaz parfaits en fonction de la température est donnée figure 2.2. L'allure de la courbe s'interprète par l'intervention successive de différentes formes d'énergie. À basse température, seule l'énergie cinétique de translation du centre d'inertie contribue à la capacité thermique molaire et celle-ci vaut $\frac{3}{2}R$. Ceci explique la valeur constante de la capacité thermique molaire des gaz parfaits monoatomiques. Pour un gaz diatomique, la capacité thermique molaire croît ensuite avec la température vers la valeur constante $\frac{5}{2}R$ à partir d'une température T_{rot} qui dépend de la structure de la molécule (moment d'inertie pour la rotation autour d'un axe quelconque orthogonal à l'axe de la liaison internucléaire).

Dans le cas des molécules polyatomiques non linéaires, il apparaît trois températures caractéristiques liées à l'existence de trois moments d'inertie différents.

Lorsque la température croît à nouveau, il est possible d'observer une nouvelle augmentation de la capacité thermique molaire à volume constant vers la valeur asymptotique $\frac{7}{2}R$ pour les molécules diatomiques. Il existe dans une molécule diatomique un mode de vibration correspondant à l'élongation le long de la direction interatomique. À ce mouvement de vibration correspondent deux formes d'énergie : l'énergie cinétique et l'énergie potentielle élastique due ici à l'interaction entre les atomes qui sera modélisée par un ressort de constante de force k. Ces deux formes d'énergie dépendent de façon quadratique soit de la vitesse (énergie cinétique), soit de la position (énergie potentielle) et, par application du théorème d'équipartition de l'énergie, chaque forme d'énergie contribue pour $R/2$ à la capacité thermique lorsque la température est suffisamment élevée et que les niveaux de vibration sont notablement peuplés. Il apparaît donc une température caractéristique, notée T_{vib}, liée à la structure de la molécule diatomique (moment d'inertie et constante de force de la liaison), qui repère la transition entre les domaines de température où seul le niveau de vibration fondamental est occupé et les domaines où de nombreux niveaux de vibration sont peuplés. La figure 2.3 schématise une molécule diatomique où il existe deux axes de rotation équivalents orthogonaux à la direction de liaison et où la liaison est modélisée par un ressort de constante de force k.

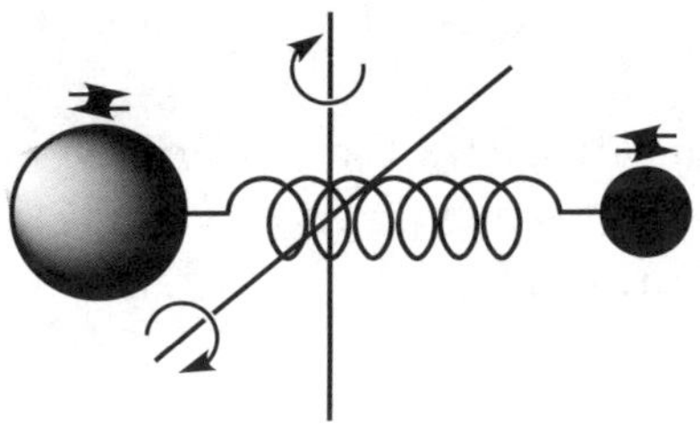

Figure 2.3 – Degrés de liberté internes d'une molécule diatomique : rotations autour de deux axes orthogonaux à l'axe interatomique passant par le centre d'inertie et vibration le long de l'axe interatomique

Pour des atomes massifs et pour des liaisons lâches, la température T_{vib} est basse. À titre indicatif, nous avons les valeurs numériques suivantes :

Molécule	I_2	Cl_2	N_2	H_2
T_{vib} / K	308	805	3374	6215

Pour des températures voisines de 300 K, seul le premier niveau de vibration est peuplé et la vibration ne contribue pas à la capacité thermique molaire à volume constant.

Pour les molécules polyatomiques constituées de n atomes, il existe $3n - 5$ (molécule linéaire) ou $3n - 6$ (molécule non linéaire) modes propres de vibration. À chaque mode propre est associée une fréquence propre et donc une température T_{vib}. Ces températures sont en général supérieures à 400 K et les niveaux de vibration autres que le fondamental sont peu occupés. En conséquence les molécules ne stockent pas à température ambiante l'énergie sous forme d'énergie de vibration.

Conclusion

- pour un gaz parfait monoatomique :
  à toute température :

$$C_{V,\mathrm{m}} = \frac{3}{2}.R \qquad \text{et} \qquad C_{p,\mathrm{m}} = \frac{5}{2}.R$$

- pour un gaz parfait polyatomique :
  à des températures suffisamment élevées pour que les contributions de rotation soient totales :

$$C_{V,\mathrm{m}} = \frac{5}{2}.R \qquad \text{et} \qquad C_{p,\mathrm{m}} = \frac{7}{2}.R \qquad \text{pour les molécules linéaires}$$

$$C_{V,\mathrm{m}} = 3R \qquad \text{et} \qquad C_{p,\mathrm{m}} = 4R \qquad \text{pour les molécules non linéaires}$$

Les gaz qui présentent des capacités thermiques molaires supérieures ont une contribution notable des modes de vibration. Ce phénomène prend de l'importance lorsque la température croît.

c) Cas des solides

En utilisant la relation liant capacité thermique molaire à volume constant et capacité thermique molaire à pression constante (relation de MAYER établie au 3.3.a)), la faible dépendance du volume molaire avec la température et la pression pour les solides rend négligeable dans la plupart des situations la différence entre la capacité thermique molaire à volume constant et la capacité thermique molaire à pression constante.

Nous avons donc :

$$C_{p,\mathrm{m}} = C_{V,\mathrm{m}}.$$

Pour un solide, l'allure de la courbe donnant la capacité thermique molaire à volume constant en fonction de la température est donnée à la figure 2.4.

Les deux éléments importants de cette courbe sont l'asymptote et l'ordre de grandeur de la température où la moitié de la valeur asymptotique est atteinte.

Soit $T_{1/2}$ la température pour laquelle la moitié de la valeur asymptotique à haute température de la capacité thermique à volume constant est atteinte. La température de DEBYE est la température T_D qui vérifie la relation : $T_\mathrm{D} = 4.T_{1/2}$. D'autre part, la valeur asymptotique est liée à la structure du cristal : la capacité thermique molaire vaut $3R$ par unité de quantité de matière d'atomes ou ions constituant le cristal dans de très nombreuses situations.

Ces constatations expérimentales s'expliquent assez simplement par le modèle suivant. Dans un cristal, chaque atome ou ion occupe une position d'équilibre.

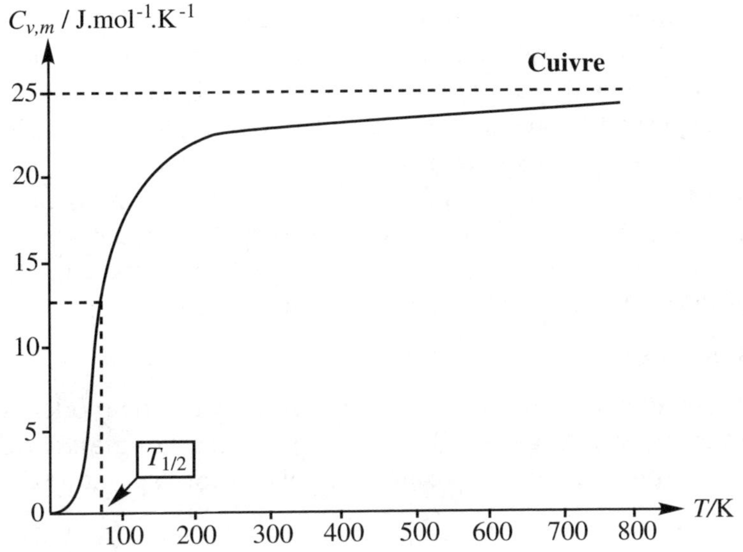

Figure 2.4 – Variation de la capacité thermique molaire à volume constant du cuivre

Le potentiel auquel il est soumis est bien décrit en première approximation par un potentiel harmonique de la forme :

$$V(x, y, z) = \frac{1}{2}(k_x x^2 + k_y y^2 + k_z z^2)$$

où x, y et z repèrent la position d'un atome ou d'un ion par rapport à sa position d'équilibre dans le cristal.

Il y a donc trois directions de l'espace qui sont indépendantes, avec deux formes d'énergie associées à chaque mouvement de vibration (énergie cinétique et énergie potentielle). L'application du théorème d'équipartition de l'énergie permet de comprendre facilement la valeur numérique de l'asymptote ($R/2$ par degré de liberté, donc R par direction et par unité de quantité de matière d'oscillateur). On comprend aussi pourquoi la capacité thermique molaire asymptotique d'un sel comme le chlorure de sodium est deux fois plus élevée que celle d'un métal comme le sodium.
La température de DEBYE est liée à la nature du potentiel subi par l'atome ou l'ion dans sa position d'équilibre au sein du cristal, c'est-à-dire à la possibilité d'occuper à une température donnée les niveaux de vibration. Plus un cristal est rigide (ce qui correspond à des valeurs élevées des constantes de force k_i), et les masses des atomes faibles, plus la température de DEBYE sera élevée.

Pour un cristal ionique constitué d'ions polyatomiques, la valeur de la capacité thermique à haute température sera supérieure à celle attendue par le modèle précédent. En effet, l'existence de vibrations intraioniques dans les ions constituant le cristal permet de stocker l'énergie. D'autre part, les métaux de transition ont une structure électronique assez complexe, avec en particulier des niveaux d'énergie électroniques non occupés à basse température, mais proches et qui peuvent être peuplés à des températures de quelques centaines de kelvins. Ceci explique que les capacités thermiques molaires de certains métaux de transition soient supérieures aux valeurs attendues par application du modèle précédent.

d) Cas des liquides

Ici, contrairement aux cas des gaz et solides, il n'y a pas de modèle simple qui permet d'interpréter les capacités thermiques molaires. Les grandeurs mesurées sur les liquides sont supérieures à celles des solides correspondants.

4. Étude de l'entropie molaire absolue de quelques espèces

4.1 Les gaz

Le tableau ci-dessous contient quelques données d'entropie molaire absolue standard S°_m sous $p = p^\circ = 1$ bar et à $T = 298$ K.

Gaz	He	Ne	F_2	Cl_2	Br_2	H_2	O_2	N_2
S°_m / J.K^{-1}.mol^{-1}	126,2	146,3	202,8	223,1	245,5	130,7	205,2	191,6
Gaz	HF	HCl	HBr	NO	CO	CO_2	H_2O	NH_3
S°_m / J.K^{-1}.mol^{-1})	173,8	186,9	198,7	210,8	197,7	213,8	188,8	192,8

Remarquons que l'entropie molaire absolue des gaz monoatomiques (gaz nobles) est notablement plus faible que la plupart des autres gaz. L'évolution de cette grandeur avec la masse des atomes (l'entropie molaire absolue croît avec la masse des atomes) est bien décrite par la mécanique statistique.

Pour les gaz polyatomiques comportant peu d'atomes (2 à 5 environ) et à l'exception du dihydrogène, un ordre de grandeur raisonnable à retenir est 200 J.K^{-1}.mol^{-1} (sous $p = p^\circ = 1$ bar et à T= 298 K). L'évolution au sein d'une famille (les dihalogènes, les halogénures d'hydrogène) s'explique bien à partir de la connaissance des courbes donnant les capacités thermiques molaires à pression constante.

➤ **Évolution de l'entropie molaire absolue dans la famille des dihalogènes gazeux**

Outre les grandeurs associées aux changements d'état, la comparaison des températures T_{rot} et T_{vib} (voir 2.3.3.b)) permet de rationnaliser l'évolution de l'entropie molaire absolue au sein de cette famille. En raison de la masse plus faible des atomes et des distances internucléaires plus courtes, le moment d'inertie croît dans la séquence F_2, Cl_2, Br_2, I_2. Donc la température T_{rot} décroît dans cette même séquence. Ainsi, pour les dihalogènes les plus lourds, la contribution de la rotation à la capacité thermique est plus précoce en température et l'entropie molaire absolue est donc plus élevée. D'autre part la liaison X_2 est de rigidité décroissante lorsque la masse de X augmente (ceci est mis en évidence par des propriétés spectroscopiques). Donc la température T_{vib} décroît avec l'augmentation de la masse et la contribution de la vibration à l'entropie molaire absolue à une température donnée est plus importante.

Lorsque le nombre d'atomes croît, il existe dans la structure plus de modes de vibration, donc la capacité thermique à pression constante, pour des structures voisines (mêmes types d'atomes et de liaisons), croît. L'entropie molaire absolue augmente aussi. Ceci est bien illustré dans la série CH_4, C_2H_4, C_2H_6.

Gaz	CH_4	C_2H_4	C_2H_6
S°_{m} / $J.K^{-1}.mol^{-1}$	186,3	219,6	229,6

4.2 Les liquides

Liquide	Br_2	H_2O	CH_3OH	H_2SO_4
S°_{m} / $J.K^{-1}.mol^{-1}$	152,2	70,0	126,8	156,9

Pour une même substance, l'entropie molaire absolue est plus élevée pour le gaz que pour le liquide à température et pression données. Ceci s'explique par le désordre de position qui est beaucoup plus élevé pour le gaz que pour le liquide.

Si le liquide est constitué de molécules de moments d'inertie élevés et comportant plusieurs atomes, les valeurs d'entropies molaires absolues peuvent être relativement élevées et supérieures à celles de certains gaz (comparez les valeurs relatives aux gaz nobles et à l'acide sulfurique liquide).

4.3 Les solides

Le tableau indique les valeurs de l'entropie molaire absolue (en $J.K^{-1}.mol^{-1}$), de la capacité thermique molaire à pression constante (en $J.K^{-1}.mol^{-1}$) et du rapport de cette grandeur à $3R$. Les grandeurs sont mesurées à $T = 298$ K sous $p = p^\circ = 1$ bar.

Solide	Al	Ag	C gr	C di	AgCl	CaO	HgO	MgO	NaCl	$NaHCO_3$
S°_m	28,3	42,5	5,7	2,4	96,2	38,2	70,3	26,9	72,1	101,7
$C^\circ_{p,\mathrm{m}}$	24,2	24,2	8,5	6,1	50,8	42,1	44,1	37,1	50,5	87,6
$C^\circ_{p,\mathrm{m}}/(3R)$	0,97	0,97	0,34	0,24	2,04	1,69	1,77	1,49	2,02	3,51

La comparaison des valeurs mesurées pour l'entropie molaire absolue des différents solides s'effectue dans le cadre du modèle simple de l'oscillateur harmonique tridimensionnel élaboré pour interpréter les capacités thermiques molaires des solides.

Comme l'entropie molaire absolue standard se déduit de la capacité thermique molaire à pression constante par intégration de $C^\circ_{p,\mathrm{m}}/T$, une température de DEBYE basse et une valeur élevée de l'asymptote (liée aux nombres d'atomes ou d'ions constitutifs du cristal) expliquent des valeurs élevées de l'entropie molaire absolue.

La faible valeur de l'entropie molaire absolue du diamant (noté C di) est due à un cristal très rigide, donc à haute température de DEBYE : en conséquence $C^\circ_{p,\mathrm{m}}$ n'atteint pas sa valeur asymptotique à 298 K.

Pour le cristal de chlorure d'argent (et autres cristaux de même stœchiométrie), on attend pour la capacité thermique molaire à pression constante la valeur asymptotique de $6R$. Le fait de dépasser cette valeur peut s'expliquer par les éléments suivants : le modèle de l'oscillateur harmonique ne s'applique pas rigoureusement à ces systèmes mais n'en propose qu'une description approchée, l'approximation qui assimile $C_{p,\mathrm{m}}$ et $C_{V,\mathrm{m}}$ est approchée et l'existence de défauts dans le cristal augmente l'entropie de celui-ci.

Pour le cristal d'hydrogénocarbonate de sodium, la valeur notablement supérieure de la capacité thermique molaire à pression constante (et donc de l'entropie molaire absolue) est due à l'ion HCO_3^- qui possède de nombreux degrés de vibration interne.

5. Quelques expressions et propriétés du potentiel chimique d'un corps pur

5.1 Cas des gaz parfaits

Un gaz parfait suit l'équation d'état :

$$pV = nRT \qquad \text{ou} \qquad pV_\mathrm{m} = RT$$

où V_{m} est le volume molaire du gaz. Le lien entre le comportement macroscopique du système donné par son équation d'état et le comportement microscopique est interprété par la mécanique statistique (bien sûr hors-programme). Le comportement de gaz parfait est observé pour des populations de particules de volume propre négligeable devant le volume disponible et dont les interactions sont de portée très faible devant la distance moyenne entre les particules.

Nous allons montrer dans ce qui suit que l'existence de l'équation d'état des gaz parfaits impose une forme à l'expression mathématique du potentiel chimique. Pour établir cette relation, utilisons la dépendance du potentiel chimique avec la pression. Nous avons établi au 2.4. :

$$\left(\frac{\partial \mu^*}{\partial p}\right)_T = V_{\text{m}}.$$

Or pour un gaz parfait, le volume molaire s'écrit :

$$V_{\text{m}} = \frac{RT}{p}.$$

Il reste donc à intégrer l'équation aux dérivées partielles :

$$\left(\frac{\partial \mu^*}{\partial p}\right)_T = \frac{RT}{p}.$$

À température fixée :

$$\text{d}\mu^* = RT.\frac{\text{d}p}{p}$$

s'intègre simplement en :

$$\mu^*(T,\, p) = \lambda(T) + RT.\ln\left(\frac{p}{p^\circ}\right)$$

où $\lambda(T)$ est une fonction ne dépendant que de la température.

L'expression précédente s'écrit plutôt sous la forme :

$$\mu^*(T,\, p) = \mu^*(T, p^\circ) + RT.\ln\left(\frac{p}{p^\circ}\right)$$

p° est une pression particulière appelée pression de référence. La valeur choisie par les chimistes est p° = 1 bar et s'appelle pression standard.

Remarquons que la donnée de l'équation d'état ne contient pas toute l'information thermodynamique : pour accéder à l'ensemble de celle-ci, il faudrait connaître la fonction $\mu^*(T, p^\circ)$, qui ne dépend que de la température. Cette grandeur, qui est le potentiel chimique du corps pur dans des conditions physiques particulières, c'est-à-dire à la pression standard $p = p^{\circ}$, est appelée potentiel chimique standard du corps pur et est notée $\mu^{*,\circ}(T)$. Ceci montre qu'il n'existe pas un seul gaz parfait et que la diversité est liée à la structure interne des particules qui le constituent. Cette structure interne a des conséquences importantes sur la fonction $C_{p,\mathrm{m}}(T)$.

5.2 Cas des gaz réels

Plusieurs données expérimentales montrent que de nombreux gaz, dans certaines conditions, en particulier aux pressions élevées et à basses températures, ne se comportent pas comme des gaz parfaits. Cela est dû à l'existence de forces intermoléculaires à longues portées (forces de VAN DER WAALS) et au volume notable occupé par les molécules devant le volume disponible. Néanmoins, tous les gaz réels se comportent sous faible pression comme les gaz parfaits. Cette constatation expérimentale s'explique par l'augmentation de la distance moyenne entre particules constitutives du gaz lorsque la pression décroît et donc de l'intensité des forces intermoléculaires qui décroissent avec la distance. Ceci explique pourquoi on pose *a priori* le potentiel chimique d'un gaz réel de la forme :

$$\mu^{*}(T,p) = \mu^{*,\circ}(T) + RT.\ln\left(\frac{f}{p^{\circ}}\right)$$

où $f(T,\ p)$ est une fonction de la température et de la pression, appelée fugacité et homogène à une pression. L'intérêt de ce choix est, en tenant compte des données expérimentales, de connaître le comportement asymptotique de la fonction f : à toute température, $f(T,\ p)$ est équivalente à p lorsque p tend vers zéro.

Nous avons donc :

$$\lim_{p\to 0}\frac{f}{p} = 1$$

On introduit éventuellement le coefficient γ, sans dimension, appelé coefficient de fugacité ou coefficient d'activité défini par :

$$\gamma = \frac{f}{p} \qquad \text{et} \qquad \lim_{p\to 0}\gamma = 1.$$

Ce coefficient traduit l'écart au comportement de gaz parfait.

À ce stade de notre travail, l'écriture proposée de $\mu^{*}(T,\ p)$ n'apporte aucun progrès : elle se borne à tenir compte de façon optimale du comportement asymptotique du système aux basses pressions.

La connaissance du volume molaire à température fixée, pour différentes pressions permet de calculer la fugacité et le coefficient de fugacité.

$$\left(\frac{\partial \mu^*}{\partial p}\right)_T = V_\text{m} = RT.\left(\frac{\partial \ln(f)}{\partial p}\right)_T$$

ce qui s'écrit :

$$\text{d}\ln(f) = \frac{V_\text{m}}{RT}.\text{d}p \qquad \text{à température fixée.}$$

Cette relation peut être intégrée entre deux valeurs de pression p_1 et p_2 :

$$\int_{f_1}^{f_2} \text{d}\ln(f) = \int_{p_1}^{p_2} \frac{V_\text{m}}{RT}.\text{d}p$$

ce qui donne après intégration :

$$\ln\left(\frac{f_2}{f_1}\right) = \frac{1}{RT}\int_{p_1}^{p_2} V_\text{m}(T,p).\text{d}p$$

Cette formule permet donc le calcul du rapport de deux fugacités.

Pour accéder à la fugacité et non à un simple rapport, il faut tenir compte du comportement asymptotique du gaz réel. Pour cela on soustrait membre à membre à l'égalité définissant d $\ln(f)$, d $\ln(p)$, de façon à faire apparaître le rapport f/p dont le comportement asymptotique est connu lorsque la pression tend vers 0. Il vient alors :

$$\text{d}\ln(f) - \text{d}\ln(p) = \frac{V_\text{m}}{RT}.\text{d}p - \text{d}\ln(p)$$

soit :

$$\text{d}\ln\left(\frac{f}{p}\right) = \left(\frac{V_\text{m}}{RT} - \frac{1}{p}\right).\text{d}p$$

ce qui donne après intégration :

$$\int_{p_1}^{p_2} \text{d}\ln\left(\frac{f}{p}\right) = \int_{p_1}^{p_2}\left(\frac{V_\text{m}}{RT} - \frac{1}{p}\right).\text{d}p = \left[\ln\left(\frac{f}{p}\right)\right]_{p_1}^{p_2}$$

En choisissant $p_1 = 0$ et p_2 en tenant compte du comportement asymptotique du rapport f/p, nous obtenons :

$$\ln\left(\frac{f}{p}\right) = \int_0^p \left(\frac{V_\text{m}}{RT} - \frac{1}{p}\right).\text{d}p$$

soit :

$$f(T,p) = p.\exp\left(\int_0^p \left(\frac{V_\text{m}}{RT} - \frac{1}{p}\right).\text{d}p\right)$$

Ainsi, la connaissance de $V_{\mathrm{m}}(T,p)$ à température fixée à partir de valeurs de pressions très faibles où le comportement de type gaz parfait est suivi permet le calcul numérique de $f(T,p)$.

Il se pose ici le problème de l'existence de l'intégrale du second membre de l'égalité, qui n'est pas *a priori* assurée pour la borne zéro à cause du comportement de la fonction $1/p$. Pour résoudre ce problème, utilisons le développement du viriel en pression. Pour tout gaz réel il existe une série de fonctions $a_i(T)$ telle que :

$$pV_{\mathrm{m}} = RT\left(1 + \sum_{i=1}^{\infty} a_i(T)p^i\right)$$

En pratique, la série est tronquée assez rapidement à une valeur maximale $n_{\max}$ et dans ce cas la fonction à intégrer pour calculer la fugacité s'écrit donc :

$$\frac{V_{\mathrm{m}}}{RT} - \frac{1}{p} = \sum_{i=1}^{n_{\max}} a_i(T)p^{i-1}$$

Nous avons alors :

$$f(T,p) = p.\exp\left(\int_0^p \sum_{i=1}^{n_{\max}} a_i(T)p^{i-1}.\mathrm{d}p\right)$$

soit :

$$f(T,p) = p.\exp\left(\left[\sum_{i=1}^{n_{\max}} \frac{a_i(T)p^i}{i}\right]_0^p\right) = p.\exp\left(\sum_{i=1}^{n_{\max}} \frac{a_i(T)p^i}{i}\right)$$

L'intégrale proposée existe bien.

Il existe de nombreuses situations où la fugacité peut se calculer à partir de l'équation d'état (cela revient à travailler sur une expression analytique du volume molaire du gaz).

Exercice résolu

Calculer la fugacité d'un gaz réel décrit par l'équation d'état :

$$p(V_{\mathrm{m}} - b) = RT$$

Réponse

Le volume molaire V_{m} s'exprime de façon explicite en fonction de la température et de la pression :

$$V_{\mathrm{m}} = \frac{RT}{p} + b$$

soit :

$$\frac{V_{\mathrm{m}}}{RT} - \frac{1}{p} = \frac{b}{RT}$$

Le rapport de la fugacité à la pression s'exprime donc sous la forme :

$$\ln\left(\frac{f}{p}\right) = \int_0^p \frac{b}{RT}.\mathrm{d}p = \frac{bp}{RT}$$

et donc :

$$\frac{f}{p} = \gamma = \exp\left(\frac{bp}{RT}\right).$$

L'équation d'état proposée ici tient compte du volume propre des molécules du gaz : l'espace physique effectivement accessible est diminué (la grandeur b est appelée covolume et est d'autant plus grande que les molécules ont un volume propre important) du volume occupé déjà par les molécules du gaz.

5.3 Potentiel chimique d'un corps pur en phase condensée

Nous entendons par phase condensée une phase liquide ou une phase solide.

Expérimentalement, le volume molaire de nombreuses substances en phase condensée dépend peu de la température et de la pression. Il est donc raisonnable, dans de très nombreuses situations, de supposer constant le volume molaire V_{m}. Le volume molaire se calcule aisément à partir de la masse molaire M et de la masse volumique ρ.

Exercice résolu

Pour l'eau liquide, les valeurs numériques de la masse volumique et de la masse molaire sont :

$$\rho = 1000\ \mathrm{kg.m^{-3}} \qquad \text{et} \qquad M = 18.10^{-3}\ \mathrm{kg.mol^{-1}}.$$

En déduire le volume molaire de l'eau liquide au voisinage de T = 298 K et de $p = 1$ bar.

Réponse

$$V_{\mathrm{m}} = \frac{M}{\rho} = \frac{18.10^{-3}}{1000} = 18.10^{-6}\ \mathrm{m^3.mol^{-1}}.$$

L'ordre de grandeur numérique obtenu dans le cas de l'eau est indicatif de celui de nombreuses substances qui sont parfois de masse molaire et de masse volumique simultanément plus élevées.

Étudions maintenant l'effet d'une variation des paramètres température et pression sur le potentiel chimique d'un corps pur.

➤ Effet de la pression

Dans le cas d'un volume molaire constant, une variation Δp de la pression à température constante entraîne une variation $\Delta\mu^*$ du potentiel chimique :

$$\left(\frac{\partial\mu^*}{\partial p}\right)_T = V_\mathrm{m}$$

s'intègre de façon évidente en :

$$\Delta\mu^* = V_\mathrm{m}.\Delta p$$

> ***Exercice résolu***
>
> Évaluer l'effet d'une augmentation de pression de 100 bars sur le potentiel chimique de l'eau liquide.
>
> *Réponse :*
>
> Pour appliquer la formule obtenue précédemment, il faut bien prendre garde à travailler dans un système d'unités cohérent, par exemple les volumes molaires en $\mathrm{m}^3.\mathrm{mol}^{-1}$ et les pressions en pascal. Pour l'exemple numérique étudié :
>
> $$\Delta\mu^* = 18.10^{-6}.100.10^5 = 180\ \mathrm{J.mol}^{-1}$$
>
> Cette valeur en elle-même n'est pas très parlante mais sera ultérieurement comparée à la variation de potentiel chimique induite par une augmentation de température.

➤ Effet de la température

L'analyse de l'effet de la température sur le potentiel chimique s'effectue dans le cadre de deux approximations : d'abord en supposant constante l'entropie molaire absolue dans l'intervalle de température considéré puis en supposant constante la capacité thermique molaire à pression constante. L'effet de la température sur le potentiel chimique est contenu dans la relation :

$$\left(\frac{\partial\mu^*}{\partial T}\right)_p = -\,S_\mathrm{m}.$$

Dans le cas où l'entropie molaire absolue S_m est supposée constante, l'intégration (à pression constante) est immédiate :

$$\Delta\mu^* = -\,S_\mathrm{m}.\Delta T.$$

Soit $\Delta\mu_1^*$ cette expression de variation du potentiel chimique issue de cette première approximation. Si on renonce à la constance de l'entropie molaire absolue sur l'intervalle de température ΔT et que l'on suppose constante la capacité thermique molaire à pression constante, l'intégration de la dérivée de l'entropie molaire absolue par rapport à la température conduit à :

$$\left(\frac{\partial S_{\mathrm{m}}}{\partial T}\right)_p = \frac{C_{p,\mathrm{m}}}{T} \quad \text{et} \quad S_{\mathrm{m}}(p,T) = S_{\mathrm{m}}(p,T_0) + C_{p,\mathrm{m}}.\ln\left(\frac{T}{T_0}\right)$$

En intégrant $-S_{\mathrm{m}}$ entre deux températures T_0 et T, nous obtenons la variation correspondante du potentiel chimique :

$$\Delta\mu^* = -S_{\mathrm{m}}(p,T_0).(T - T_0) - C_{p,\mathrm{m}}.\Big[T.\ln(T) - T - T.\ln(T_0)\Big]_{T_0}^{T}$$

$$\Delta\mu^* = \Delta\mu_1^* - C_{p,\mathrm{m}}.\Big(T.\ln(T) - T - T.\ln(T_0) - T_0.\ln(T_0) + T_0 + T_0.\ln(T_0)\Big)$$

soit, après simplification :

$$\Delta\mu^* = \Delta\mu_1^* - C_{p,\mathrm{m}}.\left(T.\ln(\frac{T}{T_0}) - \Delta T\right)$$

Exercice résolu

Étudier l'effet de l'augmentation de température sur le potentiel chimique de l'eau liquide lors d'une variation de température de 100 K :

- en supposant constante l'entropie molaire absolue de l'eau liquide entre 298 K et 398 K ;
- en tenant compte de la dépendance de l'entropie molaire absolue avec la température.

Données

- $S^\circ_{\mathrm{m}}(H_2O$ liquide, $T = 298$ K$) = 70$ J.K^{-1}.mol^{-1}
- $C^\circ_{p,\mathrm{m}}(H_2O$ liquide, $T = 298$ K$) = 75{,}3$ J.K^{-1}.mol^{-1}

Réponse

Dans le cas où la variation de l'entropie molaire absolue avec la température est négligée, la variation du potentiel chimique, notée $\Delta\mu_1^*$, vaut :

$$\Delta\mu_1^* = -70.100 = -7\,000 \text{ J.mol}^{-1}.$$

En tenant compte de la dépendance de l'entropie molaire absolue avec la température, nous avons :

$$\Delta\mu^* = -7\,000 - 75{,}3.\left(398.\ln\left(\frac{398}{298}\right) - 100\right) = -8\,140 \text{ J.mol}^{-1}$$

Il est donc justifié de prendre en compte l'effet de la température sur l'entropie molaire.

Mais l'essentiel ici est de mettre en évidence la différence entre l'effet de la température et l'effet de la pression sur le potentiel chimique d'une phase condensée. Le cas de l'eau liquide est généralisable aux autres espèces chimiques en phase condensée : une variation de pression de 100 bars est difficile à obtenir dans un laboratoire usuel tandis qu'une variation de température de 100 K est facilement dépassée expérimentalement. Un géochimiste intéressé par les propriétés thermodynamiques de la matière à l'intérieur de la Terre, donc soumise à des pressions de plusieurs centaines, voire milliers de kbar sera l'un des seuls utilisateurs de la thermodynamique à prendre en compte la dépendance en pression.

Conclusion : Il est usuel de négliger, en chimie, l'effet de la pression sur les propriétés thermodynamiques des phases condensées. Cela est dû à leur caractère quasiment incompressible.

Troisième principe et entropie résiduelle

Pour déterminer expérimentalement l'entropie molaire absolue d'un corps pur, il faut procéder à des mesures calorimétriques précises de la capacité thermique à pression constante et des enthalpies de changement d'état à partir du zéro absolu. Le troisième principe affecte la valeur nulle à l'entropie d'un un cristal parfaitement ordonné au zéro absolu.

Cette définition soulève plusieurs problèmes, parmi lesquels :

- la mise en œuvre expérimentale est assez délicate, surtout à basse température
- comment sait-on que le cristal est parfaitement cristallisé ?

Il est remarquable que des modèles théoriques apportent des réponses décisives aux questions posées.

L'aide de la mécanique statistique

La mécanique statistique est une partie de la physique développée à partir de la fin du XIXe siècle dont l'objectif (ambitieux) est de relier les propriétés thermodynamiques macroscopiques aux propriétés individuelles des constituants du système. Dans ce cadre, il est possible de calculer l'entropie d'un gaz parfait : le résultat obtenu dépend de la température, de la pression et de tous les paramètres caractérisant les constituants du système : masse des atomes, moments d'inertie de la molécule, constantes de force décrivant le mouvement de vibration des atomes dans les molécules au voisinage de leurs positions d'équilibre et éventuellement existence de niveaux électroniques excités. Ces paramètres sont accessibles par des mesures spectroscopiques.

Comparaison entre entropie calorimétrique et entropie statistique

Le tableau suivant indique les valeurs mesurées par calorimétrie (S°_m(exp.)) et application du troisième principe et les valeurs théoriques calculées par les modèles de la mécanique statistique appliqués au gaz parfait (S°_m(calc.)).

Espèce	N_2	Br_2	CO_2	CH_4	CO
S°_m(exp.) / J.K^{-1}.mol^{-1}	191,6	245,5	213,7	186,3	193,0
S°_m(calc.) / J.K^{-1}.mol^{-1}	191,5	245,5	213,8	186,3	197,7

L'accord entre ces deux grandeurs est en général excellent et constitue un succès remarquable pour la mécanique statistique. Tout écart entre les deux entropies doit être alors interprété comme la défaillance de l'hypothèse de l'entropie nulle du cristal au zéro absolu.

Cristal non ordonné et entropie résiduelle

L'entropie du monoxyde de carbone mesurée par calorimétrie n'est pas en bon accord avec l'entropie annoncée par la mécanique statistique. Une analyse plus fine permet d'expliquer l'écart entre les deux grandeurs.

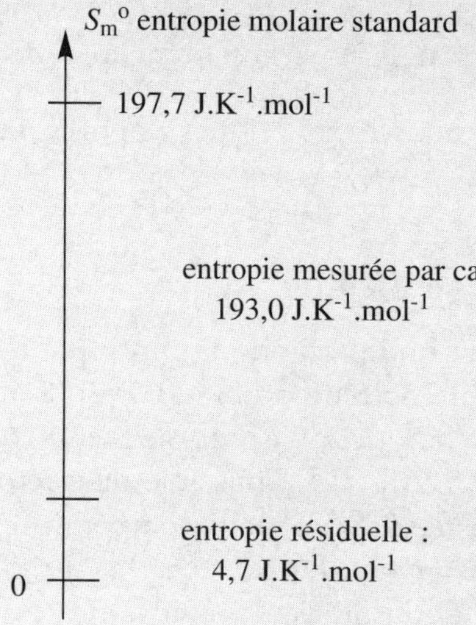

Figure 2.5 – Entropie molaire absolue du monoxyde de carbone gazeux et entropie résiduelle à l'état solide au voisinage de $T = 0$ K

La molécule de monoxyde de carbone possède un faible moment dipolaire électrique $\mu = 0{,}11$ D $= 3{,}7.10^{-31}$ C.m. Dans un cristal parfaitement ordonné, tous les dipôles électriques de chaque molécule seraient parallèles entre eux. Mais la très faible valeur du moment dipolaire se traduit par de faibles différences d'énergie entre les différents arrangements d'orientation des moments dipolaires et le processus de diffusion de l'information au sein du cristal est très lent. Ainsi, au zéro absolu, le cristal obtenu expérimentalement n'est pas dans l'arrangement d'énergie minimale où tous les dipôles seraient de même orientation : l'orientation de chaque dipôle reste aléatoire et le cristal n'est pas parfaitement ordonné. Ce désordre restant au voisinage du zéro absolu se traduit par une entropie non nulle du cristal : on parle alors d'entropie résiduelle.

La valeur adoptée par les tables thermodynamiques pour le monoxyde de carbone est bien celle conforme à la prise en compte de l'entropie résiduelle du cristal de monoxyde de carbone.

EXERCICES

2.1 Influence de la température et de la pression sur le potentiel chimique

1. Quelles sont les influences respectives de la température et de la pression sur le potentiel chimique $\mu_B^*(T,p)$ d'un corps pur B ?

2. En déduire la valeur de la différence $\mu_B^*(T,p) - \mu_B^{*,\circ}(T_0,p^\circ)$.

3. Tracer sur un schéma la variation approchée de $\mu_B^*(T)$ en fonction de la température T à pression constante, en considérant que, dans chaque domaine de température étudié, la variation est linéaire. Préciser la nature de la phase (solide, liquide, gazeux) la plus stable du corps pur selon la température. Quel niveau d'approximation a été utilisé pour assimiler les variations de $\mu_B^*(T)$ à des variations linéaires ?

2.2 Fugacité d'un gaz réel

1. Montrer que la fugacité d'un gaz réel peut être reliée à la pression par la relation :

$$f = p\exp\left(\int_0^p \frac{(Z(p,T)-1)}{p}\mathrm{d}p\right)$$

avec $Z(p,T) = \dfrac{pV_\mathrm{m}}{RT}$ et V_m volume molaire du gaz réel.

2. Le facteur Z du dioxyde de carbone peut prendre la forme

$$Z(p,T) = 1 + \frac{9}{128}\left(\frac{T_\mathrm{c}}{T}\right)\left(\frac{p}{p_\mathrm{c}}\right)\left[1 - 6\left(\frac{T_\mathrm{c}}{T}\right)^2\right]$$

avec $p_\mathrm{c} = 73{,}9$ bar et $T_\mathrm{c} = 304{,}2$ K.

Exprimer la fugacité $f(T,p)$ du dioxyde de carbone en fonction de la pression pour une température donnée.

3. Pour quelle température le gaz réel se comporte-t-il toujours en gaz parfait (quelle que soit la pression) ?

2.3 Gaz réel : utilisation d'une équation d'état

Reprenons l'étude du comportement du dioxyde de carbone assimilé à un gaz réel. Nous avons montré dans l'exercice n°2.2 le résultat fournissant la fugacité d'un gaz réel sous la forme :

$$f = p \exp \int_0^p \frac{(Z(p,T)-1)}{p} \mathrm{d}p$$

avec $Z(p,T) = \dfrac{pV_\mathrm{m}}{RT}$ et V_m volume molaire du gaz réel.

Considérons désormais que le dioxyde de carbone est décrit par l'équation d'état suivante :

$$(p + \frac{a}{V_\mathrm{m}^2})V_\mathrm{m} = RT.$$

Exprimer dans ce cas le fugacité du gaz réel en fonction de la pression et de la température (on supposera une faible déviation par rapport au modèle du gaz parfait).

2.4 Variation du potentiel chimique d'un gaz parfait

Considérons le corps pur diazote à 298 K et sous 1 bar. Le système est considéré comme un gaz parfait. Calculer la variation de son potentiel chimique dans les deux cas suivants :

1. Il subit une détente isotherme qui double son volume.

2. Il subit une détente adiabatique réversible qui double son volume.

Données :

- entropie molaire à 298 K : $S_\mathrm{m} = 191{,}3$ J.K^{-1}.mol^{-1} ;
- coefficient $\gamma = \dfrac{C_{p,\mathrm{m}}}{C_{V,\mathrm{m}}} = 1{,}41$;
- constante des gaz parfaits $R = 8{,}31$ J.K^{-1}.mol^{-1}.

2.5 Entropie molaire absolue de l'eau gaz à $T = 298$ K sous $p = 1$ bar

La littérature propose pour l'entropie molaire absolue de l'eau gaz dans les conditions standard sous $p = p^\circ = 1$ bar et $T = 298$ K la valeur numérique S°_m(H_2O, gaz) = 188,7 J.K^{-1}.mol^{-1}. Pourtant, l'état physique stable de l'eau dans ces conditions est l'eau liquide. Cet exercice se propose de montrer la démarche suivie pour néanmoins proposer ces valeurs numériques.

L'idée générale est d'utiliser le fait que l'entropie est une fonction d'état : il suffit alors de construire un cycle thermodynamique où l'état initial est une unité de quantité de matière d'eau liquide sous $p = p^\circ = 1$ bar et $T = 298$ K et l'état final est une unité de quantité de matière d'eau gaz dans les mêmes conditions de température et de pression.

1. À partir des données suivantes, calculer l'entropie molaire absolue standard de l'eau gaz à la température $T = 298$ K.

2. Comment pourrait-on améliorer l'accord avec la valeur de la littérature ?

Données :

- entropie molaire absolue standard de l'eau liquide :
  $S^{\circ}_{\mathrm{m}}(\mathrm{H_2O, liquide}) = 69{,}9\ \mathrm{J.K^{-1}.mol^{-1}}$;
- capacité thermique molaire à pression constante de l'eau gaz :
  $C_{p,\mathrm{m}}(\mathrm{H_2O, gaz}) = 30{,}38 + 9{,}62.10^{-3}.T + 1{,}18.10^{-6}.T^2\ \mathrm{J.K^{-1}.mol^{-1}}$;
- capacité thermique molaire à pression constante de l'eau liquide :
  $C_{p,\mathrm{m}}(\mathrm{H_2O, liquide}) = 75{,}5\ \mathrm{J.K^{-1}.mol^{-1}}$;
- enthalpie de vaporisation de l'eau à $T = 373$ K :
  $L_{\mathrm{vap}}(\mathrm{H_2O}) = 40{,}4\ \mathrm{kJ.mol^{-1}}$

2.6 Entropie molaire absolue du méthanol gaz à $T = 298$ K sous $p = 1$ bar

Avec les données numériques indiquées et en construisant un cycle thermodynamique adapté, calculer l'entropie molaire absolue standard du méthanol gazeux supposé se comporter comme un gaz parfait :

1. en négligeant l'effet de la pression sur l'entropie de phase liquide ;

2. en prenant en compte l'influence de la pression sur l'entropie de la phase condensée. Dans ce but, on cherchera à exprimer la dérivée partielle :

$$\left(\frac{\partial S_{\mathrm{m}}}{\partial p}\right)_T$$

en fonction de α, coefficient de dilatation isobare et de $V_{\mathrm{m}}(\mathrm{CH_3OH})$, volume molaire du méthanol liquide. Conclusion ?

Données :

- entropie molaire absolue standard du méthanol liquide :
  $S^{\circ}_{\mathrm{m}}(\mathrm{CH_3OH, liquide}) = 126{,}8\ \mathrm{J.K^{-1}.mol^{-1}}$;
- coefficient de dilatation isobare du méthanol liquide à $T = 298$ K et sous $p = 1$ bar :
  $\alpha(\mathrm{CH_3OH, liquide}) = 1{,}182.10^{-3}\ \mathrm{K^{-1}}$;
- volume molaire du méthanol : $V_{\mathrm{m}}(\mathrm{CH_3OH}) = 40{,}73.10^{-6}\ \mathrm{m^3.mol^{-1}}$;
- pression de vapeur saturante du méthanol à $T = 298$ K :
  $p^*(\mathrm{CH_3OH}) = 0{,}165$ bar ;
- enthalpie de vaporisation du méthanol à T = 298 K :
  $L_{\mathrm{vap}}(\mathrm{CH_3OH}) = 37{,}39\ \mathrm{kJ.mol^{-1}}$

Chapitre 3

Équilibres diphasés du corps pur

Ce chapitre nous sera utile pour de nombreuses raisons :

- il permet de revoir des notions introduites au chapitre précédent ;
- c'est l'occasion de se familiariser avec la grandeur potentiel chimique ;
- il sert de point de départ à l'étude des diagrammes binaires (changements d'état dans les systèmes contenant deux constituants).

1. Notion de phase

1.1 Introduction

Dans le langage usuel, le mot de phase décrit les trois états physiques de la matière : solide, liquide et gazeux. En réalité, cette notion est plus riche et il faut proposer une définition qui ne soit pas qu'une simple succession d'exemples.

Définition

Une phase est définie comme une région de l'espace où les grandeurs intensives associées à cette région de l'espace varient de façon continue en fonction des variables d'espace et à l'échelle mésoscopique.

Pour de nombreux systèmes, ces grandeurs intensives sont constantes (par exemple une expérience dans un laboratoire). Le cas de l'atmosphère terrestre, qui constitue une seule phase, illustre une phase où température et pression varient.

Le caractère discontinu de la matière, peu compatible avec une grandeur continue, conduit à préciser cette notion de continuité associée à une grandeur intensive évoquée précédemment. Si on étudie l'interface liquide/gaz d'un corps pur dans un champ de pesanteur, la courbe donnant le logarithme de la masse volumique avec l'altitude z est représentée figure 3.1

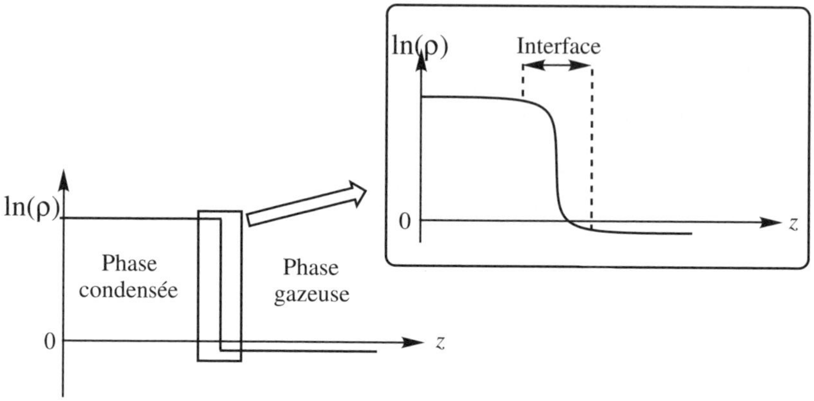

Figure 3.1 – Variation du logarithme de la masse volumique en fonction de l'altitude pour un système comportant une interface liquide/gaz

L'interface entre les deux phases se traduit par la variation d'au moins une grandeur intensive sur des distances comparables aux distances intermoléculaires c'est-à-dire très inférieures aux dimensions macroscopiques du système.

1.2 Phase et ordre

Nous avons déjà constaté lors de notre étude de l'entropie molaire absolue que pour une même espèce chimique, l'entropie de la phase solide est la plus faible. En effet, dans une phase solide, il y a un ordre de position de portée infinie (chaque atome ou ion occupe une position bien définie et en relation avec les positions des autres atomes ou ions). Il y a aussi un ordre d'orientation pour les édifices polyatomiques (les molécules ou ions occupent une direction fixe, il n'y a pas libre rotation).

Dans un liquide, seul un ordre à courte distance existe (sur quelques diamètres moléculaires) et il ne permet pas de prévoir la position des autres molécules situées à grande distance. Les mouvements de rotation sont beaucoup plus libres. En conséquence l'entropie de la phase liquide est notablement plus élevée.

Dans un gaz, le désordre de position et d'orientation est total : l'entropie est encore plus élevée.

1.3 Diversité des phases

Il n'existe qu'une seule phase gazeuse : tous les gaz se mélangent.
Les liquides peuvent former des phases qui restent distinctes après un mélange partiel éventuel (liquides non miscibles, partiellement miscibles, totalement miscibles).

L'eau et l'hexane $CH_3(CH_2)_4CH_3$ sont, à $T = 298$ K et sous $p = 1$ bar, des liquides quasiment non miscibles.

L'eau et l'éthanol sont des liquides miscibles en toutes proportions : quelles que soient les quantités de matière relatives des deux corps, une seule phase est observée après mélange.

Lors du mélange d'eau et de butan-1-ol on obtient en général deux phases liquides, l'une riche en eau, l'autre riche en butan-1-ol : on parle alors de liquides partiellement miscibles.

À l'état solide, on peut observer une assez grande diversité de comportements, détaillée dans le point suivant.

a) Variétés allotropiques

De nombreuses espèces chimiques peuvent exister à l'état solide sous plusieurs arrangements cristallographiques. Ces différentes structures seront stables dans différents domaines de température et de pression. Citons, par exemple, le fer qui existe sous pression usuelle sous deux arrangements cristallins différents (fer α et fer γ) ou le carbone qui existe sous forme diamant ou graphite.
Le passage d'une variété allotropique à l'autre se traduit par une variation de l'entropie molaire car l'ordre n'est pas identique dans tous les arrangements cristallins.

b) Les cristaux liquides

Un liquide, milieu isotrope, est transparent à la lumière (sauf dans le cas où les molécules constitutives du liquide absorbent celle-ci). En 1888, le botaniste Friedrich REINITZER constate que le benzoate de cholestéryl passe à la température de 145,5 °C de l'état solide à un état opaque mais liquide ; il se transforme ensuite à 178,5 °C en une phase liquide et transparente. Après avoir vérifié la pureté de son échantillon, il postule que le passage de l'état solide à l'état liquide procède ici en deux étapes, mettant en évidence la formation d'une nouvelle phase aux propriétés intermédiaires entre l'état liquide et l'état liquide appelée cristal liquide. L'arrangement spatial des molécules n'est ni celui du solide tridimensionnel périodique, ni celui du liquide. Il existe de nombreuses catégories de cristaux liquides. Pour illustrer notre propos, nous présentons ci-dessous deux catégories importantes et représentatives des cristaux liquides.

- les nématiques :

  Les molécules sont représentées par un bâtonnet (qui est une modélisation simplifiée de leur structure moléculaire réelle).
  Dans un cristal liquide nématique, il existe une direction de l'espace privilégiée et les molécules sont orientées préférentiellement selon cette direction. Il n'existe pas d'ordre de position mais un ordre d'orientation.

- les smectiques :

  L'arrangement spatial s'organise par plans : dans un plan, les molécules occupent des positions fixes (dans un plan, l'ordre est du type celui observé dans les solides). Les plans sont indépendants les uns des autres.

La figure 3.2 représente schématiquement les organisations dans les deux catégories décrites

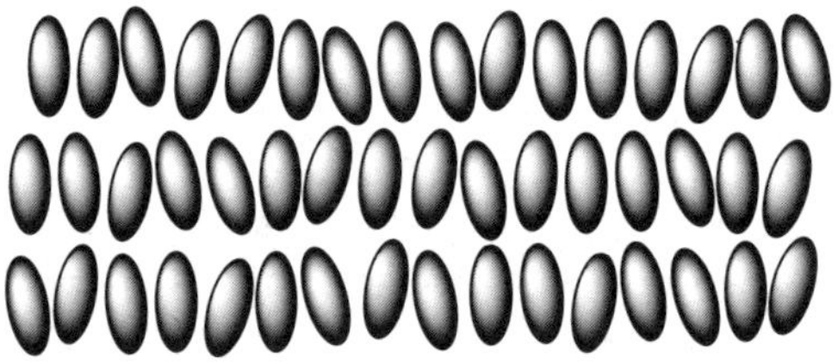

smectique

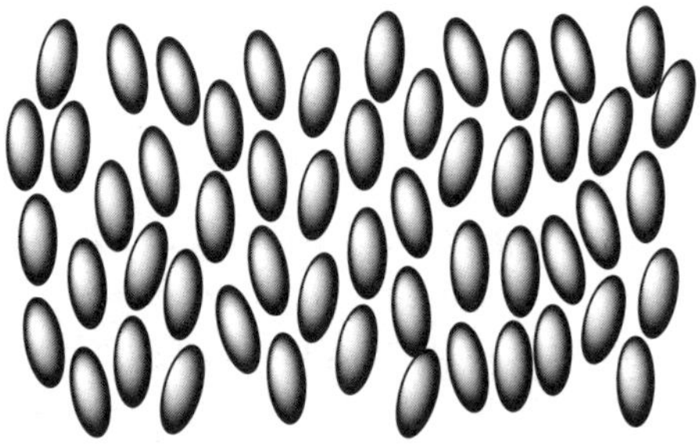

nématique

Figure 3.2 – Arrangement spatial des molécules dans un cristal liquide : a) smectique ; b) nématique

2. Condition d'équilibre de phase

2.1 Système étudié ; modélisation

Nous étudions un système contenant une quantité de matière n_0^α d'un corps pur présentes dans une phase α et une quantité de matière n_0^β d'un corps pur présentes dans une phase β. Ce système constitué donc de n_0 quantité de matière ($n_0 = n_0^\alpha + n_0^\beta$) est fermé. Nous supposerons possible le passage de matière d'une phase vers l'autre. Cet éventuel transfert est suffisamment lent pour pouvoir définir des grandeurs intensives uniformes dans chaque phase. Le transfert de matière entre les deux phases apparaît alors comme un paramètre d'évolution interne qui est de nature très différente des paramètres externes qui sont fixés par l'opérateur.

Chaque phase possède des propriétés molaires. Soit Y une grandeur extensive associée à l'ensemble du système :

$$Y = n^\alpha \cdot Y_\mathrm{m}^\alpha + n^\beta \cdot Y_\mathrm{m}^\beta$$

où Y_m^α (respectivement Y_m^β) est la grandeur molaire de la phase α (respectivement β). Cette écriture de la variable Y pour l'ensemble du système revient à se placer dans le cadre dit des couplages faibles, nécessaire pour définir sans ambiguïté une grandeur extensive dans un système non homogène (avec ici deux phases aux propriétés *a priori* différentes).

2.2 Critères d'évolution d'un système

Nous nous servons ici, pour la première fois, de critères généraux d'évolution des systèmes sous contrainte.

Nous avons établi aux chapitres précédents que, pour des contraintes extérieures imposées, il existe une fonction extensive qui décroît au cours de l'évolution naturelle du système et qui est minimale à l'équilibre thermodynamique.

Rappelons que les deux situations qui correspondent aux paramètres extérieurs facilement fixés sont :

- évolution à température et volume fixés

  l'énergie libre F du système est minimale lorsque l'équilibre thermodynamique est atteint :

$$\mathrm{d}F = -T \cdot \delta_i S$$

- évolution à température et pression fixées

  l'enthalpie libre G du système est minimale lorsque l'équilibre thermodynamique est atteint :

$$\mathrm{d}G = -T \cdot \delta_i S$$

2.3 Système évoluant à température et pression fixées

L'additivité de l'enthalpie libre des deux phases permet d'écrire :

$$\mathrm{d}G = \mathrm{d}G_\alpha + \mathrm{d}G_\beta.$$

Pour chaque phase, nous avons :

$$\mathrm{d}G_\alpha = -S_\alpha.\mathrm{d}T + V_\alpha.\mathrm{d}p + \mu_\alpha^*.\mathrm{d}n_\alpha \quad \text{et} \quad \mathrm{d}G_\beta = -S_\beta.\mathrm{d}T + V_\beta.\mathrm{d}p + \mu_\beta^*.\mathrm{d}n_\beta$$

et donc pour le système entier :

$$\mathrm{d}G = -(S_\alpha + S_\beta).dT + (V_\alpha + V_\beta).dp + \mu_\alpha^*.dn_\alpha + \mu_\beta^*.dn_\beta$$

Comme on étudie l'évolution à température fixée ($\mathrm{d}T = 0$) et à pression fixée ($\mathrm{d}p = 0$), la différentielle de l'enthalpie libre s'écrit donc :

$$\mathrm{d}G = \mu_\alpha^*.\mathrm{d}n_\alpha + \mu_\beta^*.\mathrm{d}n_\beta$$

En tenant compte du caractère fermé du système :

$$n_0 = n_\alpha + n_\beta$$

soit, en différentiant cette expression :

$$\mathrm{d}n_\alpha + \mathrm{d}n_\beta = 0.$$

La différentielle de l'enthalpie libre s'écrit alors :

$$\mathrm{d}G = (\mu_\alpha^* - \mu_\beta^*).\mathrm{d}n_\alpha$$

L'évolution naturelle, c'est-à-dire sans interaction avec un opérateur extérieur, s'effectue, à température et pression fixées, à enthalpie libre décroissante, soit à $\mathrm{d}G$ négatif. Nous avons donc les deux situations :

- si $\mu_\alpha^* > \mu_\beta^*$, $\mathrm{d}G < 0 \Longrightarrow \mathrm{d}n_\alpha < 0$

  La phase α perd de la matière. Comme la quantité de matière présente dans la phase α n'influe pas sur le potentiel chimique (cette grandeur est intensive), l'inégalité $\mu_\alpha^* > \mu_\beta^*$ reste vérifiée et la quantité de matière dans la phase α tend vers zéro : toute la matière passe dans la phase β

- si $\mu_\alpha^* < \mu_\beta^*$, $\mathrm{d}G < 0 \Longrightarrow \mathrm{d}n_\alpha > 0$

  Toute la matière passe dans la phase α.

Conclusion :

la coexistence des phases α et β impose donc :

$$\mu_\alpha^* = \mu_\beta^*$$

Lorsqu'il y a transfert de matière possible entre deux phases, l'équilibre de transfert est atteint lorsque les potentiels chimiques sont égaux.

2.4 Système évoluant à température et volume fixés

Effectuons une démarche comparable à celle effectuée au 2.3. en tenant compte du fait que la pression est unique dans les phases α et β :

$$\mathrm{d}F_\alpha = -S_\alpha.\mathrm{d}T + p.\mathrm{d}V_\alpha + \mu_\alpha^*.\mathrm{d}n_\alpha$$
$$\mathrm{d}F_\beta = -S_\beta.\mathrm{d}T + p.\mathrm{d}V_\beta + \mu_\beta^*.\mathrm{d}n_\beta$$

et donc pour le système entier :

$$\mathrm{d}F = -(S_\alpha + S_\beta).\mathrm{d}T + p.(\mathrm{d}V_\alpha + \mathrm{d}V_\beta) + \mu_\alpha^*.\mathrm{d}n_\alpha + \mu_\beta^*.\mathrm{d}n_\beta$$

Le système étant fermé, la quantité de matière contenue dans le système est constante et nous obtenons :

$$\mathrm{d}F = -S.\mathrm{d}T + p.(\mathrm{d}V_\alpha + \mathrm{d}V_\beta) + (\mu_\alpha^* - \mu_\beta^*).\mathrm{d}n_\alpha$$

soit :

$$\mathrm{d}F = -S.\mathrm{d}T + p.\mathrm{d}V + (\mu_\alpha^* - \mu_\beta^*).\mathrm{d}n_\alpha$$

et donc pour un système évoluant à température et volume fixés :

$$\mathrm{d}F = (\mu_\alpha^* - \mu_\beta^*).\mathrm{d}n_\alpha$$

Le terme de création d'entropie reste donc lié, comme dans l'étude précédente, à la différence entre les potentiels chimiques :

$$T.\delta_i S = -(\mu_\alpha^* - \mu_\beta^*).\mathrm{d}n_\alpha$$

La matière tend donc toujours à passer dans la phase où le potentiel chimique est le plus bas.

La différence essentielle avec l'étude conduite au 2.3. est que les deux paramètres fixés ne sont pas intensifs : fixer la température et le volume ne fixe pas les potentiels chimiques dans chaque phase. Le transfert de matière d'une phase vers l'autre se traduit par une modification des potentiels chimiques.

➤ Étude de l'équilibre liquide-vapeur

Supposons que le liquide est incompressible (le potentiel chimique μ_{liq}^* ne dépend que de la température) et que la phase gazeuse se comporte comme un gaz parfait, soit :

$$\mu_{\mathrm{gaz}}^*(T,p) = \mu_{\mathrm{g}}^{*,\circ}(T) + RT.\ln\left(\frac{p}{p^\circ}\right)$$

À l'état initial, la quantité de matière n_0 de liquide est introduite dans un volume V à température fixée. Négligeons le volume occupé par le liquide. Supposons que le système évolue par transfert de matière de la phase liquide vers la phase gazeuse, en notant n_{g} la quantité de matière en phase gazeuse.

Nous avons alors :

$$pV = n_g.RT.$$

Le potentiel chimique du constituant en phase gazeuse s'écrit :

$$\mu^*_{\text{gaz}}(T,p) = \mu^{*,\circ}_g(T) + RT.\ln\left(\frac{n_g RT}{Vp^\circ}\right)$$

Lorsque la phase gazeuse ne contient pas le constituant étudié, la valeur numérique du potentiel chimique tend vers $-\infty$. L'inégalité $\mu^*_{\text{gaz}} < \mu^*_{\text{liq}}$ est vérifiée et la matière passe effectivement de la phase liquide vers la phase gazeuse.

La coexistence des deux phases existe s'il existe $n_g^{\text{eq}} < n_o$ tel que :

$$\mu^*_{\text{liq}}(T) = \mu^{*,\circ}_g(T) + RT.\ln\left(\frac{n_g^{\text{eq}} RT}{Vp^\circ}\right)$$

Sinon, la vaporisation se poursuit (F décroît) jusqu'à ce qu'il n'y ait plus de liquide.

2.5 Conséquence de l'existence de la condition d'équilibre

La condition d'équilibre pour la coexistence de deux phases α et β, soit pour le transfert de matière de la phase α vers la phase β, s'écrit :

$$\mu^*_\alpha(T,p) = \mu^*_\beta(T,p).$$

Cette égalité établit une relation implicite entre température et pression. Donc, lorsque l'équilibre de phase existe pour un corps pur, température et pression ne sont pas librement choisies. Le choix de la température impose la pression et réciproquement. L'équilibre diphasé du corps pur est qualifié alors de monovariant (libre choix d'un seul paramètre intensif : par exemple, pour l'équilibre de vaporisation de l'eau corps pur, si la pression totale est choisie, alors la température de l'équilibre est fixée).

La coexistence de trois phases α, β et γ impose deux relations :

$$\mu^*_\alpha(T,p) = \mu^*_\beta(T,p) = \mu^*_\gamma(T,p).$$

Pour un corps pur, la coexistence des phases solide, liquide et gazeuse ne s'observe que pour un couple (T_T, p_T) de température et de pression caractéristique de la substance étudiée. Ce point est appelé point triple.

Exemple : Point triple de l'eau : $T_T(H_2O) = 273{,}16$ K, $p_T(H_2O) = 6\,100$ Pa

3. Relation de CLAUSIUS-CLAPEYRON

Cette relation différentielle établit, de façon implicite, la relation entre température et pression pour l'équilibre entre deux phases α et β.

3.1 Démonstration

Considérons deux phases α et β caractérisées par des entropies molaires absolues $S_{\mathrm{m},\alpha}$ et $S_{\mathrm{m},\beta}$, des volumes molaires $V_{\mathrm{m},\alpha}$ et $V_{\mathrm{m},\beta}$ et des enthalpies molaires $H_{\mathrm{m},\alpha}$ et $H_{\mathrm{m},\beta}$.

La condition d'équilibre entre les deux phases s'écrit :

$$\mu_\alpha^*(T,p) = \mu_\beta^*(T,p).$$

L'égalité des deux fonctions implique l'égalité des différentielles :

$$\mathrm{d}\mu_\alpha^*(T,p) = \mathrm{d}\mu_\beta^*(T,p)$$

soit :

$$-S_{\mathrm{m},\alpha}.\mathrm{d}T + V_{\mathrm{m},\alpha}.\mathrm{d}p = -S_{\mathrm{m},\beta}.\mathrm{d}T + V_{\mathrm{m},\beta}.\mathrm{d}p.$$

Cette relation, dite de CLAUSIUS-CLAPEYRON se met sous la forme :

$$\frac{\mathrm{d}p}{\mathrm{d}T} = \frac{S_{\mathrm{m},\beta} - S_{\mathrm{m},\alpha}}{V_{\mathrm{m},\beta} - V_{\mathrm{m},\alpha}}.$$

La chaleur latente de changement d'état $L_{\alpha\rightarrow\beta}$ est le transfert thermique échangé à pression constante et donc à température fixée lors du passage d'une unité de quantité de matière de corps pur étudié de la phase α vers la phase β. Cette opération s'effectuant à pression fixée, cette grandeur s'identifie à une enthalpie par unité de quantité de matière. Usuellement, l'unité de matière choisie est la mole, plus rarement pour les chimistes la masse. Dorénavant, les grandeurs rencontrées seront molaires. Nous avons donc :

$$L_{\alpha\rightarrow\beta} = H_{\mathrm{m},\beta} - H_{\mathrm{m},\alpha}$$

et l'entropie molaire de changement d'état :

$$\Delta S = S_{\mathrm{m},\beta} - S_{\mathrm{m},\alpha} = \frac{L_{\alpha\rightarrow\beta}}{T}$$

En remplaçant dans la relation de CLAUSIUS-CLAPEYRON, il vient :

$$\frac{\mathrm{d}p}{\mathrm{d}T} = \frac{L_{\alpha\rightarrow\beta}}{T(V_{\mathrm{m},\beta} - V_{\mathrm{m},\alpha})}$$

Cette relation joue un rôle fondamental dans l'étude des équilibres de phase des corps purs car si elle remplace une équation fonctionnelle (égalité des potentiels chimiques) par une équation différentielle, ce qui est un point négatif, elle a le mérite de remplacer la manipulation des potentiels chimiques par l'utilisation de grandeurs facilement accessibles à l'expérience : enthalpie molaire de changement de phase et volumes molaires.

3.2 Chaleur latente de changement d'état

Cette grandeur étant caractéristique d'un changement de phase, elle ne dépend que d'un seul paramètre intensif (pour le corps pur). L'enthalpie de changement de phase ne dépend que de la température. Néanmoins, il existe de nombreuses applications où il est tout à fait acceptable de négliger la dépendance de l'enthalpie de changement de phase avec la température (on pose $L = L_o$). Si on cherche une meilleure précision, on choisira une dépendance linéaire de l'enthalpie de changement de phase avec la température.

L'étude expérimentale de L conduit en général à des courbes ayant la forme de la figure 3.3 :

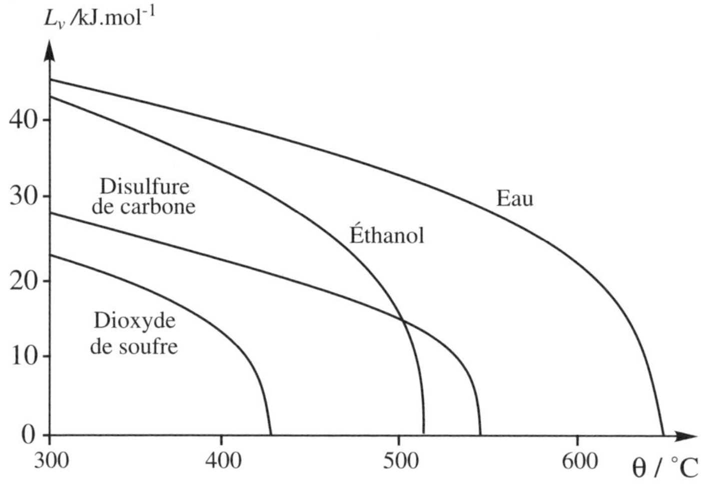

Figure 3.3 – Enthalpie de vaporisation en fonction de la température

Il existe une température T_c dite température critique, caractéristique du corps pur où $L(T_c) = 0$ et où $\dfrac{dL}{dT}$ tend vers $-\infty$. Au-delà de cette température il n'est pas possible de distinguer l'état liquide de l'état gazeux.

Remarque Dans la démonstration de la relation de CLAUSIUS-CLAPEYRON il est supposé implicitement que les entropies molaires $S_{m,\alpha}$ et $S_{m,\beta}$ sont différentes et que les volumes molaires $V_{m,\alpha}$ et $V_{m,\beta}$ sont différents. Il existe des transitions de phase où entropie molaire et volume molaire (dérivées premières du potentiel chimique) sont continues. Il n'existe pas de chaleur latente de changement d'état. La transition est caractérisée par la discontinuité des dérivées secondes du potentiel chimique (capacité thermique molaire à pression constante, coefficient thermoélastique). À l'état liquide, l'isotope 4 de l'hélium peut se rencontrer sous forme (I) (liquide normal) ou sous forme (II) (liquide superfluide) : la transition entre les deux phases est de seconde espèce.

3.3 Volumes molaires

Pour une phase condensée (liquide ou solide), une bonne approximation consiste à prendre constante cette grandeur. Cette approximation est acceptable si les variations de pression sont limitées (en pratique à quelques centaines de bars).
Pour les gaz, la première approximation, souvent excellente, est d'utiliser l'équation des gaz parfaits :

$$pV_m = RT \qquad \text{où} \qquad V_m = \frac{RT}{p}.$$

Si l'approximation est insuffisante, il est souhaitable d'utiliser une équation d'état décrivant bien les propriétés du gaz et s'utilisant facilement dans l'équation de CLAUSIUS-CLAPEYRON.

3.4 Interprétation de la relation de CLAUSIUS-CLAPEYRON

a) Entre phases condensées

Une bonne approximation consiste à supposer que la chaleur latente de changement d'état $L_{\alpha\to\beta}$ et la variation de volume molaire $\Delta V_{\alpha\to\beta} = V_{m,\beta} - V_{m,\alpha}$ sont constantes. L'équation de CLAUSIUS-CLAPEYRON se met sous la forme d'une équation différentielle à variables séparées :

$$\mathrm{d}p = \frac{L_{\alpha\to\beta}}{\Delta V_{\alpha\to\beta}}.\frac{\mathrm{d}T}{T}$$

qui s'intègre facilement en :

$$p = \frac{L_{\alpha\to\beta}}{\Delta V_{\alpha\to\beta}}.\ln(T) + \text{cte}.$$

Soit $(T_o,\ p_o)$ un point de la courbe :

$$p = \frac{L_{\alpha \to \beta}}{\Delta V_{\alpha \to \beta}} . \ln\left(\frac{T}{T_o}\right) + p_o.$$

Cas de l'équilibre liquide/solide : α est la phase solide et β la phase liquide.

Dans la plupart des cas, le volume molaire du solide est plus faible que le volume molaire du liquide (le solide est plus dense que le liquide). Donc $\Delta V_{\alpha \to \beta} > 0$. D'autre part $L_{\alpha \to \beta} > 0$ (l'entropie de la phase liquide est supérieure à celle de la phase solide). La courbe $p = f(T)$ est donc de pente positive. L'eau constitue une exception importante (la glace flotte sur l'eau et une augmentation de pression abaisse la température de transition liquide/solide). La masse volumique plus faible pour la glace que pour l'eau liquide s'explique par la structure lacunaire du solide (voir le cours de première année sur la cristallographie). Dans ce cas, la pente de la courbe $p = f(T)$ est négative. Remarquons aussi que, dans toutes les situations, les volumes molaires des liquide et solide sont proches, situation qu'il faudra comparer au cas des transitions liquide/gaz ou solide/gaz.

b) Équilibre phase condensée/gaz

L'intégration de l'équation de CLAUSIUS-CLAPEYRON est possible en effectuant les approximations suivantes :

- la chaleur latente de changement d'état $L_{\alpha \to \beta}$ est constante ;
- le volume molaire de la phase gaz est très supérieur à celui de la phase condensée : $V_{\text{m, gaz}} \gg V_{\text{m, condensée}}$;
- le gaz est supposé parfait : $V_{\text{m, gaz}} = \dfrac{RT}{p}$.

La séparation des variables dans l'équation de CLAUSIUS-CLAPEYRON conduit à :

$$\frac{\mathrm{d}p}{p} = \frac{L_{\alpha \to \beta}}{R} . \frac{\mathrm{d}T}{T^2}$$

qui s'intègre facilement en :

$$\ln\left(\frac{p}{p_o}\right) = -\left(\frac{L_{\alpha \to \beta}}{R}\right) . \left(\frac{1}{T} - \frac{1}{T_o}\right)$$

où $(T_o,\ p_o)$ est un point de la courbe. Cette relation s'exploite assez facilement en traçant $\ln(p)$ en fonction de $\dfrac{1}{T}$. Si on obtient une droite, le modèle proposé est acceptable et le coefficient directeur de la droite obtenue est identifié à $-\dfrac{L_{\alpha \to \beta}}{R}$.

Les trois hypothèses nécessaires pour effectuer l'intégration ne sont pas toujours simultanément bien vérifiées mais la formule intégrée donne un résultat tout à fait convenable.

Remarquons aussi que l'approximation qui néglige le volume molaire du liquide devant celui du gaz est bien vérifiée si le système étudié est loin du point critique.

La pression d'équilibre pour un équilibre solide/gaz est appelée pression de sublimation.

La pression d'équilibre pour un équilibre liquide/gaz est appelée pression de vapeur saturante, notée souvent p^*. Un liquide qui subit une contrainte extérieure p_{ext} est à ébullition lorsque la contrainte extérieure est égale à la pression de vapeur saturante. La pression de vapeur saturante est une fonction croissante de la température et lors d'une augmentation d'altitude, la pression extérieure diminue. En conséquence, une augmentation d'altitude se traduit par la diminution de la température d'ébullition des liquides. Pour fixer un ordre de grandeur, la pression à l'altitude h = 3 000 m vaut environ p = 70 kPa et la pression de vapeur saturante de l'eau prend cette valeur à environ T = 363 K = 90 °C : c'est donc la température d'ébullition de l'eau à l'altitude de 3 000 mètres.

4. Représentation graphique des équilibres

4.1 Diagramme (T, p)

Il faut noter sur ces schémas (voir figure 3.4) la grande différence de pente entre les courbes relatives aux équilibres entre phases condensées et les courbes relatives aux équilibres faisant intervenir une phase gazeuse. Pour expliquer ce comportement, reprenons l'équation de CLAUSIUS-CLAPEYRON et analysons les termes qui fixent la valeur de la pente $\frac{\mathrm{d}p}{\mathrm{d}T}$. Les enthalpies de changement d'état sont d'ordres de grandeurs comparables pour les différentes transitions. En revanche, les volumes molaires des phases gazeuses sont, en général, très supérieurs à ceux des phases condensées. À titre d'exemple, considérons l'eau sous ses différentes phases au voisinage de l'équilibre solide/liquide sous un bar, puis de l'équilibre liquide/gaz toujours sous un bar. La glace Ih (glace usuelle) a une masse volumique ρ_{gl}= 931 kg.m^{-3} et donc un volume molaire $V_{\text{m, gl}}$ = 19,3.10^{-6} m^3.mol^{-1} Pour l'eau liquide ρ_{liq}= 1 000 kg.m^{-3} et $V_{\text{m,liq}}$= 18.10^{-6} m^3.mol^{-1} (pris ici indépendant de la température). Supposons que l'eau gazeuse se comporte comme un gaz parfait sous p = 1 bar et T = 373 K. Nous avons :

$$V_{\text{m, gaz}} = \frac{8{,}314.373}{101\,300} = 30{,}6.10^{-3}\text{m}^3\text{mol}^{-1}.$$

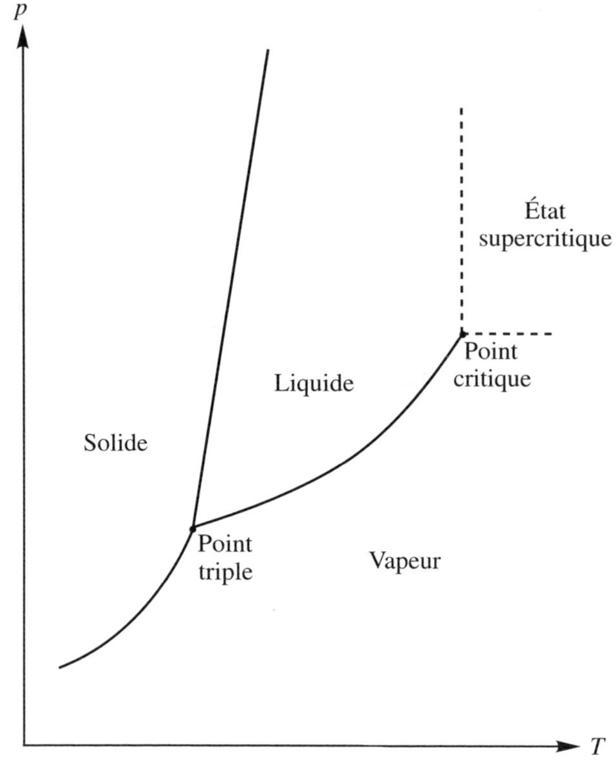

Figure 3.4 – Diagramme d'équilibre de phase en coordonnées $(T,\ p)$ pour un corps pur

Le terme $\Delta V_{\alpha \to \beta}$ est donc bien plus faible pour des transitions entre phases condensées que pour des transitions entre phases dont l'une d'entre elles est un gaz.

4.2 Diagramme (V_m, p) (isothermes d' ANDREWS)

Sur ce diagramme (voir figure 3.5), plusieurs isothermes sont représentées. Il existe une température (température critique T_c) en-deçà de laquelle il existe des paliers : à température choisie la pression est fixée. Ceci correspond à l'existence de l'équilibre liquide/gaz.

Les isothermes dans la partie gauche du diagramme sont de pente très forte car les liquides sont très peu compressibles : il faut d'importantes variations de pression pour une faible variation du volume molaire $V_{\text{m,liq}}$.

L'ensemble des points anguleux des isothermes sont reliés par une courbe en pointillé. Cette courbe en forme de cloche dissymétrique représente les points où

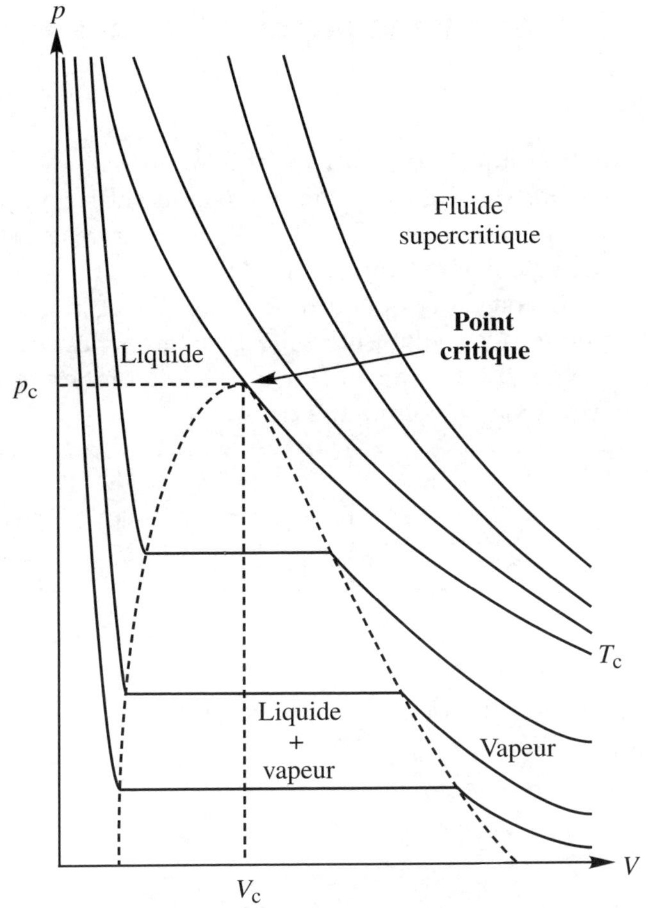

Figure 3.5 – Isothermes d' ANDREWS

le système passe d'un comportement monophasique (à l'extérieur de la cloche) à un comportement biphasique (sous la cloche). Un point appartenant à un palier représente un système biphasique : l'intersection du palier avec la courbe en cloche donne les valeurs des volumes molaires des deux phases qui coexistent (à gauche, celui du liquide, à droite, celui du gaz).

Le sommet de la courbe en cloche est le point critique de coordonnées $(V_{m,c}, p_c)$ avec $T = T_c$. En ce point $V_{m,\text{liq}} = V_{m,\text{gaz}} = V_{m,c}$.

Pour que les propriétés du gaz et du liquide soient notablement différentes, il faut être loin du point critique.

Utilisation de fluides supercritiques en chimie

Le point critique

L'étude des équilibres liquide/vapeur montre qu'il existe des conditions de température et de pression telles que la distinction entre une phase liquide et une phase gazeuse n'est pas possible. La courbe représentant l'équilibre liquide/vapeur dans le diagramme (T, p) s'arrête en un point appelé point critique et caractérisé par la température critique T_C et la pression critique p_C. Dans le diagramme (V_m, p), l'isotherme de la température critique est caractérisée par un point d'inflexion en $(V_{m,C}, p_C)$. Le point critique peut aussi être caractérisé par sa masse volumique critique ρ_C.

Espèce	H_2	N_2	O_2	H_2O	CO_2
T_C / K	33,2	126,2	154,6	647,1	304,1
p_C / bar	13,0	34,0	50,4	220,6	73,7
$V_{m,C}$ / $cm^3.mol^{-1}$	65,0	90,1	73,4	55,9	94,1

Quelques caractéristiques de points critiques pour différentes espèces chimiques

Lorsqu'un fluide est porté à des conditions de température et de pression (T, p) telles que :

$$T > T_C \quad \text{et} \quad p > p_C$$

il est qualifié de supercritique.

Des propriétés physico-chimiques intéressantes

Le volume molaire est proche de celui des liquides usuels (par exemple 18 $cm^3.mol^{-1}$ pour l'eau liquide).

La viscosité est, en revanche, proche de celle des gaz, donc beaucoup plus faible que celle des liquides, ce qui permet un transfert de masse rapide lors des écoulements.

Les fluides supercritiques sont des solvants aux propriétés versatiles dépendant de façon importante de la pression et de la température. Il est possible d'effectuer des réactions chimiques en fluide supercritique.

Le dioxyde de carbone supercritique : utilisations

C'est de loin le fluide supercritique le plus utilisé. Les conditions critiques sont atteintes assez facilement et c'est un composé de très faible toxicité.

Extraction de produits naturels

Les solides ou liquides contenant des molécules sont mis en présence de dioxyde de carbone supercritique. Les bonnes propriétés de solvant assurent la solubilisation des espèces chimiques recherchées (principe de l'extraction par un solvant). La nature des molécules extraites est liée au choix de la pression de travail : les molécules de faible masse molaire sont en général extraites à basse pression et celles de masse molaire plus élevées sont extraites à haute pression. Le fluide contenant les molécules recherchées est ensuite détendu, la solubilité des solutés diminue alors notablement et il y a donc précipitation de ceux-ci qui sont récupérés.

Cette méthode est utilisée depuis la fin des années 1970 pour extraire la caféine dans la fabrication de café décaféiné.

Dépollution

Les terres polluées par des substances chimiques organiques (les dioxines) sont placées en présence de dioxyde de carbone supercritique qui solubilise les composés toxiques.

Stockage

Dans l'espace, les fluides sont souvent stockés dans des conditions supercritiques ; ceci évite les problèmes liés à l'absence de gravité.

EXERCICES

3.1 Carbone diamant et carbone graphite

Le carbone existe à l'état solide sous deux variétés allotropiques principales que sont le carbone graphite et le carbone diamant.

1. Calculer les volumes molaires, supposés constants, du graphite et du diamant.

2. Sous quelle pression doit-on opérer à 298 K pour préparer du carbone diamant à partir de carbone graphite ?

Données numériques à 298 K :

	$\Delta_f H°$ (kJ.mol^{-1})	S°_m (J.K^{-1}.mol^{-1})	ρ (kg.m^{-3})
C (graphite)	0	5,7	2260
C (diamant)	1,9	2,4	3513

On rappelle par ailleurs que la masse molaire atomique du carbone est $M_C = 12$ g.mol^{-1}.

3.2 Équilibre liquide/vapeur de l'acide nitrique

On fournit le tableau ci-dessous donnant l'évolution de la pression de vapeur saturante de l'acide nitrique pur en fonction de la température.

T / °C	0	20	40	50	70	80	90	100
p^* / Pa	1 920	6 400	17 700	27 700	62 200	89 300	125 000	171 000

1. Calculer l'enthalpie de vaporisation de l'acide nitrique sous la pression standard (considérée indépendante de la température). On supposera que le volume molaire du gaz est très supérieur à celui du liquide et que le gaz se comporte comme un gaz parfait.

2. Calculer la température d'ébullition de l'acide nitrique sous la pression standard.

On donne la valeur de la constante des gaz parfaits : $R = 8{,}31$ J.K^{-1}.mol^{-1}.

3.3 Équilibres triphasés de l'ammoniac

La pression de vapeur saturante de l'ammoniac liquide est donnée en fonction de la température par la relation (p en Pascal, T en Kelvin) :

$$\ln p(\text{liq}) = 19{,}49 - \frac{3\,063}{T}$$

et la pression de sublimation de l'ammoniac solide par :

$$\ln p(\text{sol}) = 23{,}03 - \frac{3\,754}{T}$$

1. En déduire la température du point triple de l'ammoniac.

2. Calculer les enthalpies standard de vaporisation, sublimation et fusion au point triple.

On rappelle la valeur de la constante des gaz parfaits : $R = 8{,}314$ J.K^{-1}.mol^{-1}.

3.4 Équilibres de phases de l'eau

1. Fournir la forme du diagramme de phases de l'eau $p(T)$. Préciser les phases en présence et nommer les différentes courbes. Placer les points T (0,01 °C ; 0,006 atm) et C (374 °C ; 218 atm) correspondant respectivement au point triple et au point critique.

2. Qu'appelle-t-on pression de vapeur saturante ? Quelle est la courbe du diagramme de la question 1 qui donne son évolution en fonction de la température ?

3. En utilisant la formule de CLAPEYRON, évaluer l'enthalpie standard de vaporisation de l'eau sous 1 atmosphère (on assimilera la vapeur d'eau à un gaz parfait).

4. Quelle est la température d'ébullition de l'eau au sommet du Mont-Blanc (4 807 m) ?

Données :

Évolution de la pression de vapeur saturante de l'eau avec la température

T / °C	10	20	30	40	50	60	70	80	90	100	105	110
p^* / mbar	12	23	42	73	121	196	307	467	692	1 000	1 200	1 410

Pression à 4800 m : 550 mbar

3.5 Transition de deuxième ordre : relations d'ERHENFEST

Les transitions courantes (par exemple, la transition liquide/vapeur) sont caractérisées par la continuité du potentiel chimique et par une discontinuité des dérivées premières du potentiel chimique par rapport aux variables température et pression : le volume molaire et l'entropie molaire sont différentes pour les deux phases en équilibre. Il existe des transitions de phase caractérisées par l'égalité des potentiels chimiques, des entropies molaires et des volumes molaires. Ce sont les dérivées secondes du potentiel chimique qui sont discontinues. La transition conducteur normal/supraconducteur en l'absence de champ magnétique est une transition du deuxième ordre.

1. Démontrer que les dérivées partielles, en variables (T, p), de l'entropie molaire d'un corps pur s'expriment en fonction des grandeurs $C_{p,\mathrm{m}}$ (capacité thermique molaire à pression constante), V_m (volume molaire) et α (coefficient de dilatation isobare) selon :

$$\left(\frac{\partial S_\mathrm{m}}{\partial T}\right)_p = \frac{C_{p,\mathrm{m}}}{T}$$

$$\left(\frac{\partial S_\mathrm{m}}{\partial p}\right)_T = -\,\alpha V_\mathrm{m}$$

2. Démontrer que les dérivées partielles, en variables (T, p), du volume molaire d'un corps pur s'expriment en fonction des grandeurs χ_T (coefficient de compressibilité isotherme) et α (coefficient de dilatation isobare) selon :

$$\left(\frac{\partial V_\mathrm{m}}{\partial T}\right)_p = \alpha . V_\mathrm{m}$$

$$\left(\frac{\partial V_\mathrm{m}}{\partial p}\right)_T = -\,\chi_T . V_\mathrm{m}$$

3. Démontrer les relations d'ERHENFEST reliant température et pression d'équilibre, qui sont pour les transitions du second ordre les équivalents de la relation de CLAUSIUS-CLAPEYRON pour les transitions de premier ordre :

$$\frac{\mathrm{d}p}{\mathrm{d}T} = \frac{(C_{p,\mathrm{m},b} - C_{p,\mathrm{m},a})}{T(\alpha_b V_{\mathrm{m},b} - \alpha_a V_{\mathrm{m},a})} \quad \text{et} \quad \frac{\mathrm{d}p}{\mathrm{d}T} = \frac{(\alpha_b V_{\mathrm{m},b} - \alpha_a V_{\mathrm{m},a})}{(\chi_{T,b} V_{\mathrm{m},b} - \chi_{T,a} V_{\mathrm{m},a})}$$

où a et b désignent les deux phases en équilibre.

Chapitre 4

Potentiel chimique d'un constituant d'un mélange

L'objectif de la thermodynamique chimique étant l'étude des systèmes sièges d'une réaction chimique, il est nécessaire, dans le cas des réactions en phase homogène, d'étudier les propriétés thermodynamiques des mélanges (réactif(s) et produit(s)). Il est donc indispensable de généraliser la notion de potentiel chimique à des systèmes comportant plusieurs constituants. Le point crucial est de relier le potentiel chimique d'une espèce chimique appartenant à une phase à la composition de celle-ci.

1. Grandeurs molaires partielles associées à un constituant d'un mélange

Dans cette partie nous étudierons des systèmes comportant une seule phase.

1.1 Compléments sur les fonctions de plusieurs variables

a) Fonctions homogènes

Considérons une fonction $f(x_i)$ avec i entier de 1 à N, fonction de N variables réelles.

Définition

La fonction f est dite homogène de degré p des x_i, i de 1 à n variables ($n \leqslant N$) si et seulement si :

$$\forall \lambda \text{ réel}, f(\lambda x_i, x_j) = \lambda^p . f(x_k)$$

avec i entier de 1à n, j entier de $n + 1$ à N et k entier de 1 à N.

L'importance et l'intérêt de cette définition sont liés à la notion de grandeur extensive associée à un système thermodynamique : une grandeur extensive est une fonction homogène de degré 1 des variables quantité de matière de chaque constituant.

b) Théorème d'EULER

Étudions la variation infinitésimale $\mathrm{d}f$ de la fonction f lorsque le paramètre λ varie de $\mathrm{d}\lambda$:

$$\mathrm{d}f(\lambda x_i, x_j) = \left(\sum_{i=1}^{i=n} \frac{\partial f}{\partial(\lambda x_i)} . \frac{\partial(\lambda x_i)}{\partial \lambda}\right) . \mathrm{d}\lambda = \left(\sum_{i=1}^{i=n} \frac{\partial f}{\partial(\lambda x_i)} . x_i\right) . \mathrm{d}\lambda.$$

D'autre part, en utilisant le fait que la fonction f est homogène de degré p des variables x_i (i de 1 à n), nous avons une autre expression de $\mathrm{d}f$:

$$\mathrm{d}f(\lambda x_i, x_j) = \mathrm{d}(\lambda^p . f(x_k)) = p\lambda^{(p-1)}(f(x_k)) . \mathrm{d}\lambda.$$

En identifiant les deux expressions de $\mathrm{d}f(\lambda x_i, x_j)$ et en simplifiant par l'élément différentiel $\mathrm{d}\lambda$, nous obtenons le résultat essentiel qui constitue le théorème d'EULER :

$$\left(\sum_{i=1}^{i=n} \frac{\partial f}{\partial(\lambda x_i)} . x_i\right) = p\lambda^{(p-1)}(f(x_k)).$$

Dans le cas particulier où $p = 1$ et $\lambda = 1$, (cas des fonctions extensives en thermodynamique), nous avons la relation fondamentale :

$$f(x_k) = \left(\sum_{i=1}^{i=n} \frac{\partial f}{\partial x_i} . x_i\right).$$

1.2 Variables de GIBBS

Pour décrire un système thermodynamique à plusieurs constituants, il existe un ensemble de variables particulièrement adaptées à une étude élégante du système. Une grandeur extensive quelconque Y peut être décrite comme dépendant des variables température T, pression p et quantité de matière n_i avec l'indice i variant de 1 à N (pour chaque constituant du mélange). Ces variables sont appelées variables de GIBBS. Elles permettent de localiser l'information d'extensivité dans les seules variables n_i, les deux autres variables étant intensives.

Notons ici un point essentiel dans l'étude ultérieure des systèmes chimiquement réactifs. Les systèmes pour lesquels, durant la durée d'étude, les quantités de matière ne varient pas, sont dits chimiquement non réactifs. En revanche, pour un système fermé, si un sous-ensemble des n_i varie au cours du temps, nous dirons qu'il y a réaction chimique.

1.3 Définition d'une grandeur molaire partielle

Cette notion découle naturellement de l'application du théorème d'EULER à une grandeur extensive décrite en terme de variables de GIBBS.

Soit Y une grandeur extensive quelconque. $Y(T,\ p,\ n_i)$ est une fonction homogène de degré 1 des variables n_i avec i entier de 1 à N.

L'application du théorème d'EULER à la variable extensive Y donne :

$$Y(T, p, n_i) = \sum_{i=1}^{i=N} n_i.\left(\frac{\partial Y}{\partial n_i}\right)_{T,p,n_j\ j \neq i}.$$

La grandeur $\left(\frac{\partial Y}{\partial n_i}\right)_{T,p,n_j\ j \neq i}$ est appelée grandeur molaire partielle associée à la variable Y, à l'espèce i et au système thermodynamique étudié. Cette grandeur est intensive et dépend *a priori* des variables température T, pression p, et composition (les différents x_i, fractions molaires des différents constituants). C'est une grandeur définie de façon locale, par une expression différentielle. Pour simplifier et condenser les notations, nous noterons $\overline{Y}_i$ cette grandeur :

$$\overline{Y}_i = \left(\frac{\partial Y}{\partial n_i}\right)_{T,\ p,\ n_j\ j \neq i}$$

et nous avons :

$$Y(T,\ p,\ n_i) = \sum_{i=1}^{i=N} n_i.\overline{Y}_i.$$

1.4 Relation de GIBBS-DUHEM

Nous établissons ici une relation fondamentale dans l'étude des systèmes à plusieurs constituants.

Soit Y une grandeur extensive quelconque. Cette grandeur est décrite en termes de variables de GIBBS. La différentielle de Y s'écrit :

$$\mathrm{d}Y = \left(\frac{\partial Y}{\partial T}\right)_{p,\, n_i} \mathrm{d}T + \left(\frac{\partial Y}{\partial p}\right)_{T,\, n_i} \mathrm{d}p + \sum_{i=1}^{i=N} \overline{Y}_i . \mathrm{d}n_i .$$

Si nous différentions la relation établie à la fin du 1.3., nous obtenons une autre expression de dY :

$$\mathrm{d}Y = \mathrm{d}\left(\sum_{i=1}^{i=N} \overline{Y}_i . n_i\right) = \sum_{i=1}^{i=N} \overline{Y}_i . \mathrm{d}n_i + \sum_{i=1}^{i=N} n_i . \mathrm{d}\overline{Y}_i .$$

En égalant les deux expressions de dY et en simplifiant, nous obtenons :

$$\left(\frac{\partial Y}{\partial T}\right)_{p,\, n_i} \mathrm{d}T + \left(\frac{\partial Y}{\partial p}\right)_{T,\, n_i} \mathrm{d}p = \sum_{i=1}^{i=N} n_i . \mathrm{d}\overline{Y}_i$$

ce qui constitue la relation de GIBBS-DUHEM.

À température fixée (dT = 0) et à pression fixée (dp = 0), la relation de GIBBS-DUHEM se simplifie en :

$$\sum_{i=1}^{i=N} n_i . \mathrm{d}\overline{Y}_i = 0.$$

Il est possible d'écrire cette relation en termes de variables intensives en divisant la relation par la quantité de matière totale n constituant la phase :

$$n = \sum_{i=1}^{i=N} n_i \qquad \text{et} \qquad x_i = \frac{n_i}{n}$$

$$\sum_{i=1}^{i=N} x_i . \mathrm{d}\overline{Y}_i = 0.$$

L'intérêt de cette relation est que toute information sur le comportement de la grandeur $\overline{Y}_1$ dans un système à deux constituants permet d'avoir des informations sur la grandeur $\overline{Y}_2$

1.5 Exemple du volume molaire partiel

Notons $V_{\mathrm{m},1}$ et $V_{\mathrm{m},2}$ les volumes molaires des corps purs liquides (1) et (2).

L'expérience montre que le volume V du mélange de la quantité de matière n_1 de (1) avec la quantité de matière n_2 de (2) est différent de la somme des volumes des deux liquides purs pris séparément.

Notons v_{mix} le volume de mélange molaire défini par :

$$v_{\mathrm{mix}} = \frac{\left(V - n_1 V_{\mathrm{m},1} - n_2 V_{\mathrm{m},2}\right)}{\left(n_1 + n_2\right)}.$$

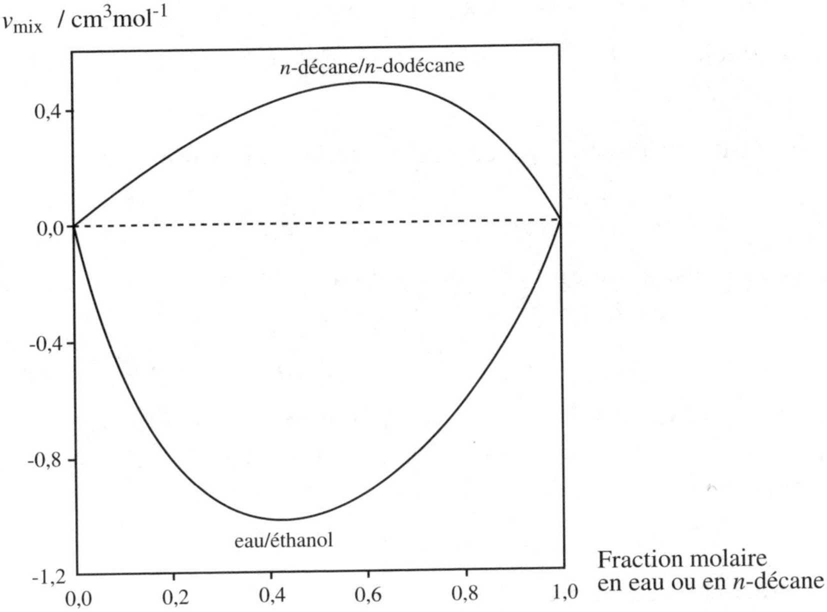

Figure 4.1 – Volume de mélange molaire en fonction de la composition du mélange final pour les systèmes eau/éthanol (contraction) et n-décane/n-dodécane (expansion)

La figure 4.1 donne les variations du volume de mélange molaire dans deux cas : les mélanges eau/éthanol et les mélanges n-décane/n-dodécane. Notez l'effet relativement faible : de l'ordre du cm^3 pour des phases liquides de quelques dizaines de cm^3.

Il est possible d'exprimer le volume de mélange molaire en fonction des volumes molaires des corps purs et des volumes molaires partiels. Comme le volume est une variable extensive, il est possible de définir la grandeur molaire partielle associée :

$$\overline{V}_i = \left(\frac{\partial V}{\partial n_i}\right)_{T,\, p,\, n_j\ j \neq i}$$

que l'on relie aussi au volume total du système par :

$$V = \sum_{i=1}^{i=N} \overline{V}_i . n_i.$$

La variation de volume lors du mélange est donc :

$$\Delta V = n_1\overline{V}_1 + n_2\overline{V}_2 - n_1 V_{\mathrm{m},1} - n_2 V_{\mathrm{m},2}$$

soit, en divisant par la quantité de matière totale du système :

$$v_{\mathrm{mix}} = x_1\overline{V}_1 + x_2\overline{V}_2 - x_1 V_{\mathrm{m},1} - x_2 V_{\mathrm{m},2}.$$

Les deux variables x_1 et x_2 ne sont pas indépendantes :

$$x_1 + x_2 = 1.$$

Il est possible d'exprimer v_{mix} en fonction de la seule variable de composition x_2 :

$$v_{\mathrm{mix}} = (1 - x_2)(\overline{V}_1 - V_{\mathrm{m},1}) + x_2(\overline{V}_2 - V_{\mathrm{m},2}).$$

Notons $\mathrm{d}v_{\mathrm{mix}}$ la variation de v_{mix} due à une modification de la composition de la phase, représentée par $\mathrm{d}x_2$:

$$\mathrm{d}v_{\mathrm{mix}} = -(\overline{V}_1 - V_{\mathrm{m},1})\,\mathrm{d}x_2 + (\overline{V}_2 - V_{\mathrm{m},2})\,\mathrm{d}x_2 + x_1\,\mathrm{d}\overline{V}_1 + x_2\,\mathrm{d}\overline{V}_2.$$

L'ensemble de l'étude est conduite à température et pression fixées : les grandeurs $V_{\mathrm{m},1}$ et $V_{\mathrm{m},2}$ sont donc constantes. D'autre part, la relation de GIBBS-DUHEM appliquée à la grandeur volume conduit à la relation :

$$x_1\,\mathrm{d}\overline{V}_1 + x_2\,\mathrm{d}\overline{V}_2 = 0.$$

Nous obtenons donc la relation :

$$\frac{\mathrm{d}v_{\mathrm{mix}}}{\mathrm{d}x_2} = (\overline{V}_2 - V_{\mathrm{m},2}) - (\overline{V}_1 - V_{\mathrm{m},1}).$$

Cette relation montre que le coefficient directeur de la tangente en un point de la courbe $v_{\mathrm{mix}} = f(x)$ est lié à la valeur des volumes molaires partiels et des volumes molaires des corps purs. Une exploitation graphique soignée de cette courbe permet d'accéder aux volumes molaires partiels de chaque constituant.

1.6 Potentiel chimique d'un constituant d'un mélange

a) Définition

Considérons l'enthalpie libre du système étudié. L'écriture de la différentielle de l'enthalpie libre pour les variables T, p et n_i :

$$\mathrm{d}G = \left(\frac{\partial G}{\partial T}\right)_{p,\,n_i}\mathrm{d}T + \left(\frac{\partial G}{\partial p}\right)_{T,\,n_i}\mathrm{d}p + \sum_{i=1}^{i=N}\left(\frac{\partial G}{\partial n_i}\right)_{T,\,p,\,n_j\;j\neq i}\mathrm{d}n_i.$$

Dans le cas d'un système fermé de composition fixée, on doit retrouver les grandeurs introduites précédemment. Ceci permet d'identifier les dérivées partielles suivantes :

$$\left(\frac{\partial G}{\partial T}\right)_{p,\, n_i} = -\, S$$

$$\left(\frac{\partial G}{\partial p}\right)_{T,\, n_i} = V.$$

Les enthalpies libres molaires partielles $\overline{G}_i$ seront appelées, par généralisation de la notion introduite dans le cas du corps pur, potentiel chimique et notées μ_i :

$$\left(\frac{\partial G}{\partial n_i}\right)_{T,\, p,\, n_j\, j \neq i} = \mu_i.$$

La différentielle de l'enthalpie libre s'écrit donc :

$$\mathrm{d}G = -\, S\,\mathrm{d}T + V\,\mathrm{d}p + \sum_{i\,=\,1}^{i\,=\,N} \mu_i\,\mathrm{d}n_i$$

b) Conséquences

Nous avons toujours les relations usuelles entre fonctions d'état U, H, F, S et T.

Pour l'enthalpie :

$$\mathrm{d}H = \mathrm{d}(G + TS) = \mathrm{d}G + T\,\mathrm{d}S + S\,\mathrm{d}T$$

soit en utilisant l'expression différentielle de $\mathrm{d}G$ établie au 1.6.a) :

$$\mathrm{d}H = -\, S\,\mathrm{d}T + V\,\mathrm{d}p + \sum_{i\,=\,1}^{i\,=\,N} \mu_i\,\mathrm{d}n_i + T\,\mathrm{d}S + S\,\mathrm{d}T$$

$$= T\,\mathrm{d}S + V\,\mathrm{d}p + \sum_{i\,=\,1}^{i\,=\,N} \mu_i\,\mathrm{d}n_i.$$

Le potentiel chimique μ_i peut s'exprimer en fonction de l'enthalpie du système selon :

$$\mu_i = \left(\frac{\partial H}{\partial n_i}\right)_{S,\, p,\, n_j\, j \neq i}.$$

Pour l'énergie interne :

$$\mathrm{d}U = \mathrm{d}(H - pV) = \mathrm{d}H - p\mathrm{d}V - V\,\mathrm{d}p = T\,\mathrm{d}S - p\mathrm{d}V + \sum_{i\,=\,1}^{i\,=\,N} \mu_i\,\mathrm{d}n_i.$$

Le potentiel chimique μ_i peut s'exprimer en fonction de l'énergie interne du système selon :

$$\mu_i = \left(\frac{\partial U}{\partial n_i}\right)_{S,\, V,\, n_{j\; j \neq i}}.$$

Pour l'énergie libre :

$$\mathrm{d}F = \mathrm{d}(U - TS) = \mathrm{d}U - T\,\mathrm{d}S - S\,\mathrm{d}T = -S\,\mathrm{d}T - p\,\mathrm{d}V + \sum_{i=1}^{i=N} \mu_i\,\mathrm{d}n_i.$$

Le potentiel chimique μ_i peut s'exprimer en fonction de l'énergie libre du système selon :

$$\mu_i = \left(\frac{\partial F}{\partial n_i}\right)_{T,\, V,\, n_{j\; j \neq i}}.$$

Notons ici l'importance cruciale de bien spécifier la nature des variables bloquées lors des opérations de dérivations partielles.

1.7 Relations entre grandeurs molaires partielles

De très nombreuses relations peuvent être établies, soit en utilisant des relations entre grandeurs extensives et en dérivant ces relations par rapport à n_i à température, pression et n_j $(j \neq i)$ fixées, soit en utilisant le théorème de SCHWARZ.

a) En utilisant les relations entre fonctions d'état

Considérons la relation entre enthalpie et énergie interne :

$$H = U + pV$$

et dérivons par rapport à n_i :

$$\left(\frac{\partial H}{\partial n_i}\right)_{T,\, p,\, n_{j\; j \neq i}} = \left(\frac{\partial U}{\partial n_i}\right)_{T,\, p,\, n_{j\; j \neq i}} + \left(\frac{\partial (pV)}{\partial n_i}\right)_{T,\, p,\, n_{j\; j \neq i}}$$

soit, en tenant compte que la dérivation partielle se fait à pression constante :

$$\left(\frac{\partial H}{\partial n_i}\right)_{T,\, p,\, n_{j\; j \neq i}} = \left(\frac{\partial U}{\partial n_i}\right)_{T,\, p,\, n_{j\; j \neq i}} + p\left(\frac{\partial V}{\partial n_i}\right)_{T,\, p,\, n_{j\; j \neq i}}$$

et de la définition des grandeurs molaires partielles :

$$\overline{H}_i = \overline{U}_i + p\overline{V}_i.$$

De façon similaire, on établit :

$$\overline{F}_i = \overline{U}_i - T\overline{S}_i$$

$$\mu_i = \overline{H}_i - T\overline{S}_i.$$

Ces deux dernières relations seront précieuses par la suite.

b) À partir du théorème de SCHWARZ

Considérons la différentielle de l'enthalpie libre et appliquons le théorème de SCHWARZ à cette différentielle :

$$\mathrm{d}G = -S\,\mathrm{d}T + V\,\mathrm{d}p + \sum_{i=1}^{i=N} \mu_i\,\mathrm{d}n_i$$

$$\left(\frac{\partial \mu_i}{\partial T}\right)_{p,\,n_j} = -\left(\frac{\partial S}{\partial n_i}\right)_{T,\,p,\,n_j\;j\neq i} = -\overline{S}_i$$

et :

$$\left(\frac{\partial \mu_i}{\partial p}\right)_{T,\,n_j} = \left(\frac{\partial V}{\partial n_i}\right)_{T,\,p,\,n_j\;j\neq i} = \overline{V}_i$$

c) Relation de GIBBS-HELMHOLTZ

Considérons la relation entre potentiel chimique et enthalpie molaire partielle :

$$\mu_i = \overline{H}_i - T\overline{S}_i.$$

Remplaçons dans la relation ci-dessus l'entropie molaire partielle par son expression en fonction du potentiel chimique :

$$\mu_i = \overline{H}_i + T\left(\frac{\partial \mu_i}{\partial T}\right)_{p,\,n_j}.$$

L'enthalpie molaire partielle s'exprime donc uniquement en fonction du potentiel chimique :

$$\overline{H}_i = \mu_i - T\left(\frac{\partial \mu_i}{\partial T}\right)_{p,\,n_j}.$$

Après division par T^2, on reconnaît dans le second membre de l'égalité la dérivée par rapport à la température du potentiel chimique divisé par T :

$$\overline{H}_i = -T^2\left(\frac{\partial}{\partial T}\left(\frac{\mu_i}{T}\right)\right)_{p,\,n_j}.$$

Cette relation constitue la relation de GIBBS-HELMHOLTZ.

> ***Remarque*** De façon comparable à ce que nous avons établi pour le potentiel chimique des corps purs, les grandeurs $\overline{Y}_i$ sont intensives. Il y a donc une variable bloquée lors de la dérivation partielle qui est inutile lorsque les grandeurs sont définies par des opérations de dérivations partielles où toutes les quantités de matière sont fixées. Ces grandeurs sont indépendantes de la quantité de matière

présente dans le système ; fixer toutes les quantités de matière est inutile. C'est la composition (grandeur intensive) qui doit être fixée.

$$\left(\frac{\partial \mu_i}{\partial T}\right)_{p,\ \text{comp.}} = -\,\overline{S}_i$$

1.8 Équilibre de phase

Considérons un système constitué de plusieurs constituants i (de 1 à N) et de plusieurs phases.

Globalement le système est fermé. Mais un transfert de matière est *a priori* possible d'une phase α vers une phase β pour un constituant i quelconque.

Considérons une grandeur extensive quelconque Y et limitons-nous au cas de la coexistence de deux phases α et β.

Dans le cadre du couplage faible, nous avons :

$$Y = Y_\alpha + Y_\beta$$

où Y_α est associée à la phase α et Y_β est associée à la phase β.

En appliquant le théorème d'EULER aux grandeurs extensives Y_α et Y_β, nous avons :

$$Y_\alpha = \sum_{i=1}^{i=N} n_i^\alpha \overline{Y}_i^{\,\alpha} \qquad \text{et} \qquad Y_\beta = \sum_{i=1}^{i=N} n_i^\beta \overline{Y}_i^{\,\beta}.$$

Considérons un système évoluant à température et pression fixées. L'écriture de la différentielle de l'enthalpie libre conduit à :

$$\begin{aligned} \mathrm{d}G &= -\,S\,\mathrm{d}T + V\,\mathrm{d}p + \sum_{i=1}^{i=N} \mu_i^\alpha\,\mathrm{d}n_i^\alpha + \sum_{i=1}^{i=N} \mu_i^\beta\,\mathrm{d}n_i^\beta \\ &= \sum_{i=1}^{i=N} \mu_i^\alpha\,\mathrm{d}n_i^\alpha + \sum_{i=1}^{i=N} \mu_i^\beta\,\mathrm{d}n_i^\beta. \end{aligned}$$

Limitons-nous au transfert de matière d'une espèce i de la phase α vers la phase β à température et pression fixées. Les sommes se limitent aux termes :

$$\mathrm{d}G = \mu_i^\alpha\,\mathrm{d}n_i^\alpha + \mu_i^\beta\,\mathrm{d}n_i^\beta.$$

La conservation de la matière impose :

$$\mathrm{d}n_i^\alpha + \mathrm{d}n_i^\beta = 0$$

et donc :

$$\mathrm{d}G = (\mu_i^\alpha - \mu_i^\beta).\,\mathrm{d}n_i^\alpha.$$

L'évolution spontanée du système s'effectue à température et pression fixées avec décroissance de l'enthalpie libre :

- si $\mu_i^\alpha > \mu_i^\beta$, alors $\mathrm{d}n_i^\alpha < 0$ et l'espèce i quitte la phase α ;
- si $\mu_i^\alpha < \mu_i^\beta$, alors $\mathrm{d}n_i^\alpha > 0$ et l'espèce i quitte la phase β.

La différence essentielle avec le cas du corps pur est que désormais, et ce point sera repris dans les parties 2 et 3, le potentiel chimique d'une espèce appartenant à une phase dépend de sa composition. Donc le transfert de matière d'une phase vers l'autre se traduit par la modification du potentiel chimique de l'espèce i dans chaque phase. Il peut être établi, à partir de considérations de stabilité (hors-programme) que :

$$\left(\frac{\partial \mu_i^\alpha}{\partial n_i^\alpha}\right)_{p,\,T} > 0.$$

Le potentiel chimique d'une espèce appartenant à une phase décroît lorsque cette espèce quitte la phase étudiée.

Cette inégalité apparaît comme une loi de modération. Supposons $\mu_i^\alpha < \mu_i^\beta$. Dans ce cas, la phase α s'enrichit en i, le potentiel chimique de i dans la phase α croît, le potentiel chimique de i dans la phase β décroît et μ_i^α tend vers μ_i^β.

Lorsque $\mu_i^\alpha = \mu_i^\beta$, il y a équilibre pour le transfert de matière entre phases.

Si le système évolue avec d'autres contraintes extérieures (T et V fixés, ou T et S fixées, par exemple), une autre fonction sera minimale lorsque l'équilibre sera atteint (par exemple, l'énergie libre pour un système évoluant à T et V fixés). Mais la condition d'équilibre s'exprimera toujours en fonction des potentiels chimiques et sera identique.

La conclusion très importante que nous tirons de l'étude ci-dessus est que la condition d'équilibre pour le transfert de matière d'une espèce entre deux phases, est l'égalité des potentiels chimiques du constituant i dans chaque phase. Le potentiel chimique apparaît donc comme un paramètre intensif qui peut exprimer une condition d'équilibre entre deux sous-systèmes au même titre que la température ou la pression :

- la température
  $T_A = T_B$ traduit l'équilibre atteint entre le sous-système A et le sous-système B lorsque les transferts thermiques sont possibles ;

- la pression
  $p_A = p_B$ traduit l'équilibre atteint entre le sous-système A et le sous-système B lorsque les échanges de volume sont possibles ;
- le potentiel chimique
  $\mu_i^A = \mu_i^B$ traduit l'équilibre atteint entre le sous-système A et le sous-système B lorsque les échanges de matière de l'espèce i sont possibles.

2. Potentiel chimique d'un gaz dans un mélange gazeux

2.1 Les gaz parfaits

Nous étudions dans cette partie un mélange gazeux parfait. Celui-ci est décrit par les relations suivantes. Le système est décrit par son volume V, sa pression totale p, la température T et les quantités de matière n_i de chaque constituant.

$$n = \sum_{i=1}^{i=N} n_i \,, \quad p = n\frac{RT}{V} \quad \text{et} \quad p_i = \left(\frac{n_i}{n}\right)p$$

soit, en posant x_i la fraction molaire en phase gazeuse :

$$p_i = x_i p \quad \text{et donc} \quad \left(\frac{\partial p_i}{\partial p}\right)_{T,\ \text{comp.}} = x_i.$$

La grandeur p_i est appelée pression partielle du constituant i en phase gazeuse et correspond à la contribution des molécules ou atomes de i à l'échange de quantité de mouvement aux parois (voir chapitre 1 pour la description microscopique de la pression cinétique). Pour obtenir une information relative au potentiel chimique d'un constituant, utilisons la relation entre dérivée partielle du potentiel chimique par rapport à la pression et au volume molaire. D'après le paragraphe 1.7. :

$$\left(\frac{\partial \mu_i}{\partial p}\right)_{T,\ \text{comp.}} = \left(\frac{\partial V}{\partial n_i}\right)_{T,\ n_j\ j\neq i}.$$

Pour accéder à l'expression du potentiel chimique d'un participant à la phase gazeuse, il faut évaluer la dérivée partielle du volume total par rapport à la quantité de matière n_i à température, pression et autres quantités de matière fixées. En tenant compte de ces contraintes, on différentie l'équation des gaz parfaits :

$$pV = (n_i + \sum_{j\neq i} n_j)RT \quad \text{conduit à} \quad p.\mathrm{d}V = RT\,\mathrm{d}n_i$$

et donc :

$$\left(\frac{\partial \mu_i}{\partial p}\right)_{T,\ \text{comp.}} = \frac{RT}{p}.$$

Pour revenir à la variable p_i à la place de la variable p, il faut utiliser la relation liant pression partielle, pression totale et fraction molaire en phase gazeuse et effectuer une dérivation composée :

$$\left(\frac{\partial \mu_i}{\partial p}\right)_{T,\ \text{comp.}} = \left(\frac{\partial \mu_i}{\partial p_i}\right)_{T,\ \text{comp.}} . \left(\frac{\partial p_i}{\partial p}\right)_{T,\ \text{comp.}} = x_i . \left(\frac{\partial \mu_i}{\partial p_i}\right)_{T,\ \text{comp.}}.$$

En remplaçant p par p_i, il vient :

$$\left(\frac{\partial \mu_i}{\partial p_i}\right)_{T,\ \text{comp.}} = \frac{RT}{p_i}.$$

Il reste donc à intégrer l'équation aux dérivées partielles :

$$\mathrm{d}\mu_i = RT\frac{dp_i}{p_i} \qquad \text{à température fixée}$$

qui s'intègre en :

$$\mu_i(T,\ p) = \mu_i^\circ(T,\ p^\circ) + RT\ln\left(\frac{p_i}{p^\circ}\right)$$

où p° est la pression de référence. $\mu_i^\circ(T,\ p^\circ)$ est le potentiel chimique du gaz i pur pris sous la pression de référence particulière $p = p^\circ$ à la température T.

Il est possible de faire apparaître le potentiel chimique du gaz pur en utilisant la relation liant pression totale et pression partielle, soit $p_i = x_i.p$:

$$\mu_i(T,\ p) = \mu_i^\circ(T,\ p^\circ) + RT\ln\left(\frac{p}{p^\circ}\right) + RT\ln(x_i) = \mu_i^*(T,\ p) + RT\ln(x_i).$$

Le potentiel chimique d'un constituant du mélange dépend donc de la température, de la pression totale et de la composition de la phase.

2.2 Cas d'un mélange de gaz réels

L'état thermodynamique est défini par la donnée de la température, de la pression et des fractions molaires de chaque participant. L'expression du potentiel chimique d'un gaz du mélange est choisie de la forme :

$$\mu_i(T,\ p) = \mu_i^\circ(T,\ p^\circ) + RT\ln\left(\frac{f_i}{p^\circ}\right)$$

où f_i est la fugacité du constituant i dans le mélange gazeux. Le seul intérêt de cette écriture est de bien rendre compte du comportement asymptotique de la fugacité. Il est en effet établi expérimentalement qu'à toute température, tout mélange gazeux se comporte comme un mélange parfait de gaz parfaits aux très basses pressions. Quel que soit le constituant i :

$$\lim_{p \to 0} \mu_i = \mu_i(\text{g.p.}) = \mu_i^\circ(T, p^\circ) + RT \ln\left(\frac{p_i}{p^\circ}\right).$$

La pression partielle p_i tend vers zéro lorsque la pression tend vers zéro.

Nous avons donc, pour p tendant vers zéro :

$$f_i \simeq p_i.$$

La fugacité est homogène à une pression.

Le point essentiel à retenir est que la fugacité dépend de la température, de la pression et de la composition du système. Il est fondamental de comprendre que la fugacité du constituant i n'est pas *a priori* déductible de la connaissance de la fugacité du constituant i pris pur dans les mêmes conditions de température et pression partielle. Au niveau microscopique, la fugacité dépend des interactions entre les différentes particules. Deux gaz i et j peuvent se comporter comme des gaz parfaits pris seuls car, au niveau microscopique, les interactions entre molécules i d'une part, j d'autre part dans les corps purs sont suffisamment faibles pour assurer un comportement de type gaz parfait. En revanche, les interactions entre molécules i et j sont trop importantes pour observer ce comportement.

Cependant pour de très nombreux mélanges gazeux pris dans des conditions usuelles (pression de quelques bars, température comprise entre 300 K et 1 500 K), le modèle du mélange parfait de gaz parfaits est une bonne, voire excellente approximation dont on se satisfera la plupart du temps, en particulier dans l'étude des équilibres chimiques.

3. Potentiel chimique d'un constituant d'un mélange en phase condensée

Nous allons utiliser dans cette partie les résultats établis précédemment pour :

- la condition d'équilibre pour le transfert de matière entre deux phases ;
- le potentiel chimique d'un constituant d'un mélange parfait de gaz parfaits.

3.1 Étude expérimentale

a) Exemple d'un mélange idéal

Considérons un système constitué de propan-1-ol, noté (1) et de propan-2-ol, noté (2) présents chacun en phase liquide, notée (ℓ) et en phase gazeuse, notée (g). La température est fixée.

Expérimentalement, le comportement thermodynamique de la phase gazeuse est bien celui d'un mélange parfait de gaz parfaits dans le domaine de pression exploré, à la température d'étude.

Plusieurs systèmes préparés avec des quantités de matière relative en (1) et (2) variables sont étudiés : pour chaque système sont mesurées les pressions partielles p_1, p_2, la composition de chaque phase caractérisée par les fractions molaires x_1^ℓ et x_2^ℓ (fractions molaires de (1) (respectivement (2)) en phase liquide) et x_1^{g} et x_2^{g}.

Les courbes $p_1 = f(x_1^\ell)$ et $p_2 = g(x_1^\ell)$ représentées à la figure 4.2 sont des droites.

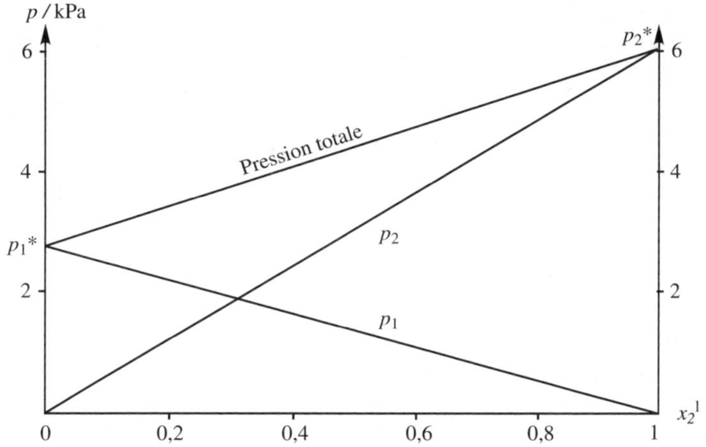

Figure 4.2 – Pressions partielles et totale de la phase gazeuse en équilibre avec une phase liquide contenant du propan-1-ol (1) et du propan-2-ol (2)

Données : à $\theta = 25\ ^\circ\mathrm{C}$, $p_1^* = 2790$ Pa et $p_2^* = 6020$ Pa

L'expression analytique des courbes p_i est donc :

$$p_i = x_i^\ell . p_i^* .$$

Cette loi déduite de l'expérience est connue sous le nom de loi de RAOULT .

Remarquons tout de suite que ce comportement est rare et que de façon générale, il n'existe pas de relation simple, valable quelle que soit la composition, entre pression partielle d'un constituant en phase gazeuse et composition de la phase liquide. Néanmoins, ce comportement sert de point de départ à l'étude des phases condensées. Ici, le comportement de mélange idéal est dû à l'analogie de structure entre les deux molécules constitutives : même fonction chimique, même taille de la chaîne carbonée.

Des mélanges liquides pour lesquels la pression partielle de chaque constituant est proportionnelle à la fraction molaire de ce constituant en phase liquide et à la pression de vapeur saturante à la température d'étude, et ce quelle que soit la composition sont qualifiés de mélange idéaux.

L'étude expérimentale des mélanges réels quelconques conduit aux résultats suivants donnés ici comme compléments au strict programme.

b) Diagramme à déviation positive

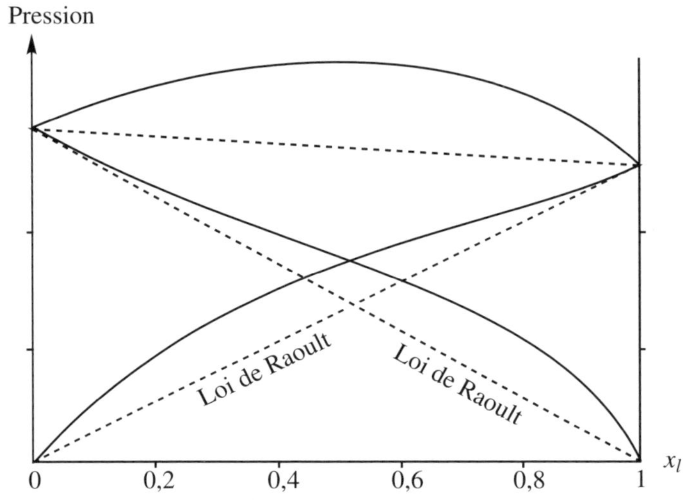

Figure 4.3 – Pressions partielles et totale de la phase gazeuse en équilibre avec une phase liquide pour un mélange réel à déviation positive

Les lignes en pointillés représentent les lois de RAOULT (comportement idéal).

La pression de la phase gazeuse est supérieure à celle du mélange idéal.

Exemple : $CS_2/CH_3-CO-CH_3$

c) Diagramme à déviation négative

La pression de la phase gazeuse est inférieure à celle qui serait observée si le mélange était idéal.

Exemple : chloroforme/propanone $CH_3Cl/CH_3-CO-CH_3$)

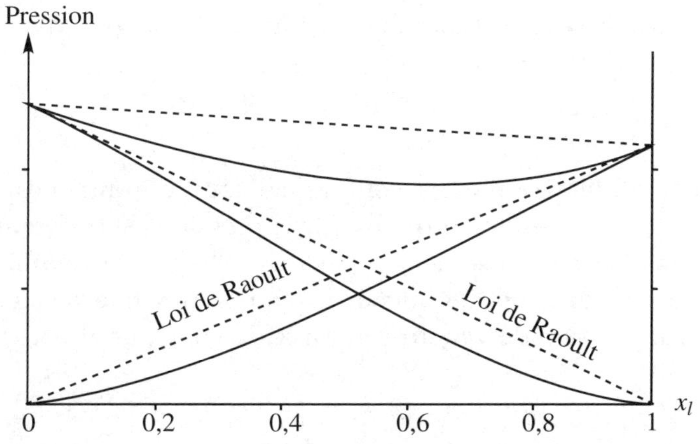

Figure 4.4 – Pressions partielles et totale de la phase gazeuse en équilibre avec une phase liquide pour un mélange réel à déviation négative

Notons, dans les deux cas, le comportement asymptotique pour des systèmes à très faible teneur en i : il existe une tangente de pente non nulle et non infinie. Nous avons (loi de HENRY) :

$$\lim_{x_i^\ell \to 0} \frac{p_i}{x_i^\ell \, p^\circ} = K_{hi}.$$

La grandeur K_{hi} est appelée constante de HENRY et dépend de la température et des deux constituants du mélange. Pour des composés moléculaires, cette grandeur n'est ni nulle, ni infinie.

3.2 Expression du potentiel chimique d'un constituant d'un mélange idéal

Considérons un constituant i d'un mélange idéal. Celui-ci suit la loi de RAOULT, quelle que soit la composition du système :

$$p_i = x_i^\ell . p_i^* .$$

La phase gazeuse est supposée se comporter comme un mélange parfait de gaz parfaits (hypothèse en général très bien vérifiée).

La condition d'équilibre de phase (transfert de matière entre la phase liquide et la phase gazeuse) permet d'écrire :

$$\mu_i^{\mathrm{g}} = \mu_i^\ell$$

et comme la phase gazeuse est un mélange parfait de gaz parfaits :

$$\mu_i^{\mathrm{g}}(T,\, p) \;=\; \mu_i^{\circ,\mathrm{g}}(T,\, p^\circ) \;+\; RT\ln\left(\frac{p_i}{p^\circ}\right).$$

Écrivons, à la même température, la condition d'équilibre entre l'espèce i liquide pur et la phase gazeuse, en remarquant que la pression est différente de la pression totale de la phase gazeuse dans le cas du mélange. Les équilibres diphasés du corps pur étant divariants, le choix de la température fixe la valeur de la pression à celle de la pression de vapeur saturante du constituant i :

$$\mu_i^{*,\ell}(T,\, p_i^*(T)) \;=\; \mu_i^{\circ,\mathrm{g}}(T,\, p^\circ) \;+\; RT\ln\left(\frac{p_i^*}{p^\circ}\right).$$

Nous négligerons dans l'ensemble de notre travail la dépendance du potentiel chimique du liquide pur avec la pression (le liquide est supposé incompressible) :

$$\mu_i^{*,\ell}(T,\, p_i^*(T)) \;\approx\; \mu_i^{*,\ell}(T,\, p).$$

Cela permet d'exprimer le potentiel chimique en phase liquide en fonction du potentiel chimique du constituant i liquide pur :

$$\mu_i^{\ell}(T,\, p,\, x_i^{\ell}) \;=\; \mu_i^{\circ,\mathrm{g}}(T,\, p^\circ) \;+\; RT\ln\left(\frac{p_i}{p^\circ}\right) \;=\; \mu_i^{\circ,\mathrm{g}}(T,\, p^\circ) \;+\; RT\ln\left(\frac{p_i^*.x_i^{\ell}}{p^\circ}\right)$$

soit :

$$\begin{aligned}\mu_i^{\ell}(T,\, p,\, x_i^{\ell}) \;&=\; \mu_i^{\circ,\mathrm{g}}(T,\, p^\circ) \;+\; RT\ln\left(\frac{p_i^*}{p^\circ}\right) \;+\; RT\ln(x_i^{\ell})\\ &=\; \mu_i^{*,\ell}(T,\, p) \;+\; RT\ln(x_i^{\ell}).\end{aligned}$$

Nous avons donc établi que dans le cas d'un mélange idéal, pour une phase liquide incompressible :

$$\mu_i^{\ell}(T,\, p,\, x_i^{\ell}) \;\approx\; \mu_i^{*,\ell}(T,\, p) \;+\; RT\ln(x_i^{\ell})$$

où $\mu_i^{*,\ell}(T,\, p)$ est le potentiel chimique de i liquide pur.

Cette relation est très importante : elle doit être parfaitement connue tout en sachant que le programme n'impose pas la maîtrise de la démarche permettant de l'établir.

L'analogie avec l'expression du potentiel chimique du gaz parfait (2.2.) est claire : le terme $RT\ln(x_i)$ est dû à la dilution de l'espèce étudiée dans la phase.

3.3 Potentiel chimique d'un constituant d'un mélange réel

a) Introduction

L'étude des courbes $p_i = f(x_i^\ell)$ montre que la relation de proportionnalité est, en général, pour la plupart des systèmes, non vérifiée. Afin de conserver, comme dans le cas des gaz, la même expression générale du potentiel chimique, on introduit la grandeur a_i^ℓ, appelée activité de i en phase liquide, qui vérifie la relation :

$$p_i = a_i^\ell . p_i^*$$

et donc :

$$\mu_i^\ell(T,\, p,\, \text{comp.}) = \mu_i^{*,\ell}(T,\, p) + RT\ln(a_i^\ell).$$

Expérimentalement, il est vérifié que tous les constituants qui deviennent très majoritaires dans un mélange suivent la loi de RAOULT. L'activité possède donc un équivalent lorsque x_i^ℓ tend vers 1 :

$$a_i^\ell \simeq x_i^\ell \qquad \text{quand} \qquad x_i^\ell \to 1$$

b) Coefficients (ou nombre) d'activité

L'écart au comportement idéal est traduit par le coefficient γ_i^ℓ appelé coefficient d'activité de l'espèce i en phase liquide, défini par :

$$a_i^\ell = \gamma_i^\ell . x_i^\ell$$

et le potentiel chimique s'écrit :

$$\mu_i^\ell(T,\, p,\, \text{comp.}) = \mu_i^{*,\ell}(T,\, p) + RT\ln(\gamma_i^\ell . x_i^\ell)$$

3.4 Interprétation physique des coefficients d'activité

Intéressons-nous dans cette partie à la variation $\Delta_{\text{mel}}Y$ d'une grandeur extensive lors du processus de mélange de n_1 quantité de matière de (1) avec n_2 quantité de matière de (2). Soient $Y_{\text{m},1}$ et $Y_{\text{m},2}$ les grandeurs molaires des corps purs (1) et (2), et $\overline{Y}_1$ et $\overline{Y}_2$ les grandeurs molaires partielles de (1) et (2) dans le mélange.

La grandeur $\Delta_{\text{mel}}Y$ est définie par :

$$\Delta_{\text{mel}}Y = (n_1\overline{Y}_1 + n_2\overline{Y}_2) - (n_1 Y_{\text{m},1} + n_2 Y_{\text{m},2})$$

a) Cas d'un mélange idéal

Pour chaque constituant du mélange :

$$\mu_i^\ell(T,\, p,\, \text{comp.}) \;=\; \mu_i^{*,\ell}(T,\, p) \;+\; RT\ln(x_i^\ell).$$

Étudions l'enthalpie libre de mélange :

$$\begin{aligned}\Delta_{\text{mel}}G \;=\; & n_1(\mu_1^{*,\ell}(T,\, p) \;+\; RT\ln(x_1^\ell)) \;+\; n_2(\mu_2^{*,\ell}(T,\, p) \;+\; RT\ln(x_2^\ell)) \\ & -\; (n_1\mu_1^{*,\ell}(T,\, p) \;+\; n_2\mu_2^{*,\ell}(T,\, p))\end{aligned}$$

soit, après simplifications :

$$\begin{aligned}\Delta_{\text{mel}}G \;=\; & RT.(n_1.\ln(x_1^\ell) \;+\; n_2.\ln(x_2^\ell)) \\ =\; & (n_1 \;+\; n_2).RT.(x_1^\ell.\ln(x_1^\ell) \;+\; x_2^\ell.\ln(x_2^\ell)).\end{aligned}$$

Cette grandeur apparaît comme étant négative : le processus de mélange qui conduit à un mélange idéal est toujours possible lorsqu'il a lieu à température et pression fixées (miscibilité totale).

➤ Enthalpie de mélange

Utilisons la relation de GIBBS-DUHEM appliquée aux grandeurs molaires partielles pour calculer, à partir de la connaissance du potentiel chimique du constituant i, l'enthalpie molaire partielle de ce constituant dans le mélange :

$$\overline{H}_i \;=\; -\,T^2\left(\frac{\partial}{\partial T}.\left(\frac{\mu_i}{T}\right)\right)_{p,\text{comp.}}$$

soit, en remplaçant par l'expression du potentiel chimique du constituant i dans le mélange :

$$\begin{aligned}\overline{H}_i \;=\; & -\,T^2\left(\frac{\partial}{\partial T}.\left(\frac{\mu_i^{*,\ell}(T,\, p)}{T} \;+\; R\ln(x_i^\ell)\right)\right)_{p,\text{comp.}} \\ =\; & -\,T^2\left(\frac{\partial}{\partial T}.\left(\frac{\mu_i^{*,\ell}(T,\, p)}{T}\right)\right)_{p,\text{comp.}}.\end{aligned}$$

Nous obtenons donc le résultat important : dans un mélange idéal, l'enthalpie molaire partielle s'identifie à l'enthalpie molaire du constituant pur ce qui implique que l'enthalpie de mélange est nulle :

$$\Delta_{\text{mel}}H \;=\; 0.$$

À température et pression fixées, l'opération de mélange s'effectue sans transfert thermique avec le thermostat.

➤ Volume de mélange

Le volume molaire partiel étant la dérivée partielle par rapport à la pression à température et composition fixées du potentiel chimique, le terme $RT\ln(x_i^\ell)$ apparaît donc comme constant lors de cette dérivation et donc le volume molaire partiel $\overline{V}_i$ du constituant i dans un mélange idéal est :

$$\overline{V}_i = \left(\frac{\partial \mu_i}{\partial p}\right)_{T,\text{comp.}} = \left(\frac{\partial}{\partial p}.(\mu_i^{*,\ell}(T,\, p) + RT\ln(x_i^\ell))\right)_{T,\text{comp.}}$$

$$= \left(\frac{\partial \mu_i^{*,\ell}(T,\, p)}{\partial p}\right)_{T,\text{comp.}}$$

soit le résultat :

$$\overline{V}_i = \overline{V}_{\text{m},i}$$

qui établit donc clairement que le processus de mélange qui conduit à un mélange idéal s'effectue, à température et pression fixées, sans variation de volume :

$$\Delta_{\text{mel}} V = 0$$

➤ Entropie de mélange

$$\overline{S}_i = -\left(\frac{\partial \mu_i}{\partial T}\right)_{p,\text{comp.}} = -\left(\frac{\partial}{\partial T}.(\mu_i^{*,\ell}(T,\, p) + RT\ln(x_i^\ell))\right)_{p,\text{comp.}}$$

ce qui donne, en tenant compte de la relation entre potentiel chimique du corps pur et entropie molaire du corps pur :

$$\overline{S}_i = -\left(\frac{\partial \mu_i^{*,\ell}(T,\, p)}{\partial p}\right)_{T,\text{comp.}} - R.\ln(x_i^\ell) = S_{\text{m},i} - R.\ln(x_i^\ell).$$

L'entropie molaire partielle est plus élevée dans le mélange idéal que dans le corps pur liquide. Il est possible d'interpréter cette contribution positive supplémentaire comme étant due au volume plus important offert aux particules i dans le mélange par rapport au corps pur : cela correspond à un désordre de position plus important, dû au fait que dans le mélange, il y a perte d'information sur la localisation des molécules de i.

$$\Delta_{\text{mel}} S = n_1(S_{\text{m},1} - R.\ln(x_1^\ell)) + n_2(S_{\text{m},2} - R.\ln(x_2^\ell)) - (n_1 S_{\text{m},1} + n_2 S_{\text{m},2})$$

soit, après simplification :

$$\Delta_{\text{mel}} S = -R(n_1.\ln(x_1^\ell) + n_2.\ln(x_2^\ell)) = -(n_1 + n_2).R.(x_1^\ell.\ln(x_1^\ell) + x_2^\ell.\ln(x_2)).$$

L'interprétation microscopique de l'existence de mélanges idéaux doit essayer de rendre compte de deux caractéristiques essentielles de ces mélanges : l'absence d'enthalpie de mélange et de volume de mélange. Il n'est donc pas surprenant de constater des comportements idéaux pour le mélange de deux liquides moléculaires lorsque les molécules constitutives occupent des volumes comparables et sont de structures semblables, donc avec des interactions en phase condensée comparables : (1) interagit avec ses voisins de façon identique, qu'il s'agisse de molécules (1) ou de molécules (2).

b) Cas des mélanges réels

Les courbes représentant les pressions partielles en phase gazeuse en équilibre avec la phase liquide $p_i = f(x_i^\ell)$ peuvent être interprétées à la lumière des renseignements obtenus pour les mélanges idéaux.

Dans le cas d'un mélange réel à déviation positive, la pression du constituant i est supérieure à la valeur attendue pour un mélange idéal. Ceci peut être interprété en supposant que les interactions entre molécules (1) et (2) sont plus faibles que les interactions entre (1) et (1) et entre (2) et (2) existant dans les liquides purs. Dans le cas d'un mélange à déviation négative, la phase liquide est thermodynamiquement favorisée par rapport au cas du mélange liquide idéal. Ceci peut s'expliquer par l'existence de forces intermoléculaires plus fortes entre (1) et (2) que celles existant entre les molécules dans les liquides purs. Cette contribution à la stabilité du mélange est ici un facteur de nature enthalpique.

Dans le cas du mélange chloroforme/propanone, il est possible d'évoquer la formation d'une liaison hydrogène entre les deux molécules :

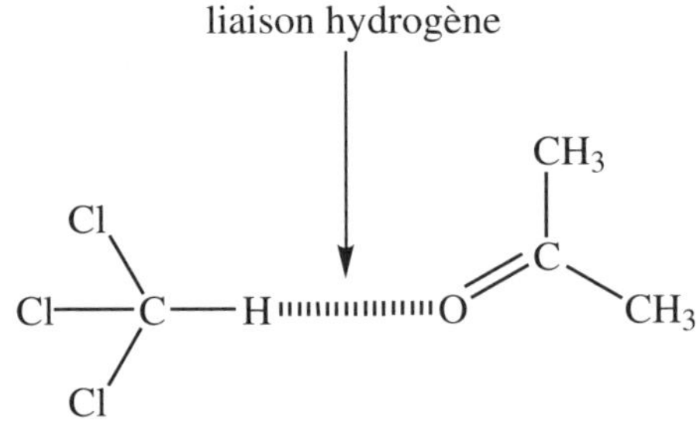

Figure 4.5 – Interaction par liaison hydrogène entre les deux participants du mélange binaire chloroforme/propanone

Conclusion :

- si $\gamma^\ell > 1$, l'espèce est moins stable en phase liquide que dans le mélange idéal ;
- si $\gamma^\ell < 1$, l'espèce est plus stable en phase liquide que dans le mélange idéal.

4. Solutions

Dans l'étude des systèmes précédents les rôles joués par les espèces (1) et (2) sont *a priori* symétriques. Toutes les gammes de concentration sont *a priori* envisagées.

Or il existe de nombreuses études dans lesquelles un constituant est en proportion très supérieure aux autres participants. Ce constituant est appelé solvant et ces systèmes solutions. Les autres espèces très minoritaires sont des solutés.

L'expérience montre que, lorsqu'un constituant est très majoritaire, celui-ci suit la loi de RAOULT : son comportement est proche de celui du corps pur.

4.1 Applications de la relation de GIBBS-DUHEM

Considérons un système à deux constituants (système binaire) avec un solvant (1) (qui suit la loi de RAOULT) et un soluté (2). Le système est étudié à température et pression fixées.

Comme le solvant suit la loi de RAOULT, le potentiel chimique du solvant s'écrit :

$$\mu_1^\ell(T,\, p,\, x_1^\ell) \;=\; \mu_1^{*,\ell}(T,\, p) \;+\; RT\ln(x_1^\ell).$$

La formule de GIBBS-DUHEM appliquée au système et à la fonction G conduit à :

$$n_1^\ell\,\mathrm{d}\mu_1^\ell \;+\; n_2^\ell\,\mathrm{d}\mu_2^\ell \;=\; 0$$

soit, en divisant par $n_1^\ell \;+\; n_2^\ell$:

$$x_1^\ell\,\mathrm{d}\mu_1^\ell \;+\; x_2^\ell\,\mathrm{d}\mu_2^\ell \;=\; 0.$$

Ceci montre qu'une variation du potentiel chimique du solvant, due à une variation de composition, se traduit par une variation de potentiel chimique du soluté. À température et pression fixées et composition variable, la différentielle du potentiel chimique du solvant s'écrit :

$$\mathrm{d}\mu_1^\ell(T,\, p,\, x_1^\ell) \;=\; \mathrm{d}(\mu_1^{*,\ell}(T,\, p) \;+\; RT\ln(x_1^\ell)) \;=\; RT\,\mathrm{d}(\ln(x_1^\ell)) \;=\; RT\frac{\mathrm{d}x_1^\ell}{x_1^\ell}.$$

En injectant cette relation dans l'équation de GIBBS-DUHEM , nous obtenons la différentielle à température et pression fixées du potentiel chimique du soluté :

$$\mathrm{d}\mu_2^\ell \;=\; -\,\frac{x_1^\ell}{x_2^\ell}\left(RT\frac{\mathrm{d}x_1^\ell}{x_1^\ell}\right) \;=\; -\,RT\frac{\mathrm{d}x_1^\ell}{x_2^\ell}.$$

En tenant compte de $x_1^\ell \;+\; x_2^\ell \;=\; 1$, nous obtenons :

$$\mathrm{d}x_1^\ell \;+\; \mathrm{d}x_2^\ell \;=\; 0$$

et donc :

$$\mathrm{d}\mu_2^\ell = RT\frac{\mathrm{d}x_2^\ell}{x_2^\ell}$$

ce qui donne par intégration à température et pression fixées :

$$\mu_2^\ell(T,\ p,\ \text{comp.}) = f_2(T,\ p) + RT\ln(x_2^\ell).$$

Nous retrouvons donc ici une expression ressemblant à celle d'un constituant d'un mélange idéal avec une différence importante résidant dans la fonction $f_2(T,\ p)$. Celle-ci ne s'identifie pas au potentiel chimique du constituant (2), corps pur liquide.

4.2 Comportement asymptotique du potentiel chimique

Si nous revenons à un mélange réel, nous constatons que, pour un constituant i donné d'un système binaire, il y a deux régions de composition où le potentiel chimique peut prendre une expression assez simple :

- quand $x_i^\ell \to 1$, le constituant suit la loi de RAOULT et son potentiel chimique s'écrit :

$$\mu_i^\ell(T,\ p,\ x_i^\ell) = \mu_i^{*,\ell}(T,\ p) + RT\ln(x_i^\ell)\ ;$$

- quand $x_i^\ell \to 0$, le solvant suit la loi de RAOULT et le potentiel chimique du soluté s'écrit :

$$\mu_i^\ell(T,\ p,\ x_i^\ell) = f_i^\ell(T,\ p) + RT\ln(x_i^\ell).$$

Ces comportements peuvent être visualisés par des représentations à température et pression fixées du potentiel chimique de l'espèce i en fonction de $RT\ln(x_i^\ell)$. Il est possible de distinguer trois types de comportement :

a) mélange idéal (courbe 4.6, (a))

b) mélange réel à déviation négative (courbe 4.6, (b))

c) mélange réel à déviation positive (courbe 4.6, (c))

Il est possible de démontrer que la stabilité de la phase liquide impose l'inégalité :

$$\frac{\partial\mu_i^\ell}{\partial x_i^\ell} > 0 \qquad \text{et donc} \qquad \frac{\partial\mu_i^\ell}{\partial\ln(x_i^\ell)} > 0.$$

Ceci justifie que le coefficient directeur des courbes est toujours positif.

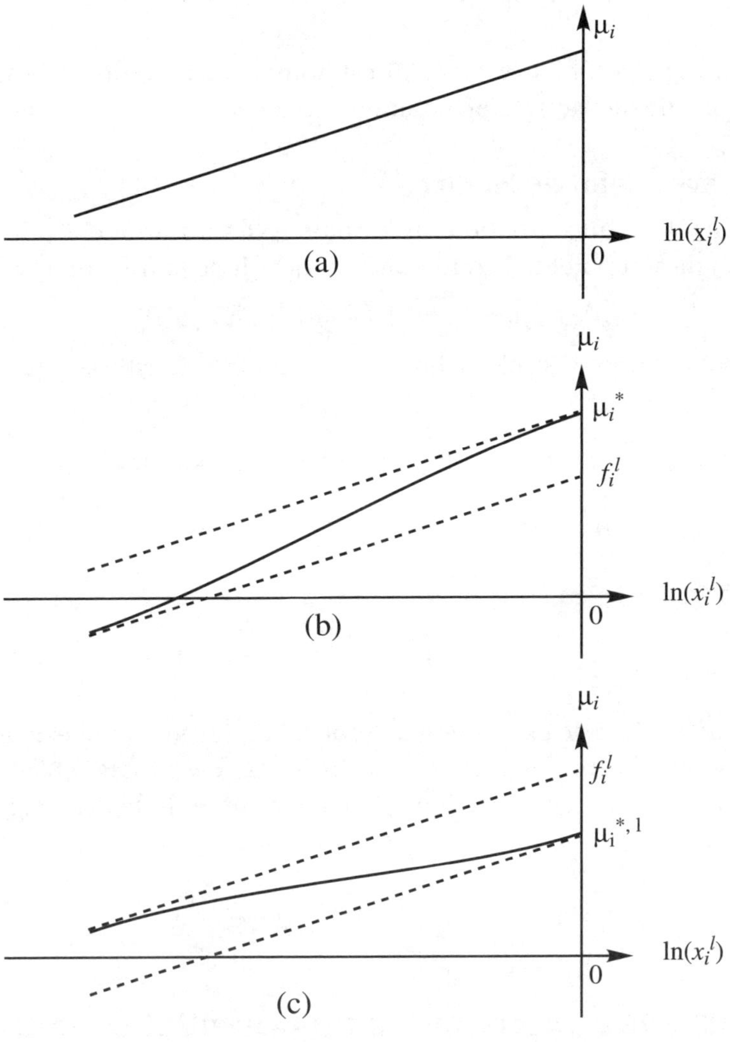

Figure 4.6 – Variation du potentiel chimique d'un soluté dans le cas d'un mélange idéal (a), dans le cas d'un mélange réel à déviation négative (b), dans le cas d'un mélange à déviation positive (c)

Ces représentations graphiques permettent de mieux comprendre le sens physique de la grandeur $f_2(T,\ p)$. Cette grandeur fixe la nature de l'asymptote suivie à très grande dilution. Néanmoins, contrairement à la grandeur $\mu_2^{*,\ell}(T,\ p)$, il n'existe pas de système physique réel où le potentiel chimique du soluté (2) est $f_2(T,\ p)$.

Notons aussi que la fonction $f_2(T,\ p)$ est homogène à un potentiel chimique et qu'il serait justifié de choisir une notation explicitée. Ce point sera repris au 5.

4.3 Lien avec la loi de HENRY

Plaçons-nous dans une situation où le soluté est suffisamment dilué pour que l'expression de son potentiel chimique en fonction de la fraction molaire soit :

$$\mu_2^\ell(T,\ p,\ x_2^\ell) \ = \ f_2(T,\ p) \ + \ RT\ln(x_2^\ell).$$

Écrivons la condition d'équilibre liquide/gaz pour le constituant (2) (le soluté) :

$$\mu_2^\ell \ = \ \mu_2^{\mathrm{g}}.$$

En supposant que la phase gazeuse est un mélange parfait de gaz parfaits :

$$f_2(T,\ p) \ + \ RT\ln(x_2^\ell) \ = \ \mu_2^{\circ,\mathrm{g}}(T,\ p^\circ) \ + \ RT\ln\left(\frac{p_2}{p_o}\right)$$

soit, en exprimant p_2 en fonction de x_2^ℓ :

$$p_2 \ = \ p^\circ.\exp\left[\frac{\left(f_2(T,\ p) \ - \ \mu_2^{\circ,\mathrm{g}}\right)}{RT}\right].x_2^\ell.$$

Nous retrouvons ici une expression de type loi de HENRY où il existe un facteur de proportionnalité entre la pression partielle d'un constituant et la fraction molaire de ce constituant en phase liquide. La constante de HENRY est donc liée à la différence de potentiel chimique $f_i(T,\ p)$ et $\mu_2^{\circ,\mathrm{g}}$ selon la relation :

$$K_h \ = \ \exp\left[\frac{\left(f_2(T,p) \ - \ \mu_2^{\circ,\mathrm{g}}\right)}{RT}\right].$$

5. Différentes expressions du potentiel chimique d'un constituant en phase condensée (liquide ou solide)

Dans les parties précédentes, nous avons établi deux comportements asymptotiques pour le potentiel chimique d'un constituant d'une phase condensée. Dans chaque cas, pour ce comportement asymptotique, le potentiel chimique se met sous la forme de la somme d'un terme indépendant de la composition de la phase et d'un terme dépendant de la composition en $RT\ln(x_2^\ell)$.

a) Composition d'une phase

La composition de la phase joue un rôle important pour les propriétés des espèces chimiques présentes dans la phase. Jusqu'à présent, nous avons décrit cette composition par la fraction molaire dans la phase étudiée. Il existe néanmoins d'autres façons pratiques de préciser la composition de la phase, en particulier dans le cas des solutions.

➤ Échelle des concentrations

La composition de la phase est précisée par la concentration en $mol.L^{-1}$ des solutés : ceci est utilisé en chimie des solutions.

➤ Échelle des molalités

Si on modifie la température d'une solution, le volume varie *a priori* et donc, sans modifier les quantités de matière présentes, les concentrations volumiques peuvent varier. Afin de s'affranchir de la variation de la composition avec la température, il est préférable d'introduire la molalité définie comme la quantité de matière de soluté par kilogramme de solvant.

b) État de référence

Nous avons vu dans les parties précédentes que le potentiel chimique prend des expressions assez simples dans deux cas : lorsque le système est proche du corps pur et lorsque le système est très dilué. Cela conduit donc à choisir, dans un cas quelconque, l'une ou l'autre de ces situations comme comportement de référence. Ces états physiques particuliers sont appelés état de référence : soit le corps pur, soit la solution infiniment diluée.

c) Les différentes expressions possibles du potentiel chimique

Nous voyons donc que l'expression du potentiel chimique d'un constituant en phase condensée dépend de deux choix :

- de l'état de référence ;
- de la façon de décrire la composition de la phase.

En pratique, toutes les combinaisons ne sont pas rencontrées.

➤ Référence corps pur

Dans ce cas, la composition de la phase est donnée en terme de fraction molaire. Il reste néanmoins deux choix possibles.
Le premier consiste à poser :

$$\mu_i^\ell(T,\, p,\, \text{comp.}) \;=\; \mu_{i,x}^{*,\ell}(T,\, p) \;+\; RT\ln(\gamma_{i,x}^{*,\ell} x_i^\ell)$$

où la grandeur $\mu_{i,x}^{*,\ell}(T,\, p)$ représente le potentiel chimique de i liquide pur. Dans ce cas le coefficient d'activité contient l'écart au mélange idéal (écart à la loi de RAOULT).

L'autre choix possible est l'utilisation d'une grandeur standard, c'est-à-dire pour une pression fixée, choisie à $p = p^\circ = 1$ bar.

$$\mu_i^\ell(T,\, p,\, \text{comp.}) = \mu_{i,x}^{\circ,\text{p},\ell}(T,\, p^\circ) + RT\ln(\gamma_{i,x}^{\circ,\text{p},\ell} x_i^\ell).$$

L'exposant $\circ$ signifie que la grandeur utilisée est standard, « p » que l'état de référence est le corps pur et ℓ qu'il s'agit d'une phase liquide.

Désormais, le coefficient d'activité contient à la fois l'écart au comportement idéal et la dépendance des propriétés de la phase liquide avec la pression.

Le choix entre ces deux possibilités est guidé par la nature du système à étudier.

➤ Référence infiniment diluée

Il existe trois façons de décrire la composition de la phase.

- *Échelle des fractions molaires*

  L'expression utilisée est de la forme :

$$\mu_i^\ell(T,\, p,\, \text{comp.}) = \mu_{i,x}^{\circ,\infty,\ell}(T,\, p^\circ) + RT\ln(\gamma_{i,x}^{\circ,\infty,\ell} x_i^\ell).$$

  Le coefficient d'activité $\gamma_{i,x}^{\circ,\infty,\ell}$ vérifie le comportement asymptotique suivant :

$$\lim_{x_i^\ell \to 0} \gamma_{i,x}^{\circ,\infty,\ell} = 1$$

  pour la pression de référence. Néanmoins, vue la (très) faible compressibilité des phases condensées, on néglige en général l'effet de la pression sur le coefficient d'activité.

  Ce choix est utilisé dans les techniques de détermination de masse molaire : ébullioscopie et cryoscopie.

- *Échelle des concentrations*

  L'expression utilisée est de la forme :

$$\mu_i^\ell(T,\, p,\, \text{comp.}) = \mu_{i,c}^{\circ,\infty,\ell}(T,\, p^\circ) + RT\ln\left(\gamma_{i,c}^{\circ,\infty,\ell}\left(\frac{c_i^\ell}{c_{\text{réf}}}\right)\right).$$

  L'indice c signifie que le choix effectué pour décrire la composition de la phase est la concentration volumique et l'exposant ∞ que la référence physique est la solution infiniment diluée. La grandeur $c_{\text{réf}}$ est une concentration de référence choisie à 1 mol.L^{-1}.

  Ce choix est implicitement fait lors de l'étude thermodynamique des solutions aqueuses (calcul de pH, précipitation, complexation). Si les solutions sont diluées, les coefficients d'activité sont pris égaux à 1. En l'absence d'indications particulières, il est légitime dans l'étude des solutions diluées de poser ces coefficients d'activité égaux à 1. Il n'existe pas de critère général qui

permet d'être certain que cette approximation est valide. Pour des composés moléculaires en solution aqueuse, cette approximation peut être valable jusqu'à environ 1 mol.L^{-1}. Pour des composés ioniques, il faut des solutions beaucoup plus diluées et ceci est d'autant plus nécessaire que les espèces sont chargées (ordre de grandeur : 10^{-2} mol.L^{-1} pour des ions monochargés).
Il faut donc garder présent à l'esprit, lors de l'exploitation de résultats expérimentaux relatifs à l'étude des solutions aqueuses, que l'hypothèse généralement posée est d'assimiler activité des ions au rapport $\dfrac{c_i^\ell}{c_{\text{réf}}}$. En effet, l'écart éventuellement observé entre les valeurs déterminées expérimentalement et les valeurs de la littérature est dû à cette assimilation de l'activité à la concentration. Notons aussi que, très souvent, le coefficient d'activité des ions est inférieur à 1 (sauf pour des solutions vraiment concentrées).

- *Échelle des molalités*
  L'expression utilisée est de la forme :

$$\mu_i^\ell(T,\, p,\, \text{comp.}) \;=\; \mu_{i,M}^{\circ,\infty,\ell}(T,\, p^\circ) \;+\; RT\ln\left(\gamma_{i,M}^{\circ,\infty,\ell}\left(\frac{M_i^\ell}{M_{\text{réf}}}\right)\right).$$

L'indice M signifie que le choix effectué pour décrire la composition de la phase est la molalité et l'exposant ∞ que la référence physique est la solution infiniment diluée. La grandeur $M_{\text{réf}}$ est une molalité de référence choisie à 1 mol.kg^{-1} (par kilogramme de solvant). Cette échelle est très souvent utilisée en recherche.

d) Quelle expression du potentiel chimique choisir ?

Parmi les différentes expressions proposées pour le potentiel chimique, toutes sont exactes et peuvent être utilisées *a priori*.
Néanmoins, pour la simplicité des calculs, un choix est en général plus judicieux que d'autres. Celui-ci est guidé par deux considérations (qui ne sont pas d'ailleurs indépendantes) : de quelle(s) donnée(s) dispose-t-on ? le système étudié est-il proche du corps pur ou est-il (presque) infiniment dilué ? Le choix judicieux permettra d'exploiter facilement les données expérimentales.
En d'autres termes, faire une étude thermodynamique d'une phase condensée revient à obtenir des informations dans la littérature sur un système proche (l'état de référence) et à manipuler ensuite un terme correctif (que l'on souhaite le plus exact possible) lequel, dans le meilleur des cas, ne s'exprime qu'en terme d'écart de composition par rapport à l'état de référence. L'expression de ce terme correctif de composition est de la forme $RT\ln$(composition). Si cette correction n'est pas suffisante, il faut alors utiliser un modèle qui permet d'évaluer les coefficients d'activité.

EXERCICES

4.1 Relation entre potentiels chimiques

Dans le cas d'une solution diluée, plusieurs choix sont possibles pour l'expression du potentiel chimique d'un soluté i. Parmi ceux-ci, choisissons soit la référence soluté infiniment dilué et l'échelle des fractions molaires, soit la référence soluté infiniment dilué et l'échelle des concentrations volumiques.

1. En se plaçant dans le cas particulier d'une solution très diluée, écrire les deux expressions du potentiel chimique d'un soluté résultant du choix proposé en faisant clairement apparaître les potentiels chimiques standard.

2. Le solvant étant de masse molaire M et de masse volumique ρ (pour le solvant pur), montrer qu'il existe une relation entre les potentiels standard apparaissant dans les expressions des potentiels chimiques

3. Application numérique dans le cas du solvant eau à la température T = 298 K : calculer la différence

$$\mu_{i,x}^{\circ,\infty,\ell}(T,\ p^{\circ})\ -\ \mu_{i,c}^{\circ,\infty,\ell}(T,\ p^{\circ})$$

Données :

M = 18 g.mol^{-1} ; ρ = 998 kg.m^{-3}

4.2 Application de la relation de Gibbs-Duhem

Soit un mélange liquide à deux constituants A et B. L'étude de la composition et de la pression de la phase gazeuse en équilibre avec la phase liquide montre que le mélange liquide n'est pas idéal. L'écart à l'idéalité est décrit pour chaque constituant de la phase liquide par la grandeur sans dimension appelée coefficient d'activité telle que :

$$\mu_i^{\ell}(T,\ p,\ x_i^{\ell})\ =\ \mu_{i,x}^{*,\ell}(T,\ p)\ +\ RT\ln(\gamma_{i,x}^{*,\ell}x_i^{\ell})$$

où i désigne le constituant A ou le constituant B et $\mu_{i,x}^{*,\ell}(T,\ p)$ le potentiel chimique du liquide pur à la température T et à la pression p.

Afin de condenser les notations, on pose : $\gamma_{i,x}^{*,\ell}\ =\ \gamma_i$ ainsi que :

$$RT\ln(\gamma_A)\ =\ \lambda_{A,1}(T,p).x_B^{\ell}\ +\ \lambda_{A,2}(T,p).(x_B^{\ell})^2$$
$$RT\ln(\gamma_B)\ =\ \lambda_{B,1}(T,p).x_A^{\ell}\ +\ \lambda_{B,2}(T,p).(x_A^{\ell})^2$$

1. Montrer que les expressions des coefficients d'activité sont compatibles avec les comportements asymptotiques attendus.

2. En appliquant la relation de Gibbs-Duhem à la phase liquide, montrer que les fonctions $\lambda_{A,1}(T,p)$ et $\lambda_{B,1}(T,p)$ sont nulles.

3. Exprimer le volume molaire partiel de chaque constituant en fonction du volume molaire du corps pur. Calculer la variation de volume $\Delta_{\text{mel}}V$ observée lors du mélange de la quantité de matière x_A^ℓ de A corps pur avec la quantité de matière x_B^ℓ de B corps pur.

4. Exprimer l'entropie molaire partielle de chaque constituant en fonction de l'entropie molaire du corps pur. Commenter le résultat obtenu.

5. Exprimer l'enthalpie molaire partielle de chaque constituant en fonction de l'enthalpie molaire du corps pur. Calculer la variation d'enthalpie molaire $\Delta_{\text{mel}}H$ observée lors du mélange de la quantité de matière x_A^ℓ de A corps pur avec la quantité de matière x_B^ℓ de B corps pur.

4.3 Osmométrie

L'osmométrie est une technique performante de détermination de masse molaire, en particulier dans le cas de macromolécules de masse molaire élevée. Un osmomètre représenté de façon schématique à la figure 4.7, est constitué de deux compartiments qui sont séparés par une membrane semi-perméable qui autorise l'échange de solvant mais pas de soluté. Si on introduit du solvant pur dans un compartiment et une solution d'un soluté dans le solvant, il apparaît une surpression, appelée pression osmotique, dans le compartiment contenant le mélange, mesurée par la hauteur h de solution.

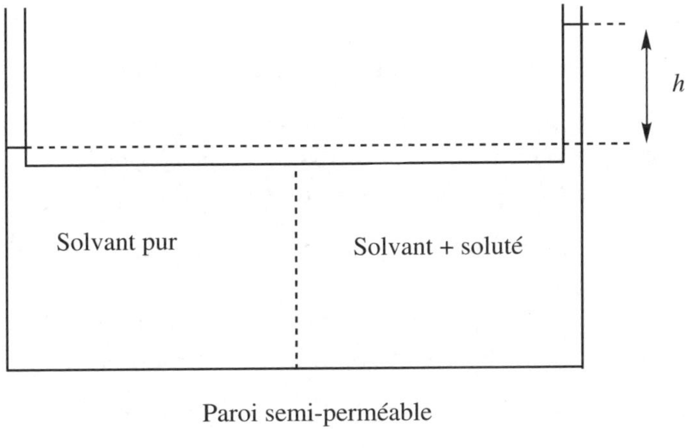

Figure 4.7 – Représentation schématique d'un osmomètre

1. Écrire la condition d'équilibre pour le transfert de solvant de part et d'autre de la membrane semi-perméable.

2. En choisissant comme état de référence le potentiel chimique du solvant pur, établir la relation intégrale qui lie l'activité du solvant dans la solution au volume molaire du solvant pur. Simplifier la relation en supposant que le volume molaire du solvant pur est indépendant de la pression.

3. Montrer que si la solution est suffisamment diluée, la mesure de la hauteur h permet d'accéder à la fraction molaire du solvant et donc à la fraction molaire du soluté. Montrer que ceci permet, si la composition massique de la solution est connue, d'en déduire la masse molaire du soluté, à condition que son comportement lors de la dissolution de celui-ci soit connu.

4. Une série d'expériences est conduite avec des solutions d'une protéine extraite du sang de boeuf dans le solvant eau. La température est $T = 293$ K.

c / (g.L^{-1})	5	10	15	20	25	30
h / cm	1,95	4,05	6,25	8,60	11,1	13,75

Déterminer la masse molaire de la protéine.

Données : Masse volumique de l'eau pure à $T = 293$ K : $\rho = 998$ kg.m^{-3}

4.4 Détermination d'un volume molaire partiel à partir d'une équation empirique

Le volume d'une solution aqueuse de chlorure de sodium NaCl dans un kilogramme d'eau, de molalité m, a été mesuré à $25\ °\mathrm{C}$ et sous la pression de $1\ \mathrm{bar}$, fournissant l'équation empirique

$$V = 1\,001{,}38 + 16{,}62m + 1{,}77m^{3/2} + 0{,}12m^2$$

où le volume est ainsi calculé en mL pour une molalité exprimée en mol.kg^{-1}. La masse molaire de l'eau sera prise à $M_1 = 18{,}015 \times 10^{-3}$ kg.mol^{-1} (l'indice 1 repère l'eau, tandis que l'indice 2 repère le chlorure de sodium).

1. Donner l'expression du volume molaire partiel du chlorure de sodium, noté $\overline{V}_2$. Quelle est sa valeur pour $m = 0{,}10\ \mathrm{mol.kg^{-1}}$, pour $m = 1{,}0\ \mathrm{mol.kg^{-1}}$ et pour une solution infiniment diluée ? Comparer ces valeurs au volume molaire du chlorure de sodium solide qui est de $V_{\mathrm{m},2} = 30{,}0\ \mathrm{mL.mol^{-1}}$. Proposer une interprétation à l'échelle microscopique.

2. Montrer la relation

$$\overline{V}_1 - V_{\mathrm{m},1} = -M_1 \int_{\overline{V}_2(0)}^{\overline{V}_2} m\,\mathrm{d}\overline{V}_2'$$

où $V_{\mathrm{m},1}$ est le volume molaire de l'eau pure.

3. En déduire l'expression du volume molaire partiel de l'eau dans ce mélange. Quelle est sa valeur pour $m = 0{,}10\ \mathrm{mol.kg^{-1}}$, pour $m = 1{,}0\ \mathrm{mol.kg^{-1}}$ et pour une solution infiniment diluée ?

4.5 Enthalpie d'un mélange non idéal

On appelle enthalpie molaire de mélange lors d'un mélange de deux constituants la différence entre l'enthalpie du mélange réel et l'enthalpie du mélange s'il était idéal.

L'enthalpie molaire de mélange a été mesurée par calorimétrie à $298{,}15\ \mathrm{K}$ et sous une pression de 1 bar pour le mélange cyclohexane (composé 1) et hexane (composé 2). Les valeurs numériques obtenues ont été traitées informatiquement afin d'obtenir une loi d'ajustement polynomiale, fournissant l'expression empirique

$$\Delta_{\mathrm{mel}}H = x_2(1-x_2)\left[864{,}67+249{,}51\times(1-2x_2)+99{,}06\times(1-2x_2)^2+33{,}22\times(1-2x_2)^3\right]$$

où x_2 est la fraction molaire en hexane, et $\Delta_{\mathrm{mel}}H$ est exprimé en $\mathrm{J.mol^{-1}}$.

1. Exprimer l'enthalpie molaire de mélange en fonction des grandeurs $h_i = \overline{H}_i - H_{\mathrm{m},i}$ $(i = 1{,}2)$ et de x_2 ($\overline{H}_i$ est l'enthalpie molaire partielle du constituant i et $H_{\mathrm{m},i}$ est l'enthalpie molaire du constituant i pur).

2. En déduire l'expression empirique des h_i en fonction de x_2.

3. Calculer numériquement les h_i pour $x_2 = 0$; $0{,}25$; $0{,}50$; $0{,}75$; $1{,}0$. Superposer sur un même graphe l'allure des courbes $h_1(x_2)$, $h_1(x_2)$ et $\Delta_{\mathrm{mel}}H$.

Chapitre 5

Équilibres chimiques

Avec les études conduites dans les chapitres précédents, nous disposons désormais d'outils performants pour étudier l'évolution des systèmes où se déroulent des réactions chimiques. Nous avons vu que selon les conditions extérieures imposées, il existe une fonction qui est minimale lorsque l'équilibre est atteint. Nous allons montrer que cette fonction s'exprime naturellement en fonction des potentiels chimiques des différents participants et donc l'étude relative au potentiel chimique d'un constituant appartenant à une phase condensée trouvera une application importante dans ce chapitre.

1. Avancement d'une réaction

L'existence d'une réaction chimique se traduit par la variation possible des quantités de matière de certaines espèces chimiques dans un système. À la différence de certains paramètres jusque là rencontrés (T, p, V par exemple), ce paramètre n'est pas *a priori* contrôlable par un opérateur extérieur (nous verrons que l'étude des piles remet en cause cet *a priori*, mais dans ce cas, le système est qualifié d'électrochimique). Il apparaît comme un paramètre d'évolution interne. Il s'agit dans ce paragraphe de préciser quantitativement ce paramètre d'évolution.

1.1 Stœchiométrie d'une réaction

De très nombreux systèmes chimiques en évolution sont décrits correctement par une équation chimique qui résume de façon macroscopique le réarrangement des liaisons entre atomes ou ions. Il existe des entiers notés $\overline{\nu}_i$ (i de 1 à N) tels que :

$$\overline{\nu}_1 A_1 \quad + \quad \overline{\nu}_2 A_2 \quad + ... + \quad \overline{\nu}_{k-1} A_{k-1} \qquad = \qquad \overline{\nu}_k A_k \quad + ... + \quad \overline{\nu}_N A_N .$$

Les nombres $\overline{\nu}_i$ sont appelés nombres stœchiométriques arithmétiques . Ils sont positifs et traduisent la loi des proportions définies, c'est-à-dire que pour de très nombreux systèmes chimiques, les réactifs réagissent entre eux dans des proportions simples pour conduire à des produits dans des proportions simples aussi.

Le choix des nombres stœchiométriques n'est pas unique pour décrire l'évolution d'un système : toute multiplication par un entier donne un nouvel ensemble de nombres qui convient. Il est en général élégant et pratique de choisir la combinaison de plus petits entiers.[1]

Parmi les espèces chimiques notées ici A_i, il est usuel de distinguer ceux du membre de gauche (i de 1 à $k-1$) appelés réactifs (et parfois réactants) de ceux du membre de droite (i de k à N) appelés produits. Afin d'introduire mathématiquement cette distinction (deux catégories), nous introduirons des nombres stœchiométriques algébriques (affectés d'un signe) ν_i définis par :

$$\nu_i = \overline{\nu}_i \quad \text{si} \quad i \geqslant k \quad \text{pour les produits}$$

$$\nu_i = -\overline{\nu}_i \quad \text{si} \quad i < k \quad \text{pour les réactifs}$$

1.2 Variable de DE DONDER

a) Définition

Considérons un système siège d'une réaction chimique caractérisée par les nombres stœchiométriques algébriques et des conditions initiales n_i^0, quantité de matière initiale des constituants i. La stœchiométrie de la réaction impose, que pour tout i :

$$\frac{n_i - n_i^0}{\nu_i} \quad \text{est indépendant de } i.$$

Cette grandeur, notée ξ, est appelée variable de DE DONDER. Elle est homogène à une quantité de matière et s'exprime en nombre de moles dans le système international d'unités. C'est donc une variable extensive. Elle traduit la position de la réaction chimique par rapport aux conditions initiales. Elle est aussi appelée avancement de la réaction.

Dans les systèmes de volume fixe, il est possible d'utiliser la grandeur avancement volumique, notée ξ_V et définie par :

$$\xi_V = \frac{\xi}{V}.$$

[1] Un nombre stœchiométrique n'a pas obligation d'être un entier.

b) Domaine de variation de ξ pour des conditions initiales données

Cette partie est un rappel de notions déjà vues en première année.

ξ peut être une grandeur positive ou négative :

- $\xi = 0$ correspond à l'état initial : chaque quantité de matière n_i est égale à n_i^0 ;
- $\xi > 0$: le système évolue vers la formation des produits (de la gauche vers la droite) ;
- $\xi < 0$: le système évolue vers la formation des réactifs (de la droite vers la gauche).

Le fait que la quantité de matière soit une grandeur positive impose des conditions sur le domaine accessible à ξ pour des conditions initiales données. On calculera, pour un constituant i quelconque, la valeur de ξ qui annule n_i.

Pour les réactifs, la valeur de ξ qui annule n_i $(i < k,\ \nu_i < 0)$ est un nombre positif, noté $\xi_i^{\max}$:

$$\xi_i^{\max} = -\frac{n_i^0}{\nu_i}$$

qui est bien un nombre positif car ν_i est négatif.

Parmi tous les $\xi_i^{\max}$, il faut choisir le plus petit afin qu'aucune quantité de matière ne puisse prendre une valeur négative. Nous poserons donc :

$$\xi^{\max} = \min[\xi_i^{\max}] \qquad \text{pour } i \text{ entier de } 1 \text{ à } k-1.$$

Pour les produits, la valeur de ξ qui annule n_i $(k \leqslant i \leqslant N)$, est un nombre négatif, noté $\xi_i^{\min}$. La valeur $\xi_i^{\min}$ qui annule n_i est :

$$\xi_i^{\min} = -\frac{n_i^0}{\nu_i}.$$

Ici, parmi tous les $\xi_i^{\min}$, il faut choisir le plus petit en valeur absolue afin que toutes les quantités de matière soient positives. Nous poserons donc :

$$\xi^{\min} = \max[\xi_i^{\min}] \qquad \text{pour } i \text{ entier de } k \text{ à } N.$$

Le domaine de variation de ξ est donc $[\xi^{\min}, \xi^{\max}]$.

Remarquons avant d'aller plus avant que les valeurs extrémales ne sont pas nécessairement atteintes lors d'une évolution spontanée.

1.3 Utilisation de la variable de DE DONDER

a) Un nouveau choix de variables

Nous avons introduit dans le chapitre précédent les variables de GIBBS : température, pression et quantité de matière n_i de chaque participant. Dans un système siège d'une réaction chimique, si la seule cause de variation de quantité de matière n_i est une réaction chimique, toutes les causes de variation de quantité de matière sont localisées dans la variable ξ. Il est donc préférable de remplacer les variables n_i par les conditions initiales n_i^0 et le paramètre d'évolution interne ξ.

b) L'opérateur de LEWIS

L'application du théorème d'EULER à une variable extensive quelconque Y conduit à :

$$Y(T,\,p,\,n_i) = Y(T,\,p,\,n_i^0,\,\xi) = \sum_{i=1}^{N} n_i \left(\frac{\partial Y}{\partial n_i}\right)_{(T,\,p)}.$$

Étudions la grandeur, notée $\Delta_\mathrm{r} Y$, définie par :

$$\Delta_\mathrm{r} Y = \left(\frac{\partial Y}{\partial \xi}\right)_{(T,\,p)} = \sum_{i=1}^{N} \left(\frac{\partial Y}{\partial n_i}\right)_{(T,p)} . \left(\frac{\partial n_i}{\partial \xi}\right)_{(T,\,p)}.$$

En utilisant les relations entre n_i, n_i^0 et ξ, nous avons :

$$\left(\frac{\partial n_i}{\partial \xi}\right)_{(T,\,p)} = \nu_i$$

et donc :

$$\Delta_\mathrm{r} Y = \sum_{i=1}^{N} \nu_i \left(\frac{\partial Y}{\partial n_i}\right)_{(T,\,p)}.$$

On reconnaît, dans la somme, les grandeurs molaires partielles associées à la grandeur extensive Y.

Ainsi, pour une réaction chimique, pour une grandeur extensive Y, on introduit la grandeur $\Delta_\mathrm{r} Y$ avec :

$$\Delta_\mathrm{r} Y = \sum_{i=1}^{N} \nu_i \,\overline{Y}_i.$$

Il apparaît donc une opération systématique agissant sur la fonction Y dans le cas d'une réaction chimique caractérisée par les nombres stœchiométriques de la réaction. Cette opération est représentée par Δ_r, appelé opérateur de LEWIS, qui remplace, par application du théorème d'EULER, une opération de dérivation partielle (par rapport à ξ, à température et pression fixées) par une simple sommation sur les grandeurs molaires partielles.

Remarques

- la grandeur $\Delta_r Y$ a pour dimension la dimension de Y divisée par une quantité de matière. Comme Y est une grandeur extensive, c'est donc une grandeur intensive ;
- la grandeur $\Delta_r Y$ s'appelle grandeur de réaction, où grandeur désigne Y : $\Delta_r H$ s'appelle enthalpie de réaction et $\Delta_r S$ entropie de réaction ;
- l'opérateur Δ_r est associé à une réaction chimique par l'intermédiaire des nombres stœchiométriques ;
- il ne faut pas confondre l'expression de Y en fonction des grandeurs molaires partielles et l'expression de $\Delta_r Y$:

$$Y = \sum_{i=1}^{N} n_i \overline{Y}_i \qquad \text{et} \qquad \Delta_r Y = \sum_{i=1}^{N} \nu_i \overline{Y}_i$$

- $\Delta_r Y$ est une grandeur différentielle, définie par une dérivation partielle, donc locale (au voisinage d'une valeur de l'avancement).

1.4 Généralisation aux systèmes sièges de plusieurs réactions chimiques

Dans certaines situations, il est nécessaire, pour décrire l'évolution d'un système, d'introduire plusieurs réactions chimiques simultanées.
Considérons l'exemple de l'oxydation du graphite par l'eau :

$$\mathrm{C\,(graph.)} \quad + \quad \mathrm{H_2O\,(g)} \quad = \quad \mathrm{CO\,(g)} \quad + \quad \mathrm{H_2\,(g)} \qquad \text{réaction (1).}$$

L'eau réactif peut, dans certaines conditions de température, réagir aussi de façon notable avec le monoxyde de carbone formé selon :

$$\mathrm{CO\,(g)} \quad + \quad \mathrm{H_2O\,(g)} \quad = \quad \mathrm{CO_2\,(g)} \quad + \quad \mathrm{H_2\,(g)} \qquad \text{réaction (2) .}$$

Les deux réactions sont indépendantes (l'une n'est pas multiple de l'autre).

Chaque réaction est cause éventuelle de variation de quantité de matière d'un constituant. Il est nécessaire d'introduire deux avancements : ξ_1 pour la réaction (1) et ξ_2 pour la réaction (2). Les quantités de chaque espèce chimique s'expriment en fonction des quantités de matière initiales et des deux avancements ξ_1 et ξ_2 ; la démarche à suivre est de partir des conditions initiales, d'effectuer la réaction (1), puis en repartant des quantités de matière obtenues, d'effectuer la réaction (2). Ceci donne :

	C (graph.) +	H_2O (g) =	CO (g) +	H_2 (g)
EI	n_C^0	$n_{H_2O}^0$		
e. int.	$n_C^0 - \xi_1$	$n_{H_2O}^0 - \xi_1$	ξ_1	ξ_1

puis, avec la seconde réaction :

	CO (g)	+ H$_2$O (g)	= CO$_2$ (g)	+ H$_2$ (g)
e. int.	ξ_1	$n^0_{H_2O} - \xi_1$		ξ_1
EF	$\xi_1 - \xi_2$	$n^0_{H_2O} - \xi_1 - \xi_2$	ξ_2	$\xi_1 + \xi_2$

EI désigne l'état initial du système caractérisé par les quantités de matière initiales n^0_C et $n^0_{H_2O}$. La notation e. int. désigne un état éventuellement fictif, qui n'est effectivement observé que dans le cas où la vitesse de la réaction (1) est très supérieure à celle de la réaction (2). EF désigne l'état final caractérisé alors par les avancements (ξ_1, ξ_2) et par les quantités de matière suivantes :

- $n_C = n^0_C - \xi_1$
- $n_{H_2O} = n^0_{H_2O} - \xi_1 - \xi_2$
- $n_{CO} = \xi_1 - \xi_2$
- $n_{H_2} = \xi_1 + \xi_2$
- $n_{CO_2} = \xi_2$

et on introduit les deux grandeurs de réaction relatives à la grandeur Y :

$$\Delta_{r1}Y = \sum_{i=1}^{N} \nu_i^{(1)} \overline{Y}_i$$

$$\Delta_{r2}Y = \sum_{i=1}^{N} \nu_i^{(2)} \overline{Y}_i$$

où les $\nu_i^{(1)}$ (resp. $\nu_i^{(2)}$) sont les nombres stœchiométriques algébriques associés à la réaction (1) (resp. (2)).

2. Critères d'évolution d'un système siège d'une réaction chimique

2.1 Position du problème

L'étude d'un système siège d'une réaction chimique est obligatoirement celle d'un système qui :

- comporte plusieurs constituants appartenant ou non à la même phase ;
- est, *a priori*, initialement hors-équilibre et évolue vers l'état d'équilibre chimique ;
- évolue avec certaines contraintes extérieures imposées (les cas les plus fréquents sont des évolutions à température et pression fixées ou à température et volume fixés).

Nous supposerons lors de notre étude ultérieure que la réaction chimique est la seule source d'irréversibilité. Il n'existe donc pas par exemple de gradient de température. La pression dans le système est supposée constante, et égale à la pression extérieure.

2.2 Introduction du second principe

Pour un système thermodynamique siège d'une réaction chimique caractérisé par l'avancement ξ, la création d'entropie élémentaire $\delta_i S$ due à la réaction chimique est supposée de la forme :

$$T\delta_i S = \mathcal{A}\,d\xi.$$

Cette relation est en fait la définition de la grandeur $\mathcal{A}$, appelée affinité chimique. Celle-ci dépend de façon générale de deux paramètres intensifs (par exemple, température et pression) et de la composition du système.

$T\delta_i S$ étant une grandeur extensive et ξ étant extensif, $\mathcal{A}$ est une grandeur intensive, qui s'exprime dans le système international d'unité en $J.mol^{-1}$. Le point essentiel qui reste à régler est alors l'expression de l'affinité chimique en terme des variables température, pression et composition du système chimique en évolution. La thermodynamique chimique que nous considèrerons utilise alors l'hypothèse dite de *l'équilibre incomplet* : toutes les fonctions thermodynamiques et en particulier l'entropie prennent les valeurs d'équilibre du mélange isolé chimiquement non réactif. Autrement dit, la connaissance des expressions des potentiels chimiques pour un système supposé sans réaction chimique permet de prévoir l'évolution du système siège d'une réaction chimique.

2.3 Relation entre affinité chimique et fonctions d'état usuelles

Dans l'étude des réactions chimiques et de l'évolution du système vers l'état d'équilibre, la seule source d'irréversibilité prise en compte est celle due à l'existence d'une réaction chimique. Ainsi :

$$T = T_{\text{ext}} \qquad \text{et} \qquad p = p_{\text{ext}}.$$

a) Expression différentielle de l'énergie interne

En écrivant le second principe :

$$dS = \delta_e S + \delta_i S = \frac{\delta Q}{T} + \frac{\mathcal{A}}{T}d\xi$$

nous en déduisons l'expression de la différentielle de l'énergie interne[2] :

$$dU = \delta Q - p\,dV = T\,dS - \mathcal{A}\,d\xi - p\,dV.$$

[2] Nous excluons ici le cas des systèmes sièges d'une ou plusieurs réactions électrochimiques.

Nous obtenons donc :

$$\mathcal{A} = -\left(\frac{\partial U}{\partial \xi}\right)_{S,V}.$$

b) Expression différentielle de l'enthalpie

En utilisant la relation entre U et H ($H = U + pV$), nous obtenons :

$$\mathrm{d}H = T\,\mathrm{d}S + V\,\mathrm{d}p - \mathcal{A}\,\mathrm{d}\xi$$

et donc :

$$\mathcal{A} = -\left(\frac{\partial H}{\partial \xi}\right)_{S,p}.$$

c) Expression différentielle de l'énergie libre

En utilisant la relation entre U et F ($F = U - TS$), nous obtenons :

$$\mathrm{d}F = -S\,\mathrm{d}T - p\,\mathrm{d}V - \mathcal{A}\,\mathrm{d}\xi$$

et donc :

$$\mathcal{A} = -\left(\frac{\partial F}{\partial \xi}\right)_{T,V}.$$

d) Expression différentielle de l'enthalpie libre

En utilisant la relation entre U et G ($G = U + pV - TS$), nous obtenons :

$$\mathrm{d}G = -S\,\mathrm{d}T + V\,\mathrm{d}p - \mathcal{A}\,\mathrm{d}\xi$$

et donc :

$$\mathcal{A} = -\left(\frac{\partial G}{\partial \xi}\right)_{T,p}.$$

e) Conclusion

Quelles que soient les contraintes extérieures fixées, si la seule source d'irréversibilité est la réaction chimique, le critère d'évolution de l'ensemble des systèmes est :

$$\mathcal{A}\,\mathrm{d}\xi > 0.$$

Pour un système évoluant à température et volume fixés, le système chimique évolue avec décroissance de la fonction énergie libre F. Pour un système évoluant à température et pression fixées, le système chimique évolue avec décroissance de la fonction enthalpie libre G.

2.4 Évolution d'un système et signe de l'affinité

L'application du second principe donne :

$$\mathcal{A}\,\mathrm{d}\xi \geqslant 0.$$

Le signe de l'affinité chimique permet de prévoir le sens d'évolution du système :

- $\mathcal{A} > 0 \Longrightarrow \mathrm{d}\xi > 0$ et donc le système évolue dans le sens $\rightarrow$;
- $\mathcal{A} < 0 \Longrightarrow \mathrm{d}\xi < 0$ et donc le système évolue dans le sens $\leftarrow$;
- la condition d'équilibre s'écrit donc $\mathcal{A} = 0$.

Notons que cette condition est indépendante des contraintes extérieures s'exerçant sur le système. L'étude de l'affinité chimique d'un système chimique est donc essentielle.

2.5 Lien entre affinité chimique et potentiel chimique

Nous utilisons les résultats établis précédemment :

$$\mathcal{A} = -\left(\frac{\partial G}{\partial \xi}\right)_{(T,p)}$$

et :

$$\Delta_{\mathrm{r}}G = \left(\frac{\partial G}{\partial \xi}\right)_{(T,p)} = \sum \nu_i \mu_i.$$

L'affinité chimique s'exprime donc en fonction des potentiels chimiques selon :

$$\mathcal{A} = -\sum \nu_i \mu_i.$$

La connaissance des potentiels chimiques en fonction de la température, de la pression et de la composition du système permet ainsi de prévoir le sens d'évolution d'un système chimiquement réactif : rappelons que ceci est issu de l'hypothèse de *l'équilibre incomplet* qui donne d'excellents résultats.

3. Constante d'équilibre

Cette notion apparaît naturellement lorsque l'on cherche à exprimer les potentiels chimiques des différents participants d'un système chimiquement réactif.

3.1 Expression des potentiels chimiques

Toutes les expressions rencontrées dans les chapitres précédents sont utilisables. L'important est d'être explicite, ce qui n'est pas toujours l'usage.

Cependant, la nécessité d'utiliser des données numériques, pas trop nombreuses, privilégie les expressions de potentiels chimiques utilisant des grandeurs standard (rapportées à une pression particulière $p = p^\circ = 1$ bar).

a) Corps pur en phase condensée

L'expression utilisée du potentiel chimique est :

$$\mu_i = \mu_i^\circ(T) + RT\ln(a_i).$$

L'activité a_i contient la dépendance en pression et, sauf mention explicite, celle-ci est négligée (cela revient à supposer le corps pur incompressible). Autrement dit, l'activité d'un corps pur en phase condensée est égale à un. Le potentiel chimique d'un corps pur en phase condensée est égal au potentiel chimique standard.

b) Gaz (dans un mélange)

Son potentiel chimique est de la forme :

$$\mu_i = \mu_i^\circ(T) + RT\ln\left(\frac{f_i}{p^\circ}\right)$$

où f_i est la fugacité du gaz, celle-ci ne dépendant que de la température, de la pression et de la composition de la phase gazeuse.
Néanmoins, dans un très grand nombre de cas, et pour de très nombreuses espèces chimiques, tant que les pressions restent limitées à quelques dizaines de bars (voire quelques centaines pour des molécules apolaires comme O_2, N_2, H_2, ou peu polaires comme CO), l'approximation :

$$f_i = p_i$$

est excellente.

Nous nous placerons, sauf mention explicite, dans le cadre de cette approximation.

c) Soluté

C'est un constituant minoritaire d'un mélange. Lors de l'étude des solutions (acido-basicité, complexation, précipitation, oxydo-réduction), l'expression pratique choisie pour le potentiel chimique est :

$$\mu_i = \mu_i^\circ(T) + RT\ln(a_i)$$

avec :

$$a_i = \gamma_i\left(\frac{c_i}{c_{\text{réf}}}\right)$$

où c_i est la concentration volumique de l'espèce i dans la phase, $c_{\text{réf}}$ la concentration de référence (1 mol.L^{-1}) et γ_i le coefficient d'activité de l'espèce.

La référence physique choisie est la solution infiniment diluée.

Dans certaines applications (propriétés colligatives des solutions), l'échelle des fractions molaires est choisie pour décrire la composition de la phase.

En l'absence de mention explicite des coefficients d'activité ou d'informations sur ceux-ci, nous poserons donc :

$$a_i = \frac{c_i}{c_{\text{réf}}} \quad \text{étude des solutions aqueuses}$$

$$a_i = x_i \quad \text{étude des propriétés colligatives des solutions}$$

d) Solvant

Celui-ci étant très majoritaire dans la phase, il est logique et adéquat de choisir comme état de référence physique, le corps pur. Le potentiel chimique du solvant est donc de la forme :

$$\mu_i = \mu_i^\circ(T) + RT\ln(a_i)$$

où $\mu_i^\circ(T)$ est le potentiel chimique standard du corps pur à la température T et $a_i = x_i$.

Dans l'étude des solutions aqueuses, on effectue l'approximation supplémentaire, pour des solutions diluées :

$$x_i \approx 1.$$

En résumé :

Dans tous les cas observés, l'expression du potentiel chimique d'un participant à une réaction chimique est de la forme :

$$\mu_i = \mu_i^\circ(T) + RT\ln(a_i)$$

où $\mu_i^\circ(T)$ est le potentiel chimique standard ($p = p^\circ = 1$ bar) qui ne dépend que de la température) et, dans la plupart des cas, les approximations suivantes sont tout à fait suffisantes :

- $a_i = 1$ pour les corps purs en phases condensées, pour les solvants ;
- $a_i = \dfrac{c_i}{c_{\text{réf}}}$ pour les solutés ;
- $a_i = \dfrac{p_i}{p^\circ}$ pour les mélanges gazeux.

3.2 Expression de l'affinité chimique

Nous avons établi :

$$\mathcal{A} = -\sum \nu_i\mu_i.$$

En utilisant l'expression générale des potentiels chimiques :

$$\mathcal{A} = -\sum \nu_i(\mu_i^\circ + RT\ln(a_i)) = -\sum \nu_i\mu_i^\circ - RT\ln\prod(a_i^{\nu_i}).$$

La grandeur $\mathcal{A}^\circ = -\sum \nu_i \mu_i^\circ$ est appelée affinité chimique standard (grandeur indépendante de la composition du système), et nous avons donc :

$$\mathcal{A} = \mathcal{A}^\circ - RT \ln \prod (a_i^{\nu_i}).$$

Comme nous avons, par définition de l'opérateur de LEWIS :

$$\Delta_r G = \left(\frac{\partial G}{\partial \xi}\right)_{T,\,p} = \sum \nu_i \mu_i$$

on introduit, de façon logique, la grandeur $\Delta_r G^\circ$ appelée enthalpie libre standard de réaction, définie par :

$$\Delta_r G^\circ = -\mathcal{A}^\circ = \sum \nu_i \mu_i^\circ.$$

L'affinité chimique apparaît donc comme la somme de deux termes :

- l'affinité chimique standard, qui ne dépend que de la température et qui s'exprime en fonction des potentiels chimiques standard ;
- $-RT \ln \prod (a_i^{\nu_i})$ qui dépend en général de la composition du système (nature et composition de la (des) phase(s) présente(s)).

Les données thermodynamiques (tables numériques de la littérature) permettent le calcul de $\mathcal{A}^\circ(T)$.

La grandeur $Q = \prod (a_i^{\nu_i})$ est appelée quotient de réaction.

3.3 Constante d'équilibre standard

Écrivons la condition d'équilibre $\mathcal{A} = 0$ et étudions ses conséquences sur les activités des différents participants à la réaction chimique.
Lorsque l'équilibre est atteint, les activités des différents participants à la réaction chimique prennent une valeur particulière, notée a_i^{eq} et vérifient :

$$\sum \nu_i \mu_i^\circ + RT \ln \prod ((a_i^{\mathrm{eq}})^{\nu_i}) = 0$$

soit :

$$\prod ((a_i^{\mathrm{eq}})^{\nu_i}) = \exp\left(-\frac{\Delta_r G^\circ}{RT}\right).$$

La grandeur sans dimension $\exp\left(-\frac{\Delta_r G^\circ}{RT}\right)$ est notée de façon plus condensée K_T°, ne dépend que de la température et est appelée constante d'équilibre standard. Cette grandeur est souvent évoquée lors de l'étude des équilibres chimiques car elle se déduit souvent de façon assez simple des données expérimentales.

Il faut donc savoir passer rapidement de la constante d'équilibre standard K_T° à l'enthalpie libre standard de réaction $\Delta_r G^\circ$, grandeurs liées par la relation suivante :

$$\Delta_r G^\circ + RT\ln(K_T^\circ) = 0.$$

Cette relation étant une définition de K_T°, elle ne suppose aucune hypothèse.

La connaissance de la constante d'équilibre standard à la température d'étude permet de prévoir l'évolution thermodynamique d'un système pour des conditions initiales données. Il est en effet assez simple de relier affinité chimique, constante d'équilibre standard et quotient de réaction :

$$\begin{aligned}\mathcal{A} &= -\left(\Delta_r G^\circ + RT\ln\prod(a_i^{\nu_i})\right)\\ &= RT\ln(K_T^\circ) - RT\ln\prod(a_i^{\nu_i}) = RT\ln\left(\frac{K_T^\circ}{Q}\right).\end{aligned}$$

La comparaison du quotient de réaction Q avec la constante d'équilibre standard K_T° permet de prévoir l'évolution du système :

- si $Q > K_T^\circ$, $\mathcal{A}$ est négatif et le système se déplace dans le sens $\leftarrow$;
- si $Q < K_T^\circ$, $\mathcal{A}$ est positif et le système se déplace dans le sens $\rightarrow$;
- si $Q = K_T^\circ$, $\mathcal{A} = 0$: le système est à l'équilibre.

3.4 Influence de la température sur la constante d'équilibre

Nous avons :

$$\ln(K_T^\circ) = -\frac{\Delta_r G^\circ}{RT} = -\frac{1}{RT}\sum \nu_i \mu_i^\circ = -\frac{1}{R}\sum \nu_i \frac{\mu_i^\circ}{T}.$$

Dérivons cette relation par rapport à la température :

$$\frac{\mathrm{d}\ln K_T^\circ}{\mathrm{d}T} = -\frac{1}{R}\sum \nu_i \frac{\mathrm{d}}{\mathrm{d}T}\left(\frac{\mu_i^\circ}{T}\right).$$

Utilisons la relation de GIBBS-HELMHOLTZ :

$$\frac{\mathrm{d}}{\mathrm{d}T}\left(\frac{\mu_i^\circ}{T}\right) = -\frac{\overline{H}_i^\circ}{T^2}.$$

Nous en déduisons :

$$\frac{\mathrm{d}\ln K_T^\circ}{\mathrm{d}T} = \frac{1}{R}\sum \nu_i\left(\frac{\overline{H}_i^\circ}{T^2}\right) = \frac{1}{RT^2}\sum \nu_i \overline{H}_i^\circ = \frac{\Delta_r H^\circ}{RT^2}.$$

Nous retiendrons la relation de VAN'T HOFF :

$$\frac{\mathrm{d}\ln K_T^\circ}{\mathrm{d}T} = \frac{\Delta_r H^\circ}{RT^2}.$$

L'effet de la température sur la constante d'équilibre est donc lié au signe de l'enthalpie standard de réaction. Nous rappellerons ultérieurement un résultat évoqué dans le cours de première année : cette grandeur est liée aux effets thermiques associés à la réaction chimique :

- une réaction qui fournit un transfert thermique au milieu extérieur lors de l'évolution du système à température et pression constante est qualifiée d'exothermique et l'enthalpie de réaction est de signe négatif (exemple : la réaction du graphite avec le dioxygène qui conduit au dioxyde de carbone $\Delta_r H^\circ = -393$ kJ.mol^{-1}) ;
- une réaction qui reçoit un transfert thermique du milieu extérieur lors de l'évolution du système à température et pression constante est qualifiée d'endothermique et l'enthalpie de réaction est de signe positif (exemple : la dissociation du carbonate de calcium solide $CaCO_3$ en oxyde de calcium solide CaO et dioxyde de carbone gazeux CO_2) ;
- une réaction qui n'échange pas de transfert thermique avec le milieu extérieur lors de l'évolution du système à température et pression constante est qualifiée d'athermique et l'enthalpie de réaction est nulle (exemple : les réactions de formation d'ester en phase liquide à partir d'un acide carboxylique et d'un alcool).

Nous accepterons ici que la différence entre enthalpie standard de réaction et enthalpie de réaction est toujours faible : $\Delta_r H^\circ$ et $\Delta_r H$ sont de même signe. Ainsi, une réaction endothermique a sa constante d'équilibre standard qui croît avec une augmentation de température, une réaction exothermique a sa constante d'équilibre standard qui décroît avec une augmentation de température et la constante d'équilibre d'une réaction athermique ne dépend pas de la température.

Exercice résolu

On étudie la réaction de dissolution du diiode solide dans l'eau. La solubilité s du diiode à différentes températures T est reportée dans le tableau suivant :

T / °C	0	20	30	40
s / g.L^{-1}	0,165	0,296	0,400	0,550

Donner la solubilité s' exprimée en mol.L^{-1}. Calculer l'enthalpie standard de la réaction de dissolution en supposant que celle-ci est constante dans l'intervalle de température [0 °C, 40 °C]. La masse molaire atomique de l'iode est M(I) = 126,9 g.mol^{-1}.

Réponse

Pour obtenir la solubilité s' exprimée en mol.L^{-1}, on divise la solubilité exprimée en grammes par la masse molaire du diiode soit $M(I_2)$ = 253,8 g.mol^{-1}.

T / °C	0	20	30	40
s / mmol.L^{-1}	0,650	1,17	1,58	2,17

La réaction étudiée est :

$$I_2\text{ (solide)} \quad = \quad I_2\text{ (aqueux)} \qquad K_T^\circ = \frac{[I_2]}{c_{ref}}.$$

L'intégration de l'équation de VAN'T HOFF, en supposant l'enthalpie standard de réaction indépendante de la température, conduit à :

$$\ln(K_T^\circ) = -\frac{\Delta_r H^\circ}{RT} + \text{cte}.$$

Le tracé de $\ln(K_T^\circ)$ en fonction de $\frac{1}{T}$ (ne pas oublier d'exprimer les températures en kelvin) donne une droite d'ordonnée à l'origine 1,98 et de coefficient directeur -2550 (coefficient de corrélation 0,998). L'hypothèse de l'enthalpie standard de réaction indépendante de la température est donc vérifiée entre 0 °C et 40 °C ; ceci correspond à une enthalpie standard de réaction :

$$\Delta_r H^\circ = +\,21{,}2 \text{ kJ.mol}^{-1}.$$

La réaction de dissolution est ici endothermique, ce qui est souvent (mais pas toujours) le cas.

3.5 Relations entre grandeurs standard de réaction

Remarquons que les grandeurs standard (potentiel chimique, entropie molaire partielle, enthalpie,...) apparaissent comme un cas particulier de choix de pression ($p = p^\circ$) et de composition de la phase. Les relations établies lors de l'étude des systèmes à plusieurs constituants restent valables et servent de point de départ à cette étude.

a) Relation entre $\Delta_r G^\circ$ et $\Delta_r H^\circ$

Cette relation est logiquement obtenue à partir de l'équation de GIBBS-HELMHOLTZ :

$$\overline{H}_i^\circ = -\,T^2 \frac{\mathrm{d}}{\mathrm{d}T}\left(\frac{\mu_i^\circ}{T}\right).$$

Divisons la relation $\Delta_r G^\circ = \sum \nu_i \mu_i^\circ$ par la température et dérivons par rapport à la température :

$$\frac{\mathrm{d}}{\mathrm{d}T}\left(\frac{\Delta_r G^\circ}{T}\right) = \frac{\mathrm{d}}{\mathrm{d}T}\sum \nu_i \frac{\mu_i^\circ}{T} = \sum \nu_i \frac{\mathrm{d}}{\mathrm{d}T}\left(\frac{\mu_i^\circ}{T}\right) = -\frac{1}{T^2}\sum \nu_i \overline{H}_i^\circ.$$

Nous obtenons donc la relation de GIBBS-HELMHOLTZ appliquée aux grandeurs standard de réaction :

$$\frac{\mathrm{d}}{\mathrm{d}T}\left(\frac{\Delta_r G^\circ}{T}\right) = -\frac{1}{T^2}\Delta_r H^\circ.$$

b) Relation entre $\Delta_r G^\circ$ et $\Delta_r S^\circ$

Utilisons la relation entre potentiel chimique standard et entropie molaire absolue standard :

$$\overline{S}_i^\circ = -\left(\frac{\mathrm{d}\mu_i^\circ}{\mathrm{d}T}\right).$$

Dérivons membre à membre, par rapport à la température, la relation $\Delta_r G^\circ = \sum \nu_i \mu_i^\circ$:

$$\frac{\mathrm{d}}{\mathrm{d}T}(\Delta_r G^\circ) = \frac{\mathrm{d}}{\mathrm{d}T}\left(\sum \nu_i \mu_i^\circ\right) = \sum \nu_i \frac{\mathrm{d}\mu_i^\circ}{\mathrm{d}T} = -\sum \nu_i \overline{S}_i^\circ = -\Delta_r S^\circ.$$

Ainsi, la relation liant entropie standard de réaction et enthalpie libre standard de réaction est :

$$\Delta_r S^\circ = -\frac{\mathrm{d}\Delta_r G^\circ}{\mathrm{d}T}.$$

c) Relation entre $\Delta_r G^\circ$, $\Delta_r H^\circ$ et $\Delta_r S^\circ$

Les deux relations obtenues précédemment sont de nature différentielle : il y a dérivation par rapport à la température. Il est possible, et c'est l'objet de ce qui suit, d'établir une relation non différentielle reliant les trois grandeurs de réaction.

Pour cela, partons de la relation liant G, H et S :

$$G = H - TS$$

et dérivons par rapport à la quantité de matière du constituant i à température, pression et quantité de matière des autres constituants fixées :

$$\left(\frac{\partial G}{\partial n_i}\right)_{(T,p,n_j\ j\neq i)} = \left(\frac{\partial H}{\partial n_i}\right)_{(T,p,n_j\ j\neq i)} - \left(\frac{\partial (TS)}{\partial n_i}\right)_{(T,p,n_j\ j\neq i)}.$$

En tenant compte des variables bloquées lors de la dérivation partielle, de la définition des grandeurs molaires partielles et en choisissant de travailler dans les conditions standard, nous obtenons :

$$\mu_i^\circ = \overline{H}_i^\circ - T\overline{S}_i^\circ.$$

Nous en déduisons, après multiplication par ν_i et sommation :

$$\sum \nu_i \mu_i^\circ = \sum \nu_i \overline{H}_i^\circ - T \sum \nu_i \overline{S}_i^\circ$$

soit :

$$\Delta_r G^\circ = \Delta_r H^\circ - T\Delta_r S^\circ.$$

Cette relation a une très grande utilité pratique et est valable en toutes circonstances. Elle ne présuppose aucun comportement particulier pour les grandeurs $\Delta_r H^\circ$ et $\Delta_r S^\circ$. Notons cependant une situation souvent rencontrée, celle de l'approximation d'ELLINGHAM où les grandeurs $\Delta_r H^\circ$ et $\Delta_r S^\circ$ sont raisonnablement choisies comme indépendantes de la température dans un intervalle de température.

Exercice résolu

On considère la réaction de dissociation de l'eau en dihydrogène et en dioxygène. Les participants sont gazeux, le nombre stœchiométrique de l'eau est $\nu_{H_2O} = -1$. L'enthalpie libre standard de réaction est donnée par la relation (T est en kelvin et $\log_{10}$ désigne le logarithme décimal) :

$$\Delta_r G^\circ = -240 + 6{,}95.10^{-3}T + 12{,}9.10^{-3}T.\log_{10}(T) \text{ kJ.mol}^{-1}.$$

En déduire l'enthalpie standard et l'entropie standard de réaction (plusieurs méthodes sont possibles).

Réponse :

On choisira deux des trois méthodes proposées ci-dessous.

- À partir de la relation de GIBBS-HELMHOLTZ :

$$\Delta_r H^\circ = -T^2.\frac{\mathrm{d}}{\mathrm{d}T}\left(\frac{\Delta_r G^\circ}{T}\right)$$

ce qui donne ici, avec l'expression explicite de la fonction $\Delta_r G^\circ(T)$, en tenant bien compte que la formule comporte un logarithme décimal :

$$\Delta_r H^\circ = -T^2.\left(\frac{-240}{T^2} + \frac{12{,}9.10^{-3}}{T\ln(10)}\right) = 240 - 5{,}6.10^{-3}T \text{ kJ.mol}^{-1}.$$

La réaction de dissociation de l'eau est notablement endothermique et donc favorisée par augmentation de la température.

• À partir de la relation existant entre enthalpie libre standard de réaction et entropie standard de réaction :

$$\Delta_r S^\circ = -\frac{d}{dT}(\Delta_r G^\circ) = -(6{,}95 + 5{,}60.(1 + \ln(T))).10^{-3}\ \text{kJ.mol}^{-1}.\text{K}^{-1}$$

soit :

$$\Delta_r S^\circ = -12{,}55 - 5{,}60.10^{-3}.\ln(T)\ \text{J.mol}^{-1}.\text{K}^{-1}$$

• À partir de la relation existant entre enthalpie libre standard de réaction, enthalpie standard de réaction et entropie standard de réaction quand une des trois grandeurs est connue avec l'une des relations précédemment établie :

$$\Delta_r G^\circ = \Delta_r H^\circ - T\Delta_r S^\circ.$$

d) Influence de la température sur les grandeurs : relations de Kirchhoff

La capacité thermique molaire partielle relative au constituant i est définie par :

$$\overline{C}_{p,i} = \left(\frac{\partial C_p}{\partial n_i}\right)_{(T,p,n_j\ j\neq i)}.$$

En tenant compte de la définition de la capacité thermique à pression constante du système :

$$\overline{C}_p = \left(\frac{\partial H}{\partial T}\right)_{(p,n_i)}$$

nous avons :

$$\overline{C}_{p,i} = \left(\frac{\partial C_p}{\partial n_i}\right)_{(T,p,n_j\ j\neq i)} = \left(\frac{\partial}{\partial n_i}\left(\frac{\partial H}{\partial T}\right)_{(p,n_i)}\right)_{(T,p,n_j\ j\neq i)}$$

soit, en intervertissant l'ordre des dérivations partielles :

$$\overline{C}_{p,i} = \left(\frac{\partial}{\partial T}\left(\frac{\partial H}{\partial n_i}\right)_{(T,p,n_j\ j\neq i)}\right)_{(p,n_i)}$$

et on reconnaît l'enthalpie molaire partielle du constituant i, ce qui donne :

$$\overline{C}_{p,i} = \left(\frac{\partial \overline{H}_i}{\partial T}\right)_{(p,n_i)}.$$

Ainsi, si on cherche à estimer l'influence de la température sur l'enthalpie standard de réaction, il faut estimer la dérivée de $\Delta_r H^\circ$ par rapport à la température :

$$\frac{d\Delta_r H^\circ}{dT} = \frac{d}{dT}\left(\sum \nu_i \overline{H}_i^\circ\right) = \sum \nu_i \frac{d\overline{H}_i^\circ}{dT} = \sum \nu_i \overline{c}_{p,i}^\circ = \Delta_r C_p^\circ.$$

Nous obtenons donc la relation de KIRCHHOFF :

$$\frac{\mathrm{d}\Delta_\mathrm{r}H^\circ}{\mathrm{d}T} = \Delta_\mathrm{r}C_p^\circ .$$

Pour connaître l'influence de la température sur l'enthalpie standard de réaction, il faut donc connaître la capacité thermique à pression constante de réaction qui peut s'obtenir à partir de la connaissance des capacités thermiques standard à pression constante de chaque participant à la réaction.

Remarquons, même si cette relation est peu utilisée en pratique, qu'il est aisé de démontrer une relation similaire entre grandeurs non standard :

$$\left(\frac{\partial\Delta_\mathrm{r}H}{\partial T}\right)_{(p,n_i)} = \Delta_\mathrm{r}C_p .$$

Pour un système fermé de composition constante, nous avons :

$$\left(\frac{\partial S}{\partial T}\right)_{(p,n_i)} = \frac{C_p}{T} .$$

Rechercher l'influence de la température sur l'entropie de réaction, c'est calculer la dérivée par rapport à la température de $\Delta_\mathrm{r}S$. Nous avons donc :

$$\left(\frac{\partial\Delta_\mathrm{r}S}{\partial T}\right)_{(p,n_i)} = \left(\frac{\partial}{\partial T}\left(\sum \nu_i\overline{S}_i\right)\right)_{(p,n_i)} = \sum \nu_i\left(\frac{\partial\overline{S}_i}{\partial T}\right)_{(p,n_i)}$$

soit, en tenant compte de la définition de l'entropie molaire partielle :

$$\overline{S}_i = \left(\frac{\partial S}{\partial n_i}\right)_{(T,p,n_j\ j\neq i)}$$

$$\left(\frac{\partial\Delta_\mathrm{r}S}{\partial T}\right)_{(p,n_i)} = \sum \nu_i\left(\frac{\partial}{\partial T}\left(\frac{\partial S}{\partial n_i}\right)_{(T,p,n_j\ j\neq i)}\right)_{(p,n_i)}$$

soit, en intervertissant les dérivations partielles :

$$\left(\frac{\partial\Delta_\mathrm{r}S}{\partial T}\right)_{(p,n_i)} = \sum \nu_i\left(\frac{\partial}{\partial n_i}\left(\frac{\partial S}{\partial T}\right)_{(p,n_i)}\right)_{(T,p,n_j\ j\neq i)}$$

$$= \sum \nu_i\left(\frac{\partial}{\partial n_i}\left(\frac{C_p}{T}\right)\right)_{(T,p,n_j\ j\neq i)} .$$

Comme l'opération de dérivation partielle restante s'effectue à température fixée, nous avons :

$$\left(\frac{\partial \Delta_r S}{\partial T}\right)_{(p,n_i)} = \frac{1}{T}\sum \nu_i \left(\frac{\partial C_p}{\partial n_i}\right)_{(T,p,n_j\ j\neq i)} = \frac{1}{T}\sum \nu_i \overline{C}_{p,i} = \frac{\Delta_r C_p}{T}.$$

Dans les conditions standard, nous avons :

$$\frac{\mathrm{d}\Delta_r S^\circ}{\mathrm{d}T} = \frac{\Delta_r C_p^\circ}{T}$$

qui constitue la seconde relation de KIRCHHOFF.

e) Relation entre $\Delta_r H^\circ$ et $\Delta_r U^\circ$

Considérons la relation liant enthalpie et énergie interne :

$$H = U + pV$$

et dérivons cette relation par rapport à la quantité de matière n_i du constituant i, les autres variables de GIBBS étant bloquées :

$$\left(\frac{\partial H}{\partial n_i}\right)_{(T,p,n_j\ j\neq i)} = \left(\frac{\partial U}{\partial n_i}\right)_{(T,p,n_j\ j\neq i)} + \left(\frac{\partial (pV)}{\partial n_i}\right)_{(T,p,n_j\ j\neq i)}.$$

En tenant compte des variables bloquées et des définitions des grandeurs molaires partielles :

$$\overline{H}_i = \overline{U}_i + p\overline{V}_i$$

et en multipliant par ν_i et en sommant :

$$\sum \nu_i \overline{H}_i = \sum \nu_i \overline{U}_i + p\sum \nu_i \overline{V}_i$$

ce qui s'écrit :

$$\Delta_r H = \Delta_r U + p\Delta_r V$$

soit, pour des participants dans des conditions standard :

$$\Delta_r H^\circ = \Delta_r U^\circ + p\Delta_r V^\circ.$$

Dans le cas où les participants sont soit des gaz parfaits ($\overline{V}_i^\circ = \frac{RT}{p}$), soit des phases condensées ($\overline{V}_i^\circ \ll \frac{RT}{p}$), nous avons :

$$\Delta_r V^\circ = \sum_{i \text{ gaz}} \nu_i \frac{RT}{p} = \frac{RT}{p}\sum_{i \text{ gaz}} \nu_i.$$

Pour condenser un peu la notation, on pose :

$$\Delta\nu_{\mathrm{g}} = \sum_{i \text{ gaz}} \nu_i$$

qui représente la variation des nombres strechiométriques algébriques de la matière gazeuse engagée dans la réaction.
Nous avons alors :

$$\Delta_{\mathrm{r}}H^{\circ} = \Delta_{\mathrm{r}}U^{\circ} + RT\Delta\nu_{\mathrm{g}}.$$

f) Relation entre $\Delta_{\mathrm{r}}F^{\circ}$ et $\Delta_{\mathrm{r}}H^{\circ}$

En procédant de façon comparable à celle élaborée dans la partie 3.5.e), en partant de la relation :

$$F = U - TS$$

nous obtenons :

$$\Delta_{\mathrm{r}}F^{\circ} = \Delta_{\mathrm{r}}U^{\circ} - T\Delta_{\mathrm{r}}S^{\circ}$$

soit, en introduisant l'enthalpie standard de réaction :

$$\Delta_{\mathrm{r}}F^{\circ} = \Delta_{\mathrm{r}}H^{\circ} - p\Delta_{\mathrm{r}}V^{\circ} - T\Delta_{\mathrm{r}}S^{\circ}.$$

Notons que cette dernière relation est rarement utilisée.

3.6 Utilisation des grandeurs de réaction pour le calcul de variation de fonction au cours d'une réaction chimique

Il est important de rappeler ici quelques points importants à propos des grandeurs de réaction $\Delta_{\mathrm{r}}Y$ où Y est une grandeur extensive associée au système siège d'une réaction chimique :

- $\Delta_{\mathrm{r}}Y$ est une grandeur intensive définie par une opération de dérivation partielle :

$$\Delta_{\mathrm{r}}Y = \left(\frac{\partial Y}{\partial \xi}\right)_{(T,p)}.$$

- $\Delta_{\mathrm{r}}Y$ est définie localement ($Y(\xi)$ n'a aucune raison d'être *a priori* une droite et donc $\Delta_{\mathrm{r}}Y$ dépend de ξ).
- l'opérateur Δ_{r} définit une opération de dérivation partielle à température et pression fixées. En conséquence, les grandeurs $\Delta_{\mathrm{r}}Y$ seront adaptées au calcul de variation de fonctions Y pour des transformations conduites à température et pression fixées.

Considérons une transformation chimique caractérisée par la valeur finale ξ_f de l'avancement.

Notons $\Delta Y(\xi_f)$ la variation de Y entre l'état initial ($\xi = 0$) et l'état final ($\xi = \xi_f$) pour une évolution à température et pression fixées :

$$\Delta Y(\xi_f) = Y(\xi_f) - Y(\xi = 0) = \int_0^{\xi_f} \left(\frac{\partial Y}{\partial \xi}\right)_{(T,p)} d\xi = \int_0^{\xi_f} \Delta_r Y \, d\xi.$$

S'il est possible d'exprimer les grandeurs molaires partielles $\overline{Y}_i$ en fonction de ξ, il est alors beaucoup plus efficace d'utiliser le lien donné par le théorème d'EULER entre Y, $\overline{Y}_i$ et n_i :

$$\Delta Y(\xi_f) = \sum n_i(\xi_f)\overline{Y}_i(\xi_f) - \sum n_i(\xi = 0)\overline{Y}_i(\xi = 0).$$

Nous étudierons ci-dessous le cas important de l'enthalpie.

Rappelons d'abord que la variation d'enthalpie s'identifie au transfert thermique (chaleur échangée) reçu par le système étudié lors d'une évolution à pression constante, noté Q_p :

$$Q_p = \Delta H.$$

Nous avons aussi :

$$\Delta H = \int_0^{\xi} \Delta_r H \, d\xi.$$

Le point très important est que, dans de très nombreuses situations, il est possible d'écrire :

$$\Delta_r H \approx \Delta_r H^\circ$$

et donc $\Delta_r H$ est indépendant de ξ et prend une valeur constante à température et pression fixées. L'intégration se résume à une simple multiplication par la variation de la variable entre les bornes d'intégration :

$$Q_p = \Delta H = \xi_f.\Delta_r H^\circ.$$

En effet, pour un corps pur en phase condensée pour lequel on néglige l'influence de la pression sur les propriétés thermodynamiques, le potentiel chimique ne dépend que de la température et donc l'enthalpie est fixée par choix de T (cas de l'évolution à température fixée).

Pour un gaz parfait, le potentiel chimique s'écrit :

$$\mu_i(T, p) = \mu_i^\circ(T) + RT \ln\left(\frac{p_i}{p^\circ}\right).$$

En divisant par la température, nous obtenons :

$$\frac{\mu_i(T, p)}{T} = \frac{\mu_i^\circ(T)}{T} + R \ln\left(\frac{p_i}{p^\circ}\right)$$

avec le résultat essentiel que le deuxième terme du second membre est indépendant de la température. Ainsi, lors d'une dérivation partielle par rapport à la température à pression et composition fixées, l'application de la relation de GIBBS-HELMHOLTZ donne :

$$-\frac{\overline{H}_i}{T^2} = -\frac{\overline{H}_i^{\circ}}{T^2}$$

soit :

$$\overline{H}_i = \overline{H}_i^{\circ}.$$

Pour un composé quelconque, le potentiel chimique s'écrit :

$$\mu_i(T,\, p) = \mu_i^{\circ}(T) + RT\ln(a_i).$$

La division par la température et la dérivation par rapport à celle-ci à pression et composition fixées conduit à :

$$-\frac{\overline{H}_i}{T^2} = -\frac{\overline{H}_i^{\circ}}{T^2} + R\left(\frac{\partial \ln(a_i)}{\partial T}\right)_{(p,\ \text{comp.})}.$$

L'activité a_i contient un terme de composition de phase et un coefficient d'activité. De façon générale, l'influence de la température sur le coefficient d'activité est faible et peut être souvent négligée. Le deuxième terme du second membre de l'égalité issue de l'application de GIBBS-HELMHOLTZ est souvent négligé et donc, avec cette approximation :

$$\overline{H}_i = \overline{H}_i^{\circ}.$$

Voilà pourquoi, soit de façon rigoureuse (gaz parfaits, phases condensées incompressibles), soit de façon approchée (on néglige la dépendance des coefficients d'activité avec la température) :

$$\Delta_{\text{r}}H = \Delta_{\text{r}}H^{\circ}$$

et pour un avancement ξ de la réaction chimique, le transfert thermique Q_p pour une évolution à température et pression constantes est :

$$Q_p = \xi.\Delta_{\text{r}}H^{\circ}.$$

En revanche, pour une évolution à volume constant, le transfert thermique, noté Q_V s'identifie à la variation d'énergie interne :

$$Q_v = \Delta U.$$

Mais l'énergie interne de réaction permet de calculer la variation d'énergie interne pour une évolution à température et pression fixées.

Pour calculer Q_V, il faudrait pouvoir disposer de $\left(\dfrac{\partial U}{\partial \xi}\right)_{T,V}$ et intégrer par rapport à ξ.

Il sera utile de se reporter au cours de première année et de réviser les exercices sur les températures de flamme.

4. Utilisation de données thermodynamiques

Nous avons vu dans la partie précédente que la connaissance de l'enthalpie libre standard de réaction permet de déduire la constante d'équilibre, clé du calcul des évolutions des systèmes et des états d'équilibre pour des conditions initiales données, en fonction de la température.

La littérature met à disposition des valeurs numériques pour un très grand nombre d'espèces chimiques qui permettent de calculer de nombreuses grandeurs de réaction. Cela implique aussi le choix de conventions que nous préciserons dans ce qui suit.

4.1 Calcul de l'entropie standard de réaction à $T = 298$ K

Le calcul de l'entropie standard de réaction à une température donnée suppose la connaissance des valeurs numériques des différentes entropies molaires $\overline{S}_i^\circ$. Le troisième principe permet de déterminer l'entropie molaire absolue à partir des mesures de capacités thermiques molaires à pression constante et de chaleurs latentes de changement d'état. Ainsi, les entropies molaires absolues déterminées pour les corps purs sont directement utilisables pour les calculs d'entropie standard de réaction $\Delta_r S^\circ$ lorsque les participants ont leur potentiel chimique qui s'exprime avec la référence corps pur.

Un problème plus délicat est celui de la détermination expérimentale de l'entropie molaire absolue des solutés (moléculaires ou ioniques) dont l'état de référence physique est le soluté infiniment dilué. La mesure de la solubilité (d'un gaz dans un solvant, d'un solide pur en contact avec un solvant saturé en cette substance) à différentes températures et la connaissance de l'entropie molaire absolue du gaz, du solide pur permet d'accéder à l'entropie molaire absolue du soluté lorsque celui-ci est moléculaire et que les solutions obtenues sont suffisamment diluées pour pouvoir négliger la correction due aux coefficients d'activité.

Exercice résolu

Considérons à nouveau le cas de la dissolution du diiode dans l'eau (exercice résolu au 3.4.). Déterminer l'entropie standard de dissolution. En déduire l'entropie standard du diiode soluté pour l'état de référence infiniment dilué, échelle des concentrations volumiques.

Donnée

$S^\circ_{\mathrm{m}}(I_2 \text{ (solide)}) = 116{,}1 \text{ J.K}^{-1}\text{mol}^{-1}$

Réponse

La réaction étudiée est :

$$I_2 \text{ (solide)} \quad = \quad I_2 \text{ (aqueux)} \qquad K_T^\circ = \frac{[I_2]}{c_{\mathrm{ref}}}.$$

Le tracé du logarithme de la constante d'équilibre en fonction de l'inverse de la température conduit approximativement à une droite d'ordonnée à l'origine 1,98. Or nous avons :

$$\Delta_r G^\circ = \Delta_r H^\circ - T\Delta_r S^\circ = -RT\ln(K^\circ_T)$$

soit :

$$\ln(K^\circ_T) = \frac{\Delta_r S^\circ}{R} - \frac{\Delta_r H^\circ}{R}.\frac{1}{T}.$$

L'ordonnée à l'origine s'identifie à $\frac{\Delta_r S^\circ}{R}$ et donc :

$$\Delta_r S^\circ = 1{,}98.8{,}31 = 16{,}4\,\text{J.K}^{-1}\text{mol}^{-1}.$$

D'autre part, l'entropie standard de réaction s'exprime en fonction des entropies standard des participants :

$$\Delta_r S^\circ = S^\circ_m(\text{I}_2\text{ (aqueux)}) - S^\circ_m(\text{I}_2\text{ (solide)})$$

ce qui donne numériquement :

$$S^\circ_m(\text{I}_2\text{ (aqueux)}) = 116{,}1 + 16{,}4 = 132{,}5\,\text{J.K}^{-1}\text{mol}^{-1}$$

Le cas des ions est plus délicat car un système ionique contient obligatoirement au moins deux ions : l'étude de la solution ne permet pas de séparer les propriétés relatives de chaque ion. La solution retenue est le choix d'une convention commune à tous les ions :

À toute température, l'entropie molaire absolue standard, pour l'échelle des concentrations volumiques, des ions oxonium H_3O^+ est choisie conventionnellement nulle.

Les entropies des autres ions sont déterminées par des mesures. Les valeurs numériques des tables sont donc à manipuler comme celles des gaz ou corps purs. La littérature fournit en général les valeurs à la température de 298 K.

4.2 Calcul de l'enthalpie standard de réaction

Il n'existe pas pour l'enthalpie, d'équivalent du troisième principe. Il est donc nécessaire de faire un choix d'origine différent. Celui-ci s'appuie sur la distinction entre corps simple et corps composé.

a) Réaction de formation d'une espèce chimique

La réaction de formation d'un corps donné dans un état d'agrégation donné (solide, liquide, gazeux, en solution dans un solvant donné) est la réaction qui, à partir des corps simples (un seul élément chimique caractérisé par son numéro atomique Z) dans leur état d'agrégation le plus stable à cette température et sous la pression de 1 bar, conduit à ce corps avec un nombre stœchiométrique $+1$. C'est le plus souvent une réaction non réalisable au laboratoire.

Exemple : la réaction de formation du dioxyde d'azote gazeux à T = 298 K est :

$$\frac{1}{2}\,N_2\,(g) \quad + \quad O_2\,(g) \quad = \quad NO_2\,(g)$$

la réaction de formation du propane gazeux est :

$$3\,C\,(\text{graphite}) \quad + \quad 4\,H_2\,(g) \quad = \quad CH_3CH_2CH_3\,(g)$$

b) Grandeurs standard de formation

Une grandeur standard de formation est la grandeur standard associée à la réaction de formation. Elle est notée $\Delta_f Y^\circ$ et dépend *a priori* de la température.

Une conséquence immédiate de la définition de la réaction de formation est que les grandeurs standard de formation d'un corps simple sont nulles sous p° = 1 bar dans son état physique le plus stable.

Nous avons en particulier :

$$\Delta_f H_T^\circ(\text{corps simple}) = 0$$
$$\Delta_f G_T^\circ(\text{corps simple}) = 0.$$

Par exemple, à T = 298 K, les enthalpies standard de formation et les enthalpies libres standard de formation du gaz dihydrogène, du carbone graphite, du diazote, du dibrome liquide (T_{eb} = 331,9 K sous 1 bar) sont nulles.

c) Utilisation des enthalpies standard de formation pour le calcul des enthalpies standard de réaction

La construction d'un cycle thermodynamique adéquat permet d'exprimer l'enthalpie standard de réaction. Pour cela, on décompose les différents participants en corps simples dans leur état physique stable en utilisant les réactions de formation (voir figure 5.1) :

Remarquons qu'il n'y a pas de problème de signe car les ν_i de la somme portant sur les réactifs sont négatifs. Nous avons donc :

$$\Delta_r H_T^\circ = \sum \nu_i \Delta_f H_T^\circ(i).$$

La littérature indique les enthalpies standard de formation à T = 298 K.

Cette relation est connue sous le nom de loi de HESS. Elle est généralisable de façon évidente à n'importe quelle fonction d'état Y :

$$\Delta_r Y_T^\circ = \sum \nu_i \Delta_f Y_T^\circ(i).$$

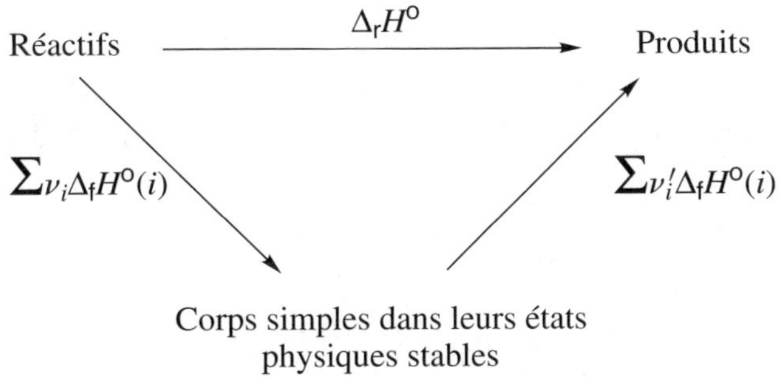

Figure 5.1 – Cycle thermodynamique illustrant la loi de HESS pour l'enthalpie et utilisant les grandeurs standard de formation

Le cycle visualise la combinaison linéaire d'équations qui permet d'exprimer la réaction étudiée en fonction de réactions de formation de composés. Il est possible de généraliser la démarche précédente en décomposant une réaction chimique comme combinaison linéaire d'autres réactions chimiques : les grandeurs standard de la réaction apparaissent alors comme la même combinaison linéaire des grandeurs standard des autres réactions chimiques.

> ***Remarque*** Il ne faut pas confondre les cycles thermodynamiques construits pour remplacer une réaction chimique par une combinaison linéaire d'autres équations chimiques avec les cycles thermodynamiques utilisés pour calculer une température de flamme.

4.3 Énergie de liaison

a) Définition

L'enthalpie molaire de liaison est l'enthalpie standard à T = 0 K de la réaction :

$$A - B\,(\text{g}) \quad = \quad A\,(\text{g}) \quad + \quad B\,(\text{g})$$

où A et B désignent des atomes ou groupes d'atomes. Tous les participants sont en phase gazeuse.

Les corrections à apporter pour passer de $\Delta_r H^\circ_{T\,=\,0}$ à $\Delta_r H^\circ_{298}$ ou $\Delta_r U^\circ_{298}$ sont de l'ordre de RT (avec T = 298 K) et en général sont négligeables devant $\Delta_r H^\circ_{T\,=\,0}$. Les énergies de liaison données à T = 0 K sont donc utilisées dans des cycles enthalpiques à 298 K. En construisant un cycle thermodynamique bien choisi, il est possible d'obtenir des relations entre énergie de liaison et enthalpie de formation.

Exercice résolu

Connaissant les énergies de liaison $D_{\text{Cl-Cl}}$ et $D_{\text{H-H}}$ et l'enthalpie standard de formation à 298 K du chlorure d'hydrogène $\Delta_f H^\circ_{298}(\text{HCl, gaz})$, calculer l'energie de liaison $D_{\text{H-Cl}}$.

Données

$$D_{\text{Cl-Cl}} = 239{,}7 \text{ kJ.mol}^{-1}$$
$$D_{\text{H-H}} = 432{,}0 \text{ kJ.mol}^{-1}$$
$$\Delta_f H^\circ_{298}(\text{HCl, gaz}) = -\,92{,}3 \text{ kJ.mol}^{-1}$$

Réponse

En écrivant la réaction de formation du chlorure d'hydrogène et en dissociant les molécules des corps simples initiaux, nous obtenons le cycle thermodynamique représenté à la figure 5.2 :

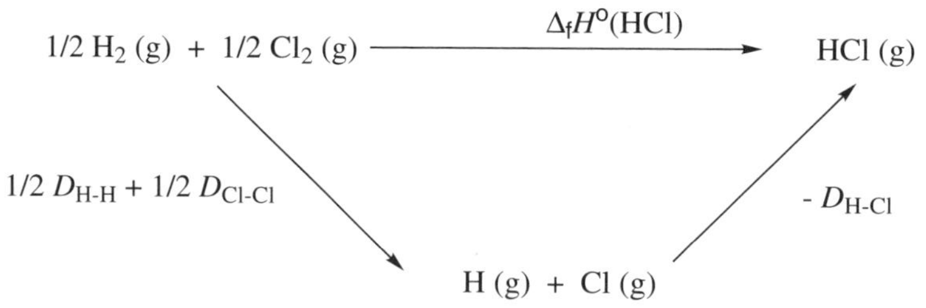

Figure 5.2 – Cycle thermodynamique reliant grandeur de formation et énergies de liaison pour le chlorure d'hydrogène

Nous avons :

$$\Delta_f H^\circ_{298}(\text{HCl, gaz}) = \frac{1}{2} D_{\text{H-H}} + \frac{1}{2} D_{\text{Cl-Cl}} - D_{\text{H-Cl}}$$

soit :

$$D_{\text{H-Cl}} = \frac{1}{2}(D_{\text{H-H}} + D_{\text{Cl-Cl}}) - \Delta_f H^\circ_{298}(\text{HCl, gaz})$$

ce qui donne numériquement :

$$D_{\text{H-Cl}} = \frac{1}{2}(432{,}0 + 239{,}7) + 92{,}3 = 428{,}1 \text{ kJ.mol}^{-1}.$$

b) Énergie de liaison moyenne

Dans le cas de molécules possédant plusieurs liaisons *a priori* de même nature, la littérature indique la valeur moyenne de celles-ci. L'exemple traité ci-dessous illustre cette notion.

Exercice résolu

La littérature indique l'énergie des liaisons O=O, H – H et l'enthalpie de formation de H_2O (gaz).

$$D_{O=O} = 493{,}6 \text{ kJ.mol}^{-1}$$

$$D_{H\text{-}H} = 432{,}0 \text{ kJ.mol}^{-1}$$

$$\Delta_f H^\circ_{298}(H_2O, \text{gaz}) = -241{,}8 \text{ kJ.mol}^{-1}.$$

Calculer la valeur numérique de l'énergie de liaison O – H.

Réponse

Nous avons :

$$\Delta_f H^\circ_{298}(H_2O, \text{gaz}) = \frac{1}{2}D_{O=O} + D_{H-H} - 2D_{O-H}.$$

La grandeur D_{O-H} est l'énergie de liaison moyenne des liaisons O – H. Nous avons :

$$D_{O-H} = \frac{1}{2}\cdot\left(\frac{1}{2}D_{O=O} + D_{H-H} - \Delta_f H^\circ_{298}(H_2O, \text{gaz})\right).$$

Application numérique :

$$D_{O-H} = \frac{1}{2}\cdot\left(\frac{1}{2}493{,}6 + 432{,}0 + 241{,}8\right) = 460{,}3 \text{ kJ.mol}^{-1}.$$

Cette enthalpie n'est pas celle de la réaction :

$$H_2O\,(g) = HO\,(g) + H\,(g) \qquad \text{enthalpie de liaison } D_1$$

ni celle de la réaction :

$$HO\,(g) = O\,(g) + H\,(g) \qquad \text{enthalpie de liaison } D_2.$$

En revanche :

$$2\,D_{O\text{-}H} = D_1 + D_2$$

c) Changement d'état et énergie de liaison

La notion d'énergie de liaison a pour but de préciser numériquement la force d'une liaison entre atomes dans une molécule. La réaction qui sert à définir cette notion doit clairement exclure toute autre forme d'énergie d'interactions. C'est pour cela que les atomes et groupes d'atomes sont tous en phase gazeuse, sans interaction entre molécules, car l'état standard choisi est celui du gaz parfait. Il faut donc être attentif, lors de l'utilisation simultanée des énergies de liaison et des enthalpies de formation, à l'état physique des différents participants.

Exercice résolu

Calculer l'énergie de la liaison CO dans le monoxyde de carbone, notée $D_{C\equiv O}$ connaissant l'énergie de la liaison O=O et l'enthalpie de sublimation du carbone graphite $\Delta_{\text{sub}}H^\circ(\text{C graphite})$.

Données :

$$D_{\text{O=O}} = 493{,}6 \text{ kJ.mol}^{-1}$$

$$\Delta_{\text{sub}}H^\circ(\text{C graphite}) = 716{,}7 \text{ kJ.mol}^{-1}$$

$$\Delta_{\text{f}}H^\circ_{298}(\text{CO, gaz}) = -\ 110{,}5 \text{ kJ.mol}^{-1}$$

Réponse

Le cycle thermodynamique représenté à la figure 5.3 permet de visualiser la relation entre l'enthalpie standard de réaction, l'enthalpie de sublimation du graphite et l'énergie de la liaison triple C≡O :

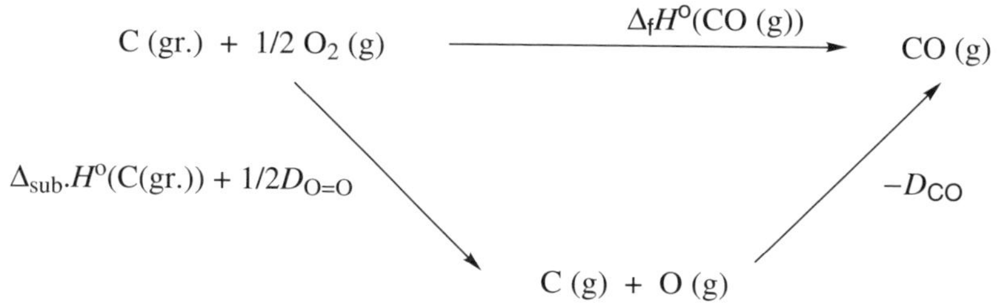

Figure 5.3 – Cycle thermodynamique reliant enthalpie de formation, enthalpie de changement d'état et énergie de liaison pour le monoxyde de carbone

Nous avons :

$$\Delta_{\text{f}}H^\circ_{298}(\text{CO, gaz}) = \frac{1}{2}D_{\text{O=O}} + \Delta_{\text{sub}}H^\circ(\text{C graphite}) - D_{\text{C}\equiv\text{O}}$$

et donc :

$$D_{\text{C}\equiv\text{O}} = \Delta_{\text{sub}}H^\circ(\text{C graphite}) + \frac{1}{2}D_{\text{O=O}} - \Delta_{\text{f}}H^\circ_{298}(\text{CO, gaz})$$

soit *numériquement :*

$$D_{\text{C}\equiv\text{O}} = 716{,}7 + \frac{1}{2}493{,}6 + 110{,}5 = 1\,074 \text{ kJ.mol}^{-1}$$

4.4 Calcul des enthalpies standard de réaction à des températures différentes de 298 K

Il est désormais possible, avec les données de la littérature (entropies molaires absolues standard et enthalpies standard de formation données à 298 K), de calculer les enthalpies standard de réaction $\Delta_r H^\circ_{298}$ et entropies standard de réaction $\Delta_r S^\circ_{298}$.

Si on souhaite disposer de ces grandeurs à une température différente, il faut utiliser les relations de KIRCHHOFF :

$$\frac{d\Delta_r H^\circ}{dT} = \Delta_r C^\circ_{p,m}$$

$$\frac{d\Delta_r S^\circ}{dT} = \frac{\Delta_r C^\circ_{p,m}}{T}.$$

La littérature indique les capacités thermiques molaires standard, à pression constante à la température de 298 K et parfois en fonction de la température. Il est donc souvent possible de calculer la grandeur $\Delta_r C^\circ_{p,m}$, et donc d'accéder aux expressions (en général approchées) de $\Delta_r H^\circ_T$ et $\Delta_r S^\circ_T$.

Exercice résolu

Considérons l'équilibre de BOUDOUARD, où les réactifs sont le carbone graphite (solide) et le dioxyde de carbone (gaz) et le produit est le monoxyde de carbone (gaz).

a) En utilisant les données thermodynamiques, calculer l'enthalpie standard de réaction et l'entropie standard de réaction à $T = 298$ K ($\nu_c = -1$).

b) Reprendre le calcul à T = 500 K. Conclusions ?

Données :

Grandeurs thermodynamiques à T = 298 K

	CO (g)	CO_2 (g)	C (graphite)
$\Delta_f H^\circ$ / kJ.mol^{-1}	- 110,5	- 393,5	
S°_m / J.K^{-1}.mol^{-1}	197,6	213,7	5,7
$C^\circ_{p,m}$ / J.K^{-1}.mol^{-1}	29,1	37,1	8,5

Réponse

a) L'équilibre de BOUDOUARD s'écrit :

$$\text{C (graphite)} + CO_2\text{ (g)} = 2\,\text{CO (g)}.$$

L'enthalpie standard de réaction se calcule par application de la loi de HESS :

$$\Delta_r H^\circ = 2\Delta_f H^\circ(\text{CO (g)}) - \Delta_f H^\circ(CO_2\text{ (g)})$$

soit *numériquement :*

$$\Delta_r H^\circ_{298} = -2.110{,}5 + 393{,}5 = +172{,}5 \text{ kJ.mol}^{-1}.$$

De même pour l'entropie standard de réaction :

$$\Delta_r S^\circ = 2S^\circ_m(\text{CO (g)}) - S^\circ_m(\text{CO}_2 \text{ (g)}) - S^\circ_m(\text{C (graphite)})$$

soit *numériquement :*

$$\Delta_r S^\circ_{298} = 2.197{,}6 - 213{,}7 - 5{,}7 = +175{,}8 \text{ J.K}^{-1}\text{mol}^{-1}$$

b) L'application des lois de KIRCHHOFF permet d'estimer l'enthalpie standard et l'entropie standard de réaction à une température différente de 298 K. Le calcul de la capacité thermique à pression constante standard de réaction donne :

$$\Delta_r C^\circ_{p,\text{m}} = 2C^\circ_{p,\text{m}}(\text{CO (g)}) - C^\circ_{p,\text{m}}(\text{CO}_2 \text{ (g)}) - C^\circ_{p,\text{m}}(\text{C (graphite)})$$

soit *numériquement :*

$$\Delta_r C^\circ_{p,\ 298} = 2.29{,}1 - 37{,}1 - 8{,}5 = +12{,}6 \text{ J.K}^{-1}\text{mol}^{-1}.$$

Pour l'enthalpie standard de réaction à la température T, l'intégration de la loi de KIRCHHOFF pour l'enthalpie :

$$\Delta_r H^\circ_T - \Delta_r H^\circ_{T_0} = \Delta_r C^\circ_{p,\ 298}.(T - T_0)$$

soit, à T = 500 K :

$$\Delta_r H^\circ_{500} - \Delta_r H^\circ_{298} = 12{,}6.(500 - 298) = 2{,}5 \text{ kJ.mol}^{-1}$$

à comparer au 172,5 kJ.mol^{-1} de la grandeur à T = 298 K (1,4 %). Pour l'entropie standard de réaction à la température T, l'intégration de la loi de KIRCHHOFF pour l'entropie :

$$\Delta_r S^\circ_T - \Delta_r S^\circ_{T_0} = \Delta_r C^\circ_{p,\ 298}.\ln\left(\frac{T}{T_0}\right)$$

soit, à T = 500 K :

$$\Delta_r S^\circ_{500} - \Delta_r S^\circ_{298} = 12{,}6.\ln\left(\frac{500}{298}\right) = 6{,}5 \text{ J.K}^{-1}\text{mol}^{-1}$$

à comparer au 175,8 J.K^{-1}.mol^{-1} de la grandeur à T = 298 K (3,7 %). Ces valeurs numériques indiquent, dans le cas particulier étudié ici, les ordres de grandeur des approximations faites lorsque l'approximation d'ELLINGHAM est utilisée.

Couplages diffusion de matière/ réaction chimique

1 Diffusion de la matière

Le chapitre 4 a mis en évidence que dans un milieu à plusieurs phases, le transfert de matière d'une phase vers une autre se fait de façon à tendre vers l'égalité des potentiels chimiques.

Si on envisage une membrane séparant deux régions de l'espace occupées par un même solvant et autorisant le transfert de solvant et de soluté, la condition d'équilibre thermodynamique pour le transfert de soluté est l'égalité des concentrations de part et d'autre de la paroi. Le transfert de matière hors équilibre du soluté i est bien décrit par la loi de FICK (voir chapitre 10) :

$$\overrightarrow{J}_i = -D_i.\overrightarrow{\text{grad}}c_i$$

où D_i est un coefficient positif appelé coefficient de diffusion. Le potentiel chimique d'un soluté dans une phase stable étant une fonction croissante de la concentration, l'évolution naturelle est la tendance à l'homogénéisation des concentrations : la matière se déplace par diffusion des régions où elle est concentrée vers les régions où elle est moins concentrée.

2 Cellules biologiques

Une cellule vivante est délimitée par une membrane qui définit le milieu intérieur et le milieu extérieur. Le rôle de la membrane est de maintenir à l'intérieur de la membrane une composition chimique du milieu intérieur différente de celle du milieu extérieur et d'autoriser des échanges de matière entre l'intérieur et l'extérieur.

Il est donc *a priori* étonnant que la membrane autorise des échanges qui se traduisent par un transfert de matière d'une région peu concentrée vers une région plus concentrée.

En fait, ce processus s'explique par l'existence de phénomènes couplés : d'une part la diffusion et d'autre part une réaction chimique. Le premier processus se traduit par un terme de création d'entropie négatif lorsque la diffusion apporte la matière vers les régions concentrées et la réaction chimique se traduit par un terme de création d'entropie positif : la somme des deux contributions reste bien sûr positive de façon à ne pas contrevenir au second principe. Ce type de transport est appelé *transport actif*.

3 Différents modes de transports actifs

Les études expérimentales suggèrent l'existence de plusieurs modes de couplage.

Transport actif primaire

L'espèce chimique transportée est directement impliquée dans la réaction chimique couplée. Ce cas s'explique alors dans le cadre des déplacements d'équilibre étudiés au chapitre suivant.

Transport actif secondaire

Une espèce chimique i est impliquée dans une réaction chimique. Elle induit le flux de matière pour une autre espèce chimique j. C'est ce processus qui est mis en jeu pour l'ingestion par les cellules de substances comme les sucres ou les acides aminés.

4 Couplage scalaire/vecteur

Des principes de symétrie très généraux (principe de CURIE) interdisent qu'une grandeur scalaire (l'affinité chimique de la réaction couplée) induise une grandeur vectorielle (le vecteur $\overrightarrow{J}_i$ de la loi de FICK). Afin de respecter ces critères de symétrie, il est probable que le processus de transport à travers la membrane met en jeu des enzymes, macromolécules dont l'orientation au sein de celle-ci n'est pas aléatoire et privilégie le déplacement dans un seul sens.

5 Un exemple

La situation réelle est encore plus complexe car les espèces transférées sont chargées. La description thermodynamique des espèces chargées sera reprise au chapitre 9.

Citons ici l'exemple bien décrit des ions sodium et potassium : la plupart des cellules vivantes sont caractérisées par des concentrations internes en ions potassium 10 à 20 fois plus élevées que dans le milieu extérieur et des concentrations en ions sodium 10 à 20 fois plus faibles que dans le milieu extérieur. D'autre part il a été montré que les membranes autorisent les échanges avec le milieu extérieur. Le mécanisme qui autorise une telle situation est l'existence d'un enzyme appelé ATPase qui catalyse la réaction de d'hydrolyse de l'ATP en ADP. Pour une molécule d'ATP hydrolysée, trois ions sodium sont excrétés et deux ions potassium sont transférés de l'extérieur vers l'intérieur ; ces ions interviennent bien sûr dans le fonctionnement de l'enzyme. C'est le transport de l'ATPase à travers la membrane qui assure le transport des ions.

EXERCICES

5.1 Production de dihydrogène par réaction du monoxyde de carbone avec l'eau

1. Écrire la réaction du monoxyde de carbone avec l'eau qui conduit au dihydrogène et au dioxyde de carbone avec $\nu_{H_2} = 1$. Tous les réactifs sont en phase gazeuse.

2. Calculer la valeur numérique de l'enthalpie standard de réaction à $T = 1\,100$ K à partir des enthalpies standard de formation à 1 100 K. La réaction est-elle endothermique ou exothermique ?

3. À la température $T = 1\,500$ K, sous la pression $p = 1$ bar, le taux de dissociation de l'eau vapeur en dihydrogène et dioxygène est égal à $2{,}21.10^{-4}$. Calculer la constante de cette réaction ($\nu_{H_2O} = -1$).

4. Dans les mêmes conditions, le taux de dissociation du dioxyde de carbone en monoxyde de carbone et en dioxygène est égal à $4{,}80.10^{-4}$. Calculer la constante de cette réaction ($\nu_{CO_2} = -1$).

5. Calculer à 1500 K la constante d'équilibre standard de la réaction écrite à la question 1.

Données :

Espèces chimiques	CO (g)	H_2O (g)	CO_2 (g)
$\Delta_f H^\circ_{1100}$ / kJ.mol^{-1}	– 112,5	– 248,2	–395,6

5.2 Réactions simultanées

On envisage la conversion du méthane par la vapeur d'eau à $T = 900$ K, sous une pression totale p_{tot}, à partir d'un mélange initial contenant 4 moles d'eau et 1 mole de méthane.

On doit envisager les deux équilibres chimiques suivants, dans lesquels les constituants sont des gaz parfaits :

$$CH_4\,(g) + H_2O\,(g) = CO\,(g) + 3\,H_2\,(g) \qquad K_1^\circ = 1{,}306$$

$$CO\,(g) + H_2O\,(g) = CO_2\,(g) + H_2\,(g) \qquad K_2^\circ = 2{,}204.$$

La phase gazeuse se comporte comme un mélange parfait de gaz parfaits.

1. Exprimer, lorsque les deux équilibres chimiques sont atteints, la quantité de matière de chaque participant, en fonction de la quantité de matière initiale en méthane ($n_0(CH_4)$) et en eau ($n_0(H_2O)$) et de l'avancement ξ_1 (respectivement ξ_2) de la réaction (1) (resp. (2)).

2. Exprimer les constantes d'équilibre en fonction de la pression totale p_{tot}, de la pression standard p°, des quantités de matière initiales $n_0(CH_4)$ et $n_0(H_2O)$ et des avancements ξ_1 et ξ_2.

3. Calculer la pression totale p_{tot} pour laquelle le nombre de moles de dioxyde de carbone à l'équilibre est égal à 0,5. Quelle est alors la composition à l'équilibre ?

5.3 Hydroxylamine et ion hydroxylaminium

En milieu aqueux et en solution acide, l'hydroxylamine NH_2OH est susceptible de fixer selon un équilibre instantané, un proton pour donner l'ion hydroxylaminium NH_3OH^+ (réaction de protonation). .

$$NH_2OH\ (aq) \quad + \quad H^+\ (aq) \quad = \quad NH_3OH^+\ (aq)$$

1. Calculer l'enthalpie libre standard de la réaction.

2. Calculer la constante d'équilibre de la réaction de protonation de l'hydroxylamine à 25 °C.

3. Dans un ouvrage de chimie analytique, on a noté qu'à 25 °C, le pK_A du couple NH_3OH^+/NH_2OH en milieu aqueux est égal à 6,0. Y a-t-il compatibilité entre les deux types d'informations ? Justifier.

Données :

La température est T = 298 K. Les espèces sont des solutés dans le solvant eau.

Espèces chimiques	NH_2OH	NH_3OH^+	H^+
$\Delta_f H^\circ$ / kJ.mol^{-1}	– 90,71	– 128,30	0
$\Delta_f G^\circ$ / kJ.mol^{-1}	– 23,35	– 57,61	0

Constante des gaz parfaits : R = 8,314 J.K^{-1}.mol^{-1}

5.4 Solubilité de la calcite $CaCO_3$

Soit la réaction de dissolution de la calcité dans l'eau :

$$CaCO_3\ (s) \quad = \quad Ca^{2+}\ (aq) \quad + \quad CO_3^{2-}\ (aq)$$

1. À partir des données, calculer l'enthalpie libre standard de la réaction de solubilisation de la calcite à 298 K.

2. En déduire le produit de solubilité de la calcite.

Données :

La température est T = 298 K. Les ions sont des solutés dans le solvant eau.

Espèces chimiques	$CaCO_3$ (solide)	Ca^{2+}	CO_3^{2-}
$\Delta_f G^\circ$ / kJ.mol^{-1}	– 1128,8	– 553,5	– 527,9

5.5 Le soufre à l'état gazeux

L'élément soufre à l'état gazeux est sous forme S_m. Pour déterminer la valeur de m, on considère l'équilibre de dissociation de la molécule de sulfure de dihydrogène H_2S en S_m et H_2, en phase gazeuse. À la température T = 1 362 K, l'équilibre est atteint sous une pression totale de 1 bar, la pression partielle de dihydrogène est alors de 0,235 bar, le taux de dissociation du sulfure d'hydrogène est de 26,5 %.

1. Écrire l'équilibre relatif à la dissociation du sulfure de dihydrogène avec $\nu_{H_2S} = -1$.

2. Déterminer la valeur numérique de m.

3. Déterminer la constante d'équilibre K° à la température considérée.

4. Proposer une formule de LEWIS pour la molécule S_m.

5.6 Procédé WACKER

La préparation industrielle de l'éthanal CH_3CHO s'effectue à partir de l'éthylène C_2H_4 et de dioxygène dont l'équation bilan s'écrit :

$$C_2H_4\,(g) \quad + \quad \frac{1}{2}\,O_2\,(g) \qquad = \qquad CH_3CHO\,(g)$$

1. À partir des potentiels chimiques standard donnés à la température T = 298 K, déterminer, à cette même température, la constante d'équilibre standard de la réaction mise en œuvre dans le procédé WACKER avec ν_{CH_3CHO} = 1.

2. En déduire le rendement d'une telle synthèse conduite sous une pression totale constante p = 1 bar et pour un mélange initial pris dans des proportions stœchiométriques.

Données (T = 298 K) :

Molécule	C_2H_4 (g)	O_2 (g)	CH_3CHO (g)
μ° / kJ.mol^{-1}	68,1	0	−134

5.7 Comparaison trifluorure de brome et pentafluorure de brome

Le trifluorure de brome BrF_3 et le pentafluorure de brome BrF_5 sont des molécules où le brome est l'atome central. On souhaite utiliser les données thermodynamiques disponibles pour comparer les énergies de liaison Br – F dans les deux molécules et leur entropie molaire absolue.

1. En utilisant un cycle thermodynamique adéquat, exprimer l'énergie de liaison Br – F (valeur moyenne) dans le trifluorure de brome en fonction des énergies de liaison F – F, Br – Br, de l'enthalpie de vaporisation du dibrome et de l'enthalpie standard de formation du trifluorure de brome gazeux.

2. Même question avec le pentafluorure de brome. Pourquoi ces deux valeurs ne sont-elles pas identiques ?

3. Exprimer l'entropie standard d'une réaction chimique en fonction de l'enthalpie standard et de l'enthalpie libre standard. En déduire les entropies standard de formation du trifluorure de brome gazeux et du pentafluorure de brome gazeux.

4. Calculer numériquement les entropies molaires absolues du trifluorure de brome gazeux et du pentafluorure de brome gazeux. Commenter les résultats obtenus.

Données :

Espèces chimiques	BrF_3 (g)	BrF_5 (g)	Br_2 (ℓ)	F_2 (g)
$\Delta_f H^\circ_{298}$ / kJ.mol^{-1}	– 255,6	– 428,9		
$\Delta_f G^\circ_{298}$ / kJ.mol^{-1}	– 229,5	– 351,6		
S°_m / J.K^{-1}.mol^{-1}			152,2	202,7

Liaison	Br–Br	F–F
D_{A-B} / kJ.mol^{-1}	190,2	154,8

Enthalpie de vaporisation du dibrome : $\Delta_{vap}H^\circ(Br_2) = 30{,}91$ kJ.mol^{-1} ;

La température d'ébullition du dibrome sous $p = 1$ bar est $T_{eb} = 331{,}9$ K.

5.8 Dissociation en phase gazeuse

Le dibrome est liquide sous la température $T = 298$ K et sous la pression $p = 1$ bar.

1. À partir des données, calculer la température d'ébullition du dibrome sous $p = 1$ bar.

2. En précisant les hypothèses utilisées, calculer la pression de vapeur saturante à la température de 400 K.

3. Dans un récipient de volume $V = 1$ L et à la température $T = 400$ K, on introduit $n_0 = 0{,}010$ mol de dibrome. On envisage la réaction de dissociation en phase gazeuse du dibrome en atomes de brome :

$$Br_2\ (g) \quad = \quad 2\ Br\ (g).$$

Calculer les pressions partielles en dibrome et en brome atomique (il faudra vérifier que le dibrome n'est pas présent sous forme liquide). On néglige dans cette question et la suivante le volume occupé par la phase liquide.

4. Même question avec $n_0 = 1$ mol. On vérifiera qu'il reste cette fois-ci du dibrome liquide dans le système.

Données :

Espèces chimiques	Br_2 (ℓ)	Br_2 (g)	Br (g)
$\Delta_f H^\circ_{298}$ / kJ.mol^{-1}		30,9	111,9
S°_m / J.K^{-1}.mol^{-1}	152,2	245,4	174,9

La température d'ébullition du dibrome sous p = 1 bar est T_{eb} = 331,9 K

5.9 Hydrodésulfuration

Le thiophène, de formule C_4H_4S est un composé cyclique insaturé qui est contenu dans certaines coupes pétrolières issues de la distillation. Son élimination est obtenue par hydrodésulfuration, c'est-à-dire par réaction avec le dihydrogène selon la réaction :

$$C_4H_4S\,(g) \quad + \quad 4\,H_2\,(g) \quad = \quad C_4H_{10}\,(g) \quad + \quad H_2S\,(g)$$

1. Calculer l'enthalpie standard et l'entropie standard de la réaction d'hydrodésulfuration à la température T = 298 K.

2. Calculer l'entropie molaire absolue du thiophène gazeux.

3. Déduire des résultats de la question 1. la température à laquelle la constante de l'équilibre vaut 12.

3. On choisit la température précédente et on introduit dans un réacteur un mélange gazeux de thiophène et de dihydrogène. Le réacteur est maintenu à pression totale constante et contient initialement 6 moles de dihydrogène par mole de thiophène. Quelle pression faut-il choisir pour que, à l'équilibre, il ne reste plus que 0,1 % de la quantité initiale de thiophène ? Donner dans ces conditions les valeurs des différentes pressions partielles à l'équilibre.

4. Toujours à la même température, on introduit dans un réacteur de volume constant, une charge constituée d'une coupe pétrolière. La pression partielle initiale du thiophène est de 0,1 bar. On veut obtenir un taux de conversion du thiophène égal à 99,9 %.

Quelle sera la pression partielle du dihydrogène à l'équilibre ?

Quelle doit être la pression partielle initiale du dihydrogène ?

Données :

Espèces chimiques	C_4H_4S (g)	nC_4H_{10} (g)	H_2 (g)	H_2S (g)
$\Delta_f H^\circ_{298}$ / kJ.mol^{-1}	114,9	– 125,8		–20,6
$\Delta_f G^\circ_{298}$ / kJ.mol^{-1}	126,1	–16,6		–33,6
$S^\circ_m(298)$ / J.K^{-1}.mol^{-1}		310,1	130,6	205,8

5.10 Variation d'enthalpie libre au cours d'une réaction

On considère l'oxydation en phase gazeuse du chlorure d'hydrogène par le dioxygène selon :

$$2\,HCl\,(g) \quad + \quad \frac{1}{2}\,O_2\,(g) \quad = \quad H_2O\,(g) \quad + \quad Cl_2\,(g)$$

1. Calculer l'enthalpie libre standard de cette réaction à 298 K et à 600 K.

2. À pression constante $p = 1$ bar et à la température $T = 600$ K, une mole de dioxygène et une mole de chlorure d'hydrogène réagissent pour conduire à un état d'équilibre que l'on déterminera en calculant chaque pression partielle et la quantité de matière à l'équilibre de chaque participant. Le calcul étant un peu technique, on pourra vérifier que les valeurs suivantes des pressions partielles sont effectivement solutions du problème :

- $p_{H_2O} = 0{,}258$ bar ;
- $p_{Cl_2} = 0{,}258$ bar ;
- $p_{O_2} = 0{,}436$ bar ;
- $p_{H\,_2O} = 0{,}048$ bar.

3. Calculer la variation d'enthalpie pour l'étude précédente entre l'état initial et l'état final.

Données :

Espèce chimique	HCl (g)	O_2 (g)	H_2O (g)	Cl_2 (g)
$\Delta_f H^\circ_{298}$ / kJ.mol^{-1}	– 92,3		– 241,8	
S°_m / J.K^{-1}.mol^{-1}	186,8	205,0	188,7	223,0

Constante des gaz parfaits : $R = 8{,}314$ J.K^{-1}.mol^{-1}

PROBLÈMES

5.1 Réduction du trichlorosilane en présence de dihydrogène (CCP MP 2002)

À 1 000 °C, le trichlorosilane ultra-pur est réduit par l'hydrogène suivant la réaction :

$$SiHCl_3\,(g) \quad + \quad H_2\,(g) \quad = \quad Si\,(s) \quad + \quad 3\,HCl\,(g).$$

Le silicium ultra-pur, produit par cette réaction, est déposé sur un barreau de silicium.

1. Calculer l'enthalpie standard et l'entropie standard de réaction à 298 K.

2. Calculer l'enthalpie standard et l'entropie standard de réaction à 1 000 °C. En déduire les valeurs de l'enthalpie libre standard et la constante d'équilibre de la réaction à 1 000 °C.

3. Établir l'expression du quotient de réaction Π, en fonction des pressions partielles des différents gaz présents.

4. Établir l'expression de la constante d'équilibre en fonction du coefficient de dissociation α de $SiHCl_3$, de β (rapport du nombre de mole initial de dihydrogène H_2 sur le nombre initial de mole de $SiHCl_3$, $\beta \geqslant 1$) et de la pression totale p_T.

5. Pour une pression totale de 1 bar, et pour $\beta = 1$, estimer (grossièrement) la valeur du coefficient de dissociation et les pressions partielles à l'équilibre. De même estimer la valeur du coefficient de dissociation pour $\beta = 10$ (le dihydrogène est introduit en excès dans le réacteur). Estimer ensuite la valeur du coefficient de dissociation à l'équilibre pour $\beta = 1$ et $p_T = 0{,}1$ bar (correspondant à une manipulation sous pression réduite).

Données :

Composés	$\Delta_f H^\circ$ (kJ.mol^{-1})	S°_m (J.K^{-1}.mol^{-1})
HCl(g)	$-92{,}0$	186,6
H_2(g)		130,5
$SiHCl_3$(g)	$-488{,}6$	312,9
Si(s)		18,8

Capacités thermiques molaires standard à pression constante :

$$C_{p,m}(\text{J.mol}^{-1}.\text{K}^{-1}) = a + bT + cT^{-2}$$

où T est la température exprimée en K :

Composés	a	$b.10^3$	$c.10^{-5}$
$HCl(g)$	26,2	5,2	1,3
$H_2(g)$	27,3	3,3	0,5
$SiHCl_3(g)$	95,3	6,0	−19,9
$Si(s)$	24,0	2,6	−4,2

5.2 Les chlorures de phosphore, utilisation de la densité (d'après Véto 2000)

On étudie en phase gazeuse l'équilibre de dissociation

$$PCl_5\ (g) \quad = \quad PCl_3\ (g) \ + \ Cl_2\ (g).$$

À $250\ ^\circ$C, sous une pression de $p_T = 1{,}0$ bar, la densité du mélange gazeux obtenu par chauffage du pentachlorure de phosphore pur est $d = 3{,}90$.

1. Calculer la valeur de α, coefficient de dissociation de PCl_5. En déduire la valeur de la constante d'équilibre K°.

2. Quelle est la composition du mélange obtenu à l'équilibre, dans les mêmes conditions, sous la pression $p_T = 4{,}0$ bar.

3. Calculer l'enthalpie standard de la réaction $\Delta_r H^\circ$ pour la réaction considérée, ainsi que $\Delta_r S^\circ$. Ces grandeurs sont supposées indépendantes de la température.

4. Établir l'expression $\ln K^\circ = f(T)$ pour l'équilibre considéré.

5. À quelle température faut-il opérer, sous $p_T = 1{,}0$ bar, pour que le coefficient de dissociation du pentachlorure de phosphore à l'équilibre soit de $99\ \%$?

Données :

	$PCl_5(g)$	$PCl_3(g)$	$Cl_2(g)$
$\Delta_f H^\circ$ (kJ.mol^{-1})	−374,9	−287,0	0

Masses molaires (en g.mol^{-1}) : 35,5 (Cl) ; 31(P).

$R = 8{,}31$ J.K^{-1}.mol^{-1}.

5.3 Équilibre de sublimation du diiode (ENSAIT 2002)

On considère l'équilibre de sublimation du diiode

$$I_2\ (s) \quad = \quad I_2\ (g).$$

Le diiode gazeux sera assimilé à un gaz parfait. À l'équilibre la pression en diiode gazeux est $p^1_{I_2} = 4{,}0.10^{-4}$ bar à $T_1 = 298$ K et $p^2_{I_2} = 6{,}3.10^{-2}$ bar à $T_2 = 373$ K.

1. Calculer l'enthalpie standard de sublimation du diiode, grandeur considérée comme indépendante de la température sur l'intervalle de température considéré.

Dans un récipient fermé de volume $V_0 = 5$ L préalablement vidé d'air, on introduit n quantité de matière de diiode solide. La température du récipient est maintenue constante et égale à 373 K.

2. L'équilibre de sublimation étant établi, calculer la quantité de matière de diiode gazeux à l'équilibre. En déduire la quantité de matière minimale de diiode solide qu'il faut introduire pour que l'équilibre puisse s'établir.

3. Si on introduit $n = 0{,}005$ mole de diiode solide, calculer les quantités de matière en diiode solide et en diiode gazeux dans l'état final. Calculer de plus l'affinité chimique du système dans l'état final.

4. Si on introduit $n = 0{,}030$ mole de diiode solide, calculer les quantités de matière en diiode solide et en diiode gazeux dans l'état final. Calculer de plus l'affinité chimique du système dans l'état final.

À partir de l'état de la question précédente on augmente le volume V du récipient en maintenant toujours la température constante égale à 373 K.

5. Calculer le volume du récipient V_1 correspondant à la disparition du diiode solide. Calculer la pression finale régnant dans le récipient lorsque le volume est $V_{\mathrm{f}} = 20$ L.

6. Tracer de façon approchée l'évolution de la pression du diiode gazeux en fonction du volume du récipient $p_{\mathrm{I_2}} = f(V)$ lors de l'augmentation du volume du récipient de 5 L à 20 L. On donnera les expressions de $p_{\mathrm{I_2}}$ correspondant aux différentes parties de la courbe.

Donnée :

$R = 8{,}31$ J.K^{-1}.mol^{-1}.

5.4 Étude d'un équilibre entre gaz (CCP TSI 1997)

Les gaz seront assimilés à des gaz parfaits, on étudie l'équilibre en phase gazeuse

$$2\,\mathrm{HI}\,(g) \quad = \quad \mathrm{I_2}\,(g) \quad + \quad \mathrm{H_2}\,(g)$$

à la température $T = 900$ K.

Dans un récipient vide de volume $V = 6$ L, on introduit 2 moles d'iodure d'hydrogène gazeux, HI(g). La température est maintenue constante égale à $T_1 = 900$ K. À l'équilibre, la pression partielle en dihydrogène $\mathrm{H_2}$, $p_{\mathrm{H_2}}$ est égale à 3,1 bar.

1. Calculer la pression initiale dans le récipient. En déduire la pression totale à l'équilibre p_{T}.

2. Exprimer la constante d'équilibre K_1° en fonction de p_{H_2} et p_T. Calculer sa valeur.

3. Calculer la valeur du coefficient de dissociation de l'iodure d'hydrogène HI à l'équilibre (le coefficient de dissociation d'une espèce A est le rapport du nombre de moles de A qui ont réagi sur le nombre de moles de A initiales).

4. Le mélange gazeux initial est constitué de 2 moles d'iodure d'hydrogène HI, 1 mole de dihydrogène H_2 et 1 mole de diiode I_2 (on a toujours $V = 6$ L et $T_1 = 900$ K). Le système est-il à l'équilibre ? Sinon dans quel sens évolue-t-il ? (On pourra utiliser l'affinité chimique.).

5. On renouvelle l'expérience à une autre température : $T_2 = 769$ K. On trouve pour la constante d'équilibre $K_1^\circ(T_2) = 2{,}18.10^{-2}$. Déduire le signe de l'enthalpie standard de la réaction. Calculer numériquement sa valeur (préciser l'approximation réalisée).

6. Calculer l'entropie standard de la réaction.

On réalise une autre expérience en chauffant à température constante $T_2 = 769$ K, de l'iodure d'ammonium solide NH_4I(s) dans un récipient initialement vide de volume constant. NH_4I(s) est en excès (c'est-à-dire en quantité suffisante pour être toujours présent à l'état solide). L'équilibre

$$NH_4I\,(s) \quad = \quad NH_3\,(g) \quad + \quad HI\,(g)$$

s'établit rapidement. La pression totale est alors égale à $p_1 = 2$ bar. On constate ensuite que la pression évolue car l'iodure d'hydrogène HI se dissocie lentement selon l'équilibre

$$2\,HI\,(g) \quad = \quad I_2\,(g) \quad + \quad H_2\,(g).$$

Lorsque la pression se stabilise, il y a coexistence des deux équilibres.

7. Calculer la constante de l'équilibre

$$NH_4I\,(s) \quad = \quad NH_3\,(g) \quad + \quad HI\,(g)$$

8. Qualitativement, prévoir si la pression à l'équilibre est inférieure ou supérieure à p_1.

9. Calculer à l'équilibre les pressions partielles de chaque gaz ainsi que la pression totale.

Donnée :

$R = 8{,}31$ J.K^{-1}.mol^{-1}.

5.5 Décomposition thermique du gypse (CCP TSI 2003)

Nous étudions dans cet exercice la décomposition thermique du gypse (sulfate de calcium $CaSO_4$(s)) en présence de sable (constitué de silice SiO_2(s)) conduisant au silicate de calcium $CaSiO_3$(s). Le ciment (dit PORTLAND) est obtenu par cette voie en chauffant le mélange précédent en présence de charbon et d'argile. Ce procédé met en jeu les deux équilibres simultanés (1) et (2) :

$$\mathrm{CaSO_4\,(s)} \quad + \quad \mathrm{SiO_2\,(s)} \quad = \quad \mathrm{CaSiO_3\,(s)} \quad + \quad \mathrm{SO_3\,(g)}$$
$$2\,\mathrm{SO_3\,(g)} \quad = \quad 2\mathrm{SO_2\,(g)} \quad + \quad \mathrm{O_2\,(g)}$$

À $T = 1\,400$ K les constantes des équilibres (1) et (2) sont respectivement $K_1^\circ = 0{,}95$ et $K_2^\circ = 400$.

1. Nous supposons initialement que le milieu contient uniquement $CaSO_4$(s) et SiO_2(s). Exprimer K_1° et K_2° en fonction des seules pressions partielles p_{SO_3} et p_{O_2} à l'équilibre et de la pression standard p°.

2. En déduire alors les valeurs de p_{SO_3}, p_{O_2} et p_{SO_2} à l'équilibre à 1 400 K.

Dans un récipient de volume fixé $V = 10$ L initialement vide on introduit 1 mole de $CaSO_4$(s) et 1 mole de SiO_2(s) à la température $T = 1\,400$ K maintenue constante. On constate que les deux solides $CaSO_4$(s) et SiO_2(s) sont présents à l'équilibre.

3. Calculer à l'équilibre les avancements respectifs ξ_1 et ξ_2 des réactions (1) et (2). En déduire le nombre de moles de $CaSO_4$(s) et de SiO_2(s) présentes à l'équilibre.

On augmente le volume du récipient en maintenant la température fixée à 1 400 K.

4. À partir de quelle valeur du volume observera-t-on la décomposition totale de 1 mole de $CaSO_4$(s) et 1 mole de SiO_2(s) à 1 400 K ?

À 1 400 K le gypse peut aussi se décomposer en oxyde de calcium selon la réaction (3) de constante d'équilibre $K_3^\circ = 7.10^{-6}$:

$$\mathrm{CaSO_4\,(s)} \quad = \quad \mathrm{CaO\,(s)} \quad + \quad \mathrm{SO_3\,(g)}$$

5. Exprimer l'affinité chimique $\mathcal{A}$ de la réaction (3). La calculer dans les conditions de la question 2. CaO(s) se forme-t-il ?

Donnée :

$R = 8{,}31$ J.K^{-1}.mol^{-1}.

5.6 Oxydes de vanadium (d'après Centrale M 95)

On étudie dans un premier temps la transition

$$\mathrm{V_2O_4}\ (\alpha) \quad = \quad \mathrm{V_2O_4}\ (\beta)$$

sous une pression de 1 bar, on passe de la variété cristalline $V_2O_4(\alpha)$ à l'autre variété solide $V_2O_4(\beta)$ à $T_i = 72$ °C.

1. Que représente la température T_{i} ?

2. Calculer l'affinité chimique standard $\mathcal{A}^\circ(\alpha \rightarrow \beta)$, ainsi que l'entropie molaire standard $S^\circ_{\mathrm{m}}(V_2O_4(\beta))$ à 298 K. Commenter les signes de $\mathcal{A}^\circ$ et de $S^\circ_{\mathrm{m}}(V_2O_4(\alpha)) - S^\circ_{\mathrm{m}}(V_2O_4(\beta))$, à 298 K.

L'oxyde V_2O_5 (s) est utilisé comme catalyseur dans la synthèse du trioxyde de soufre (procédé de contact). L'équilibre est noté

$$2\,SO_2\,(g) \quad + \quad O_2\,(g) \quad = \quad 2\,SO_3\,(g)$$

l'enthalpie standard de réaction vaut à 298 K $\Delta_r H^\circ = -198$ kJ.mol^{-1}.

On mélange à la température $T = 767$ °C et sous la pression de 1 bar, maintenue constante, 3 moles de trioxyde de soufre SO_3, 2 moles de dioxyde de soufre SO_2 et de l'air (1 mole de dioxygène O_2 et 4 moles de diazote N_2) dans une enceinte adiabatique. À la température $T = 767$ °C, l'affinité chimique standard $\mathcal{A}^\circ$ vaut 0 kJ.mol^{-1}.

3. Que représente la température 767 °C ? Dans quel sens évolue le système, s'il n'est pas initialement à l'équilibre ?

On considère maintenant à $T_2 = 427$ °C et sous $p = 1$ bar = constante le mélange constitué par 1 mole de dioxyde de soufre SO_2, 1 mole de dioxygène O_2, 4 moles de diazote N_2. Après réaction, l'équilibre étant réalisé, la constante d'équilibre $K^\circ_{2(427\,°C)} = 264$.

4. En déduire la valeur du taux de dissociation α du dioxyde de soufre SO_2 ; conclusion ?

5. Par rapport au cas précédent on modifie seulement la température $T_3 = 767$°C. Donner la nouvelle valeur de la constante d'équilibre $K^\circ_{3(767\,°C)}$. Conclure quant à l'intérêt d'utiliser le catalyseur V_2O_5 (s) dans cette synthèse.

Données :

$C^\circ_{p,\mathrm{m}}(V_2O_4(\beta)) - C^\circ_{p,\mathrm{m}}(V_2O_4(\alpha)) = 1{,}25$ J.mol^{-1}.K^{-1}

Entropie molaire standard $S^\circ_{\mathrm{m}}(V_2O_4(\alpha)) = 10{,}50$ J.K^{-1}.mol^{-1}

Enthalpie standard de transition à 72 °C : $\Delta_r H^\circ = 8610$ J.mol^{-1} pour

$$V_2O_4\,(\alpha) \quad = \quad V_2O_4\,(\beta).$$

$R = 8{,}31$ J.K^{-1}.mol^{-1}.

5.7 Étude des alliages or-cuivre (Mines-Ponts PC 2003)

L'usage de la calculatrice n'est pas autorisée pour l'épreuve dont est extraite la partie ci-dessous. On ne s'étonnera donc pas des valeurs numériques approchées qui sont proposées. Dans toute cette partie on considèrera que l'or et le cuivre forment des solutions solides en toutes proportions (solides totalement miscibles). Afin d'étudier le mélange or-cuivre à l'état solide, on s'intéresse à l'équilibre suivant :

$$2\,Cu\,(s) \quad + \quad H_2S\,(g) \quad = \quad Cu_2S\,(s) \quad + \quad H_2\,(g).$$

On n'observe aucun changement d'état dans le domaine de température considéré, c'est-à-dire entre 300 K et 750 K. Quelles que soient les proportions, Cu_2S est un solide pur. Les gaz sont supposés parfaits. On considère en outre que les capacités thermiques ne dépendent pas de la température dans le domaine considéré. On notera $K^\circ(T)$ la constante thermodynamique de cet équilibre à la température T.

1. Montrer que le rapport

$$\frac{p_{H_2}}{p_{H_2S}}$$

est constant à température fixée lorsque les gaz sont à l'équilibre avec les deux solides purs Cu(s) et Cu_2S(s).

2. Calculer l'enthalpie libre standard de réaction à la température 300 K. En déduire $K^\circ(300)$, puis

$$\frac{p_{H_2}}{p_{H_2S}}$$

à l'équilibre. Calculer $K^\circ(750)$ à 750 K, justifier la méthode de calcul utilisée. Que peut-on en conclure quant à l'effet de la température sur l'équilibre étudié ?

On ajoute au mélange de cuivre et de sulfure de cuivre de l'or en poudre fine afin de former un alliage entre le cuivre et l'or et on se replace à température et pression constante ($T = 750$ K). On décrit la composition de l'alliage à l'équilibre par la fraction molaire du cuivre par rapport aux composés métalliques :

$$x = \frac{n_{Cu}}{n_{Cu} + n_{Au}}$$

n_{Cu} et n_{Au} représentant les quantités de matière exprimées en moles du cuivre et de l'or dans l'alliage. On détermine par des mesures chromatographiques en phase gazeuse le rapport

$$\frac{p_{H_2}}{p_{H_2S}}$$

à l'équilibre :

fraction molaire en cuivre x	1,0	0,99	0,98	0,97	0,96	0,80	0,50
$\frac{p_{H_2}}{p_{H_2S}} 10^{-3}$	10,0	9,80	9,60	9,41	9,22	6,40	2,50

On a représenté figure 5.4 la valeur de $\ln\left(\frac{p_{H_2}}{p_{H_2S}}\right)$ en fonction de $\ln x$:

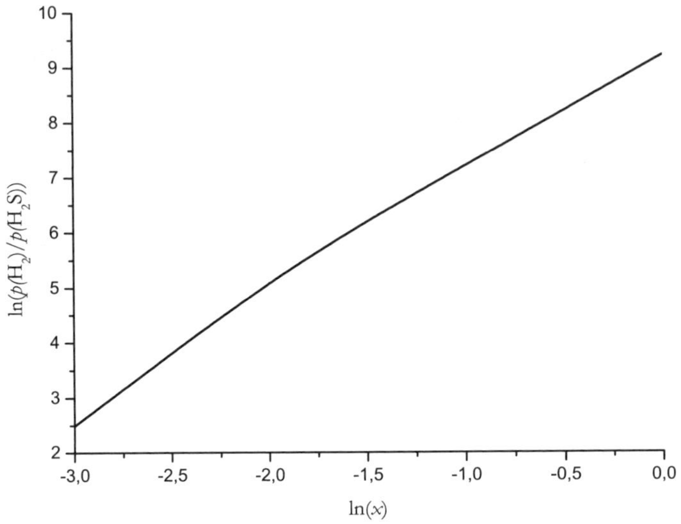

Figure 5.4 – Variation de $\ln\left(\frac{p_{H_2}}{p_{H_2S}}\right)$ en fonction de $\ln(x)$ où x est la fraction molaire en cuivre dans les alliages cuivre/or.

3. Déduire de ce graphe la relation entre

$$\ln\left(\frac{p_{H_2}}{p_{H_2S}}\right) \qquad \text{et} \qquad \ln(x)$$

dans la plage de teneur en cuivre élevée ($\ln x > -1$).

4. Quelle serait l'activité du cuivre si la solution solide Au-Cu était idéale ? Montrer que le résultat de la question 3 est compatible avec cette hypothèse. On rappelle la relation $\ln y = 2{,}3 \log y$.

On s'intéresse maintenant à la plage de teneur en cuivre pour laquelle la courbe décrivant l'évolution de

$$\ln\left(\frac{p_{H_2}}{p_{H_2S}}\right)$$

en fonction de $\ln x$ n'est plus une droite.

5. Une grandeur permet de mesurer l'écart à l'idéalité : il s'agit du coefficient d'activité γ qui intervient dans la forme adaptée de l'activité du cuivre sous la forme $a_{Cu} = \gamma.x$. Calculer la valeur du logarithme de la grandeur γ au point de coordonnées $\ln x = -2{,}0$; $\ln\left(\frac{p_{H_2}}{p_{H_2S}}\right) = 5{,}1$.

Données :

$T = 300$ K	Cu(s)	H_2S(g)	Cu_2S(s)	H_2(g)
$\Delta_f G^\circ$ (kJ.mol^{-1})		-30	-90	
$\Delta_f H^\circ$ (kJ.mol^{-1})		-20	-80	
C°_{pm} (J.K^{-1}.mol^{-1})	26	36	60	28

$R \ln y = 20 \log y$ (R désigne la constante des gaz parfaits exprimée ici en unité S.I.).

5.8 Réaction chimique et création d'entropie (d'après e3a 2001)

Tous les systèmes réactionnels envisagés dans ce problème sont fermés et en contact avec un thermostat de température $T_0 = 298$ K et un réservoir de pression $p^\circ = 1$ bar.

Dans toutes les transformations considérées, les états initiaux et finaux sont des états d'équilibre physique où le système est à la température T_0 et à la pression $p^\circ = 1$ bar.

Tous les gaz sont supposés parfaits et les mélanges considérés sont tous idéaux.

$R = 8{,}31$ J.K^{-1}.mol^{-1}.

1. Préliminaires

Au cours d'une réaction chimique, le système réactionnel subit une transformation durant laquelle son entropie varie de ΔS, son enthalpie de ΔH et son enthalpie libre de ΔG, et au cours de laquelle il échange un transfert thermique Q avec le thermostat.

On note par ailleurs S_{cr} l'entropie créée au cours du processus, que l'on appelle aussi parfois « création d'entropie», « entropie produite » ou «variation d'entropie de l'Univers ».

1. a. Exprimer S_{cr} en fonction de ΔS, Q et T_0.

Comment s'exprime le deuxième principe de la thermodynamique ?

Indiquer en quoi il s'agit d'un principe d'évolution.

1. b. Démontrer soigneusement que $\Delta H = Q$.

1. c. Exprimer ΔG en fonction de T_0 et S_{cr}. Que peut-on dire du signe de ΔG ?

2. Formation du chlorure d'hydrogène

Le système réactionnel est initialement constitué d'un mélange homogène de $n_0 = 1$ mol de H_2 (g) et 1 mol de Cl_2 (g).

Ces deux gaz peuvent réagir selon la réaction :

$$H_2\,(g) \quad + \quad Cl_2\,(g) \quad = \quad 2\,HCl\,(g) \qquad (1)$$

pour laquelle on donne $\Delta_r H^\circ = -185$ kJ.mol^{-1} et $\Delta_r S^\circ = 20$ J.K^{-1}.mol^{-1}.

2. a. Évaluer numériquement la constante d'équilibre standard $K^\circ_{(1)}$ de la réaction (1) à la température $T = T_0 = 298$ K. Dans toute la suite du problème, on suppose la réaction totale. Commenter.

2. b. Quelle est la variation d'enthalpie ΔH du système réactionnel entre l'état initial et l'état d'équilibre ? Commenter son signe.

On rappelle que pour un mélange d'espèces physico-chimiques indexées par i, contenant une quantité de matière n_i de l'espèce i, l'enthalpie libre s'écrit $G = \sum_i n_i\mu_i$, où μ_i désigne le potentiel chimique de l'espèce i dans le mélange considéré.

2. c. Rappeler sans démonstration l'expression du potentiel chimique μ_i d'un gaz parfait i dans un mélange idéal de gaz parfaits, à la température T, à la pression totale p en fonction de son potentiel chimique standard $\mu_i^\circ(T)$, de sa fraction molaire x_i en phase gazeuse, de la température et de la pression.

2. d. Calculer la variation d'enthalpie libre ΔG du système réactionnel en fonction de n_0, $\Delta_r G^\circ$, R, et T_0. En déduire numériquement l'entropie créée S_{cr}, puis la variation d'entropie ΔS du système.

Comparer la variation d'entropie ΔS à l'entropie créée S_{cr}.

Quelle est la source principale de création d'entropie dans le processus ?

3. Dissociation du tétraoxyde de diazote N_2O_4 (g).

On envisage maintenant la réaction de dissociation :

$$N_2O_4\text{ (g)} \qquad = \qquad 2\,NO_2\text{ (g)} \qquad (2).$$

Le système réactionnel comprend initialement la quantité de matière $n_0 = 1$ mol de tétraoxyde de diazote.

Données :
($T = 298$ K)

Espèces chimiques	N_2O_4 (g)	NO_2 (g)
$\Delta_f H^\circ$ / kJ.mol^{-1}	9,16	33,2
S°_m / J.K^{-1}.mol^{-1}	304	240

3. a. Calculer numériquement l'enthalpie standard de réaction et l'entropie standard de réaction de la réaction (2).

Comparer l'entropie standard de réaction de la réaction (1) à celle de la réaction (2). Interpréter physiquement.

3. b. Calculer la constante d'équilibre standard de la réaction à la température $T_0 = 298$ K.

3. c. Calculer numériquement l'avancement ξ^{eq} de la réaction à l'équilibre. Déterminer les quantités de matière de chaque participant.

3. d. Exprimer la variation d'enthalpie ΔH entre l'état initial et l'état final d'équilibre en fonction de l'avancement ξ^{eq} et de l'enthalpie standard de réaction $\Delta_r H^\circ$. Interpréter physiquement le résultat obtenu.

3. e. Un calcul similaire à celui effectué à la question 2.d. conduit à une entropie créée S_{cr} = 3,1 J.K^{-1}.mol^{-1}. Calculer numériquement ΔS et le comparer à S_{cr}.

Quelle est ici la source principale de création d'entropie ? Comparer le résultat à celui obtenu au 2.d.

5.9 Étude de la solubilité du chlorure de potassium KCl dans l'eau (d'après ENGEES 2002)

1. Solubilité du chlorure de potassium dans l'eau pure

Dans un bain thermostaté réglable, on introduit une solution aqueuse saturée de chlorure de potassium. Après agitation, on laisse décanter et on prélève un échantillon de solution dans lequel on détermine la quantité de chlorure de potassium présente de la manière suivante. Pour chaque température étudiée, on prélève 10 mL de solution qu'on dilue à 1 litre (solution S). On dose alors l'ion chlorure présent dans cette solution par la méthode de MOHR : à 10 mL de la solution S, on ajoute quelques gouttes d'une solution aqueuse de chromate de potassium K_2CrO_4 puis on y verse progressivement à l'aide d'une burette une solution étalon de nitrate d'argent de molarité 0,05 mol.L^{-1} jusqu'à un volume versé V correspondant à une teinte rose persistante dans le bécher.

1. a. Expliquer le principe du dosage de l'ion chlorure par la méthode de MOHR.

1. b. Les résultats obtenus sont consignés dans le tableau ci-dessous :

θ / °C	5	10	20	30	40	50	60
V / mL	7,1	7,4	8,1	8,65	9,05	9,55	10,55

En déduire la valeur de la concentration c (en mol.L^{-1}) du chlorure de potassium dans la solution saturée pour chaque température θ étudiée.

1. c. En déduire le signe de l'enthalpie standard de réaction de dissolution du chlorure de potassium dans l'eau, puis un ordre de grandeur de sa valeur. Justifier pour quelle raison cette détermination n'est qu'approchée.

1. d. Cette enthalpie standard peut également être évaluée par calorimétrie. Dans un calorimètre de capacité thermique Γ = 88 J.K^{-1}, on introduit 5,0 g de chlorure de potassium solide et 200 mL d'eau, l'un et l'autre à la même température. Après dissolution, on mesure un abaissement de température égal à 1,2 °C. En déduire un ordre de grandeur de l'enthalpie standard de dissolution du chlorure de potassium dans l'eau.

1. e. Comparer les deux valeurs obtenues précédemment entre elles, puis à celle calculée à l'aide des valeurs numériques données en annexe.

2. Comparaison de la solubilité du chlorure de potassium et du chlorure de sodium.

2. a. Le chlorure de sodium est beaucoup plus soluble dans l'eau que le chlorure de potassium, environ 400 $g.L^{-1}$ à 20 °C. Interpréter qualitativement ce résultat.

2. b. Calculer à l'aide des valeurs fournies en annexe, l'enthalpie standard de dissolution du chlorure de sodium dans l'eau. En déduire le sens d'évolution de la solubilité du chlorure de sodium dans l'eau en fonction de la température et comparer au résultat obtenu pour le chlorure de potassium.

2. c. En se servant des résultats précédents, déduire qualitativement ce qui se passe *a priori* lorsqu'on refroidit une solution aqueuse concentrée de chlorure de potassium et de chlorure de sodium.

2. d. Montrer qu'avec les approximations usuellement effectuées dans l'étude des phases condensées, les concentrations des ions sodium, potassium et chlorure ne dépendent que de la température lorsque les deux solides sont présents.

2. e. En déduire le moyen d'enrichir en chlorure de potassium un minerai solide contenant à la fois du chlorure de potassium et du chlorure de sodium.

2. f. Pour déterminer la teneur en chlorure de potassium d'un minerai enrichi, on utilise la méthode suivante : on dissout 5 g d'échantillon à analyser dans un litre d'eau, on prélève 10 mL de cette solution et on y ajoute 10 mL d'une solution aqueuse de tétraphénylborate de sodium $NaB(C_6H_5)_4$ à 65 $g.L^{-1}$. Le précipité obtenu est filtré, séché puis pesé.

Expliquer le principe du dosage.

Pour un échantillon de masse égale à 5 g, on a obtenu une masse de précipité m = 0,228 g. En déduire la teneur en chlorure de potassium dans l'échantillon (en g de chlorure de potassium pour 100 g de minerai).

Données :

(T = 298 K)

Espèces chimiques	KCl (s)	NaCl (s)	K^+ (aq)	Na^+ (aq)	Cl^- (aq)
$\Delta_f H^\circ$ / $kJ.mol^{-1}$	− 436,39	− 411,54	− 252,4	−240,1	− 167,2

Capacité thermique molaire de l'eau liquide : 75,47 $J.K^{-1}.mol^{-1}$

Produits de solubilité :

AgCl (blanc) pK_s = 9,8 Ag_2CrO_4 (rouge) pK_s = 12

Éléments	C	H	O	Na	K	Cl	B($Z = 5$)
Masses atomiques molaires (en $g.mol^{-1}$)	12	1	16	23	39,1	35,5	10,8

Chapitre 6

Déplacements d'équilibres

Les réactions chimiques sont souvent mises en œuvre pour élaborer des produits ou matériaux d'utilisation courante. Il est donc important, tant au plan théorique que pratique, de maîtriser les paramètres qui influent sur l'avancement d'une réaction chimique.

Il est important de préciser à la fois la nature des paramètres sur lesquels il est possible d'agir et la méthode générale qui permet de prévoir l'influence de ceux-ci sur la position de l'équilibre étudié.

1. Variance

La distinction qui s'applique en thermodynamique entre variables intensives et variables extensives est toujours valable lors de cette étude. Il est usuel de privilégier les variables (ou paramètres) intensifs car ceux-ci sont toujours indépendants de la taille du système et ont donc un caractère plus universel. L'étude des équilibres chimiques montre que, pour un système donné, l'opérateur n'a qu'un choix limité de paramètres intensifs indépendants.

Dans le cas de l'équilibre liquide/vapeur,

$$H_2O\,(l) \quad = \quad H_2O\,(g)$$

on ne peut pas fixer arbitrairement la température et la pression.

1.1 Définition

On appelle variance d'un système le nombre maximal de paramètres intensifs que l'on peut choisir sans remettre en cause l'existence de l'équilibre thermodynamique du système étudié.

1.2 Règle de GIBBS

Elle permet de calculer rapidement la variance d'un système, mais son utilisation n'est pas indispensable.

Soit un système comportant c constituants chimiques, φ phases et r réactions chimiques indépendantes. L'ensemble du système est à température et pression fixées. L'état intensif du système est connu par la donnée des variables T, p et x_i^k (fraction molaire du constituant i dans la phase k) où i varie de 1 à c et k de 1 à φ. Ce qui fait 2 + $c\varphi$ variables intensives. Elles ne sont pas toutes indépendantes. Nous nous donnons comme objectif de dénombrer ci-dessous le nombre de relations entre paramètres intensifs afin de trouver les grandeurs indépendantes qui peuvent donc être librement choisies.

Il existe φ relations du type $\sum_{i=1}^{i=c} x_i^k = 1$ pour chaque phase, donc chaque valeur de φ.

Pour chaque constituant i, l'équilibre pour le transfert de matière entre phases implique l'égalité des potentiels chimiques de ce constituant dans les différentes phases, soit $c(\varphi - 1)$ relations. Un constituant chimique est donc caractérisé par une formule brute, sans préciser son état physique. Par exemple, l'eau compte pour un constituant chimique, qu'elle soit à l'état solide, liquide ou gazeux.

L'existence de r réactions chimiques se traduit par l'existence de r relations traduisant l'affinité chimique nulle de chacune. D'après la définition choisie pour un constituant chimique, un équilibre de phase ne compte pas pour un équilibre chimique.

Nous en déduisons la variance v :

$$v = c\varphi + 2 - \varphi - c(\varphi - 1) - r = c + 2 - \varphi - r.$$

On définit parfois le nombre de constituants chimiquement indépendants par :

$$c' = c - r$$

et la variance s'écrit :

$$v = c' + 2 - \varphi.$$

Notons que la variance peut se calculer directement, par analyse du système, sans nécessairement faire appel à la règle de GIBBS (voir les exercices résolus).

1.3 Influence des conditions initiales

Le calcul précédent correspond au calcul de la variance dans le cas général. Il existe cependant certaines situations où la façon particulière d'atteindre l'équilibre impose des relations supplémentaires entre paramètres intensifs. Il faut les prendre en compte dans le calcul de la variance réelle du système ainsi préparé.

Exercice résolu

Calculer la variance

- a) Pour la réaction de formation de l'ammoniac dans le cas général avec ou sans l'utilisation de la règle de GIBBS.
- b) Pour la réaction de dissociation de l'ammoniac quand l'état initial est l'ammoniac pur avec ou sans utilisation de la règle de GIBBS.

Réponse

a) Considérons la réaction de formation de l'ammoniac. La réaction étudiée est :

$$3\,H_2\,(g) \quad + \quad N_2\,(g) \qquad = \qquad 2\,NH_3\,(g).$$

Il existe une seule phase : $\varphi = 1$.

Il y a trois constituants chimiques ($c = 3$) et une réaction chimique ($r = 1$). Ce qui donne pour la variance, dans le cas général :

$$v = (3 - 1) + 2 - 1 = 3.$$

Ce résultat peut se retrouver directement de la manière suivante. L'existence de l'équilibre chimique se traduit par le fait que les activités des différents participants à la réaction sont reliées par la constante d'équilibre. Celle-ci s'écrit ici :

$$K_T^\circ = \frac{\overline{p_{NH_3}}^{\,2}}{\overline{p_{H_2}}^{\,3} \cdot \overline{p_{N_2}}}$$

où :

$$\overline{p}_i = \frac{p_i}{p^\circ}.$$

Si on choisit librement les trois pressions partielles p_i, il n'y a plus libre choix de la température car la constante d'équilibre, qui ne dépend que de celle-ci, prend une valeur fixée et la pression totale est la somme des trois pressions partielles : on retrouve bien la variance 3.

b) La condition initiale est de partir de diazote pur. Dans ce cas, quel que soit l'avancement de la réaction, il existe une relation entre pressions partielles :

$$p_{H_2} = 3p_{N_2}$$

qui constitue une relation supplémentaire entre paramètres intensifs.

La variance du système est alors diminuée d'une unité et est égale à :

$$v' = 2$$

Exercice résolu

Calculer la variance du système siège de la réaction chimique où il y a équilibre entre le carbonate de calcium solide d'un part et l'oxyde de calcium solide et le dioxyde de carbone gazeux d'autre part :

- a) dans le cas général ;
- b) dans le cas particulier où l'état initial est le carbonate de calcium.

Réponse

a) La réaction étudiée est :

$$CaCO_3\ (s) \quad = \quad CaO\ (s) \quad + \quad CO_2\ (g).$$

Trois phases coexistent : deux phases solides (les deux solides sont non miscibles) et une phase gazeuse. Les trois espèces chimiques (c = 3) sont liées par une réaction chimique (r = 1). La variance dans le cas général vaut :

$$v' = (3 - 1) + 2 - 3 = 1$$

b) Si l'état initial est le carbonate de calcium solide pur, cela impose l'égalité de la quantité de matière de dioxyde de carbone CO_2 et de la quantité de matière de l'oxyde de calcium CaO quel que soit l'avancement de la réaction. Mais notons que cette relation entre paramètres extensifs n'implique pas, comme c'était le cas dans l'étude précédente, de relation supplémentaire entre paramètres intensifs car les deux produits de la réaction sont dans deux phases distinctes. La variance n'est pas modifiée.

1.4 Conséquences sur l'évolution d'un système chimique

a) Système chimique homogène (une seule phase)

La variance d'un système comportant c constituants chimiques, une seule réaction chimique et une phase s'écrit :

$$v = (c - 1) + 2 - 1 = c.$$

Comme il y a au moins deux participants à une réaction chimique (au moins un réactif et au moins un produit), il est toujours possible de choisir librement la température et la pression, sans remettre en cause l'existence de l'équilibre chimique. Dans le cas où la température et la pression sont fixées par l'opérateur, la fonction qui est minimale à l'équilibre est l'enthalpie libre et son évolution au cours de la réaction chimique est représentée par la courbe de la figure 6.1.

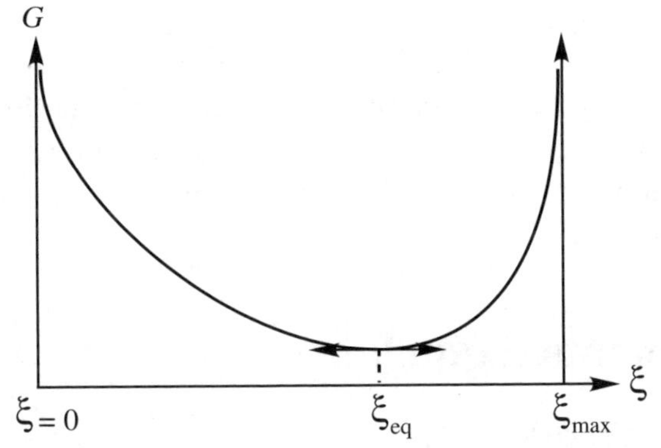

Figure 6.1 – Variation de l'enthalpie libre en fonction de l'avancement d'un système homogène siège d'une réaction chimique et évoluant à pression et température fixées

b) Système hétérogène

Plaçons-nous dans le cas où il existe plusieurs phases. Dans ce cas, la variance peut être inférieure à deux et le choix délibéré de la température et de la pression n'est plus compatible avec l'existence de l'équilibre chimique. Ceci se visualise par une courbe $G = f(\xi)$ de la forme indiquée à la figure 6.2

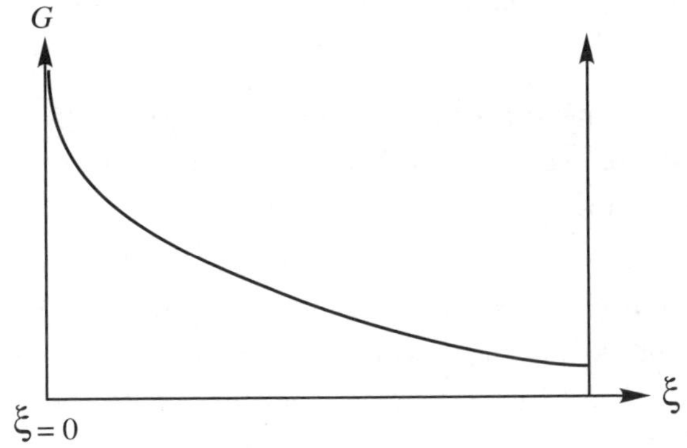

Figure 6.2 – Variation de l'enthalpie libre en fonction de l'avancement d'un système hétérogène siège d'une réaction chimique et évoluant à pression et température fixées

Il n'existe pas de point de la courbe où la dérivée s'annule : le système évolue jusqu'à atteindre le point d'enthalpie libre minimale qui correspond dans ce cas à la disparition totale des réactifs ($\xi = \xi^{\max}$) ou la disparition totale des produits ($\xi = \xi^{\min}$).

C'est le cas de la dissociation du carbonate de calcium avec introduction d'une quantité de matière n_0 qui a lieu dans un récipient de volume fixé, à température fixée : si le volume du récipient dépasse une valeur limite V_ℓ, l'état final du système est de l'oxyde de calcium en présence de dioxyde de carbone, sans carbonate de calcium, il n'y a pas d'équilibre chimique. On parle alors de *rupture d'équilibre chimique.*

2. Déplacements d'équilibre

2.1 Position du problème

Considérons un système qui est à l'équilibre thermodynamique. Perturbons légèrement un paramètre influant sur la position de l'équilibre chimique. La question que l'on cherche à résoudre est de prévoir l'évolution du système après cette faible perturbation.

Les paramètres dont nous étudierons l'effet sur l'équilibre sont :

- la température ;
- la pression ;
- l'introduction dans le système d'une petite quantité de matière d'espèces chimiques participant ou non à la réaction chimique dans des conditions bien précisées.

Initialement, le système est d'affinité chimique nulle ($\mathcal{A} = 0$). Après perturbation et avant évolution, celle-ci devient $\mathrm{d}\mathcal{A}$ qui est *a priori* différente de zéro. Le signe de l'affinité $\mathrm{d}\mathcal{A}$ permet de prévoir l'évolution ultérieure du système.

Avant d'avancer plus, il faut disposer d'une expression de l'affinité chimique qui permet assez facilement de prendre en compte les perturbations évoquées ci-dessus. Comme nous n'envisageons que de faibles perturbations, un calcul différentiel de $\mathrm{d}\mathcal{A}$ faisant apparaître les éléments différentiels $\mathrm{d}T$, $\mathrm{d}p$ et $\mathrm{d}n_i$ sera donc particulièrement adapté à notre étude.

2.2 Expression de l'affinité chimique

Nous repartons de l'expression de l'affinité chimique en fonction des potentiels chimiques :

$$\mathcal{A} = -\sum \nu_i \mu_i = -\sum \nu_i (\mu_i^\circ + RT \ln(a_i))$$

a) Cas des réactions faisant intervenir des gaz et des solides purs

Les participants solides étant purs et en négligeant l'influence de la pression sur leur potentiel chimique, nous avons :

$$\mu_i = \mu_i^\circ(T) \quad \text{et} \quad a_i = 1.$$

Pour les participants gazeux, le potentiel chimique s'écrit :

$$\mu_i = \mu_i^\circ(T) + RT\ln\left(\frac{p_i}{p^\circ}\right) = \mu_i^\circ(T) + RT\ln\left(\frac{n_i}{N_\mathrm{g}^\mathrm{tot}}\frac{p_\mathrm{tot}}{p^\circ}\right)$$

où n_i est la quantité de matière du constituant i et $N_\mathrm{g}^\mathrm{tot}$ la quantité de matière totale gazeuse.

Nous avons donc pour l'expression de l'affinité chimique :

$$\mathcal{A} = -\sum \nu_i\mu_i^\circ - \sum_{\text{gaz}} \nu_i RT\ln\left(\frac{n_i}{N_\mathrm{g}^\mathrm{tot}}\frac{p_\mathrm{tot}}{p^\circ}\right)$$

$$\mathcal{A} = -\Delta_\mathrm{r}G^\circ - \sum_{\text{gaz}} \nu_i RT\ln\left(\frac{p_\mathrm{tot}}{N_\mathrm{g}^\mathrm{tot}p^\circ}\right) - \sum_{\text{gaz}} RT\ln(n_i^{\nu_i})$$

soit, en utilisant la relation entre enthalpie libre standard de réaction et constante d'équilibre et en posant :

$$\Delta\nu_\mathrm{g} = \sum_{\text{gaz}} \nu_i$$

$$\mathcal{A} = RT\ln K_T^\circ - RT\Delta\nu_\mathrm{g}\ln\left(\frac{p_\mathrm{tot}}{N_\mathrm{g}^\mathrm{tot}p^\circ}\right) - \sum_{\text{gaz}} RT\ln(n_i^{\nu_i})$$

b) Cas des réactions faisant intervenir un solvant, des solutés et des solides purs

Il faut recenser les descriptions utilisées pour les différents participants :

- les solides sont traités comme au 2.2.a) ;
- le solvant est d'activité 1 ;
- les solutés sont décrits avec la référence soluté infiniment dilué et l'échelle des concentrations volumiques :

$$a_i = \frac{n_i}{V c_\mathrm{ref}}$$

où V est le volume de la solution et c_{ref} la concentration de référence ($c_{\text{ref}} = 1$ mol.L^{-1})

L'affinité chimique s'écrit :

$$\mathcal{A} = RT\ln(K_T^\circ) + \left(\sum_{\text{solutés}} \nu_i\right) RT\ln(Vc_{\text{ref}}) - \sum_{\text{solutés}} RT\ln(n_i^{\nu_i})$$

2.3 Influence de la température

Le seul paramètre sur lequel on agit est la température : la pression totale n'est pas perturbée et il n'y a pas introduction de matière. Si on divise par la température les expressions obtenues pour l'affinité chimique, nous obtenons dans chaque cas la somme de trois termes dont seul le premier dépend de la température (on néglige ici, dans le cas des réactions avec solutés et solvants, la variation éventuelle du volume qui dépend de la température).

$$\mathrm{d}\left(\frac{\mathcal{A}}{T}\right) = R\mathrm{d}(\ln(K_T^\circ)) = \frac{\mathrm{d}\mathcal{A}}{T} - \frac{\mathcal{A}\,\mathrm{d}T}{T^2}.$$

Or l'état initial est un état d'équilibre, donc $\mathcal{A} = 0$. D'autre part, en tenant compte de la relation de VAN'T HOFF :

$$\frac{\mathrm{d}\ln(K_T^\circ)}{\mathrm{d}T} = \frac{\Delta_\mathrm{r}H^\circ}{RT^2}$$

nous obtenons :

$$\mathrm{d}\left(\frac{\mathcal{A}}{T}\right) = \frac{\mathrm{d}\mathcal{A}}{T} = \frac{\Delta_\mathrm{r}H^\circ}{RT^2}\,\mathrm{d}T$$

soit :

$$\frac{\mathrm{d}\mathcal{A}}{\mathrm{d}T} = \frac{\Delta_\mathrm{r}H^\circ}{RT}$$

Conclusions :

- si $\mathrm{d}T$ est positif (augmentation de température) et si $\Delta_\mathrm{r}H^\circ$ est positif (réaction endothermique), l'affinité chimique $\mathrm{d}\mathcal{A}$ est aussi positive et le système se déplace dans le sens $\longrightarrow$;
- si $\mathrm{d}T$ est positif (augmentation de température) et si $\Delta_\mathrm{r}H^\circ$ est négatif (réaction exothermique), l'affinité chimique $\mathrm{d}\mathcal{A}$ est aussi négative et le système se déplace dans le sens $\longleftarrow$.

Autrement dit, une augmentation de température se traduit par un déplacement de la réaction dans le sens endothermique. Ce comportement suit la loi de modération de LE CHÂTELIER : un système soumis à une perturbation réagit de façon à minimiser cette perturbation. Ce comportement est assez général, et se rencontre dans d'autres domaines de la Physique (par exemple la loi de LENZ en induction électromagnétique) et de la Chimie et traduit la stabilité du système. Pour faire croître la température, on apporte au système un transfert thermique. En présence d'une réaction chimique, la réaction se déplace dans le sens endothermique de façon que le transfert thermique ne se traduise pas seulement par une augmentation de température.

Le raisonnement est symétrique pour une diminution de la température (évolution dans le sens exothermique).

2.4 Influence de la pression pour des réactions gaz/solide

Seule la pression totale est perturbée :

$$\mathrm{d}p_{\text{tot}} \neq 0$$

tandis que les autres paramètres température et quantité de matière ne sont pas modifiés.

Nous avons :

$$\mathrm{d}\mathcal{A} = -RT\Delta\nu_{\mathrm{g}}\,\mathrm{d}\left(\ln\left(\frac{p_{\text{tot}}}{N_{\mathrm{g}}^{\text{tot}}p^{\circ}}\right)\right) = -RT\Delta\nu_{\mathrm{g}}\frac{dp_{\text{tot}}}{p_{\text{tot}}}.$$

Le signe de $\mathrm{d}\mathcal{A}$ est celui de $-\Delta\nu_{\mathrm{g}}\ \mathrm{d}p_{\text{tot}}$

$\Delta\nu_{\mathrm{g}} > 0$ signifie que la réaction se déroule avec augmentation de la quantité de matière gazeuse. Dans ce cas une augmentation de pression ($\mathrm{d}p > 0$) se traduit par une affinité chimique négative et une évolution dans le sens $\longleftarrow$ avec diminution de la quantité de matière gazeuse.

Ici aussi le principe de modération de LE CHÂTELIER est suivi. L'action de l'opérateur qui cherche à faire croître la pression est de diminuer le volume du système. Pour limiter l'augmentation de pression qui serait observée s'il n'y avait pas de réaction chimique possible, la réaction se déplace de façon à faire disparaître de la quantité de matière gazeuse.

2.5 Influence de la dilution des réactions faisant intervenir un solvant, des solutés et des solides purs

La température est maintenue constante et il n'y a pas d'introduction de matière. Le seul terme responsable de la variation de l'affinité chimique est

$$(\sum_{\text{solutés}} \nu_i)RT\ln(Vc_{\text{ref}}).$$

En posant $\Delta\nu_{\text{sol.}} = \sum_{\text{solutés}} \nu_i$, nous avons :

$$\mathrm{d}\mathcal{A} = RT\Delta\nu_{\text{sol.}}\frac{\mathrm{d}V}{V}.$$

Le signe de $\mathrm{d}\mathcal{A}$ est donc celui de $\Delta\nu_{\text{sol.}}\ \mathrm{d}V$.

$\Delta\nu_{\text{sol.}} > 0$ signifie que la réaction se déroule avec augmentation de quantité de matière de solutés. Dans ce cas une augmentation du volume se traduit par une affinité chimique positive et le système évolue dans le sens $\longrightarrow$. Il s'agit encore d'un principe de modération : le système lutte ici contre la dilution du soluté.

2.6 Introduction de constituants chimiques

Les systèmes étudiés sont les systèmes gaz/solides. Il faut, dans cette partie très clairement préciser les conditions d'addition des constituants. Les deux façons pratiques sont soit des introductions à température et volume fixés, soit à température et pression fixées. D'autre part, les constituants sont soit actifs (ils participent à la réaction chimique), soit inertes (ils ne participent pas à la réaction chimique).

a) Introduction d'un constituant inerte

➤ Solide pur dans sa phase

Le potentiel chimique n'est pas modifié, l'activité est toujours égale à 1 et l'affinité chimique est inchangée ($\mathcal{A} = 0$). L'équilibre chimique ne se déplace pas.

➤ Gaz introduit à température et volume fixés

Cela modifie la valeur de $N_{\text{g}}^{\text{tot}}$. Le mélange gazeux est traité comme un mélange parfait de gaz parfaits. Nous avons donc :

$$p_{\text{tot}}V = N_{\text{g}}^{\text{tot}}RT$$

et donc :

$$\frac{p_{\text{tot}}}{N_{\text{g}}^{\text{tot}}} = \frac{RT}{V}.$$

La différentielle de l'affinité chimique s'écrit :

$$\mathrm{d}\mathcal{A} = -RT\Delta\nu_{\text{g}}\,\mathrm{d}\left(\ln\left(\frac{p_{\text{tot}}}{N_{\text{g}}^{\text{tot}}p^\circ}\right)\right) = -RT\Delta\nu_{\text{g}}\,\mathrm{d}\left(\ln\left(\frac{RT}{p^\circ V}\right)\right) = 0$$

car la température et le volume sont fixés.

Une autre façon de résoudre le problème est de remarquer que les activités des participants sont soit égales à un pour les solides purs, soit égales au rapport des pressions partielles à la pression de référence pour les gaz. L'introduction d'un constituant gazeux inerte à volume et température constants ne modifie pas les pressions partielles des autres constituants. En conséquence le système n'est pas perturbé.

➤ Gaz introduit à température et pression constantes

La différentielle de l'affinité chimique s'écrit :

$$\mathrm{d}\mathcal{A} = RT\Delta\nu_{\mathrm{g}}\mathrm{d}\ln(N_{\mathrm{g}}^{\mathrm{tot}}) = RT\Delta\nu_{\mathrm{g}}\frac{\mathrm{d}N_{\mathrm{g}}^{\mathrm{tot}}}{N_{\mathrm{g}}^{\mathrm{tot}}}.$$

L'affinité chimique est donc du signe de $\Delta\nu_{\mathrm{g}}\ \mathrm{d}N_{\mathrm{g}}^{\mathrm{tot}}$ avec $\mathrm{d}N_{\mathrm{g}}^{\mathrm{tot}} > 0$ car il s'agit d'introduction de matière, donc du signe de $\Delta\nu_{\mathrm{g}}$.

L'évolution du système est donc :

- si $\Delta\nu_{\mathrm{g}} > 0$, l'affinité chimique est positive et le système se déplace dans le sens $\longrightarrow$;
- si $\Delta\nu_{\mathrm{g}} < 0$, l'affinité chimique est négative et le système se déplace dans le sens $\longleftarrow$.

b) Introduction d'un constituant actif

➤ Solide pur

L'activité du solide est égale à un, indépendamment de la quantité de matière présente dans la phase. L'introduction d'un participant actif solide pur ne modifie pas la position de l'équilibre.

➤ Constituant gazeux introduit à température et volume fixés

Considérons l'influence de cette opération sur l'affinité chimique du système perturbé. Le terme $RT\ln(K_T^\circ)$ n'est pas perturbé car la température est fixée.

De façon identique à ce qui a été fait au 2.6.a. :

$$\frac{p_{\mathrm{tot}}}{N_{\mathrm{g}}^{\mathrm{tot}}} = \frac{RT}{V}$$

est donc constant car température et volume sont fixés.

Ainsi, le terme :

$$-RT\Delta\nu_{\mathrm{g}}\ln\left(\frac{p_{\mathrm{tot}}}{N_{\mathrm{g}}^{\mathrm{tot}}p^\circ}\right)$$

n'est pas perturbé.

La seule contribution non nulle est due au terme $RT\ln(n_i^{\nu_i})$ dont la contribution à la différentielle de l'affinité chimique est :

$$\mathrm{d}\mathcal{A} = -RT\nu_i\frac{\mathrm{d}n_i}{n_i}.$$

Ici, $\mathrm{d}n_i$ est positif (addition du constituant) et donc le signe de $\mathrm{d}\mathcal{A}$ est celui de $-\nu_i$:

- si i est un réactif, ν_i est négatif et l'affinité chimique après introduction de i est positive : le système se déplace dans le sens $\longrightarrow$;
- si i est un produit, ν_i est positif et l'affinité chimique après introduction de i est négative : le système se déplace dans le sens $\longleftarrow$.

Nous retrouvons l'idée générale de modération : le système perturbé réagit de façon à consommer le réactif introduit. Nous verrons dans ce qui suit que cette idée est loin d'être évidente et doit être clarifiée.

➤ Constituant gazeux introduit à température et pression fixées

L'affinité chimique élémentaire est désormais somme de deux contributions :

$$\mathrm{d}\mathcal{A} = RT\Delta\nu_{\mathrm{g}}\frac{\mathrm{d}N_{\mathrm{g}}^{\mathrm{tot}}}{N_{\mathrm{g}}^{\mathrm{tot}}} - RT\nu_i\frac{\mathrm{d}n_i}{n_i}.$$

La seule cause de variation de l'affinité est l'addition du constituant i. Nous avons donc :

$$\mathrm{d}N_{\mathrm{g}}^{\mathrm{tot}} = \mathrm{d}n_i.$$

Exprimons $N_{\mathrm{g}}^{\mathrm{tot}}$ en fonction de n_i en introduisant la fraction molaire du constituant i en phase gazeuse :

$$n_i = x_i^{\mathrm{g}} N_{\mathrm{g}}^{\mathrm{tot}}$$

soit :

$$x_i^{\mathrm{g}} = \frac{n_i}{N_{\mathrm{g}}^{\mathrm{tot}}}.$$

L'affinité chimique s'écrit :

$$\mathrm{d}\mathcal{A} = RT\left(\Delta\nu_{\mathrm{g}}\frac{\mathrm{d}N_{\mathrm{g}}^{\mathrm{tot}}}{N_{\mathrm{g}}^{\mathrm{tot}}} - \nu_i\frac{\mathrm{d}n_i}{n_i}\right) = RT\left(\frac{\Delta\nu_{\mathrm{g}}}{N_{\mathrm{g}}^{\mathrm{tot}}} - \frac{\nu_i}{n_i}\right)\mathrm{d}n_i$$
$$= RT\left(\Delta\nu_{\mathrm{g}}\, x_i^{\mathrm{g}} - \nu_i\right)\frac{\mathrm{d}n_i}{n_i}.$$

L'affinité chimique du système après perturbation (introduction de i, donc $\mathrm{d}n_i > 0$) est donc du signe de $(\Delta\nu_{\mathrm{g}}\, x_i^{\mathrm{g}} - \nu_i)$:

- si $(\Delta\nu_{\mathrm{g}}\, x_i^{\mathrm{g}} - \nu_i) > 0$, l'introduction du constituant i se traduit par une affinité chimique positive, donc un déplacement dans le sens $\longrightarrow$;

- si $(\Delta\nu_g\, x_i^g - \nu_i) < 0$, l'introduction du constituant i se traduit par une affinité chimique négative, donc un déplacement dans le sens $\longleftarrow$.

Dans la situation étudiée, l'effet de l'introduction d'un constituant n'est pas facilement prévisible ; un calcul précis s'impose. Cette relative complexité s'explique par deux contributions à l'affinité chimique. La différentielle de l'affinité chimique est ici la somme de deux termes qui peuvent être de signe contraire : $\Delta\nu_g$ et ν_i sont de signe quelconque. Il est intéressant de donner une signification la plus claire possible à l'origine de ces deux contributions :

- le terme $-\ RT\nu_i \dfrac{dn_i}{n_i}$ est attribué à un effet « chimique » qui tend à déplacer le système dans le sens de la consommation du constituant introduit ;
- le terme $RT\Delta\nu_g \dfrac{d\,N_g^{tot}}{N_g^{tot}}$ est attribué à un effet « physique » qui tend à s'opposer à la dilution du milieu réactionnel lors de l'introduction d'un constituant gazeux (actif ou inerte).

Ainsi, lors de l'addition d'un constituant gazeux, l'effet de cette opération sur l'évolution ultérieure du système peut dépendre de la composition du mélange initial par la valeur du terme x_i^g.

Exercice résolu : Étude de la synthèse de l'ammoniac

Cette réaction présente un intérêt industriel et permet d'illustrer dans un cas précis l'étude précédente.

La réaction étudiée est :

$$\frac{1}{2}\,N_2\,(g) \quad + \quad \frac{3}{2}\,H_2\,(g) \qquad = \qquad NH_3\,(g).$$

La réaction se déroule en phase gazeuse et :

$$\Delta\nu_g \;=\; 1 - \frac{1}{2} - \frac{3}{2} \;=\; -\,1.$$

Étudier l'effet de l'introduction des différents participants à la réaction chimique sur la position de l'équilibre dans des conditions isobares et isothermes.

Réponse

a) Introduction du produit NH_3

Nous avons $\nu_{NH_3} = 1$ et donc :

$$\Delta\nu_g x_{NH_3}^g \;-\; \nu_{NH_3} \;=\; -\,1 \;-\; x_{NH_3}.$$

Comme une fraction molaire est comprise entre 0 et 1, nous avons :

$$\Delta\nu_g x_{NH_3}^g \;-\; \nu_{NH_3} \;<\; 0.$$

Donc quelles que soient les conditions initiales, c'est-à-dire la composition du mélange que l'on soumet à perturbation, l'affinité chimique est négative et donc l'ajout d'ammoniac se traduit par le déplacement du système vers la gauche, c'est-à-dire dans le sens de la disparition d'ammoniac (constituant introduit).

b) Introduction du réactif H_2

Nous avons $\nu_{H_2} = -\frac{3}{2}$ et donc :

$$\Delta\nu_g x^g_{H_2} - \nu_{H_2} = \frac{3}{2} - x_{H_2}$$

et donc :

$$\Delta\nu_g x^g_{H_2} - \nu_{H_2} > 0.$$

Donc quelles que soient les conditions initiales, l'ajout de dihydrogène se traduit par le déplacement du système vers la droite, c'est-à-dire dans le sens de formation d'ammoniac (disparition du constituant introduit).

c) Introduction du réactif N_2

Nous avons $\nu_{N_2} = -\frac{1}{2}$ et donc :

$$\Delta\nu_g x^g_{N_2} - \nu_{N_2} = \frac{1}{2} - x_{N_2}.$$

Il apparaît ici, que selon la composition du mélange initial, le signe de l'affinité chimique change :

- si $\frac{1}{2} - x_{N_2} > 0$, c'est-à-dire $x_{N_2} < \frac{1}{2}$, alors l'affinité chimique est positive et l'ajout de diazote se traduit par le déplacement du système vers la formation d'ammoniac : il y a disparition du participant introduit, dans ce cas l'effet chimique l'emporte ;
- si $\frac{1}{2} - x_{N_2} < 0$, c'est-à-dire $x_{N_2} > \frac{1}{2}$, alors l'affinité chimique est négative et l'ajout de diazote se traduit par le déplacement du système vers la formation de diazote : il y a apparition du participant introduit.

Ceci peut sembler en contradiction avec un principe de modération. La contradiction apparente s'explique par l'effet de dilution. Ajouter un constituant revient, à pression constante, à diluer le système. Celui-ci réagit de façon à lutter contre la dilution, c'est-à-dire en se déplaçant dans le sens de la création de quantité de matière gazeuse. Ici, l'effet « physique » (lutte contre la dilution) et l'effet « chimique » (disparition du constituant introduit) sont antagonistes et il est possible de trouver des conditions initiales ou l'un ou l'autre des deux phénomènes l'emporte.

En conclusion, chaque fois que l'on ajoute un constituant gazeux qui participe au membre où la somme des nombres stœchiométriques de matière gazeuse est le plus grand, il peut exister éventuellement des conditions initiales qui déplaceront le système dans le sens de formation de ce constituant.

Déplacement d'équilibre et plongée sous-marine

Il existe plusieurs types de mélanges gazeux permettant la plongée sous-marine. L'utilisation de bouteilles d'air comprimé peut comporter un certain nombre d'inconvénients auxquels les plongeurs doivent être sensibilisés. La présence de diazote provoque à fortes pressions des modifications physiologiques importantes.

Le sang en présence de diazote gazeux (poumons) est le siège d'un équilibre entre une forme dissoute et une forme gazeuse (rappelons que la loi de HENRY impose que la fraction molaire en diazote dissous est proportionnelle à la pression partielle en diazote gazeux). Cet équilibre est appelé équilibre de saturation du sang, il est noté :

$$N_2\,(g) \qquad = \qquad N_2\,(\text{dissous})$$

La plongée à des profondeurs importantes provoque une augmentation significative de la pression subie et donc un déplacement de la position de l'équilibre de saturation. Le problème lié au déplacement de l'équilibre est un passage excessif de diazote dans le sang, provoquant un dérèglement physiologique appelé narcose au diazote ou encore ivresse des profondeurs (la vitesse de chargement du sang en diazote est de l'ordre de 3 à 5 minutes, et de 180 minutes pour le cerveau). Les symptômes ressentis par le plongeur apparaissent en général aux alentours d'une profondeur de 30 mètres et deviennent inévitables à partir d'une profondeur de 70 mètres. L'influx nerveux est ralenti, le plongeur est victime d'engourdissements, lassitude et diminution des capacités intellectuelles. Il perd alors ses notions d'orientation (il n'identifie plus le fond et la surface) et son état peut même le conduire à arracher son masque.

Un deuxième problème est rencontré au cours du processus de remontée à la surface car la brusque diminution de pression a pour conséquence une massive formation de diazote gazeux, c'est l'accident de décompression : les bulles de diazote formées obstruent les vaisseaux et compriment les tissus vitaux. Pour éviter pareil accident (pouvant aller jusqu'à provoquer la mort de l'individu) il convient de limiter la vitesse de remontée (on ne doit jamais excéder 15 mètres par minute). Par ailleurs si le temps de séjour en profondeur a permis d'accumuler une quantité importante de diazote dans le sang, il faudra remonter en ménageant un certain temps à une même profondeur (on parle de palier de décompression), ce temps permet aux poumons d'évacuer le diazote gazeux formé. Le nombre de paliers, ainsi que leur durée sont tabulés ; ceci est enseigné dans les écoles de plongée.

Afin d'éviter la problème lié à la présence de diazote et à l'équilibre de saturation, il est possible d'utiliser le mélange dioxygène-hélium comme gaz de plongée. En effet la solubilité de l'hélium dans le sang se révèle faible et l'équilibre alors rencontré est faiblement en faveur de la forme hélium dissoute. L'inconvénient lié à l'utilisation de l'hélium est d'une autre nature : l'hélium déforme la voix et les propos deviennent incompréhensibles au-dessous d'une certaine profondeur. Ce phénomène est lié au fait que le timbre de la voix dépend de la masse volumique du gaz au voisinage des cordes vocales : plus la masse volumique est faible, plus le timbre est aigu. L'hélium, de par sa faible masse molaire, possède une faible masse volumique engendrant le phénomène.

EXERCICES

6.1 Équilibre de Boudouard

Un haut fourneau, destiné à l'élaboration industrielle de la fonte, est constamment alimenté en carbone. Celui-ci est en excès, et l'état d'équilibre final du système dans lequel le carbone est oxydé par l'oxygène moléculaire est décrit par l'équilibre de Boudouard :

$$\mathrm{C\,(gr.)} \quad + \quad \mathrm{CO_2(g)} \quad = \quad \mathrm{2\,CO\,(g)}$$

1. Calculer la variance d'un système où seul l'équilibre de Boudouard existe.

2. La température et la pression étant fixées, combien de degrés de liberté intensifs le système conserve-t-il ?

3. Dans quel sens une diminution isotherme de la pression déplace-t-elle l'équilibre ?

4. Un refroidissement isobare déplace aussi l'équilibre : dans quel sens ?

5. Exprimer de façon littérale la constante d'équilibre en fonction de la fraction molaire du monoxyde de carbone et en fonction de la pression totale.

Données : $\Delta_r H^\circ_{298} = 172{,}6$ kJ.mol^{-1}

6.2 Préparation du mercure

Le mercure se prépare exclusivement à partir du sulfure de mercure (II) HgS par grillage à l'air vers 700 °C, sous pression atmosphérique :

$$\mathrm{HgS\,(g)} \quad + \quad \mathrm{O_2(g)} \quad = \quad \mathrm{Hg\,(g)} \quad + \quad \mathrm{SO_2(g)}$$

1. Calculer la variance du système.

2. En prenant un mélange initial constitué d'une mole de sulfure de mercure (II) et de 5 moles d'air, déterminer le taux de conversion du sulfure de mercure (II) à T = 700 °C sous p = 1 bar.

3. Quel serait l'effet d'un ajout de dioxygène sur la position de l'équilibre ? On justifiera la réponse par la variation instantanée d'affinité chimique, l'ajout se faisant à température et pression constante.

Données :

- composition de l'air : 20 % en dioxygène et 80 % en diazote ;
- $\Delta_r G^\circ_{973} = -\ 309$ kJ.mol^{-1}.

6.3 Déplacements d'équilibre

Dans cet exercice, on n'utilisera pas les lois de modération concernant les déplacements d'équilibres. Soit $K^\circ(T)$ la constante d'équilibre standard de la réaction :

$$2\,NO_2(g) \quad = \quad N_2O_4(g).$$

On étudie un système fermé contenant NO_2 (g) (constituant 1), N_2O_4 (g) (constituant 2) et éventuellement de l'hélium gazeux (constituant 3).

1. Écrire la loi d'action des masses en fonction de la constante $K^\circ(T)$, de la pression totale p, et des quantités de matière à l'équilibre n_1, n_2, et n_3.

2. Donner l'expression de l'affinité chimique de la réaction chimique en fonction de T, $K^\circ(T)$ et de Q quotient de la réaction.

3. À partir d'un état d'équilibre Σ à la température T et à la pression p établi entre l'oxyde de diazote NO_2 (g) et le tétraoxyde de diazote N_2O_4 (g) gazeux, on augmente la pression à température constante, en supposant que la composition du système est inchangée. On obtient un état fictif bloqué Σ' qui n'est pas, *a priori*, un état d'équilibre. Le système va donc évoluer vers un état d'équilibre Σ'' par déplacement de la réaction.

Montrer que, dans le cas présent (augmentation de pression), la réaction se produit de la gauche vers la droite ($d\xi > 0$). On pourra raisonner sur l'expression obtenue à la question précédente.

4. À partir de l'état Σ, on introduit de l'hélium en maintenant la pression et la température constantes. Déterminer le sens de déplacement de la réaction.

5. Même question lorsque, à partir de l'état Σ, on introduit du dioxyde d'azote à température et pression constantes.

6.4 Effet de la température sur la solubilité de l'hydroxyapatite (d'après Mines-Ponts MP 1998)

L'hydroxyapatite de formule chimique $Ca_5(PO_4)_3OH$ se solubilise dans l'eau selon la réaction :

$$Ca_5(PO_4)_3OH\,(s) + 3\,H_2O\,(l) \quad = \quad 5\,Ca^{2+}\,(aq) + 3\,HPO_4^{2-}\,(aq) + 4\,OH^-\,(aq)$$

1. Exprimer la constante d'équilibre standard (produit de solubilité) en fonction des activités à l'équilibre des différents participants.

2. L'évolution du produit de solubilité de l'hydroxyapatite avec la température absolue T est donnée par la relation :

$$\log_{10}(K_s^\circ) = -\,1{,}66 - \frac{8410}{T} - 0{,}1.T.$$

Montrer qu'il existe une température critique au-dessous de laquelle la dissolution est endothermique et au-dessus de laquelle la dissolution est exothermique. Déterminer cette température critique.

3. La synthèse de l'hydroxyapatite s'effectue en mélangeant une solution de nitrate de calcium $Ca(NO_3)_2$ avec une solution d'hydrogénophosphate de diammonium $(NH_4)_2HPO_4$. Pour favoriser la synthèse, est-il préférable de travailler à basse ou haute température ? Justifier votre réponse.

6.5 Synthèse du méthanol

Le méthanol peut être préparé par action du dihydrogène sur le monoxyde de carbone selon :

$$CO\,(g) \quad + \quad 2\,H_2\,(g) \quad = \quad CH_3OH\,(g)$$

1. On part d'un état d'équilibre caractérisé par la température T, le pression totale p et les quantités de matière n_i^{eq} de chaque participant i. Étudier l'effet de l'introduction d'une quantité de matière dn_i à température et pression constantes sur la position de l'équilibre.

2. Le mélange initial est constitué de 1 mol de dihydrogène et a mol de monoxyde de carbone. Quelle est la valeur numérique du paramètre a qui permet d'obtenir, à l'équilibre, une fraction molaire maximale en méthanol ?

3. Reprendre l'étude de la question 2. en recherchant la valeur du paramètre a qui permet d'avoir l'avancement maximum.

6.6 Transformation de l'uranite en hexafluorure d'uranium (d'après ENSAIT A, 1998)

On étudie l'équilibre hétérogène suivant à la température T = 1 000 K :

$$UO_2\,(s) \quad + \quad 4\,HF\,(g) \quad = \quad UF_4\,(s) \quad + \quad 2\,H_2O\,(g)$$

À cette température, la constante d'équilibre standard de cet équilibre vaut K°_{1000} = 900. UO_2 et UF_4 sont deux solides non miscibles.

1. Calculer, dans le cas général, la variance du système à l'équilibre.

2.1. Dans un système fermé à température constante, quelle est l'influence d'une augmentation de pression sur l'équilibre envisagé ? Justifier la réponse.

2.2. Dans un système fermé à pression constante, quelle est l'influence d'une augmentation de température sur l'équilibre envisagé ? Justifier la réponse.

3.1. On mélange, à 1 000 K, sous une pression maintenue constante et égale à 1 bar, 1 mole de fluorure d'hydrogène HF et 1 mole de dioxyde d'uranium UO_2. Déterminer la composition finale du système lorsque l'équilibre chimique est atteint.

3.2. Quelle est la composition du système lorsque, dans les mêmes conditions, on mélange 1 mole de fluorure d'hydrogène HF et 0,1 mole de dioxyde d'uranium UO_2 ?

4.1. Déterminer comment évolue le système lorsqu'on ajoute au mélange du 3.1. une mole d'une constituant inerte gazeux (la température et la pression sont maintenues constantes).

4.2. Déterminer comment évolue le système lorsqu'on ajoute au mélange du 3.1. une mole de fluorure d'hydrogène HF gazeux (la température et la pression sont maintenues constantes).

Données :

Espèces chimiques	UO_2	UF_4	HF (g)	H_2O (g)
$\Delta_f H^\circ_{1000}$ / kJ.mol^{-1}	– 1085	– 1921	–271	– 242

PROBLÈMES

6.1 Production du dihydrogène par reformage (d'après ENSAIT 2001)

Pour éviter de stocker le dihydrogène, on peut équiper une pile à combustible d'un organe appelé reformeur dans lequel le dihydrogène est produit à partir d'un hydrocarbure. Dans le cas de la pile installée par EDF en Seine-et-Marne, le dihydrogène est obtenu par reformage d'un gaz naturel ; l'équation-bilan de la réaction mise en jeu est :

$$CH_4\,(g) \quad + \quad H_2O\,(g) \quad = \quad CO\,(g) \quad + \quad 3\;H_2\,(g)$$

1. Dans le cas général, calculer la variance de cet équilibre. Que devient-elle si l'on part d'un mélange équimolaire en méthane et en eau ? Justifier et commenter la réponse.

2. Calculer à 298 K les grandeurs standard de réaction $\Delta_r H^\circ$ et $\Delta_r G^\circ$ associées à l'équilibre. Calculer la constante d'équilibre à la même température.

3. Étudier l'influence d'une augmentation de température à pression constante ainsi que l'augmentation de pression à température constante sur le rendement en dihydrogène.

La réaction est réalisée en présence d'un catalyseur à base de nickel, à la température $T = 1\ 073$ K et sous la pression totale $p_1 = 1$ bar.

4. Calculer la valeur de la constante d'équilibre à $T = 1\ 073$ K. Calculer les pressions partielles des différents gaz sachant que l'on part d'un mélange équimolaire en méthane et en eau.

5. On modifie l'état d'équilibre obtenu précédemment par ajout à température et pression constantes d'une petite quantité d'eau $\mathrm{d}n_{H_2O}$. En exprimant $\mathrm{d}\mathcal{A}$ ($\mathcal{A}$ affinité chimique), déduire dans quel sens l'équilibre est déplacé.

Données :

	CO(g)	H_2(g)	H_2O(g)	CH_4(g)
$\Delta_f G^\circ$ (kJ.mol^{-1})	$-137,2$	0	$-228,6$	$-50,3$
$\Delta_f H^\circ$ (kJ.mol^{-1})	$-110,5$	0	$-241,8$	$-74,4$

$R = 8,31$ J.K^{-1}.mol^{-1}.

6.2 Hydrates de sel (Mines-Ponts MP 2003)

L'équilibre entre la forme anhydre (S), une forme hydratée $(S, n\mathrm{H_2O})$ d'un sel solide et la vapeur d'eau s'écrit :

$$S{,}nH_2O \quad = \quad n\,H_2O\,(g) \quad + \quad S\,(s)$$

Soit ε la quantité moyenne d'eau fixée (exprimée en moles), à l'état solide, par mole de S (par exemple $\varepsilon = n$ pour l'hydrate $S{,}nH_2O$(s) pur). Cette grandeur permet de caractériser globalement le système mais on rencontre, selon la nature de sel S, deux situations très différentes :

- certains sels forment des solides, de composition fixée $S{,}nH_2O$ (appelés composés définis) : une valeur de ε strictement comprise entre 0 et n correspondra donc à un mélange de deux solides totalement non miscibles S et $S{,}nH_2O$;
- d'autres sels forment des solutions solides dont la composition varie continûment de S à $S{,}nH_2O$. Dans ce cas, il n'y a qu'un solide de composition $S{,}\varepsilon H_2O$, ε pouvant varier de 0 à n.

Nous allons chercher à déterminer dans quelle catégorie se situe le sulfate de cadmium $CdSO_4$.

Étude isotherme

1. Proposer un dispositif expérimental permettant de mesurer ε en fonction de la pression partielle de vapeur d'eau p_{H_2O}, à l'équilibre et à température constante.

2. Définir la variance, fournir une relation permettant de la calculer. Calculer la variance si l'on suppose que coexistent les deux phases solides S et $S{,}nH_2O$ à l'équilibre. Que peut-on en conclure si la température est imposée ?

3. Répondre aux mêmes questions si l'on suppose qu'il n'existe qu'une seule phase solide $S{,}\varepsilon H_2O$.

La courbe expérimentale obtenue pour $T = 165\ °C$ est représentée figure 6.3.

4. À partir de cette courbe, déterminer à quel type de système (parmi les deux évoqués en introduction) appartient le sulfate de cadmium. Indiquer quelles sont les phases en présence pour $p_{H_2O} < 0{,}072$ bar, pour $p_{H_2O} = 0{,}072$ bar et pour $p_{H_2O} > 0{,}072$ bar. Justifier l'allure de la courbe décrivant l'évolution de ε avec p_{H_2O}.

Étude isobare

On considère maintenant une expérience où on fait varier la température à pression de vapeur d'eau constante (égale à $0{,}072$ bar). La température initiale est de $200\ °C$, et on fait diminuer par paliers successifs jusqu'à $25\ °C$. Après chaque décrément de température, on attend suffisamment longtemps pour que le système soit à l'équilibre. Le résultat expérimental obtenu est représenté sur la figure 6.4.

5. Déduire de ce résultat expérimental l'existence d'un troisième solide, dont on donnera la composition et le domaine d'existence à $p_{H_2O} = 0{,}072$ bar .

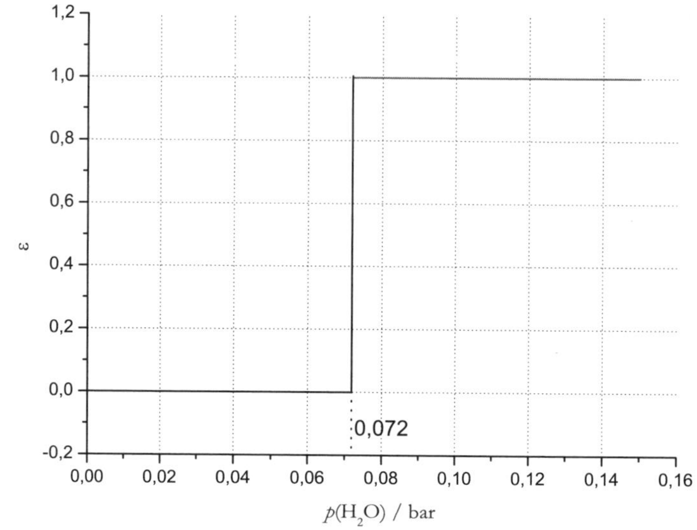

Figure 6.3 – Étude isotherme de la déshydratation d'un hydrate de sulfate de cadmium

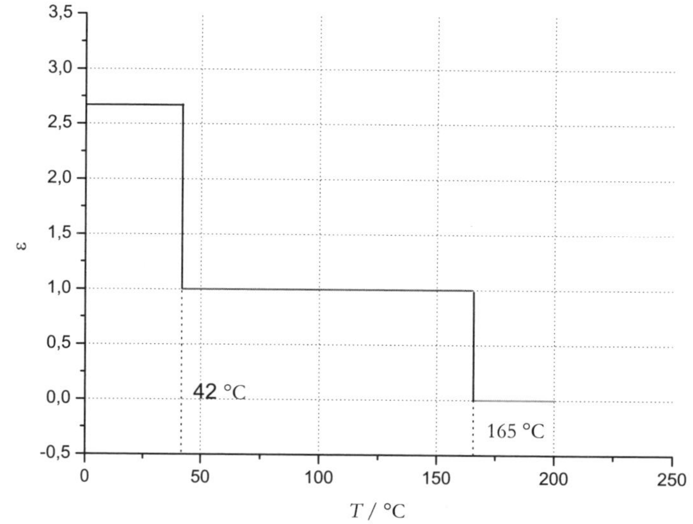

Figure 6.4 – Étude isobare de la déshydratation d'hydrates de sulfate de cadmium

6.3 Formation du trioxyde de soufre (d'après ESIM 2003)

Nous allons nous intéresser au passage du dioxyde de soufre au trioxyde de soufre. Ce passage se fait essentiellement au contact d'un catalyseur spécifique, le pentaoxyde de vanadium V_2O_5.

Considérons l'équilibre homogène gazeux :

$$2\,SO_2\,(g) \quad + \quad O_2\,(g) \qquad = \qquad 2\,SO_3\,(g)$$

1. Calculer son enthalpie standard de réaction et son entropie standard de réaction à 298 K. Rappeler la nature de l'approximation d'ELLINGHAM.

2. Dans le cadre de l'approximation d'ELLINGHAM déduire l'expression de l'enthalpie libre standard de réaction pour toute température T. Calculer la température d'inversion de l'équilibre et préciser l'expression numérique de $\ln K_T^\circ$ pour toute température (K_T° désigne la constante d'équilibre).

Les industriels travaillent vers $430\ ^\circ$C sous $p = 1$ bar avec un léger excès de dioxygène provenant de l'air par rapport à la quantité stœchiométrique $2\,SO_2$ pour $1\,O_2$. Nous allons interpréter ces choix.

3. Partons de λ mol de dioxygène pur et de $1 - \lambda$ mol de dioxyde de soufre. Dresser un tableau d'avancement et donner la relation liant à l'équilibre le paramètre λ, l'avancement ξ, la constante d'équilibre K_T° et la pression totale p.

4. À T et p fixées, pour quelle valeur de λ a-t-on un avancement ξ maximal ?

5. Nous supposons que nous partons désormais des proportions stœchiométriques 2 moles de dioxyde de soufre pour 1 mole de dioxygène et que l'équilibre est atteint. Quelle est l'influence d'un ajout de diazote à T et p constantes sur l'état d'équilibre ? Conclure sur la meilleure composition théorique du mélange initial, comment comprendre les choix industriels ?

6. Dans quelle zone de température faut-il travailler ?

7. Préciser l'influence de la pression totale sur l'équilibre réalisé. Comment interpréter le choix de la pression atmosphérique par les industriels ?

Données :

$R = 8,31$ J.K^{-1}.mol^{-1}

	SO_2(g)	O_2(g)	SO_3(g)
$\Delta_f H^\circ$(kJ.mol^{-1})	-297	0	-396
S_m°(J.K^{-1}.mol^{-1})	248	205	257

6.4 Dissociation du peroxyde de baryum (Mines MP 2001)

La dissociation du peroxyde de baryum a servi à l'obtention de dioxygène avant la mise au point de la liquéfaction de l'air. On étudie ici la réaction chimique

$$2\,BaO_2\,(s) \quad = \quad 2\,BaO\,(s) \quad + \quad O_2\,(g)$$

1. Calculer la variance de cet équilibre, après l'avoir définie.

2. Donner l'expression littérale de la constante thermodynamique K_T° associée à cet équilibre chimique.

Diverses expériences ont fourni les résultats suivants, pour la pression en dioxygène à l'équilibre dans un système contenant BaO_2(s), BaO(s) et O_2(g) :

T (°C)	727	794	835	927
p (bar)	$0,166$	$0,497$	$0,945$	$1,245$

Dans un récipient indilatable, vide d'air, de $2,4$ L on introduit 8,45 g de BaO_2(s). La température est portée à 727 °C. Les gaz sont supposés parfaits et on donne $R = 8,3$ J.K^{-1}.mol^{-1}.

3. Quelles sont la pression en dioxygène, en bar, et les quantités de BaO_2(s) et BaO(s), en mole, quand le système est en équilibre ?

Au système précédent en équilibre on ajoute du dioxygène gazeux.

4. Que se passe-t-il ?

5. Même question si de l'oxyde BaO(s) est introduit en petite quantité.

6. La réaction est elle endo ou exothermique ?

7. Quelles sont les phases en présence (parmi BaO_2(s), BaO(s) et O_2(g)) si la pression est maintenue inférieure à la pression d'équilibre ? Quelle est la variance dans ces conditions ?

8. Le système en équilibre de la question 3 est porté à 927 °C. Quelles sont la pression en dioxygène, en bar, et les quantités de BaO_2(s) et BaO(s), en mole, au bout d'un temps suffisamment long pour que le système n'évolue plus ?

9. Dans le même récipient, à 927 °C, on introduit n mol de dioxygène gazeux. La pression s'établit à $1,66$ bar au bout d'un certain temps. Quelles sont alors, en mole, les quantités de BaO_2(s) et BaO(s) ? Calculer la valeur de n en mole.

Données :

masses molaires en g.mol^{-1} Ba : 137 ; O : 16.

6.5 Raffinage du nickel par carbonylation (procédé MOND) (d'après agrégation de Physique 2001)

Du nickel de très haute pureté peut être obtenu par l'intermédiaire du nickel carbonyle (tétracarbonylenickel) $Ni(CO)_4$. Ce complexe se forme à température modérée et pression ordinaire par simple passage de monoxyde de carbone gazeux sur des pastilles de nickel. Aucun autre métal n'est susceptible de réagir dans les mêmes conditions.

$$Ni\,(s) \quad + \quad 4\,CO\,(g) \quad = \quad Ni(CO)_4 \qquad \text{réaction (1)}$$

Après séparation, le nickel carbonyle est décomposé selon la réaction inverse pour donner du métal d'une pureté proche de 99,9 %.

1. À l'aide des données thermodynamiques fournies, établir, en fonction de la température absolue T, les expressions de l'enthalpie libre standard de la réaction (1), dans les domaines de température 0-43 °C et 43-200 °C.

Pouvait-on prévoir le signe du coefficient de T dans l'expression de l'enthalpie libre standard de réaction ?

Quelles sont les données supplémentaires nécessaires si on veut tenir compte de la variation des enthalpies et des entropies standard de réaction avec la température T ? Comment les utilise-t-on ?

2. Tracer le graphe de l'enthalpie libre standard de réaction $\Delta_r G^\circ$ en fonction de la température T. Quelle est la température d'inversion de l'équilibre ?

3. Quelle est la variance d'un système à l'équilibre constitué de nickel solide, de monoxyde de carbone et de nickel carbonyle gazeux ?

Quel est l'effet sur ce système d'une augmentation de pression à température constante ?

4. Quelle est la variance d'un système à l'équilibre constitué de nickel solide, de monoxyde de carbone et de nickel carbonyle liquide ? Quel est l'effet sur ce système d'une augmentation de température à pression constante ?

5. Pour une pression totale de 1 bar, à quelle température sera-t-il judicieux de se placer pour former le nickel carbonyle et le séparer facilement des impuretés, peu volatiles, contenues dans le métal ? On choisira entre 20 °C, 40 °C, 50 °C, 100 °C 150 °C ou 200 °C.

6. Quelle température conviendra le mieux pour décomposer le nickel carbonyle sous une pression totale de 1 bar ? On choisira entre 20 °C, 40 °C, 50 °C, 100 °C 150 °C ou 200 °C.

7. En pratique, on se place sous une pression totale de 20 bars. En se plaçant ainsi sous une pression plus élevée, il est possible de faire la synthèse du nickel carbonyle à une plus haute température.

7.1. Quel peut être l'intérêt de faire cette synthèse à plus haute température ?

7.2. Déterminer la température de vaporisation du nickel carbonyle sous une pression de 20 bars. Quel sera l'état physique du nickel carbonyle à 160 °C et 20 bars ?

7.3. Établir l'équation donnant la fraction molaire x en nickel carbonyle du mélange gazeux en équilibre avec du nickel en excès, sous une pression de 20 bars à 160 °C. La teneur du mélange est-elle proche de 90, 70, 50 ou 30 % en nickel carbonyle ?

Données :

Température d'ébullition du tétracarbonylenickel sous p = 1 bar : $T_{\text{eb}} = 43\ °\text{C}$

Enthalpie standard de vaporisation du tétracarbonylenickel : $\Delta_{\text{vap}}H° = 30$ kJ.mol^{-1}

Constante des gaz parfaits : R = 8,314 J.K^{-1}.mol^{-1}

Espèces chimiques	Ni(s)	CO(g)	$Ni(CO)_4$(l)
$\Delta_f H°_{298}$ / kJ.mol^{-1}		– 111	– 632
$S°_{\text{m, 298}}$ / J.K^{-1}.mol^{-1}	30	198	320

Chapitre 7

Diagrammes d'ELLINGHAM

Un vaste domaine d'application de la thermodynamique est la recherche des conditions optimales pour l'élaboration des métaux à partir des solides contenant l'élément correspondant à l'état oxydé (oxydes, chlorures, sulfures, carbonates,...). Ces processus ont été initiés voici quelques millénaires lorsque l'homme est passé de l'âge de pierre (paléolithique puis néolithique) à celui de l'utilisation des métaux (élaboration du cuivre et du fer).

Nous allons analyser dans ce chapitre l'apport de la thermodynamique à l'étude et à l'optimisation des processus industriels, en particulier la réduction des oxydes.

1. Écriture des réactions d'oxydation

1.1 Choix d'une convention d'écriture

Pour des raisons qui apparaîtront clairement par la suite, l'étude des réactions d'oxydation par le dioxygène se fait de façon rationnelle en choisissant le même nombre stœchiométrique pour le réactif O_2. Celui-ci est dans l'état physique gaz et le choix usuel est $\nu_{O_2} = -1$.[1] Les réactions sont soit des oxydations de métaux en oxydes, soit d'oxydation d'oxydes en autres oxydes.

Exemples

$$4\,Na + O_2 = 2\,Na_2O$$

$$2\,Mg + O_2 = 2\,MgO$$

[1] Le choix $\nu_{O_2} = -\dfrac{1}{2}$ est parfois rencontré

$$\frac{3}{2}\,Fe \quad + \quad O_2 \quad = \quad \frac{1}{2}\,Fe_3O_4$$

$$4\,Fe_3O_4 \quad + \quad O_2 \quad = \quad 6\,Fe_2O_3.$$

Une étude thermodynamique nécessite de préciser l'état physique des participants : le dioxygène est toujours gazeux, les autres participants sont solides, liquides ou gazeux.

1.2 Grandeurs standard de réaction

Pour chaque couple oxydant/réducteur pour lequel on écrit la réaction avec la convention du 1.1., il est possible de calculer l'enthalpie libre standard de réaction $\Delta_r G_T^\circ$ à partir des tables thermodynamiques.

L'*approximation d'*ELLINGHAM consiste à considérer une représentation affine de l'enthalpie libre standard de réaction :

$$\Delta_r G_T^\circ \;=\; A \;+\; BT$$

où A et B sont des constantes. Le choix de ces constantes peut être guidé, soit par un souci de simplicité, soit par un souci de précision dans un intervalle de température considéré.

La simplicité consiste à utiliser les données des tables thermodynamiques qui donnent des informations à T = 298 K. Dans ce cas :

$$A \;=\; \Delta_r H_{298}^\circ \qquad et \qquad B \;=\; -\,\Delta_r S_{298}^\circ.$$

Néanmoins, la plupart des questions relatives à l'oxydation des métaux par le dioxygène et à leur réduction se déroulent à des températures notablement supérieures à T = 298 K. Dans ce cas, une meilleure approximation de l'enthalpie libre linéaire consiste à choisir des constantes correspondant à l'enthalpie de réaction et à l'opposé de l'entropie standard de réaction pour une température T_m bien choisie dans l'intervalle de température d'étude (par exemple la demi-somme des températures extrêmes du domaine).

Exercice résolu

Trouver une approximation linéaire de l'enthalpie libre standard des réactions d'oxydation successives mettant en jeu l'élément carbone à partir des données numériques suivantes.

Données numériques :

Espèce	CO (g)	CO_2 (g)	O_2 (g)	C (graphite)
$\Delta_f H^\circ_{298}$ / kJ.mol^{-1}	– 110,5	– 393,5		
$S^\circ_{m,\,298}$ / J.K^{-1}.mol^{-1}	197,7	213,8	205,2	5,7

Réponse :

Nous étudierons les trois réactions suivantes :

$$2\,\text{C (graphite)} + O_2\text{ (g)} = 2\,\text{CO (g)} \qquad \text{réaction (1)}$$

$$2\,\text{CO (g)} + O_2\text{ (g)} = 2\,CO_2\text{ (g)} \qquad \text{réaction (2)}$$

$$\text{C (graphite)} + O_2\text{ (g)} = CO_2\text{ (g)} \qquad \text{réaction (3)}$$

Les données ne permettent pas de faire mieux que de proposer une expression linéarisée à partir des données à 298 K.
Nous proposons donc, pour la réaction (1) :

$$\Delta_r H^\circ_{298}(1) = 2\Delta_f H^\circ_{298}(\text{CO (g)}) = -\,221 \text{ kJ.mol}^{-1}$$

$$\Delta_r S^\circ_{298}(1) = 2S^\circ_{m,\,298}(\text{CO (g)}) - 2S^\circ_{m,\,298}(\text{C (graphite)}) - S^\circ_{m,\,298}(O_2\text{ (g)})$$

$$\Delta_r S^\circ_{298}(1) = 2(197{,}7 - 5{,}7) - 205{,}2 = 178{,}8 \text{ J.K}^{-1}.\text{mol}^{-1}$$

ce qui donne, pour l'expression linéarisée de l'enthalpie libre standard de la réaction (1) :

$$\Delta_r G^\circ_T(1) = -\,221 - 0{,}1788.T \text{ kJ.mol}^{-1}.$$

Remarquons que l'entropie standard de réaction notablement positive est due à l'augmentation du désordre (augmentation de la quantité de matière gazeuse) au cours de la réaction.
Pour la réaction (2) :

$$\Delta_r H^\circ_{298}(2) = 2\Delta_f H^\circ_{298}(CO_2\text{ (g)}) - 2\Delta_f H^\circ_{298}(\text{CO (g)}) = -\,566 \text{ kJ.mol}^{-1}$$

$$\Delta_r S^\circ_{298}(2) = 2\,S^\circ_{m,298}(CO_2\text{ (g)}) - 2\,S^\circ_{m,298}(\text{CO (g)}) - S^\circ_{m,298}(O_2\text{ (g)})$$

$$= -\,173 \text{ J.K}^{-1}.\text{mol}^{-1}$$

ce qui donne, pour l'expression linéarisée de l'enthalpie libre standard de la réaction (2) :

$$\Delta_r G^\circ_T(2) = -\,566 + 0{,}173.T \text{ kJ.mol}^{-1}.$$

Ici, l'entropie standard de réaction notablement négative traduit l'augmentation de l'ordre due à la disparition d'une unité de quantité de matière gazeuse au cours de la réaction chimique.

Pour la réaction (3) :

$$\Delta_r H^\circ_{298}(3) = \Delta_f H^\circ_{298}(CO_2\ (g)) = -\ 393{,}5\ \text{kJ.mol}^{-1}$$

$$\Delta_r S^\circ_{298}(3) = S^\circ_{m,298}(CO_2\ (g)) - S^\circ_{m,298}(C\ (\text{graphite})) - S^\circ_{m,298}(O_2\ (g))$$
$$= 2{,}9\ \text{J.K}^{-1}.\text{mol}^{-1}$$

ce qui donne, pour l'expression linéarisée de l'enthalpie libre standard de la réaction (3) :

$$\Delta_r G^\circ_T(3) = -\ 393{,}5 - 2{,}9.10^{-3}.T\ \text{kJ.mol}^{-1}.$$

Ici, l'entropie standard de réaction proche de zéro s'explique par l'absence de variation de la quantité de matière gazeuse au cours de la réaction chimique.

1.3 Calcul de la variance

Considérons une réaction d'oxydation par le dioxygène gazeux où oxydant et réducteur sont purs dans leur phase, donc d'activité égale à un (le choix de la référence corps pur pour l'expression des potentiels chimiques s'impose à l'évidence). La constante d'équilibre standard s'écrit alors :

$$K^\circ_T = \left(\frac{p^{eq}_{O_2}}{p^\circ}\right)^{-1} = \left(\overline{p}^{eq}_{O_2}\right)^{-1}.$$

On adoptera cette notation condensée dans la suite du chapitre. Il existe donc une relation entre température et pression de dioxygène : la variance est bien égale à 1. La grandeur $p^{eq}_{O_2}$ est appelée pression de corrosion du métal. Ce résultat peut s'obtenir en appliquant la règle des phases de GIBBS :

$$v = (c - r) + 2 - \varphi.$$

Pour chaque réaction, il y a trois constituants chimiques ($c = 3$) et une réaction ($r = 1$), donc deux constituants chimiquement indépendants. La variance v est donc égale à :

$$v = 4 - \varphi$$

où φ est le nombre de phases présentes.

Un cas souvent rencontré est celui où l'oxydant et le réducteur sont présents en phases condensées indépendantes (par exemple deux solides non miscibles). Le dioxygène est toujours gazeux et dans ce cas $\varphi = 3$ et $v = 1$.

2. Construction et signification du diagramme d'ELLINGHAM

2.1 Une première démarche

Il s'agit dans un premier temps de représenter graphiquement la variation des enthalpies libres standard de réaction $\Delta_r G_T^\circ$ pour les différentes réactions d'oxydation (écrite avec $\nu_{O_2} = -1$) que l'on souhaite étudier, dont la forme générique est :

$$\beta\, Red \quad + \quad O_2\,(g) \quad = \quad \alpha\, Ox.$$

Avec l'hypothèse d'ELLINGHAM, le diagramme d'ELLINGHAM pour la formation des oxydes est représenté à la figure 7.1 et apparaît sous la forme d'un ensemble de segments de droite.

- Ces segments sont dans la plupart des cas de coefficient directeur positif, souvent voisins de 200 $J.K^{-1}.mol^{-1}$. Cette situation se rencontre dans le cas où oxydant et réducteur sont des phases condensées. Nous avons :

  $$\Delta_r S^\circ \;=\; \alpha S_m^\circ(\text{oxydant}) \;-\; \beta S_m^\circ(\text{réducteur}) \;-\; S_m^\circ(O_2\,(g))$$

  où α et β sont les nombres stœchiométriques respectifs de l'oxydant et du réducteur. Le terme $\alpha S_m^\circ(\text{oxydant}) - \beta S_m^\circ(\text{réducteur})$ est en général faible devant $S_m^\circ(O_2\,(g))$ et apparaît donc comme un terme correctif. Ceci explique les coefficients directeurs comparables et de l'ordre de $S_m^\circ\big(O_2(g)\big)$;

- Les ruptures de coefficient directeur pour un couple réducteur/oxydant sont dues aux changements d'état des différents participants. Le passage solide $\rightarrow$ liquide pour le réducteur (par exemple, la fusion d'un métal) se traduit par une légère augmentation du coefficient directeur car S_m°(liquide) > S_m°(solide). Le passage liquide $\rightarrow$ gaz se traduit par une brutale augmentation du coefficient directeur car S_m°(g) est notablement supérieur à S_m°(liquide).

  Le passage solide $\rightarrow$ liquide pour l'oxydant (fusion de l'oxydant, plus rare et observée pour des températures notablement plus élevées que pour les métaux), se traduit, lui, par une diminution du coefficient directeur.

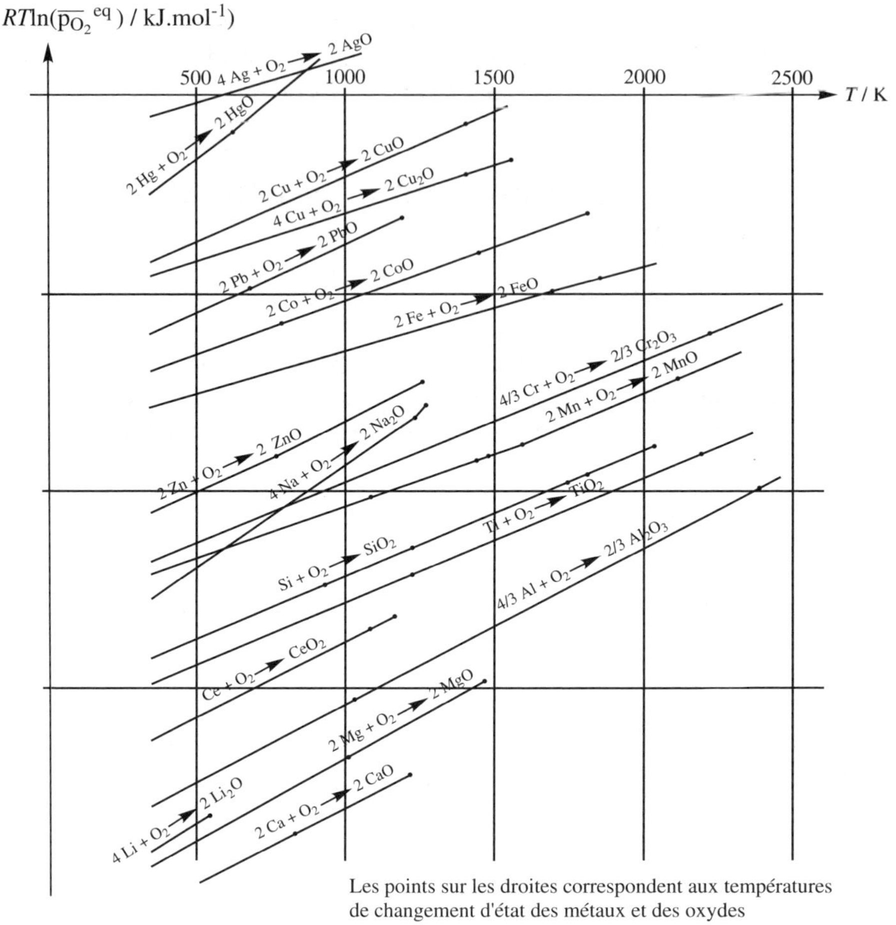

Figure 7.1 – Diagramme d'ELLINGHAM pour la formation des oxydes

2.2 Une réinterprétation du diagramme

Si on se contente de la représentation $\Delta_r G_T^\circ = f(T)$, seuls les points des segments de droite ont une signification.

Plaçons-nous dans le cas fréquent où la variance de l'équilibre d'oxydation est égale à 1. Dans ce cas, la constante standard de l'équilibre s'écrit :

$$K_T^\circ = \frac{1}{\overline{p}_{O_2}^{\,eq}}$$

où $\overline{p}_{O_2}^{\,eq}$ est le rapport de la pression du dioxygène à l'équilibre à la température T (appelée aussi pression de dissociation de l'oxydant ou comme cela a été déjà vu, pression de corrosion) sur la pression de référence.

Que se passe-t-il si l'opérateur fixe délibérément deux paramètres intensifs : la pression en dioxygène et la température ? La signification de la variance montre que le système ne peut rester en l'état (existence de l'équilibre), et il évoluera spontanément, soit vers la formation totale de l'oxydant, soit vers la formation totale du réducteur et du dioxygène. L'affinité chimique de la réaction d'oxydation est :

$$\mathcal{A} = -\sum \nu_i \mu_i = -\sum \nu_i \mu_i^\circ + RT \ln \overline{p}_{O_2}.$$

En tenant compte de la relation entre constante d'équilibre et enthalpie libre standard de réaction, nous avons :

$$\mathcal{A} = -\Delta_r G_T^\circ + RT\ln(\overline{p}_{O_2}) = RT\ln(K_T^\circ) + RT\ln(\overline{p}_{O_2}) = RT\ln\left(\frac{\overline{p}_{O_2}}{\overline{p}_{O_2}^{eq}}\right)$$

$$\mathcal{A} = RT\ln\left(\frac{p_{O_2}}{p_{O_2}^{eq}}\right).$$

Nous en déduisons :

- si $p_{O_2} > p_{O_2}^{eq}$, $\mathcal{A} > 0$ et le système est totalement déplacé dans le sens $\longrightarrow$: seul l'oxydant du couple est présent (éventuellement en présence d'un excés de dioxygène) ;
- si $p_{O_2} < p_{O_2}^{eq}$, $\mathcal{A} < 0$ et le système est totalement déplacé dans le sens $\longleftarrow$: le réducteur et le dioxygène sont présents.

À la lumière de cette conclusion intéressante, modifions la grandeur portée en ordonnée. Remplaçons $\Delta_r G_T^\circ = RT\ln(\overline{p}_{O_2}^{eq})$ par $RT\ln(\overline{p}_{O_2})$. Dans ce cas, nous conservons la signification des courbes tracées : les points des segments de droite représentent des états d'équilibre. De plus maintenant, un point quelconque du plan représente un état $(T,\ \overline{p}_{O_2})$.

- si $p_{O_2} > p_{O_2}^{eq}(T)$, c'est-à-dire si le point est au-dessus de la courbe d'équilibre, le système est totalement déplacé vers la formation de l'oxydant. Ce résultat a été obtenu par utilisation de l'affinité chimique et il est possible de lui donner une signification chimique : le milieu est en effet plus oxydant que celui requis pour assurer la coexistence de l'oxydant et du réducteur ;
- si $p_{O_2} < p_{O_2}^{eq}(T)$, c'est le réducteur qui est l'espèce présente.

Ceci permet de faire une partition du plan $(T,\ RT\ln(\overline{p}_{O_2}))$.

Si la variance de l'équilibre est supérieure à 1, le diagramme doit être interprété différemment : la courbe $\Delta_r G_T^\circ = f(T)$ est une frontière séparant deux domaines, l'un où l'oxydant prédomine (au-dessous de la courbe), l'autre où c'est le réducteur.

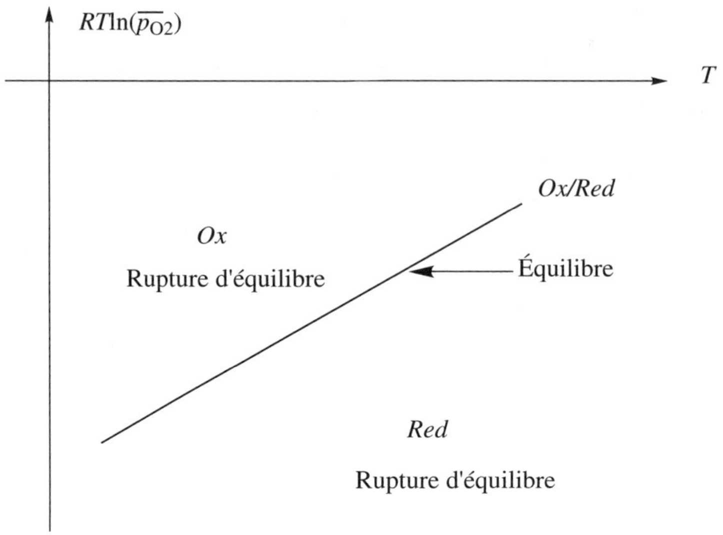

Figure 7.2 – Principe de la partition du plan $(T,\ RT\ln(\overline{p}_{O_2}))$ de part et d'autre d'une droite d'équilibre pour un couple Ox/Red

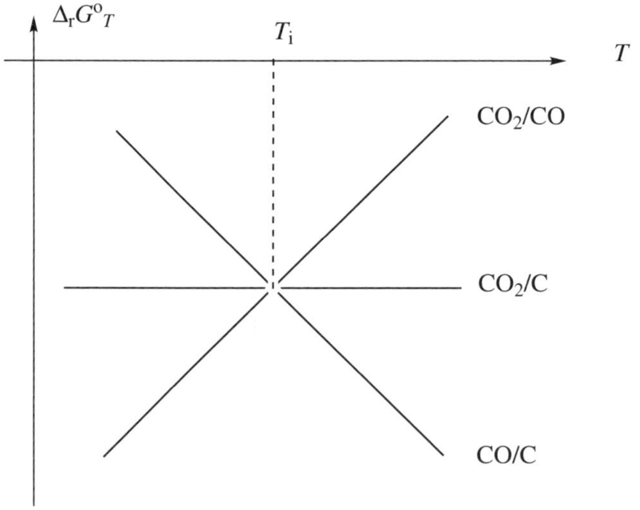

Figure 7.3 – Premier tracé du diagramme d'ELLINGHAM pour l'élément carbone et ses oxydes monoxyde de carbone et dioxyde de carbone

2.3 Partition du plan pour un élément et ses oxydes

Nous avons vu qu'il est désormais possible d'attribuer une espèce chimique à une région du plan (cf. figure 7.2). Quelle démarche devons-nous suivre désormais si nous étudions un élément et ses différentes formes oxygénées (différents oxydes) ? Il faut attribuer une région du plan pour chaque oxyde. Pour illustrer ce point, nous choisirons l'étude de deux exemples.

a) Le carbone

Nous avons étudié au 1.2. les couples CO/C, CO_2/C et CO_2/CO. Le tracé des droites d'ELLINGHAM conduit au schéma représenté figure 7.3.

Faire une partition du plan consiste à attribuer une espèce majoritaire pour un domaine délimité par des segments de droite. Or ici, il y a trois espèces contenant du carbone et de l'oxygène : C, CO et CO_2. Ceci correspond à trois domaines. Il est donc nécessaire de supprimer des segments de droite afin d'obtenir une partition cohérente du plan.

Calculons les coordonnées du point d'intersection des trois droites (cf. figure 7.3). Soit T_i la température où les trois droites se coupent. Celle-ci vérifie :

$$-221 - 0{,}1788.T_\mathrm{i} = -566 + 0{,}173.T_\mathrm{i}$$

ce qui donne :

$$T_\mathrm{i} = \frac{(566 - 221)}{0{,}173 + 0{,}1788} = 981\,\mathrm{K}.$$

Il est possible d'obtenir graphiquement la partition correcte : au-dessus d'une droite, c'est la forme oxydée qui est majoritaire, en-dessous, c'est la forme réduite. Dans un domaine donné, une seule espèce doit être majoritaire. Seule la partition donnée à la figure 7.4 donne satisfaction.

En appliquant la notion de nombre d'oxydation d'un élément, l'oxygène étant plus électronégatif que le carbone, le nombre d'oxydation du carbone dans le monoxyde de carbone est +II et +IV dans le dioxyde de carbone. Ainsi, la réaction de BOUDOUARD peut être interprétée comme une réaction de dismutation dans le sens de formation de carbone et de dioxyde de carbone et comme une réaction de médiamutation dans l'autre sens.

b) Le fer

La littérature fournit les informations suivantes :

Espèce chimique (solide)	Fe	FeO	Fe_3O_4	Fe_2O_3	O_2 (g)
$\Delta_f H^\circ$ / kJ.mol^{-1}		– 266,4	– 1119	– 824,6	
S°_m / J.K^{-1}.mol^{-1}	27,3	57,5	146,5	87,4	205,2

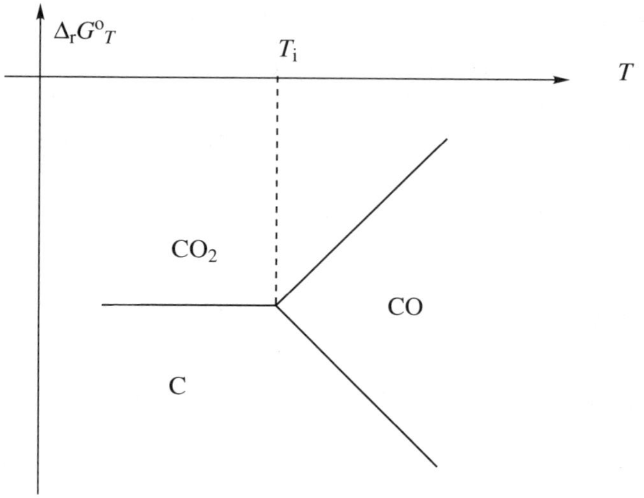

Figure 7.4 – Diagramme d'ELLINGHAM : partition du plan pour l'élément carbone

Considérons les quatre réactions d'oxydation :

$$2\,\mathrm{Fe\,(s)} + \mathrm{O_2\,(g)} = 2\,\mathrm{FeO\,(s)} \quad \text{(réaction (1'))}$$
$$6\,\mathrm{FeO\,(s)} + \mathrm{O_2\,(g)} = 2\,\mathrm{Fe_3O_4\,(s)} \quad \text{(réaction (2'))}$$
$$\frac{3}{2}\,\mathrm{Fe\,(s)} + \mathrm{O_2\,(g)} = \frac{1}{2}\,\mathrm{Fe_3O_4\,(s)} \quad \text{(réaction (3'))}$$
$$4\,\mathrm{Fe_3O_4\,(s)} + \mathrm{O_2\,(g)} = 6\,\mathrm{Fe_2O_3\,(s)} \quad \text{(réaction (4'))}.$$

Le dioxygène est gazeux et tous les autres participants sont solides (la température est inférieure à la température de fusion du fer).

Étude de la réaction (1′)

$$\Delta_r H^\circ(1') = 2\Delta_f H^\circ(\mathrm{FeO}) = -\,532{,}8\ \mathrm{kJ.mol^{-1}}$$
$$\Delta_r S^\circ(1') = 2S^\circ_m(\mathrm{FeO}) - 2S^\circ_m(\mathrm{Fe}) - S^\circ_m(\mathrm{O_2\,(g)})$$
$$\Delta_r S^\circ(1') = 2(57{,}5 - 27{,}3) - 205{,}2 = -\,144{,}8\ \mathrm{J.K^{-1}.mol^{-1}}.$$

L'expression linéarisée de l'enthalpie libre standard de la réaction (1′) est donc :

$$\Delta_r G^\circ(1') = -\,532{,}8 + 0{,}1448.T\ \mathrm{kJ.mol^{-1}}$$

Étude de la réaction (2′)

$$\Delta_r H^\circ(2') = 2\Delta_f H^\circ(\mathrm{Fe_3O_4}) - 6\Delta_f H^\circ(\mathrm{FeO}) = -\,639{,}6\ \mathrm{kJ.mol^{-1}}$$

$$\Delta_r S°(2') = 2S°_m(Fe_3O_4) - 6S°_m(FeO) - S°_m(O_2\,(g))$$

$$\Delta_r S°(2') = 2.146{,}5 - 6.57{,}5 - 205{,}2 = -257{,}2\ J.K^{-1}.mol^{-1}.$$

L'expression linéarisée de l'enthalpie libre standard de la réaction (2′) est donc :

$$\Delta_r G°(2') = -639{,}6 + 0{,}2572.T\ kJ.mol^{-1}.$$

Étude de la réaction (3′)

$$\Delta_r H°(3') = \frac{1}{2}\Delta_f H°(Fe_3O_4) = -559{,}5\ kJ.mol^{-1}$$

$$\Delta_r S°(3') = \frac{1}{2}S°_m(Fe_3O_4) - \frac{3}{2}S°_m(Fe) - S°_m(O_2\,(g))$$

$$\Delta_r S°(3') = \frac{1}{2}.146{,}5 - \frac{3}{2}.27{,}3 - 205{,}2 = -172{,}9\ J.K^{-1}.mol^{-1}.$$

L'expression linéarisée de l'enthalpie libre standard de la réaction (3′) est donc :

$$\Delta_r G°(3') = -559{,}5 + 0{,}1729.T\ kJ.mol^{-1}.$$

Étude de la réaction (4′)

$$\Delta_r H°(4') = 6\Delta_f H°(Fe_2O_3) - 4\Delta_f H°(Fe_3O_4) = -471{,}6\ kJ.mol^{-1}$$

$$\Delta_r S°(4') = 6S°_m(Fe_2O_3) - 4S°_m(Fe_3O_4) - S°_m(O_2\,(g))$$

$$\Delta_r S°(4') = 6.87{,}4 - 4.146{,}5 - 205{,}2 = -266{,}8\ J.K^{-1}.mol^{-1}.$$

L'expression linéarisée de l'enthalpie libre standard de la réaction (4′) est donc :

$$\Delta_r G°(4') = -471{,}6 + 0{,}2668.T\ kJ.mol^{-1}.$$

Considérons l'intersection des courbes (1′) et (2′), en notant T_i la température du point d'intersection. Celui-ci est défini par :

$$-532{,}8 + 0{,}1448.T_i = -639{,}6 + 0{,}2572.T_i$$

soit :

$$T_i = \frac{(639{,}6 - 532{,}8)}{(0{,}2572 - 0{,}1448)} = 950\ K.$$

Considérons l'intersection des courbes (2′) et (3′), en notant $T_i^{'}$ la température du point d'intersection. Celui-ci est défini par :

$$-639{,}6 + 0{,}2572.T_i^{'} = -559{,}5 + 0{,}1729.T_i^{'}$$

soit :

$$T_{\mathrm{i}}' = \frac{(639{,}6 - 559{,}5)}{(0{,}2572 - 0{,}1729)} = 950\,\mathrm{K} \qquad \text{soit} \qquad T_{\mathrm{i}}' = T_{\mathrm{i}}.$$

Les courbes se coupent bien en un même point, ce qui traduit le fait que les réactions (1′), (2′) et (3′) ne sont pas indépendantes.

Il faut effectuer la partition du plan pour les espèces Fe, FeO et Fe_3O_4.

Une première méthode consiste à éliminer les propositions incohérentes, qui attribueraient une même espèce à des régions disjointes du plan. On commence par tracer les 4 droites d'ELLINGHAM : celles-ci sont représentées au diagramme 7.5 (a). Pour chaque droite, on place au-dessus l'oxydant du couple et le réducteur en dessous. À un domaine du diagramme doit correspondre une espèce chimique stable (et réciproquement). Or il y a ici 4 espèces chimiques prises en compte : Fe, FeO, Fe_3O_4 et Fe_2O_3 et beaucoup plus de domaines délimités par des segments de droites. L'assignation précédente fait apparaître des incohérences (signalées sur le diagramme) : il est donc nécessaire de supprimer des segments afin d'arriver à une partition cohérente, celle indiquée à la figure 7.5 (b).

Pour des températures inférieures à T_{i}, la courbe (1′) assigne la partie au-dessus de la courbe correspondante pour le domaine de FeO, tandis que c'est la région en-dessous de la droite (3′) qui représenterait le domaine de stabilité de FeO. Ces deux domaines sont disjoints et en conséquence les droites (1′) et (3′) n'ont pas de signification pour $T < T_{\mathrm{i}}$. En revanche, pour des températures supérieures à T_{i}, le domaine compris entre les droites (1′) et (3′) correspond au domaine de stabilité de FeO.

Une seconde méthode est l'étude des réactions entre phases solides, c'est-à-dire entre les espèces Fe, FeO et Fe_3O_4.

Soit la réaction (5′) :

$$4\,\mathrm{FeO} = \mathrm{Fe} + \mathrm{Fe_3O_4}$$

$$\Delta_{\mathrm{r}}H^\circ(5') = \Delta_{\mathrm{f}}H^\circ(\mathrm{Fe_3O_4}) - 4\Delta_{\mathrm{f}}H^\circ(\mathrm{FeO}) = -\,53{,}4\ \mathrm{kJ.mol^{-1}}$$

$$\Delta_{\mathrm{r}}S^\circ(5') = S^\circ_{\mathrm{m}}(\mathrm{Fe_3O_4}) + S^\circ_{\mathrm{m}}(\mathrm{Fe}) - 4S^\circ_{\mathrm{m}}(\mathrm{FeO})$$

$$\Delta_{\mathrm{r}}S^\circ(5') = 146{,}5 + 27{,}3 - 4.57{,}5 = -\,56{,}2\ \mathrm{J.K^{-1}.mol^{-1}}.$$

L'expression linéarisée de l'enthalpie libre standard de la réaction (5′) est donc :

$$\Delta_{\mathrm{r}}G^\circ(5') = -\,53{,}4 + 0{,}0562.T\ \mathrm{kJ.mol^{-1}}.$$

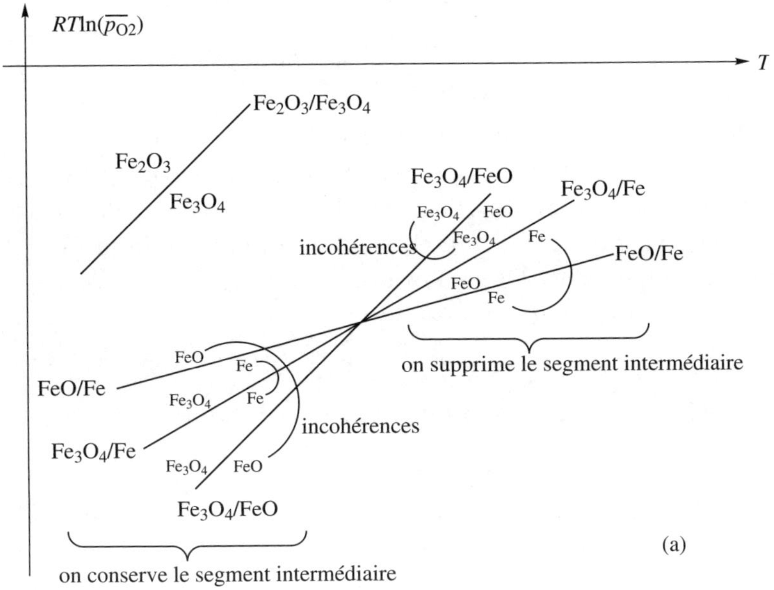

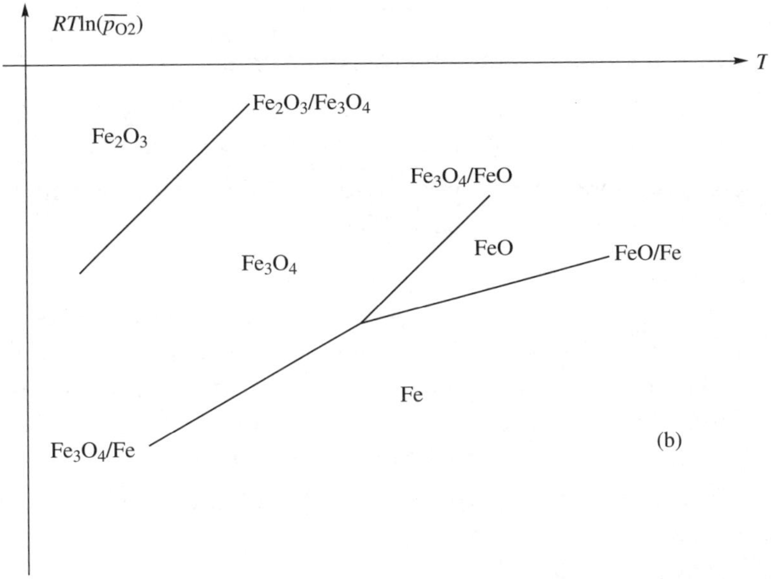

Figure 7.5 – Principe de la partition du plan $(T,\ RT\ln(\overline{p}_{O_2}))$ pour le fer et ses oxydes FeO, Fe_3O_4 et Fe_2O_3

Soit $T_{\mathrm{i}}^{''}$ la température d'inversion de cet équilibre, c'est-à-dire la température pour laquelle l'enthalpie libre standard de réaction est nulle :

$$T_{\mathrm{i}}^{''} = \frac{53{,}4}{0{,}0562} = 950\ K.$$

Il s'agit bien du point d'intersection des courbes (1'), (2') et (3') : $T_{\mathrm{i}}^{''} = T_{\mathrm{i}}$. En négligeant comme d'habitude l'effet de la pression sur les propriétés thermodynamiques des phases condensées, l'activité de chaque phase solide pure est égale à 1. Donc, dans ce cadre, la constante prend une valeur unique : 1 et l'équilibre n'existe qu'à la température T_{i}. Remarquons que l'existence de phases pures impose pour chaque participant à la réaction :

$$\mu_i = \mu_i^{\circ}$$

et donc l'affinité chimique $\mathcal{A}$ prend une valeur constante à température fixée :

$$\mathcal{A} = -\Delta_{\mathrm{r}}G = -\Delta_{\mathrm{r}}G^{\circ} = -53{,}4 + 0{,}0562.T\ \mathrm{kJ.mol^{-1}}$$

- si $T > T_{\mathrm{i}}$, $\mathcal{A} < 0$ et le système est déplacé dans le sens $\longleftarrow$, et FeO est stable pour des températures supérieures à T_{i} ;
- si $T < T_{\mathrm{i}}$, $\mathcal{A} > 0$ et le système est déplacé dans le sens $\longrightarrow$: FeO n'est pas stable pour des températures inférieures à T_{i}.

c) Généralisation à d'autres éléments et leurs oxydes

Considérons trois couples oxydant/réducteur, A/B, B/C et A/C pour un élément donné. Les différents cas de figure suivants sont possibles.

Une première situation correspond à l'absence d'intersection entre les trois droites. Deux possiblités sont envisageables :

a) Les trois droites représentatives ne se coupent pas.

   Dans le cas a.1. (voir figure 7.6), il existe trois domaines disjoints correspondant aux domaines de stabilité des différentes espèces. Tous peuvent exister si on choisit correctement la température et la pression en dioxygène. C'est le cas du cuivre (A), de l'oxyde de cuivre(I) Cu_2O (B) et de l'oxyde de cuivre(II) CuO (C). Cette situation est représentée figure 7.6 (a.1).

   Dans le cas a.2., il n'existe pas de domaine de stabilité pour l'oxyde B : celui-ci n'est pas stable (figure 7.6 (b) ;

b) Les trois droites se coupent.

   Dans le cas b.1., l'oxyde B est stable aux températures inférieures à la température où se croisent les droites.

   Dans le cas b.2., l'oxyde B est stable aux températures supérieures à la température où se croisent les droites.

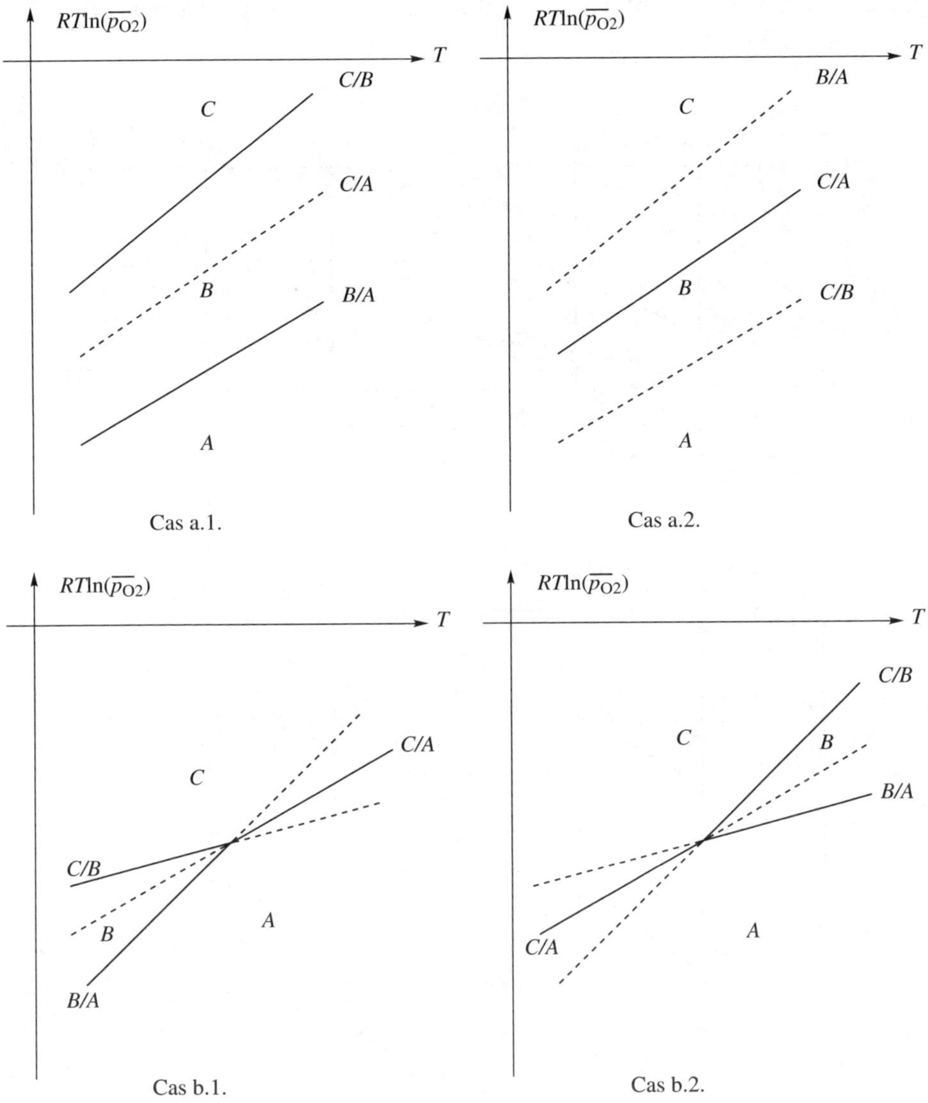

Figure 7.6 – Diagrammes d'ELLINGHAM possibles pour 3 espèces A, B et C d'un même élément

2.4 Structure générale des diagrammes d'ELLINGHAM

Nous avons présenté ci-dessus le diagramme d'ELLINGHAM pour le réactif O_2 et la formation des oxydes. Cette idée peut se généraliser à d'autres réactifs : le dichlore (formation de chlorures) (figure 7.7), le soufre (formation de sulfures sur la figure 7.8)...

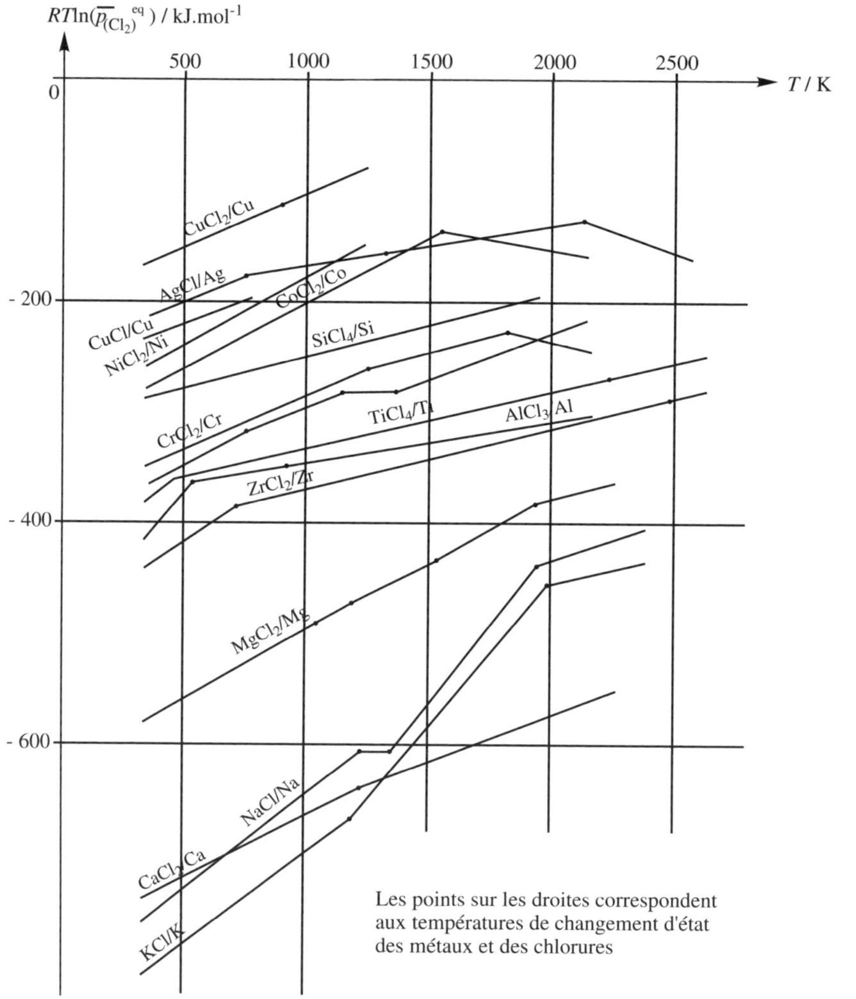

Figure 7.7 – Diagramme d'ELLINGHAM pour la formation des chlorures

Pour les oxydes, on trouve, dans le bas du diagramme, les métaux les plus réducteurs, ceux qui donnent les oxydes les plus stables :

$$CaO/Ca \qquad MgO/Mg \qquad Al_2O_3/Al$$

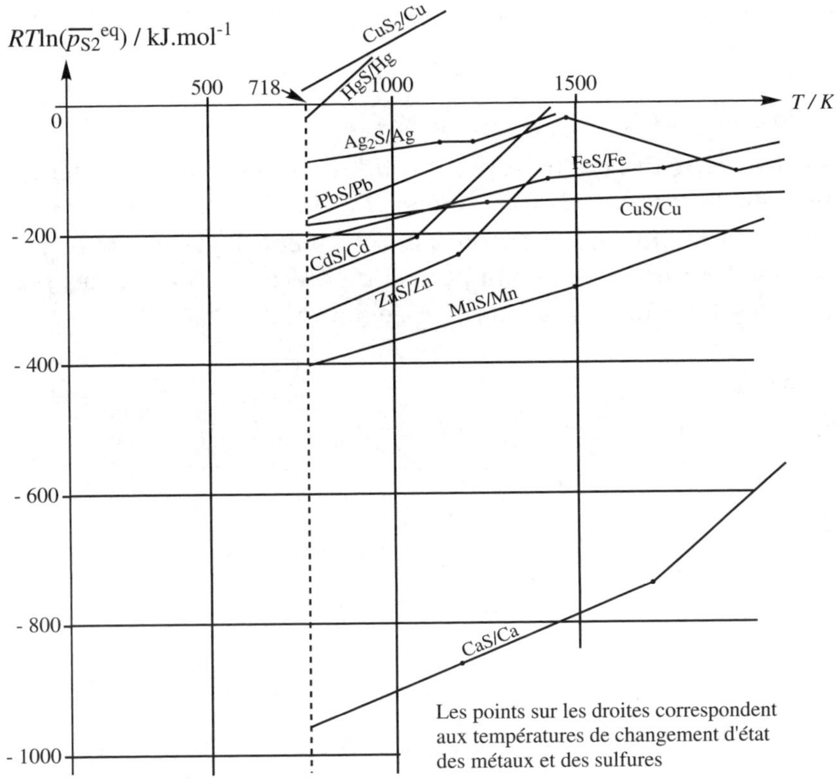

Figure 7.8 – Diagramme d'ELLINGHAM pour la formation des sulfures

Au milieu du diagramme se trouvent les alcalins et les métaux de transition :

$$MnO/Mn \qquad V_2O_3/V \qquad ZnO/Zn \qquad \text{le fer et ses oxydes}$$

Dans le haut du diagramme se trouvent les métaux difficilement oxydables (métaux nobles dont les oxydes sont peu stables) :

$$HgO/Hg \qquad Ag_2O/Ag \qquad PtO/Pt$$

3. Utilisation du diagramme pour la prévision des conditions de réduction d'un oxyde

3.1 Cas de réaction entre solides

Considérons la réduction d'un oxyde solide par un métal solide mettant en jeu deux couples : Ox_1/Red_1 et Ox_2/Red_2.

Appliquons la règle des phases de GIBBS :

$$c = 4, \quad v = (4 - 1) + 2 - 4 = 1.$$

La pression est choisie à $p = p^\circ = 1$ bar.

Donc la coexistence des quatre espèces solides est observée à une seule température (lorsque la pression est fixée), notée T_{eq}. En dehors de cette température, l'équilibre n'existe plus et le système est totalement déplacé vers la gauche ou vers la droite. La partition du plan permet de préciser la nature des phases solides présentes. La situation est représentée figure 7.9

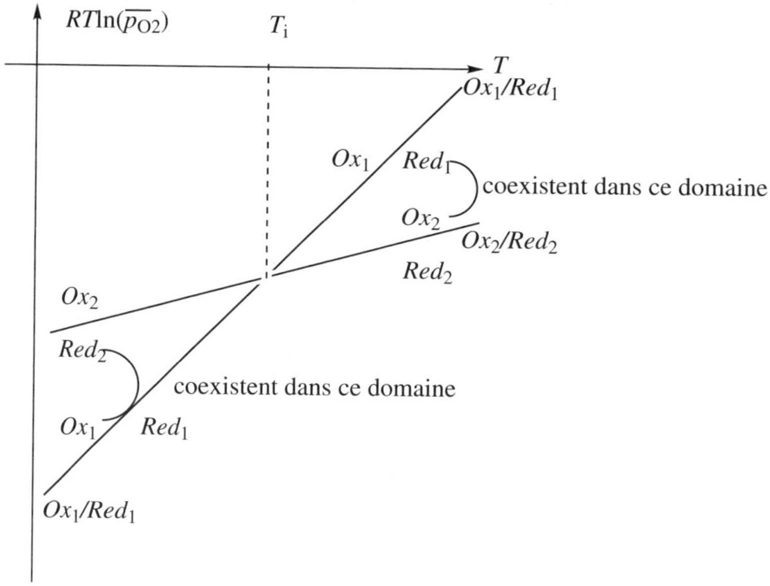

Figure 7.9 – Recherche des conditions opératoires pour obtenir la réduction d'un oxyde (1) par un réducteur (2)

- pour $T < T_\text{i}$, Ox_1 et Red_2 coexistent ;
- pour $T > T_\text{i}$, Ox_2 et Red_1 coexistent ;
- pour $T = T_\text{i}$, les quatre espèces chimiques coexistent.

Il est possible de retrouver ce résultat à partir de l'étude de l'affinité chimique de la réaction entre Ox_1 et Red_2.

$$\alpha_1\, Ox_1 \quad + \quad \beta_2\, Red_2 \quad = \quad \alpha_2\, Ox_2 \quad + \quad \beta_1\, Red_1$$

$$\beta_1\, Red_1 \quad + \quad O_{2\,(g)} \quad = \quad \alpha_1\, Ox_1 \qquad \Delta_\text{r} G^\circ_T(1)$$

$$\beta_2\, Red_2 \quad + \quad O_2\,(g) \quad = \quad \alpha_2\, Ox_2 \qquad \Delta_r G^\circ_T(2).$$

Nous en déduisons pour l'enthalpie libre standard de la réaction de réduction :

$$\Delta_r G^\circ_T = \Delta_r G^\circ_T(2) - \Delta_r G^\circ_T(1).$$

Or, l'affinité chimique, opposée de l'enthalpie libre de réaction, s'identifie ici à l'opposé de l'enthalpie libre standard de réaction car tous les participants sont purs dans leur phase.

Nous avons donc :

$$\mathcal{A} = \Delta_r G^\circ_T(1) - \Delta_r G^\circ_T(2)$$

et donc :

$$\mathcal{A} > 0 \Rightarrow \Delta_r G^\circ_T(1) > \Delta_r G^\circ_T(2).$$

Ainsi, pour avoir Red_1 stable (en présence de Ox_2), la courbe (1) doit être au-dessus de la courbe (2), soit, dans le cas particulier tracé ici, pour $T > T_i$.

Les conclusions obtenues ici n'ont pas une importance pratique considérable car les réactions entre solides posent des problèmes de mise en œuvre, en particulier pour des raisons cinétiques (ces réactions sont en général assez lentes).

Dans ce qui suit, nous étudierons, dans le cas des oxydes de fer, la réduction par un réactif gazeux, choix industriel beaucoup plus fréquent.

3.2 L'exemple de la réduction des oxydes de fer

a) Application de la règle des phases

Le réducteur utilisé dans l'industrie est le monoxyde de carbone gazeux. L'oxydant conjugué est le dioxyde de carbone.

Comme CO et CO_2 appartiennent à la même phase, la variance des équilibres de réduction d'un solide pur en un autre solide pur est :

$$v = (4 - 1) + 2 - 3 = 2.$$

Il faut donc une description plus précise des réactions pour bien choisir les conditions de réduction.

b) Réactions à étudier

Il faut envisager les réactions :

$$2\,CO\,(g) \quad + \quad O_2\,(g) \quad = \quad 2\,CO_2\,(g)$$

$$2\,Fe \quad + \quad O_2\,(g) \quad = \quad 2\,FeO$$

$$6\,FeO \quad + \quad O_2\,(g) \quad = \quad 2\,Fe_3O_4$$

$$\frac{3}{2}\,\text{Fe} \quad + \quad \text{O}_2\,(\text{g}) \quad = \quad \frac{1}{2}\,\text{Fe}_3\text{O}_4$$

$$4\,\text{Fe}_3\text{O}_4 \quad + \quad \text{O}_2\,(\text{g}) \quad = \quad 6\,\text{Fe}_2\text{O}_3.$$

Le fer et ses oxydes sont supposés solides. Les réactions de réduction étudiées sont donc :

$$2\,\text{FeO} \quad + \quad 2\,\text{CO}\,(\text{g}) \quad = \quad 2\,\text{Fe} \quad + \quad 2\,\text{CO}_2\,(\text{g}) \qquad (\text{réaction (a)})$$

$$2\,\text{Fe}_3\text{O}_4 \quad + \quad 2\,\text{CO}\,(\text{g}) \quad = \quad 6\,\text{FeO} \quad + \quad 2\,\text{CO}_2\,(\text{g}) \qquad (\text{réaction (b)})$$

$$\frac{1}{2}\,\text{Fe}_3\text{O}_4 \quad + \quad 2\,\text{CO}\,(\text{g}) \quad = \quad \frac{3}{2}\,\text{Fe} \quad + \quad 2\,\text{CO}_2\,(\text{g}) \qquad (\text{réaction (c)})$$

$$6\,\text{Fe}_2\text{O}_3 \quad + \quad 2\,\text{CO}\,(\text{g}) \quad = \quad 4\,\text{Fe}_3\text{O}_4 \quad + \quad 2\,\text{CO}_2\,(\text{g}) \qquad (\text{réaction (d)})$$

c) Expressions des enthalpies libres standard de réaction

Les grandeurs sont calculées pour des températures inférieures à la température de fusion du fer (et donc des autres solides). À l'exception du dioxygène qui est gazeux, les autres participants sont solides.

En utilisant les données numériques indiquées au 1.2. et au 2.3.b), nous avons :

$$\Delta_\text{r}G^\circ_T(\text{a}) \;=\; \Delta_\text{r}G^\circ_T(2) \;-\; \Delta_\text{r}G^\circ_T(1')$$

$$\Delta_\text{r}G^\circ_T(\text{a}) \;=\; -\,33{,}2 \;+\; 0{,}0282.T \text{ kJ.mol}^{-1}$$

$$\Delta_\text{r}G^\circ_T(\text{b}) \;=\; \Delta_\text{r}G^\circ_T(2) \;-\; \Delta_\text{r}G^\circ_T(2')$$

$$\Delta_\text{r}G^\circ_T(\text{b}) \;=\; 73{,}6 \;-\; 0{,}0842.T \text{ kJ.mol}^{-1}$$

$$\Delta_\text{r}G^\circ_T(\text{c}) \;=\; \Delta_\text{r}G^\circ_T(2) \;-\; \Delta_\text{r}G^\circ_T(3')$$

$$\Delta_\text{r}G^\circ_T(\text{c}) \;=\; -\,6{,}5 \;+\; 10^{-4}.T \text{ kJ.mol}^{-1}$$

$$\Delta_\text{r}G^\circ_T(\text{d}) \;=\; \Delta_\text{r}G^\circ_T(2) \;-\; \Delta_\text{r}G^\circ_T(4')$$

$$\Delta_\text{r}G^\circ_T(\text{d}) \;=\; -\,94{,}4 \;-\; 0{,}0938.T \text{ kJ.mol}^{-1}$$

d) Tracé du diagramme ln $\left(\frac{p_{CO_2}}{p_{CO}}\right) = f\left(\frac{1}{T}\right)$

Pour chaque réaction, la constante d'équilibre standard s'exprime en fonction des pressions partielles d'équilibre :

$$K_T^\circ = \left(\frac{p_{CO_2}^{eq}}{p_{CO}^{eq}}\right)^2$$

et donc, en utilisant la relation entre constante d'équilibre standard et enthalpie libre standard de réaction :

$$\ln\left(\frac{p_{CO_2}^{eq}}{p_{CO}^{eq}}\right) = \frac{-\Delta_r G_T^\circ}{2RT}.$$

Nous obtenons donc l'équation de quatre droites :

$$\ln\left(\frac{p_{CO_2}^{eq}}{p_{CO}^{eq}}\right)_a = \frac{1996}{T} - 1{,}696$$

$$\ln\left(\frac{p_{CO_2}^{eq}}{p_{CO}^{eq}}\right)_b = -\frac{4426}{T} + 5{,}064$$

$$\ln\left(\frac{p_{CO_2}^{eq}}{p_{CO}^{eq}}\right)_c = \frac{390{,}9}{T} - 0{,}006$$

$$\ln\left(\frac{p_{CO_2}^{eq}}{p_{CO}^{eq}}\right)_d = \frac{5677}{T} + 5{,}641.$$

Trois de ces droites se coupent à la température T_i et ici encore, comme pour les diagrammes d'ELLINGHAM, il est possible d'assigner une espèce chimique stable en une région du plan c'est-à-dire quand la température et le rapport $\frac{p_{CO_2}}{p_{CO}}$ sont délibérément choisis par l'opérateur.

Les courbes (a), (b) et (c) sont représentées à la figure 7.10.

e) Étude du rapport $\left(\frac{p_{CO_2}}{p_{CO}}\right)_{\text{Boud.}}$ imposé par l'équilibre de BOUDOUARD

L'équilibre de BOUDOUARD est l'équilibre qui existe entre le monoxyde de carbone, le dioxyde de carbone et le carbone graphite solide :

$$\text{C (graphite)} + CO_2\text{ (g)} = 2\,CO\text{ (g)} \qquad \text{équilibre (e)}$$

$$\Delta_r G_T^\circ(e) = \frac{\Delta_r G_T^\circ(1) - \Delta_r G_T^\circ(2)}{2} = 172{,}5 - 0{,}1759 \text{ kJ.mol}^{-1}.$$

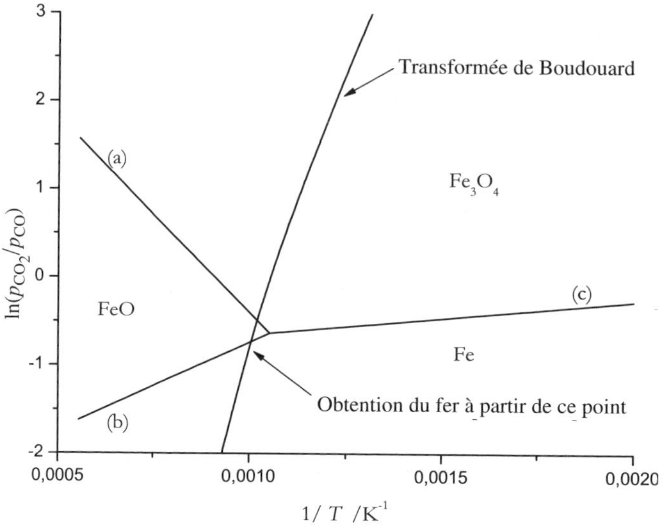

Figure 7.10 – Recherche des conditions opératoires pour obtenir la réduction des oxydes de fer en fer métallique par le mélange monoxyde de carbone/dioxyde de carbone fixé par l'équilibre de BOUDOUARD

Notre objectif est de calculer le rapport $\left(\dfrac{p_{CO_2}}{p_{CO}}\right)_{\text{Boud.}}$ existant lorsque l'équilibre existe. La constante standard de l'équilibre de BOUDOUARD s'écrit :

$$K_T^\circ(\text{Boud.}) = \frac{(\overline{p_{CO}}^{eq})^2}{(\overline{p_{CO_2}}^{eq})}.$$

Soit p la pression totale. Nous avons :

$$p = p_{CO} + p_{CO_2}.$$

Donc, à température et pression fixées, la pression de monoxyde de carbone est donnée par la résolution de l'équation :

$$K_T^\circ(\text{Boud.}) = \frac{(\overline{p_{CO}}^{eq})^2}{(\overline{p} - \overline{p_{CO}}^{eq})}$$

c'est-à-dire :

$$\overline{p_{CO}}^{eq} = \frac{1}{2}\left(-K_T^\circ + \sqrt{(K_T^\circ)^2 + 4K_T^\circ\overline{p}}\right)$$

et la pression en dioxyde de carbone est donnée par :

$$p_{CO_2}^{eq} = p - p_{CO}^{eq}.$$

L'expression numérique de la constante standard de l'équilibre de BOUDOUARD est :

$$K_T^\circ(\text{Boud.}) = \exp(21{,}15 - \frac{20748}{T}).$$

Application numérique pour p = 1 bar.

Pour chaque température du tableau ci-dessous ont été calculées, la constante d'équilibre, puis la pression d'équilibre du monoxyde de carbone, puis celle du dioxyde de carbone, le rapport des pressions et enfin le logarithme népérien de ce rapport.

Température / K	700	750	800	850	900	950	1000
$\ln\left(\frac{p_{CO_2}}{p_{CO}}\right)_{\text{Boud.}}$	4,238	3,2288	2,3468	1,5319	0,7598	– 0,0021	– 0,7795

Le tracé de la courbe $\ln\left(\frac{p_{CO_2}}{p_{CO}}\right)_{\text{Boud.}}$ en fonction de $\frac{1}{T}$ est appelée transformée de BOUDOUARD et permet de mettre en relation, à une température et une pression donnée, l'oxyde de fer (ou le fer) stable en présence du couple dioxyde de carbone/monoxyde de carbone avec du graphite : la courbe qui traduit l'équilibre de BOUDOUARD traverse un domaine de stabilité pour l'élément fer où seul l'oxyde FeO ou le fer Fe est stable. Remarquons que cette courbe dépend de la pression totale dans le milieu et est tracée ici pour une pression totale de 1 bar.

Cette étude permet, en reportant la transformée de BOUDOUARD sur le diagramme construit au 3.2.d), de déterminer la valeur minimale de température à atteindre pour observer la formation de fer métallique. Une température d'environ 1 000 K est nécessaire. Néanmoins, dans un haut-fourneau, réacteur industriel où le fer est élaboré, la pression est supérieure à la pression atmosphérique, et donc défavorise la réduction et nécessite une température supérieure. D'autre part, pour des raisons pratiques évidentes, le fait d'obtenir du fer liquide au terme de l'opération de réduction permet de récupérer le produit de réduction par gravité, en bas du réacteur. Dans le haut-fourneau sont introduits les réactifs (couches alternées d'oxydes de fer et de coke, anthracite dégazé). De l'air ou de l'oxygène chauffé sont injectés par le bas du réacteur. Les différents paramètres (par exemple, le débit gazeux) sont ajustés de façon que la combustion du graphite conduise au monoxyde de carbone et que la température soit ajustée à une valeur supérieure à la température de fusion du fer. Dans ces conditions, un liquide s'écoule par le bas du réacteur : il s'agit de fonte, alliage fer-carbone et non de fer pur (le problème de la formation d'alliage métal/carbone est fréquent lorsque le carbone est présent lors de la réduction).

Aspects industriels de l'élaboration du zinc

L'exploitation industrielle du zinc a commencé en Angleterre en 1740 ; actuellement, la production annuelle mondiale de zinc est d'environ 8 millions de tonnes. Il est utilisé dans l'industrie pour la protection des aciers (zincage), l'obtention d'alliages cuivreux (laitons) et la fabrication de tôles (toitures). Les minerais de zinc se trouvent dans la nature sous deux formes principales : les sulfures (blende et wurtzite) et les oxydes. Les cinq principaux pays producteurs sont la Chine, le Canada, le Japon, la Russie et l'Espagne. Dans les minerais, le zinc est très souvent associé à du plomb et à du cadmium ainsi qu'à du fer, du cuivre, du bismuth, de l'antimoine, de l'arsenic, du germanium et de l'indium. Les minerais de zinc sont la principale source de germanium et d'indium, éléments utilisés dans la fabrication de semi-conducteurs. La pyrométallurgie est la voie d'obtention du zinc utilisée pour les minerais riches en plomb et en autres impuretés métalliques valorisables. L'oxyde de zinc est réduit en présence de carbone à haute température (procédé Imperial Smelting). La première étape de la pyrométallurgie du zinc est le grillage des minerais : les sulfures sont transformés en oxyde par un grillage en présence d'air. L'anhydride sulfureux (SO_2) dégagé est utilisé pour la production d'acide sulfurique (2 tonnes de H_2SO_4 par tonne de zinc produite). La réaction est effectuée à une température voisine de 1 000-1 200 °C afin d'une part de limiter la teneur en soufre résiduel des oxydes obtenus (moins de 0,5 %) et d'autre part pour permettre la volatilisation d'une grande partie du cadmium contenu dans le minerai.

a) Grillage de la blende :

$$ZnS\,(s) \quad + \quad \frac{3}{2}O_2 \quad = \quad ZnO\,(s) \quad + \quad SO_2\,(g).$$

Des réactions parasites sont susceptibles de se produire, principalement la formation de sulfate selon des réactions qui ont lieu à 500 / 600 °C :

$$ZnO\,(s) \quad + \quad SO_2\,(g) \quad + \quad \frac{1}{2}O_2\,(g) \quad = \quad ZnSO_4\,(s)$$

$$ZnS\,(s) \quad + \quad 2\,O_2\,(g) \quad = \quad ZnSO_4\,(s).$$

Le sulfate formé est décomposé vers 900 °C en ZnO et SO_2. L'oxyde de zinc obtenu (la calcine) est ensuite réduit soit par voie thermique (10 % de la production), soit par voie électrochimique (90 % de la production).

b) Réduction de la calcine :

Dans le cadre de l'approximation d'ELLINGHAM, les équations correspondant au zinc sont :

$$2\,Zn\,(l) \quad + \quad O_2\,(g) \quad = \quad 2\,ZnO\,(s)$$

$$\Delta_r G^\circ \;=\; -\,714\,400 \;+\; 220{,}3.T \text{ kJ.mol}^{-1} \text{ pour } T \;<\; 1\,180 \text{ K}$$

$$2\,Zn\,(g) \quad + \quad O_2\,(g) \quad = \quad 2\,ZnO\,(s)$$

$$\Delta_r G^\circ \;=\; -\,944\,000 \;+\; 414{,}9.T \text{ kJ.mol}^{-1} \text{ pour } T \;>\; 1\,180 \text{ K}$$

La superposition des diagrammes d'ELLINGHAM du zinc et du carbone (cf cours) indique l'existence de deux points d'intersection, un à $T = 1\,217$ K, l'autre à $T = 1\,562$ K.

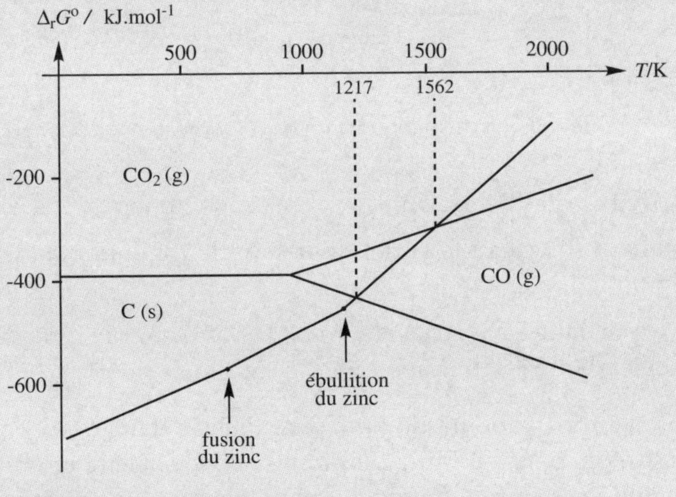

Figure 7.11 – Diagramme d'ELLINGHAM du zinc et du carbone

Deux réducteurs peuvent ainsi être utilisés :

- le carbone du couple CO/C si $T > 1\,217$ K;
- le monoxyde de carbone du couple CO_2/CO si $T > 1\,562$ K.

Dans les deux cas, le zinc est obtenu à l'état gazeux. Dans le procédé du haut fourneau (procédé en continu), le four est alimenté par le gueulard en minerai grillé, coke et produits fondants. L'air est injecté à la base du four, à la température de 700 - 750 °C, et provoque la combustion du carbone avec production de monoxyde de carbone. Cette réaction est exothermique et permet aux réactions endothermiques de réduction de se produire.

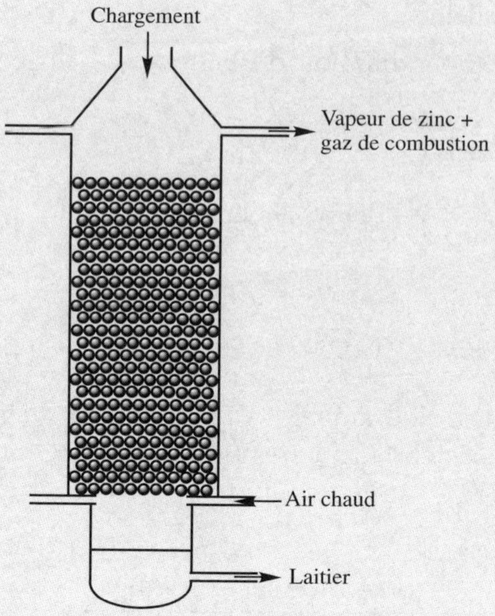

Figure 7.12 – Représentation schématique d'un haut fourneau pour l'élaboration du zinc

On recueille deux types de produits :

- en bas du haut fourneau le laitier contenant le fondant et la gangue ainsi que le plomb liquide ;
- en haut, un mélange gazeux vers 1 000 °C contenant le zinc ainsi que du dioxyde de carbone et du monoxyde de carbone.

Les gaz contenant les vapeurs de zinc sont dirigés dans deux condenseurs, où ils sont refroidis par une pluie de plomb à 450 °C. Cette opération a pour but d'éviter que les vapeurs de zinc réagissent avec le dioxyde de carbone présent pour former l'oxyde de zinc (voir le diagramme d'ELLINGHAM). Le zinc condensé forme avec le plomb un alliage qui est envoyé dans un système de refroidissement où il se sépare en deux phases, l'une riche en plomb est recyclée dans le condenseur, l'autre riche en zinc contenant de 1,50 à 2 % de plomb. Ce zinc impur est raffiné par distillation fractionnée avant son utilisation. On obtient du zinc pur à 99,99 %.

EXERCICES

7.1 Oxydation de l'argent par le dioxygène

L'argent est un métal utilisé en joaillerie car il conserve l'éclat métallique, même exposé au dioxygène atmosphérique.

1. Écrire la réaction (1) correspondant à l'oxydation de l'argent solide par le dioxygène avec $\nu_{O_2} = -1$.

2. Calculer l'enthalpie standard et l'entropie standard de la réaction (1) à la température de 298 K. Commenter les signes des grandeurs de réaction. On se placera dans la suite de l'exercice dans le cadre de l'approximation d'ELLINGHAM.

3. Calculer la pression de corrosion en dioxygène de l'argent métallique à T = 298 K.

4. L'air sec sous une pression de 1 bar est-il susceptible de corroder l'argent à $T = 298$ K ? À partir de quelle température l'argent est-il stable dans l'air sec sous une pression de 1 bar ?

Données :

Les données sont fournies à T = 298 K.

	Ag (s)	Ag_2O (s)	O_2(g)
$\Delta_f H^\circ$ / kJ.mol^{-1}		– 31,0	
S°_m / J.K^{-1}.mol^{-1}	42,5	121,3	205,0
T_{fus}/K	1235	décomp.	
$\Delta_{fus} H^\circ$ / kJ.mol^{-1}	11,3		

7.2 Oxydation par le chlorure d'hydrogène

Un courant de chlorure d'hydrogène passe au-dessus de cuivre métallique à la température de 1 000 K en l'absence de toute autre espèce chimique présente en phase gazeuse. La pression totale est fixée à un bar.

1. Écrire la réaction d'oxydation du cuivre solide en chlorure de cuivre(I) CuCl solide par le dichlore gazeux.

2. Calculer l'enthalpie libre standard de la réaction précédente en fonction de la température, dans le cadre de l'approximation d'ELLINGHAM.

3. À l'aide des données thermodynamiques, établir la valeur numérique de la pression de corrosion en dichlore à la température T. Application numérique à $T = 1\,000$ K.

4. Écrire la réaction de dissociation du chlorure d'hydrogène en dihydrogène et en dichlore. Calculer la pression en dichlore existant par la dissociation du chlorure d'hydrogène. Comparer cette valeur à la pression de corrosion calculée au 3. et conclure quant à la corrosion du cuivre par le courant de chlorure d'hydrogène gazeux.

	Cu (s)	CuCl (s)	Cl_2 (g)	H_2 (g)	HCl (g)
$\Delta_f H^\circ$ / kJ.mol^{-1}		– 137,3			– 92,3
S°_m / J.K^{-1}.mol^{-1}	33,2	86,2	223,0	130,6	186,8

7.3 Aluminothermie (d'après Mines-Ponts PC 98)

Cet exercice étudie la réduction de l'oxyde de chrome (III) par l'aluminium métal. Cette étape constitue l'étape-clé de la métallurgie du chrome. Si MOISSAN en 1893 mit au point la réduction de l'oxyde de chrome par le carbone, c'est GOLDSCHMIDT qui découvrit l'aluminothermie qui, seule, permettait de préparer de grandes quantités de chrome pur. Nous étudions avec les moyens actuels la thermodynamique de cette réaction. les couples oxydant-réducteur engagés ici sont notés Cr_2O_3 /Cr et Al_2O_3 /Al.

1. Écrire les équations-bilans donnant la réaction de formation de chaque oxyde avec la convention choisie.

L'allure du diagramme d'ELLINGHAM relatif à ces deux couples est indiquée figure 7.13.

2. Aux points A, B et C on observe un faible changement de coefficient directeur. À quel phénomène physique correspond chacun de ces points ? Donner le sens de variation du coefficient directeur, lorsque T augmente, pour le point B grâce à un raisonnement qualitatif que l'on exposera clairement.

3. Calculer la valeur numérique du coefficient directeur du segment NB, puis celui du segment BC.

On précise qu'à l'état liquide ou solide les espèces Al, Al_2O_3, Cr et Cr_2O_3 sont totalement non miscibles.

4. Écrire l'équation-bilan de la réduction d'une mole de Cr_2O_3, oxyde de chrome (III) par l'aluminium à 300 K. Utiliser le diagramme pour déterminer la possibilité thermodynamique de la réduction et conclure sur l'évolution du système lorsqu'on part des espèces Cr_2O_3 et Al.

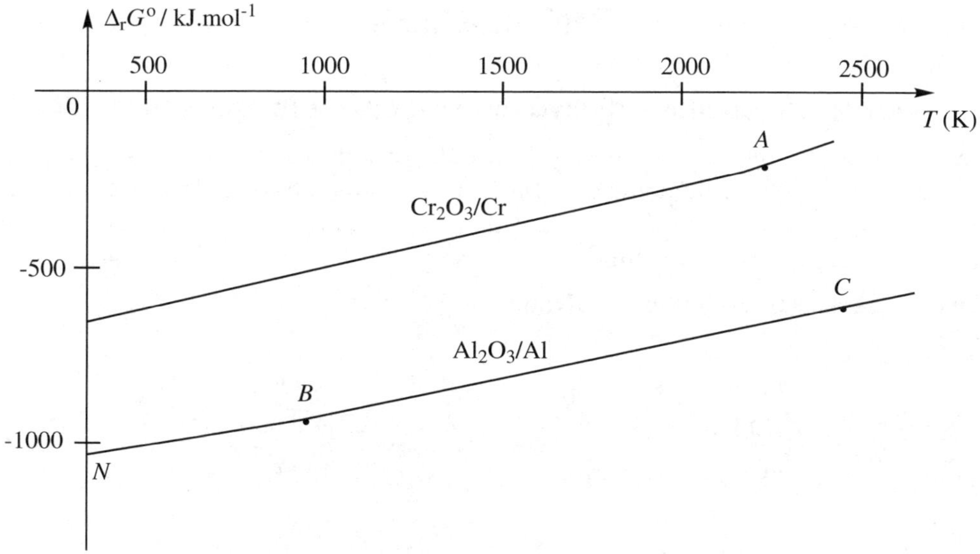

Figure 7.13 – Diagramme d'ELLINGHAM pour l'aluminium et le chrome

Données :

Températures de changement d'état : fusion de Al (660 °C), fusion de Al_2O_3 (2 050 °C), fusion du chrome (1 910 °C).

formule	$\Delta_f H^\circ$(kJ.mol^{-1})	S_m° (J.K^{-1}.mol^{-1})	$\Delta_{fus}H^\circ$(kJ.mol^{-1})
Al(s)		27	10
Al_2O_3(s)	−1700	51	110
Cr(s)		24	20
Cr_2O_3(s)	−1140	81	
O_2(g)		205	

PROBLÈMES

7.1 Quelques réactions d'oxydation du cuivre (d'après Véto 2002)

Le cuivre Cu, les oxydes de cuivre Cu_2O et CuO sont des solides et le dioxygène O_2 est gazeux dans le domaine de température étudié. Les enthalpies standard de réaction $\Delta_r H^\circ$ et les entropies standard de réaction $\Delta_r S^\circ$ sont considérées comme indépendantes de la température.

On considère les trois équilibres suivants :

$$\begin{array}{rcccl} 4\,Cu(s) & + & O_2(g) & = & 2\,Cu_2O(s) \quad (1) \\ 2\,Cu_2O(s) & + & O_2(g) & = & 4CuO(s) \quad (2) \\ 2\,Cu(s) & + & O_2(g) & = & 2\,CuO(s) \quad (3) \end{array}$$

On a :

$$\Delta_r G_1^\circ = -340 + 0{,}142T \text{ kJ.mol}^{-1}$$

$$\Delta_r G_2^\circ = -284 + 0{,}242T \text{ kJ.mol}^{-1}$$

1. Calculer $\Delta_r G_3^\circ$ associé à l'équilibre (3). Commenter les signes de $\Delta_r H_3^\circ$ et $\Delta_r S_3^\circ$.

2. Montrer que pour l'équilibre (3) en particulier,

$$\ln \frac{p_{O_2}^{eq}}{p^\circ}$$

peut se mettre sous la forme

$$\ln \frac{p_{O_2}^{eq}}{p^\circ} = \frac{A}{T} + B$$

($p_{O_2}^{eq}$ désigne la pression partielle en dioxygène lorsque l'équilibre est établi). On exprimera A et B en fonction de $\Delta_r H_3^\circ$, $\Delta_r S_3^\circ$ et R (constante des gaz parfaits).

3. On se place à 300 K, évaluer $p_{O_2}^{eq}$ et commenter la valeur obtenue.

4. On donne à 300 K les valeurs des pressions de dioxygène à l'équilibre (en bar) pour les équilibres (1) et (2) :

$p_{O_2}^{eq}(1)$	$p_{O_2}^{eq}(2)$
$1{,}3.10^{-52}$	$1{,}1.10^{-38}$

Déduire la forme stable de l'élément cuivre dans l'air à 27 °C et sous une pression $p_{O_2} = 21\,300$ Pa. On peut cependant conserver des objets en cuivre : proposer une explication.

Donnée : $R = 8{,}31$ J.K^{-1}.mol^{-1}.

7.2 Étude d'un équilibre chimique entre deux oxydes de cobalt (d'après Concours Communs Polytechniques TSI 2001)

On considère la réaction :

$$3\,CoO\,(s) \quad + \quad \frac{1}{2}\,O_2\,(g) \qquad = \qquad Co_3O_4\,(s).$$

Le dioxygène gazeux est supposé se comporter comme un gaz parfait. Les deux solides CoO (s) et Co_3O_4 (s) sont non miscibles.

1. On considère que l'enthalpie standard et l'entropie standard de la réaction sont indépendantes de la température. Exprimer l'enthalpie libre standard de la réaction en fonction de la température.

2. Calculer à la température de 1 150 K, la pression d'équilibre $p_{O_2}^{eq}$ correspondant à l'oxydation de l'oxyde de cobalt (II) CoO par le dioxygène O_2.

Un récipient de volume V_0 = 10 L contient initialement 1 mole de monoxyde de cobalt solide CoO (s) et 0,3 mole de dioxygène gazeux O_2 (g). Le récipient est maintenu à la température constante de T = 1 150 K.

3. L'oxyde de cobalt (II) CoO (s) est-il oxydé dans les conditions initiales ?

Le récipient subit une compression de volume jusqu'à atteindre un volume final de 1 L, à la température constante de 1 150 K.

4. Calculer le volume du récipient V_1 à partir duquel l'oxydation du monoxyde de cobalt solide CoO (s) a lieu.

5. Quelle est la variance de l'équilibre ? En déduire comment évolue la pression pendant l'oxydation de l'oxyde de cobalt (II) à température constante égale à 1150 K.

6. Faire un bilan de quantité de matière des espèces présentes dans le récipient lorsque l'oxyde de cobalt (II) a été totalement oxydé. En déduire le volume du récipient V_2 à partir duquel l'oxydation de l'oxyde de cobalt (II) cesse.

7. Calculer la pression finale de dioxygène lorsque le volume du récipient est $V_f = 1$ L.

8. Tracer de façon qualitative l'évolution de la pression de dioxygène gazeux en fonction du volume du récipient $p_{O_2} = f(V)$ lors de la compression du volume de 10 L à 1 L.

Données

Espèces chimiques	O_2 (g)	CoO (s)	Co_3O_4 (s)
$\Delta_f H^\circ$ / kJ.mol^{-1}		– 237,9	– 891
S_m° / J.K^{-1}.mol^{-1}	205,2	53	102,5

- 1 bar = 10^5 Pa ;
- R = 8,314 J.K^{-1}.mol^{-1} ;
- 1 L = 10^{-3} m^3.

7.3 Réduction de l'oxyde de plomb (Mines MP 2002)

L'oxyde de plomb PbO est réduit dans un haut-fourneau en présence de coke. Deux réducteurs peuvent intervenir : le carbone et le monoxyde de carbone. L'étude des réactions correspondantes est réalisée à l'aide du diagramme d'ELLINGHAM donné ci-dessous.

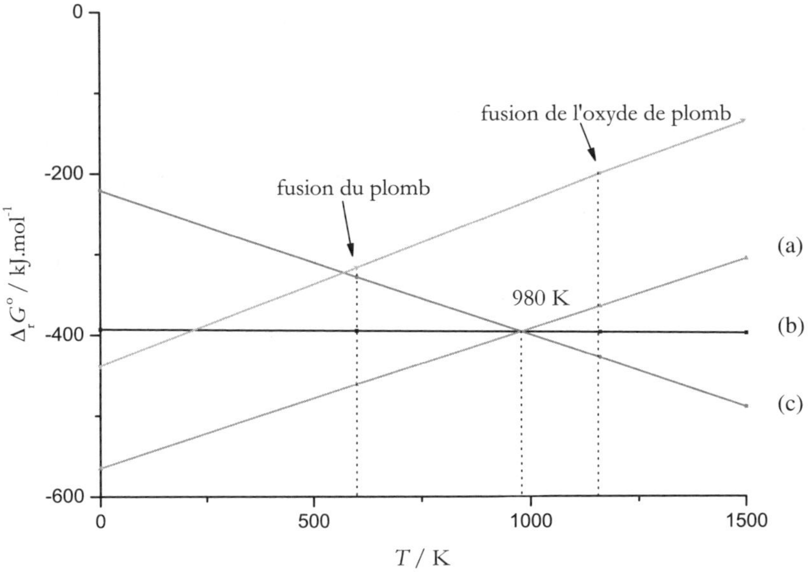

Figure 7.14 – Diagramme d'ELLINGHAM pour le carbone et le plomb

1. Rappeler en quoi consiste l'approximation d'ELLINGHAM et justifier le fait que le diagramme comporte un ensemble de segments de droite.

Sur la figure 7.14, sont représentées les droites d'ELLINGHAM relatives aux couples $CO(g)/C(s)$ (courbe a), $CO_2(g)/C(s)$ (courbe b) et $CO_2(g)/CO(g)$ (courbe c).

2. Que peut-on dire de la stabilité du monoxyde de carbone ? Montrer que le diagramme d'ELLINGHAM du carbone et de ses oxydes peut se simplifier. Le diagramme simplifié sera utilisé dans la suite du problème.

3. Déterminer, en exploitant le diagramme d'ELLINGHAM, la température à partir de laquelle la réduction de l'oxyde de plomb par le carbone est possible dans les conditions standard.

4. Écrire l'équation-bilan de la réaction correspondante pour $T < 600$ K. Exprimer son enthalpie libre standard de réaction en fonction de la température. Quelle est la température d'inversion T_i de cette réaction ? Que dire de la valeur de la constante d'équilibre si $T < T_i$? Si $T > T_i$?

5. Montrer que si la pression est fixée à la valeur $p_{CO_2} = p^\circ = 1$ bar, la donnée des enthalpies libres standard des réactions de formation des oxydes permet effectivement la prévision du sens d'évolution de la réaction étudiée à la question 4. On supposera les phases condensées pures.

6. Discuter, en utilisant le diagramme d'ELLINGHAM, la possibilité de réduire l'oxyde de plomb par le monoxyde de carbone.

Données :

Enthalpies libres standard de réaction (en kJ.mol^{-1}) :

$$\mathrm{C\,(s)} + \mathrm{O_2\,(g)} = \mathrm{CO_2\,(g)} \qquad \Delta_r G_1^\circ = -393 - 0{,}003.T$$

$$\mathrm{2Pb\,(s)} + \mathrm{O_2\,(g)} = \mathrm{2\,PbO\,(s)} \qquad \Delta_r G_2^\circ = -438 + 0{,}202.T$$

7.4 Élaboration du magnésium par réduction de l'oxyde de magnésium

Le magnésium n'existe pas à l'état libre dans la nature mais l'abondance de ses composés est telle qu'il occupe la huitième place dans la lithosphère. La plus grande partie du magnésium produite dans le monde est préparée par électrolyse du chlorure de magnésium fondu. Le procédé électrolytique étant coûteux, la réduction de la magnésie (oxyde de magnésium MgO) par voie thermique s'est développée.

On s'intéresse dans ce problème à la préparation du magnésium par le procédé *Magnétherm* dans lequel l'oxyde de magnésium est réduit par le silicium.

Données :

$R = 8{,}314$ J.K^{-1}.mol^{-1} (constante des gaz parfaits).

Le domaine de température s'étend de 298 K à 2 550 K. L'oxyde de magnésium reste toujours solide.

Composé	Mg	Si	SiO_2
T_{fus} (K)	923	1 700	1 973
T_{vap} (K)	1 380	2 563	> 2 600
$\Delta_{fus}H^\circ$ (kJ.mol^{-1})	9,0	39,6	8,8

Dans un premier temps, ce problème souhaite vérifier l'utilisation de l'approximation d'ELLINGHAM en admettant qu'un modèle thermodynamique simplificateur est jugé satisfaisant si les valeurs auxquelles il conduit ne s'écartent pas de plus de 5 % de celles calculées sans approximation.

1.a. On étudie la réaction :

$$\text{Si (s)} \quad + \quad \text{O}_2\text{ (g)} \quad = \quad \text{SiO}_2\text{ (s)} \qquad (1)$$

Donner les expressions littérales générales de l'enthalpie standard de réaction $\Delta_r H_1^\circ(T)$ et de l'entropie standard de réaction $\Delta_r S_1^\circ(T)$ (aucun calcul n'est demandé). On notera T_{ref} la température de référence et $C_{p,\text{m}}^\circ$ les capacités thermiques molaires standard à pression constante. Établir sans approximation l'expression littérale donnant l'enthalpie libre standard $\Delta_r G_1^\circ(T)$.

1.b. Le tableau suivant regroupe les valeurs numériques des capacités thermiques molaires standard à pression constante $C_{p,\text{m}}^\circ$, des entropies standard molaires S_m° et des enthalpies standard de formation $\Delta_f H^\circ$ à la température de référence $T_{\text{ref}} = 298$ K.

Composé	$C_{p,\text{m}}^\circ$ (J.K^{-1}.mol^{-1})	S_m° (J.K^{-1}.mol^{-1})	$\Delta_f H^\circ$ (kJ.mol^{-1})
Si(solide)	19,8	18,8	0
SiO_2(solide)	44,6	41,5	−910,7
O_2(gaz)	29,4	205,0	0

On supposera les capacités thermiques molaires standard à pression constante indépendantes de la température sur le domaine étudié.

Entre 298 K et 1 700 K, vérifier que l'écart entre l'enthalpie standard de réaction $\Delta_r H_1^\circ(T)$ calculée sans approximation et l'enthalpie standard de réaction $\Delta_r H_1^\circ(T_{\text{ref}})$ ne dépasse pas 5 %. Effectuer la même vérification pour l'entropie standard de réaction $\Delta_r S_1^\circ(T)$.

Donner l'expression de l'enthalpie libre standard $\Delta_r G_1^\circ(T)$ en kJ.mol^{-1} obtenue à partir de l'approximation d'ELLINGHAM. Dans la suite de l'exercice nous admettrons sans vérification que cette approximation est valable sur tout le domaine de température étudié.

2.a. Déterminer l'expression de l'enthalpie libre standard $\Delta_r G_i^\circ(T)$ associée aux réactions (2) et (3). On exprimera $\Delta_r G_i^\circ$ en kJ.mol^{-1} et T en K.

Entre 1 700 K et 1 973 K :

$$\text{Si (liq)} \quad + \quad \text{O}_2\text{ (g)} \quad = \quad \text{SiO}_2\text{ (s)} \qquad (2)$$

et entre 1 973 K et 2 550 K :

$$\text{Si (liq)} \quad + \quad \text{O}_2\text{ (g)} \quad = \quad \text{SiO}_2\text{ (liq)} \qquad (3)$$

On indique pour les réactions (4), (5) et (6) les expressions des enthalpies libres standard $\Delta_r G_i^\circ(T)$ avec $\Delta_r G_i^\circ$ en kJ.mol^{-1} et T en K.

Entre 298 K et 923 K :

$$2\text{Mg (s)} \quad + \quad \text{O}_2\text{ (g)} \quad = \quad 2\text{MgO (s)} \qquad (4)$$

$$\Delta_r G_4^\circ = -\ 1\ 203{,}0 + 0{,}216T.$$

Entre 923 K et 1 380 K :

$$2\text{Mg (liq)} \quad + \quad \text{O}_2\text{ (g)} \quad = \quad 2\text{MgO (s)} \qquad (5)$$

$$\Delta_r G_5^\circ = -\ 1\ 221{,}0 + 0{,}236T.$$

Entre 1 380 K et 2 550 K :

$$2\text{Mg (g)} \quad + \quad \text{O}_2\text{ (g)} \quad = \quad 2\text{MgO (s)} \qquad (6)$$

$$\Delta_r G_6^\circ = -\ 1\ 493{,}0 + 0{,}433.T.$$

2. b. Représenter l'allure des droites $\Delta_r G_i^\circ = f(T)$ pour le domaine de température compris entre 298 K et 2 550 K.

2.c. Justifier le signe de la pente observée pour le couple SiO_2 (s)/Si(s).

Industriellement l'opération de réduction de la magnésie par le silicium a lieu dans un four à la température de 1 773 K. On travaillera désormais à cette température.

3.a. Écrire l'équation-bilan de la réaction industrielle de réduction de l'oxyde de magnésium en magnésium par le silicium en précisant l'état physique de chaque composé.

3.b. Exprimer puis calculer, à 1 773 K, l'enthalpie libre standard de réaction $\Delta_r G^\circ$.

On considère les phases condensées non miscibles. Dans la suite, on note p la pression partielle du magnésium et p_{eq} sa valeur à l'équilibre.

3.c. Exprimer la constante d'équilibre K° associée à cette réaction en fonction de la pression partielle du magnésium à l'équilibre p_{eq} et des activités des divers constituants. Calculer la valeur numérique de K° à 1 773 K. En déduire p_{eq}.

3.d. Donner l'expression de l'affinité chimique $\mathcal{A}$ en fonction de p et p_{eq}. Dans quelle gamme de pression la réaction se produit-elle dans le sens souhaité ?

7.5 Obtention du mercure (CCP TSI 1999)

L'élément mercure Hg existe à l'état naturel sous forme de sulfure mercurique HgS appelé cinabre. L'obtention du mercure nécessite le grillage du sulfure mercurique en présence de dioxygène pour former l'oxyde mercurique HgO qui se décompose facilement à chaud en mercure gazeux.

Données :

Les gaz sont assimilés à des gaz parfaits, le mercure est à l'état liquide à 25 °C sous $p° = 1$ bar.

Constante des gaz parfaits : $R = 8{,}314$ J.K^{-1}.mol^{-1}.

Corps	$Hg(liq)$	$HgO(s)$	$O_2(g)$
S°_{m} (J.K^{-1}.mol^{-1})	76,0	70,3	205,0
$\Delta_{vap}H°$ à 298 K (kJ.mol^{-1})	58,1		
Température d'ébullition sous $p°$ (K)	630		

La figure 7.15 représente les diagrammes d'ELLINGHAM donnant l'enthalpie libre standard de quelques réactions d'oxydation par le dioxygène, ramenées à une mole de dioxygène gazeux.

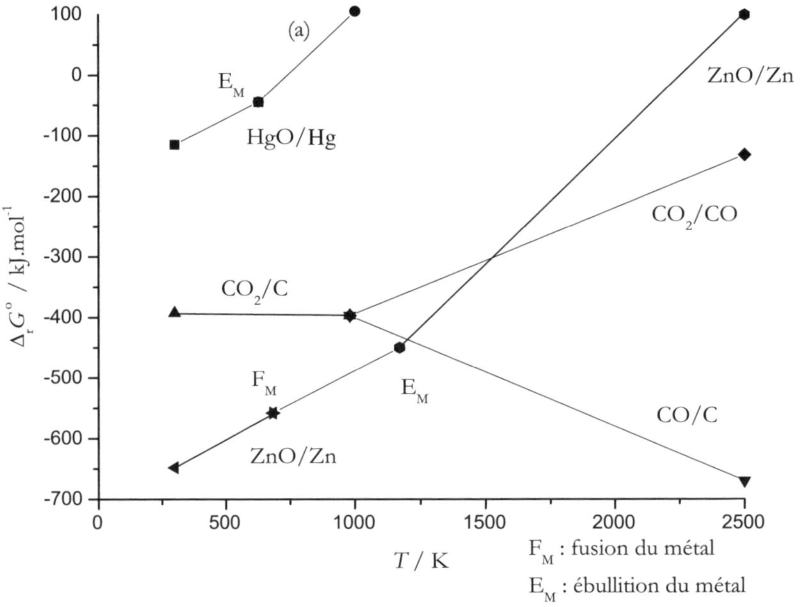

Figure 7.15 – Diagramme d'ELLINGHAM pour le mercure, le zinc et le carbone

1. Que représentent l'ordonnée à l'origine et le coefficient directeur d'une droite ?

Afin d'analyser la stabilité de l'oxyde mercurique HgO, on étudie le diagramme associé à la réaction

$$2\,Hg \quad + \quad O_2\,(g) \quad = \quad 2\,HgO$$

2. À l'aide du diagramme d'ELLINGHAM et du résultat de la question 1, prévoir quelle est l'influence d'une augmentation de température, à pression et composition constantes sur l'équilibre (1) :

$$2\,\mathrm{Hg\,(liq)} \quad + \quad \mathrm{O_2\,(g)} \quad = \quad 2\,\mathrm{HgO\,(s)} \qquad (1)$$

3. Comment expliquer un changement de coefficient directeur sur un diagramme d'ELLINGHAM ? Calculer le coefficient directeur de la portion (a) et comparer au graphe.

4. Exprimer l'affinité chimique de la réaction (1) en fonction de l'enthalpie libre standard $\Delta_r G^\circ(T)$ de la réaction, de la pression p_{O_2} en dioxygène et de la température T. Peut-on obtenir du mercure Hg liquide par simple chauffage de HgO(s) sous $p_{O_2} = 0{,}2$ bar (pression en dioxygène dans l'air atmosphérique) ?

5. On souhaite obtenir du mercure Hg gazeux sous la pression partielle $p_{\mathrm{Hg}} = 1$ bar. En considérant la réaction

$$2\,\mathrm{Hg\,(g)} \quad + \quad \mathrm{O_2\,(g)} \quad = \quad 2\,\mathrm{HgO\,(s)} \qquad (1')$$

montrer que cette obtention est possible par simple chauffage de HgO(s) au-delà d'une température T_m, la pression en dioxygène étant toujours fixée à 0,2 bar. Déterminer la valeur de T_m en utilisant le graphe.

6. Le zinc qui est situé dans la même colonne que le mercure n'est pas obtenu industriellement par simple chauffage de son oxyde ZnO. En justifiant, préciser quel est le problème posé par l'obtention de Zn gazeux par simple chauffage de l'oxyde ZnO. On considèrera $p_{\mathrm{Zn}} = 1$ bar et $p_{O_2} = 0{,}2$ bar.

7. Proposer deux réducteurs permettant d'obtenir le zinc à partir de son oxyde. Pour chacun d'eux, préciser le domaine de température dans lequel la méthode est envisageable ainsi que la phase sous laquelle se trouvera le zinc.

7.6 Élaboration du titane (Mines-Ponts PSI 2001)

À résoudre sans calculatrice (grandeurs numériques approchées).

Données :

	O_2(g)	Cl_2(g)	C (gr.)	TiO_2(s)	$TiCl_4$(g)	Ti (α)	CO(g)
$\Delta_f H^\circ$(kJ.mol^{-1})				-900	-750		-100
S°_m (J.K^{-1}.mol^{-1})	200	200	10	50	350	30	200

Pour obtenir le titane métal, il faut réduire le dioxyde de titane. Un réducteur très utilisé en sidérurgie est le carbone graphite (coke), noté (gr.).

1. Tracer l'allure du diagramme d'ELLINGHAM pour les couples TiO_2(s)/Ti et CO(g)/C(gr.) entre 0 et 2 500 K. Écrire la réaction de réduction de TiO_2 par le carbone graphite. Montrer que cette réaction n'est possible qu'à très haute température.

En fait, on ne fait pas comme cela car à ces températures il y a formation de carbures de titane qui empoisonnent le titane. On passe donc par un intermédiaire qui est le tétrachlorure de titane $TiCl_4$ que l'on prépare par attaque du minerai. Une méthode de passage de TiO_2 à $TiCl_4$ consisterait en la chloration directe de TiO_2 (réaction (1)) :

$$TiO_2\,(s) \quad + \quad 2Cl_2\,(g) \quad = \quad TiCl_4\,(g) \quad + \quad O_2\,(g)$$

2. À l'aide des valeurs numériques, calculer $\Delta_r G_1^\circ(T)$ et montrer qu'il est nécessaire d'opérer à plus de 1 800 K pour obtenir une réaction totale ($K^\circ > 10$). On donne $R \ln 10 = 20$ J.K^{-1}.mol^{-1}.

En fait cette réaction est utilisée dans le sens inverse pour régénérer l'oxyde à partir du chlorure dans le procédé d'obtention du dioxyde de titane au dichlore. En pratique l'oxyde est mélangé à du coke (environ 100 à 450 kg par tonne de minerai) vers 800 -1 000 °C selon le bilan (réaction (2))

$$TiO_2\,(s) \quad + \quad 2\,Cl_2\,(g) \quad + \quad 2\,C\,(gr.) \quad = \quad TiCl_4\,(g) \quad + \quad 2\,CO\,(g)$$

Puis $TiCl_4$(g) est condensé sous forme liquide et purifié par distillation fractionnée.

3. Calculer $\Delta_r G_2^\circ(T)$ et montrer que dans l'intervalle de température considéré la réaction est thermodynamiquement possible.

On envisage ensuite une réduction métallurgique de $TiCl_4$. On donne le diagramme de l'enthalpie libre standard de la réaction

$$\frac{1}{a}\,M \quad + \quad Cl_2\,(g) \quad = \quad \frac{1}{a}\,M\,Cl_2$$

en fonction de la température (diagramme d'ELLINGHAM des chlorures) des couples suivants : $TiCl_4$/Ti, $MgCl_2$/Mg et NaCl/Na. F et E désignent respectivement les températures de fusion et d'ébullition des chlorures métalliques, f et e désignent respectivement les températures de fusion et d'ébullition des métaux.

4. En transposant au cas des chlorures les connaissances acquises dans le cadre des diagrammes d'ELLINGHAM des oxydes, montrer que le magnésium et le sodium peuvent être utilisés pour la réduction du tétrachlorure de titane. Écrire les réactions de formation des trois chlorures. En déduire les réactions de réduction de $TiCl_4$ soit par Mg (procédé KROLL), soit par Na (procédé HUNTER)

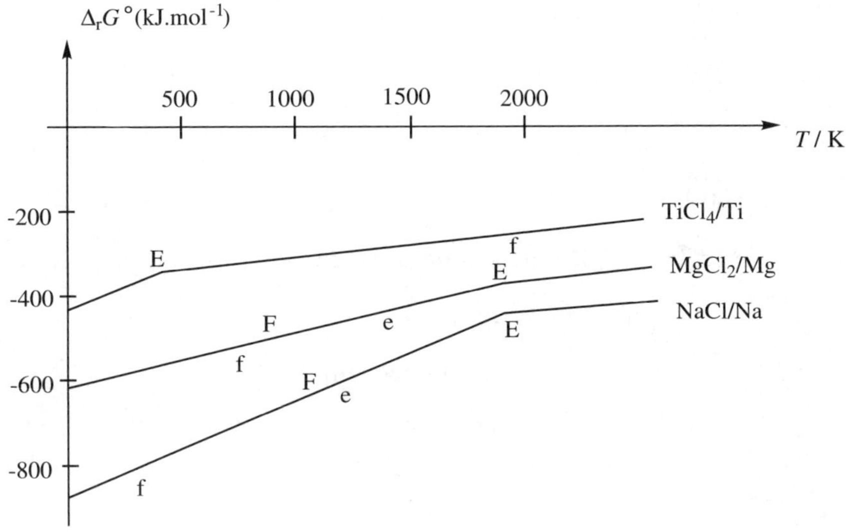

Figure 7.16 – Diagramme d'ELLINGHAM pour le dichore réactif oxydant et les métaux Ti, Mg et Na

7.7 La réduction du trioxyde de tungstène par le dihydrogène (d'après Centrale TSI 2003)

Le diagramme d'ELLINGHAM du tungstène fait intervenir les équilibres suivants :

$$2\,W_{10}O_{29}\,(s) + O_2\,(g) = 20\,WO_3\,(s) \qquad \text{réaction (1)}$$

$$\frac{10}{3}\,W_4O_{11}\,(s) + O_2\,(g) = \frac{4}{3}\,W_{10}O_{29}\,(s) \qquad \text{réaction (2)}$$

$$\frac{8}{3}\,WO_2\,(s) + O_2\,(g) = \frac{2}{3}\,W_4O_{11}\,(s) \qquad \text{réaction (3)}$$

$$W\,(s) + O_2\,(g) = WO_2\,(s) \qquad \text{réaction (4)}$$

dont les enthalpies libres standard de réaction sont données par les expressions linéarisées suivantes (en kJ.mol^{-1}) :

$$\Delta_r G_1^\circ = -\,620{,}78 + 267{,}47.10^{-3}.T$$

$$\Delta_r G_2^\circ = -\,668{,}24 + 307{,}32.10^{-3}.T$$

$$\Delta_r G_3^\circ = -\,530{,}41 + 146{,}57.10^{-3}.T$$

$$\Delta_r G_4^\circ = -\,584{,}76 + 175{,}04.10^{-3}.T$$

1. Généralités sur les diagrammes d'ELLINGHAM

1.a. Quelle condition doivent respecter les équations stœchiométriques des réactions étudiées ?

1.b. En quoi consiste l'approximation d'ELLINGHAM ?

2. Réduction par le dihydrogène

L'équilibre :

$$2\,H_2\,(g) \quad + \quad O_2\,(g) \qquad = \qquad 2\,H_2O\,(g) \qquad \text{réaction (5)}$$

est caractérisée par l'enthalpie libre standard de réaction (toujours en en kJ.mol^{-1}) :

$$\Delta_r G_5^\circ \;=\; -\,495{,}84 \;+\; 111{,}94.10^{-3}.T.$$

Les droites d'ELLINGHAM sont représentées à la figure 7.17.

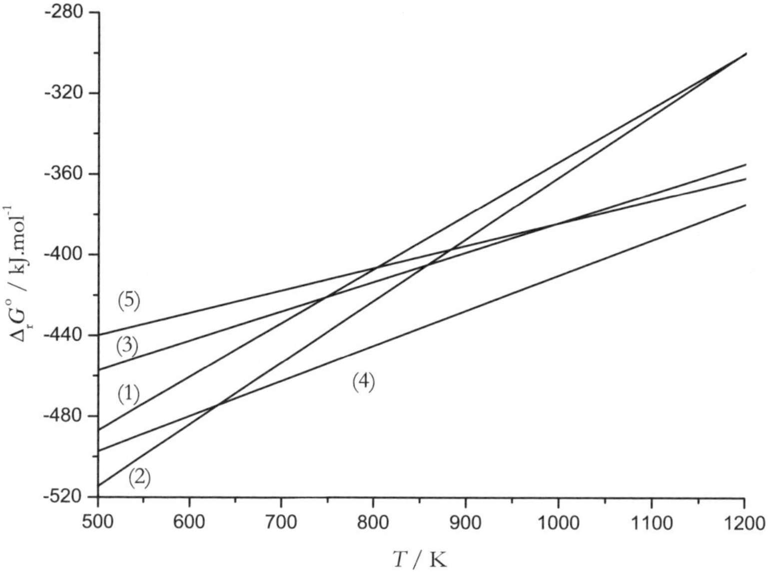

Figure 7.17 – Diagramme d'ELLINGHAM partiel du tungstène

2.a. Dans quelles conditions de pression et de température est-il *a priori* possible de réduire les oxydes de tungstène par le dihydrogène ?

2.b. Dans les équations des réductions successives des oxydes de tungstène par le dihydrogène écrites avec le même nombre stœchiométrique égal à 1 (nombre stœchiométrique arithmétique) devant H_2 et H_2O, déterminer les nombres stœchiométriques α_i et β_i des oxydes de tungstène :

$$\alpha_6\,WO_3\,(s) + H_2\,(g) = \beta_6\,W_{10}O_{29}\,(s) + H_2O\,(g) \quad (6)$$

$$\alpha_7\,W_{10}O_{29}\,(s) + H_2\,(g) = \beta_7\,W_4O_{11}\,(s) + H_2O\,(g) \quad (7)$$

$$\alpha_8\,W_4O_{11}\,(s) + H_2\,(g) = \beta_8\,WO_2\,(s) + H_2O\,(g) \quad (8)$$

$$\alpha_9\,WO_2\,(s) + H_2\,(g) = \beta_9\,W\,(s) + H_2O\,(g) \quad (9)$$

2.c. Déterminer les expressions des enthalpies libres standard des réaction (i) $\Delta_r G_i^\circ$ avec i de 6 à 9, en fonction de la température.

3. La variance

3.a. Définir la variance d'un système en équilibre et la calculer lorsqu'un seul des équilibres précédents (6) à (9) est établi.

3.b. Ces équilibres sont-ils sensibles à une modification de la pression totale p ? Conclure.

3.c. À température fixée, ces équilibres peuvent-ils être simultanés ? Combien de phases solides peuvent-elles coexister ?

4. Tracer sur un diagramme les droites $\log(K_T^\circ) = f(1/T)$ (log : logarithme décimal) pour les équilibres (6) à (9).

5. Si on introduit dans un réacteur initialement vide, les oxydes WO_3 (s) et $W_{10}O_{29}$ (s), de la vapeur d'eau et du dihydrogène de telle sorte que le produit (ou quotient) de réaction Π défini par :

$$\Pi = \frac{p_{H_2O}}{p_{H_2}}$$

ait constamment une valeur supérieure à celle qu'il doit avoir si l'équilibre (6) est réalisé à la température T, quel est le signe de l'affinité chimique du système vis-à-vis de la réaction (6) ? Que se passe-t-il alors ? Quel est l'oxyde stable ?

6. Attribuer une espèce stable à chacun des domaines délimités par les droites du diagramme tracé à la question 4. Montrer qu'un des oxydes se dismute. Lequel ? Écrire la réaction de dismutation. Sans calcul, corriger le diagramme dans cette partie en traçant approximativement une demi-droite supplémentaire et en rayant les parties devenues inutiles.

7. La réduction d'un minerai contenant l'oxyde WO_3 (s) par le dihydrogène s'opère généralement vers 750 K. Décrire les différentes étapes du processus. Comment varie le rapport de la pression partielle d'eau à la pression partielle de dihydrogène au fur et à mesure de l'introduction du dihydrogène (seule une étude qualitative est demandée).

7.8 Étude thermodynamique de la métallurgie du silicium (d'après Polytechnique PC 2002)

On se propose d'expliquer les conditions choisies industriellement pour la production du silicium. Celle-ci met en œuvre la réduction de la silice par le carbone, dans un four électrique à arc, à une température de l'ordre de 1 700 °C. La difficulté principale tient à ce que l'on doit éviter la formation de carbure de silicium SiC, ce qui conduit à traiter dans le four un mélange dosé de sable (SiO_2) et de coke (carbone).

Données :

T_{fus}(Si) = 1 410 °C ; T_{eb}(Si) = 2 355 °C

1. Utilisation du diagramme d'ELLINGHAM

1.a. Rappeler en quoi consiste l'approximation d'ELLINGHAM.

1.b. Considérant le diagramme d'ELLINGAM du silicium et du carbone, représenté sur la figure 7.18, justifier le choix du carbone comme réducteur. Trouver le domaine de température utilisable.

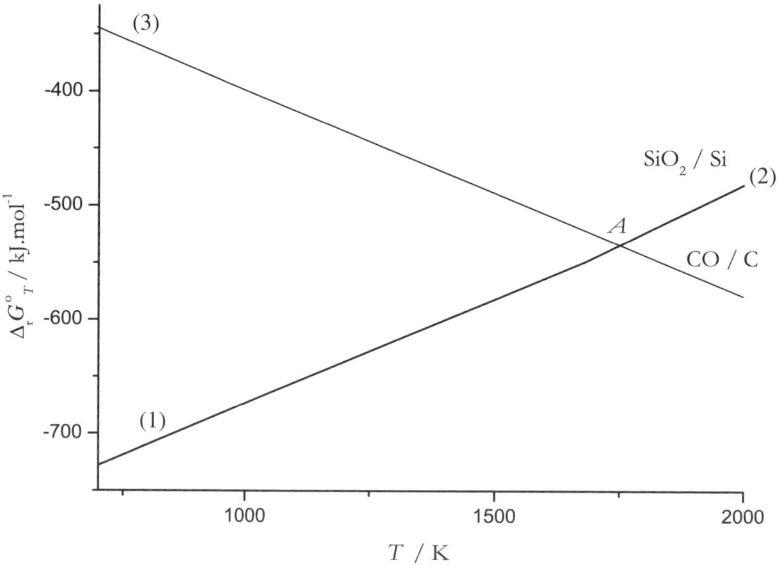

Figure 7.18 – Diagramme d'ELLINGHAM pour le silicium

1.c. Expliquer simplement pourquoi les segments (1) et (2) d'une part, (3) d'autre part ont des pentes de signe contraire. Interpréter physiquement le changement de pente au point A. Sachant que l'augmentation de la pente est voisine de 30 J.mol^{-1}.K^{-1}, en déduire une estimation de la variation d'enthalpie $\Delta_t H^\circ$(Si) de la transformation mise en jeu. Sous quelle forme physique récupère-t-on le silicium par ce procédé ?

1.d. Les équations des segments (2) et (3) sont respectivement :

$$(2) \qquad \Delta_r G_2^\circ = -907\,000 + 213.T \qquad \text{en J.mol}^{-1}$$

$$(3) \qquad \Delta_r G_3^\circ = -221\,000 - 179.T \qquad \text{en J par mole de } O_2.$$

Montrer que la réduction de la silice par le carbone est endothermique.

2. Limitation de la quantité de carbone

Pour obtenir les renseignements nécessaires à la métallurgie du silicium, nous allons utiliser les diagrammes de stabilité thermodynamique : ils permettent de déterminer les phases stables en présence d'une phase gazeuse. Nous choisissons comme réducteur gazeux le monoxyde de carbone, produit d'oxydation du carbone à haute température. À titre d'exemple, la figure 7.19 représente le diagramme de stabilité du système Al-C-O à 1 500 K : il comporte trois segments séparant le plan en plusieurs domaines correspondant aux solides stables en présence d'une phase gazeuse dont la composition est donnée par l'abscisse graduée en $\log(\overline{p}_{CO})$ où $\overline{p}_{CO}$ est le rapport de la pression partielle en monoxyde de carbone à la pression de référence p° = 1 bar et l'ordonnée graduée en $\log(\overline{p}_{CO_2})$.

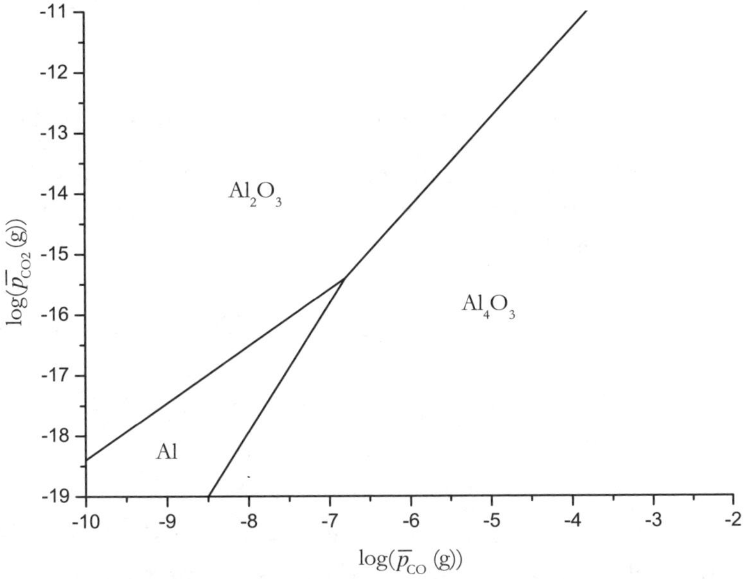

Figure 7.19 – Diagramme de stabilité thermodynamique du système Al-C-O à 1 500 K

La pente du segment est liée aux nombres stœchiométriques apparaissant dans l'équation-bilan de l'équilibre relatif aux deux espèces envisagées. La frontière entre

Al_2O_3 et Al, de pente 1, correspond ainsi à l'équation :

$$Al_2O_3\ (s) \quad + \quad 3\,CO\ (g) \quad = \quad 2\,Al\ (s) \quad + \quad 3\,CO_2\ (g).$$

On ne peut, dans le procédé industriel de production du silicium, maintenir la température dans le four à la valeur désirée par combustion d'un excès de carbone. Il faut tenir compte en effet du risque de formation de SiC.

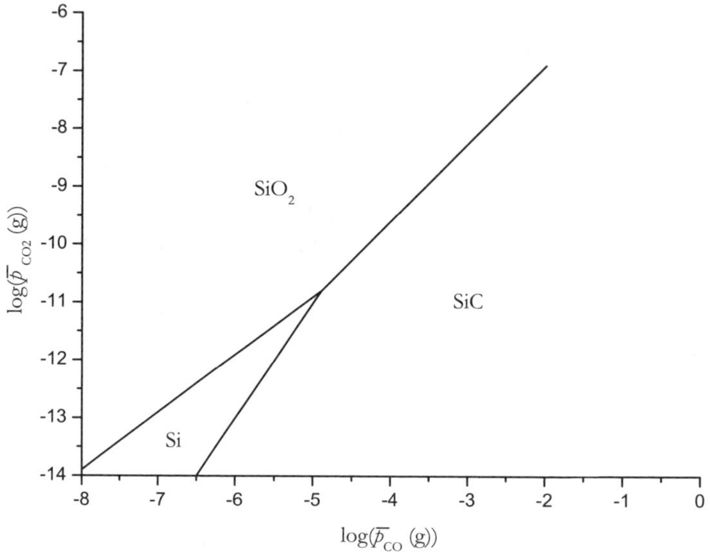

Figure 7.20 – Diagramme de stabilité thermodynamique du système Si-C-O à 1 500 K

La figure 7.20 montre le diagramme de stabilité thermodynamique du système Si-C-O respectivement à 1 500 K. Les solides envisagés sont Si, SiO_2 et SiC en présence de la phase gazeuse CO, CO_2.

2.a. Déterminer les pentes des trois segments connaissant les coordonnées du point triple à 1 500 K ($\log(\overline{p}_{CO}) = -\ 4{,}9$ et $\log(\overline{p}_{CO_2}) = -\ 10{,}8$) et les coordonnées des trois autres points :

Couple à 1500 K	SiO_2/Si	SiO_2/SiC	SiC/Si
$\log(\overline{p}_{CO})$	$-8{,}0$	$-2{,}0$	$-6{,}5$
$\log(\overline{p}_{CO_2})$	$-13{,}9$	$-6{,}9$	$-14{,}0$

En déduire les équations des équilibres chimiques correspondant aux trois frontières.

2.b. Quelle est la valeur de la variance du système au point triple ?

2.c. Donner une valeur approchée de la constante d'équilibre relative à la réduction de la silice en silicium par le monoxyde de carbone à 1 500 K.

2.d. Déduire des données précédentes les raisons d'une limitation impérative de la quantité de carbone dans le procédé industriel d'élaboration du silicium.

Chapitre 8

Diagrammes binaires

Dans ce chapitre seront étudiées les propriétés physico-chimiques des systèmes à deux constituants où coexistent éventuellement deux phases. Notre étude se focalisera sur les systèmes constitués d'une phase liquide et d'une phase gazeuse. Nous étendrons ensuite cette étude aux systèmes constitués éventuellement de deux phases liquides non miscibles et d'une phase gazeuse.

1. Généralités sur les diagrammes binaires

Un diagramme binaire est une représentation graphique donnant les propriétés d'équilibre d'un système physico-chimique comportant deux constituants. Les grandeurs rapportées sont la nature et la composition des phases qui coexistent dans des conditions de température et de pression. Il est ainsi justifié de débuter l'étude de ces systèmes par l'analyse de la variance et ses conséquences (il s'agit donc de données sur des grandeurs intensives).

1.1 Règle des phases

Un système préparé par mélange de quantités de matière connues de deux constituants A et B placés dans des conditions fixées de température et de pression, peut se présenter sous une ou plusieurs phases.

Par exemple, les mélanges eau/éthanol présentent, sous la pression de 1 bar et selon la température une ou plusieurs phases solides (qui sont dans ce cas des corps purs) en présence d'une phase liquide ou une phase liquide coexistant avec une phase gazeuse, ou à température suffisamment élevée, une phase gazeuse unique. Les mélanges eau/toluène, sous une pression de 1 bar et à des températures supérieures à 0 °C, se présentent sous la forme de deux phases liquides, éventuellement coexistant avec une phase gazeuse, ou d'une phase liquide coexistant avec une phase gazeuse, ou une seule phase gazeuse à des températures suffisamment élevées.

a) Variance

Utilisons la règle des phases de GIBBS.

Dans un système binaire, $c = 2$ (deux constituants chimiques indépendants). Donc $v = 4 - \varphi$.

Selon le nombre de phases présentes, la variance dépend du nombre de phases présentes.

- une phase : $v = 3$

  Il est possible de choisir trois paramètres intensifs, par exemple la température, la pression et la composition de la phase unique ;

- deux phases : $v = 2$

  Il est possible de choisir librement deux paramètres intensifs, par exemple température et pression. Si ces deux paramètres sont choisis, la composition des phases en présence est fixée ;

- trois phases : $v = 1$

  Si on choisit la pression (par exemple $p = 1$ bar), alors la température et la composition des phases sont fixées.

b) Conséquences

La coexistence de deux phases fixe la composition de celles-ci lorsque la température et la pression sont choisies par l'opérateur (les paramètres intensifs sont *a priori* assez facilement fixés par celui-ci). Notons α et β les deux phases en présence (par exemple, deux liquides ou un liquide et un gaz).

Il existe donc *a priori* quatre fonctions qui servent à la description du système :

$$x_A^\alpha(T,\, p), \quad x_B^\alpha(T,\, p), \quad x_A^\beta(T,\, p) \quad \text{et} \quad x_B^\beta(T,\, p).$$

Ces grandeurs traduisent la composition de la phase et sont, dans chaque phase, le rapport de la quantité de matière du constituant à la quantité de matière totale de la phase et à ce titre devraient être appelées fraction de quantité de matière (par exemple, de A dans la phase α pour la grandeur x_A^α). L'usage cependant veut que l'on précise l'unité employée pour mesurer la quantité de matière et le nom courant est alors fraction molaire (l'unité de mesure courante, en l'absence de précision supplémentaire, est la mole). Il existe deux relations entre ces quatre fonctions :

$$x_A^\alpha(T,\ p)\ +\ x_B^\alpha(T,\ p)\ = 1$$

$$x_A^\beta(T,\ p)\ +\ x_B^\beta(T,\ p)\ =\ 1.$$

Pour le système binaire $A - B$, les propriétés de composition des phases coexistantes sont donc données par la connaissance de deux fonctions, par exemple :

$$x_B^\alpha(T,\ p) \quad et \quad x_B^\beta(T,\ p).$$

Il est possible d'envisager la représentation de ces surfaces dans un diagramme (p, T, x_B^α) ou (p, T, x_B^β) en fonction des variables T et p. Les représentations de ces diagrammes sur un support à deux dimensions (feuille de papier) sont peu lisibles : il est préférable de faire des coupes. Ainsi, les propriétés d'équilibre de ces systèmes sont représentées graphiquement par des diagrammes isobare (à pression fixée) et isotherme (à température fixée). L'usage est de présenter T en fonction de x_B^α ou x_B^β, ou p en fonction de x_B^α ou x_B^β.

Sur ces diagrammes, si $x_B^\alpha(T,\ p) = 0$ ou $x_B^\beta(T,\ p) = 0$, il s'agit des propriétés de A corps pur : sur cette verticale, on retrouve les propriétés de A corps pur.

Si $x_B^\alpha(T,\ p) = 1$ ou $x_B^\beta(T,\ p) = 1$, il s'agit des propriétés de B corps pur : sur cette verticale, on retrouve les propriétés de B corps pur.

Dans le cas de la coexistence des phases liquide et gazeuse, il apparaît sur les diagrammes iso$T$ les pressions de vapeur saturantes des corps purs B (en $x_B = 1$) et A (en $x_B = 0$) et sur les diagrammes iso$p$ les températures d'ébullition des corps purs B (en $x_B = 1$) et A (en $x_B = 0$). Le constituant de température d'ébullition la plus basse ou de pression de vapeur saturante la plus élevée est qualifié de constituant le plus volatil.

c) Un point important

Dans les diagrammes binaires, l'abscisse a trois natures différentes. Elle peut être une fraction molaire (de A ou de B), dans la phase α ou dans la phase β. Elle peut aussi être une fraction molaire globale traduisant la composition de l'ensemble du système. Celle-ci se calcule de la façon suivante. Le système étudié a été préparé par le mélange d'une quantité de matière n_A de A et d'une quantité de matière n_B de B. Les fractions de quantités de matière globales en A (resp. en B), notée x_A (resp. x_B) sont définies par :

$$x_A\ =\ \frac{n_A}{(n_A\ +\ n_B)}$$

$$x_B\ =\ \frac{n_B}{(n_A\ +\ n_B)}.$$

Il est donc possible, dans un diagramme binaire, d'associer un point représentatif du système étudié. Celui est de composition globale choisie (x_B par exemple) et porté à une température T, sous une pression p. Choisissons de travailler dans un diagramme iso$p$ (dont la pression fixée est celle effectivement subie par le système). Le point de coordonnées (x_B, T) représente le système étudié. Notons aussi que la grandeur x_B n'est pas une grandeur pertinente pour les propriétés thermodynamiques du système : elle ne gouverne aucune propriété intensive particulière car elle ne précise pas la composition d'une phase particulière. Elle rendra, en revanche, service lorsqu'il faudra écrire des relations traduisant les conservations de matière. Elle ne constitue donc pas une nouvelle variable intensive à prendre en compte dans le calcul de la variance.

1.2 Théorème des moments chimiques

Considérons un système binaire biphasique. Ce système a été préparé à partir d'une quantité de matière n_A de A et d'une quantité de matière n_B de B.

À l'équilibre il y a n_A^α (n_B^α) moles de A (de B) dans la phase α et n_A^β (n_B^β) moles de A (de B) dans la phase β.

Par définition des fractions molaires dans les différentes phases, nous avons :

$$x_B^\alpha = \frac{n_B^\alpha}{(n_A^\alpha + n_B^\alpha)} \quad \text{et} \quad x_B^\beta = \frac{n_B^\beta}{(n_A^\beta + n_B^\beta)}.$$

La conservation de la matière de l'espèce B impose :

$$n_B = x_B^\alpha n^\alpha + x_B^\beta n^\beta$$

où n^α (resp. n^β) est la quantité de matière dans la phase α (resp. β) :

$$n^\alpha = n_A^\alpha + n_B^\alpha \quad \text{et} \quad n^\beta = n_A^\beta + n_B^\beta.$$

Cherchons à partir de la conservation de la matière, à faire apparaître le rapport de quantité de matière dans les phases. L'intérêt de ce rapport est de donner une indication sur la nature du système biphasique : la matière est plutôt présente en phase α ou en phase β. Il vient donc :

$$x_B n = x_B^\alpha n^\alpha + x_B^\beta n^\beta = x_B(n^\alpha + n^\beta)$$

soit :

$$(x_B - x_B^\alpha)n^\alpha = (x_B^\beta - x_B)n^\beta$$

$$\frac{n^\alpha}{n^\beta} = \frac{x_B^\beta - x_B}{x_B - x_B^\alpha}.$$

Ce résultat est connu sous le nom de théorème des moments chimiques.

Nous obtenons donc deux résultats très importants :

- le premier est qualitatif mais crucial pour la signification, l'utilisation et l'interprétation des diagrammes binaires.

  En effet, comme n^α et n^β sont des nombres positifs, nous devons avoir :

$$x_B^\alpha(T,\, p) \;<\; x_B \;<\; x_B^\beta(T,\, p).$$

  Graphiquement le point représentatif du système, au sens où nous l'avons introduit au 1.1.c), doit être encadré par les deux courbes $x_B^\alpha(T,\, p)$ et $x_B^\beta(T,\, p)$. Si le point est à l'extérieur du domaine délimité par les courbes x_B^α et x_B^β, il n'existe pas de solution possible et dans ce cas, l'hypothèse du système biphasique n'est pas acceptable. En conséquence le système préparé ne comporte qu'une seule phase.

  Cela permet de réaliser une partition du plan $(x_B,\, T)$ ou $(x_B,\, p)$ en assignant des domaines monophasiques et des domaines biphasiques.

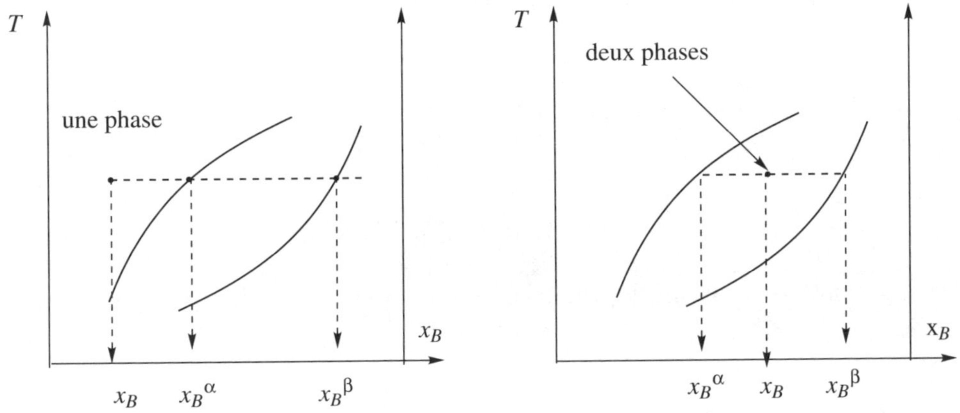

Figure 8.1 – Partition du plan en domaines monophasiques et domaine(s) biphasique(s)

  Lors de la traversée d'une courbe x_i^φ, il y a apparition ou disparition d'une phase. Ce résultat est général et sera illustré lors de l'étude de différents diagrammes binaires.

- le deuxième résultat est quantitatif et permet d'évaluer le rapport de quantité de matière dans les deux phases qui coexistent.

  Plus le point représentatif est proche de la frontière caractérisée par la courbe x_i^φ, plus la matière est présente dans la phase φ.

➤ Interprétation géométrique

L'équation établie peut s'interpréter géométriquement (voir figure 8.2) de la façon suivante :

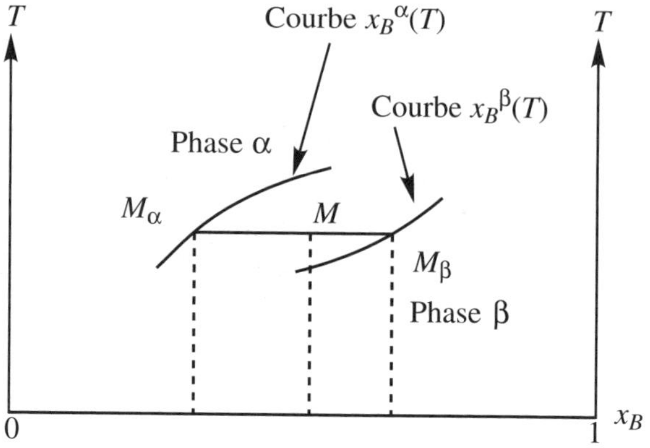

Figure 8.2 – Représentation graphique du théorème des moments chimiques

$$\frac{n^\alpha}{n^\beta} = \frac{\overline{MM_\beta}}{\overline{M_\alpha M}}$$

$$\overline{M_\alpha M}.n^\alpha = \overline{MM_\beta}.n^\beta$$

ce qui justifie le nom de théorème des moments chimiques ou règle du levier.

1.3 Fraction molaire et fraction massique

Nous avons privilégié dans la présentation une description particulière de la composition de la phase : la fraction molaire.

Il existe dans la littérature (en particulier celle issue des études métallurgiques) d'autres unités de mesure de la quantité de matière que le nombre de moles. La masse est l'autre possibilité courante et la fraction massique est alors définie par :

$$w_A^\alpha = \frac{m_A^\alpha}{(m_A^\alpha + m_B^\alpha)}$$

où m_A^α (resp. m_B^α) représente la masse de A (resp. B) en phase α.

2. Étude expérimentale des systèmes binaires biphasiques liquide/vapeur

2.1 Principe de l'étude

Une méthode consiste à déterminer la composition des deux phases en équilibre dans des conditions fixées et connues de température et de pression. Le diagramme binaire est alors constitué, de façon attendue, des courbes température en fonction des fractions molaires soit de la phase liquide, soit de la phase gazeuse pour le diagramme isobare, ou pression en fonction des mêmes variables pour le diagramme isotherme.

Les courbes dont la variable est la composition de la phase liquide sont appelées courbe d'ébullition : elles séparent le domaine liquide du domaine biphasique.

Les courbes dont la variable est la composition de la phase gazeuse sont appelées courbe de rosée : elles séparent le domaine gazeux du domaine biphasique.

2.2 Types de diagrammes obtenus

a) Cas des mélanges idéaux

Rappelons qu'un mélange liquide est dit idéal lorsque chaque constituant suit la loi de RAOULT. Cela se traduit par des diagrammes binaires qui sont représentés figure 8.3 (diagramme isotherme) et figure 8.4 (diagramme isobare).

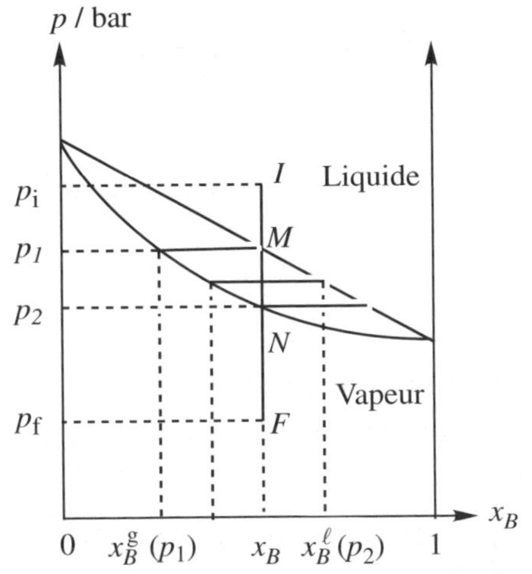

Figure 8.3 – Diagramme binaire liquide/vapeur isotherme pour un mélange liquide idéal

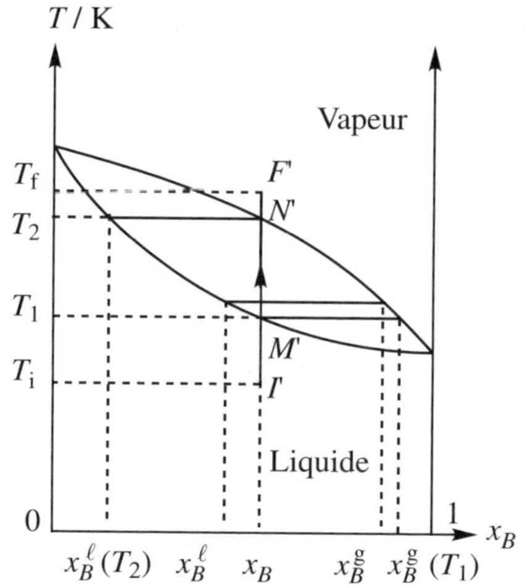

Figure 8.4 – Diagramme binaire liquide/vapeur isobare pour un mélange liquide idéal

Les hautes pressions et les basses températures sont favorables à l'existence de l'état liquide. Cette remarque permet d'assigner rapidement les différents domaines des diagrammes.

Nous retrouverons dans la partie théorique les équations analytiques des différentes courbes.

Le mélange propane/n-pentane constitue un exemple de ces mélanges liquides qui se comportent de façon idéale.

b) Cas des mélanges réels

Les mélanges liquides idéaux étant très rares, les diagrammes précédents sont rarement observés. Nous indiquerons dans ce qui suit l'allure des diagrammes communs :

➤ Sans extremum

Ces diagrammes ressemblent à ceux des mélanges liquides idéaux mais sont déformés, en général avec un domaine biphasique élargi. C'est le cas par exemple du système eau/ammoniac (représenté figure 8.5) ou méthanol/éthylèneglycol.

Remarquons que la distinction entre un mélange idéal et un mélange non-idéal ne peut s'obtenir que par construction des courbes théoriques correspondant au mélange idéal hypothétique et par comparaison des courbes ainsi construites avec les courbes expérimentales.

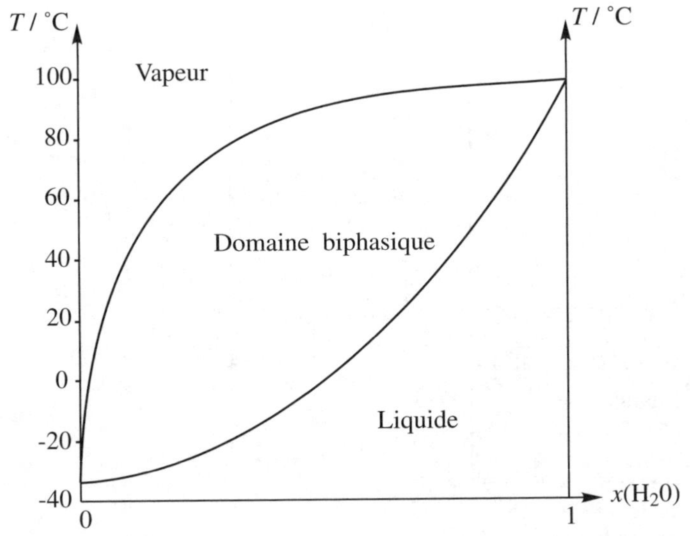

Figure 8.5 – Diagramme binaire liquide/vapeur isobare pour le mélange binaire eau/ammoniac

➤ Avec extremum

Il existe un point où les courbes passent par un extremum. Ce point correspond à un mélange appelé azéotrope (et de façon plus précise homoazéotrope) repéré par la composition x_B^Z (ou x_A^Z) appelée composition azéotropique, et la température T^Z (diagramme isobare) ou la pression p^Z (diagramme isotherme).

Mélange binaire à déviation positive (avec azéotrope à minimum)

Le terme «à déviation positive» se comprend dans le diagramme iso$T$ où les courbes d'ébullition et de rosée sont au-dessus des courbes du mélange idéal. Le terme azéotrope à minimum fait référence à la représentation isobare où les courbes d'ébullition et de rosée passent par un minimum. Ces diagrammes sont représentés figure 8.6.

Exemples : hexane/acétone, eau/éthanol, propan-2-ol/benzène.

Mélange binaire à déviation négative (avec azéotrope à maximum)

Ces diagrammes sont représentés figure 8.7.

Exemples : chloroforme/acétone, eau/acide sulfurique, eau/acide nitrique.

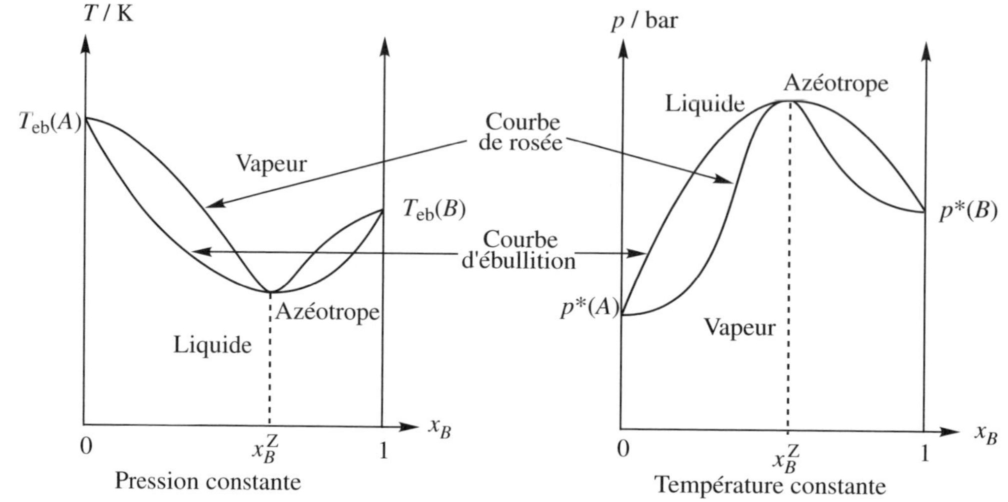

Figure 8.6 – Exemple de diagramme binaire liquide/vapeur à déviation positive (avec azéotrope à minimum)

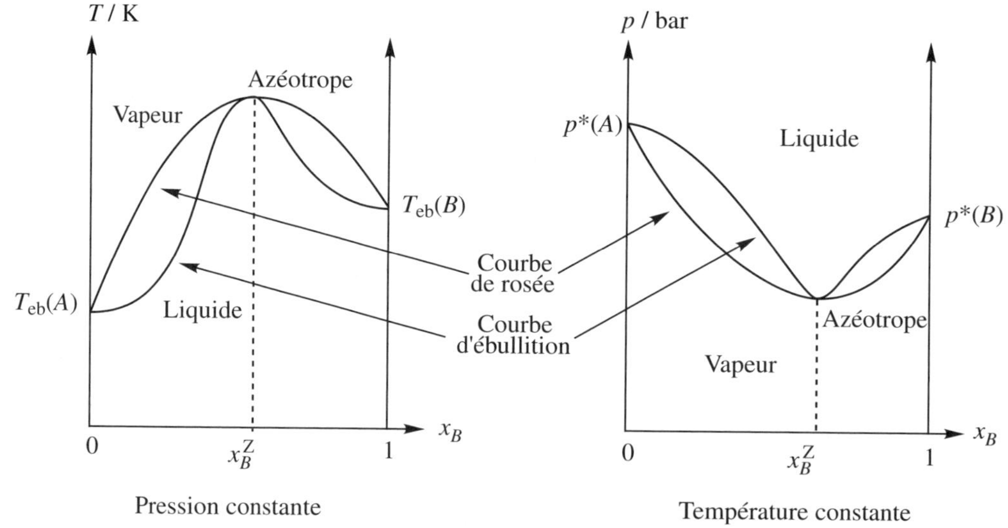

Figure 8.7 – Exemple de diagramme binaire liquide/vapeur à déviation négative (avec azéotrope à maximum)

2.3 Utilisation de ces diagrammes

Ils permettent d'étudier l'évolution de la nature des phases en présence lorsqu'un mélange de composition globale fixée voit un paramètre intensif fixé tandis que l'autre varie.

Le principe général de l'étude est de choisir le diagramme binaire adéquat correspondant au paramètre fixé et de placer le point représentatif du système global. Cela indique la nature et la composition des phases en présence. Faire varier le paramètre libre revient à déplacer le point représentatif du système sur une verticale ; l'apparition ou la disparition d'une phase se produit lorsque le point représentatif rencontre une courbe séparарant un domaine monophasique d'un domaine biphasique. Dans le cas d'un système biphasique, la composition des phases se lit par intersection de l'horizontale passant par le point représentatif du système avec les courbes de phase $T = f(x_B^{\alpha})$ et $T = g(x_B^{\beta})$ (dans le cas d'un diagramme isobare).

Considérons un mélange idéal de composition globale x_B porté à la température T et à la pression p. Dans des conditions isothermes, la pression diminue de p_{i} à p_{f} avec par choix, $p_{\mathrm{i}} > p_{\mathrm{f}}$ (on effectue une détente). Le point représentatif du système est supposé être initialement situé dans le domaine monophasique liquide L (point I sur la figure 8.3) : il existe donc une seule phase liquide de composition x_B.

Lorsque la pression diminue à température constante, il apparaît une bulle de gaz lorsque la pression est égale à p_1 (point M sur la figure 8.3). La composition de cette bulle de gaz est lue sur la courbe de rosée délimitant le domaine biphasique que l'on vient d'atteindre $(x_B^{\mathrm{g}}(p_1))$.

Lorsque la pression est comprise entre p_1 et p_2 coexistent une phase liquide et une phase gazeuse. L'application du théorème des moments chimiques pour l'ensemble des points compris entre M (entrée dans le domaine biphasique) et N (sortie du domaine biphasique) montre que lors de cette évolution (variation de pression de p_1 à p_2), la phase gazeuse s'enrichit et la phase liquide s'appauvrit en matière. Lorsque $p = p_2$, la dernière goutte de liquide disparaît et la composition de cette goutte est donnée par l'intersection de l'horizontale p_2 avec la courbe d'ébullition $(x_B^{\ell}(p_2))$. La composition de la phase liquide lors de ce processus décrit donc la portion de la courbe d'ébullition de x_B à $x_B^{\ell}(p_2)$. La composition de la phase gazeuse décrit la portion de la courbe de rosée de $x_B^{\mathrm{g}}(p_1)$ à x_B.

En dessous de la pression p_2, seule la phase gazeuse est présente et de composition x_B.

Considérons maintenant un mélange binaire de composition globale x_B qui passe de la température T_i à la température T_f (avec $T_\mathrm{i} < T_\mathrm{f}$) dans des conditions isobares. L'évolution du système sera suivie sur le diagramme isobare d'un mélange liquide idéal représenté à la figure 8.4.

Initialement, à la température T_i, le système est monophasique liquide : il est représenté sur le diagramme par le point I'. L'opérateur augmente la température ; lorsque celle-ci atteint $T = T_1$, la première bulle de gaz apparaît. Sur le diagramme, le point représentatif est M'. Il se trouve sur la courbe d'ébullition (ce qui justifie d'ailleurs le nom de cette courbe). Cette bulle a la composition $x_B^\mathrm{g}(T_1)$. Entre T_1 et T_2 coexistent une phase liquide et une phase gaz dont les compositions sont données par l'intersection de l'horizontale avec les courbes d'ébullition et de rosée. À la température T_2, le point représentatif atteint la courbe de rosée (point N') : la dernière goutte de liquide disparaît, elle est de composition $x_B^\ell(T_2)$.

Pour $T > T_2$, le système est sous forme gazeuse.

Si on refroidit en partant de T_f, la première goutte de liquide apparaît lorsque $T = T_2$. Ceci justifie le nom de courbe de rosée donnée à cette courbe délimitant le domaine gazeux du domaine biphasique.

2.4 Cas particulier du point azéotropique (homoazéotrope)

Le mot « azéotrope » est construit sur les racines grecques *zeo* pour zein (bouillir) et *tropos* (tourner, changement) avec le préfixe privatif *a* : donc qui bout sans changement, c'est-à-dire, contrairement à la plupart des systèmes binaires, à température constante.

Nous démontrerons, à la partie 3, que si la courbe d'ébullition possède un extremum, alors ce point est commun à la courbe de rosée et réciproquement : c'est le théorème de GIBBS-KONOVALOV . Ceci traduit le fait que lors de la vaporisation ou de la condensation d'un mélange azéotropique, la phase liquide et la phase gazeuse ont même composition et la température d'ébullition est constante. Remarquons que ce comportement est identique à celui d'un corps pur. Il est néanmoins possible de distinguer un mélange azéotropique d'un corps pur en modifiant la pression. En effet, la composition azéotropique dépend de la pression : un mélange qui a la composition azéotropique à la pression p_1 n'est plus la composition azéotropique si la pression extérieure est fixée à la pression p_2.

Exemple de l'évolution de la composition azéotropique pour le mélange eau/éthanol

p / bar	1	3,44	6,89	13,78	20,68
T / K	351,5	385,75	408,85	437,35	455,75
x(éthanol)	0,894	0,882	0,874	0,862	0,852

2.5 À propos de la variance

Les diagrammes binaires liquide/vapeur avec azéotrope permettent de préciser la notion de variance. Considérons le diagramme binaire de la figure 8.8 et étudions le comportement du système à la température T_1. À cette température, l'existence de l'homoazéotrope se traduit par l'existence de deux compositions possibles des phases en équilibre. Sur cet exemple, nous voyons même si la variance est égale à deux, que le choix de deux paramètres intensifs ne donne pas de façon univoque toutes les valeurs des autres paramètres intensifs. Mais ces autres paramètres ne peuvent être librement choisis par l'opérateur.

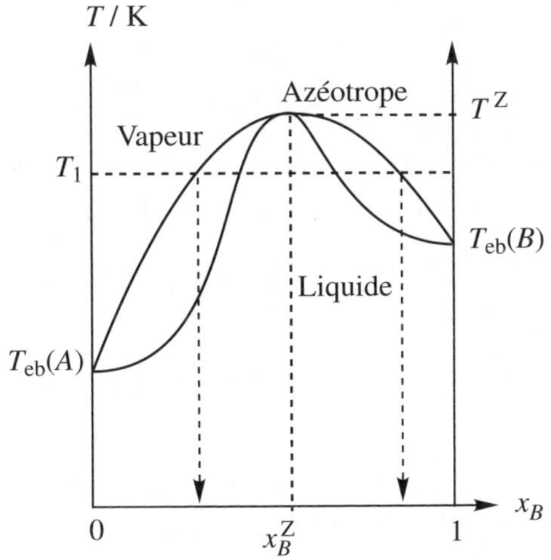

Figure 8.8 – Deux compositions possibles des phases gazeuses coexistant avec une phase liquide lorsque la température et la pression sont choisies

Il ne suffit pas de fixer la température et la pression pour fixer les autres paramètres intensifs : il existe ici deux possibilités. Rappelons ici la définition de la variance, ici égale à deux : une fois choisis les paramètres intensifs en nombre correspondant à la variance (ici 2), il n'y a pas libre choix (mais pas unicité) pour les autres paramètres intensifs.

3. Études théoriques

3.1 Étude des mélanges idéaux

Considérons un système binaire où la loi de RAOULT est suivie par chaque constituant à toute composition.

a) Diagramme isotherme

➤ Courbe d'ébullition

Son équation est particulièrement simple car elle découle directement de l'application de la loi de RAOULT :

$$p_A = x_A^\ell . p_A^* = (1 - x_B^\ell) . p_A^*$$

$$p_B = x_B^\ell . p_B^*$$

où p_A^* (resp. p_B^*) est la pression de vapeur saturante de A (resp. de B) à la température d'étude.

Ainsi, la pression totale p dans le système à la température T dépend de la composition de la phase liquide selon :

$$p = p_A + p_B = (1 - x_B^\ell) . p_A^* + x_B^\ell . p_B^* = p_A^* + (p_B^* - p_A^*) x_B^\ell .$$

Le tracé de la pression p en fonction de la fraction molaire x_B^ℓ (courbe d'ébullition) est donc une droite qui passe par p_A^* pour A corps pur et p_B^* pour B corps pur.

➤ Courbe de rosée

Il s'agit de la courbe p fonction de x_B^{g} (fraction molaire de B en phase gazeuse).

Il faut donc remplacer la variable x_B^ℓ par la variable x_B^{g}, ce qui s'obtient en égalant les deux expressions de la pression partielle en B : celle issue de la loi de RAOULT et celle issue de la loi de DALTON (la phase gazeuse est un mélange parfait de gaz parfaits) :

$$p_B = x_B^\ell . p_B^* = x_B^{\mathrm{g}} . p .$$

Ainsi, la fraction molaire en phase liquide x_B^ℓ est remplacée par :

$$\frac{p}{p_B^*} x_B^{\mathrm{g}} .$$

Nous avons :

$$p = p_A^* + (p_B^* - p_A^*) \frac{p}{p_B^*} x_B^{\mathrm{g}}$$

ce qui donne, en isolant la pression p :

$$p = \frac{p_A^* p_B^*}{(p_B^* + (p_A^* - p_B^*)x_B^{\text{g}})}.$$

Il s'agit de l'équation d'une hyperbole.

Considérons la position relative des courbes d'ébullition et de rosée dans le diagramme binaire isotherme.

Avons-nous :

$$p_A^* + (p_B^* - p_A^*)x > \frac{p_A^* p_B^*}{(p_B^* + (p_A^* - p_B^*)x)}$$

soit :

$$p_A^* p_B^* - (p_A^* - p_B^*)^2 x^2 + (p_A^*.(p_A^* - p_B^*) + p_B^*.(p_B^* - p_A^*)).x > p_A^* p_B^*$$
$$x(p_A^* - p_B^*)^2 - (p_A^* - p_B^*)^2 x^2 > 0$$
$$x(1 - x)(p_A^* - p_B^*)^2 x^2 > 0.$$

Ce qui est exact.

Ainsi la courbe d'ébullition est au-dessus de la courbe de rosée, ce qui est effectivement attendu dans un diagramme isotherme.

b) Diagramme isobare

Reprenons l'expression de la pression totale issue de la loi de RAOULT :

$$p = p_A^* + (p_B^* - p_A^*)x_B^\ell.$$

Le diagramme isobare est constitué de deux courbes $T = f(x_B^\ell)$ et $T = g(x_B^{\text{g}})$. La méthode la plus simple est de disposer d'une expression analytique (éventuellement une table numérique) de la pression de vapeur saturante en fonction de la température pour chaque constituant A et B.

Les fonctions $p_A^*(T)$ et $p_B^*(T)$ sont désormais connues et la pression totale p est fixée. Ainsi, la fraction molaire x_B^ℓ apparaît-elle comme une fonction implicite de la température :

$$x_B^\ell = \frac{p - p_A^*(T)}{p_B^*(T) - p_A^*(T)}$$

ce qui permet de tracer la courbe d'ébullition.

La courbe de rosée se construit en exprimant x_B^ℓ en fonction de x_B^{g} en utilisant la relation déjà utilisée au 2.1.a) :

$$x_B^\ell = \frac{p}{p_B^*} x_B^{\text{g}}.$$

L'expression directe de $p_i^*(T)$ n'est pas toujours disponible dans la littérature. Une expression approchée et en général très satisfaisante est obtenue à partir de trois hypothèses qui permettent l'intégration de l'équation de CLAUSIUS-CLAPEYRON :

- l'enthalpie de vaporisation $\Delta_{\text{vap}}H(T)$ est indépendante de la température ;
- le volume molaire de la phase liquide est négligeable devant le volume molaire de la phase gazeuse ;
- le gaz se comporte comme un gaz parfait.

Nous obtenons alors (voir le chapitre sur les équilibres diphasés du corps pur) :

$$p^*(T) = p^{\circ,*}\exp\left(\frac{\Delta_{\text{vap}}H}{R}.\left(\frac{1}{T^\circ_{\text{eb}}} - \frac{1}{T}\right)\right)$$

où T°_{eb} est la température d'ébullition sous la pression $p^{\circ,*}$.

Exercice résolu

Comparer le diagramme binaire isobare propane/n-pentane expérimental sous $p = 5$ bars à celui construit en supposant que la phase gazeuse se comporte comme un mélange parfait de gaz parfaits et que la phase liquide est idéale.

Données :

Le propane est noté A, le n-pentane est noté B.

$\Delta_{\text{vap}}H_A = 18{,}8$ kJ.mol^{-1} et $T^\circ_{\text{eb}}(A) = 231{,}1$ K (température d'ébullition sous 1 bar) ;

$\Delta_{\text{vap}}H_B = 26{,}0$ kJ.mol^{-1} et $T^\circ_{\text{eb}}(B) = 309{,}2$ K (température d'ébullition sous 1 bar).

Réponse

Calculons les températures d'ébullition attendues pour les corps purs sous une pression de $p = 5$ bars. À l'aide de la forme intégrée (avec les trois hypothèses rappelées ci-dessus), nous obtenons :

$$p^*_A(T) = 1,013.\exp\left(\frac{18\,800}{8,314}.\left(\frac{1}{231} - \frac{1}{T}\right)\right) = 1,013.\exp\left(9,7889 - \frac{2261,2}{T}\right)$$

$$p^*_B(T) = 1,013.\exp\left(\frac{26\,000}{8,314}.\left(\frac{1}{309,2} - \frac{1}{T}\right)\right) = 1,013.\exp\left(10,11 - \frac{3126,1}{T}\right).$$

Pour obtenir la température d'ébullition sous 5 bars, il suffit de résoudre les équations ci-dessus en posant $p^*_i = 5$ bars.

Nous obtenons alors :

$$T^{\circ,\text{théo}}_{\text{eb}}(A) = \frac{2\,261,2}{\left(9,7889 - \ln(\frac{5}{1,013})\right)} = 276\text{ K} = 3\text{ °C}$$

que l'on compare à la valeur expérimentale :

$$T^{\circ,\text{exp}}_{\text{eb}}(A) = 1,5\text{ °C} \qquad \text{(très bon accord)}$$

$$T_{\text{eb}}^{\circ,\text{exp}}(B) = \frac{3\,126,1}{\left(10,110 - \ln\left(\frac{5}{1,013}\right)\right)} = 367,2\,\text{K} = 94,2\,°\text{C}$$

que l'on compare à la valeur expérimentale :

$$T_{\text{eb}}^{\circ,\text{exp}}(A) = 92,0\,°\text{C} \qquad \text{(bon accord).}$$

Les hypothèses utilisées surestiment légèrement les températures d'ébullition. Les courbes d'ébullition et de rosée prévues avec les modèles adoptés pour décrire les phases liquide et gazeuse sont construites avec les équations numériques suivantes :

$$x_B^\ell = \frac{5 - 1,013.\exp\left(9,7889 - \frac{2\,261,2}{T}\right)}{1,013.\left(\exp.\left(10,110 - \frac{3\,126,1}{T}\right) - \exp\left(9,7889 - \frac{2\,261,2}{T}\right)\right)}$$

et :

$$x_B^{\text{g}} = x_B^\ell.\frac{1,013}{5}.\exp\left(10,110 - \frac{3\,126,1}{T}\right).$$

Ces résultats sont reportés sur le diagramme figure 8.9, avec en trait plein, les courbes expérimentales et en traits pointillés, les courbes prévues par l'étude théorique. L'accord entre les résultats expérimentaux et la modélisation est très bon. Les écarts observés peuvent être raisonnablement attribués aux hypothèses simplificatrices utilisées pour intégrer l'équation de CLAUSIUS-CLAPEYRON.

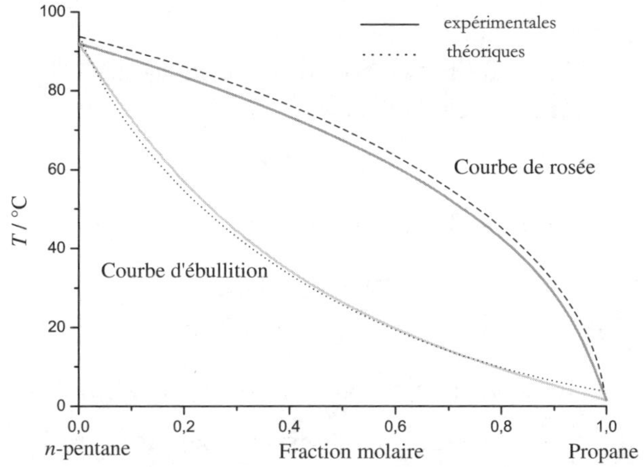

Figure 8.9 – Diagramme isobare (p = 5 bars) liquide/vapeur du système binaire propane/n-pentane : comparaison du système réel (trait continu) et du comportement attendu dans le cas d'un mélange liquide idéal et d'un mélange parfait de gaz parfaits (trait pointillé)

3.2 Étude des mélanges réels

Il est possible de reprendre les études précédentes en remplaçant les fractions molaires en phase liquide par les activités en phase liquide :

$$p = x_A^{\ell}\gamma_A^{p,\,x}.p_A^* + x_B^{\ell}\gamma_B^{p,\,x}.p_B^*$$

ce qui autorise, si les coefficients d'activité $\gamma_A^{p,\,x}$ et $\gamma_B^{p,\,x}$ sont connus dans les conditions de température, de pression et de composition de la phase liquide, d'avoir la pression totale en fonction de la composition x_B^{ℓ}.

Or, dans le cas général, les coefficients d'activité ne sont pas *a priori* connus et la démarche est justement de partir du diagramme binaire pour en déduire les coefficients d'activité en phase liquide.

Il est néanmoins possible de démontrer une propriété générale des diagrammes binaires des mélanges réels possédant un extremum : il s'agit du théorème de GIBBS-KONOVALOV.

➤ Énoncé du théorème de GIBBS-KONOVALOV

Si la courbe de rosée possède un extremum, celui-ci est commun à la courbe d'ébullition.

Démonstration

Notons α et β les deux phases en présence. La démonstration sera donc valable pour tout système binaire, nous n'utiliserons pas de propriétés spécifiques aux phases liquide et gazeuse.

Notons G_α et G_β les enthalpies libres des phases α et β. Écrivons les relations de GIBBS-DUHEM pour les deux phases :

$$-S_\alpha.\,\mathrm{d}T + V_\alpha.\,\mathrm{d}p + x_A^\alpha.\,\mathrm{d}\mu_A^\alpha + x_B^\alpha.\,\mathrm{d}\mu_B^\alpha = 0$$

$$-S_\beta.\,\mathrm{d}T + V_\beta.\,\mathrm{d}p + x_A^\beta.\,\mathrm{d}\mu_A^\beta + x_B^\beta.\,\mathrm{d}\mu_B^\beta = 0.$$

Effectuons la différence de ces deux relations :

$$(S_\alpha - S_\beta).\,\mathrm{d}T + (V_\beta - V_\alpha).\,\mathrm{d}p + x_A^\beta.\,\mathrm{d}\mu_A^\beta + x_B^\beta.\,\mathrm{d}\mu_B^\beta - x_A^\alpha.\,\mathrm{d}\mu_A^\alpha - x_B^\alpha.\,\mathrm{d}\mu_B^\alpha = 0.$$

Plaçons-nous dans le cas d'un diagramme iso$T$; cela implique dT = 0.

Un extremum dans ce diagramme est caractérisé par dp = 0.

La relation précédente devient :

$$x_A^\beta.\,\mathrm{d}\mu_A^\beta + x_B^\beta.\,\mathrm{d}\mu_B^\beta - x_A^\alpha.\,\mathrm{d}\mu_A^\alpha - x_B^\alpha.\,\mathrm{d}\mu_B^\alpha = 0.$$

Prenons en compte les conditions d'équilibre de phase pour les constituants A et B entre les phases α et β.

Cela impose :

$$\mu_A^\alpha = \mu_A^\beta \quad \text{et} \quad \mu_B^\alpha = \mu_B^\beta.$$

Les relations entre fractions molaires imposent :

$$x_A^\alpha + x_B^\alpha = 1 \quad \text{et} \quad x_A^\beta + x_B^\beta = 1.$$

Nous obtenons donc :

$$x_A^\beta . \mathrm{d}\mu_A^\alpha + (1 - x_A^\beta) . \mathrm{d}\mu_B^\alpha - x_A^\alpha . \mathrm{d}\mu_A^\alpha - (1 - x_B^\alpha) . \mathrm{d}\mu_B^\alpha = 0$$

soit après réarrangement :

$$(x_A^\beta - x_A^\alpha) . \mathrm{d}\mu_A^\alpha + (x_A^\alpha - x_A^\beta) . \mathrm{d}\mu_B^\alpha = 0$$

soit :

$$(x_A^\alpha - x_A^\beta).(\mathrm{d}\mu_B - \mathrm{d}\mu_A) = 0.$$

Notons que la condition d'équilibre de phase pour chaque constituant implique l'égalité des potentiels chimiques et donc l'indice de phase est superflu pour la différentielle du potentiel chimique.

Dans le cas général $\mathrm{d}\mu_B \neq \mathrm{d}\mu_A$ et cela implique :

$$x_A^\alpha = x_A^\beta.$$

Les deux phases ont même composition et donc l'extremum est commun aux courbes d'ébullition et de rosée.

4. Application des diagrammes binaires liquide/vapeur à la distillation fractionnée

Une application importante des diagrammes binaires est l'interprétation et la compréhension de l'important principe de séparation qu'est la distillation fractionnée.

4.1 Les dispositifs expérimentaux

Nous envisagerons deux dispositifs.

a) Colonne à distiller industrielle

Le schéma de principe est indiqué à la figure 8.10. Ce schéma permet de comprendre le principe de l'enrichissement en composé le plus volatil de la phase gazeuse et permet de mettre clairement en évidence la notion de plateau. Le principe est de séparer les vapeurs émises par les différentes phases liquides.

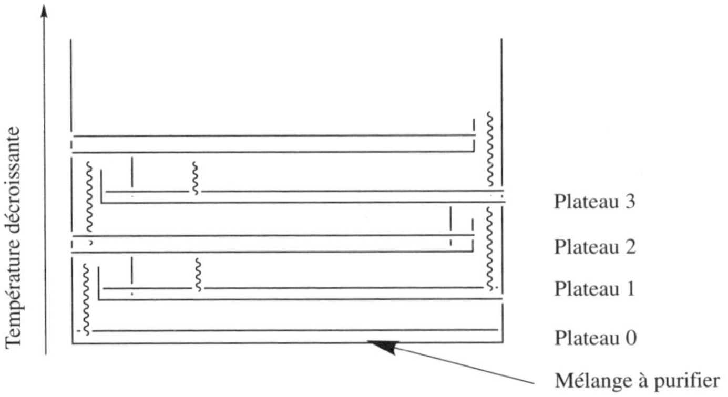

Figure 8.10 – Fonctionnement schématique d'une colonne industrielle

Le plateau inférieur (plateau 0) contient le mélange à purifier. Il émet une vapeur qui se recondense pour donner la phase liquide du plateau 1. Le liquide 1 émet une vapeur qui se recondense et donne naissance à la phase liquide du plateau 2. Et ainsi de suite : la phase gazeuse émise par le plateau n a la même composition que la phase liquide du plateau $n + 1$. Notons que les processus de condensation sont exothermiques et permettent de réchauffer l'ensemble de la colonne. Les liquides des différents plateaux sont tous à ébullition. On observe que la température décroît lorsque l'on monte dans la colonne.

Le schéma indiqué à la figure 8.11 représente une colonne industrielle où le liquide contenu dans les plateaux d'indice n émettent une phase gazeuse qui se refroidit sur la face inférieure des plateaux d'indice $n + 2$ pour remplir les plateaux d'indice $n + 1$.

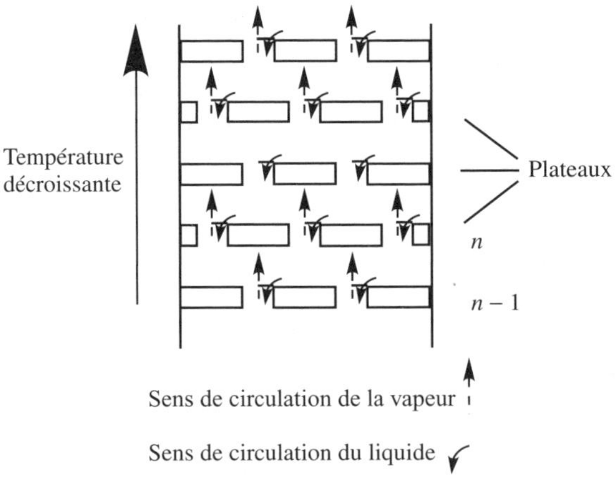

Figure 8.11 – Colonne industrielle

b) Les colonnes à distiller au laboratoire

Elles sont de structure notablement différente, indiquée à la figure 8.12.

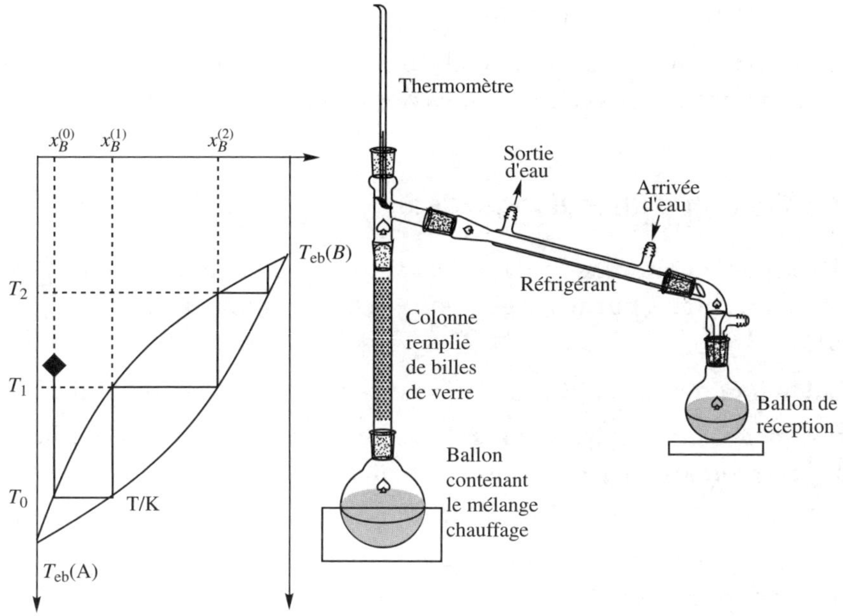

Figure 8.12 – Fonctionnement d'une colonne à distiller de laboratoire

Le mélange liquide à purifier est placé dans un ballon et porté à ébullition. La vapeur émise se recondense sur les différentes parties en verre. Ce processus de condensation réchauffe le verre. La température est alors suffisante pour que les liquides formés émettent des vapeurs de composition différente de celle émise par le mélange initial qui se recondenseront plus haut dans la colonne.

Ce processus de purification est donc, contrairement au schéma présenté au 4.1.a), un processus continu. Néanmoins, par référence au fonctionnement d'une colonne industrielle, il est d'usage d'indiquer les performances d'une colonne de laboratoire en nombre de plateaux équivalents. Ce nombre dépend :

- du diamètre de la colonne ;
- de la nature du remplissage de la colonne ;
- de la vitesse de distillation ;
- des échanges thermiques entre la colonne et l'extérieur.

À titre indicatif, pour une colonne vide isolée de 30,3 cm de haut et de diamètre 3 mm, la hauteur d'un plateau est égale à 5 cm pour une vitesse de distillation de 1 mL/min. En résumé, selon les conditions employées, le nombre de plateaux d'une colonne à distiller au laboratoire varie de un à une dizaine ; cette valeur peut être notablement augmentée en remplissant la colonne de petits objets (billes de verre, hélices en métal).

Le processus de purification sera analysé dans le cas de la colonne industrielle qui permet de préciser les compositions des plateaux successifs.

4.2 Purification d'un mélange idéal

Considérons un diagramme à un fuseau avec deux constituants. Soit $x_B^{(0)}$ la composition du mélange à purifier, c'est-à-dire la composition de la phase liquide du plateau 0.

Le mélange liquide est chauffé et atteint sa température d'ébullition T_0. Il émet une phase gazeuse de composition $x_B^{(1)}$. Cette phase gazeuse se refroidit en montant dans la colonne et se recondense. La plateau 1 est donc occupé par une phase liquide de composition $x_B^{(1)}$. Ce liquide est porté à ébullition (température T_1) et la phase gazeuse émise est de composition $\mathrm{x}_B^{(2)}$. C'est aussi la composition de la phase liquide du plateau 2.

Ainsi, plus le plateau est d'indice élevé, plus la phase liquide contenue est riche en composé le plus volatil (de température d'ébullition la plus basse). Il est donc possible de calculer, à l'aide du diagramme binaire le nombre minimum de plateaux nécessaires pour, à partir d'un mélange initial de composition donnée, atteindre une pureté définie par une certaine fraction molaire minimale du composé le plus volatil. À titre indicatif, pour séparer le *p*-xylène et l'éthylbenzène, dont les températures d'ébullition ne diffèrent que de 2,2 °C, il faut une colonne comportant entre 350 et 400 plateaux (60 mètres de haut) pour avoir une pureté finale de 99 % en éthylbenzène. Remarquons que les températures des produits à séparer sont souvent notablement différentes et ne nécessitent donc pas des performances aussi élevées mais il faut retenir que la distillation, même de mélanges qui dans la phase liquide se comportent comme des mélanges idéaux, peut exiger des performances difficilement accessibles dans des conditions courantes.

L'analyse ci-dessus permet donc de justifier la répartition de matière dans une colonne lorsque le système est fermé. Les situations réelles sont évidemment plus complexes car les colonnes utilisées sont des systèmes ouverts (le produit distillé quitte le système et dans de nombreux dispositifs industriels, l'alimentation du plateau zéro (mélange à distiller) se fait en continu).

4.3 Purification d'un mélange binaire réel avec homoazéotrope à maximum

Étudions la distillation d'un mélange liquide binaire eau/acide nitrique pour illustrer le cas d'un diagramme présentant un maximum en représentation isobare. Le diagramme représenté à la figure 8.13 comporte en abscisse la fraction massique en acide nitrique. Soient w_B^Z la composition de l'homoazéotrope et w_B^0 la composition initiale du mélange à purifier. Le point représentatif du mélange à purifier est noté M.

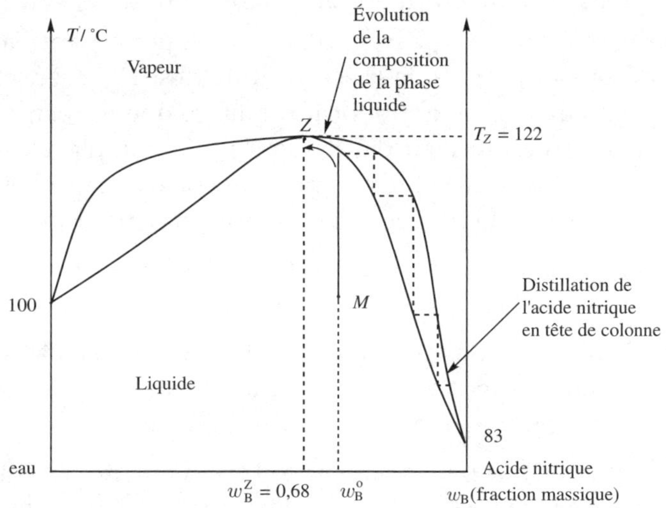

Figure 8.13 – Diagramme binaire liquide / vapeur isobare du mélange eau/acide nitrique : effet d'une distillation

- si $w_B^0 < w_B^Z$

  En effectuant la construction présentée au 4.1.b), il est clair que le milieu s'enrichit en composé le plus volatil. Comme, dans le cas particulier que nous avons choisi, la phase liquide perd préférentiellement le constituant A, la fraction molaire en B du liquide à purifier croît et va atteindre la composition homoazéotropique. Dans ce cas, la température du plateau 0 croît, atteint T_Z (température homoazéotropique) et il n'y a plus de purification possible ;

- si $w_B^\circ > w_B^Z$

  Dans ce cas, c'est B qui est récupéré en tête de colonne. La composition de la phase liquide à purifier s'enrichit en A et tend vers la composition w_B^Z.
  Ici aussi, la purification est interrompue par la présence de l'homoazéotrope.

4.4 Purification d'un mélange binaire réel avec homoazéotrope à minimum

Reprenons l'étude précédente avec un diagramme binaire isobare où l'homoazéotrope est un minimum.

La construction « en marche d'escalier » montre facilement, quelle que soit la composition du mélange initial, que la tentative de purification d'un mélange se traduit par l'émission de vapeurs de composition homoazéotropique x_V^Z et ceci quelles que soient les performances de la colonne de distillation. La phase liquide restant dans le bouilleur a sa composition qui tend, soit vers A pur si $x_B^\circ < x_B^Z$, soit vers B pur si $x_B^\circ > x_B^Z$. Ce résultat pourrait apparaître comme un processus de purification. Si le mélange initial est rigoureusement binaire, c'est effectivement envisageable. Il faut reconnaître que les étapes de purification sont en général conduites sur des systèmes plus complexes, contenant des impuretés moins volatiles que le produit pur que l'on cherche à obtenir. Celles-ci restent dans la phase liquide initiale qui n'est donc pas du A pur ou du B pur.

L'obtention d'un des deux constituants est donc délicate et ne peut donc être obtenue par simple distillation.

L'opération de distillation sous pression réduite permet d'abaisser les températures à atteindre pour assurer l'opération et d'autre part de faire éventuellement disparaître les azéotropes dans certains cas (eau/éthanol).

L'obtention de l'éthanol pur peut s'obtenir soit par distillation d'un mélange ternaire eau/éthanol/benzène, soit par utilisation de solides totalement insolubles dans l'éthanol et formant des hydrates qui fixent en phase solide l'eau résiduelle que l'on cherche à éliminer.

5. Diagrammes binaires liquide/liquide/vapeur

Nous étudions dans cette partie les systèmes binaires où la miscibilité à l'état liquide est incomplète. Il peut exister deux phases liquides L_1 et L_2.

5.1 Les deux possibilités : utilisation de la règle des phases

Considérons les diagrammes isobares.

La première situation est celle où il n'y a pas d'interférence entre les problèmes de miscibilité réciproque et ceux de changement d'état liquide/vapeur.

Le problème est plus complexe si le processus de changement d'état a lieu en présence de deux phases liquides.

Si on envisage dans un diagramme iso$p$ la coexistence de trois phases (ici gaz + liquide 1 + liquide 2), l'application de la règle des phases de GIBBS conduit à :

$$v = 2 + 2 - 3 = 1$$

et montre que, la pression étant fixée, la température est aussi fixée.

En conséquence, la coexistence des trois phases s'observe sur une horizontale appelée ligne triphasique. Le diagramme est représenté à la figure 8.14.

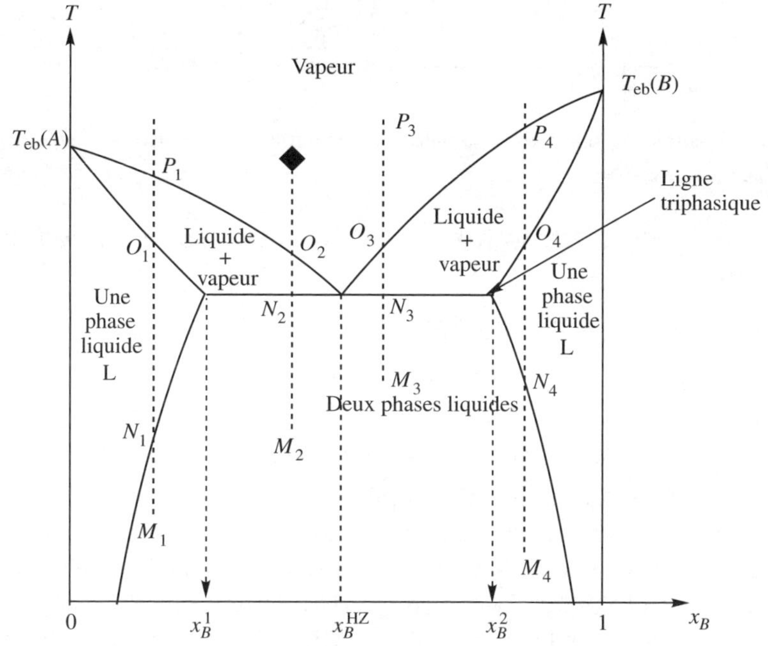

Figure 8.14 – Diagramme binaire liquide/liquide/vapeur isobare avec miscibilité partielle des deux liquides

La ligne triphasique est observée à la température T^{HZ}. La miscibilité réciproque est visualisée sur le diagramme par l'existence du domaine monophasique liquide noté L.

La seconde situation rencontrée correspond à la non-miscibilité des deux liquides. Le diagramme binaire liquide/liquide/vapeur du système binaire eau/benzène est représenté à la figure 8.15.

Dans ce type de diagramme, il serait souhaitable, par souci de cohérence, de tracer explicitement les lignes d'ébullition qui sont deux portions de verticales parallèles à l'axe des ordonnées et les lignes de composition des phases liquides, aussi deux portions de parallèles à l'axe des ordonnées.

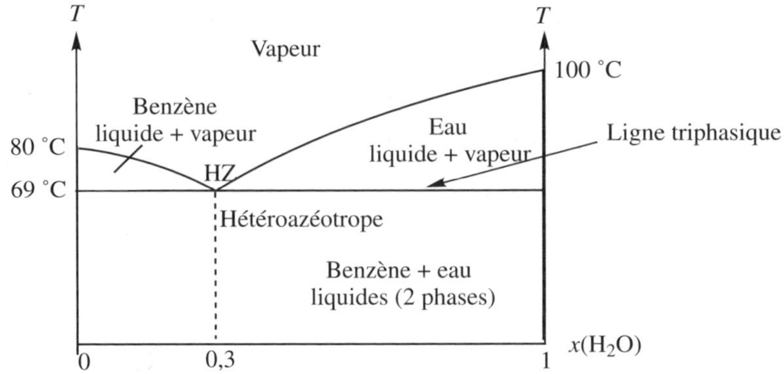

Figure 8.15 – Exemple de diagramme binaire liquide/liquide/vapeur isobare avec deux liquides non-miscibles : eau/benzène

5.2 Utilisation du diagramme binaire où les deux liquides sont non miscibles

Considérons un mélange liquide biphasique tel que $x_B^0 < x_B^{\mathrm{HZ}}$ pris à une température T_0 telle que $T_0 < T^{\mathrm{HZ}}$. Le liquide est réchauffé. Lorsqu'il atteint la température T^{HZ}, une bulle de gaz apparaît. L'application de la règle des phases montre que la composition de cette bulle est fixée à x_B^{HZ}. Tant qu'il y a coexistence des deux phases liquides, la température est fixée à $T = T^{\mathrm{HZ}}$ et le gaz a une composition fixée. Cette température de changement d'état fixée fait penser aux propriétés d'un azéotrope. Comme deux phases liquides sont en présence (système hétérogène), il est d'usage de distinguer cette situation de celle éventuellement observée dans les mélanges liquides homogènes en appelant ce point un *hétéro*azéotrope (par opposition à *homo*azéotrope, une phase), noté HZ. Comme la phase gazeuse émise est plus riche en B que la phase liquide initiale, l'émission de l'hétéroazéotrope gazeux de composition x_B^{HZ} cessera lorsqu'il n'y aura plus de B liquide. Lors de la disparition de B liquide, la variance passe alors à 2 (φ = 2 au lieu de 3) et la température peut à nouveau croître à pression fixée. Le point représentatif du système entre alors dans un domaine biphasique liquide/vapeur et la composition des phase en présence est lue par intersection de l'horizontale passant par le point avec les courbes d'ébullition et de rosée, ce qui donne pour la phase liquide $x_B = 0$, soit du A pur. La température croît et l'application du théorème des moments chimiques montre que la matière est de plus en plus présente sous forme de gaz au fur et à mesure que l'on monte sur la verticale. Quand la courbe de rosée est atteinte, la dernière goutte de A liquide pur disparaît, la phase gazeuse est de composition x_B^0 et on entre dans le domaine monophasique gazeux.

Si $x_B^0 > x_B^{\mathrm{HZ}}$, la description précédente s'applique en remplaçant A par B et B par A.

5.3 Équation des courbes de rosée

Il est possible, moyennant certaines hypothèses simplificatrices, d'obtenir les équations analytiques des courbes de rosée, donc de construire le diagramme binaire liquide/liquide/vapeur de deux constituants dont les liquides sont non miscibles.

Considérons la branche séparant la phase gazeuse homogène du domaine biphasique gaz/liquide A pur. Dans ce domaine coexistent A en phase gazeuse avec A liquide pur. La condition d'équilibre s'écrit :

$$\mu_A^\ell = \mu_A^{\mathrm{g}}.$$

Supposons que la phase gazeuse est un mélange parfait de gaz parfaits. La condition d'équilibre s'écrit :

$$\mu_A^\ell = \mu_A^{\circ,\mathrm{g}}(T) + RT\ln\left(\frac{p_A}{p^\circ}\right)$$

soit :

$$\mu_A^\ell(T,\, p) = \mu_A^{\circ,\mathrm{g}}(T) + RT\ln\left(\frac{p}{p^\circ}\right) + RT\ln x_A^{\mathrm{g}}.$$

C'est *a priori* la relation recherchée, liant x_A^{g}, température T et pression p. Néanmoins les fonctions $\mu_A^\ell(T,\, p)$ et $\mu_A^{\circ,\mathrm{g}}(T)$ étant rarement explicites, recherchons plutôt une relation où apparaîtront des grandeurs plus accessibles. Pour cela divisons par la température et dérivons par rapport à la température, à pression fixée. Ceci donne :

$$\left(\frac{\partial}{\partial T}\left(\frac{\mu_A^\ell}{T}\right)\right)_p = \frac{\mathrm{d}}{\mathrm{d}T}\left(\frac{\mu_A^{\circ,\mathrm{g}}}{T}\right) + R\frac{\partial}{\partial T}\left(\ln\left(\frac{p}{p^\circ}\right)\right)_p + R\frac{\partial}{\partial T}\left(\ln(x_A^{\mathrm{g}})\right)_p.$$

En utilisant la relation de GIBBS-HELMHOLTZ :

$$\left(\frac{\partial}{\partial T}\left(\frac{\mu_A^\ell}{T}\right)\right)_p = -\frac{h_A^\ell}{T^2}$$

écrite ici pour la phase liquide, nous obtenons :

$$-\frac{h_A^\ell}{T^2} = -\frac{h_A^{\circ,\mathrm{g}}}{T^2} + R\frac{\partial}{\partial T}\left(\ln\left(\frac{p}{p^\circ}\right)\right)_p + R\frac{\partial}{\partial T}\left(\ln(x_A^{\mathrm{g}})\right)_p.$$

Le deuxième terme du membre de droite de l'égalité ci-dessus est à l'évidence nul car la seule variable qui apparaît est la pression et celle-ci est bloquée lors de l'opération de dérivation partielle. En tenant compte aussi que la variable intensive ne dépend que de la température lorsque la pression est fixée, nous obtenons alors la relation recherchée sous forme différentielle :

$$-\frac{h_A^\ell}{T^2} = -\frac{h_A^{\circ,\mathrm{g}}}{T^2} + R\frac{\mathrm{d}}{\mathrm{d}T}\Big(\ln(x_A^{\mathrm{g}})\Big).$$

Il est possible de faire apparaître l'enthalpie de vaporisation comme différence des enthalpies molaires des deux phases :

$$\Delta_{\text{vap}}H_A = h_A^{\circ,\mathrm{g}} - h_A^\ell$$

et donc :

$$\mathrm{d}\big(\ln(x_A^{\mathrm{g}})\big) = \frac{\Delta_{\text{vap}}H_A}{RT^2}.\,\mathrm{d}T.$$

Cette équation différentielle s'intègre aisément en supposant que l'enthalpie de vaporisation est indépendante de la température :

$$\ln(x_A^{\mathrm{g}}) = -\frac{\Delta_{\text{vap}}H_A}{RT} + \text{cte}.$$

La constante d'intégration est déterminée en considérant le comportement du corps pur : lorsque $x_A^{\mathrm{g}} = 1$ (corps pur), l'équilibre liquide/vapeur est observé à la température $T = T_{\text{eb}}^A$. Nous obtenons :

$$x_A^{\mathrm{g}} = \exp\left(\frac{\Delta_{\text{vap}}H_A}{R}\left(\frac{1}{T_{\text{eb}}^A} - \frac{1}{T}\right)\right).$$

Remarquons que cette relation peut être obtenue en appliquant la relation de VAN'T HOFF à l'équilibre :

$$A\,(\text{l}) \quad = \quad A\,(\text{g}).$$

De façon comparable, pour l'autre branche représentative de l'équilibre entre B liquide pur et une phase gazeuse contenant du A et du B :

$$x_B^{\mathrm{g}} = \exp\left(\frac{\Delta_{\text{vap}}H_B}{R}\left(\frac{1}{T_{\text{eb}}^B} - \frac{1}{T}\right)\right).$$

Les coordonnées du point hétéazéotropique sont obtenues par intersection des deux courbes :

$$1 - \exp\left(\frac{\Delta_{\text{vap}}H_A}{R}\left(\frac{1}{T_{\text{eb}}^A} - \frac{1}{T^{\text{HZ}}}\right)\right) = \exp\left(\frac{\Delta_{\text{vap}}H_B}{R}\left(\frac{1}{T_{\text{eb}}^B} - \frac{1}{T^{\text{HZ}}}\right)\right).$$

Cette équation, qui n'est pas analytique, peut être, par exemple, résolue par approximations successives, et conduit à la température de l'hétéroazéotrope. En injectant cette valeur T^{HZ} dans l'une des deux équations des courbes de rosée, nous obtenons la composition de l'hétéroazéotrope.

Exercice résolu : Étude du système eau/benzène.

La littérature indique les valeurs suivantes pour les grandeurs de changement d'état de l'eau et du benzène corps purs sous une pression de 1 bar.

- $T^{\text{eb}}_{\text{eau}} = 373,1$ K, $\Delta_{\text{vap}}H_{\text{eau}} = 40,8$ kJ.mol^{-1}
- $T^{\text{eb}}_{\text{benzène}} = 353,2$ K, $\Delta_{\text{vap}}H_{\text{benzène}} = 30,8$ kJ.mol^{-1}

Les deux liquides sont non miscibles. Déterminer la température et la composition de l'hétéroazéotrope.
On comparera aux observations expérimentales : $T^{\text{HZ}} = 342{,}4$ K et $x^{\text{HZ}}_{\text{benzène}} = 0,70$.

Réponse

La température de l'hétéroazéotrope est donnée par la résolution de l'équation :

$$1 = \exp\left(\frac{40\,800}{8,314}\left(\frac{1}{373,1} - \frac{1}{T^{\text{HZ}}}\right)\right) + \exp\left(\frac{30\,750}{8,314}\left(\frac{1}{353,2} - \frac{1}{T^{\text{HZ}}}\right)\right).$$

La résolution donne :

$$T^{\text{HZ}} = 341,7 \text{ K}$$

et la fraction molaire en benzène en phase gazeuse :

$$x^{\text{g}}_{\text{benzène}} = \exp\left(\frac{30\,800}{8,314}\left(\frac{1}{353,2} - \frac{1}{341,7}\right)\right) = 0,703$$

soit un excellent accord avec les données expérimentales.

Il est donc raisonnable de penser que les hypothèses à l'origine de la formule utilisée (mélange parfait de gaz parfaits, enthalpie de vaporisation indépendante de la température) sont valides dans le cas étudié.

5.4 Lecture d'un diagramme binaire avec miscibilité partielle

Le diagramme binaire de cette situation est représenté à la figure 8.14. Notons x_B^1 et x_B^2 les abscisses limites de la ligne triphasique, x_B^0 la fraction molaire en B du mélange initial et envisageons quatre cas différents :

- $x_B^0 < x_B^1$
  Le point initial, noté M_1, est choisi dans le domaine biphasique liquide $L_1 + L_2$. Deux phases liquides coexistent. Le système est chauffé à pression constante ; la température croît et le point représentatif du système global se déplace sur la verticale x_B^0. La proportion de matière dans la phase L_2 décroît. Lorsque le point représentatif atteint N_1, la phase L_2 disparaît, le système devient monophasique liquide. Au point O_1, une bulle de gaz apparaît ; sa composition est lue par intersection de la courbe horizontale

avec la courbe de rosée. Lorsque le point représentatif parcourt le segment O_1P_1, la proportion de matière de la phase gazeuse croît. En P_1 la dernière goutte de liquide disparaît, le système devient monophasique gazeux ;

- $x_B^1 < x_B^0 < x_B^{\mathrm{HZ}}$
  Le point initial M_2 est dans le milieu biphasique liquide. L'opérateur fait croître la température : la composition de la phase liquide évolue. Lorsque le point représentatif atteint la courbe triphasique (point N_2) apparaît une phase gazeuse de composition x_B^{HZ}, les deux phases liquides ont les compositions x_B^1 et x_B^2. Un apport de chaleur se traduit par la vaporisation de la composition hétérozéotropique, donc par l'apparition d'une phase gazeuse plus riche en B que la composition initiale. Donc la phase liquide la plus riche en B disparaît et le point représentatif entre dans le domaine biphasique liquide L_1 + gaz. En O_2 la phase liquide disparaît et le système devient monophasique gazeux :
- $x_B^{\mathrm{HZ}} < x_B^0 < x_B^2$
  La situation rencontrée dans la séquence $M_3N_3O_3P_3$ est comparable à celle rencontrée précédemment dans la séquence $M_2N_2O_2P_2$. En N_3 les liquides en présence ont les compositions x_B^1 et x_B^2. Mais au point O_3, c'est le liquide L_1 (riche en A) qui disparaît ;
- $x_B^0 > x_B^2$
  La situation est comparable à celle rencontrée au cas $x_B^0 < x_B^1$. Le point initial, noté M_4, est choisi dans le domaine biphasique liquide $L_1 + L_2$. Deux phases liquides coexistent. Le système est chauffé à pression constante ; la température croît et le point représentatif du système global se déplace sur la verticale x_B^0. La proportion de matière dans la phase L_1 décroît. Lorsque le point représentatif atteint N_4, la phase L_1 disparaît, le système devient monophasique liquide. Au point O_4, une bulle de gaz apparaît ; sa composition est lue par intersection de la courbe horizontale avec la courbe de rosée. Lorsque le point représentatif parcourt le segment O_4P_4, la proportion de matière de la phase gazeuse croît. En P_4 la dernière goutte de liquide disparaît, le système devient monophasique gazeux.

Séparation des constituants du pétrole

Le pétrole est un mélange complexe d'hydrocarbures associés à des molécules contenant de l'oxgène, de l'azote, du soufre et des traces de métaux (vanadium, molybdène, nickel). C'est un liquide parfois très visqueux, contenu dans des roches poreuses, souvent très profondes et sa récupération nécessite des installations complexes. Son exploitation et sa transformation industrielle sont essentielles pour la maîtrise de la production d'énergie et le fonctionnement de l'industrie chimique (matière première pour la production de nombreux produits). Cette activité économique a connu un développement considérable au cours du XXe siècle ; elle est aujourd'hui une des principales industries du monde moderne et revêt une importance géostratégique toujours de premier plan.

1 La formation du pétrole

Le pétrole est issu de l'évolution de dépôts de matière organique (animaux et végétaux marins) au fond des lacs, mers et océans au fur et à mesure de leur enfouissement. L'activité microbienne anaérobie fait disparaître la plupart des molécules caractéristiques des êtres vivants (lipides, glucides, protides) qui sont transformées en kérogène, macromolécules hydrocarbonées qui ne sont pas assimilables par les micro-organismes. L'augmentation de température et de pression au cours de l'enfouissement (qui prend plusieurs dizaines de millions d'années) se traduit par le craquage progressif en molécules de masses molaires plus faibles : dans les gisements les plus profonds se trouvent les hydrocarbures légers, puis les gaz, voire le méthane seul. La formation puis l'exploitation du pétrole nécessite la présence de roches adéquates : formation dans les argiles ou calcaires fins, dans des conditions anaérobies, puis accumulation dans une roche poreuse (sable, grès,...).

2 Le raffinage du pétrole

L'objectif de cette opération est de séparer le produit brut issu des gisements, de composition complexe et variable selon son origine géographique en produits de compositions plus homogènes utilisables par les usagers. Les opérations de séparation sont associées à des processus de conversion et purification afin d'adapter les produits aux exigences de l'industrie et des utilisateurs. Dans la suite de l'exposé, seuls les processus de séparations seront étudiés.

Les principales opérations de séparation dans l'industrie pétrolière sur le pétrole brut sont successivement :

- le dessalage ;
- la distillation sous pression atmosphérique ;
- la distillation sous vide du résidu atmosphérique ;
- la distillation des essences et le fractionnement des gaz.

3 Le dessalage

Le pétrole brut est une émulsion composée essentiellement d'une huile constituée d'hydrocarbures et d'une phase aqueuse riche en chlorure de sodium associé à des quantités variables d'alcalino-terreux. Ces sels encrassent les systèmes de distillation et sont responsables de corrosions sévères. Ils doivent être éliminés. Dans ce but, on lave le pétrole brut avec de l'eau. L'émulsion (suspension de gouttelettes d'eau dans l'huile) doit être fine pour améliorer la diffusion des cristaux de sels dans l'eau. La taille caractéristique des gouttelettes est de 1 à 10 micromètres et la décantation, très lente, est accélérée par application d'un champ électrostatique intense (20 000 $V.m^{-1}$) (électrocoalescence). Le système se sépare en deux phases : la phase aqueuse plus dense que l'huile est récupérée.

4 La distillation sous pression atmosphérique

C'est l'unité de base du raffinage. Le pétrole brut à distiller est introduit en bas de colonne. Au fur et à mesure que l'on s'élève dans la colonne, la température décroît et le milieu s'enrichit en composés volatils. La différence essentielle avec les dispositifs présentés dans le cours est qu'il est possible de récupérer les phases liquides en plusieurs endroits de la colonne : on parle alors de coupes.

➤ Composition des coupes

Elle dépend bien sûr de la composition de l'alimentation en pétrole brut. De façon générale, on obtient :

Coupe	Composition	Température / °C
gaz	C_1 à C_4	$t < 40$
essence	C_5 à C_10	$40 < t < 180$
kérosène	C_{10} à C_{15}	$180 < t < 270$
gazole (1 ou 2)	C_{12} à C_{20}	$270 < t < 360$
résidu atmosphérique		$t > 360$ °C

➤ Performances des unités de séparation

Les performances des colonnes sont comprises entre 30 et 50 plateaux.

➤ Consommation en énergie

Pour une distillation atmosphérique traitant 1 000 t/h, les consommations sont :

- Fours 100 à 140 MW thermiques
- Électricité 4 à 6 MW
- Eau de refroidissement 2 000 $m^3.h^{-1}$

5 La distillation sous vide du résidu atmosphérique

Cette procédure permet de valoriser le résidu atmosphérique contenant des produits dont les températures d'ébullition sont trop élevées. Elle permet d'obtenir, parmi les fractions les plus légères, des gazoles qui sont mélangés aux fractions obtenues lors de la distillation atmosphérique. Les fractions plus lourdes, à plus haut point d'ébullition alimentent des unités dites de conversion (craquage thermique ou catalytique). Il est possible aussi de produire des liquides utilisés comme lubrifiants. Les pressions de fonctionnement sont comprises entre 10^{-2} bar et 7.10^{-2} bar

6 La distillation des essences et le fractionnement des gaz

L'objectif de cette étape est d'assurer la séparation des coupes dont la température d'ébullition atmosphérique est inférieure à 180 °C. Elle est précédée d'un hydrotraitement qui élimine les composés soufrés. L'unité est constituée d'une succession de colonnes (nombres de plateaux compris entre 10 et 50) fonctionnant à des pressions variées (entre 0,2 et 30 bars) afin d'obtenir des équilibres liquide/gaz qui assurent la séparation. Les produits obtenus sont, avec une pureté supérieure à 99 % de l'éthane, du propane, du butane, essence légère et essence lourde.

EXERCICES

8.1 Purification du trichlorosilane (CCP, MP, 2002)

La production de silicium ultra-pur pour les besoins de l'électronique nécessite une étape de production de trichlorosilane $SiHCl_3$ à partir de silicium de pureté moyenne, suivant la réaction d'équation-bilan se produisant à 300 °C.

$$Si\,(s) \quad + \quad 3\,HCl\,(g) \quad = \quad SiHCl_3\,(g) \quad + \quad H_2\,(g).$$

Cependant, une réaction parasite se produit en parallèle, produisant du dichlorosilane SiH_2Cl_2 suivant la réaction d'équation-bilan

$$Si\,(s) \quad + \quad 2\,HCl\,(g) \quad = \quad SiH_2Cl_2\,(g).$$

Après refroidissement à 15 °C, on obtient un mélange liquide de $SiHCl_3$ et de SiH_2Cl_2 de composition molaire 80 % en SiH_2Cl_2. Une distillation fractionnée permet alors de purifier le trichlorosilane. Le diagramme binaire $SiHCl_3$–SiH_2Cl_2 est donné à la figure 8.16.

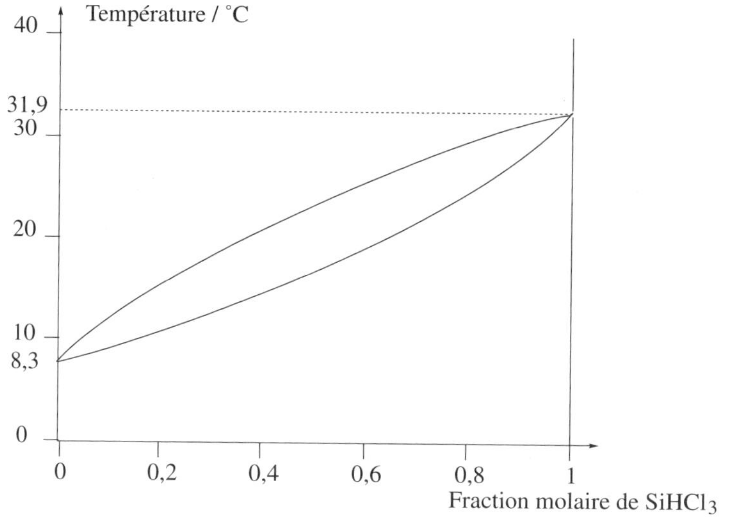

Figure 8.16 – Diagramme binaire isobare liquide vapeur du mélange $SiHCl_3$–SiH_2Cl_2

1. Pour un mélange $SiHCl_3$–SiH_2Cl_2 de composition molaire 80 % en $SiHCl_3$, indiquer les différents états physiques du mélange lorsque la température évolue de 15 °C à 31 °C.

2. L'objectif est de produire du trichlorosilane pur dans une colonne à plateaux. L'obtient-on au résidu ou au distillat ? À quelle température doit-on maintenir le bouilleur ?

3. La tête de colonne ainsi que le condenseur sont maintenus à $15\ °C$. Quelle est la composition du distillat ?

4. Mesurer de manière graphique le nombre de plateaux de la colonne entre l'alimentation et la tête de colonne puis entre l'alimentation et le pied de colonne.

8.2 Mélange homoazéotropique

Le butan-1-ol et le chlorobenzène forment un mélange binaire présentant un homoazéotrope à minimum. Le tableau ci-dessous donne les fractions molaires de butan-1-ol dans la phase liquide (x) et dans la phase gazeuse (y), sous une atmosphère, lorsque le mélange est à l'ébullition.

T / K	396,6	393,9	391,6	390,1	389,0	388,7	388,6
x	0,107	0,170	0,265	0,369	0,502	0,609	0,717
y	0,286	0,369	0,451	0,514	0,584	0,641	0,707

D'autre part, les températures d'ébullition du chlorobenzène pur et du butan-1-ol pur sont respectivement de $404,9$ K et de $390,9$ K.

1. Tracer l'allure du diagramme isobare de ce mélange binaire. Attribuer à chaque zone du plan la nature physico-chimique du système.

2. Un mélange de fraction molaire globale de 0,250 et à la température initiale de 385 K est progressivement chauffé jusqu'à atteindre la température de 405 K. Quels sont les phénomènes observés ?

3. Au cours du processus précédent, on stabilise le système à la température de $393,9$ K, la quantité de matière totale du système étant de $n = 5,00$ mol. Calculer les quantités de matière de chaque constituant dans chaque phase.

4. Ce même mélange est placé dans un appareil de distillation fractionnée de laboratoire. Réaliser un schéma légendé du montage. Qu'obtient-on dans le distillat ?

8.3 Diagramme binaire liquide/liquide/vapeur

Le benzène et le bromobenzène, noté PhBr, sont deux liquides non miscibles. Le tableau suivant fournit les pressions de vapeur saturante en fonction de la température.

T / °C	30	40	50	60	70	80	90	100
$p^*_{H_2O}$ / mbar	42,7	73,3	123	193	311	473	700	1000
p^*_{PhBr} / mbar	8,0	13,3	22,7	37,3	58,6	88,0	131	188

Données :

R = 8,314 J.K^{-1}.mol^{-1}

1. Écrire la relation de CLAUSIUS-CLAPEYRON pour un équilibre liquide/gaz. Intégrer cette équation en supposant que :

- la phase gazeuse se comporte comme un mélange parfait de gaz parfaits ;
- le volume molaire du liquide est négligeable devant celui du gaz ;
- l'enthalpie de vaporisation est indépendante de la température.

2. En traçant $\ln(p^*)$ en fonction de la température T, en déduire une expression analytique approchée pour chaque fonction $p_i^*(T)$. Préciser les enthalpies de vaporisation de chaque liquide.

3. Tracer sur un graphe unique les courbes $p^*_{\mathrm{H_2O}}(T)$, $p^*_{Ph\mathrm{Br}}(T)$ et $\left(p^*_{\mathrm{H_2O}} + p^*_{Ph\mathrm{Br}}\right)(T)$. En déduire la composition de l'hétéroazéotrope.

PROBLÈMES

8.1 Mélange binaire d'α et de β–pinène (Banque « Agro » A et AE, BCPST, écrit, 2001)

Lors du traitement du pin maritime pour l'élaboration de produits manufacturés, les produits résineux présents dans le bois se retrouvent dans la liqueur de cuisson. Les composants volatils de la résine sont récupérés et constituent après condensation l'essence de papeterie. Sa composition dépend de très nombreux facteurs, mais on trouve toujours un mélange d'hydrocarbures monoterpéniques dont l'α–pinène et le β–pinène, matières premières d'un grand nombre d'arômes synthétiques.

1. Diagramme isotherme de l'équilibre liquide-vapeur du mélange d'α et de β–pinène

À $115\ ^\circ\mathrm{C}$ on désigne par $p_1^* = 0,40\ \mathrm{bar}$ la pression de vapeur saturante de l'α–pinène et par $p_2^* = 0,32\ \mathrm{bar}$ la pression de vapeur saturante du β–pinène. On étudie l'équilibre entre une phase liquide et une phase gazeuse, contenant chacune les deux constituants. Les deux substances constituent un mélange idéal à l'état liquide et à l'état gazeux. On désigne par x_i^g les fractions molaires des constituants dans la phase gazeuse, et x_i^ℓ les fractions molaires des constituants dans la phase liquide. L'indice 1 est réservé à l'α–pinène et l'indice 2 au β–pinène. Soient p_1 et p_2 les pressions partielles et p la pression totale.

1.1. Établir les deux expressions $p = f(x_2^\ell)$ et $p = g(x_2^{\mathrm{g}})$ pour le mélange idéal à $115\ ^\circ\mathrm{C}$. Montrer en particulier que $g(x_2^{\mathrm{g}}) = \dfrac{1,6}{(4,0 + x_2^{\mathrm{g}})}$.

1.2. Tracer le diagramme isotherme à $115\ ^\circ\mathrm{C}$. (On se contentera de placer correctement quatre points judicieusement choisis.)

1.3. Indiquer sur le diagramme le nom donné aux deux courbes et préciser la nature des phases dans les trois zones du plan.

2. Diagramme isobare de l'équilibre liquide-vapeur du mélange d'α et de β–pinène

Sur la figure 8.17 sont représentées les courbes donnant la pression de vapeur saturante de l'α et du β–pinène en fonction de la température.

2.1. Utiliser ces courbes pour tracer (sans justification théorique) l'allure du diagramme isobare sous la pression de $0,35\ \mathrm{bar}$.

2.2. Préciser le nom des courbes et la nature des phases dans les différentes zones du plan.

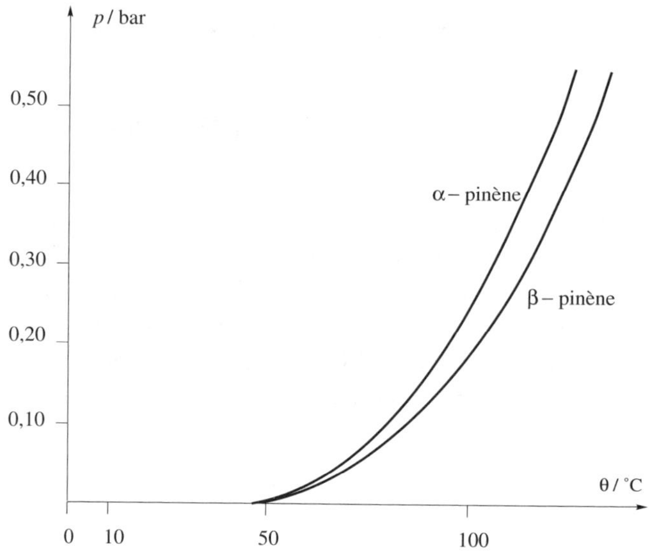

Figure 8.17 – Pression de vapeur saturante de l'α et du β–pinène en fonction de la température

2.3. Les courbes représentées sur la figure 8.17 sont interrompues car au-delà de $140\ ^\circ\mathrm{C}$, les pinènes se décomposent. Si l'on souhaite séparer par distillation fractionnée un mélange d'α et de β–pinène sous pression réduite, est-il préférable de travailler sous $0,35$ bar ou sous $0,50$ bar ? (On n'attend qu'une justification qualitative.)

8.2 Mélange binaire eau–éthanol (E3A, PC, écrit, 2002)

En première approximation, le vin peut être assimilé à un mélange binaire eau–éthanol, dont les fractions molaires en phase liquide seront notées respectivement x_{e} et x_{ol} et en phase vapeur y_{e} et y_{ol}.

Données numériques :

- Constante des gaz parfaits $R = 8,31\ \mathrm{J.K^{-1}.mol^{-1}}$;
- Enthalpie molaire de vaporisation de l'eau $L_{\mathrm{vap}}^{\mathrm{e}} = 45\ \mathrm{kJ.mol^{-1}}$;
- Enthalpie molaire de vaporisation de l'éthanol $L_{\mathrm{vap}}^{\mathrm{ol}} = 43\ \mathrm{kJ.mol^{-1}}$;
- Température d'ébullition de l'eau sous 1 bar $T_{\mathrm{eb}}^{\mathrm{e}} = 373\ \mathrm{K}$;
- Température d'ébullition de l'éthanol sous 1 bar $T_{\mathrm{eb}}^{\mathrm{ol}} = 352\ \mathrm{K}$.

1. Diagramme binaire expérimental

La figure 8.18 présente le diagramme binaire isobare eau–éthanol expérimental sous la pression de 1 bar, avec en abscisse la fraction molaire en éthanol et en ordonnée la température en degré Celsius.

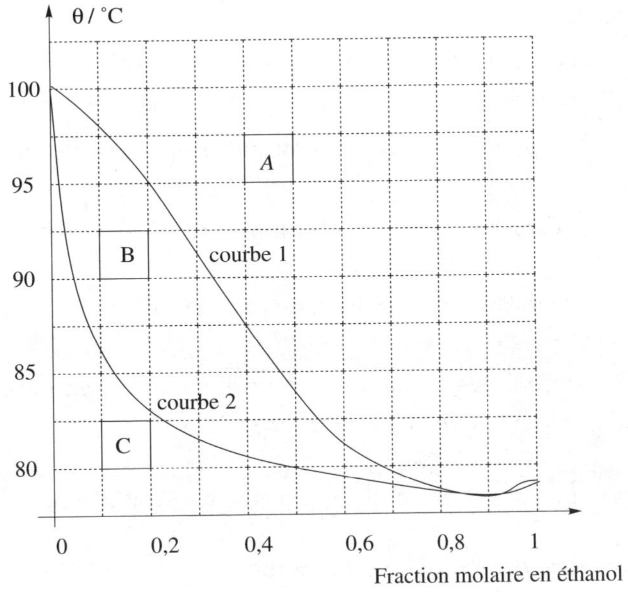

Figure 8.18 – Diagramme binaire isobare liquide vapeur du mélange eau–éthanol

1.1. Préciser la signification des courbes 1 et 2 ainsi que celles des domaines A, B et C qu'elles délimitent.

1.2. On considère une mole d'un mélange de fraction molaire $x_{\text{ol}} = 0,2$ initialement à $20\ °\text{C}$, que l'on chauffe sous une pression constante de 1 bar. À quelle température θ_{eb} exprimée en degré Celsius l'ébullition commence-t-elle et quelle est la fraction molaire en alcool de la première bulle de vapeur ?
À quelle température θ_{ev} la dernière goutte de liquide s'évapore-t-elle et quelle est la fraction molaire en alcool dans cette dernière goutte ?

1.3. On place à $90\ °\text{C}$ le même mélange qu'à la question précédente. À l'aide du diagramme, déterminer numériquement :

- les fractions molaires x_{ol}, y_{ol}, x_{e} et y_{e} en éthanol et en eau dans les deux phases ;
- les quantités de matière de liquide et de gaz en présence, en expliquant la méthode employée ;
- les quantités de matière d'éthanol dans la phase gazeuse, dans la phase liquide (notées n_{ol}^{g} et n_{ol}^{ℓ}), ainsi que les quantités de matière d'eau dans la phase gazeuse et dans la phase liquide (notées n_{e}^{g} et n_{e}^{ℓ}) ;
- le volume total de la phase gazeuse, considérée comme un gaz parfait.

2. Comparaison avec un modèle idéal

On souhaite comparer le diagramme expérimental avec celui qu'on obtiendrait si le mélange éthanol–eau était idéal. À la température T et à la pression p, on note :

- $\mu_{\mathrm{e}}^{*,\ell}(T,p)$ et $\mu_{\mathrm{ol}}^{*,\ell}(T,p)$ les potentiels chimiques respectifs de l'eau et de l'éthanol liquides purs ;
- $\mu_{\mathrm{e}}^{*,\mathrm{g}}(T,p)$ et $\mu_{\mathrm{ol}}^{*,\mathrm{g}}(T,p)$ les potentiels chimiques respectifs de l'eau et de l'éthanol gazeux purs ;
- $T_{\mathrm{eb}}^{\mathrm{e}}$ et $T_{\mathrm{eb}}^{\mathrm{ol}}$ les températures d'ébullition de l'eau et de l'éthanol purs à la pression de travail ($p = 1\ \mathrm{bar}$) ;
- $L_{\mathrm{vap}}^{\mathrm{e}}$ et $L_{\mathrm{vap}}^{\mathrm{ol}}$ les enthalpies molaires de vaporisation de l'eau et de l'alcool purs, supposées indépendantes de la température.

2.1. Quelle relation existe-t-il entre $\left(\dfrac{\partial \mu_{\mathrm{e}}^{*,\ell}}{\partial T}\right)_p$ et l'entropie molaire de l'eau pure, $S_{\mathrm{m},\ell}^{\mathrm{e}}$? Que peut-on dire des potentiels chimiques $\mu_{\mathrm{e}}^{*,\ell}(T_{\mathrm{eb}}^{\mathrm{e}},p)$ et $\mu_{\mathrm{e}}^{*,\mathrm{g}}(T_{\mathrm{eb}}^{\mathrm{e}},p)$?

2.2. On suppose que dans les phases liquide et vapeur, l'entropie molaire de l'eau pure est indépendante de la température. Montrer que l'on a alors pour l'eau :

$$\mu_{\mathrm{e}}^{*,\ell}(T,p) - \mu_{\mathrm{e}}^{*,\mathrm{g}}(T,p) = (S_{\mathrm{m,g}}^{\mathrm{e}} - S_{\mathrm{m},\ell}^{\mathrm{e}})(T - T_{\mathrm{eb}}^{\mathrm{e}})$$

où $S_{\mathrm{m,g}}^{\mathrm{e}}$ est l'entropie molaire de l'eau pure gazeuse.

En déduire l'expression de $\mu_{\mathrm{e}}^{*,\ell}(T,p) - \mu_{\mathrm{e}}^{*,\mathrm{g}}(T,p)$ en fonction de $L_{\mathrm{vap}}^{\mathrm{e}}$, T et $T_{\mathrm{eb}}^{\mathrm{e}}$. Écrire une relation analogue pour l'éthanol, dans les mêmes hypothèses.

2.3. On suppose les mélanges idéaux, de telle sorte que dans les deux phases, on peut écrire :

$$\mu_{\mathrm{e}}^{\ell}(T,p) = \mu_{\mathrm{e}}^{*,\ell}(T,p) + RT\ln(x_{\mathrm{e}}) \text{ et}$$
$$\mu_{\mathrm{e}}^{\mathrm{g}}(T,p) = \mu_{\mathrm{e}}^{*,\mathrm{g}}(T,p) + RT\ln(y_{\mathrm{e}})$$

ainsi que deux relations analogues pour l'éthanol. Démontrer la relation :

$$RT\ln\left(\frac{x_{\mathrm{e}}}{y_{\mathrm{e}}}\right) = -\frac{L_{\mathrm{vap}}^{\mathrm{e}}}{T_{\mathrm{eb}}^{\mathrm{e}}}(T - T_{\mathrm{eb}}^{\mathrm{e}})$$

ainsi qu'une relation analogue pour l'éthanol.

2.4. On introduit les quantités :

$$A_{\mathrm{ol}}(T) = \exp\left(-\frac{L_{\mathrm{vap}}^{\mathrm{ol}}}{RT_{\mathrm{eb}}^{\mathrm{ol}}}\left(1 - \frac{T_{\mathrm{eb}}^{\mathrm{ol}}}{T}\right)\right) \quad \text{et}$$
$$A_{\mathrm{e}}(T) = \exp\left(-\frac{L_{\mathrm{vap}}^{\mathrm{e}}}{RT_{\mathrm{eb}}^{\mathrm{e}}}\left(1 - \frac{T_{\mathrm{eb}}^{\mathrm{e}}}{T}\right)\right)$$

Exprimer x_{ol} et y_{ol} en fonction de $A_{\mathrm{ol}}(T)$ et $A_{\mathrm{e}}(T)$.

2.5. Déterminer numériquement les valeurs de x_{ol} et y_{ol} à $\theta = 90\ ^\circ\text{C}$, soit 363 K. Comparer aux résultats expérimentaux lus sur la figure 8.18. Le mélange se comporte-t-il comme un mélange idéal ? Cela était-il prévisible qualitativement ?

3. Mélanges riches en éthanol

Une analyse précise montre que les courbes 1 et 2 de la figure 8.18 possèdent un minimum commun pour la fraction molaire $x_{\text{ol}}^{\text{Z}} = 0,895$ à la température $\theta_{\text{a}} = 78,1\ ^\circ\text{C}$. Pour les fractions molaires en éthanol plus élevées, les deux courbes sont si proches qu'elles sont quasiment confondues expérimentalement.

3.1. Comment s'appelle le point minimum commun des deux courbes 1 et 2 ? Quelles sont les conséquences pratiques de l'existence de ce minimum sur la distillation des mélanges eau–éthanol ?

3.2. On chauffe progressivement un mélange eau–éthanol de fraction molaire x_{ol}^{Z} initialement à la température de $20\ ^\circ\text{C}$ en enregistrant la température. On suppose que la puissance thermique apportée et la puissance thermique des pertes sont constantes. On néglige la variation de la capacité thermique du système au cours de l'évolution du système. Représenter qualitativement la courbe donnant l'évolution de la température en fonction du temps, en faisant apparaître clairement les domaines monophasés et biphasé.

8.3 Décanteur de DEAN-STARK

La figure 8.19 donne l'allure du diagramme binaire isobare ($p = 1,013$ bar) du mélange toluène-eau, les fractions molaires repérées en abscisse étant celle de l'eau (indice e). On considère un mélange M de ces deux composés ayant la composition molaire $x_{\text{e}} = 0,20$.

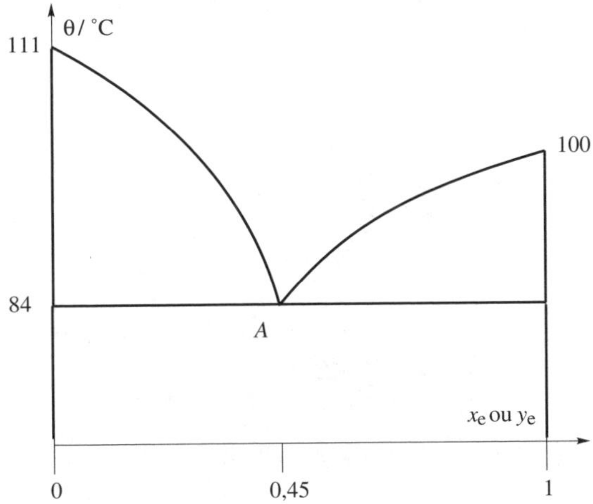

Figure 8.19 – Diagramme binaire isobare eau-toluène

1. Lecture du diagramme

1.1. Les deux liquides sont-ils miscibles ? Préciser le nom des différentes courbes. Préciser pour chaque portion du plan la nature physico-chimique du système. Comment s'appelle un mélange ayant la composition du point A ?

1.2. On chauffe depuis $70\ °C$ un mélange M de composition quelconque. Quelle est la composition de la première bulle de vapeur, et à quelle température apparaît-elle ?

1.3. De quoi est constitué le (les) liquide(s) lorsque la température atteint $100\ °C$? Quelle est la composition de la dernière bulle de vapeur et à quelle température apparaît-elle ?

1.4. Mêmes questions pour un mélange ayant la composition initiale $x_e = 0,45$.

1.5. On appelle courbe d'analyse thermique la courbe donnant la température du système au cours du temps, dans l'hypothèse d'un transfert thermique régulier du gaz vers le milieu extérieur. Tracer qualitativement sur un même graphe les courbes d'analyse thermique pour les compositions $x_e = 0$; $x_e = 0,20$; $x_e = 0,45$; $x_e = 0,70$ et $x_e = 1$ ($120\ °C > \theta > 70\ °C$).

2. Appareil de DEAN-STARK

L'appareil de DEAN-STARK est représenté figure 8.20.

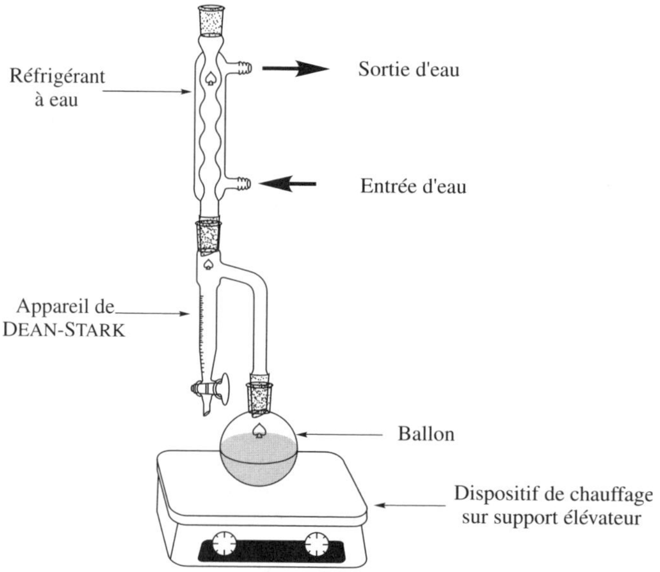

Figure 8.20 – Appareil de DEAN-STARK

Cet appareil est utilisé pour déplacer certains équilibres chimiques. C'est le cas pour l'équilibre d'estérification :

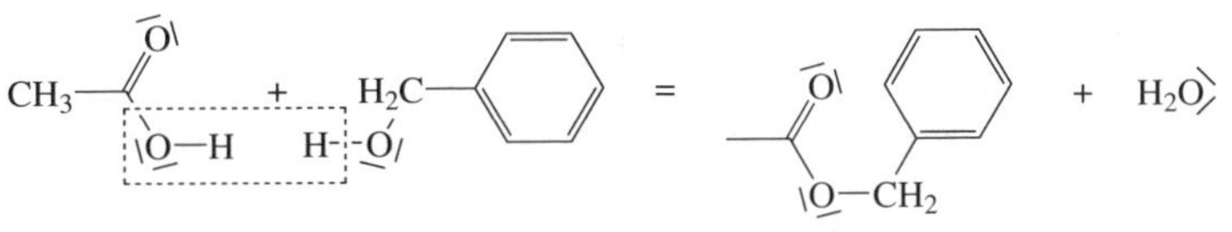

Figure 8.21 – Équation-bilan de l'équilibre d'estérification de l'acide ethanoïque par l'alcool benzylique

L'équilibre chimique peut être déplacé en faveur de la formation de l'ester par retrait d'un produit actif de la réaction, ici l'eau.

2.1. Décompter le nombre d'espèces chimiques présentes dans le système lorsque la réaction a lieu.

2.2. L'eau et le toluène sont les composés les plus volatils. Les phénomènes de vaporisation s'interprètent à partir de la connaissance du diagramme binaire eau/toluène. Expliquer le fonctionnement de l'appareil sachant que l'eau est plus dense que le toluène.

8.4 Loi de l'ébulliométrie de RAOULT

Lorsqu'un mélange binaire est constitué d'un solvant et d'un soluté peu volatil, il est possible de déterminer moyennant quelques approximations la courbe d'ébullition du mélange pour le diagramme isobare à la pression p. On se propose ici de travailler avec les hypothèses suivantes :

- le mélange est constitué de A_1, solvant, et de A_2 soluté peu voltatil; ainsi les températures d'ébullition des corps purs sont telles que $T_2^* \gg T_1^*$;
- le mélange liquide est considéré comme idéal;
- la phase gazeuse est supposée parfaite;
- on ne s'intéresse qu'à la partie du diagramme où A_1 est effectivement considéré comme solvant, c'est-à-dire que la fraction molaire du soluté dans la phase liquide est telle que $x_2 \ll 1$.

1. Exprimer $\ln x_1$ en fonction des potentiels chimiques standard des phases liquides et gaz, et de la pression totale du système, lorsque l'équilibre de phases est réalisé. À pression constante, quelle est la seule variable de la fonction ainsi définie ?

2. Pour les faibles fractions molaires en soluté et en effectuant un développement limité judicieusement choisi, exprimer $\ln x_1$ en fonction de T, T_1^* et de l'enthalpie molaire de vaporisation du solvant A_1, $\Delta_{\text{vap}}H_1^\circ$. En déduire $T = f(x_2)$ en considérant $x_2 \ll 1$.

3. Tracer l'allure du diagramme binaire pour les faibles fractions molaires en soluté A_2. La courbe d'ébullition dépend-elle de la nature du soluté dans le cadre des approximations réalisées ?

4. Exprimer l'augmentation de température $T - T_1^*$ en fonction de la molalité m_2 du soluté et de $K_{\text{eb}} = \dfrac{RT_1^{*2}}{\Delta_{\text{vap}} H_1^\circ} M_1$ où M_1 est la masse molaire du solvant. K_{eb} s'appelle la constante ébulliométrique du solvant.

5. L'ébulliométrie est une technique permettant d'évaluer la masse molaire des macromolécules en solution. On prépare une solution aqueuse par dissolution d'une masse m_2 d'un polypeptide hydrosoluble dans $m_1 = 1,00$ kg d'eau. On relève alors la température d'ébullition de la solution sous la pression atmosphérique, et les données sont présentées dans le tableau suivant ($T_1^* = 100,00$ °C) :

T / ° C	100,14	100,11	100,07	100,035
m_2 / g	200	150	100	50

Déterminer la masse molaire du polypeptide ($K_{\text{eb}}(H_2O) = 0,51$ K.kg.mol^{-1})

8.5 Coefficients d'activité d'une solution non idéale

Pour le mélange binaire acétone (A)–méthanol (B), on dispose des mesures de fractions molaires x_A de l'acétone en phase liquide et des fractions molaires y_A en phase gazeuse pour différentes températures, lorsque l'équilibre des phases est réalisé. Ces résultats ont été établis pour la pression constante de $p = 1,013$ bar. On dispose d'autre part des pressions de vapeur saturante des composés purs, p_A^* et p_B^*. Enfin les températures d'ébullition des composés purs, sous $p = 1,013$ bar sont $T_A^{\text{eb}} = 329,2$ K et $T_B^{\text{eb}} = 337,7$ K

T / K	p_A^* / bar	p_B^* / bar	x_A	y_A
331,4	1,092	0,772	0,280	0,420
330,3	1,048	0,735	0,400	0,516
329,2	1,012	0,700	0,600	0,656
328,9	0,977	0,671	0,676	0,710

1. Tracer le diagramme de phases isobare à $p = 1,013$ bar de ce mélange binaire.

2. Établir la relation permettant de déterminer les coefficients d'activité γ_A et γ_B des deux constituants dans les différentes solutions. Préciser la convention de l'état de référence.

3. Vérifier que les résultats suivent les équations semi-empiriques suivantes

$$\log \gamma_A = \frac{A}{\left(1 + \dfrac{A}{B}\dfrac{x_A}{x_B}\right)^2} \quad \text{et} \quad \log \gamma_B = \frac{B}{\left(1 + \dfrac{B}{A}\dfrac{x_B}{x_A}\right)^2}$$

avec $A = 0,280$ et $B = 0,278$.

Chapitre 9

Oxydoréduction Diagrammes potentiel-pH

Nous avons étudié en première année les réactions chimiques engageant un échange de proton H^+ (équilibres acido-basiques) et les réactions chimiques engageant un échange électronique (équilibres d'oxydoréduction). Il est possible d'établir pour les couples acido-basiques des diagrammes de prédominance (gradués en pH) témoignant de l'espèce acido-basique majoritaire. Les formes solubles (réduite ou oxydée) de couples oxydant-réducteur peuvent être placées de façon analogue sur des diagrammes de prédominance (gradués en potentiel E). L'étude de systèmes chimiques engagés à la fois dans des couples acido-basiques et dans des couples oxydant-réducteur est réalisée en utilisant une représentation à deux dimensions. Il s'agit alors de diagrammes potentiel-pH (diagrammes $E-$pH) ou diagrammes de POURBAIX.

Nous introduirons prioritairement dans ce chapitre l'usage de raisonnements et de grandeurs thermodynamiques appliqués aux réactions d'oxydoréduction. Nous indiquerons en particulier la relation liant l'affinité chimique $\mathcal{A}$ d'une réaction d'oxydoréduction engageant les couples oxydant-réducteur Ox_1/Red_1 et Ox_2/Red_2 à la force électromotrice d'une pile engageant les mêmes couples oxydant-réducteur dans des conditions de concentrations identiques. Le tracé de diagrammes $E-$pH sera alors présenté, dans le cas particulier de l'eau et de systèmes chimiques engageant le fer (aux nombres d'oxydation 0, +II et +III). Les diagrammes concernant le zinc et le cuivre seront aussi développés. Une généralisation sera enfin fournie en considérant le tracé de diagrammes $E-\mathrm{p}L$.

1. Thermochimie appliquée aux réactions d'oxydoréduction

1.1 Potentiel de GALVANI et potentiel électrochimique

a) Existence du potentiel de GALVANI

Une électrode est un système polyphasé constitué de deux phases conductrices mises en contact et pouvant être siège d'un transfert de charge. Ces deux phases diffèrent par la nature des porteurs de charge : dans une phase la conduction est assurée par les électrons (c'est en général un conducteur métallique) et dans l'autre phase la conduction est assurée par des ions (électrolyte). Dans le cadre de ce cours le conducteur ionique est une solution aqueuse contenant des ions susceptibles de se déplacer. Notons cependant que le conducteur ionique peut résulter de la fusion d'un électrolyte solide (chlorure de sodium NaCl fondu) et qu'il existe des électrolytes solides. Un échange électronique que nous situerons dans la suite par souci de simplification à l'interface métal/solution est réalisé à l'intérieur d'une fine couche de liquide entourant le conducteur métallique. À l'intérieur de ce volume de solution, la répartition des ions n'est pas uniforme et le potentiel électrique φ varie fortement. Plusieurs modèles cherchent à expliquer les phénomènes ayant lieu à l'intérieur de cette fine couche de liquide entourant le conducteur métallique (modèle de HELMHOLTZ, modèle de GOUY-CHAPMAN) mais dépassent le cadre de ce cours.

Considérons le cas d'une électrode de première espèce constituée par un métal M(s) trempant dans une solution aqueuse de son cation M^{n+}. Deux processus d'oxydoréduction sont alors susceptibles de se produire :

- les atomes métalliques M(s) se dissolvent dans l'eau sous forme M^{n+} en cédant n électrons sur le métal solide non dissous ;
- les cations M^{n+} captent n électrons au voisinage de l'interface métal/solution et se déposent sur le métal solide.

Les deux processus ont lieu simultanément jusqu'à aboutir à une situation d'équilibre :

$$M\,(\mathrm{s}) \quad = \quad M^{n+} \quad + \quad n\,\mathrm{e}^-.$$

Lorsque l'équilibre est établi, une différence de potentiel existe entre la solution et le conducteur métallique. Cette différence de potentiel est notée $\Delta\Phi = \varphi_M - \varphi_S$ avec φ_M potentiel du conducteur métallique et φ_S potentiel de la solution. Les grandeurs φ sont qualifiées de potentiel de GALVANI. Notons que la différence de potentiel de GALVANI observée entre un conducteur métallique et une solution aqueuse est souvent appelée potentiel de NERNST. Sa valeur se confond en absence de considérations cinétiques particulières avec la valeur fournie par l'équation de NERNST (à une constante additive près). Notons qu'une différence de potentiel notée $\Delta\varphi = \varphi_S - \varphi_{S'}$ peut apparaître entre deux solutions (séparées, par exemple, par un pont salin ou par une membrane semi-perméable), il s'agit toujours d'un potentiel de GALVANI qualifié dans ce cas de potentiel de diffusion ou encore de potentiel de jonction.

De façon générale, retenons que dès qu'un équilibre d'oxydoréduction est réalisé sur une électrode, une différence de potentiel $\Delta\Phi$ existe entre le conducteur métallique et la solution (ceci reste vrai dans le cas des électrodes de deuxième et de troisième espèce). Cette différence de potentiel $\Delta\Phi$ entre deux phases différentes n'est pas mesurable expérimentalement.

b) Potentiel électrochimique, condition d'équilibre électrochimique

Le potentiel électrochimique caractérise l'état thermodynamique d'une espèce chargée.

Envisageons d'un point de vue thermodynamique l'existence de l'équilibre :

$$M\,(\mathrm{s}) \quad = \quad M^{n+} \quad + \quad n\,\mathrm{e}^- \quad .$$

À l'occasion d'une évolution monotherme monobare, l'inégalité :

$$\mathrm{d}G \leqslant \delta W_{\text{élec}}$$

est vérifiée, $\mathrm{d}G$ désigne la différentielle de la fonction enthalpie libre et $\delta W_{\text{élec}}$ correspond au travail élémentaire échangé avec le milieu extérieur. La différentielle $\mathrm{d}G$ s'exprime en fonction du potentiel chimique de chacune des espèces i participant à l'équilibre selon :

$$\mathrm{d}G = \sum_i \mu_i \,\mathrm{d}n_i = (\mu_{M^{n+}} + n\mu_{\mathrm{e}^-,M} - \mu_M)\,\mathrm{d}\xi$$

en introduisant un avancement infinitésimal $\mathrm{d}\xi$ pour la réaction d'oxydation de $M(\mathrm{s})$ en cation M^{n+}. Notons dans cette expression que $\mu_{\mathrm{e}^-,M}$ désigne le potentiel chimique de l'électron sur le conducteur M, $\mu_{M^{n+}}$ le potentiel chimique de l'espèce cationique M^{n+} en solution et μ_M le potentiel chimique du métal solide $M(\mathrm{s})$.

Le travail élémentaire échangé avec le milieu extérieur est estimé par le travail résultant d'un transport des charges électriques de l'infini (où le potentiel électrique appliqué est nul) au potentiel φ_S (potentiel électrique en solution) pour les ions et au potentiel φ_M (potentiel électrique du conducteur métallique) pour les électrons. Ainsi dans le cas étudié :

$$\delta W_{\text{élec}} = \delta W_{\text{élec}}(M^{n+}) + \delta W_{\text{élec}}(\text{e}^-) = -nF\,\text{d}\xi\,(\varphi_S - 0) - (-nF\,\text{d}\xi)\,(\varphi_M - 0)$$

avec F constante de FARADAY. Rappelons que F désigne la charge électrique d'une mole d'électrons ($F \approx 96\,500$ C.mol^{-1}).

Ainsi :

$$\delta W_{\text{élec}} = nF\,\text{d}\xi\,(\varphi_M - \varphi_S)$$

Lorsque l'équilibre électrochimique est effectivement réalisé à la surface du conducteur métallique, l'égalité $\text{d}G = \delta W_{\text{élec}}$ est vérifiée, et par conséquent :

$$nF\,\text{d}\xi\,(\varphi_M - \varphi_S) = (\mu_{M^{n+}} + n\mu_{\text{e}^-,M} - \mu_M)\,\text{d}\xi$$

ou après simplification et réorganisation :

$$\mu_{M^{n+}} + nF_S + n\,(\mu_{\text{e}^-,M} - F_M) = \mu_M \qquad \text{relation (1)}$$

Définition

On appelle potentiel électrochimique d'une espèce chargée i la grandeur définie par $\widetilde{\mu}_i = \mu_i + z_iF_i$.

μ_i désigne le potentiel chimique de l'espèce i, z_i est le nombre de charge de l'ion (en unités de charge élémentaire), F désigne toujours la constante de FARADAY et φ_i est le potentiel électrique du milieu contenant l'espèce chargée i.

Notons que pour une espèce non chargée (comme le métal M dans l'exemple fourni), le potentiel chimique se confond avec le potentiel électrochimique : $\mu_M = \widetilde{\mu}_M$.

La condition d'équilibre électrochimique s'écrit pour la réaction :

$$M\ (s) \qquad = \qquad M^{n+} \quad + \quad n\,\text{e}^-$$

sous la forme :

$$\widetilde{\mu}_M = \widetilde{\mu}_{M^{n+}} + n\widetilde{\mu}_{\text{e}^-}.$$

Le potentiel électrochimique est une extension aux espèces chargées de la notion de potentiel chimique défini pour les espèces électriquement neutres. la condition d'équilibre électrochimique est analogue à la condition d'équilibre chimique pour les systèmes neutres, il suffit de prendre garde à substituer le potentiel électrochimique en lieu et place du potentiel chimique.

Rappelons que pour une réaction chimique, une condition d'équilibre peut s'écrire en réalisant une somme sur les substances figurant dans l'équation-bilan sous la forme :

$$\Delta_r G = \sum_i \nu_i \mu_i = 0.$$

Notons que dans cette somme les nombres ν_i sont des nombres stœchiométriques algébriques.

La grandeur $\Delta_r G$ est l'enthalpie libre de réaction associée à l'équation-bilan étudiée. De façon analogue, la condition d'équilibre électrochimique à la surface d'une électrode peut s'écrire sous la forme :

$$\Delta_r \widetilde{G} = \sum_i \nu_i \widetilde{\mu}_i = 0$$

avec une nouvelle fois ν_i nombres stœchiométriques algébriques.

Dans ce cas, la grandeur $\Delta_r \widetilde{G}$ (généralisation de la fonction $\Delta_r G$ aux réactions électrochimiques) est une enthalpie libre de réaction électrochimique.

c) Jonctions électriques et électrochimiques

Considérons dans un premier cas deux métaux en contact dont l'interface peut être traversée par des électrons. Le premier métal (noté M_1) possède un potentiel noté φ_1, et de façon symétrique le deuxième métal (noté M_2) possède un potentiel noté φ_2. À l'équilibre électrochimique le potentiel électrochimique d'un électron est le même dans les deux métaux. Cette égalité conduit à la relation :

$$\mu_{e^-,M_1} - F\varphi_1 = \mu_{e^-,M_2} - F\varphi_2$$

ou encore :

$$\varphi_2 - \varphi_1 = \frac{\mu_{e^-,M_2} - \mu_{e^-,M_1}}{F}$$

qui est une grandeur constante (μ_{e^-,M_1} et μ_{e^-,M_2} désignent respectivement le potentiel chimique de l'électron dans le métal 1 et dans le métal 2). La différence de potentiel $\varphi_2 - \varphi_1$ entre deux phases métalliques est appelée *ddp de contact* ou encore *ddp galvanique*.

Dans certains cas (piles), il est nécessaire d'isoler deux compartiments tout en assurant une circulation ionique entre les deux compartiments. On utilise alors en pratique un pont salin généralement constitué d'une solution gélifiée de chlorure de potassium K^+, Cl^- ou de nitrate de potassium K^+,NO_3^-. Ce pont a la propriété de n'occasionner qu'une différence de potentiel très faible. Dans la suite, les différences de potentiel consécutives à la présence de jonctions électrochimiques (type pont salin) seront négligées.

d) Expression thermodynamique de la différence de potentiel métal/solution

En reprenant le cas du conducteur $M(\mathrm{s})$ au contact des ions M^{n+}, il est désormais possible d'exprimer la différence de potentiel $\varphi_M - \varphi_S$ en fonction de potentiels chimiques par :

$$\varphi_M - \varphi_S = \frac{\mu_{M^{n+}} + n\mu_{\mathrm{e}^-,M} - \mu_M}{nF}.$$

Cette relation a été établie pour le couple oxydant-réducteur particulier de la forme $M^{n+}/M(\mathrm{s})$ mais il est correct de généraliser le raisonnement à tout autre couple oxydant-réducteur sous la forme :

$$\varphi_M - \varphi_S = \frac{\mu_{Ox} + n\mu_{\mathrm{e}^-,M} - \mu_{Red}}{nF}$$

où Ox et Red désignent les formes oxydée et réduite d'un couple oxydant-réducteur, n indique toujours le nombre d'électrons échangé dans la demi-équation d'oxydoréduction relative au couple étudié et écrite sous la forme :

$$Ox \quad + \quad n\,\mathrm{e}^- \quad = \quad Red$$

M désigne le conducteur métallique à la surface duquel a lieu la réaction d'échange électronique.

Un cas particulier retient l'attention : il s'agit du couple oxydant-réducteur $\mathrm{H^+/H_2(g)}$ engagé dans l'électrode standard à hydrogène. Lorsque l'équilibre :

$$\mathrm{H_2\,(g)} \quad = \quad 2\,\mathrm{H^+} \quad + \quad 2\,\mathrm{e}^-$$

est réalisé à la surface d'une électrode de platine, le potentiel est fourni par la relation :

$$\varphi_{\mathrm{Pt}} - \varphi_S = \frac{2\mu_{\mathrm{H^+}} + 2\mu_{\mathrm{e^-,\,Pt}} - \mu_{\mathrm{H_2}}}{2F}.$$

Dans le cas où les participants sont dans leur état standard respectif, il vient :

$$\varphi_{\mathrm{Pt}} - \varphi_S = \frac{2\mu^\circ_{\mathrm{H^+}} + 2\mu_{\mathrm{e^-,\,Pt}} - \mu^\circ_{\mathrm{H_2}}}{2F} = \frac{\mu_{e^-,\,\mathrm{Pt}}}{F}$$

puisque par convention on pose $\mu^\circ_{\mathrm{H_2}} = 2\mu^\circ_{\mathrm{H^+}}$ quelle que soit la température.

1.2 Force électromotrice d'une pile et potentiel d'oxydoréduction. Affinité chimique

a) Définitions, structure d'une pile (Rappels)

➤ Pile et demi-pile

Une pile est un dispositif chimique susceptible de fournir de l'énergie électrique (circulation d'électrons) à un circuit extérieur. Elle est constituée de deux cellules distinctes dont la communication est assurée par une circulation d'ions (pont ionique ou pont salin). Chaque cellule, appelée demi-pile, contient les deux membres d'un couple oxydant-réducteur.

➤ Électrodes, schématisation d'une pile

Une électrodeest un système constitué de deux phases en contact pouvant être le siège d'un transfert de charge (d'une phase vers l'autre). La séparation entre ces deux phases (qui correspond physiquement à une surface dans l'espace) est notée conventionnellement par un trait $|$. Ces deux phases diffèrent par la nature des porteurs de charge : dans une phase la conduction est assurée en général par les électrons (c'est très souvent un métal, ce peut aussi être du graphite qui est un conducteur), dans l'autre phase la conduction est assurée par des ions ; il s'agit donc d'un électrolyte. C'est le conducteur électronique qui est en contact avec l'extérieur, il constitue alors une des bornes de la pile.

Définition

Lorsque la réaction de transfert d'électron à l'interface entre les deux phases correspond à une réduction, l'électrode est qualifiée de *cathode*. Lorsque la réaction de transfert d'électron à l'interface entre les deux phases correspond à une oxydation, l'électrode est qualifiée d'*anode*.

Une pile est la réunion de deux électrodes (ou demi-piles). L'électrolyte de chaque électrode est *a priori* différent et n'a pas à être mélangé. Pour assurer la séparation tout en assurant le contact électrique, on utilise un pont salin où il existe des ions mais la nature du milieu (gel ou verre poreux) empêche le mélange par convection. Ce pont salin est représenté symboliquement par ⁞⁞. Il existe des piles, qualifiées de piles sans jonction, où cette séparation n'est pas nécessaire.

b) Expression thermodynamique du potentiel d'oxydoréduction

L'équation de NERNST relative au couple oxydant-réducteur noté Ox/Red fournit l'expression de la force électromotrice d'une pile mesurée par un voltmètre dont le pôle négatif est relié à une électrode standard à hydrogène et le pôle positif à une demi-pile contenant le couple oxydant-réducteur étudié (en absence de considérations cinétiques). Nous supposons ici que les formes Ox et Red sont présentes en solution, ce qui légitime l'utilisation d'un conducteur métallique en platine. La force électromotrice mesurée correspond à la pile :

$$(1) \quad \mathrm{Pt} \mid \mathrm{H^+}, \mathrm{H_2\,(g)} \;⁞⁞\; Ox, Red \mid \mathrm{Pt} \quad (2)$$

Les fils électriques sont constitués de cuivre. Précisons par un indice 2 les éléments de la demi-pile engageant le couple Ox, Red et par un indice 1 les éléments de l'électrode standard à hydrogène. Le fil de cuivre reliant la demi-pile 2 au voltmètre est noté Cu,2 tandis que le fil de cuivre relié à l'électrode standard à hydrogène est noté Cu,1. La différence de potentiel observée prend la forme :

$$\Delta E = (\varphi_{\text{Cu,2}} - \varphi_{\text{Pt, 2}}) + (\varphi_{\text{Pt, 2}} - \varphi_{\text{Sol2}}) + (\varphi_{\text{Sol2}} - \varphi_{\text{Sol1}}) - (\varphi_{\text{Pt, 1}} - \varphi_{\text{Sol1}}) - (\varphi_{\text{Cu,1}} - \varphi_{\text{Pt, 1}})$$

La force électromotrice mesurée à courant nul est occasionnée non seulement par les forts gradients de potentiel localisés notamment entre les conducteurs métalliques et les solutions contenues dans chacune des demi-piles mais aussi par une différence de potentiel inhérente à la présence du pont salin (potentiel de jonction liquide). Nous avons souligné précédemment qu'une première approximation permet de négliger le terme correspondant au potentiel de jonction liquide devant les termes correspondant notamment aux différences de potentiel métal/solution. Dans ces conditions :

$$\Delta E = (\varphi_{\text{Cu,2}} - \varphi_{\text{Pt, 2}}) + (\varphi_{\text{Pt, 2}} - \varphi_{\text{Sol2}}) - (\varphi_{\text{Pt, 1}} - \varphi_{\text{Sol1}}) - (\varphi_{\text{Cu,1}} - \varphi_{\text{Pt, 1}})$$

Il vient donc :

$$\Delta E = \frac{\mu_{\text{e}^-,\text{Cu,2}} - \mu_{\text{e}^-,\text{Pt,2}}}{F} + \frac{\mu_{Ox} + n\mu_{\text{e}^-,\text{Pt,2}} - \mu_{Red}}{nF} - \frac{\mu_{\text{e}^-,\text{ Pt,1}}}{F} - \frac{\mu_{\text{e}^-,\text{Cu,1}} - \mu_{\text{e}^-,\text{Pt}}}{F}$$

c'est-à-dire :

$$\Delta E = \frac{\mu_{Ox} - \mu_{Red}}{nF}$$

en considérant que $\mu_{\text{e}^-,\text{Pt,2}} = \mu_{\text{e}^-,\text{ Pt,1}}$ et $\mu_{\text{e}^-,\text{Cu,2}} = \mu_{\text{e}^-,\text{ Cu,1}}$ (le même métal est utilisé dans chacun des deux cas).

Cette valeur est confondue avec le potentiel d'oxydoréduction relatif au couple Ox/Red : $E_{Ox/Red}$ dont l'expression thermochimique est donnée par :

$$E_{Ox/Red} = \frac{\mu_{Ox} - \mu_{Red}}{nF}.$$

Dans les conditions standard cette relation prend la forme :

$$E^{\circ}_{Ox/Red}(T) = \frac{\mu^{\circ}_{Ox}(T) - \mu^{\circ}_{Red}(T)}{nF}.$$

Cette relation est généralisable aux équilibres électrochimiques pour lesquels le conducteur métallique participe à l'échange électronique.

c) Établissement de la loi des potentiels de Nernst

Considérons une électrode siège de l'équilibre électrochimique :

$$Red \quad = \quad Ox \quad + \quad n\,\text{e}^-$$

Le conducteur métallique à la surface duquel a lieu l'échange électronique est noté M. Les potentiels chimiques μ_{Ox} et μ_{Red} sont explicités. Leur expression dépend de l'état physique des constituants (voir chapitre potentiel chimique). Nous accepterons ici une forme générale du potentiel chimique sous la forme :

$$\mu_i = \mu_i^\circ(T) + RT \ln a_i$$

avec a_i activité du constituant i.

Dans ces conditions :

$$E_{Ox/Red} = \frac{\mu_{Ox}^\circ(T) - \mu_{Red}^\circ(T)}{nF} + \frac{RT}{nF} \ln\left(\frac{a_{Ox}}{a_{Red}}\right) = E_{Ox/Red}^\circ(T) + \frac{RT}{nF} \ln\left(\frac{a_{Ox}}{a_{Red}}\right)$$

Si des nombres stœchiométriques interviennent dans la demi-équation d'oxydo-réduction :

$$\alpha\, Red \quad = \quad \beta\, Ox \quad + \quad n\, \mathrm{e}^-$$

le potentiel s'exprime par :

$$\begin{aligned} E_{Ox/Red} &= \frac{\beta\mu_{Ox} - \alpha\mu_{Red}}{nF} = \frac{\beta\mu_{Ox}^\circ(T) - \alpha\mu_{Red}^\circ(T)}{nF} + \frac{RT}{nF} \ln\left(\frac{a_{Ox}^\beta}{a_{Red}^\alpha}\right) \\ &= E_{Ox/Red}^\circ(T) + \frac{RT}{nF} \ln\left(\frac{a_{Ox}^\beta}{a_{Red}^\alpha}\right) \end{aligned}$$

d) Cas de la pile DANIELL

Nous avons vu, en première année, que la pile DANIELL est constituée de deux demi-piles engageant les couples $Zn^{2+}/Zn(s)$ et $Cu^{2+}/Cu(s)$. La représentation schématique de la pile est :

$$\mathrm{Zn\,(s)} \mid \mathrm{Zn^{2+}} \;\vdots\vdots\; \mathrm{Cu^{2+}} \mid \mathrm{Cu\,(s)}.$$

Le circuit extérieur est relié à un voltmètre par l'intermédiaire de fils de cuivre. La pile est représentée à la figure 9.1.

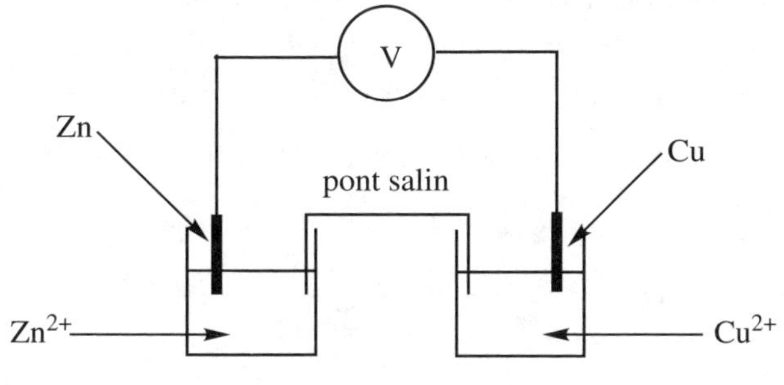

Figure 9.1 – Représentation schématique de la pile DANIELL

Le pont salin est constitué d'un gel (agar-agar) saturé par une solution ionique type nitrate de potassium K^+, NO_3^- ou chlorure de potassium K^+, Cl^-. Expérimentalement une différence de potentiel est observée entre les deux bornes de la pile, le cuivre constitue le pôle positif tandis que le zinc constitue le pôle négatif.

La force électromotrice mesurée à courant nul est occasionnée non seulement par les forts gradients de potentiel localisés notamment entre les conducteurs métalliques et les solutions contenues dans chacune des demi-piles mais aussi par une différence de potentiel inhérente à la présence du pont salin (potentiel de jonction liquide que nous négligerons en première approximation). La force électromotrice peut être exprimée par :

$$\Delta E = \varphi_{\text{Cu},1} - \varphi_{\text{Cu},2} = \left(\varphi_{\text{Cu},1} - \varphi_{\text{sol},\text{Cu}^{2+}}\right) + \left(\varphi_{\text{sol},\text{Cu}^{2+}} - \varphi_{\text{sol},\text{Zn}^{2+}}\right) - \left(\varphi_{\text{Zn}} - \varphi_{\text{sol},\text{Zn}^{2+}}\right) - \left(\varphi_{\text{Cu},2} - \varphi_{\text{Zn}}\right)$$

où $\varphi_{\text{Cu},1}$ et $\varphi_{\text{Cu},2}$ désignent les potentiels électriques des conducteurs métalliques en cuivre reliés respectivement à la demi-pile Cu^{2+} / Cu(s) et à la demi-pile Zn(s) / Zn^{2+}. Les potentiels $\varphi_{\text{sol},\text{Cu}^{2+}}$ et $\varphi_{\text{sol},\text{Zn}^{2+}}$ désignent les potentiels électriques des solutions contenant les ions Cu^{2+} d'une part et les ions Zn^{2+} d'autre part. Le terme $\varphi_{\text{sol},\text{Cu}^{2+}} - \varphi_{\text{sol},\text{Zn}^{2+}}$ est le potentiel de jonction liquide, sa contribution est négligée (voir plus haut). Un calcul analogue à celui mené sur la pile

$$\text{Pt} \mid \text{H}^+, \text{H}_2\,(\text{g}) \;\vdots\vdots\; Ox, Red \mid \text{Pt}$$

montre que la différence de potentiel ΔE s'exprime comme la différence des potentiels d'oxydoréduction fournis par la relation de NERNST :

$$\Delta E = E_{\text{Cu}^{2+}/\text{Cu}} - E_{\text{Zn}^{2+}/\text{Zn}}.$$

Rappelons que le potentiel d'oxydoréduction est une grandeur thermodynamique associée à un couple oxydant-réducteur et qui fournit le potentiel d'équilibre d'une électrode en absence de contraintes cinétiques particulières.

Ainsi la force électromotrice mesurée par le voltmètre s'exprime en fonction des potentiels chimiques par la relation :

$$\Delta E = \frac{\mu_{\text{Cu}^{2+}} - \mu_{\text{Cu}} - \mu_{\text{Zn}^{2+}} + \mu_{\text{Zn}}}{2F}$$

en utilisant l'expression thermochimique du potentiel d'oxydoréduction explicitée précédemment.

e) Affinité chimique

Exprimons dans ce dernier cas l'affinité chimique $\mathcal{A}$ associée à l'équation de pile. Cette équation qui est la somme des réactions susceptibles d'intervenir à l'anode et à la cathode s'écrit sous la forme :

$$\text{Zn (s)} \quad + \quad \text{Cu}^{2+} \quad = \quad \text{Zn}^{2+} \quad + \quad \text{Cu (s)}.$$

L'affinité chimique $\mathcal{A}$ s'écrit :

$$\mathcal{A} = -\,\Delta_r G = -\sum_i \nu_i \mu_i = \mu_{\text{Zn}} + \mu_{\text{Cu}^{2+}} - \mu_{\text{Zn}^{2+}} - \mu_{\text{Cu}}.$$

Il existe donc une relation liant la force électromotrice de la pile DANIELL à l'affinité chimique de l'équation de pile sous la forme :

$$2F\Delta E = 2F\left(E_{\text{Cu}^{2+}/\text{Cu}} - E_{\text{Zn}^{2+}/\text{Zn}}\right) = \mathcal{A} = -\,\Delta_r G.$$

Dans les conditions standard cette relation prend la forme :

$$2F\left(E^\circ_{\text{Cu}^{2+}/\text{Cu}}(T) - E^\circ_{\text{Zn}^{2+}/\text{Zn}}(T)\right) = \mathcal{A}^\circ(T) = -\Delta_r G^\circ(T) = T\Delta_r S^\circ(T) - \Delta_r H^\circ(T).$$

f) Interprétation, généralisation

Les expressions précédentes permettent de relier le sens de circulation des électrons fournis par une pile DANIELL à un circuit extérieur au sens spontané d'évolution de l'équation de pile. Considérons le cas $E_{\text{Cu}^{2+}/\text{Cu}} > E_{\text{Zn}^{2+}/\text{Zn}}$. Il s'agit du cas le plus fréquent (sauf concentrations inhabituelles) compte tenu des valeurs des potentiels standard : $E^\circ_{\text{Cu}^{2+}/\text{Cu}} = 0,34$ V et $E^\circ_{\text{Zn}^{2+}/\text{Zn}} = -0,76$ V à 298 K. Nous avons ici une affinité chimique $\mathcal{A}^\circ$ positive, ce qui indique que le sens spontané d'évolution du système obtenu en mélangeant le contenu des deux demi-piles conduit à une disparition de zinc Zn(s) et d'ions Cu^{2+} au profit de la formation de cuivre Cu(s) et d'ions Zn^{2+}. Lors du fonctionnement de cette pile on assiste effectivement à une réaction d'oxydation de l'électrode en zinc en ions Zn^{2+} (anode) et à une réaction de réduction des ions Cu^{2+} en cuivre Cu(s) (cathode). Au sein de la pile les électrons échangés au cours de la réaction d'oxydoréduction sont canalisés et empruntent un circuit électrique extérieur, l'équation-bilan de fonctionnement de la pile est une réaction spontanée.

Lorsque l'équilibre thermodynamique de la pile est atteint, l'affinité chimique $\mathcal{A}$ s'annule : $\mathcal{A} = 0$, ce qui est équivalent à une égalité des potentiels : $E_{\text{Cu}^{2+}/\text{Cu}} = E_{\text{Zn}^{2+}/\text{Zn}}$. La force électromotrice de la pile est alors nulle, résultat qui avait été fourni à l'occasion du cours de première année.

Les résultats thermochimiques fournis pour le fonctionnement de la pile DANIELL sont généralisés à une réaction d'oxydoréduction quelconque sous la forme suivante : à l'occasion de la réaction engageant les couples oxydant-réducteur Ox_1/Red_1 et Ox_2/Red_2 et témoignant de l'échange de n électrons :

$$Red_1 \quad + \quad Ox_2 \quad = \quad Ox_1 \quad + \quad Red_2$$

l'affinité chimique $\mathcal{A}$ s'exprime en fonction des potentiels d'oxydoréduction par :

$$\mathcal{A} = -\Delta_r G = nF\left(E_{Ox_2/Red_2} - E_{Ox_1/Red_1}\right)$$

L'affinité chimique indique par son signe le sens spontané d'évolution du système chimique étudié.

Dans l'état standard cette relation prend la forme :

$$\mathcal{A}^\circ(T) = -\Delta_r G^\circ(T) = nF\left(E^\circ_{Ox_2/Red_2}(T) - E^\circ_{Ox_1/Red_1}(T)\right).$$

1.3 Enthalpie libre standard de réaction associée à une demi-équation d'oxydoréduction

Reprenons l'exemple de la réaction d'oxydoréduction (notée (E)) traduisant le fonctionnement de la pile DANIELL :

$$\mathrm{Zn\,(s)} \quad + \quad \mathrm{Cu^{2+}} \quad = \quad \mathrm{Zn^{2+}} \quad + \quad \mathrm{Cu\,(s)} \qquad \mathrm{(E)}$$

Il est possible de faire apparaître l'enthalpie libre standard de cette réaction sous la forme de la différence de deux termes associés à chacun des deux couples oxydant-réducteur :

$$\Delta_r G^\circ = -nFE^\circ_{\mathrm{Cu^{2+}/Cu}} + nFE^\circ_{\mathrm{Zn^{2+}/Zn}} = \left(\mu^\circ_{\mathrm{Cu}} - \mu^\circ_{\mathrm{Cu^{2+}}}\right) - \left(\mu^\circ_{\mathrm{Zn}} - \mu^\circ_{\mathrm{Zn^{2+}}}\right).$$

Les grandeurs $\left(\mu^\circ_{\mathrm{Cu}} - \mu^\circ_{\mathrm{Cu^{2+}}}\right)$ et $\left(\mu^\circ_{\mathrm{Zn}} - \mu^\circ_{\mathrm{Zn^{2+}}}\right)$ n'ont aucune signification physique précise mais sont homogènes à des enthalpies libres de réaction, on les note de façon conventionnelle sous la forme :

$$\Delta_r G_1^{\circ *} = \mu^\circ_{\mathrm{Cu}} - \mu^\circ_{\mathrm{Cu^{2+}}} \quad \text{et} \quad \Delta_r G_2^{\circ *} = \mu^\circ_{\mathrm{Zn}} - \mu^\circ_{\mathrm{Zn^{2+}}}.$$

L'équation-bilan (E) associée à l'enthalpie libre standard de réaction $\Delta_r G^\circ$ s'écrit comme la combinaison linéaire des demi-équations d'oxydoréduction notées ($\mathrm{E_1}$) et ($\mathrm{E_2}$) :

$$\mathrm{Cu^{2+}} \quad + \quad 2\,\mathrm{e^-} \quad = \quad \mathrm{Cu\,(s)} \qquad (\mathrm{E_1})$$

$$\mathrm{Zn^{2+}} \quad + \quad 2\,\mathrm{e^-} \quad = \quad \mathrm{Zn\,(s)} \qquad (\mathrm{E_2})$$

sous la forme $(\mathrm{E}) = (\mathrm{E_1}) - (\mathrm{E_2})$. Nous constatons par ailleurs que l'enthalpie libre standard de réaction s'exprime par :

$$\Delta_r G^\circ = \Delta_r G_1^{\circ *} - \Delta_r G_2^{\circ *}.$$

Nous pouvons donc associer formellement à chaque demi-équation d'oxydoréduction la grandeur $\Delta_r G_i^{\circ *} = -nFE_i^\circ$ et appliquer la loi de HESS (additivité des grandeurs de réactions avec les équation-bilans).

De façon générale nous associerons dans la suite à chaque demi-équation d'oxydoréduction écrite sous la forme :

$$Ox \quad + \quad n\,\mathrm{e}^- \quad = \quad Red$$

une enthalpie libre standard de réaction écrite sous la forme :

$$\Delta_r G^{\circ *} = \mu^\circ_{Red} - \mu^\circ_{Ox} = -nFE^\circ_{Ox/Red}$$

et nous appliquerons la loi de HESS. Prenons bien garde à comprendre que les grandeurs $\Delta_r G^{\circ *}$ ne présentent pas d'interprétation physique rigoureuse mais se révèlent des outils particulièrement commodes pour calculer les constantes standard d'équilibre ou des potentiels standard inconnus. Par ailleurs, notons la présence d'un signe négatif dans l'expression fournie lorsque la demi-équation d'oxydoréduction témoigne d'une forme oxydée à gauche.

1.4 Applications

a) Calcul d'une constante d'équilibre

L'utilisation des enthalpies libres standard associées aux demi-équations d'oxydoréduction permet de calculer rapidement la constante standard d'équilibre associée à une réaction d'oxydoréduction.

Exemple : Considérons l'exemple suivant : l'ion Fe^{3+} réagit avec l'ion Sn^{2+} pour fournir les ions Sn^{4+} et Fe^{2+}. Les potentiels standard sont donnés par $E^\circ_{Sn^{4+}/Sn^{2+}} = 0,13$ V et $E^\circ_{Fe^{3+}/Fe^{2+}} = 0,77$ V à 298 K. Le but est de calculer la valeur de la constante d'équilibre associée à cette réaction (à 298 K).

Écrivons les deux demi-équations d'oxydoréduction engagées dans l'échange électronique :

$$Fe^{3+} \quad + \quad e^- \quad = \quad Fe^{2+} \qquad (E_1) \quad \Delta_r G_1^{\circ *} = -FE^\circ_{Fe^{3+}/Fe^{2+}}$$

$$Sn^{4+} \quad + \quad 2\,e^- \quad = \quad Sn^{2+} \qquad (E_2) \quad \Delta_r G_2^{\circ *} = -2FE^\circ_{Sn^{4+}/Sn^{2+}}$$

L'équation-bilan d'oxydoréduction s'écrit sous la forme :

$$2\,Fe^{3+} \quad + \quad Sn^{2+} \quad = \quad 2\,Fe^{2+} \quad + \quad Sn^{4+} \qquad (E) \quad \Delta_r G^\circ.$$

c'est-à-dire comme la combinaison linéaire des deux demi-équations d'oxydoréduction $(\mathrm{E}) = 2(\mathrm{E}_1) - (\mathrm{E}_2)$. En conséquence nous avons la relation :

$$\Delta_r G^\circ = -RT \ln K_T^\circ = 2\Delta_r G_1^{\circ *} - \Delta_r G_2^{\circ *} = 2F \left(E^\circ_{\mathrm{Fe^{3+}/Fe^{2+}}} - E^\circ_{\mathrm{Sn^{4+}/Sn^{2+}}} \right)$$

dans laquelle K_T° désigne la constante standard d'équilibre associée à l'équation (E), T est la température (en K), R est la constante des gaz parfaits ($R = 8,31$ J.K^{-1}.mol^{-1}) et F est la constante de FARADAY. De façon numérique :

$$\frac{RT}{F} \ln 10 \approx 0,06 \text{ V à 298 K,}$$

qui fournit à 298 K la relation :

$$\log K_T^\circ = \frac{2}{0,06} \left(E^\circ_{\mathrm{Fe^{3+}/Fe^{2+}}} - E^\circ_{\mathrm{Sn^{4+}/Sn^{2+}}} \right)$$

qui permettra aisément le calcul de la constante standard d'équilibre.

Une application numérique conduit ici à $K_T^\circ = 2,1.10^{21}$ (réaction quantitative).

Notons que ce résultat est général en oxydoréduction, la constante standard d'équilibre d'une réaction d'oxydoréduction vérifie à 298 K la relation :

$$\log K_T^\circ = \frac{n}{0,06} \left(E_1^\circ - E_2^\circ \right)$$

où n est le nombre d'électrons engagés dans la réaction, E_1° le potentiel standard du couple dont la forme oxydée est à gauche de l'équation-bilan et E_2° le potentiel standard du couple dont la forme oxydée est à droite de l'équation-bilan.

Exercice résolu

L'ion permanganate MnO_4^- oxyde l'ion Fe^{2+} en ion Fe^{3+} et se retouve en milieu acide sous forme d'ions Mn^{2+}. Calculer pour un pH égal à 0 et pour une température de 298 K la valeur numérique de la constante standard d'équilibre relative à la réaction d'oxydoréduction évoquée. On fournit les valeurs numériques des potentiels standard à pH $= 0$ et à 298 K : $E^\circ_{\mathrm{Fe^{3+}/Fe^{2+}}} = 0,77$ V et $E^\circ_{\mathrm{MnO_4^-/Mn^{2+}}} = 1,51$ V.

Réponse

La réaction (E) d'oxydoréduction s'écrit :

$$5\,\mathrm{Fe^{2+}} \quad + \quad \mathrm{MnO_4^-} \quad + \quad 8\,\mathrm{H^+} \quad = \quad 5\,\mathrm{Fe^{3+}} \quad + \quad \mathrm{Mn^{2+}} \quad + \quad 4\,\mathrm{H_2O} \qquad (E).$$

Il s'agit d'une combinaison linéaire des deux demi-équations d'oxydoréduction :

$$Fe^{3+} \quad + \quad e^- \quad = \quad Fe^{2+} \qquad (E_1)$$

$$\Delta_r G_1^{\circ *} = -F E^{\circ}_{Fe^{3+}/Fe^{2+}}$$

$$MnO_4^- \quad + \quad 8\,H^+ \quad + \quad 5\,e^- \quad = \quad Mn^{2+} \quad + \quad 4\,H_2O \quad (E_2)$$

$$\Delta_r G_2^{\circ *} = -5F E^{\circ}_{MnO_4^-/Mn^{2+}}.$$

La combinaison linéaire s'écrit :

$$(E) = (E_2) - 5(E_1)$$

ce qui se traduit par la relation :

$$\Delta_r G^{\circ} = 5F\left(E^{\circ}_{Fe^{3+}/Fe^{2+}} - E^{\circ}_{MnO_4^-/Mn^{2+}}\right)$$

avec $\Delta_r G^{\circ}$ enthalpie libre standard de la réaction d'oxydoréduction (E). En écrivant $\Delta_r G^{\circ} = -RT \ln K_T^{\circ}$ et en considérant :

$$\frac{RT}{F} \ln 10 \approx 0,06 \text{ V à 298 K,}$$

il vient :

$$\log K_T^{\circ} = \frac{5}{0,06}\left(E^{\circ}_{MnO_4^-/Mn^{2+}} - E^{\circ}_{Fe^{3+}/Fe^{2+}}\right)$$

soit *numériquement* :

$$K_T^{\circ} = 4,6.10^{61} \text{ (réaction quantitative).}$$

b) Couple complexé, précipité ou engagé dans un équilibre acido-basique

Comme cela a été mis en évidence en première année, les propriétés oxydoréductrices d'un couple peuvent être considérablement modifiées en fonction du milieu, c'est-à-dire si la forme oxydée ou la forme réduite du couple réagit avec une espèce présente dans le milieu (réactions de complexation, réactions de précipitation, réactions acido-basique...). La méthode utilisant les enthalpies libres standard associées aux demi-équations d'oxydoréduction permet de calculer le nouveau potentiel standard d'un couple oxydant-réducteur dont les membres sont complexés, précipités ou engagés dans un équilibre acido-basique en fonction du potentiel standard des espèces correspondantes non complexées, non précipitées ou encore ayant capté ou cédé un proton et en fonction de constantes d'équilibre (β_i, K_s ou K_A).

Considérons le cas suivant, évoqué à l'occasion du cours de première année : en milieu ammoniacal, le cuivre (ions Cu^+ et Cu^{2+}) est sous formes complexées : $[Cu(NH_3)_2]^+$ et $[Cu(NH_3)_4]^{2+}$. Les constantes globales de formation de ces deux complexes sont respectivement $\beta_2 = 6,3.10^{10}$ et $\beta_4 = 4,0.10^{12}$. Le potentiel standard du couple oxydant-réducteur Cu^{2+}/Cu^+ est donné par $E^\circ_{Cu^{2+}/Cu^+} = 0,17$ V à 298 K. Le but est de déterminer la valeur du potentiel standard noté $E^\circ_{[Cu(NH_3)_4]^{2+}/[Cu(NH_3)_2]^+}$ correspondant au couple Cu^{2+}/Cu^+ complexé en milieu ammoniacal.

Utilisons une méthode thermochimique, comme évoqué plus haut, et écrivons la demi-équation d'oxydoréduction correspondant au couple $[Cu(NH_3)_4]^{2+}/[Cu(NH_3)_2]^+$:

$$[Cu(NH_3)_4]^{2+} + e^- = [Cu(NH_3)_2]^+ + 2\,NH_3 \qquad (E_1)$$
$$\Delta_r G_1^{\circ *} = -FE^\circ_{[Cu(NH_3)_4]^{2+}/[Cu(NH_3)_2]^+}$$

Écrivons la demi-équation d'oxydoréduction relative au couple Cu^{2+}/Cu^+ puis les différentes réactions de complexation, en précisant les valeurs des enthalpies libres standard de réaction :

$$Cu^{2+} + e^- = Cu^+ \qquad (E_2)$$
$$\Delta_r G_2^{\circ *} = -FE^\circ_{Cu^{2+}/Cu^+}$$

$$Cu^{2+} + 4\,NH_3 = [Cu(NH_3)_4]^{2+} \qquad (E_3)$$
$$\Delta_r G_3^\circ = -RT\ln\beta_4$$

$$Cu^+ + 2\,NH_3 = [Cu(NH_3)_2]^+ \qquad (E_4)$$
$$\Delta_r G_4^\circ = -RT\ln\beta_2$$

L'équation (E_1) s'écrit comme une combinaison linéaire des autres équations : $(E_1) = (E_2) - (E_3) + (E_4)$. Cette combinaison linéaire conduit à la relation :

$$\Delta_r G_1^{\circ *} = \Delta_r G_2^{\circ *} - \Delta_r G_3^\circ + \Delta_r G_4^\circ$$

et après réorganisation de la relation, nous avons à 298 K :

$$E^\circ_{[Cu(NH_3)_4]^{2+}/[Cu(NH_3)_2]^+} = E^\circ_{Cu^{2+}/Cu^+} + 0,06\log\left(\frac{\beta_2}{\beta_4}\right).$$

L'application numérique conduit à $E^\circ_{[Cu(NH_3)_4]^{2+}/[Cu(NH_3)_2]^+} = 0,06$ V. Le comportement du cuivre et de ses ions en solution ammoniacale est considérablement modifié, comme précisé en première année. Le complexe $[Cu(NH_3)_2]^+$ se révèle stable alors que l'ion Cu^+ subit en absence de milieu ammoniacal une réaction de dismutation.

Exercice résolu

En utilisant une méthode thermochimique, exprimer le potentiel standard du couple $HClO/Cl_2$ (noté E°_{HClO/Cl_2}) en fonction du potentiel standard du couple ClO^-/Cl_2 ($E^\circ_{ClO^-/Cl_2}$) et de la constante d'acidité K_A relative au couple acido-basique $HClO/ClO^-$.

Réponse

Nous devons écrire les demi-équations d'oxydoréduction associées aux deux couples oxydant-réducteur considérés et écrire la réaction de dissociation de l'acide HClO. Une enthalpie libre standard est associée à chacune des équations.

$$2\,HClO + 2\,H^+ + 2\,e^- = Cl_2 + 2\,H_2O \qquad (E_1)$$
$$\Delta_r G_1^{\circ *} = -2FE^\circ_{HClO/Cl_2}$$

$$2\,ClO^- + 4\,H^+ + 2\,e^- = Cl_2 + 2\,H_2O \qquad (E_2)$$
$$\Delta_r G_2^{\circ *} = -2FE^\circ_{ClO^-/Cl_2}$$

$$HClO + H_2O = ClO^- + H_3O^+ \qquad (E_3)$$
$$\Delta_r G_1^\circ = -RT\ln K_A$$

L'équation (E_1) s'écrit sous la forme de la combinaison linéaire :

$$(E_1) = (E_2) + 2 * (E_3)$$

qui conduit à la relation :

$$-2FE^\circ_{HClO/Cl_2} = -2FE^\circ_{ClO^-/Cl_2} - 2RT\ln K_A.$$

À 298 K, nous avons donc la relation $E^\circ_{HClO/Cl_2} = E^\circ_{ClO^-/Cl_2} - 0,06\,pK_A$.

L'application numérique fournit ici, compte tenu des valeurs numériques à 298 K $E^\circ_{ClO^-/Cl_2} = 2{,}08$ V et $K_A = 10^{-7,5}$, le résultat $E^\circ_{HClO/Cl_2} = 1,63$ V.

c) Cas de plusieurs nombres d'oxydation, relation entre potentiels standard

Nous avons mis en évidence lors du cours de première année que les potentiels standard $E^\circ_{A/B}$, $E^\circ_{B/C}$ et $E^\circ_{A/C}$ ne sont pas indépendants (A, B et C désignent trois composés correspondant à trois nombres d'oxydation différents d'un même élément chimique). Un diagramme de FROST permettait de mettre en lumière la relation liant les potentiels standard. Une justification rigoureuse de cette relation peut être fournie en faisant appel à une méthode thermochimique.

Considérons à nouveau le cas du cuivre. Les potentiels standard $E^{\circ}_{Cu^{2+}/Cu}$, $E^{\circ}_{Cu^{2+}/Cu^{+}}$ et $E^{\circ}_{Cu^{+}/Cu}$. ne sont pas indépendants. Afin d'établir la relation permettant de calculer l'un des potentiels standard à partir des deux autres, nous devons écrire chacune des demi-équations d'oxydoréduction et associer une enthalpie libre standard de réaction $\Delta_r G_i^{\circ *}$. Nous avons donc :

$$\begin{array}{lllllll} Cu^{2+} & + & e^- & = & Cu^+ & (E_1) & \Delta_r G_1^{\circ *} = -FE^{\circ}_{Cu^{2+}/Cu^{+}} \\ Cu^{+} & + & e^- & = & Cu\,(s) & (E_2) & \Delta_r G_2^{\circ *} = -FE^{\circ}_{Cu^{+}/Cu} \\ Cu^{2+} & + & 2\,e^- & = & Cu\,(s) & (E_3) & \Delta_r G_3^{\circ *} = -2FE^{\circ}_{Cu^{2+}/Cu} \end{array}$$

De façon évidente l'équation (E_3) s'exprime en fonction des équations (E_1) et (E_2) par $(E_3) = (E_1) + (E_2)$. Cette relation est traduite en enthalpie libre standard de réaction par $-2FE^{\circ}_{Cu^{2+}/Cu} = -FE^{\circ}_{Cu^{2+}/Cu^{+}} - FE^{\circ}_{Cu^{+}/Cu}$ et donc :

$$E^{\circ}_{Cu^{2+}/Cu} = \frac{1}{2}\left(E^{\circ}_{Cu^{2+}/Cu^{+}} + E^{\circ}_{Cu^{+}/Cu}\right).$$

À 298 K, $E^{\circ}_{Cu^{2+}/Cu^{+}} = 0,17$ V et $E^{\circ}_{Cu^{+}/Cu} = 0,52$ V, une application numérique fournit donc $E^{\circ}_{Cu^{2+}/Cu} = 0,34$ V.

Exercice résolu

En utilisant une méthode identique, établir la relation liant les trois potentiels standard du fer : $E^{\circ}_{Fe^{3+}/Fe^{2+}}$, $E^{\circ}_{Fe^{3+}/Fe}$ et $E^{\circ}_{Fe^{2+}/Fe}$.

Réponse

Écrivons les trois demi-équations d'oxydoréduction en associant leur enthalpie standard de réaction à chacune d'elles.

$$\begin{array}{lllllll} Fe^{3+} & + & e^- & = & Fe^{2+} & (E_1) & \Delta_r G_1^{\circ *} = -FE^{\circ}_{Fe^{3+}/Fe^{2+}} \\ Fe^{2+} & + & 2\,e^- & = & Fe\,(s) & (E_2) & \Delta_r G_2^{\circ *} = -2FE^{\circ}_{Fe^{2+}/Fe} \\ Fe^{3+} & + & 3\,e^- & = & Fe\,(s) & (E_3) & \Delta_r G_3^{\circ *} = -3FE^{\circ}_{Fe^{3+}/Fe} \end{array}$$

L'équation (E_3) s'exprime par $(E_3) = (E_1) + (E_2)$, qui se traduit en enthalpie libre standard de réaction sous la forme :

$$-3FE^{\circ}_{Fe^{3+}/Fe} = -FE^{\circ}_{Fe^{3+}/Fe^{2+}} - 2FE^{\circ}_{Fe^{2+}/Fe},$$

c'est-à-dire après simplification :

$$E^{\circ}_{Fe^{3+}/Fe} = \frac{1}{3}\left(E^{\circ}_{Fe^{3+}/Fe^{2+}} + 2E^{\circ}_{Fe^{2+}/Fe}\right).$$

d) Une alternative

Les études précédentes qui utilisent la grandeur enthalpie libre standard peuvent être conduites en utilisant l'unicité de la différence de potentiel existant entre le conducteur métallique et la solution. La méthode est d'écrire la loi de NERNST de différentes façons et d'éliminer la variable E. Reprenons, à titre d'exemple, le calcul de la constante de l'équilibre d'oxydation des ions stanneux Sn^{2+} par les ions ferriques Fe^{3+}. Écrivons la loi de NERNST pour les couples Fe^{3+}/Fe^{2+} et Sn^{4+}/Sn^{2+} :

$$E = E^\circ_{Fe^{3+}/Fe^{2+}} + \frac{RT}{F}\ln\frac{[Fe^{3+}]}{[Fe^{2+}]} \quad \text{et} \quad E = E^\circ_{Sn^{4+}/Sn^{2+}} + \frac{RT}{2F}\ln\frac{[Sn^{4+}]}{[Sn^{2+}]}.$$

En égalant ces deux expression, nous obtenons exactement le résultat obtenu par la méthode utilisant l'enthalpie libre.

2. Tracé du diagramme $E-$pH de l'eau, principales conventions

Un diagramme potentiel-pH représente l'évolution du potentiel d'oxydoréduction d'un couple donné en fonction du pH pour une température donnée (25 °C la plupart du temps). Le potentiel d'oxydoréduction dépend du pH à chaque fois que les ions H^+ apparaissent dans la demi-équation d'oxydoréduction correspondante. Pour établir le diagramme on trace les courbes représentatives d'équilibres entre espèces prises deux à deux, pour des valeurs conventionnelles des activités de ces espèces, en ne conservant que celles relatives aux espèces majoritaires.

2.1 Conventions de tracé et de frontière

Plusieurs conventions permettent de tracer l'évolution du potentiel E d'un couple donné en fonction du pH. Il est tout d'abord nécessaire de fixer la quantité de matière en solution ainsi que la pression d'éventuelles espèces gazeuses :

- la concentration en espèce dissoute est prise égale à une valeur fixée c_{tra} ;
- la pression partielle de tous les gaz est prise égale à p_{tra} (souvent égale à 1 bar).

La donnée de la concentration c_{tra} et de la pression p_{tra} constitue la *convention de tracé* ou encore *convention de travail*.

Les activités en solution sont assimilées aux concentrations molaires. La plupart du temps lorsque les deux espèces du couple sont présentes en solution, chacune des concentrations est prise égale à c_{tra}. Il s'agit alors de la *convention de frontière*. Dans cette convention la droite correspondante du diagramme sépare alors les domaines de *prédominance* des deux espèces.

Lorsqu'une seule des espèces est dissoute tandis que l'autre est un solide (équilibre électrochimique hétérogène), la valeur de la concentration en espèce dissoute est fixée par le convention de tracé. La droite correspondante du diagramme délimite alors le domaine d'*existence* du solide pour la concentration en espèce dissoute donnée.

Notons qu'il existe d'autres conventions de tracé. Il suffit de suivre scrupuleusement les indications d'un énoncé de problème. Notons aussi que les conséquences sur l'allure du diagramme et de son exploitation sont peu importantes.

Lorsque l'équilibre électrochimique engage une phase gazeuse et une espèce dissoute, la concentration de l'espèce dissoute et la pression partielle de l'espèce gazeuse sont fixées par la convention de tracé. La droite correspondante du diagramme sépare le domaine pour lequel la pression en gaz à l'équilibre est supérieure à la valeur choisie conventionnellement pour la pression p_{tra} de celui pour lequel la pression en gaz à l'équilibre est inférieure à la valeur choisie.

2.2 Diagramme $E-$pH de l'eau

a) Tracé du diagramme

L'eau intervient dans deux couples oxydant-réducteur : $O_2(g)/H_2O$ (de potentiel standard $E^\circ_{O_2(g)/H_2O} = 1,23$ V à 298 K) et $H_2O/H_2(g)$ (de potentiel standard $E^\circ_{H_2O/H_2(g)} = 0,00$ V par convention). Le diagramme fait donc intervenir deux évolutions. Nous convenons pour les espèces gazeuses d'une convention de tracé $p_{\text{tra}} = 1$ bar.

Couple $O_2(g)/H_2O$: la demi-équation relative au couple oxydant-réducteur s'écrit :

$$4\,H^+ \quad + \quad O_2\,(g) \quad + \quad 4\,e^- \quad = \quad 2\,H_2O.$$

Le potentiel d'équilibre relatif à ce couple s'écrit moyennant les conventions admises sous la forme :

$$E = E^\circ_{O_2(g)/H_2O} + \frac{0,06\ \text{V}}{4}\log\left(\left[H^+\right]^4 p_{O_2}\right) = 1,23 - 0,06\text{pH}.$$

Il s'agit d'une droite de pente $-0,06$ V.

Couple $H_2O/H_2(g)$: la demi-équation relative au couple oxydant-réducteur s'écrit :

$$2\,H^+ \quad + \quad 2\,e^- \quad + \quad H_2O \quad = \quad H_2\,(g) \quad + \quad H_2O$$

ou plus simplement :

$$2\,H^+ \quad + \quad 2\,e^- \quad = \quad H_2\,(g).$$

En d'autre terme, il n'y a pas de différence entre le couple H^+/H_2 et le couple H_2O/H_2. Le potentiel d'équilibre relatif à ce couple s'écrit moyennant les conventions admises sous la forme :

$$E = E^\circ_{H_2O/H_2(g)} + \frac{0,06\ V}{2} \log\left(\frac{[H^+]^2}{p_{H_2}}\right)$$

$$E\ /\ V = 0,00 - 0,06.pH$$

Il s'agit une nouvelle fois d'une droite de coefficient directeur $-0,06$ V.

Le diagramme est représenté sur la figure 9.2.

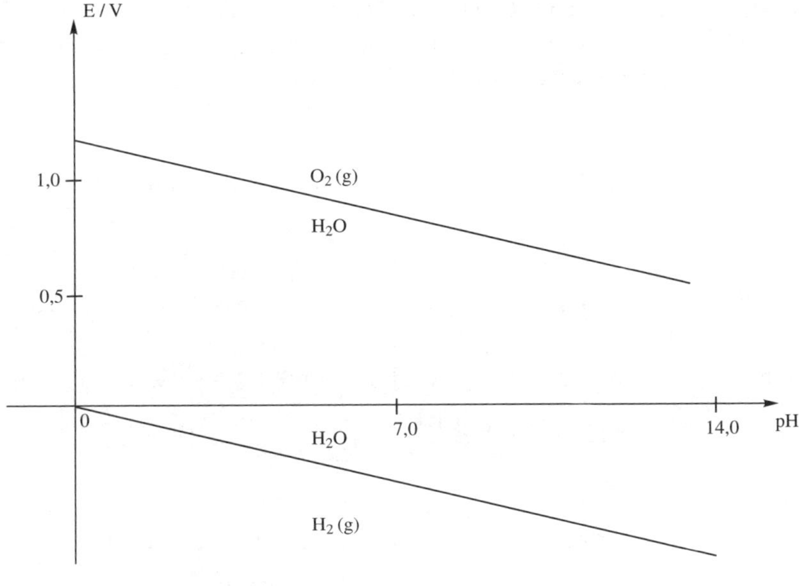

Figure 9.2 – Diagramme potentiel-pH de l'eau

b) Interprétation du diagramme

Une solution dont le point représentatif (pH, E) est au-dessus de la droite supérieure (tracée pour la pression de travail précisée) sera instable et il y aura formation de dioxygène gazeux selon la réaction d'oxydation de l'eau :

$$2\,H_2O \quad = \quad O_2\,(g) \quad + \quad 4\,H^+ \quad + \quad 4\,e^-$$

(les électrons sont évidemment captés par un oxydant). Une solution dont le point représentatif (pH, E) est au-dessous de la droite inférieure, tend à dépasser la pression de tracé $p_{H_2} = 1$ bar. Ceci signifie qu'il y a formation de dihydrogène gazeux selon la réaction de réduction de l'eau :

$$2\,H^+ \quad + \quad H_2O \quad + \quad 2\,e^- \quad = \quad H_2\,(g) \quad + \quad H_2O$$

(les électrons sont fournis par un réducteur). Entre les deux domaines, l'eau n'est ni réduite ni oxydée, elle est stable : on parle de *domaine de stabilité de l'eau*. Le domaine supérieur est le domaine de formation du dioxygène O_2(g) tandis que le domaine inférieur est le domaine de formation du dihydrogène H_2(g). Notons que pour un pH fixé, plus le potentiel E s'élève plus les espèces oxydées sont rencontrées. Cette observation peut se révèler utile dans certains exercices proposant d'attribuer des domaines de stabilité.

Exercice résolu

Considérons le cas du couple MnO_4^-/Mn^{2+}, indiquer l'équation de la droite $E = f(\text{pH})$ du diagramme $E-$pH en acceptant pour convention de frontière l'égalité des concentrations en espèces dissoutes.

Réponse

Écrivons la demi-équation d'oxydoréduction correspondant au couple oxydant-réducteur MnO_4^-/Mn^{2+} :

$$MnO_4^- \quad + \quad 8\,H^+ \quad + \quad 5\,e^- \quad = \quad Mn^{2+} \quad + \quad 4\,H_2O$$

Le potentiel d'équilibre est fourni par la loi de NERNST selon :

$$E = E^\circ_{MnO_4^-/Mn^{2+}} + \frac{0{,}06\text{ V}}{5}\log\frac{[MnO_4^-][H^+]^8}{[Mn^{2+}]} = E^\circ_{MnO_4^-/Mn^{2+}} - \frac{0{,}06\text{ V}}{5}8\text{pH} + \frac{0{,}06}{5}\text{V}\log\frac{[MnO_4^-]}{[Mn^{2+}]}$$

En considérant une égalité des espèces dissoutes MnO_4^- et Mn^{2+} sur la frontière (convention de frontière) il vient l'équation de droite cherchée :

$$E = E^\circ_{MnO_4^-/Mn^{2+}} - 0{,}096\text{VpH}.$$

Ce résultat montre que lorsque le pH augmente, le potentiel d'oxydoréduction diminue : l'ion MnO_4^- se révèle de moins en moins oxydant.

3. Diagramme $E-$pH du fer

En solution aqueuse, les espèces du fer les plus couramment rencontrées sont : Fe(s), Fe^{2+}, Fe^{3+}, $Fe(OH)_2$(s) et $Fe(OH)_3$(s).

3.1 Conventions, diagramme de situation

La convention de tracé choisie pour le tracé du diagramme est $c_{\text{tra}} = 10^{-2}$ mol.L^{-1}. Les pK_s des précipités $Fe(OH)_2$(s) et $Fe(OH)_3$(s) sont respectivement égaux à $15,1$ et $37,0$ à $25\ °C$. Pour les équilibres engageant deux espèces dissoutes nous accepterons pour convention de frontière l'égalité des concentrations en espèces dissoutes. Par ailleurs les potentiels standard sont donnés à la même température par $E^{\circ}_{Fe^{3+}/Fe^{2+}} = 0,77$ V et $E^{\circ}_{Fe^{2+}/Fe} = -0,44$ V.

La première étape consiste à dresser un diagramme simplifié que nous qualifierons ici de *diagramme de situation* et qui figure le positionnement relatif des domaines de stabilité des différentes espèces. Ce diagramme est gradué horizontalement en pH et verticalement en potentiel. Rappelons que pour une valeur de pH fixée, plus le potentiel E augmente, plus le fer doit posséder un nombre d'oxydation élevé.

Déterminons, pour un nombre d'oxydation fixé (ici +II ou +III), la gamme de pH dans laquelle existent les précipités d'hydroxydes de fer. Étudions tout d'abord le cas du fer au nombre d'oxydation égal à +II. Pour ce faire, considérons une solution contenant des ions Fe^{2+} à la concentration de tracé ; le pH est élevé par ajout d'une solution de soude (sans variation de volume). Lorsque le précipité $Fe(OH)_2$(s) apparaît, la loi de GULDBERG et WAAGE $K_{s_2} = [OH^-]^2[Fe^{2+}]$ s'applique :

$$10^{-15,1} = 10^{-2}\left(\frac{K_e}{h}\right)^2$$

qui implique :

$$\text{pH} = 7,5.$$

Ainsi, au-dessus de pH $= 7,5$ le précipité $Fe(OH)_2$(s) est présent. Au-dessous de ce pH la seule forme du fer de nombre d'oxydation égal à +II reste l'ion Fe^{2+}. De la même façon nous pouvons étudier le cas du fer au nombre d'oxydation égal à +III : considérons une solution contenant des ions Fe^{3+} à la concentration de tracé ; le pH est élevé par ajout d'une solution de soude (sans variation de volume). Lorsque le précipité $Fe(OH)_3$(s) apparaît, la loi de GULDBERG et WAAGE $K_{s_3} = [OH^-]^3[Fe^{3+}]$ s'applique :

$$10^{-38} = 10^{-2}\left(\frac{K_e}{h}\right)^3$$

qui implique :

$$\text{pH} = 2,3.$$

Ainsi au-dessus de $pH = 2,3$ le précipité $Fe(OH)_3(s)$ est présent. Au-dessous de ce pH la seule forme du fer de nombre d'oxydation égal à +III reste l'ion Fe^{3+}.

Le diagramme figurant le positionnement relatif des espèces en potentiel et en pH est présenté figure 9.3.

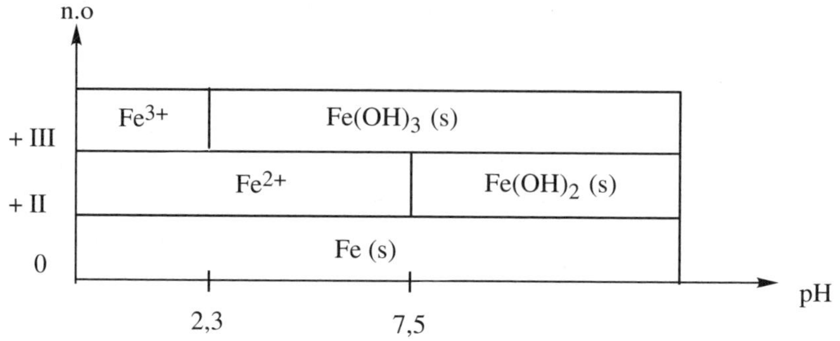

Figure 9.3 – Diagramme de situation du fer

Le diagramme de situation indique les couples oxydant-réducteur à considérer en fonction du pH : pour $pH < 2,3$ les couples oxydant-réducteur sont les couples Fe^{3+}/Fe^{2+} et $Fe^{2+}/Fe(s)$. Pour $2,3 < pH < 7,5$ il faut considérer les couples $Fe(OH)_3(s)/Fe^{2+}$ et $Fe^{2+}/Fe(s)$ tandis que pour $pH > 7,5$ les couples majoritaires engagés sont $Fe(OH)_3(s)/Fe(OH)_2(s)$ et $Fe(OH)_2(s)/Fe(s)$.

Nous pouvons identifier à l'aide du diagramme de situation les substances susceptibles de présenter une frontière commune sur le diagramme $E-$ pH. Ainsi nous identifions clairement qu'il est raisonnable de rechercher l'équation de la frontière séparant les domaines de prédominance des ions Fe^{2+} et des ions Fe^{3+} mais qu'il peut sembler *a priori* absurde d'envisager une frontière entre les domaines d'existence de Fe(s) et de $Fe(OH)_3(s)$.

Exercice résolu

Dresser le diagramme de situation correspondant au thallium Tl dont les formes considérées sont Tl(s), Tl^+, Tl^{3+} et l'hydroxyde $Tl(OH)_3(s)$. On donne à 298 K la valeur numérique $pK_s(Tl(OH)_3(s)) = 44$.

La convention de tracé adoptée est $c_{tra} = 10^{-4}$ mol.L^{-1}.

Réponse

Ce diagramme est gradué horizontalement en pH et verticalement en potentiel. Rappelons que pour une valeur de pH fixée, plus le potentiel E augmente, plus le thallium doit posséder un nombre d'oxydation élevé.

Déterminons, pour un nombre d'oxydation fixé (ici +III), la gamme de pH dans laquelle existe le précipité d'hydroxyde de thallium (+III). Pour ce faire, considérons une solution contenant des ions Tl^{3+} à la concentration de tracé ; le pH est élevé par ajout d'une solution de soude (sans variation de volume). Lorsque le précipité $Tl(OH)_3$(s) apparaît, la loi de GULDBERG et WAAGE $K_s = [OH^-]^3[Tl^{3+}]$ s'applique :

$$10^{-44} = 10^{-4}\left(\frac{K_e}{h}\right)^3$$

qui implique :

$$\text{pH} = 0,7.$$

Ainsi, au-dessus de pH $= 0,7$ le précipité $Tl(OH)_3$(s) est présent. Au-dessous de ce pH la seule forme du thallium de nombre d'oxydation égal à +III reste l'ion Tl^{3+}.

Le thallium de nombre d'oxydation égal à +I reste l'ion Tl^+ quel que soit le pH et le thallium de nombre d'oxydation égal à 0 est le métal Tl(s) pour tout pH. Nous avons par conséquent une diagramme de situation de la forme présentée à la figure 9.4.

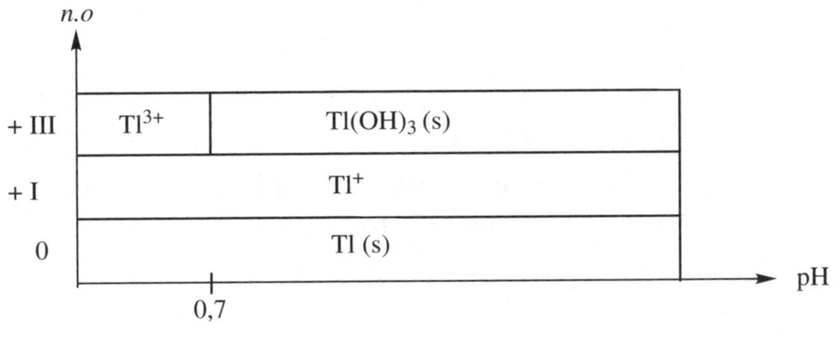

Figure 9.4 – Diagramme de situation du thallium

3.2 Équations des frontières

Pour pH $< 2,3$ considérons le couple oxydant-réducteur Fe^{2+}/Fe(s) : la demi-équation d'oxydoréduction prend la forme simple :

$$Fe^{2+} \quad + \quad 2\,e^- \quad = \quad Fe\,(s)$$

et le potentiel frontière s'écrit :

$$E = E^\circ_{Fe^{2+}/Fe} + \frac{0,06\ \text{V}}{2}\log\left[Fe^{2+}\right] = -\,0,50\ \text{V à 25 °C}$$

en utilisant la convention de tracé qui fixe $\left[Fe^{2+}\right] = c_{tra} = 10^{-2}$ mol.L^{-1} .

Le potentiel d'équilibre relatif au couple oxydant-réducteur Fe^{3+}/Fe^{2+} s'écrit :

$$E = E^{\circ}_{Fe^{3+}/Fe^{2+}} + 0,06 \log \frac{\left[Fe^{3+}\right]}{\left[Fe^{2+}\right]} = E^{\circ}_{Fe^{3+}/Fe^{2+}} = 0,77 \text{ V à } 25\ °\text{C}$$

en utilisant la convention de frontière (équirépartition des espèces dissoutes sur la frontière séparant deux domaines de prédominance).

Pour $2,3 < \text{pH} < 7,5$ l'équation relative au couple oxydant-réducteur $Fe^{2+}/Fe(s)$ est inchangée. Le couple Fe^{3+}/Fe^{2+} est remplacé par le couple engageant l'espèce $Fe(OH)_3(s)$ alors présente, il s'agit du couple $Fe(OH)_3(s)/Fe^{2+}$. La demi-équation d'oxydoréduction associée s'écrit :

$$Fe(OH)_3\ (s) \quad + \quad 3\,H^+ \quad + \quad e^- \quad = \quad Fe^{2+} \quad + \quad 3\,H_2O.$$

Le potentiel d'oxydoréduction est fourni à $25\ °$C par :

$$E = E^{\circ}_{Fe(OH)_3/Fe^{2+}} + (0,06 \text{ V}) \log \frac{\left[H^+\right]^3}{\left[Fe^{2+}\right]} = C - 0,18\text{VpH}$$

avec $C = E^{\circ}_{Fe(OH)_3/Fe^{2+}} - (0,06 \text{ V}) \log c_{tra}$ grandeur constante. Notons ici l'impérieuse nécessité de fournir une demi-équation d'oxydoréduction équilibrée avec des ions H^+ (et non HO^-) si nous désirons appliquer l'équation de NERNST utilisant des potentiels standard tabulés à pH égal à 0.

La valeur de C peut être déterminée efficacement par *continuité* du potentiel relatif au couple Fe$(+\text{III})/$Fe$(+\text{II})$ en pH $= 2,3$. Ainsi le potentiel prend la forme :

$$E\ /\ \text{V} = 1,18 - 0,18\text{pH}.$$

Remarquons qu'il est toutefois possible de déterminer directement la valeur numérique du potentiel standard $E^{\circ}_{Fe(OH)_3/Fe^{2+}}$ à partir du potentiel standard $E^{\circ}_{Fe^{3+}/Fe^{2+}}$ et du produit de solubilité de l'hydroxyde $Fe(OH)_3(s)$ comme évoqué au premier paragraphe de ce chapitre. La continuité du potentiel relatif au couple Fe$(+\text{III})/$Fe$(+\text{II})$ en pH $= 2,3$ est alors un moyen de vérification des calculs effectués. Cette deuxième méthode, certes plus élégante, présente le désavantage d'être moins rapide qu'une utilisation de la continuité du potentiel d'équilibre. Dans la suite, une méthode utilisant la continuité du potentiel sera privilégiée.

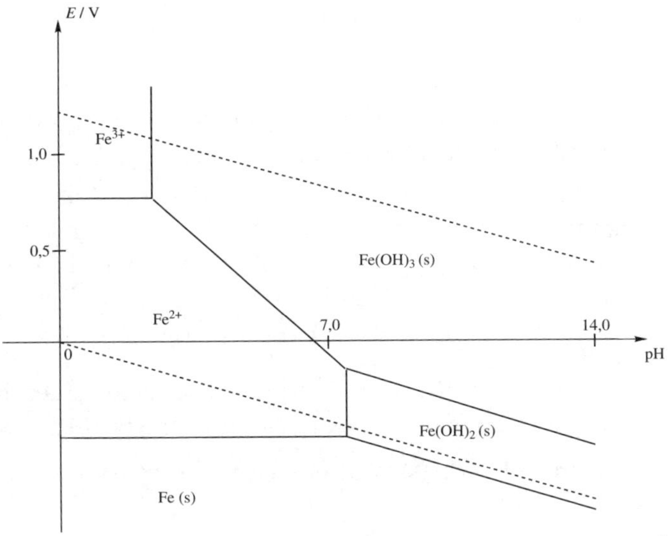

Figure 9.5 – Diagramme potentiel-pH du fer et de l'eau

Pour pH $> 7,5$ considérons tout d'abord le couple $Fe(OH)_2(s)/Fe(s)$ (qui remplace le couple $Fe^{2+}/Fe(s)$). La demi-équation d'oxydoréduction s'écrit :

$$Fe(OH)_2\,(s) \quad + \quad 2\,H^+ \quad + \quad 2\,e^- \quad = \quad Fe\,(s) \quad + \quad 2\,H_2O.$$

Le potentiel s'écrit à 25 °C :

$$E = E^{\circ}_{Fe(OH)_2/Fe} + \frac{0,06\text{ V}}{2}\log\left[H^+\right]^2 = E^{\circ}_{Fe(OH)_2/Fe} - (0,06\text{ V})\text{pH}$$

avec $E^{\circ}_{Fe(OH)_2/Fe}$ constante déterminée par continuité du potentiel relatif au couple Fe(+II)/Fe(0) en pH $= 7,5$. Le potentiel prend la forme :

$$E\ /\ \text{V} = -0,05 - 0,06.\text{pH}.$$

Considérons ensuite le couple oxydant-réducteur $Fe(OH)_3(s)/Fe(OH)_2(s)$ (qui remplace le couple $Fe(OH)_3(s)/Fe^{2+}$). La demi-équation d'oxydoréduction s'écrit :

$$Fe(OH)_3\,(s) \quad + \quad H^+ \quad + \quad e^- \quad = \quad Fe(OH)_2\,(s) \quad + \quad H_2O.$$

Le potentiel d'oxydoréduction prend alors à 25 °C la forme :

$$E = E^{\circ}_{Fe(OH)_3/Fe(OH)_2} + (0,06\text{V})\log\left[H^+\right] = E^{\circ}_{Fe(OH)_3/Fe(OH)_2} - (0,06\text{V})\text{ pH}.$$

La grandeur $E^{\circ}_{Fe(OH)_3/Fe(OH)_2}$ constante est déterminée par continuité du potentiel relatif au couple Fe(+III)/Fe(+II) en pH $= 7,5$: ainsi le potentiel d'oxydoréduction prend la forme :

$$E\ /\ \text{V} = 0,28 - 0,06\text{ pH}$$

Le tracé du diagramme conduit au résultat présenté à la figure 9.5.

Exercice résolu

Établir les équations des frontières du diagramme $E-$pH du thallium (espèces considérées : Tl(s), Tl^+, Tl^{3+} et l'hydroxyde $Tl(OH)_3$(s)). La convention de tracé est $c_{tra} = 10^{-4}$ mol.L^{-1} et la convention de frontière pour les espèces dissoutes suppose une égalité des concentrations. Par ailleurs on fournit (outre les valeurs numériques proposées dans le précédent exercice résolu) les valeurs à 298 K : $E^\circ_{Tl^+/Tl} = -0,34$ V et $E^\circ_{Tl^{3+}/Tl^+} = 1,26$ V.

Réponse

Le diagramme de situation dressé lors du précédent exercice résolu est utilisé et permet d'identifier les domaines possédant *a priori* une frontière commune.

Considérons le couple Tl^+/Tl(s). La demi-équation d'oxydoréduction prend la forme simple :

$$Tl^+ \quad + \quad e^- \quad = \quad Tl\,(s)$$

et le potentiel de la frontière est donné à 25 °C, en appliquant les conventions indiquées, par :

$$E = E^\circ_{Tl^+/Tl} + (0,06\text{ V}).\log c_{tra} = -0,58\ \text{V}.$$

Considérons le couple Tl(+III)/Tl(+I). Pour pH $< 0,7$, il s'agit du couple Tl^{3+}/Tl^+ dont la demi-équation d'oxydoréduction prend la forme :

$$Tl^{3+} \quad + \quad 2\,e^- \quad = \quad Tl^+$$

et le potentiel frontière s'écrit :

$$E = E^\circ_{Tl^{3+}/Tl^+} = 1,26\ \text{V}.$$

Pour pH$>$0,7 le solide $Tl(OH)_3$ (s) existe et la demi-équation d'oxydoréduction prend la forme :

$$Tl(OH)_3\,(s) \quad + \quad 3H^+ \quad + \quad 2\,e^- \quad = \quad Tl^+ \quad + \quad 3\,H_2O.$$

Le potentiel frontière s'écrit à 25 °C

$$E = E^\circ_{Tl(OH)_3/Tl^+} + \frac{0,06\text{ V}}{2}\log\left(\frac{h^3}{[Tl^+]}\right) = C - 0,09\text{ V.pH}$$

avec $C = E^\circ_{Tl(OH)_3/Tl^+} - (0,03\text{ V})\log\left([Tl^+]\right) = E^\circ_{Tl(OH)_3/Tl^+} - 0,03\log c_{tra}$. Il s'agit d'une grandeur constante dont la valeur numérique peut être déterminée par continuité du potentiel relatif au couple Tl(+III)/Tl(+I) en pH $= 0,7$. Une application numérique conduit à la valeur $C = 1{,}32$ V.

3.3 Utilisation du diagramme

Le diagramme $E-$pH du fer et de l'eau sont superposés. La lecture se fait de la façon suivante : toute espèce ne disposant pas d'un domaine commun de stabilité avec l'eau est amenée à réagir avec l'eau afin de former des espèces compatibles (disposant d'un domaine commun de stabilité). Ainsi les domaines du fer Fe(s) et de l'eau sont disjoints : le fer est oxydé en solution aqueuse en ions Fe^{2+} (un dégagement de dihydrogène est par ailleurs constaté). La lecture du diagramme pour un pH donné conduit à prévoir une réaction entre l'oxydant du couple de potentiel situé le plus haut et le réducteur du couple de potentiel situé le plus bas.

Les espèces Fe^{2+}, Fe^{3+}, $Fe(OH)_2$ (s) et $Fe(OH)_3$ (s) disposent d'un domaine commun de stabilité avec l'eau : aucune réaction ne les engage vis-à-vis de l'eau.

Notons le résultat important suivant : plus le pH augmente et plus le potentiel d'équilibre relatif au couple Fe(+II)/Fe(0) diminue. Le caractère *réducteur* du fer est donc exalté lorsque le pH augmente.

4. Diagramme $E-$pH du zinc

Considérons le zinc sous les formes suivantes : Zn(s), Zn^{2+}, $Zn(OH)_2$(s) et $[Zn(OH)_4]^{2-}$.

4.1 Conventions, diagramme de situation

La convention de tracé choisie pour le tracé du diagramme est $c_{\text{tra}} = 10^{-2}$ mol.L^{-1}. Le pK_s du précipité $Zn(OH)_2$(s) vaut $17,0$ à 25 °C et la constante globale de formation β_4 du complexe $[Zn(OH)_4]^{2-}$ est donnée par $\beta_4 = 10^{15,5}$ à 25 °C. Par ailleurs, le potentiel standard est donné à la même température par $E^\circ_{Zn^{2+}/Zn} = -0,76$ V.

Pour les équilibres engageant deux espèces dissoutes nous accepterons pour convention de frontière l'égalité des concentrations en espèces dissoutes.

La première étape consiste à dresser le diagramme de situation figurant le positionnement relatif des domaines de stabilité des différentes espèces. Rappelons que ce diagramme est gradué horizontalement en pH et verticalement en potentiel. Par ailleurs, pour une valeur de pH fixée, plus le potentiel E augmente et plus le zinc doit posséder un nombre d'oxydation élevé.

Déterminons, pour le nombre d'oxydation égal à +II la gamme de pH dans laquelle existe le précipité d'hydroxyde de zinc, compte tenu du caractère amphotère de cet hydroxyde (il se comporte à la fois comme une espèce acide et comme une espèce basique).

Considérons une solution contenant des ions Zn^{2+} à la concentration de tracé ; le pH est élevé par ajout d'une solution de soude (sans variation de volume). Lorsque le précipité $Zn(OH)_2(s)$ apparaît, la loi de GULDBERG et WAAGE s'applique :

$$10^{-17} = 10^{-2}\left(\frac{K_e}{h}\right)^2$$

qui implique :

$$\text{pH} = 6,5.$$

Ainsi, au-dessus de pH $= 6,5$ le précipité $Zn(OH)_2$ (s) est présent. Au-dessous de ce pH la forme très largement majoritaire du zinc de nombre d'oxydation égal à +II reste l'ion Zn^{2+}.

Si l'augmentation de pH est poursuivie, le caractère amphotère de l'hydroxyde de zinc $Zn(OH)_2(s)$ rend possible une redissolution sous forme de complexe $[Zn(OH)_4]^{2-}$ selon la réaction :

$$Zn(OH)_2\ (s) \quad + \quad 2\,HO^- \quad = \quad [Zn(OH)_4]^{2-}$$

dont la constante standard d'équilibre K_T° peut être calculée à partir du produit de solubilité K_s de l'hydroxyde de zinc et de β_4, constante globale de formation du complexe $[Zn(OH)_4]^{2-}$ par l'expression à 298 K :

$$K_T^\circ = K_s.\beta_4 = 10^{-1,5}.$$

Notons que l'écriture de cette réaction de redissolution obéit aux règles de la *réaction prépondérante généralisée* dont le principe a été exposé à l'occasion du cours de première année.

Au moment où la dernière particule de solide disparaît (solubilisation totale du précipité sous forme de complexe), nous pouvons écrire

$$\left[[Zn(OH)_4]^{2-}\right] = c_{\text{tra}} = 10^{-2}\text{mol.L}^{-1}$$

et en utilisant l'expression de la constante standard d'équilibre K_T° il vient :

$$10^{-1,5} = \frac{\left[[Zn(OH)_4]^{2-}\right]}{K_e^2}h^2 = \frac{10^{-2}}{10^{-28}}h^2$$

qui permet un calcul de h et donc du pH. Une application numérique fournit pH $= 13,8$. Ainsi, au-dessus de pH $= 13,8$ il n'y a plus de solide et la forme très largement majoritaire du zinc de nombre d'oxydation +II est le complexe $[Zn(OH)_4]^{2-}$.

Nous pouvons alors dresser le diagramme de situation relatif au couple Zn(+II)/Zn(0) sous la forme présentée figure 9.6

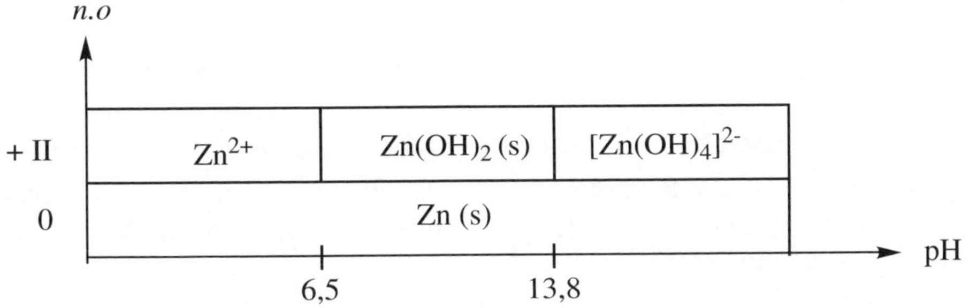

Figure 9.6 – Diagramme de situation du zinc

Ce diagramme indique les couples oxydant-réducteur à considérer en fonction du pH :

- pour $pH < 6,5$ le couple oxydant-réducteur majoritaire est le couple $Zn^{2+}/Zn(s)$;
- pour $6,5 < pH < 13,8$ il faut considérer le couple $Zn(OH)_2(s)/Zn(s)$;
- pour $pH > 13,8$ le couple majoritaire engagé est $[Zn(OH)_4]^{2-}/Zn(s)$.

4.2 Équations des frontières

Le potentiel standard du couple oxydant-réducteur $Zn^{2+}/Zn(s)$ est donné à 25 °C: $E^\circ_{Zn^{2+}/Zn} = -0,76$ V.

Pour un pH inférieur à $pH = 6,5$ le diagramme de situation engage à envisager le couple majoritaire $Zn^{2+}/Zn(s)$ dont la demi-équation d'oxydoréduction prend la forme simple :

$$Zn^{2+} \quad + \quad 2\,e^- \quad = \quad Zn\,(s)$$

permettant l'écriture du potentiel frontière à 25 °C sous la forme :

$$E = E^\circ_{Zn^{2+}/Zn} + \frac{(0,06\text{V})}{2} \log c_{\text{tra}} = -0,82 \text{ V}$$

(en utilisant la convention de tracé définie lors de la détermination du diagramme de situation).

Pour $6,5 < \text{pH} < 13,75$ l'hydroxyde $Zn(OH)_2$(s) est présent. La demi-équation d'oxydoréduction correspondante s'écrit :

$$Zn(OH)_2\,(s) \quad + \quad 2\,H^+ \quad + \quad 2\,e^- \quad = \quad Zn(s) \quad + \quad 2\,H_2O$$

et permet l'expression du potentiel frontière (en V) à 25° C sous la forme :

$$E = E^\circ_{Zn(OH)_2/Zn} + \frac{(0,06\text{ V})}{2}\log h^2 = E^\circ_{Zn(OH)_2/Zn} - (0,06\text{ V})\text{pH}$$

avec $E^\circ_{Zn(OH)_2/Zn}$ potentiel standard dont la valeur numérique peut être calculée efficacement en utilisant la continuité du potentiel d'équilibre relatif au couple Zn(+II)/Zn(0) en pH $= 6,5$. L'application numérique conduit à la valeur $E^\circ_{Zn(OH)_2/Zn} = -0,43$ V.

Dans la zone (étroite) correspondant à des pH supérieurs à 13,8, l'hydroxyde solide n'est plus présent et la forme très largement majoritaire du zinc de nombre d'oxydation égal à +II est le complexe $[Zn(OH)_4]^{2-}$. La demi-équation d'oxydoréduction relative au couple oxydant-réducteur Zn(+II)/Zn(0) s'écrit désormais :

$$[Zn(OH)_4]^{2-} \quad + \quad 4\,H^+ \quad + \quad 2\,e^- \quad = \quad Zn\,(s) \quad + \quad 4\,H_2O$$

et le potentiel frontière est donné à 25 °C par :

$$\begin{aligned} E &= E^\circ_{[Zn(OH)_4]^{2-}/Zn} + \frac{(0,06\text{ V})}{2}\log h^4 + (0,03\text{ V})\log c_{\text{tra}} \\ &= E^\circ_{[Zn(OH)_4]^{2-}/Zn} - (0,12\text{ V})\text{pH} + (0,03\text{ V})\log c_{\text{tra}} \end{aligned}$$

$E^\circ_{[Zn(OH)_4]^{2-}/Zn}$ est une nouvelle fois un potentiel standard dont la valeur numérique peut être calculée efficacement en utilisant la continuité du potentiel d'équilibre relatif au couple Zn(+II)/Zn(0) en pH $= 13,80$. L'application numérique conduit à la valeur $E^\circ_{[Zn(OH)_4]^{2-}/Zn} + (0,03\text{ V})\log c_{\text{tra}} = 0,40$ V.

Le tracé du diagramme conduit au résultat présenté à la figure 9.7.

4.3 Utilisation du diagramme

Le diagramme $E-$pH du zinc et de l'eau sont superposés. La lecture se fait comme évoqué lors de l'exploitation du diagramme relatif au fer : toute espèce ne disposant pas d'un domaine commun de stabilité avec l'eau est amenée à réagir avec l'eau afin de former des espèces compatibles (disposant d'un domaine commun de stabilité).

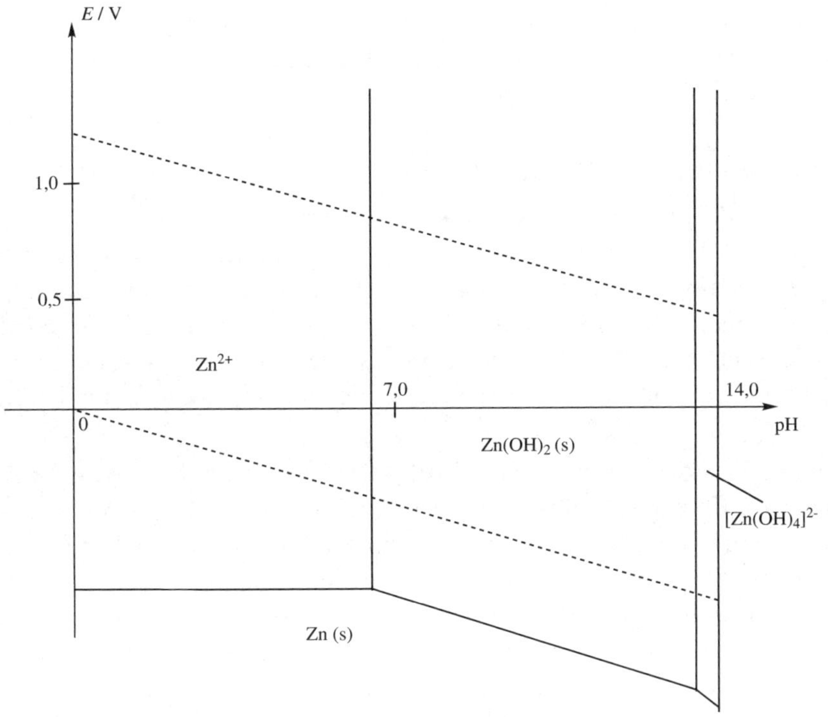

Figure 9.7 – Diagramme potentiel-pH du zinc et de l'eau

Ainsi les domaines du zinc Zn (s) et de l'eau sont disjoints : le zinc est oxydé en solution aqueuse acide en ions Zn^{2+} (un dégagement de dihydrogène est par ailleurs constaté) selon une équation-bilan de la forme :

$$Zn\,(s) \quad + \quad 2\,H^+ \quad = \quad Zn^{2+} \quad + \quad H_2\,(g).$$

L'oxydation du zinc par une solution neutre ou basique forme l'hydroxyde $Zn(OH)_2$ (s) ou le complexe $[Zn(OH)_4]^{2-}$ selon les équations :

$$Zn\,(s) \quad + \quad 2\,H_2O \quad = \quad Zn(OH)_2\,(s) \quad + \quad H_2\,(g)$$

et :

$$Zn\,(s) \quad + \quad 2\,H_2O \quad + 2\,HO^- \quad = \quad [Zn(OH)_4]^{2-} \quad + \quad H_2\,(g).$$

La lecture du diagramme pour un pH donné conduit à prévoir une réaction entre l'oxydant du couple de potentiel situé le plus haut et le réducteur du couple de potentiel situé le plus bas.

Les espèces Zn^{2+}, $Zn(OH)_2$ (s) et $[Zn(OH)_4]^{2-}$ disposent d'un domaine commun de stabilité avec l'eau : aucune réaction ne les engage vis-à-vis de l'eau.

Notons le résultat important suivant : plus le pH augmente et plus le potentiel d'équilibre relatif au couple Zn(+II)/Zn(0) diminue. Le caractère *réducteur* du zinc est donc exalté lorsque le pH augmente.

4.4 Mise en œuvre industrielle

Le zinc métallique peut être obtenu industriellement par voie hydrométallurgique (métallurgie mettant en jeu des réactions en solution aqueuse). Il est naturellement présent dans l'écorce terrestre sous forme de blende ZnS(s) ou encore de smithsonite $ZnCO_3$(s), et hémimorphite (ou calamine) $Zn_4Si_2O_7(OH)_2,H_2O$(s). Dans les minerais, le zinc est très souvent associé à d'autres métaux, notamment le plomb Pb, le cadmium Cd, le fer Fe, le cuivre Cu...

Après extraction du minerai, celui-ci subit une opération de broyage susceptible de fournir de fines particules (quelques dizaines ou quelques centaines de micromètres). Une deuxième opération destinée à le soustraire de la gangue (partie minérale entourant le minerai) est alors menée. Dans le cas des minerais sulfurés, une opération de *flottation* est privilégiée. Cette opération consiste à séparer la gangue des parties utiles en jouant sur le caractère hydrophile ou hydrophobe des différents constituants. La flottation est réalisée dans des cuves permettant une mise en suspension aqueuse du minerai broyé. Des ajouts permettent d'ajuster le pH et de modifier les propriétés de surface des particules. Une arrivée d'air permet de former des mousses stables, entrainant à la surface des bulles les éléments valorisables (contenant entre autres le sulfure de zinc). Le produit obtenu après flottation est appelé le *concentré*, il contient en général entre 40 % et 60 % de zinc sous forme ZnS. Lors de l'étape de flottation, le zinc ne subit aucune réaction chimique, il ne subit qu'une séparation physique.

Une étape de *grillage* permet de transformer chimiquement le sulfure de zinc ZnS en oxyde de zinc ZnO. Le grillage est réalisé par chauffage (entre 900 et 1 100 °C) en présence d'air selon la réaction :

$$\mathrm{ZnS\,(s)} \quad + \quad \frac{3}{2}\,\mathrm{O_2\,(g)} \quad = \quad \mathrm{ZnO\,(s)} \quad + \quad \mathrm{SO_2\,(g)}.$$

Des réactions parasites sont susceptibles d'être observées, en particulier si le concentré est riche en fer (ce qui se révèle souvent le cas). La formation de ferrites (oxydes mixtes de fer et de zinc) est réalisée selon la réaction :

$$\mathrm{ZnO\,(s)} \quad + \quad 2\,\mathrm{FeS\,(s)} \quad + \quad \frac{7}{2}\,\mathrm{O_2\,(g)} \quad = \quad \mathrm{ZnOFe_2O_3\,(s)} \quad + \quad 2\,\mathrm{SO_2\,(g)}.$$

Notons dans ces opérations que le dioxyde de soufre formé est récupéré puis transformé en acide sulfurique (la production atteint 2 tonnes d'acide sulfurique par tonne de zinc). Le solide obtenu après grillage est appelé *calcine*, il contient essentiellement ZnO(s) mais aussi PbO(s) et plusieurs autres oxydes métalliques. La voie hydrométallurgique qui permet une réduction de la calcine en zinc est la plus rencontrée (elle concerne 90 % de la production) et se déroule en trois étapes.

L'étape de *lixiviation* est une attaque de la calcine par une solution diluée d'acide sulfurique (il s'agit en réalité de la solution issue de l'étape finale d'électrolyse qui est ainsi recyclée). La dissolution est menée entre 55 °C et 65 °C (la chaleur est apportée par la dissolution des oxydes). L'oxyde de zinc subit la réaction :

$$\mathrm{ZnO\,(s)} \quad + \quad 2\,\mathrm{H^+} \quad + \quad \mathrm{SO_4^{2-}} \quad = \quad \mathrm{Zn^{2+}} \quad + \quad \mathrm{SO_4^{2-}} \quad + \quad \mathrm{H_2O}$$

qui permet une dissolution du solide. Les autres oxydes métalliques issus de la calcine sont solubilisés, à l'exception de l'oxyde de plomb PbO(s) qui est transformé en sulfate de plomb très peu soluble (qui précipite donc). Notons que les métaux précieux (argent, or...) restent insolubles. Lors de la lixiviation, le milieu est rendu oxydant par ajout de dioxyde de manganèse, d'ions permanganate, ou encore par injection de dioxygène. Ce procédé a pour effet d'oxyder les ions Fe^{2+} éventuellement présents en ions Fe^{3+}. La solution transite dans plusieurs cuves, le pH de la solution augmentant par ajout de calcine pour atteindre 5 dans la dernière cuve. À ce pH, l'hydroxyde de fer $Fe(OH)_3$(s) précipite et peut être éliminé par simple décantation. Notons ici un point techniquement délicat : si l'on souhaite récupérer un maximum de zinc (ce qui est le cas industriellement), il convient de filtrer et de laver le précipité $Fe(OH)_3$(s). Or ce précipité se révèle très difficilement filtrable. On a alors recours à la méthode suivante dite « méthode à la jarosite » : une jarosite (composé de formule $Fe_6(OH)_{12}(SO_4)_4M_2$ avec $M = $ Na, K, NH_4...) est formée par action de sulfate d'ammonium, vers 90 °C et à pH $= 5$ sur la solution contenant les ions Fe^{3+}. La jarosite précipite sous forme d'un solide facilement filtrable qui permet *in fine* l'élimination du fer.

Une deuxième étape voit une purification et l'élimination des ions Cu^{2+}, Cd^{2+}, Ni^{2+}, et Co^{2+} encore présents, il s'agit d'une étape de *cémentation*. Cette élimination est effectuée par réduction à l'aide de poudre de zinc (l'emploi de cette poudre évite la formation d'ions étrangers) selon la réaction :

$$\mathrm{Zn\,(s)} \quad + \quad M^{2+} \quad = \quad \mathrm{Zn^{2+}} \quad + \quad M\,\mathrm{(s)}$$

Notons qu'à l'occasion de cette réaction les ions Cu^{2+} et Cd^{2+} sont facilement réduits alors que la situation est moins favorable pour les ions Ni^{2+} et Co^{2+} (pour lesquels une température comprise entre 75 °C et 95 °C, ainsi que l'utilisation d'activateurs sont requises). Une filtration sur fine toile permet de récupérer des particules de zinc enrobées par les métaux déposés. Ce solide est appelé cément ; un traitement ultérieur permet de séparer le zinc initial des métaux déposés. La teneur finale de la solution est en général inférieure à 0,5 mg.L^{-1} pour chacun des ions métalliques autres que Zn^{2+}. Notons que la prévision thermodynamique des réactions de cémentation peut être réalisée par superposition des diagrammes $E-$pH (voir figure 9.8). Le zinc solide ne possède aucune zone commune de stabilité avec les ions M^{2+} : une réaction qui fournira Zn^{2+}et M (s) (pour lesquels il existe une zone commune de stabilité) est par conséquent envisageable.

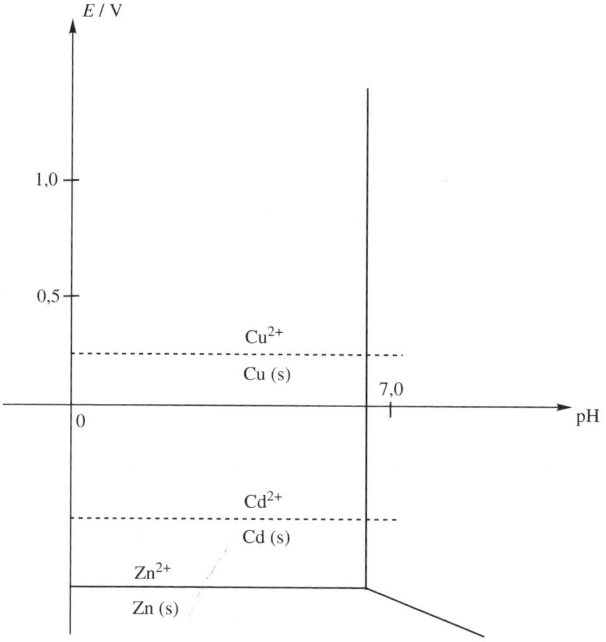

Figure 9.8 – Prévision thermodynamique des réactions de cémentation

Une troisième étape permet la réduction des ions Zn^{2+} en métal Zn(s). Cette étape est réalisée par électrolyse : un courant électrique assuré par un générateur permet la réalisation d'une réaction chimique non spontanée sur chacune des deux électrodes trempant dans la cuve contenant les ions Zn^{2+}. Les anodes sont en plomb et les cathodes sont en aluminium, la tension appliquée par le générateur est voisine de 3,7 V tandis que l'intensité peut atteindre 115 000 A. Le zinc se dépose à la cathode où a lieu la réaction :

$$Zn^{2+} \quad + \quad 2\,e^- \quad = \quad Zn\,(s)$$

d'où il est décollé régulièrement. La production, par cellules qui peuvent contenir jusqu'à 86 cathodes de 1,6 m^2, peut atteindre 3 tonnes par jour. Le zinc obtenu est particulièrement pur (99,995 %). Le principe physico-chimique de cette dernière étape est expliqué par l'interprétation de courbes intensité-potentiel.

5. Diagramme $E-$pH du cuivre

Les solutions aqueuses contiennent les ions Cu^+ et Cu^{2+} et sont éventuellement en présence des solides Cu(s), Cu_2O(s) et $Cu(OH)_2$(s).

Notons ici que l'hydroxyde de cuivre (+I) Cu(OH)(s) est instable, le cuivre de nombre d'oxydation égal à +I est envisagé sous forme Cu^+ soluble ou sous forme d'oxyde solide Cu_2O(s).

5.1 Conventions, diagramme de situation

La convention de tracé choisie pour le tracé du diagramme est $c_{\text{tra}} = 10^{-2}$ mol.L^{-1}. Le pK_s du précipité $Cu(OH)_2$(s) vaut $20,0$ à 25 °C. Soit K'_s ($K'_s = 10^{-30}$) le produit de solubilité du solide Cu_2O(s). La constante d'équilibre K'_s est la constante standard d'équilibre associée à 298 K à la réaction :

$$Cu_2O(s) \quad + \quad H_2O \quad = \quad 2\,Cu^+ \quad + \quad 2\,HO^-$$

Par ailleurs les potentiels standard sont donnés à la même température par $E^\circ_{Cu^{2+}/Cu^+} = 0,17$ V et $E^\circ_{Cu^+/Cu} = 0,52$ V.

Pour les équilibres engageant deux espèces dissoutes nous accepterons pour convention de frontière l'égalité des concentrations en espèces dissoutes.

La première étape consiste à dresser le diagramme de situation figurant le positionnement relatif des domaines de stabilité des différentes espèces. Ce diagramme est gradué horizontalement en pH et verticalement en potentiel. Rappelons que pour une valeur de pH fixée, plus le potentiel E augmente, plus le cuivre doit posséder un nombre d'oxydation élevé.

Déterminons, pour le nombre d'oxydation égal à +I la gamme de pH dans laquelle existe *a priori* l'oxyde Cu_2O(s). Considérons une solution contenant des ions Cu^+ à la concentration de tracé ; le pH est élevé par ajout d'une solution de soude (sans variation de volume). Lorsque l'oxyde Cu_2O(s) apparaît, la loi de GULDBERG et WAAGE s'applique :

$$10^{-30} = \left(10^{-2}\right)^2 \left(\frac{K_e}{h}\right)^2$$

qui implique :

$$pH = 1,0.$$

Ainsi, au-dessus de pH $= 1,0$ l'oxyde Cu_2O(s) est *a priori* présent. Au-dessous de ce pH la forme très largement majoritaire du cuivre de nombre d'oxydation égal à +I reste *a priori* l'ion Cu^+. Nous justifierons plus loin la prudence de ces affirmations.

Nous pouvons ensuite réaliser le même calcul pour l'hydroxyde de cuivre (+II) $Cu(OH)_2$(s) et déterminer la gamme de pH pour laquelle le solide existe effectivement. Considérons une solution contenant des ions Cu^{2+} à la concentration de tracé ; le pH est élevé par ajout d'une solution de soude (sans variation de volume). Lorsque l'hydroxyde $Cu(OH)_2$(s) apparaît, la loi de GULDBERG et WAAGE s'applique :

$$10^{-20} = \left(10^{-2}\right)\left(\frac{K_e}{h}\right)^2$$

qui implique :

$$pH = 5,0.$$

Ainsi, au-dessus de pH $= 5,0$ l'hydroxyde $Cu(OH)_2$(s) est présent. Au-dessous de ce pH la forme très largement majoritaire du cuivre de nombre d'oxydation égal à +II correspond à l'ion Cu^{2+}.

Nous pouvons alors dresser le diagramme de situation relatif aux espèces Cu(s), Cu^+, Cu_2O(s), Cu^{2+} et $Cu(OH)_2$(s) sous la forme présentée figure 9.9.

Ce diagramme indique *a priori* les couples oxydant-réducteur à considérer en fonction du pH : pour pH $< 1,0$ les couples oxydant-réducteur à envisager sont les couples Cu^{2+}/Cu^+ et Cu^+/Cu(s). Pour $1,0 <$ pH $< 5,0$ il convient de considérer les couples Cu^{2+}/Cu_2O(s) et Cu_2O(s)/Cu(s), tandis que pour pH $> 5,0$ les couples engagés sont $Cu(OH)_2$(s)/Cu_2O(s) et Cu_2O(s)/Cu(s).

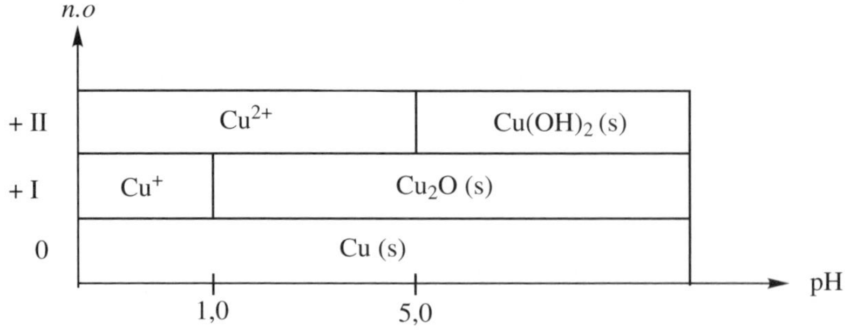

Figure 9.9 – Diagramme de situation du cuivre

5.2 Équations des frontières

a) Tracé provisoire, instabilité d'un nombre d'oxydation

Nous réitérons dans le cas du cuivre le travail réalisé sur les espèces contenant du fer ou du zinc, en adoptant une démarche identique.

Pour pH $< 1,0$ considérons le couple oxydant-réducteur Cu^+ /Cu(s) : la demi-équation d'oxydoréduction prend la forme simple :

$$Cu^+ \quad + \quad e^- \quad = \quad Cu\,(s)$$

et le potentiel frontière s'écrit :

$$E = E^\circ_{Cu^+/Cu} + (0,06\text{ V})\log\left[Cu^+\right] = 0,40\ \text{ V à 25 °C}$$

en utilisant la convention de tracé qui fixe $\left[Cu^+\right] = c_{tra} = 0,01\ \text{mol.L}^{-1}$.

Le potentiel d'équilibre relatif au couple oxydant-réducteur Cu^{2+} /Cu^+ s'écrit :

$$E = E^\circ_{Cu^{2+}/Cu^+} + (0,06\text{ V})\log\frac{\left[Cu^{2+}\right]}{\left[Cu^+\right]} = E^\circ_{Cu^{2+}/Cu^+} = 0,17\text{ V à 25 °C}$$

en utilisant la convention de frontière (équirépartition des espèces dissoutes sur la frontière séparant deux domaines de prédominance).

Pour $1,0 < \text{pH} < 5,0$ le couple Cu^+ /Cu(s) est remplacé par le couple engageant l'espèce Cu_2O(s) alors présente, il s'agit du couple Cu_2O(s)/Cu(s). La demi-équation d'oxydoréduction associée s'écrit :

$$Cu_2O\,(s) \quad + \quad 2\,H^+ \quad + \quad 2\,e^- \quad = \quad 2\,Cu\,(s) \quad + \quad H_2O.$$

Le potentiel d'oxydoréduction est fourni à 25 °C par :

$$E = E^\circ_{Cu_2O/Cu} + \frac{(0,06\text{ V})}{2}\log\left[H^+\right]^2 = E^\circ_{Cu_2O/Cu} - (0,06\text{ V})\text{pH}$$

avec $E^\circ_{Cu_2O/Cu}$ potentiel standard associé au couple oxydant-réducteur Cu_2O(s)/Cu(s). Rappelons encore l'impérieuse nécessité de fournir une demi-équation d'oxydoréduction équilibrée avec des ions H^+ (et non HO^-) si nous désirons appliquer l'équation de NERNST utilisant des potentiels standard tabulés à pH égal à 0.

La valeur numérique de $E^\circ_{Cu_2O/Cu}$ peut être rapidement déterminée par *continuité* du potentiel relatif au couple Cu(+I)/Cu(0) en pH $= 1,0$. Ainsi le potentiel prend la forme :

$$E\ /\ \text{V} = 0,46 - 0,06\ \text{pH}.$$

Dans la même gamme de pH, le couple Cu^{2+} /Cu^+ est pour sa part remplacé par le couple engageant l'espèce Cu_2O(s) alors présente, il s'agit du couple

$Cu^{2+}/Cu_2O(s)$. La demi-équation d'oxydoréduction associée s'écrit :

$$2\,Cu^{2+} \quad + \quad H_2O \quad + \quad 2\,e^- \quad = \quad Cu_2O\,(s) \quad + \quad 2\,H^+ \,.$$

Le potentiel d'oxydoréduction est fourni à 25 °C par :

$$E = E^\circ_{Cu^{2+}/Cu_2O} + \frac{(0,06\text{ V})}{2}\log\frac{\left[Cu^{2+}\right]^2}{\left[H^+\right]^2} = c' + (0,06\text{ V})\text{pH}$$

avec $c' = E^\circ_{Cu^{2+}/Cu_2O} + (0,06\text{ V})\log c_{tra}$ grandeur constante. La valeur numérique de c' peut être déterminée par *continuité* du potentiel relatif au couple $Cu(+II)/Cu(+I)$ en $\text{pH} = 1,0$. Ainsi le potentiel prend la forme :

$$E\,/\text{V} = 0,11 + 0,06\text{ pH}.$$

Pour $\text{pH} > 5,0$ considérons tout d'abord le couple $Cu_2O(s)/Cu(s)$ dont l'équation d'oxydoréduction et le potentiel frontière sont inchangés par rapport à la situation évoquée dans la gamme de pH comprise entre $\text{pH} = 1,0$ et $\text{pH} = 5,0$. Le potentiel s'écrit à 25 °C :

$$E\,/\text{V} = 0,46 - 0,06\text{ pH}.$$

Considérons ensuite le couple oxydant-réducteur $Cu(OH)_2(s)/Cu_2O(s)$ (qui remplace dans cette gamme de pH le couple $Cu^{2+}/Cu_2O(s)$). La demi-équation d'oxydoréduction s'écrit :

$$2\,Cu(OH)_2\,(s) \quad + \quad 2\,H^+ \quad + \quad 2\,e^- \quad = \quad Cu_2O\,(s) \quad + \quad 3\,H_2O.$$

Le potentiel d'oxydoréduction prend alors à 25 °C la forme :

$$E = E^\circ_{Cu(OH)_2/Cu_2O} + \frac{(0,06\text{ V})}{2}\log\left[H^+\right]^2 = E^\circ_{Cu(OH)_2/Cu_2O} - (0,06\text{ V})\text{pH}.$$

La grandeur $E^\circ_{Cu(OH)_2/Cu_2O}$ constante est déterminée par continuité du potentiel relatif au couple $Cu(+II)/Cu(+I)$ en $\text{pH} = 5,0$: ainsi le potentiel d'oxydoréduction prend la forme :

$$(E\,/\,\text{V}) = 0,70 - 0,06\text{ pH}.$$

Le tracé du diagramme conduit au résultat présenté figure 9.10. Notons que les droites relatives aux potentiels d'oxydoréduction des couples oxydant-réducteur $Cu^{2+}/Cu_2O(s)$ d'une part et $Cu_2O(s)/Cu(s)$ se croisent pour un pH égal à 3,0.

Une incohérence apparaît dans le diagramme pour tout pH inférieur à 3,0. En effet le diagramme montre qu'il n'existe pas de zone de stabilité correspondant au cuivre de nombre d'oxydation égal à $+I$: Cu^+ et $Cu_2O(s)$ se révèlent instables, ils participent à une réaction de dismutation fournissant du cuivre (solide) et des ions Cu^{2+}. Dans toute cette gamme de pH, il faut corriger le tracé précédent.

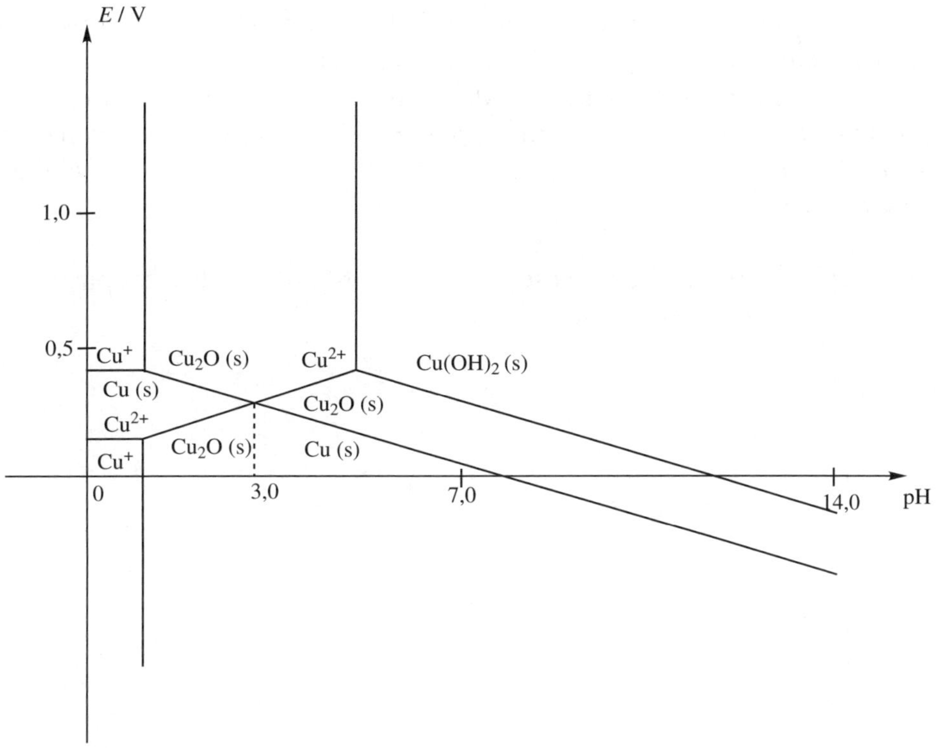

Figure 9.10 – Diagramme potentiel-pH provisoire du cuivre

b) Tracé définitif, lecture

Pour tout pH inférieur à 3,0 seules les espèces Cu(s) et Cu^{2+} présentent un domaine de stabilité. En conséquence, il convient d'envisager l'existence d'une frontière entre ces deux zones. Rappelons que l'existence de cette frontière n'était pas envisageable *a priori* par lecture du diagramme de situation, compte tenu de l'existence de cuivre au nombre d'oxydation égal à $+$I.

Le couple oxydant-réducteur considéré est le couple Cu^{2+}/Cu(s), la demi-équation d'oxydoréduction prend la forme simple :

$$\mathrm{Cu^{2+}} \quad + \quad 2\,\mathrm{e^-} \quad = \quad \mathrm{Cu\,(s)}$$

et le potentiel d'oxydoréduction s'écrit à 25 °C sous la forme :

$$E = E^\circ_{\mathrm{Cu^{2+}/Cu}} + \frac{(0,06\ \mathrm{V})}{2}\log\left[\mathrm{Cu^{2+}}\right] = E^\circ_{\mathrm{Cu^{2+}/Cu}} + \frac{(0,06\ \mathrm{V})}{2}\log c_{\mathrm{tra}}.$$

Le potentiel standard relatif au couple Cu^{2+} /Cu(s) peut être calculé à partir des potentiels standard $E^\circ_{Cu^{2+}/Cu^+}$ et $E^\circ_{Cu^+/Cu}$ (voir début du chapitre) ce qui permettra, compte tenu de l'application de la convention de tracé, de déterminer le potentiel E étudié ici. Une solution plus rapide consiste à utiliser une nouvelle fois la continuité du diagramme en pH $= 3,0$. Une application numérique fournit alors $E = 0,28$ V.

Le tracé définitif du diagramme est présenté à la figure 9.11. Les couples relatifs au solvant (eau) sont superposés.

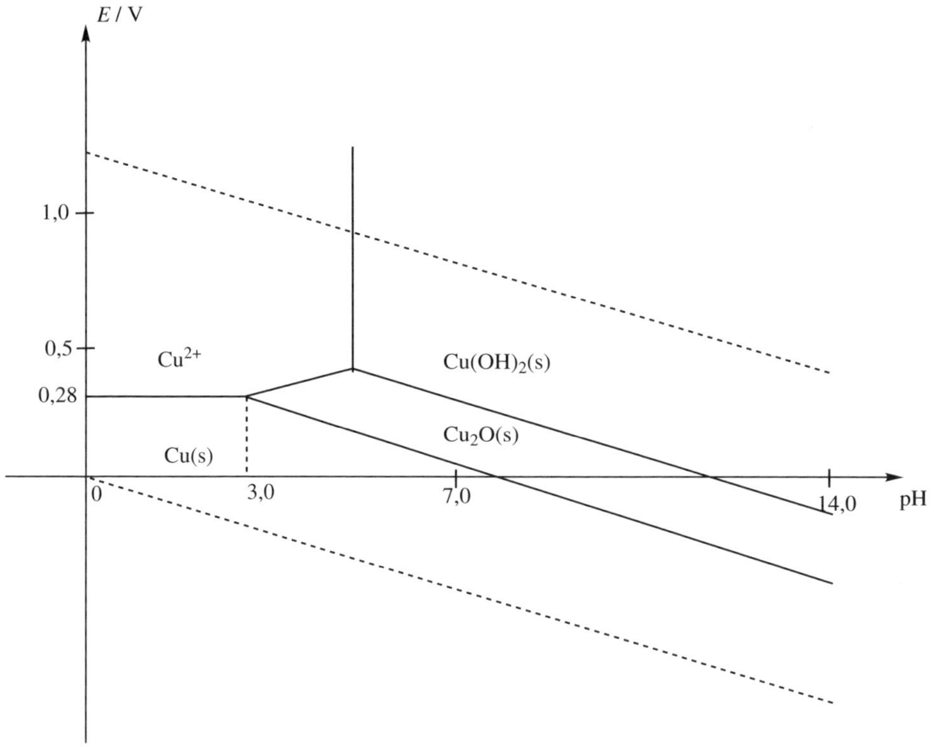

Figure 9.11 – Diagramme potentiel-pH du cuivre et de l'eau

Une lecture du diagramme identifie une zone commune de stabilité pour le cuivre métallique et le solvant eau. Ainsi, le cuivre (même placé en milieu acide) n'est pas attaqué par l'eau et ne conduit pas à un dégagement de dihydrogène (comme dans le cas du fer ou du zinc). Notons que le cuivre est attaqué par de l'acide nitrique (H^+, NO_3^-) et conduit à un dégagement de monoxyde d'azote

NO(g). La situation diffère alors des cas précédemment évoqués car l'agent oxydant n'est pas l'ion H^+ mais l'ion nitrate NO_3^-. Les espèces Cu^{2+}, Cu_2O(s) et $Cu(OH)_2$(s) se révèlent stables dans l'eau (à un pH évidemment compatible avec leur existence).

6. Généralisation : diagrammes $E-\mathrm{p}L$

Nous avons rencontré en première année des diagrammes de prédominance adaptés aux ions complexes et des diagrammes d'existence correspondant à des espèces insolubles (précipités). Lorsque des espèces interviennent non seulement dans des processus de complexation ou de précipitation mais aussi dans des réactions d'échange électronique, il est possible de visualiser sur un diagramme à deux dimensions les domaines de stabilité des différentes espèces. Il s'agit de diagrammes $E-\mathrm{p}L$: le potentiel d'oxydoréduction E figure en ordonnées tandis que $\mathrm{p}L = -\log[L]$ figure en abscisses (L désigne une particule échangée à l'occasion du processus de complexation ou de précipitation). Il s'agit d'une généralisation des diagrammes $E-$pH à l'échange de particules autres que le proton H^+. Les raisonnements menés sont en tous points comparables aux cas évoqués dans les paragraphes consacrés aux diagrammes $E-$pH. Pour cette raison nous nous contenterons dans la suite de traiter un exemple simple.

6.1 Exemple simple, diagramme $E-$ pSCN

Le mercure Hg intervient à l'occasion du couple oxydant-réducteur Hg_2^{2+}/Hg(l). Le potentiel standard est fourni à 25 °C : $E^\circ_{Hg_2^{2+}/Hg} = 0,79$ V . L'ion mercure (I) Hg_2^{2+} est susceptible d'être précipité par un ajout d'ions thiocyanate SCN^- selon la réaction :

$$Hg_2^{2+} \quad + \quad 2\,SCN^- \quad = \quad Hg_2\,(SCN)_2\ (s)$$

Le $\mathrm{p}K_s$ associé au précipité $Hg_2\,(SCN)_2$(s) est à 25 °C : $\mathrm{p}K_s = 19,5$.

Le but de ce paragraphe est de fournir le diagramme $E-$ pSCN (avec pSCN $= -\log\left[SCN^-\right]$) adapté aux espèces du mercure considérées. La convention de tracé, précisant la quantité totale de mercure en solution, est donnée par $c_{tra} = 1$ mol.L^{-1}.

a) Tracé du diagramme de situation

De façon tout à fait similaire aux cas évoqués pour les diagrammes $E-$ pH, nous devons identifier en fonction de pSCN les frontières entre domaines de stabilité à considérer *a priori*. Imaginons une solution limpide contenant des ions Hg_2^{2+}

à la concentration de tracé. Des ions thiocyanate sont ajoutés (sans variation de volume) ; au moment où le précipité apparaît, la loi de GULDBERG et WAAGE est vérifiée et le produit de solubilité du thiocyanate de mercure(II) s écrit :

$$K_s = c_{tra}\left[\mathrm{SCN}^-\right]^2$$

qui permet de déterminer la valeur de pSCN d'apparition du solide : pSCN = 9,7. Ainsi pour pSCN > 9,7, le solide $Hg_2(SCN)_2$(s) n'existe pas tandis que pour pSCN < 9,7 la solution contient l'espèce solide. Si nous utilisons le fait que plus le potentiel E s'élève, plus les espèces oxydées sont présentes, il est désormais possible de dresser le diagramme de situation associé au diagramme $E-$ pSCN sous la forme présentée à la figure 9.12.

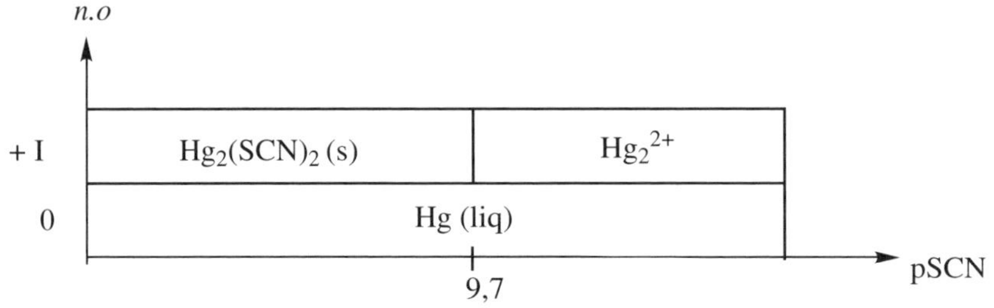

Figure 9.12 – Diagramme de situation du système mercure/thiocyanate

b) Tracé du diagramme $E-$ pSCN

Il convient ici de débuter le tracé par le domaine pour lequel des valeurs numériques sont explicitement fournies. Les données concernent prioritairement le couple $Hg_2^{2+}/Hg(l)$ (le potentiel standard est numériquement indiqué), par conséquent nous débuterons notre étude par la zone $\mathrm{pSCN} > 9,7$ qui correspond à la zone de stabilité du couple évoqué, compte tenu du diagramme de situation tracé au paragraphe précédent.

Le demi-équation d'oxydoréduction s'écrit :

$$\mathrm{Hg_2^{2+}} \quad + \quad 2\mathrm{e}^- \quad = \quad 2\,\mathrm{Hg\,(l)}$$

et le potentiel d'oxydoréduction prend à 25 °C la forme :

$$E = E^\circ_{\mathrm{Hg_2^{2+}/Hg}} + \frac{(0,06\ \mathrm{V})}{2}\log\left[\mathrm{Hg_2^{2+}}\right] = E^\circ_{\mathrm{Hg_2^{2+}/Hg}} + \frac{(0,06\ \mathrm{V})}{2}\log c_{tra} = 0,79\ \mathrm{V}$$

en appliquant la convention de tracé qui a été retenue ici.

Dans la zone pSCN < 9,7, il convient de tenir compte de l'existence du solide en écrivant la demi-équation d'oxydoréduction :

$$\mathrm{Hg_2\,(SCN)_2\ (s)} \quad + \quad 2\,\mathrm{e}^- \quad = \quad 2\,\mathrm{Hg\,(l)} \quad + \quad 2\,\mathrm{SCN}^-.$$

Le potentiel d'oxydoréduction s'écrit alors :

$$E = E^{\circ}_{Hg_2(SCN)_2/Hg} + \frac{(0,06\ \text{V})}{2} \log \frac{1}{[SCN^-]^2} = E^{\circ}_{Hg_2(SCN)_2/Hg} + (0,06\ \text{V})\text{pSCN}.$$

La grandeur $E^{\circ}_{Hg_2(SCN)_2/Hg}$ est calculable à partir de potentiel standard $E^{\circ}_{Hg_2^{2+}/Hg}$ et du pK_s correspondant au solide $Hg_2(SCN)_2$(s) sous la forme $E^{\circ}_{Hg_2(SCN)_2/Hg} = E^{\circ}_{Hg_2^{2+}/Hg} - 0,03\text{p}K_s$ mais une méthode rapide consiste à utiliser la continuité du potentiel d'oxydoréduction en pSCN $= 9,7$. L'application numérique conduit au résultat :

$$E\ /\ \text{V} = 0,21 + 0,06\ \text{pSCN}$$

Le tracé du diagramme est présenté à la figure 9.13.

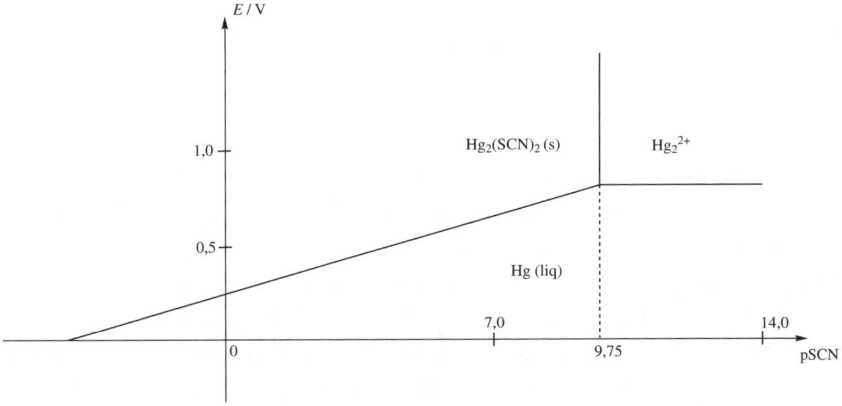

Figure 9.13 – Diagramme potentiel-pSCN du mercure (nombres d'oxydation 0 et +I)

6.2 Présentation du diagramme complet

Il est possible de poursuivre l'étude débutée au paragraphe précédent en considérant les espèces contenant du mercure au nombre d'oxydation +II. L'ion mercure Hg^{2+} conduit par action des ions thiocyanate aux complexes solubles $[Hg(SCN)_2]$ et $[Hg(SCN)_4]^{2-}$. Notons que plus le potentiel E augmente, plus les formes oxydées sont obtenues. Parallèlement, plus pSCN diminue, plus les espèces riches en ions thiocyanate sont formées. Le diagramme complet tracé avec une convention de tracé de 1 mol.L^{-1} est présenté à la figure 9.14.

Ce diagramme montre que pour un pSCN faible (forte concentration en ions thiocyanate) le mercure de nombre d'oxydation égal à +I ne présente plus de zone de stabilité : il subit alors une dismutation en mercure Hg(l) et en complexe $[Hg(SCN)_4]^{2-}$.

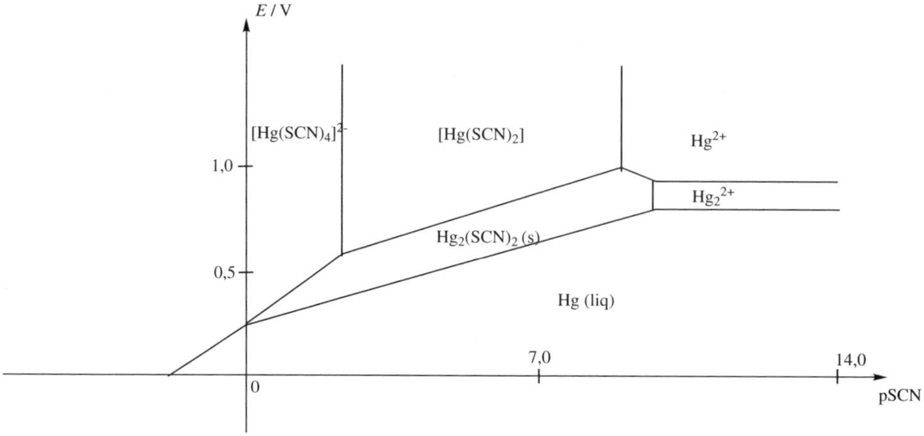

Figure 9.14 – Diagramme potentiel-pSCN du mercure (nombres d'oxydation 0, +I et +II)

Obtention de l'or

L'obtention industrielle de l'or, processus délicat, fut mené en France pendant de nombreuses années notamment sur le site de Salsigne (fermé le 30 juin 2004). En 1991, la mine de Salsigne produisait 2 000 kg d'or. La production de minerai pour l'année 1999 a été de 240 000 tonnes à une teneur moyenne en or de 6,1 g/tonne. Dans les minerais, l'or est très souvent présent à l'état natif (forme métallique), allié au cuivre ou parfois au bismuth. Les minerais sont classés en fonction des autres composés associés à l'or, la présence de ces composés pouvant se révéler délicate dans une politique d'extraction. On distingue ainsi l'or libre de l'or associé à des sulfures de fer (pyrite FeS_2 ou pyrrhotite $Fe_{1-x}S$), de l'or associé à des sulfures d'arsenic (arsénopyrite ou mispickel FeAsS) ou encore de l'or associé à des sulfures d'antimoine (Sb_2S_3).

Les procédés de traitement du minerai dépendent de la nature des minerais. Il est possible d'opérer par gravimétrie dans 10 % des cas (Ceci concerne l'or alluvial (les plocers) dont les particules ont une taille supérieure à 75 μm). Les installations industrielles récupèrent l'or à l'aide de tables à secousses et de concentrateurs centrifuges. Cette technique permet d'exploiter des gisements à très faible teneur. L'amalgamation consiste à allier l'or avec du mercure et à décomposer l'alliage par distillation du mercure (vers 400 à 500 °C). Cette technique ne représente que 10 % de la production mondiale. L'extraction par voie hydrométallurgique représente 80 % de la production mondiale. Nous allons étudier cette méthode.

La première étape est une étape de broyage du minerai. Une étape de flottation consiste à injecter le minerai en solution aqueuse en présence d'agents tensio-actifs. Cette étape permet une élimination de sulfures métalliques. Le point crucial est un traitement par *cyanuration* (mis au point dès 1888) qui va permettre l'isolement de l'or. On procède à une addition (en milieu basique, à un pH voisin de 10) d'une solution diluée de cyanure de sodium (10^{-3} mol.L^{-1}) saturée en dioxygène. Il y a alors formation d'un complexe or-cyanure selon la réaction

$$4\,Au\,(s) \quad + \quad 8\,CN^- \quad + \quad O_2 \quad + \quad 2\,H_2O \quad = \quad 4\,[Au\,(CN)_2]^- \quad + \quad 4HO^-$$

La possibilité thermodynamique de cette réaction est clarifiée par l'étude du diagramme $E-$pCN de l'or et n'a rien de trivial compte tenu de l'impossibilité d'oxydation de l'or par le dioxygène en absence des ions cyanure.

La figure suivante fournit le diagramme $E-$pCN de l'or tracé pour une concentration $c_{tra} = 0,001$ mol.L^{-1} en élément or.

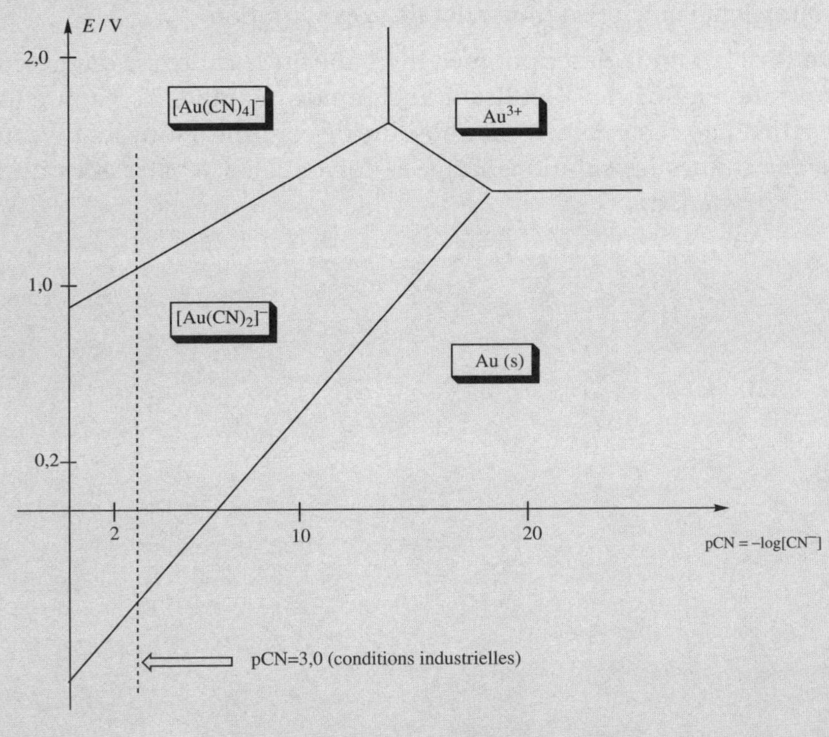

Figure 9.15 – Diagramme $E-$ pCN de l'or

Le potentiel relatif au couple O_2/H_2O pour un pH voisin de 10 et pour une pression partielle en dioxygène égale à 0,2 bar est donnée par $E = 1,23 - 0,06\text{pH} + 0,015\log\left(\frac{p_{O_2}}{p^\circ}\right) = 0,62$ V. Nous vérifions alors à partir du diagramme que dans les conditions industrielles (pCN $= 3,0$) l'oxydation de l'or par le dioxygène est possible.

Le complexe aurocyanure est traité lors d'une étape de cémentation(procédé MERRILL-CROWE qui représente 40 % de la production mondiale) par du zinc en poudre. Au cours de cette réaction, le zinc est oxydé au nombre d'oxydation +II sous la forme de complexe $[Zn(CN)_4]^{2-}$. La réaction envisagée s'écrit :

$$2\ [Au\,(CN)_2]^- \quad + \quad 2\,Zn\,(s) \quad + \quad 4\,CN^- \quad + \quad 2\,H_2O \quad = \quad 2\ [Zn(CN)_4]^{2-} \quad + \quad 2\,Au\,(s) \quad + H_2 \quad + \quad 2\,HO^-$$

Notons que des étapes de biolixiviation, utilisant le *thiobacillus ferro-oxydans* susceptible d'oxyder le fer des pyrites et de libérer l'or du minerai permettent d'accroître notablement le rendement de la cyanuration.

Achevons cette rapide description en insistant sur le caractère dangereux de cette opération industrielle, utilisant une grande quantité de cyanure (extrêmement toxique) et sur la nécessité absolue de contrôle à tous les niveaux de production (toutes les solutions usagées doivent être débarrassées des cyanures par oxydation).

EXERCICES

9.1 Étude d'une réaction d'oxydoréduction en solution

Données :

Potentiels standard d'oxydoréduction (à 25 °C) : $E^\circ\left(\mathrm{Fe^{3+}/Fe^{2+}}\right) = 0,77$ V ; $E^\circ\left(\mathrm{Sn^{4+}/Sn^{2+}}\right) = 0,13$ V.

Enthalpies standard de formation d'ions en solution aqueuse :

$\Delta_f H^\circ\left(\mathrm{Fe^{2+}}\right) = -89,1 \mathrm{kJ.mol^{-1}}$; $\Delta_f H^\circ\left(\mathrm{Sn^{2+}}\right) = -8,8\ \mathrm{kJ.mol^{-1}}$;

$\Delta_f H^\circ\left(\mathrm{Fe^{3+}}\right) = -48,5\ \mathrm{kJ.mol^{-1}}$; $\Delta_f H^\circ\left(\mathrm{Sn^{4+}}\right) = 30,5\ \mathrm{kJ.mol^{-1}}$.

Constante des gaz parfaits : $R = 8,31\ \mathrm{J.K^{-1}.mol^{-1}}$

Constante de FARADAY : $F = 96\,500\ \mathrm{C.mol^{-1}}$.

Dans tout l'exercice, le milieu est supposé suffisamment acide pour ne considérer en solutions que des cations solvatés par l'eau.

1. Écrire la réaction d'oxydoréduction ayant lieu entre les ions $\mathrm{Sn^{2+}}$ et les ions $\mathrm{Fe^{3+}}$.

2. Calculer numériquement l'affinité chimique standard $\mathcal{A}^\circ$ ainsi que la constante standard K° à 25 °C.

3. Calculer numériquement l'entropie standard de réaction $\Delta_r S^\circ$ à 25 °C.

4. On mélange dans un bécher les espèces suivantes, les concentrations indiquées sont celles avant réaction : $\mathrm{Fe^{3+}}$ (0,2 mol.L^{-1}), $\mathrm{Fe^{2+}}$ (0,1 mol.L^{-1}), $\mathrm{Sn^{4+}}$ (0,1 mol.L^{-1}) et $\mathrm{Sn^{2+}}$ (0,2 mol.L^{-1}). Évaluer la concentration en chacun des ions lorsque l'équilibre chimique est atteint.

9.2 Calculs de potentiels standard d'oxydoréduction

Données (fournies à 25 °C) :

Potentiels standard : $E^\circ\left(\mathrm{Fe^{3+}/Fe^{2+}}\right) = 0,77$ V ; $E^\circ\left(\mathrm{H^+/H_2}\right) = 0,00$ V.

Constantes globales de formation : $\beta_{[\mathrm{Fe}Y]^-} = 10^{25,5}$; $\beta_{[\mathrm{Fe}Y]^{2-}} = 10^{14,2}$.

Entropies molaires standard :

$S^\circ_\mathrm{m}(\mathrm{Zn}) = 41,6\ \mathrm{J.K^{-1}.mol^{-1}}$; $S^\circ_\mathrm{m}\left(\mathrm{Zn^{2+}}\right) = -112,1\ \mathrm{J.K^{-1}.mol^{-1}}$;

$S^\circ_\mathrm{m}(\mathrm{H_2}) = 130,6\ \mathrm{J.K^{-1}.mol^{-1}}$; $S^\circ_\mathrm{m}\left(\mathrm{H^+}\right) = 0,0\ \mathrm{J.K^{-1}.mol^{-1}}$.

Enthalpies standard de formation :

$$\Delta_f H^\circ\left(Zn^{2+}\right) = -153,9 \text{ kJ.mol}^{-1}\,;\, \Delta_f H^\circ\left(H^+\right) = 0,0 \text{ kJ.mol}^{-1}.$$

$\frac{RT}{F}\ln 10 = 0,06$ V avec F constante de FARADAY ($F = 96\,500$ C.mol^{-1}).

1. En utilisant une méthode thermochimique, exprimer la relation littérale liant les potentiels standard d'oxydoréduction $E^\circ\left(VO_2^+/VO^{2+}\right)$, $E^\circ\left(VO^{2+}/V^{3+}\right)$ et $E^\circ\left(VO_2^+/V^{3+}\right)$.

2. En milieu riche en EDTA Y^{4-}, le couple oxydant-réducteur associé aux nombres d'oxydation +II et +III de l'élément fer s'écrit sous forme $[FeY]^-$ / $[FeY]^{2-}$. Calculer numériquement la valeur du potentiel standard associé à ce couple (en utilisant une méthode thermochimique), conclure quant au pouvoir oxydant et réducteur du fer (aux nombres d'oxydation +II et +III) en milieu riche en EDTA.

3. En utilisant les données fournies, calculer numériquement le potentiel standard $E^\circ\left(Zn^{2+}/Zn\right)$ à $25\ ^\circ$C.

9.3 Eau de Javel (d'après Mines PSI 2003)

L'eau de Javel est une solution aqueuse d'hypochlorite de sodium NaClO et de chlorure de sodium. Elle est préparée par réaction directe entre le dichlore et l'hydroxyde de sodium produits par l'électrolyse du chlorure de sodium.

Données (à $25\ ^\circ$C) :

Potentiels standard : $E^\circ\left(Cl_2/Cl^-\right) = 1,39$ V ; $E^\circ\left(HClO/Cl_2\right) = 1,59$ V ; $E^\circ\left(O_2/H_2O\right) = 1,23$ V ; $E^\circ\left(H^+/H_2\right) = 0,00$ V.

Le diagramme $E-$pH du chlore est représenté figure 9.16 pour une concentration de tracé égale à 10^{-2} mol.L^{-1}. On s'intéresse aux nombres d'oxydation $+$I, 0 et $-$I du chlore.

1. Pour chacune des espèces Cl^-, Cl_2, HClO et ClO^- indiquer le nombre d'oxydation chlore.

2. Indiquer les domaines de stabilité des différentes espèces du chlore sur le diagramme fourni.

3. Que se passe-t-il au point A ?

4. L'eau de Javel est-elle stable du point de vue thermodynamique ? Justifier. Conclusion sur l'existence de celle-ci. Dans cette question les activités des espèces gazeuses sont prises égales à 1.

5. Que se passe-t-il si l'on mélange de l'eau de Javel avec un détergent acide ? Conclusion pratique.

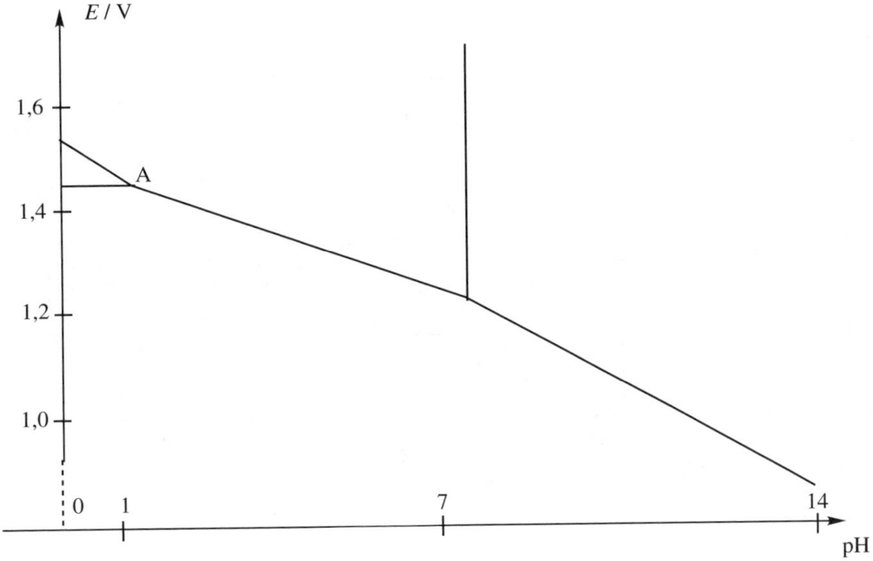

Figure 9.16 – Diagramme potentiel-pH du chlore

9.4 Diagramme potentiel-pH du chrome (d'après Mines-Ponts PC 1998)

Données (à 25 °C) :

Potentiels standard : $E^\circ\,(O_2/H_2O) = 1,23$ V ; $E^\circ\,(H^+/H_2) = 0,00$ V.

On donne ci-dessous le diagramme $E-$pH du chrome à 25 °C. La concentration des espèces dissoutes est de 1 mol.L^{-1}.

Les ions CrO_4^{2-} et $Cr_2O_7^{2-}$ participent à l'équilibre acido-basique

$$H_2O \quad + \quad Cr_2O_7^{2-} \quad = \quad 2\,CrO_4^{2-} \quad + \quad 2\,H^+$$

1. Placer sur le diagramme les domaines de stabilité des espèces Cr(s), Cr_2O_3(s), CrO_4^{2-}, Cr^{2+}, Cr^{3+} et $Cr_2O_7^{2-}$.

2. Quelles sont les espèces stables dans l'eau à tout pH ? Quelles sont celles thermodynamiquement instables à tout pH ? On considérera ici pour tous les gaz une activité égale à 1.

3. Calculer numériquement le coefficient directeur du segment séparant les domaines de Cr_2O_3 et CrO_4^{2-} (Cr_2O_3 est un solide seul dans sa phase).

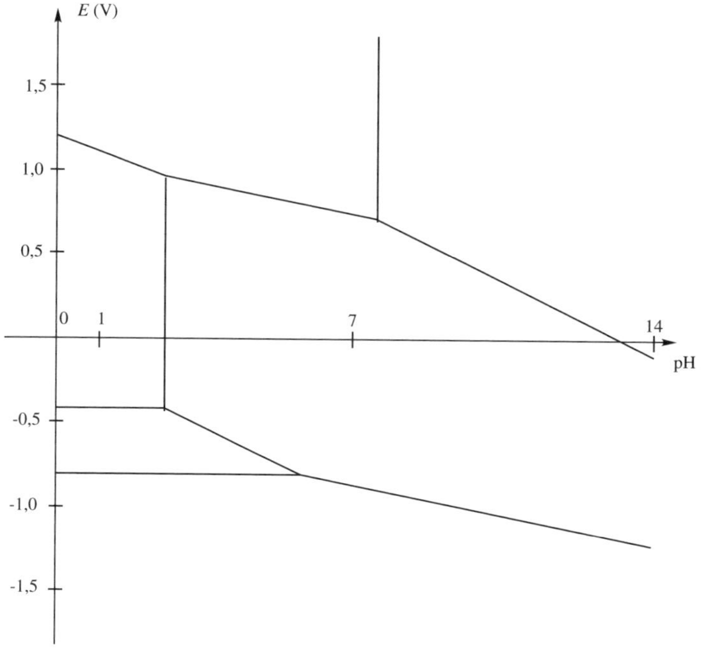

Figure 9.17 – Diagramme potentiel-pH du chrome

9.5 Dismutation de l'acide nitreux (d'après Concours Commun Polytechnique 96)

Données (à $25\ ^\circ$C) :

Potentiels standard : $E^\circ\left(NO_2^-/NO\right) = 1,18$ V ; $E^\circ\left(NO_3^-/NO_2^-\right) = 0,85$ V.

Constante d'acidité : $pK_A\left(HNO_2/NO_2^-\right) = 3,35$.

$\dfrac{RT}{F}\ln 10 = 0,06$ V avec F constante de FARADAY ($F = 96\ 500$ C.mol^{-1}) et $R = 8,31$ J.K^{-1}.mol^{-1}.

L'acide nitreux HNO_2 est une espèce instable. Sa transformation conduit à la formation de monoxyde d'azote NO(g) et d'ions nitrate NO_3^-.

1. Écrire la réaction d'oxydoréduction engagée lors de cette réaction.

2. Calculer les potentiels standard E° des deux couples oxydant-réducteur correspondant aux demi couples engagés.

3. Calculer l'affinité chimique standard $\mathcal{A}^\circ$ de la réaction à $25\ ^\circ$C.

4. Pour quelle valeur de la pression partielle en monoxyde d'azote une solution décimolaire d'acide nitreux serait-elle stable en présence d'acide nitrique ($H_3O^+NO_3^-$) de concentration 10^{-2} mol.L^{-1} ?

PROBLÈMES

9.1 Diagramme potentiel-pH simplifié du cadmium (Mines, MP, 2003)

Données à 298 *K :* diagramme potentiel-pH du cadmium tracé pour une concentration de cadmium dissous égale à $c_T = 1,0 \times 10^{-2}$mol.L^{-1}.

Pour cet exercice, on prendra la valeur numérique $\frac{RT}{F} \ln x = (0,06 \text{ V}) \log x$, F étant la constante de FARADAY.

1. Déterminer le potentiel standard $E°$ du couple Cd^{2+} /Cd en utilisant à bon escient le diagramme présenté figure 9.18.

2. Calculer le produit de solubilité K_S de $Cd(OH)_2$ et la constante de formation K_f de l'espèce $HCdO_2^-$ à partir du solide $Cd(OH)_2$ et des ions hydroxyde HO^-.

3. Donner l'équation de la droite E_2 séparant le domaine de $Cd(OH)_2$ du domaine de Cd (on n'utilisera pas de méthode de continuité).

4. Que se passe-t-il, en principe, si on met du cadmium dans l'eau (on rappelle $E°(H^+/H_2) = 0,00$ V à pH $= 0$ et à 25 °C) ? Discuter suivant les valeurs du pH.

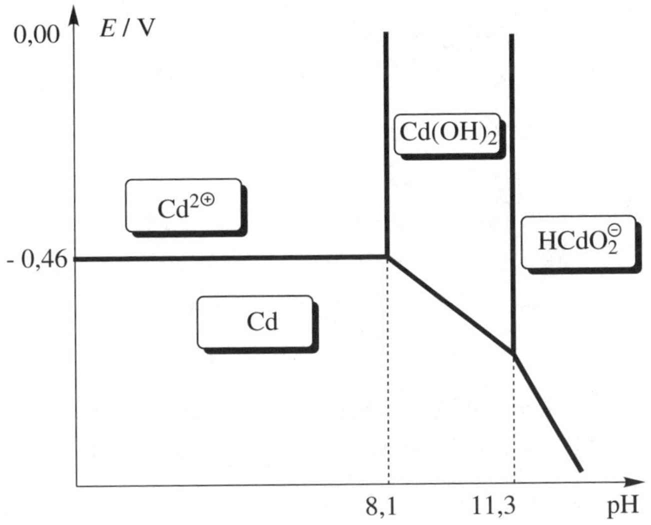

Figure 9.18 – Diagramme potentiel-pH simplifié du cadmium tracé pour une concentration de cadmium dissous égale à $c_T = 1,0 \times 10^{-2}$ mol.L^{-1}

9.2 Diagramme potentiel-pH simplifié du plomb (Mines, MP, 2002)

Données à 298 K *:* potentiel standard à pH $= 0$

couple	E° / V
Pb^{2+} (aq) / Pb (s)	$-0,13$
O_2 (g) / H_2O (l)	$1,23$
H^+ (aq) / H_2 (g)	$0,00$

Pour cet exercice, on prendra la valeur numérique $\dfrac{RT}{F}\ln x = (0,06\text{ V})\log x$, F étant la constante de FARADAY. La figure 9.19 donne le diagramme potentiel-pH simplifié du plomb, la concentration de tracé étant de $c_T = 1,0$ mol.L^{-1}.

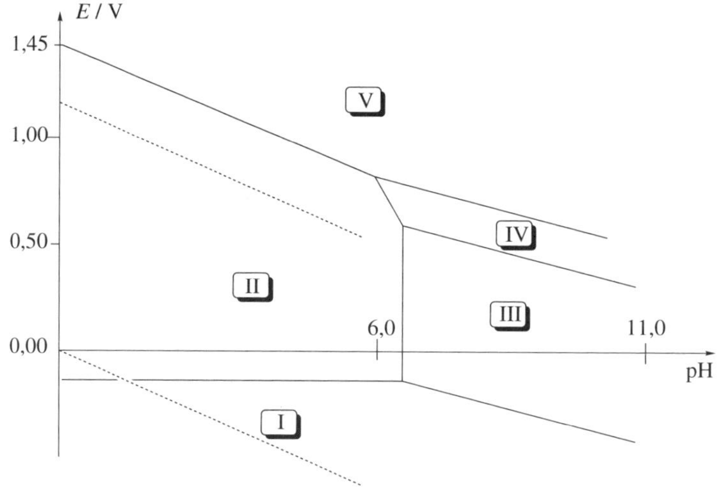

Figure 9.19 – Diagramme potentiel-pH simplifié du plomb pour une concentration de tracé de $c_T = 1,0$ mol.L^{-1}

1. Indiquer sur ce diagramme les domaines de prédominance ou d'existence des espèces suivantes : Pb^{2+} (aq) ; Pb (s) ; PbO (s) ; PbO_2 (s) ; Pb_3O_4 (s).

2. Déterminer le potentiel standard du couple PbO_2 / Pb^{2+} par lecture du diagramme potentiel-pH. Donner l'équation numérique de la frontière entre les espèces PbO_2 et Pb^{2+}.

3. Tracer sur le même graphe le diagramme potentiel-pH de l'eau en prenant une pression de tracé $p_T = 1,0$ bar.

4. Que peut-on dire de la stabilité du plomb en solution aqueuse ? Discuter en fonction du pH de la solution.

5. Quelle réaction se produit entre le plomb et le dioxyde de plomb en milieu acide ? Comment nomme-t-on une telle réaction ?

6. Que peut-on dire *a priori* de la cinétique des réactions étudiées dans les deux questions précédentes ? Pourquoi peut-ton observer une décharge de l'accumulateur au plomb si celui-ci n'est pas utilisé pendant une durée suffisamment longue ?

9.3 Stabilité des ions du cuivre en solution aqueuse : influence des ions chlorure et de l'ammoniac (Centrale, PC, 2001)

Données à 298 K *:*

- Potentiel standard à $pH = 0$

couple	E° / V
Cu^{2+} (aq) / Cu^+ (aq)	$0,16$
Cu^+ (aq) / Cu (s)	$0,52$
NO_3^- (aq) / NO (g)	$0,95$
$[Cu(NH_3)_4]^{2+}$ / $[Cu(NH_3)_2]^+$	$0,05$
$[Cu(NH_3)_2]^+$ / Cu (s)	$-0,13$
O_2 (g) / H_2O (l)	$1,23$

- Constante globale de formation : $\beta_2([Cu(NH_3)_2^+]) = 10^{10,8}$.

- Pour cet exercice, on prend la valeur numérique $\dfrac{RT}{F}\ln x = (0,06\ \text{V})\log x$, F étant la constante de FARADAY.

- La concentration standard c° est prise égale à 1 mol.L^{-1}, toutes les concentrations du problème étant alors implicitement exprimées en mol.L^{-1}.

1. Préliminaire

1.1. Écrire l'équation-bilan entre les espèces chimiques suivantes du cuivre : Cu^{2+}, Cu^+ et Cu.

1.2. Calculer la constante thermodynamique K_1° de la réaction chimique associée, à 25 °C.

1.3. Discuter de la stabilité de l'ion cuivre (I) en solution aqueuse.

2. Influence des ions chlorure

On se propose pour étudier cette influence, de tracer le diagramme (E–pCl) du cuivre où $\mathrm{pCl} = -\log_{10}\left(\dfrac{[\mathrm{Cl}^-]}{c^\circ}\right)$. Selon la concentration de l'ion chlorure :

- l'ion cuivre (I) peut donner les équilibres suivants :

$$\mathrm{CuCl\,(s)} = \mathrm{Cu}^+ + \mathrm{Cl}^- \quad K_{\mathrm{S1}} = [\mathrm{Cu}^+][\mathrm{Cl}^-] \quad \text{avec} \quad \mathrm{p}K_{\mathrm{S1}} = 6,7$$

$$\mathrm{CuCl\,(s)} + \mathrm{Cl}^- = [\mathrm{CuCl_2}]^- \quad K_{\mathrm{S2}} = \frac{[[\mathrm{CuCl_2}]^-]}{[\mathrm{Cl}^-]} \quad \text{avec} \quad \mathrm{p}K_{\mathrm{S2}} = 2,0$$

- l'ion cuivre (II) donne deux complexes $[\mathrm{CuCl}]^+$ et $[\mathrm{CuCl_2}]$ dissous selon les équilibres suivants caractérisés par les constantes de dissociations successives respectives K_{d1} et K_{d2} avec $\mathrm{p}K_{\mathrm{d1}} = 0,10$ et $\mathrm{p}K_{\mathrm{d2}} = -0,70$.

$$[\mathrm{CuCl}]^+ = \mathrm{Cu}^{2+} + \mathrm{Cl}^- \quad K_{\mathrm{d1}} = \frac{[\mathrm{Cu}^{2+}][\mathrm{Cl}^-]}{[[\mathrm{CuCl}]^+]}$$

$$[\mathrm{CuCl_2}] = [\mathrm{CuCl}]^+ + \mathrm{Cl}^- \quad K_{\mathrm{d2}} = \frac{[[\mathrm{CuCl}]^+][\mathrm{Cl}^-]}{[[\mathrm{CuCl_2}]]}$$

Conditions aux frontières : on choisit une concentration maximale totale en ions cuivre dissous (I) et (II) égale à $0,01\ \mathrm{mol.L^{-1}}$. Quand deux espèces solubles du cuivre apparaissent dans un équilibre chimique, le rapport de leurs concentrations est fixé arbitrairement à 1. De plus s'il s'agit d'une espèce soluble et d'une espèce solide, la concentration de l'espèce soluble est choisie égale à la concentration du tracé.

2.1. Nommer les trois complexes des ions du cuivre (I) et (II).

2.2. Préciser, dans les conditions précitées, les domaines de prédominance des espèces concernant le cuivre (II) en fonction de pCl.

2.3. Préciser, dans les mêmes conditions, les domaines d'existence et de prédominance des espèces concernant le cuivre (I) en fonction de pCl.

2.4. Établir les équations donnant la variation du potentiel d'oxydoréduction E_1 du couple Cu (I)/Cu (0) en fonction de pCl.

2.5. On veut tracer la variation du potentiel d'oxydoréduction E_2 du couple Cu (II)/Cu (I) en fonction de pCl. En utilisant les résultats des questions précédentes, préciser les couples rédox qui vont intervenir lors de la variation de pCl. Le tracé de E_2 est donné figure 9.20.

2.6. Tracer sur le diagramme ($E-$pCl), en traits tiretés, les variations de E_1 en fonction de pCl, pour des valeurs de E comprises entre $-0,2$ et $+0,7$ V et de pCl comprises entre $-2,0$ et $+7,0$.

2.7. • E_1 et E_2 se coupent en un point A dont vous déterminerez graphiquement les coordonnées.

- Que se passe-t-il pour $\mathrm{pCl} > \mathrm{pCl}(A)$?

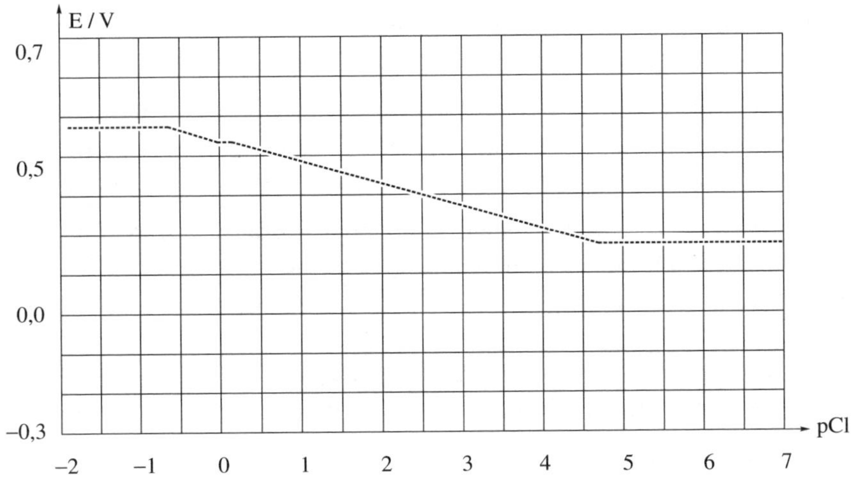

Figure 9.20 – Frontière E_2 du couple Cu (II) / Cu (I)

- Déterminer l'équation de la courbe mettant en jeu les espèces stables du cuivre pour $\mathrm{pCl} > \mathrm{pCl}(A)$.

- En déduire, en traits pleins, le diagramme de stabilité des espèces du cuivre en fonction de pCl et légender les différents domaines.

- Discuter de la stabilité du cuivre (I) en fonction de la concentration en ions chlorure.

2.8. Dans l'ouvrage de J. SARRAZIN et M. VERDAGUER sur l'oxydoréduction, on trouve le mode opératoire suivant :

« *Réaliser l'expérience sous la hotte. Placer de la tournure de cuivre dans un ballon, recouvrir d'acide chlorhydrique concentré, ajouter un peu d'acide nitrique concentré. Porter à ébullition pendant quelques minutes. Laisser refroidir et verser avec précaution dans un grand cristallisoir rempli d'eau froide et si possible désoxygénée : un précipité blanc apparaît.* »

Répondre aux questions suivantes :

- Quelle est la nature du précipité ?

- Quel est le rôle de l'acide nitrique ?

- Écrire l'équation-bilan de la réaction d'oxydoréduction en précisant le rôle de l'acide chlorhydrique.

3. Influence de l'ammoniac

3.1. Dans une solution aqueuse concentrée en ammoniac ($\mathrm{pNH_3} \approx 0$) les ions cuivre (I) et cuivre (II) donnent le deux complexes $[\mathrm{Cu(NH_3)_2}]^+$ (incolore) et $[\mathrm{Cu(NH_3)_4}]^{2+}$; nommer ces deux complexes.

3.2. Que se passe-t-il lorsqu'on ajoute une solution aqueuse concentrée en ammoniac sur le solide CuCl (s) ? Écrire l'équation-bilan de la réaction.

3.3. On constate que si la solution précédente est laissée à l'air libre, elle finit par prendre une couleur bleue. Que s'est-il passé ? Écrire l'équation-bilan de la réaction en respectant les espèces présentent dans le milieu ($\text{pNH}_3 \approx 0$ et $\text{pH} \approx 11$).

3.4. Monter que, *a priori*, le dioxygène dissous peut oxyder le cuivre. En réalité cette oxydation est très faible car le cuivre se recouvre d'une pellicule d'oxyde Cu_2O dont la disparition est cinétiquement très lente. Expliquer alors l'expérience classique suivante :

« *Une solution d'ammoniac, passant sur des copeaux de cuivre se colore immédiatement en bleu intense ; le cuivre, à chaque passage de l'ammoniac garde sa coloration brillante.* »

Écrire l'équation-bilan de la réaction.

Chapitre 10

Phénomènes de corrosion

La lecture d'un dictionnaire renseigne sur le sens courant du mot corrosion : c'est l'ensemble des phénomènes qui conduisent à la destruction d'un objet à cause de réactions chimiques. Historiquement, les premiers matériaux utilisés de façon intensive ont été les métaux, facilement malléables et pouvant assez aisément être mis en forme. Les métaux sont des réducteurs qui réagissent en conséquence avec les oxydants. À la surface de la Terre, le dioxygène est très abondant. Sa présence explique d'une part que les métaux natifs sont rares et d'autre part que la plupart des métaux sont oxydés au contact de l'atmosphère. La notion de corrosion pour un chimiste prend alors un sens plus restrictif et se limite souvent à l'action des oxydants sur les métaux. Il est d'usage de distinguer la corrosion sèche de la corrosion humide. L'étude de la corrosion sèche s'appuie sur la stabilité thermodynamique des oxydes formés (ou d'autres composés si l'oxydant est différent) : ce point a déjà été abordé lors de l'étude des diagrammes d'ELLINGHAM. Nous développerons dans ce dernier chapitre les différentes caractéristiques de la corrosion par voie humide (en présence d'eau liquide) et montrerons qu'une analyse thermodynamique de la situation, bien qu'indispensable, s'avère insuffisante pour comprendre l'ensemble des phénomènes observés.

1. Étude thermodynamique

La construction du diagramme potentiel-pH permet de visualiser l'essentiel des propriétés thermodynamiques d'un élément vis-à-vis des oxydants dioxygène et eau. La position relative des couples de l'élément avec les couples O_2/H_2O et

H^+/H_2 permet de prévoir, dans une certaine mesure, le comportement du métal vis-à-vis des oxydants précédemment cités. Comme la demi-équation d'oxydoréduction des couples cités met en œuvre des protons, le pouvoir oxydant dépend du pH de la solution.

1.1 Domaine de stabilité d'une espèce

Si un oxydant et un réducteur n'ont pas de domaine commun dans un diagramme potentiel/pH, leur mise en présence correspond à une réaction d'oxydoréduction thermodynamiquement possible. Si nous appliquons cette méthode générale aux réactions d'oxydations des métaux par le dioxygène ou l'eau, nous pouvons prévoir le comportement des métaux.

➤ Comportement vis-à-vis de l'oxydant dioxygène : $E^\circ_{O_2\,(g)/H_2O} = 1{,}23$ V

Les métaux sont généralement de bons réducteurs et la position des couples où le réducteur est le métal au nombre d'oxydation zéro sont, pour la plupart des éléments au comportement métallique, notablement plus bas dans un diagramme potentiel-pH. À l'exception de métaux nobles, le comportement d'un métal vis-à-vis du dioxygène en présence d'eau liquide est l'oxydation du métal. Seuls les métaux dit nobles résistent à cette corrosion : leur potentiel standard d'oxydoréduction est supérieur à ou voisin de celui du couple O_2/H_2O, par exemple $E^\circ_{Au^{3+}/Au} = 1{,}52$ V ou $E^\circ_{Pt^{2+}/Pt} = 1{,}2$ V. Il est possible, dans le cas d'une expérience au laboratoire de prévenir cette oxydation en utilisant de l'eau désaérée. Les eaux naturelles contiennent en revanche du dioxygène dissous.

➤ Comportement vis-à-vis de l'oxydant eau : $E^\circ_{H^+/H_2\,(g)} = 0{,}00$ V

Le pouvoir oxydant de ce couple est notablement plus faible que celui du dioxygène dans le couple dioxygène/eau : il existe un plus grand nombre de métaux qui peuvent résister à l'eau oxydant. Dans le cas du zinc (on se reportera au diagramme potentiel-pH du zinc établi au chapitre précédent), on constate que les segments représentatifs des couples où le zinc métallique est le réducteur des couples sont toujours plus bas dans le diagramme que le couple H^+/H_2 : la thermodynamique prévoit l'oxydation du zinc métallique par l'eau quel que soit le pH de celle-ci. Dans le cas du cuivre, il existe quel que soit le pH un domaine commun au cuivre métallique et à l'eau : la réaction d'oxydation du cuivre par l'eau n'est pas thermodynamiquent favorisée et il est donc envisageable de placer le cuivre métallique en présence d'eau sans risque de corrosion : ceci explique l'emploi du cuivre en plomberie.

1.2 Choix du pH

Toutes les réactions d'oxydoréduction en solution n'ont pas la même dépendance vis-à-vis du pH. Un couple où le réducteur est le métal et l'oxydant l'un de ses ions est indépendant du pH. En revanche, si l'oxydant et le réducteur d'un couple sont des espèces non chargées (par exemple le métal et l'un de ses oxydes ou hydroxydes), l'équation du segment est de la forme $a - 06.\text{pH}$. Il existe des situations où il y a croisement des segments : il peut exister un pH au-delà duquel la corrosion du métal par l'eau n'est plus thermodynamiquement possible. Citons par exemple le cas du plomb.

Exercice résolu

Déterminer les équations des frontières du couple Pb^{2+}/Pb (s) et du couple H^+/H_2 (g) pour une concentration en espèce dissoute de 10^{-2} mol.L^{-1}. En déduire le pH au-delà duquel l'oxydation du plomb n'est plus thermodynamiquement possible.

Donnée :

$E^\circ_{Pb^{2+}/Pb} = -\ 0{,}12$ V

Réponse

La formule de NERNST appliquée au couple Pb^{2+}/Pb conduit à l'expression du potentiel E :

$$E = E^\circ_{Pb^{2+}/Pb} + \frac{0,06}{2}.\log\left([Pb^{2+}]\right)$$

soit numériquement avec la concentration fixée en espèce dissoute Pb^{2+} :

$$E = -\,0,12 + \frac{0,06}{2}.\log(10^{-2}) = -\,0,18\text{ V}.$$

Pour le couple H^+/H_2, le potentiel de NERNST s'écrit :

$$E = -\,0,06.\text{pH}.$$

La position relative des deux segments est indiquée figure 10.1. La valeur pH_f du pH au-delà duquel l'oxydation du plomb n'est plus possible est donnée par la résolution de l'équation :

$$-\,0,18 = -\,0,06.\text{pH}_f$$

soit :

$$\text{pH}_f = 3,0.$$

Si $\text{pH} < \text{pH}_f$, il n'y a pas de domaine commun au plomb métallique et la corrosion du plomb par l'eau est thermodynamiquement possible. Si $\text{pH} > \text{pH}_f$, la corrosion n'est plus possible.

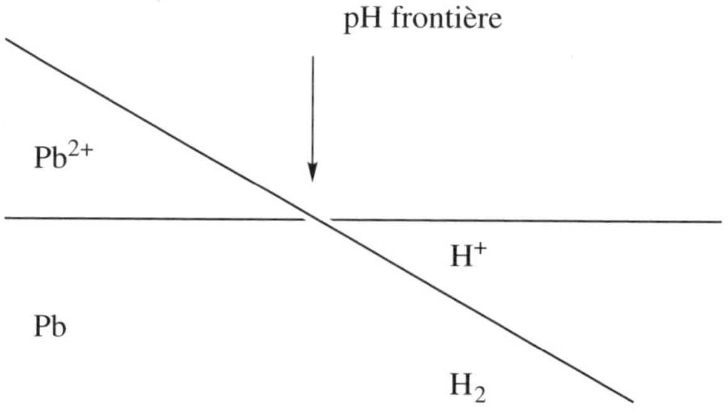

Figure 10.1 – Existence d'un pH frontière pour la corrosion du plomb en milieu aqueux

Notons deux point importants :

- ces pH frontières dépendent de la concentration totale en espèce dissoute : la dilution favorise l'oxydation (si on reprend le calcul précédent avec une concentration plus faible en espèce dissoute, le pH frontière croît)
- les milieux acides favorisent la corrosion des métaux : le pouvoir oxydant du proton est évidemment plus élevé dans des milieux riches en protons

1.3 Influence de la présence d'autres espèces en solution

La possibilité d'une oxydation d'un métal M en présence d'eau liquide par le dioxygène ou l'eau est notablement influencée par la présence de complexants qui modifient la capacité d'un métal à se comporter comme un réducteur. Soit L le ligand (par exemple ammoniac, ion chlorure, ion thiocyanate SCN^-). En présence de ce ligand et de la possibilité de la formation d'un complexe soluble $[ML_p]^{n+}$, la demi-réaction d'oxydoréduction s'écrit :

$$[ML_p]^{n+} \quad + \quad n\,\mathrm{e}^- \quad = \quad M \quad + \quad p\,L$$

(nous supposerons ici, sans que cela nuise à la généralité de notre propos, que le ligand L est neutre). Soit β_p la constante globale de formation du complexe $[ML_p]^{n+}$:

$$\beta_p \; = \; \frac{[[ML_p]^{n+}]}{[L]^p[M^{n+}]}.$$

L'écriture de la relation de NERNST donne :

$$E \; = \; E^\circ_{M^{n+}/M} \; + \; \frac{0,06}{n}.\log\left([M^{2+}]\right)$$

et :

$$E = E^\circ_{[ML_p]^{n+}/M} + \frac{0,06}{n}.\log\left(\frac{[[ML_p]^{n+}]}{[L]^p}\right).$$

Le potentiel d'oxydoréduction de la solution étant unique, nous obtenons :

$$E^\circ_{M^{n+}/M} + \frac{0,06}{n}.\log\left([M^{n+}]\right) = E^\circ_{[ML_p]^{n+}/M} + \frac{0,06}{n}.\log\left(\frac{[[ML_p]^{n+}]}{[L]^p}\right)$$

soit, en introduisant la constante de formation globale :

$$E^\circ_{M^{n+}/M} + \frac{0,06}{n}.\log\left([M^{n+}]\right) = E^\circ_{[ML_p]^{n+}/M} + \frac{0,06}{n}.\log\left(\beta_p.[M^{n+}]\right)$$

ce qui donne, après simplification :

$$E^\circ_{[ML_p]^{n+}/M} = E^\circ_{M^{n+}/M} - \frac{0,06}{n}.\log\left(\beta_p\right).$$

Dans le cas de complexes stables, les constantes de formation sont élevées, notablement supérieures à 1 : en conséquence, le potentiel standard d'oxydoréduction $E^\circ_{[ML_p]^{n+}/M}$ est notablement inférieur à $E^\circ_{M^{n+}/M}$, et l'oxydation du métal sera thermodynamiquement plus facile en présence du ligand L. Il sera alors judicieux de travailler avec un diagramme potentiel-pL.

2. Description des phénomènes cinétiques se déroulant à une électrode

Il ne suffit pas qu'une réaction soit thermodynamiquement possible pour qu'elle se déroule effectivement : la vitesse de la réaction peut être très lente et dans ce cas, il n'y a pas d'évolution observée sur une échelle de temps compatible avec la mise en œuvre d'une expérience. Cette constatation s'applique aussi aux réactions d'oxydoréduction, en particulier, celles qui se déroule à la surface d'un solide. Cette situation présente un aspect nouveau par rapport aux réactions en phase homogène : elle se déroule à une interface. Comme nous étudions des réactions d'oxydoréduction, il y a échange d'électrons lors du déroulement de la réaction. Ces éléments sont utilisés pour élaborer de nouvelles méthodes d'étude du déroulement de la réaction d'oxydoréduction.

2.1 L'intensité : une mesure de la vitesse de réaction d'oxydoréduction

Considérons une électrode où se déroule une réaction d'oxydoréduction :

$$Ox + n\,e^- = Red.$$

Si nous définissons la vitesse de réaction v par :

$$v = \frac{d\xi}{dt}$$

en notant q la charge traversant l'électrode (sans se préoccuper pour l'instant du signe), nous avons :

$$\frac{dq}{dt} = nF.\frac{d\xi}{dt} \qquad \text{soit} \qquad i = nFv.$$

Il apparaît ainsi clairement que la mesure de l'intensité du courant traversant l'électrode est une mesure de la vitesse d'oxydoréduction se déroulant à l'électrode. Une convention est choisie pour le signe du courant : si la réaction se déroulant à l'électrode est une oxydation, le courant est par convention positif, si la réaction se déroulant à l'électrode est une réduction, le courant est par convention négatif. Remarquons que la définition choisie ici pour la vitesse de réaction n'est pas celle usuellement rencontrée en cinétique chimique et on pourra se reporter au livre de première année pour les différentes définitions des vitesses de réaction. Une grandeur fondamentale du processus électrochimique qui se déroule à une électrode est la densité de courant parcourant cette électrode.

Le comportement d'un système électrochimique est bien compris lorqu'est établie la dépendance de la densité de courant avec le potentiel de l'électrode. Il est utile pour comprendre les phénomènes cinétiques à une électrode de tracer les courbes intensité-potentiel où on représente en abscisse le potentiel de l'électrode mesuré par rapport à une électrode de référence et en ordonnée la densité de courant ou l'intensité de courant traversant l'électrode. Pour cela, il faut disposer d'un montage expérimental appelé montage à trois électrodes.

2.2 Le montage à trois électrodes

Un circuit électrique parcouru par un courant est fermé et cela impose, comme nous l'avions déjà remarqué lors de l'étude des piles, la présence de deux électrodes. La mesure du courant est, si aucune précaution n'est prise, dépendante des deux réactions d'oxydoréduction se déroulant à chaque électrode. Nous admettrons ici que c'est l'électrode parcourue par la densité de courant la plus élevée qui fixe le comportement du système. Ainsi, en choisissant une électrode d'aire très inférieure à l'autre électrode, on étudie les processus électrochimiques se déroulant à la surface de l'électrode de petite aire. Le schéma d'un montage à trois électrodes est représenté à la figure 10.2. L'électrode dont on cherche à établir la courbe intensité-potentiel est l'électrode de petite aire : celle-ci est appelée électrode de travail. L'électrode à la surface de laquelle se déroule l'autre réaction d'oxydoréduction est appelée contre-électrode ou électrode auxiliaire. La troisième électrode est l'électrode de référence : elle est connectée à une entrée de haute impédance et n'est pas parcourue par un courant (cela est nécessaire si son potentiel doit rester constant au cours des mesures). Ces trois électrodes sont connectées à un appareil appelé potentiostat : l'opérateur souhaite imposer une certaine différence de potentiel entre l'électrode de travail et l'électrode de référence et affiche cette valeur sur l'appareil. L'appareil impose une différence de potentiel entre l'électrode de travail et la contre-électrode jusqu'à obtention de la valeur affichée (rétroaction). La lecture simultanée de l'intensité traversant électrode de travail et la contre-électrode et la différence de potentiel entre électrode de travail et électrode de référence permet de tracer la courbe intensité-potentiel relative à la réaction d'oxydoréduction se déroulant à la surface de l'électrode de travail.

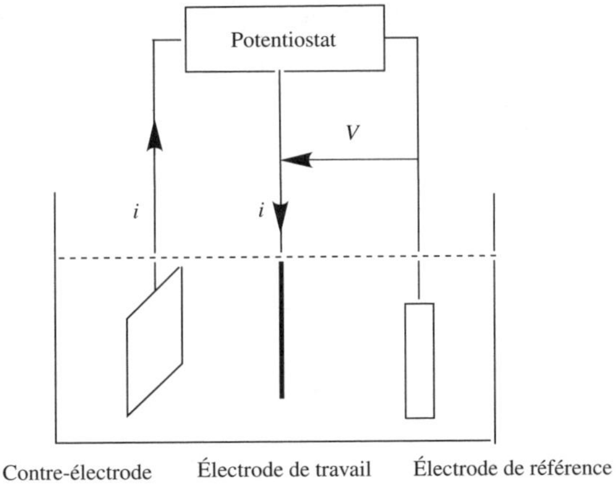

Figure 10.2 – Représentation schématique d'un montage à trois électrodes

La figure 10.3 représente deux catégories de courbes observées selon la nature des systèmes rencontrés lorsque sont présents en solution à la fois l'oxydant et le réducteur du couple. Ces courbes sont caractérisées par plusieurs paramètres :

- le potentiel correspondant au courant nul, indiqué par la relation de NERNST ;
- les courants asymptotiques lorsque l'électrode est portée à un potentiel notablement supérieur au potentiel d'équilibre (courant d'oxydation limite) ou lorsqu'elle est portée à un potentiel notablement inférieur au potentiel d'équilibre (courant de réduction limite) ;
- l'ordre de grandeur du potentiel qu'il faut appliquer par rapport au potentiel d'équilibre pour voir un courant d'oxydation (courant anodique) ou un courant de réduction (courant cathodique) notable.

L'important est désormais de préciser les facteurs qui influent sur ces paramètres.

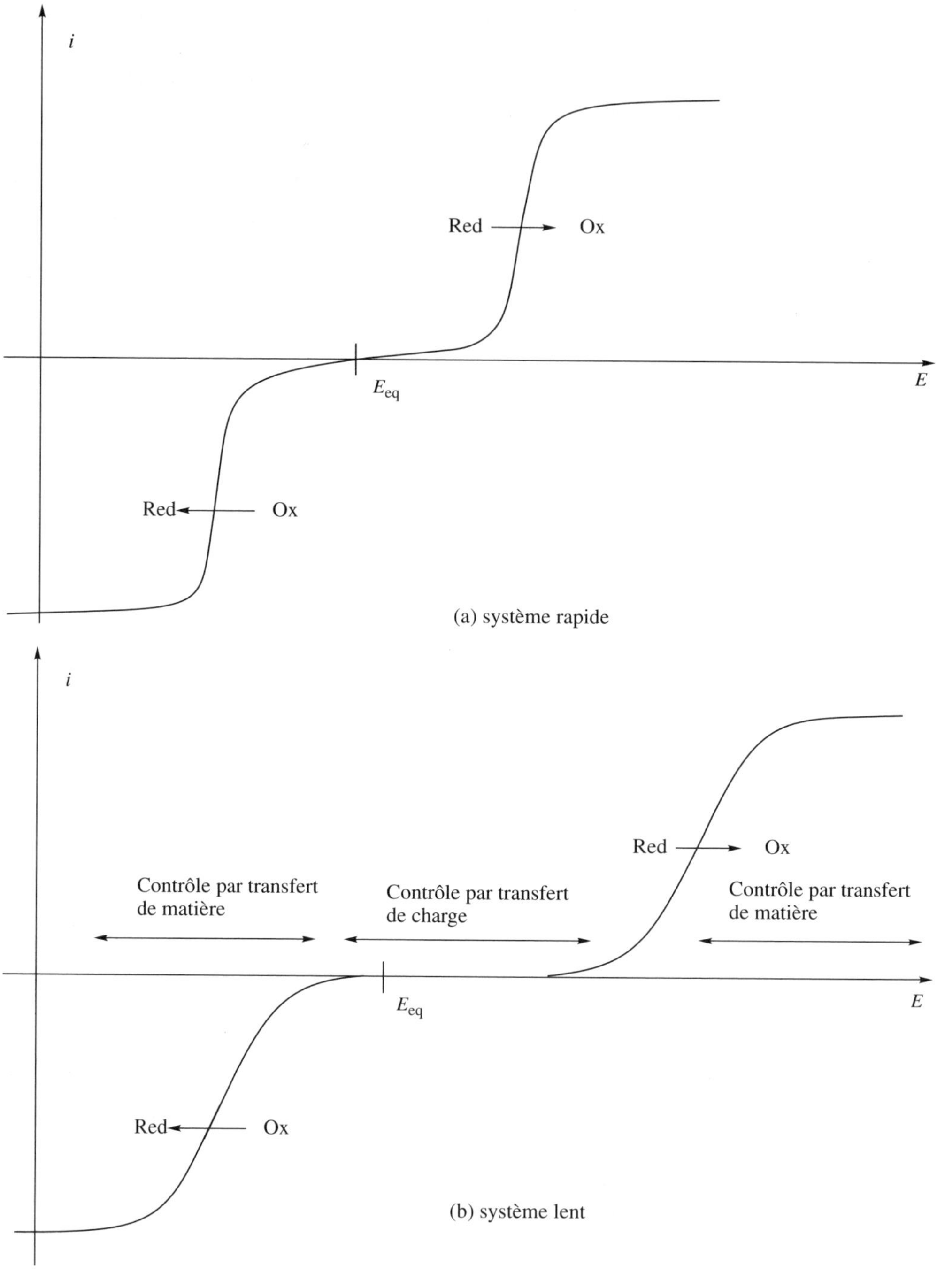

Figure 10.3 – Courbes intensité-potentiel : (a) couple rapide et (b) couple lent

2.3 Les facteurs influençant la cinétique des réactions électrochimiques

La réaction qui se déroule à la surface de l'électrode a deux caractéristiques essentielles :

- elle s'accompagne d'un transfert d'électron à l'interface ;
- elle nécessite l'échange de matière entre la solution homogène (espace à trois dimensions) et la surface de l'électrode.

Ces deux processus peuvent être responsables de la valeur observée du courant pour un potentiel fixé.

a) La cinétique de transfert de l'électron

Comme toute réaction chimique, l'oxydation ou la réduction électrochimique est un processus qui se déroule à vitesse finie : celle-ci dépend du couple mis en jeu. Certaines réactions sont de simples transferts d'électrons : par exemple la transformation de l'ion hexacyanoferrate(II) en hexacyanoferrate(III). D'autres sont plus complexes : outre le transfert d'électron, il y a rupture et/ou formation de liaison(s) chimique(s). Cette deuxième catégorie s'accompagne souvent de processus plus lents : globalement la réaction d'oxydoréduction à la surface de l'électrode est beaucoup plus lente. Citons, pour son intérêt, la réaction de réduction des ions hydronium en dihydrogène. Notons aussi que la vitesse de la réaction dépend de la nature de l'électrode : la vitesse de réduction des ions hydronium dépend de la nature du métal de l'électrode.

Il est possible alors d'introduire un critère quantitatif pour mesurer à quel point le système est lent ou rapide : on compare le potentiel d'équilibre au potentiel nécessaire pour obtenir une densité de courant donnée ou une fraction donnée du courant limite.

b) L'existence de courant limite

L'expérience montre qu'il existe, pour une électrode de travail donnée, des valeurs limites de courant d'oxydation et de courant de réduction. Ce phénomène est lié à la vitesse finie du transport de matière de la solution vers l'électrode et de l'électrode vers la solution. Les processus responsables de ce transport sont :

- la convection due à un mouvement macroscopique du solvant ;
- la diffusion due à un gradient de concentration entre la surface de l'électrode et la solution ;
- la migration due à l'existence d'un champ électrique et s'appliquant aux espèces chargées. Ce dernier phénomène est en général rendu négligeable devant les deux autres par addition d'un électrolyte support, dont le rôle est d'assurer le transport du courant en solution.

Les phénomènes de diffusion-convection sont en général couplés. Pour simplifier, il existe au voisinage de toute surface solide une couche de liquide immobile. L'épaisseur de cette couche est d'autant plus fine que le milieu est fortement agité. Néanmoins, même en l'absence d'agitation mécanique, il existe toujours des mouvements aléatoires du fluide (convection naturelle) qui assurent l'équivalent d'une agitation du fluide. C'est dans cette couche immobile d'épaisseur δ, appelée couche de NERNST que se déroule le processus de diffusion. Celui-ci est décrit par la loi de FICK :

$$\overrightarrow{j} = -D.\overrightarrow{\text{grad}}(c)$$

$\overrightarrow{j}$ est le vecteur densité volumique molaire de courant de matière, D est le coefficient de diffusion de l'espèce et c sa concentration volumique molaire.

Dans le cas simplifié où le profil de concentration dans la couche de NERNST est supposé linéaire, nous obtenons une relation simple entre le courant traversant l'électrode et les concentrations :

$$i = \frac{nFAD_{Ox}(c_{Ox}^{\text{élec}} - c_{Ox}^{\text{sol}})}{\delta} = \frac{nFAD_{Red}(c_{Red}^{\text{sol}} - c_{Red}^{\text{élec}})}{\delta}$$

où n est le nombre d'électrons échangés dans l'équation-bilan à laquelle est associée l'intensité i, A l'aire de l'électrode de travail, F la constante de FARADAY, $c_{Ox}^{\text{élec}}$ la concentration en oxydant au voisinage de l'électrode, et c_{Ox}^{sol} la concentration d'oxydant en solution. On vérifie bien que, dans le cas d'une oxydation, le courant est positif et la réaction d'oxydation accroît la concentration locale en oxydant au voisinage de l'électrode ($c_{Ox}^{\text{sol}} < c_{Ox}^{\text{élec}}$) et diminue la concentration locale en réducteur. Le courant limite correspond à une concentration nulle de l'espèce qui réagit à l'électrode.

c) Systèmes rapides et systèmes lents

Maintenant que les facteurs limitant le courant ont été explicités, il est possible d'interpréter les courbes de la figure 10.3. Les systèmes où la vitesse de la réaction électrochimique ne fixe pas la valeur du courant sont qualifiés de rapides. Les courbes intensité-potentiel correspondantes sont représentées à la figure 10.3 (a). En revanche, il existe des situations où le facteur limitant le courant est la vitesse de réaction électrochimique : les courbes intensité-potentiel correspondantes sont représentées à la figure 10.3 (b). Lorsque le potentiel s'écarte de plus en plus du potentiel d'équilibre, la vitesse de la réaction devient suffisante et le courant croît. Pour une valeur suffisante du potentiel, c'est le transfert de matière qui limite le courant et on tend vers une valeur asymptotique du courant.

Pour fixer les ordres de grandeurs, les coefficients de diffusion rencontrés en solution aqueuse sont d'environ 10^{-9} m^2.s^{-1}, l'épaisseur de la couche de NERNST d'une dizaine de micron. Ainsi pour une concentration d'une substance électroactive de 10^{-2} mol.L^{-1} = 10 mol.m^{-3}, la densité de courant limite est égale à :

$$j_{\text{lim}} = \frac{96\,500.10^{-9}.10}{10.10^{-6}} \approx 100 \text{ A.m}^{-2}$$

ce qui indique la valeur maximale attendue pour ce type de phénomène. Il est maintenant possible d'introduire une grandeur quantitative qui mesure le caractère plus ou moins lent d'une réaction d'oxydoréduction. Il suffit de se fixer un critère d'intensité : par exemple une valeur donnée de densité de courant ou une fraction du courant limite et indiquer l'écart entre le potentiel à atteindre pour avoir ce courant ou cette densité de courant, et le potentiel d'équilibre. Le potentiel à atteindre est noté, selon les cas, E'_{a} ou E'_{c}. Cette grandeur est appelée surtension (anodique ou cathodique).

Pour une réaction d'oxydation, la surtension anodique est notée η_{a} et est définie par :

$$\eta_{\text{a}} = E'_{\text{a}} - E_{\text{eq}}$$

cette grandeur est positive.

Pour une réaction de réduction, la surtension cathodique est notée η_{c} et est définie par :

$$\eta_{\text{c}} = E'_{\text{c}} - E_{\text{eq}}$$

qui est négative car $E'_{\text{c}} < E_{\text{eq}}$.

2.4 Dégagement du dihydrogène à la surface des métaux

Nous traitons ce cas particulier qui nous concerne particulièrement car cette réaction se déroule lorsqu'un métal est soumis à l'action de l'eau oxydant. Le tracé de courbes intensité-potentiel permet de déterminer la surtension cathodique de dégagement du dihydrogène. Les résultats suivants ont été obtenus pour une densité de courant de 1 mA.m^{-2}.

Métal	Cu	Ni	Fe	Zn	Pt_{poli}	$\text{Pt}_{\text{platiné}}$
Surtension / V	– 0,52	– 0,50	–0,46	– 0,45	– 0,31	– 0,27

Le platine platiné est du platine métallique recouvert de platine très finement divisé. Ce comportement est profondément lié aux propriétés chimiques des métaux, à leur aptitude à former des hydrures de stabilité intermédiaire (pas trop instables pour se former, pas trop stables pour pouvoir ensuite réagir en surface et donner du dihydrogène). On notera, par exemple, que le platine (et surtout le platine platiné) est un bon catalyseur des réactions d'hydrogénation.

3. Application à la corrosion des métaux en présence d'eau

L'important est d'arriver à comprendre et interpréter les conditions pour avoir corrosion ou au contraire absence de corrosion d'un métal dans des conditions données de pH. Cette compréhension des phénomènes doit nous conduire à comprendre aussi les techniques de protection contre la corrosion. L'essentiel pour nous est de garder à l'esprit qu'une réaction électrochimique s'accompagne, au voisinage de l'électrode, d'un transfert d'électrons.

3.1 La protection d'un métal par protection d'une couche d'oxyde

L'examen de nombreux diagrammes potentiel-pH ne permet pas de comprendre pour quelle raison un métal notablement réducteur qui devrait s'oxyder reste à peu près inerte dans certaines conditions. Citons l'aluminium et le chrome qui résistent bien, lorsque le milieu n'est pas trop acide, à la corrosion. En effet, si le milieu n'est pas trop acide, ces métaux se recouvrent d'une couche d'hydroxyde (ou d'oxyde). Ces couches ont des propriétés adéquates :

- elles ont de bonnes propriétés couvrantes et adhérentes ;
- elles sont des isolants électriques.

Une fois que ces couches sont formées, elles isolent électriquement et physiquement le métal de la solution. Les réactifs ne sont plus en contact, la réaction d'oxydoréduction ne peut se poursuivre. L'oxydation du métal cesse. On parle alors de *passivation*. Notons que la couche d'alumine hydratée qui se forme à la surface de l'aluminium est suffisamment fine pour que le matériau conserve un éclat métallique.

Si on examine le diagramme potentiel-pH du fer, il existe des domaines d'existence des hydroxydes $Fe(OH)_2$ (s) et $Fe(OH)_3$ (s). Notons d'une part que cette présentation est très simplifiée et qu'il existe en fait des composés de structure mixte à la fois oxydes/hydroxydes et faisant intervenir des nombres d'oxydation (II) et (III) : c'est la rouille. Néanmoins, les qualités protectrices de cette couche ne sont pas suffisantes pour protéger le métal et le fer ne résiste pas à la corrosion en milieu humide.

Notons aussi que l'augmentation de la conductivité de la solution en contact avec le métal et la présence d'anions complexant les ions du fer accroissent la capacité corrosive de la solution aqueuse : c'est la situation de la corrosion marine.

3.2 Autres moyens de protection apparentés

L'idée de protection par création d'un film à la surface du métal a été mise en œuvre dans plusieurs techniques de protection :

- emploi de peintures organiques ou minérales : se pose le problème du pouvoir couvrant et de l'adhérence ;
- dépôt d'un film métallique par immersion dans un bain de métal fondu ou par électrolyse ;
- formation d'un oxyde ou d'un phosphate en surface : le fer, une fois plongé dans un bain d'acide nitrique de concentration adéquate, est protégé de la corrosion.

3.3 Protection par potentiel imposé

Il est possible de protéger un métal en le connectant à un générateur.

a) Protection cathodique

L'idée est assez simple : on porte le métal a un potentiel suffisamment négatif pour qu'il soit parcouru par un courant de réduction et donc ne puisse pas être le siège d'une réaction d'oxydation. La réaction de réduction est en général la réduction de l'eau en dihydrogène. L'inconvénient de ce procédé est de nécessiter l'emploi d'un voltmètre, de consommer de l'énergie et le dégagement d'hydrogène à la surface du métal se traduit par une fragilisation du réseau cristallin.

b) Protection anodique

Elle concerne les métaux passivables. Le métal est ici porté à un potentiel suffisamment positif pour avoir formation de la couche protectrice. C'est le cas de l'aluminium anodisé utilisé dans la fabrication des volets roulants.

3.4 Protection par anode sacrificielle

L'idée est d'associer le métal à protéger à un métal plus réducteur qui s'oxyde à la place du métal à protéger. Nous illustrerons le principe dans le cas du fer protégé par le zinc ou le magnésium.

Un morceau de fer plongé dans un milieu acide aqueux est siège d'une réaction d'oxydation (il devient du fer(II)) et on observe à la surface du métal un dégagement de dihydrogène. Ceci s'explique au niveau microscopique par la formation d'anodes locales (le métal s'oxyde) et de cathodes locales. Certains sites du métal se comportent comme des anodes et le métal y est oxydé. Les électrons émis lors de l'oxydation circulent dans le métal et atteignent un site cathodique où des protons proviennent de la solution pour y être réduits. La figure 10.4 rend compte de ce mécanisme.

Si on met en contact le métal à protéger avec un métal plus réducteur, la réaction d'oxydation a lieu à la surface du métal le plus réducteur (le zinc ou le magnésium). Pour expliquer le fonctionnement complet de la pile, il faut disposer des courbes intensité/potentiel de la réduction des ions hydronium sur les métaux zinc et fer. Pour cela on se reportera à la figure 10.5.

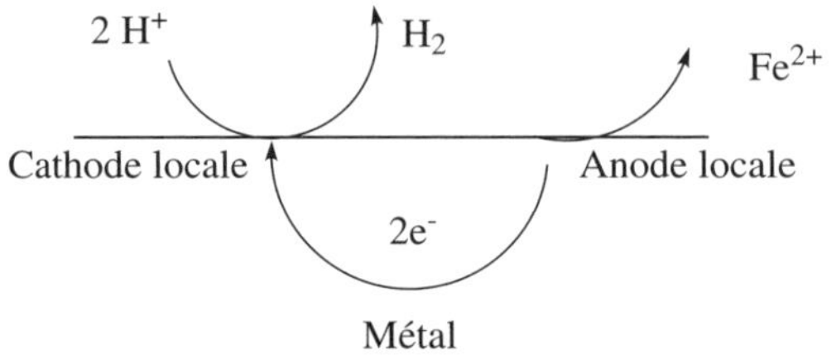

Figure 10.4 – Oxydation du métal et réduction des ions hydronium à la surface du métal

Le potentiel pris par une électrode siège de deux réactions d'oxydoréduction est appelé potentiel mixte. Ce potentiel est unique et il est tel que la somme algébrique des courants d'oxydation et de réduction la traversant est égale à zéro.

Dans le cas du fer seul, le potentiel mixte est E_{M} et il y a réduction des ions hydronium à la surface du fer.

Dans le cas du zinc en contact avec le fer, le potentiel mixte devient E'_{M}, plus négatif que le précédent. Les courants d'oxydation et de réduction sont plus élevés que dans le cas précédent mais le fer n'est plus oxydé à ce potentiel. L'hydrogène se dégage sur le fer (ce qui peut le fragiliser). On constate que ce principe est celui de la protection cathodique déjà évoquée avec comme inconvénient le dégagement de dihydrogène sur le fer (fragilisation du cristal).

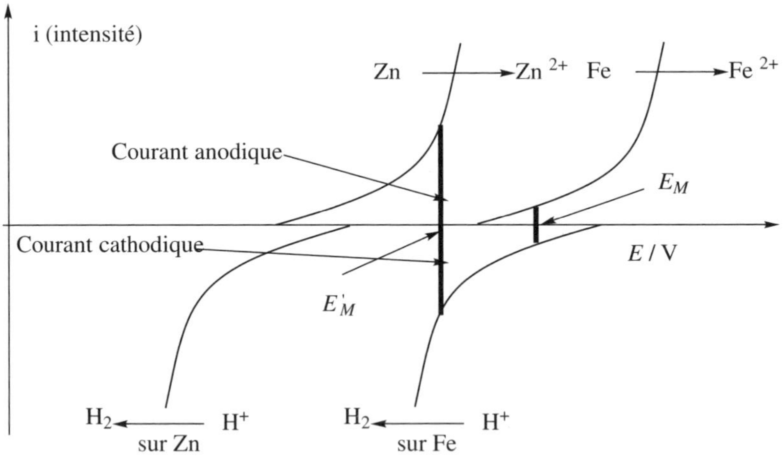

Figure 10.5 – Principe de la protection d'un métal par anode sacrificielle

Corrosion de la statue de la Liberté

Le phénomène de corrosion est visible de façon quotidienne, et un exemple intéressant est rencontré dans le cas de la Statue de la Liberté à New-York. Cette statue qui est constituée de lames de cuivre fixées à une armature en fer, a souffert d'une attaque massive de la corrosion. Une intervention a été nécessaire dans les années 1980 afin de tenter d'infléchir le phénomène.

D'un point de vue chimique, il est facile de comprendre pourquoi le phénomène a lieu et menace la statue de l'intérieur. L'association fer-cuivre constitue une pile de corrosion (pile en court-circuit) dont l'anode est constituée par l'armature en fer et la cathode est constituée par le cuivre. À la surface de l'armature en fer, on assiste à la réaction

$$Fe\,(s) \quad = \quad Fe^{2+} \quad + \quad 2\,e^-$$

tandis qu'à la surface cuivrée (cathode), on assiste à une réduction (par exemple du dioxygène) selon l'équation

$$O_2\,(g) \quad + \quad 4\,H^+ \quad + \quad 4\,e^- \quad = \quad 2\,H_2O$$

Notons que la nature exacte de la réaction de réduction importe peu, il peut aussi s'agir d'une réduction d'oxydes d'azote, d'oxydes de soufre...Le point crucial à retenir est que cette réaction provoque une dégradation profonde de l'armature en fer. Ce phénomène était bien connu de EIFFEL qui élabora la structure, et des feuilles d'amiante ont été glissées entre les lames de cuivre afin de limiter la conduction électrique. Cette solution s'est révélée insuffisante au bout d'une centaine d'année ! La solution apportée dans les années 1980 a consisté en un remplacement total de la structure en fer (alors dangereusement corrodée) par de l'acier inoxydable, plus résistant à la corrosion. Cette solution n'est pas allée sans difficulté car l'acier présente ses propres inconvénients, en particulier il devient friable lorsqu'il est manipulé pour obtenir des formes précises. Il a donc fallu opérer à forte température pour rendre à l'acier sa flexibilité, ce qui a eu pour inconvénient d'annuler sa résistance à la corrosion ! La résistance à la corrosion a pu être rendue par action d'acide nitrique sur la surface de l'acier (formation d'une couche superficielle d'oxyde protecteur, on parle de passivation du métal). Une solution complémentaire a été de recourvir de téflon (polymère organique fluoré de formule $-(CF_2 - CF_2)_n -$ l'armature en acier. Quelle gageure pour les chimistes !

Un deuxième problème a été rencontré lors de l'extraction des goudrons et des peintures qui avaient été ajoutées au fil du temps pour tenter de stopper la corrosion de l'armature. La couche de peinture a été enlevée par action de jets d'hydrogénocarbonate de sodium $NaHCO_3$. Ce procédé est efficace mais a pour conséquence l'infiltration d'hydrogénocarbonate entre les couches de cuivre de la statue, qui ont posé un problème de décoloration de la surface (des trainées bleues ont été observées sur la statue). La surface de la statue (allure verte) est naturellement constituée par l'exposition du cuivre métallique à l'atmosphère et aux éléments. Il y a tout d'abord noircissement par formation d'oxyde de cuivre et de sulfure de cuivre, puis la patine verte formée est constituée de couches de sulfates de cuivre : la brochantite de formule $CuSO_4$, $3Cu(OH)_2(s)$ et l'anthlérite de formule $CuSO_4$, $2Cu(OH)_2(s)$. Il a fallu reconstituer par endroits cette patine verte artificiellement.

Pour réaliser cette manipulation, les chimistes ont laissé la nature opérer sur des lames de cuivre exposées à l'atmosphère et aux éléments. Par application d'acétone et par lustrage de la surface des lames de cuivre, la patine a été extraite sous forme de flocons. Ces flocons ont été appliqués sur les zones endommagées de la statue, et ont été fixés de façon permanente après deux ou trois semaines d'exposition à l'air.

EXERCICES

10.1 Corrosion de l'aluminium (d'après Mines-Ponts PC 99)

On suppose que l'aluminium est recouvert d'une couche d'alumine Al_2O_3(s). Cette couche est équivalente à $Al(OH)_3$(s) (ou $Al_2O_3, 3H_2O$).

1. L'aluminium peut-il être attaqué *a priori* en solution aqueuse ? Comment qualifie-t-on ce phénomène ?

On réalise maintenant les expériences suivantes :

- Expérience 1 : quand on trempe une plaque d'aluminium non décapée dans une solution d'acide chlorhydrique (concentration égale à 3 mol.L^{-1}), l'attaque de celle-ci est très lente.
- Expérience 2 : on décape la plaque d'aluminium en la frottant à l'aide d'un papier de verre, puis on plonge de nouveau la plaque dans la solution d'acide chlorhydrique précédente. On observe une attaque moins lente.
- Expérience 3 : on trempe une plaque d'aluminium dans une solution de soude concentrée (10 mol.L^{-1}) et on observe un abondant dégagement gazeux.

2. À l'aide des courbes intensité-potentiel suivantes (figure 10.6), interpréter les résultats des diverses expériences.

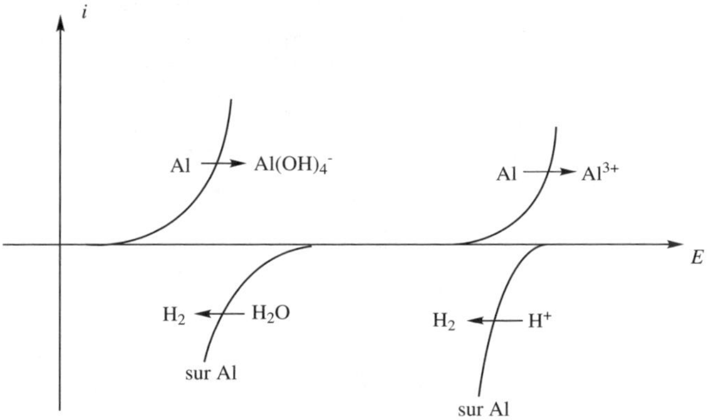

Figure 10.6 – Position relative des courbes i, E engagées

3. On dispose d'un alliage aluminium-nickel. On attaque cet alliage solide par de la soude concentrée. Que se passe-t-il sachant que le nickel ne peut pas être oxydé dans ces conditions ? Qu'obtient-on en fin de réaction ?

10.2 Corrosion d'une tôle zinguée (d'après Air 2001)

Données (à 25 °C)

$E°\left(Zn^{2+}/Zn\right) = -0,76$ V ; $E°\left(Fe^{2+}/Fe\right) = -0,44$ V ; $E°\left(O_2/H_2O\right) = 1,23$ V ; $E°\left(H^+/H_2\right) = 0,00$ V.

Les systèmes dont les surtensions ne sont pas indiquées sont rapides.

Surtensions cathodiques η_c de dégagement du dihydrogène : sur le zinc $-0,75$ V ; sur le fer $-0,25$ V.

Surtension anodique η_a de dégagement du dioxygène sur le zinc ou le fer : $+0,5$ V.

Le diagramme $E-$pH du zinc est rappelé figure 10.7, il a été tracé avec une concentration de tracé égale à 10^{-6} mol.L^{-1}. Les traits pointillés désignent les droites relatives aux couples de l'eau (pression partielle des gaz prise égale à 1 bar).

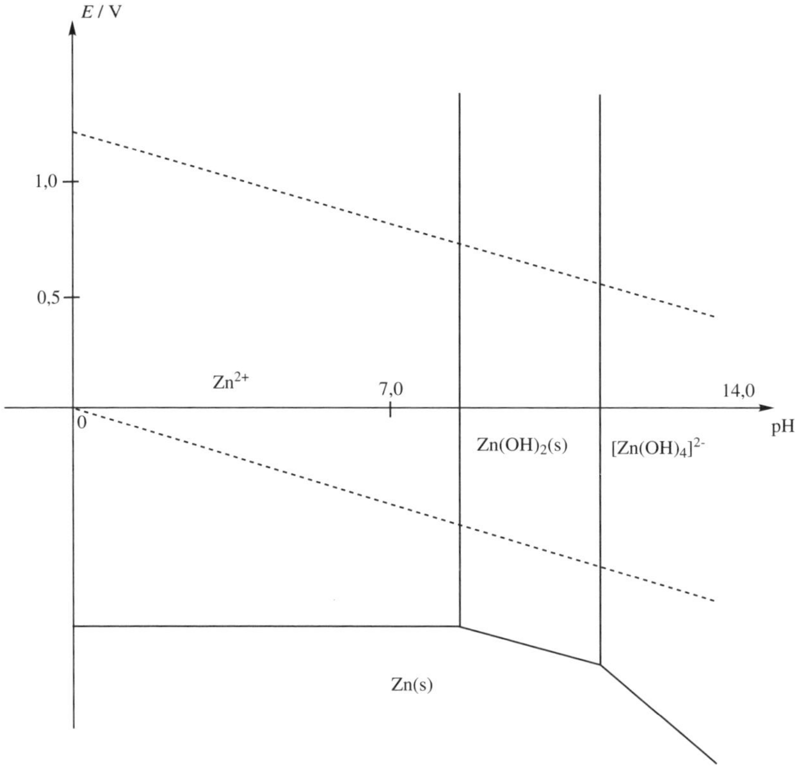

Figure 10.7 – Diagramme $E-$ pH du zinc

Une tôle en acier électrozingué est plongée dans une solution aqueuse de pH $= 6,0$ désaérée par un barbotage de gaz argon afin de chasser le dioxygène de l'air dissous.

1. Écrire les équations des deux demi-réactions électroniques que l'on peut prévoir à la surface de la tôle en s'appuyant sur le diagramme $E-$pH, puis indiquer la réaction chimique globale.

2. Donner les valeurs des potentiels d'oxydoréduction pour chacune de ces deux demi-réactions à pH $= 6,0$ (on prendra les concentrations des espèces solubles en zinc égales à 10^{-6} mol.L^{-1} et on prendra la pression partielle en dihydrogène égale à 1 bar).

3. En fait aucun dégagement gazeux n'est observé. Expliquer ce constat en calculant le potentiel de début de dégagement gazeux (intervention de surtension). Tracer l'allure des courbes intensité-potentiel. Dans quel domaine de potentiel se situe le potentiel de la tôle mesuré par rapport à une électrode standard à hydrogène (potentiel de corrosion de la tôle) ?

4. La tôle d'acier électrozingué ayant été accidentellement rayée, l'acier est mis à nu au fond de la rayure. La tôle est plongée dans une solution aqueuse désaérée de pH $= 6,0$.

4.1. Déterminer la valeur du potentiel d'oxydoréduction associé au couple Fe^{2+}/Fe(s), on prendra les concentrations des espèces solubles égales à 10^{-6} mol.L^{-1}.

4.2. Représenter l'allure des courbes intensité-potentiel correspondant :

- à l'oxydation pour les couples Fe^{2+}/Fe(s) et Zn^{2+}/Zn(s) ;
- à la réduction pour H^+/H_2(g) sur Fe(s) et sur Zn(s).

Écrire les équations des réactions qui interviennent au voisinage de la rayure en identifiant l'anode et la cathode. Expliquer comment la présence du zinc évite l'oxydation du fer.

5. La tôle électrozinguée non rayée est plongée dans une solution aqueuse de pH $= 6,0$, non désaérée.

5.1. Indiquer les réactions qui pourraient se dérouler à la surface de la tôle. Préciser s'il y a effectivement corrosion du zinc. On prendra 1 bar comme pression partielle en dioxygène.

5.2. Dans le cas de la tôle rayée accidentellement, expliquer pourquoi un précipité de $Zn(OH)_2$(s) peut apparaître localement au voisinage de la rayure ; écrire les équations des réactions correspondantes.

10.3 Corrosion différentielle d'une coque et d'une statue (d'après agregation interne 98)

Données :

potentiels standard à 25 °C : $E^\circ\left(Fe^{2+}/Fe\right) = -0,44$ V ; $E^\circ\left(Cu^{2+}/Cu\right) = 0,34$ V ; $E^\circ\left(Zn^{2+}/Zn\right) = -0,76$ V ; $E^\circ\left(O_2/H_2O\right) = 1,23$ V.

Une coque de bateau en fer a une forme en V (voir figure 10.8).

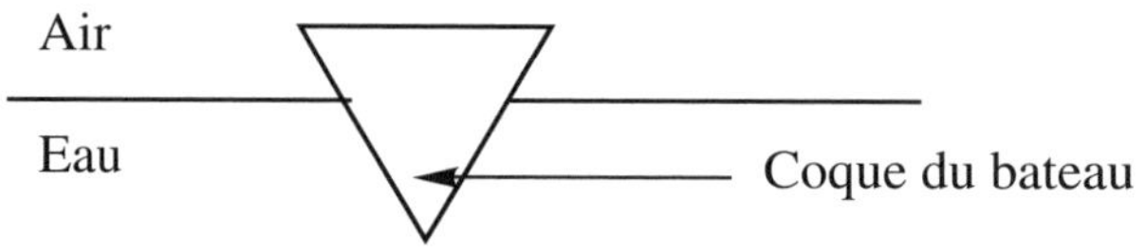

Figure 10.8 – Coque de bateau en V

1. Où la coque sera-t-elle corrodée ? Expliquer la réponse en indiquant le lieu et la nature des différentes réactions, ainsi que la nature et le déplacement des charges.

2. Une statuette en fer, avec un socle en cuivre, est restée quelques temps au fond de la mer. Observera-t-on une attaque de la statuette, du socle, ou des deux ? Expliquer la réponse.

3. Même question avec un socle en zinc.

CORRIGÉS DES EXERCICES ET DES PROBLÈMES

Corrigés des exercices du chapitre 2

2.1 Influence de la température et de la pression sur le potentiel chimique

1. Pour un corps pur B, la dépendance du potentiel chimique μ^* avec la température et la pression est donnée par les deux relations différentielles :

$$\left(\frac{\partial \mu_B^*}{\partial p}\right)_T = V_\mathrm{m}$$

et :

$$\left(\frac{\partial \mu_B^*}{\partial T}\right)_p = -S_\mathrm{m}$$

avec V_m volume molaire du corps pur et S_m entropie molaire du corps pur.

2. Le potentiel chimique du corps pur B étant une fonction des seules variables T et p :

$$\mathrm{d}\mu_B^*(T,p) = \left(\frac{\partial \mu_B^*}{\partial T}\right)_p \mathrm{d}p + \left(\frac{\partial \mu_B^*}{\partial P}\right)_T \mathrm{d}T = V_\mathrm{m}\mathrm{d}p - S_\mathrm{m}\mathrm{d}T$$

Par conséquent, pour accéder à la différence demandée, il est nécessaire de choisir un chemin d'intégration qui passe de l'état initial à l'état final. Choisissons d'abord une transformation isobare à p° qui fait passer la température de T_0 à T, puis une transformation isotherme à T qui fait passer la pression de p° à p :

$$\mu_B^*(T,p) - \mu_B^*(T_0,p^\circ) = -\int_{T_0}^{T} S_\mathrm{m}(T',p^\circ)\,\mathrm{d}T' + \int_{p^\circ}^{p} V_\mathrm{m}(T,p')\,\mathrm{d}p'$$

3. La pression est désormais constante, nous avons l'évolution representée figure 2.1 pour le potentiel chimique du constituant B pur.

Cette figure représente l'évolution du potentiel chimique avec la température dans le cas où l'entropie molaire absolue standard est une grandeur indépendante de la température.

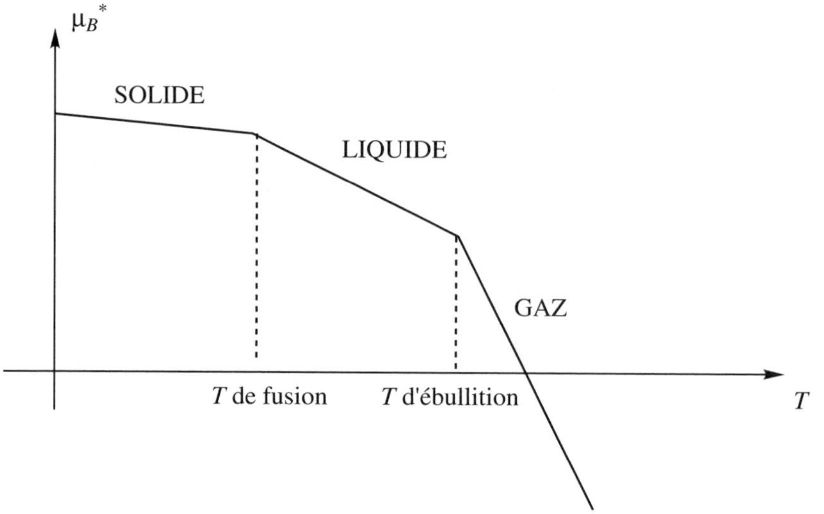

Figure 2.1 – Évolution du potentiel chimique du corps pur avec la température

2.2 Fugacité d'un gaz réel

1. On considère la compression isotherme du gaz entre une pression p_i et une pression p. L'expression différentielle de $\mathrm{d}\mu^*$ selon $\mathrm{d}\mu^* = V_\mathrm{m}\,\mathrm{d}p - S_\mathrm{m}\,\mathrm{d}T$ se limite alors à $\mathrm{d}\mu^* = V_\mathrm{m}\,\mathrm{d}p$ avec V_m volume molaire du gaz réel pur. Nous avons alors :

$$\mu^*(p,T) - \mu^*(p_\mathrm{i},T) = RT\ln\left(\frac{f(p,T)}{f(p_\mathrm{i},T)}\right) = \int_{p_\mathrm{i}}^{p} V_\mathrm{m}\mathrm{d}p$$

Si le gaz était parfait, nous aurions :

$$\mu^*(p,T) - \mu^*(p_\mathrm{i},T) = RT\ln\left(\frac{p}{p_\mathrm{i}}\right) = \int_{p_\mathrm{i}}^{p} \frac{RT}{p}\mathrm{d}p.$$

En soustrayant les deux équations il vient :

$$RT\ln\left(\frac{f(p,T)\,.p_\mathrm{i}}{p.f(p_\mathrm{i},T)}\right) = \int_{p_\mathrm{i}}^{p}\left(V_\mathrm{m} - \frac{RT}{p}\right)\mathrm{d}p.$$

Si p_i tend vers zéro, $f(p_\mathrm{i},T)$ tend vers p_i et $f(p_\mathrm{i},T)/p_\mathrm{i}$ tend vers un. Alors :

$$RT\ln\left(\frac{f(p,T)}{p}\right) = \int_{p_i}^{p}\left(V_\mathrm{m} - \frac{RT}{p}\right)\mathrm{d}p$$

et comme :

$$Z(p,T) = \frac{pV_\mathrm{m}}{RT}$$

nous avons effectivement :

$$f = p\exp\int_0^p \frac{(Z(p,T)-1)}{p}\mathrm{d}p.$$

2. Remplaçons Z par son expression dans l'intégrale précédente :

$$f = p \exp\left[\int_0^p \frac{9}{128}\left(\frac{T_c}{p_c T}\right)\left[1 - 6\left(\frac{T_c}{T}\right)^2\right] \mathrm{d}p\right]$$
$$= p \exp\left[\frac{9}{128}\left(\frac{T_c}{p_c T}\right)\left(1 - 6\left(\frac{T_c}{T}\right)^2\right) p\right].$$

Nous retrouvons effectivement que la fugacité se confond à la pression lorsque p tend vers zéro.

3. Un cas particulier est distingué ici, si :

$$1 - 6\left(\frac{T_c}{T}\right)^2 = 0,$$

nous avons toujours $f = p$, ce qui conduit au résultat $T = T_c\sqrt{6} = 745,1$ K.

2.3 Gaz réel : utilisation d'une équation d'état

L'équation d'état proposée permet d'écrire la relation :

$$pV_{\mathrm{m}}^2 - RTV_{\mathrm{m}} + a = 0.$$

Cette équation permet d'écrire :

$$V_{\mathrm{m}} = \frac{RT \pm \sqrt{R^2T^2 - 4ap}}{2p}$$

dont la seule solution physiquement acceptable est :

$$V_{\mathrm{m}} = \frac{RT + \sqrt{R^2T^2 - 4ap}}{2p}$$

(nous devons retrouver qu'à faible pression, $p \approx 0$, le volume molaire d'un gaz réel se confond avec le volume molaire du gaz parfait $V_{\mathrm{m}} = \frac{RT}{p}$). Dans ces conditions :

$$Z(p,T) = \frac{1}{2}\left(1 + \sqrt{1 - \frac{4ap}{R^2T^2}}\right).$$

Une faible déviation par rapport au modèle du gaz parfait autorise un développement limité car $\frac{4ap}{R^2T^2}$ a toutes les chances d'être faible par rapport à 1. Alors :

$$\sqrt{1 - \frac{4ap}{R^2T^2}} \approx 1 - \frac{2ap}{R^2T^2}$$

et donc :

$$Z(p,T) \approx 1 - \frac{ap}{R^2T^2}.$$

La fugacité s'exprime alors par :

$$f = p\exp\left[\int_0^p \frac{(Z(p,T)-1)}{p}\mathrm{d}p\right] = p\exp\left[\int_0^p -\frac{a}{R^2T^2}\mathrm{d}p\right] = p\exp\left(-\frac{ap}{R^2T^2}\right).$$

2.4 Variation du potentiel chimique d'un gaz parfait

1. L'expression différentielle du potentiel chimique μ^* conduit à la relation :

$$\mathrm{d}\mu^* = -S_\mathrm{m}\mathrm{d}T + V_\mathrm{m}\mathrm{d}p.$$

À l'occasion d'une détente isotherme nous avons :

$$\mathrm{d}\mu^* = V_\mathrm{m}\mathrm{d}p = RT\frac{\mathrm{d}p}{p}.$$

Par intégration entre la pression initiale p_i et la pression finale p_f il vient :

$$\Delta\mu^* = RT\ln\left(\frac{p_\mathrm{f}}{p_\mathrm{i}}\right) = RT\ln\left(\frac{V_\mathrm{i}}{V_\mathrm{f}}\right) = RT\ln 0,5 = -1716\ \mathrm{J.mol^{-1}}.$$

2. Une détente adiabatique réversible est une détente isentropique ; pour le gaz parfait la relation (de LAPLACE) $pV_\mathrm{m}^\gamma = A$ (constante) est vérifiée. Nous avons dans ces conditions :

$$\mathrm{d}\mu^* = -S_\mathrm{m}\mathrm{d}T + V_\mathrm{m}\mathrm{d}p = -S_\mathrm{m}\mathrm{d}T - \gamma A V_\mathrm{m}^{-\gamma}\mathrm{d}V_\mathrm{m}.$$

Par intégration entre l'état initial et l'état final il vient :

$$\Delta\mu^* = -S_\mathrm{m}(T_\mathrm{f} - T_\mathrm{i}) - A\frac{\gamma}{1-\gamma}\left(V_\mathrm{m,f}^{-\gamma+1} - V_\mathrm{m,i}^{-\gamma+1}\right)$$

d'où :

$$\begin{aligned}\Delta\mu^* &= -S_\mathrm{m}(T_\mathrm{f} - T_\mathrm{i}) + \frac{\gamma}{1-\gamma}(p_\mathrm{f}V_\mathrm{m,f} - p_\mathrm{i}V_\mathrm{m,i})\\ &= \left(\frac{R\gamma}{\gamma-1} - S_\mathrm{m}\right)(T_\mathrm{f} - T_\mathrm{i})\end{aligned}$$

Par ailleurs nous pouvons calculer la température T_f par la relation $T_\mathrm{i}V_\mathrm{i}^{\gamma-1} = T_\mathrm{f}V_\mathrm{f}^{\gamma-1}$ et donc $T_\mathrm{f} = T_\mathrm{i}(0,5)^{\gamma-1}$. Une application numérique conduit au résultat final $\Delta\mu^* = 11,7\ \mathrm{kJ.mol^{-1}}$.

2.5 Entropie molaire absolue de l'eau gaz à T = 298 K sous p = 1 bar

1. Les données thermodynamiques, en particulier le fait de disposer des capacités thermiques à pression constante et de l'enthalpie de vaporisation à $T = 100\ °\mathrm{C}$ invitent à effectuer un cycle où la pression totale est fixée et où une unité de quantité de matière (une mole) est vaporisée de façon fictive à $T = 298$ K sous $p = 1$ bar en trois transformations :

- étape (1) : le liquide est porté de la température $T_0 = 298$ K à la température $T_{\mathrm{eb}} = 373$ K ;
- étape (2) : le liquide est vaporisé sous $p = 1$ bar à $T = 373$ K ;
- étape (3) : le gaz est refroidi de la température T_{eb} à la température T_0.

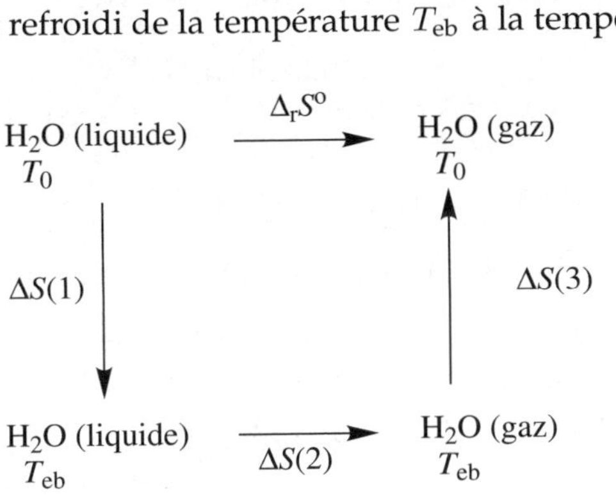

Figure 2.2 – Cycle thermodynamique permettant le calcul de l'entropie molaire absolue de l'eau gaz sous $p = 1$ bar et $T = 298$ K

Le cycle thermodynamique est représenté à la figure 2.2.

Nous avons, en utilisant le fait que l'entropie est une fonction d'état :

$$\Delta_r S^\circ = S^\circ_m(H_2O, \text{gaz}) - S^\circ_m(H_2O, \text{liquide}) = \Delta S(1) + \Delta S(2) + \Delta S(3).$$

Pour les trois étapes (1), (2) et (3), les variations d'entropie valent respectivement :

$$\Delta S(1) = \int_{T_0}^{T_{\mathrm{eb}}} \frac{C^\circ_{p,\mathrm{m}}(H_2O, \text{liquide})}{T}\, \mathrm{d}T$$

$$\Delta S(2) = \frac{L_{\mathrm{vap}}(H_2O)}{T_{\mathrm{eb}}}$$

$$\Delta S(3) = \int_{T_{\mathrm{eb}}}^{T_0} \frac{C^\circ_{p,\mathrm{m}}(H_2O, \text{gaz})}{T}\, \mathrm{d}T.$$

Ainsi, il est possible d'évaluer l'entropie molaire absolue standard de l'eau gaz à $T = 298$ K selon :

$$S^\circ_m(H_2O, \text{gaz}) = S^\circ_m(H_2O, \text{liquide}) + \Delta S(1) + \Delta S(2) + \Delta S(3).$$

Applications numériques :

$$\Delta S(1) = \int_{T_0}^{T_{\text{eb}}} \frac{75,5}{T}\,\mathrm{d}T = 75,5.\ln\left(\frac{373}{298}\right) = 16,9\ \text{J.K}^{-1}.\text{mol}^{-1}$$

$$\Delta S(2) = \frac{40400}{373} = 108,3\ \text{J.K}^{-1}.\text{mol}^{-1}$$

$$\Delta S(3) = \int_{T_{\text{eb}}}^{T_0} \frac{30,38 + 9,62.10^{-3}.T + 1,18.10^{-6}.T^2}{T}\,\mathrm{d}T =$$

$$30,38.\ln\left(\frac{298}{373}\right) + 9,62.10^{-3}.(298 - 373) + \frac{1}{2}.1,18.10^{-6}.(298^2 - 373^2)$$
$$= -7,6\ \text{J.K}^{-1}.\text{mol}^{-1}$$

$$S^\circ_{\text{m}}(\text{H}_2\text{O, gaz}) = 69,9 + 16,9 + 108,3 - 7,6 = 187,5\ \text{J.K}^{-1}.\text{mol}^{-1}$$

soit une valeur très proche de la valeur lue dans la littérature.

2. Pour s'approcher de la valeur annoncée dans la littérature, il faudrait disposer de données plus fines sur la capacité thermique de l'eau liquide entre $T = 298$ K et $T = 373$ K afin d'améliorer l'estimation de $\Delta S(3)$.

2.6 Entropie molaire absolue du méthanol gaz à T = 298 K sous $p = 1$ bar

Dans cet exercice, les données invitent à construire un cycle isotherme à $T = T_0 = 298$ K qui représente une succession de transformations permettant de passer, à $T = 298$ K et sous $p = 1$ bar, du méthanol liquide au méthanol gazeux. Ce cycle est constitué d'une détente isotherme du liquide de la pression $p^\circ = 1$ bar à la pression de vapeur saturante du méthanol $p^*(CH_3OH) = 0,165$ bar (étape (1)), puis de la vaporisation (étape (2)) et enfin de la compression isotherme du gaz supposé se comporter comme un gaz parfait (étape (3)).

Il est représenté à la figure 2.3.

1. On néglige dans cette partie l'influence de la pression sur l'entropie de la phase condensée. Cela revient à poser :

$$\Delta S(1) \approx 0.$$

Pour l'étape (2), l'entropie de vaporisation est directement liée à l'enthalpie de vaporisation par :

$$\Delta S(2) = \frac{L_{\text{vap}}(\text{CH}_3\text{OH})}{T_0}.$$

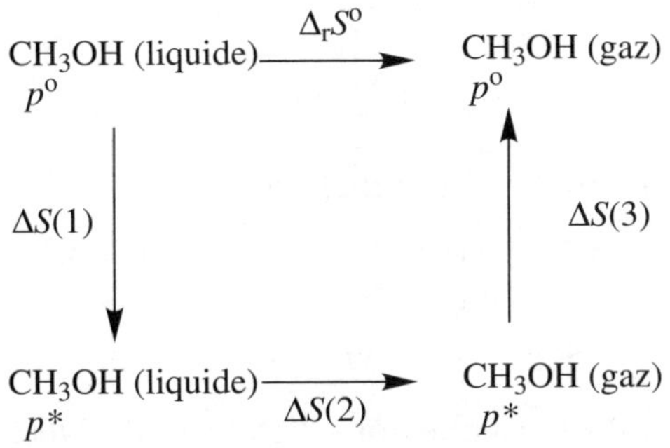

Figure 2.3 – Cycle thermodynamique permettant le calcul de l'entropie molaire absolue du méthanol gaz sous p = 1 bar et T = 298 K

Pour l'étape (3), on emprunte un chemin réversible qui assure la compression isotherme d'un gaz parfait pour lequel $\mathrm{d}U = 0$ (première loi de JOULE) et donc :

$$\delta Q_{\mathrm{rev}} = -\,\delta W_{\mathrm{rev}} = p\mathrm{d}V$$

soit en utilisant l'équation des gaz parfaits et en tenant compte de la température constante :

$$V = \frac{RT}{p} \qquad \text{soit} \qquad \mathrm{d}V = -\,\frac{RT}{p^2}\mathrm{d}p$$

soit pour l'entropie :

$$\mathrm{d}S = \frac{\delta Q_{\mathrm{rev}}}{T} = -\,\frac{R}{p}\mathrm{d}p$$

ce qui donne après intégration :

$$\Delta S(3) = -\,R.\ln\left(\frac{p_{\mathrm{f}}}{p_{\mathrm{i}}}\right).$$

L'entropie molaire absolue du méthanol gazeux est donc :

$$S^{\circ}_{\mathrm{m}}(\mathrm{CH_3OH, gaz}) = S^{\circ}_{\mathrm{m}}(\mathrm{CH_3OH, liquide}) + \Delta S(2) + \Delta S(3)$$

Applications numériques :

$$\Delta S(2) = \frac{37390}{298} = 125,5\ \mathrm{J.K^{-1}.mol^{-1}}$$

$$\Delta S(2) = -\,8,314.\ln(0,169) = 14,8\ \mathrm{J.K^{-1}.mol^{-1}}$$

$$S^{\circ}_{\mathrm{m}}(\mathrm{CH_3OH, gaz}) = 126,8 + 125,5 + 14,8 = 267,1\ \mathrm{J.K^{-1}.mol^{-1}}.$$

2. En tenant compte de la compressibilité du liquide, il faut calculer de façon plus précise la variation d'entropie associée à l'étape (2). La différentielle de l'entropie en variable $(T,\ p)$ s'écrit :

$$\mathrm{d}S \ = \ \frac{C_{p,\mathrm{m}}}{T}\mathrm{d}T \ + \ \frac{\lambda}{T}\mathrm{d}p$$

et en revenant à la différentielle de l'enthalpie :

$$\mathrm{d}U \ = \ T\mathrm{d}S \ - \ p\mathrm{d}V \qquad \text{et} \qquad \mathrm{d}H \ = \ T\mathrm{d}S \ + \ V\mathrm{d}p$$

soit :

$$\mathrm{d}H \ = \ C_{p,\mathrm{m}}\mathrm{d}T + \ (V \ + \ \lambda)\mathrm{d}p.$$

L'entropie et l'enthalpie sont des fonctions d'état : les dérivées croisées sont égales et donc :

$$\left(\frac{\partial C_{p,\mathrm{m}}}{\partial p}\right)_T = \left(\frac{\partial (V \ + \ \lambda)}{\partial T}\right)_p \qquad \text{pour l'enthalpie}$$

$$\left(\frac{\partial}{\partial p}\left(\frac{C_{p,\mathrm{m}}}{T}\right)\right)_T = \left(\frac{\partial}{\partial T}\left(\frac{\lambda}{T}\right)\right)_p \qquad \text{pour l'entropie.}$$

En développant les deux expressions, en multipliant la seconde par T, nous obtenons :

$$\left(\frac{\partial (V \ + \ \lambda)}{\partial T}\right)_p = \left(\frac{\partial \lambda}{\partial T}\right)_p - \frac{\lambda}{T}$$

ce qui conduit à :

$$\lambda \ = \ - \ T\left(\frac{\partial V}{\partial T}\right)_p.$$

Ainsi, en introduisant le coefficient de dilatation isobare α :

$$\alpha \ = \ \frac{1}{V}\left(\frac{\partial V}{\partial T}\right)_p \qquad \text{et} \qquad \lambda \ = \ - \ \alpha V T$$

et donc :

$$\left(\frac{\partial S}{\partial p}\right)_T = \ - \ \alpha V.$$

Cette relation permet d'établir la variation d'entropie $\Delta S(1)$:

$$\Delta S(1) \ = \ -\alpha V_{\mathrm{m}}.(p_{\mathrm{f}} \ - \ p_{\mathrm{i}})$$

où V_{m} est le volume molaire du méthanol, supposé constant.

Application numérique :

$$\Delta S(1) \ = \ - \ 1,182.10^{-3}.40,73.1.10^{-6}.(0,169 \ - \ 1).10^{5} \ = \ 4,0.10^{-3}\ \mathrm{J.K^{-1}.mol^{-1}}$$

soit une correction négligeable devant les deux autres termes. L'approximation qui négligeait la variation d'entropie due à la variation de pression s'exerçant sur le liquide est justifiée.

Corrigés des exercices du chapitre 3

3.1 Carbone diamant et carbone graphite

1. Le volume molaire du corps pur est le volume occupé par une mole de ce corps pur (12 g de carbone ici). Nous avons donc la relation $V_m = \dfrac{M_C}{\rho}$. Une *application numérique* conduit aux résultats :

$$\begin{aligned} V_m\,(\text{C graphite}) &= 5,3.10^{-6}\ \text{m}^3.\text{mol}^{-1} \\ V_m\,(\text{C diamant}) &= 3,4.10^{-6}\ \text{m}^3.\text{mol}^{-1} \end{aligned}$$

2. La transformation

$$\text{C (graphite)} \quad = \quad \text{C (diamant)}$$

se fait spontanément de gauche à droite à condition d'avoir :

$$\mu^*_{\text{C, graphite}} > \mu^*_{\text{C, diamant}}.$$

Or le corps pur vérifie la relation :

$$\left(\frac{\partial \mu^*}{\partial p}\right)_T = V_m$$

et par conséquent :

$$\mu^*(T,p) - \mu^{*,\circ}(T,\,p^\circ) = V_m\,(p - p^\circ)$$

en supposant que la pression n'influe pas sur le volume molaire du corps pur solide considéré. À la pression p, l'inégalité :

$$\mu^*_{\text{C, graphite}} > \mu^*_{\text{C, diamant}}$$

est traduite par :

$$\mu^{*,\circ}_{\text{C, graphite}} + V_{\text{m,graphite}}\,(p - p^\circ) > \mu^{*,\circ}_{\text{C, diamant}} + V_{\text{m,diamant}}\,(p - p^\circ)$$

qui conduit à l'inégalité

$$p > p^\circ + \frac{\mu^{*,\circ}_{\text{C, diamant}} - \mu^{*,\circ}_{\text{C, graphite}}}{V_{\text{m, graphite}} - V_{\text{m, diamant}}}.$$

Par ailleurs les potentiels chimiques $\mu^{*,\circ}_{\text{C, graphite}}$ et $\mu^{*,\circ}_{\text{C, diamant}}$ sont calculés en considérant pour le corps pur :

$$\mu^{*,\circ} = G^\circ_m = H^\circ_m - TS^\circ_m.$$

D'après les données du texte, nous pouvons estimer :

$$\mu^{*,\circ}_{\text{C,diamant}} - \mu^{*,\circ}_{\text{C, graphite}} = 1,9.10^3 - 298 \times (2,4 - 5,7) = 2\,883\ \text{J.mol}^{-1}$$

et nous obtenons la condition d'évolution souhaitée sous la forme :

$$p > 15.10^8\ \text{Pa} = 15\ 000\ \text{bar}.$$

3.2 Équilibre liquide/vapeur de l'acide nitrique

1. Appliquons la relation de CLAPEYRON pour l'équilibre :

$$HNO_3\ (\text{liq}) \quad = \quad HNO_3\ (\text{g})$$

Nous avons :

$$\frac{\mathrm{d}p}{\mathrm{d}T} = \frac{\Delta_{\text{vap}}H^\circ}{T\left(V_{\text{m}}^{\text{g}} - V_{\text{m}}^{\text{liq}}\right)}$$

avec V_{m}^{g} et $V_{\text{m}}^{\text{liq}}$ volumes molaires de la phase gazeuse et de la phase liquide. En faisant l'hypothèse :

$$V_{\text{m}}^{\text{g}} - V_{\text{m}}^{\text{liq}} \sim V_{\text{m}}^{\text{g}} = \frac{RT}{p}$$

(HNO_3 est considéré comme un gaz parfait), il vient :

$$\frac{\mathrm{d}p}{\mathrm{d}T} = \frac{\Delta_{\text{vap}}H^\circ.p}{RT^2}$$

et par intégration entre une pression p° (associée à la température T_0) et une pression p (associée à la température T) :

$$\ln\left(\frac{p}{p^\circ}\right) = \frac{\Delta_{\text{vap}}H^\circ}{R}\left(\frac{1}{T_0} - \frac{1}{T}\right).$$

La fonction $\ln(p) = f\left(\frac{1}{T}\right)$ se présente comme une fonction affine dont le coefficient directeur est égal à $-\frac{\Delta_{\text{vap}}H^\circ}{R}$. Nous réalisons une régression linéaire qui fournit le résultat $\Delta_{\text{vap}}H^\circ = 37,9$ kJ.mol^{-1}. La régression linéaire est de coefficient de corrélation $r = 0,9998$ et de droite d'équation :

$$\ln(p/\text{Pa}) = -\frac{4\,564}{T/\text{K}} + 24,3.$$

2. Nous appliquons une nouvelle fois la relation de CLAPEYRON sous sa forme intégrée en prenant $p^\circ = 10^5$ Pa. En considérant la droite tracée à la question 1, nous pouvons déterminer la valeur de T_0. Une application numérique conduit au résultat $T_\circ = 357$ K $= 84\ ^\circ$C.

3.3 Équilibres triphasés de l'ammoniac

1. Au point triple les courbes de sublimation, fusion et vaporisation (ébullition) se rejoignent. La température T_{T} vérifie nécessairement les deux équations fournies, soit :

$$23,03 - \frac{3\,754}{T_{\text{T}}} = 19,49 - \frac{3\,063}{T_{\text{T}}}$$

et donc $T_{\text{T}} = 195,2$ K. Notons qu'il est alors possible de calculer p_{T} (pression au point triple) en appliquant l'une ou l'autre des deux équations fournies.

2. Nous nous intéressons ici à l'équilibre :

$$NH_3 \text{ (liq)} \quad = \quad NH_3 \text{ (g)}$$

La relation de CLAPEYRON fournit :

$$\frac{\mathrm{d}p}{\mathrm{d}T} = \frac{\Delta_{\text{vap}}H^\circ}{T\left(V_{\text{m}}^{\text{g}} - V_{\text{m}}^{\text{liq}}\right)}$$

avec V_{m}^{g} et $V_{\text{m}}^{\text{liq}}$ volumes molaires de la phase gazeuse et de la phase liquide. En faisant l'hypothèse $V_{\text{m}}^{\text{g}} - V_{\text{m}}^{\text{liq}} \approx V_{\text{m}}^{\text{g}} = \dfrac{RT}{p}$ (l'ammoniac est considéré comme un gaz parfait), il vient :

$$\frac{\mathrm{d}p}{p} = \frac{\Delta_{\text{vap}}H^\circ}{RT^2}\mathrm{d}T = \mathrm{d}\ln p$$

d'où :

$$\Delta_{\text{vap}}H^\circ = RT^2\frac{\mathrm{d}\ln p}{\mathrm{d}T} = R.3063$$

Application numérique :

$$\Delta_{\text{vap}}H^\circ \ = \ 25,47 \text{ kJ.mol}^{-1}.$$

Le même raisonnement est mené sur l'équilibre :

$$NH_3 \text{ (s)} \quad = \quad NH_3 \text{ (g)}$$

La relation de CLAPEYRON fournit :

$$\frac{\mathrm{d}p}{\mathrm{d}T} = \frac{\Delta_{\text{sub}}H^\circ}{T\left(V_{\text{m}}^{\text{g}} - V_{\text{m}}^{\text{sol}}\right)}$$

avec V_{m}^{g} et $V_{\text{m}}^{\text{sol}}$ volumes molaires de la phase gazeuse et de la phase solide. En faisant l'hypothèse $V_{\text{m}}^{\text{g}} - V_{\text{m}}^{\text{sol}} \approx V_{\text{m}}^{\text{g}} = \dfrac{RT}{p}$ (l'ammoniac est considéré comme un gaz parfait), il vient :

$$\frac{\mathrm{d}p}{p} = \frac{\Delta_{\text{sub}}H^\circ}{RT^2}\mathrm{d}T = \mathrm{d}\ln p$$

d'où :

$$\Delta_{\text{sub}}H^\circ = RT^2\frac{\mathrm{d}\ln p}{\mathrm{d}T} = R.3754$$

Application numérique :

$$\Delta_{\text{sub}}H^\circ = 31,21 \text{ kJ.mol}^{-1}.$$

L'enthalpie standard de la réaction :

$$NH_3 \text{ (s)} \quad = \quad NH_3 \text{ (liq)}$$

est obtenue par application de la loi de HESS (les trois équilibres de phase ne sont pas indépendants) et à la température T_T nous avons la relation :

$$\Delta_{sub}H^\circ = \Delta_{fus}H^\circ + \Delta_{vap}H^\circ.$$

D'où :

$$\Delta_{fus}H^\circ = 5,74 \text{ kJ.mol}^{-1}$$

3.4 Équilibres de phases de l'eau

1. Le diagramme de phase de l'eau en variables $(T,\ p)$ est représenté figure 3.1.

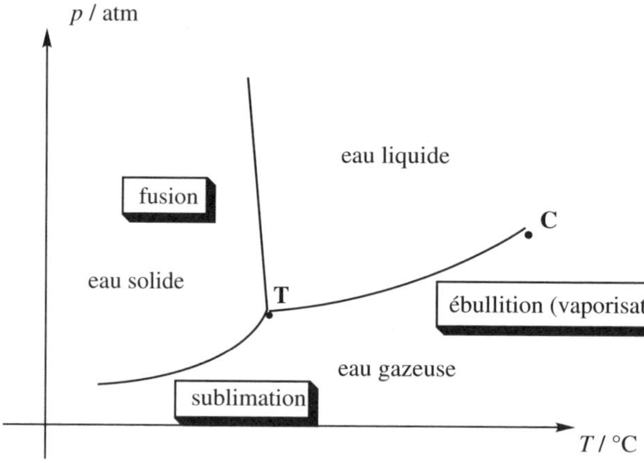

Figure 3.1 – Diagramme de phase de l'eau

2. La pression de vapeur saturante est la pression de la vapeur d'eau en équilibre avec l'eau liquide à une température T. Cette pression dépend de la température T. Sur la graphe de la question 1, elle correspond à la courbe de vaporisation.

3. Appliquons la relation de CLAPEYRON pour l'équilibre :

$$H_2O\text{ (liq)} \quad = \quad H_2O\text{ (g)}$$

Nous avons :

$$\frac{dp}{dT} = \frac{\Delta_{vap}H^\circ}{T\left(V_m^g - V_m^{liq}\right)}$$

avec V_m^g et V_m^{liq} volumes molaires de la phase gazeuse et de la phase liquide. En faisant l'hypothèse $V_m^g - V_m^{liq} \approx V_m^g = \dfrac{RT}{p}$ (l'eau gazeuse est considérée comme un gaz parfait), il vient :

$$\frac{\mathrm{d}p}{\mathrm{d}T} = \frac{\Delta_{\text{vap}}H^\circ . p}{RT^2}$$

et par intégration entre une pression p° (associée à une température T_0) et une pression p (associée à une température T) :

$$\ln\left(\frac{p}{p^\circ}\right) = \frac{\Delta_{\text{vap}}H^\circ}{R}\left(\frac{1}{T_0} - \frac{1}{T}\right).$$

La fonction $\ln(p) = f(\frac{1}{T})$ se présente comme une fonction affine dont le coefficient directeur est égal à $-\frac{\Delta_{\text{vap}}H^\circ}{R}$. La régression linéaire conduit à :

$$\Delta_{\text{vap}}H^\circ = 42{,}9 \text{ kJ.mol}^{-1}$$

(le coefficient de corrélation de la régression linéaire vaut $r = 0{,}99993$).

4. Au sommet du Mont-Blanc la pression est égale à 550 mbar, en reportant sur la droite déterminée à la question 3 il vient $T_{\text{eb}} = 82^\circ$ C.

3.5 Transition de deuxième ordre : relations d'ERHENFEST

1. En partant de la relation fondamentale $\mathrm{d}U = T\mathrm{d}S - p\mathrm{d}V$, de la définition de l'enthalpie et en travaillant sur les grandeurs molaires du corps pur, nous avons :

$$\mathrm{d}H_{\text{m}} = T\mathrm{d}S_{\text{m}} + V_{\text{m}}\mathrm{d}p \quad \text{et} \quad \mathrm{d}S_{\text{m}} = \frac{1}{T}\mathrm{d}H_{\text{m}} - \frac{V_{\text{m}}}{T}\mathrm{d}p$$

soit, en introduisant les dérivées partielles de l'enthalpie molaire par rapport à la température et la pression :

$$\mathrm{d}S_{\text{m}} = \frac{1}{T}\left(\left(\frac{\partial H_{\text{m}}}{\partial T}\right)_p \mathrm{d}T + \left(\frac{\partial H_{\text{m}}}{\partial p}\right)_T \mathrm{d}p\right) - \frac{V_{\text{m}}}{T}\mathrm{d}p.$$

La différentielle de l'entropie molaire étant une différentielle totale, il y a égalité des dérivées croisées, soit :

$$\left(\frac{\partial}{\partial p}\left(\frac{1}{T}\left(\frac{\partial H_{\text{m}}}{\partial T}\right)_p\right)\right)_T = \left(\frac{\partial}{\partial T}\left(\frac{1}{T}\left(\left(\frac{\partial H_{\text{m}}}{\partial p}\right)_T - V_{\text{m}}\right)\right)\right)_p.$$

En développant cette expression et en tenant compte du fait que la différentielle de l'enthalpie molaire est aussi une différentielle totale, il vient :

$$\left(\frac{\partial V_{\text{m}}}{\partial T}\right)_p = \frac{1}{T}\left(V_{\text{m}} - \left(\frac{\partial H_{\text{m}}}{\partial p}\right)_T\right)$$

ce qui permet d'exprimer la dérivée partielle de l'enthalpie molaire par rapport à la pression à température constante :

$$\left(\frac{\partial H_\text{m}}{\partial p}\right)_T = V_\text{m} - T\left(\frac{\partial V_\text{m}}{\partial T}\right)_p.$$

La définition de la capacité thermique molaire à pression constante est :

$$C_{p,\text{m}} = \left(\frac{\partial H_\text{m}}{\partial T}\right)_p.$$

Replacées dans l'expression de la différentielle de l'entropie molaire, il vient :

$$\text{d}S_\text{m} = \frac{C_{p,\text{m}}}{T}\,\text{d}T - \left(\frac{\partial V_\text{m}}{\partial T}\right)_p \text{d}p$$

soit, en tenant compte de la définition du coefficient de dilatation isobare $(\alpha = \frac{1}{V}\left(\frac{\partial V}{\partial T}\right)_p)$:

$$\text{d}S_\text{m} = \frac{C_{p,\text{m}}}{T}\,\text{d}T - \alpha V_\text{m}\,\text{d}p.$$

2. Les relations demandées découlent d'une part de l'écriture de la différentielle de la fonction $V_\text{m}(T,\ p)$ et d'autre part des définitions des coefficients α et χ_T :

$$\alpha = \frac{1}{V}\left(\frac{\partial V}{\partial T}\right)_p \quad \text{et} \quad \chi_T = -\frac{1}{V}\left(\frac{\partial V}{\partial p}\right)_T$$

$$\text{d}V_\text{m} = \left(\frac{\partial V_\text{m}}{\partial T}\right)_p \text{d}T + \left(\frac{\partial V_\text{m}}{\partial p}\right)_T \text{d}p$$

soit :

$$\text{d}V_\text{m} = \alpha V_\text{m}\text{d}T - \chi_T V_\text{m}\text{d}p$$

3. Pour établir les relations d'ERHENFEST, on part de l'égalité des volumes molaires ou des entropies molaires, puis on différentie les relations en variables $(T,\ p)$ pour faire apparaître la dérivée $\frac{\text{d}p}{\text{d}T}$ en présence de l'équilibre de phase.

À partir de l'égalité des volumes molaires :

$$V_{\text{m},a} = V_{\text{m},b}$$

la différentiation conduit à :

$$\text{d}V_{\text{m},a} = \text{d}V_{\text{m},b}$$

et donc :

$$\alpha_a V_{\text{m},a}\text{d}T - \chi_{T,a} V_{\text{m},a}\text{d}p = \alpha_b V_{\text{m},b}\text{d}T - \chi_{T,b} V_{\text{m},b}\text{d}p$$

soit, après réarrangement :

$$\frac{\text{d}p}{\text{d}T} = \frac{(\alpha_b V_{\text{m},b} - \alpha_a V_{\text{m},a})}{(\chi_{T,b} V_{\text{m},b} - \chi_{T,a} V_{\text{m},a})}.$$

À partir de l'égalité des entropies molaires :

$$S_{\mathrm{m},a} = S_{\mathrm{m},b}$$

la différentiation conduit à :

$$\mathrm{d}S_{\mathrm{m},a} = \mathrm{d}S_{\mathrm{m},b}$$

et donc :

$$\frac{C_{p,\mathrm{m},a}}{T}\,\mathrm{d}T - \alpha_a V_{\mathrm{m},a}\,\mathrm{d}p = \frac{C_{p,\mathrm{m},b}}{T}\,\mathrm{d}T - \alpha_b V_{\mathrm{m},b}\,\mathrm{d}p$$

soit :

$$\frac{\mathrm{d}p}{\mathrm{d}T} = \frac{(C_{p,\mathrm{m},b} - C_{p,\mathrm{m},a})}{T(\alpha_b V_{\mathrm{m},b} - \alpha_a V_{\mathrm{m},a})}.$$

Corrections des exercices du chapitre 4

4.1 Relation entre potentiels chimiques

1. Le choix de l'écriture des potentiels chimiques est guidé d'une part par le fait que la solution étudiée est très diluée et d'autre part par l'énoncé qui évoque les potentiels chimiques standard. Il est donc légitime d'utiliser des potentiels chimiques standard en référence infiniment diluée.

Dans le cas du choix de l'échelle de composition fraction molaire nous avons :

$$\mu_i^{\ell}(T,\, p,\, \text{comp.}) = \mu_{i,x}^{\circ,\infty,\ell}(T,\, p^{\circ}) + RT\ln(\gamma_{i,x}^{\circ,\infty,\ell}\, x_i^{\ell}).$$

Dans le cas du choix de l'échelle concentration volumique :

$$\mu_i^{\ell}(T,\, p,\, \text{comp.}) = \mu_{i,c}^{\circ,\infty,\ell}(T,\, p^{\circ}) + RT\ln\left(\gamma_{i,c}^{\circ,\infty,\ell}\left(\frac{c_i^{\ell}}{c_{\text{réf}}}\right)\right)$$

2. La valeur du potentiel chimique d'un constituant étant unique, nous avons l'égalité des deux expressions écrites au **1.** Pour obtenir une relation entre potentiels chimiques standard, il suffit de trouver, dans le cas de solutions infiniment diluées, une relation entre concentration volumique et fraction molaire. Considérons une solution constituée d'une quantité de matière n de solvant et d'une quantité de matière n_i du soluté i. Soit V le volume de la solution. Nous avons, par définition :

$$x_i^{\ell} = \frac{n_i}{(n + n_i)} \qquad \text{et} \qquad c_i^{\ell} = \frac{n_i}{V}.$$

Les expressions proposées des potentiels chimiques sont valables dans le cas de solutions très diluées pour lesquelles les coefficients d'activité sont égaux à 1, où $n_i \ll n$

et où le volume de la solution est fixé par la quantité de matière de solvant, soit :

$$V \approx \frac{m}{\rho} \qquad \text{soit} \qquad V \approx \frac{nM}{\rho}.$$

Dans le cas des solutions très diluées, nous avons donc :

$$c_i^\ell = \frac{n_i \rho}{nM} = x_i^\ell \frac{\rho}{M}.$$

Ainsi :

$$\mu_{i,x}^{\circ,\infty,\ell}(T,\, p^\circ) + RT\ln(x_i^\ell) = \mu_{i,c}^{\circ,\infty,\ell}(T,\, p^\circ) + RT\ln\left(x_i^\ell \frac{\rho}{Mc_{\text{réf}}}\right)$$

ce qui donne après simplification :

$$\mu_{i,x}^{\circ,\infty,\ell}(T,\, p^\circ) - \mu_{i,c}^{\circ,\infty,\ell}(T,\, p^\circ) = RT\ln\left(\frac{\rho}{Mc_{\text{réf}}}\right)$$

3. Pour l'application numérique, il faut bien exprimer la concentration de référence en mol.m^{-3}, afin de garder un système cohérent d'unités. Nous avons alors :

$$RT\ln\left(\frac{\rho}{Mc_{\text{réf}}}\right) = 8,314 \times 298 \times \ln\left(\frac{998}{18.10^{-3} \times 10^3}\right) = 9,95 \text{ kJ.mol}^{-1}$$

4.2 Application de la relation de Gibbs-Duhem

1. Quand la fraction molaire en B en phase liquide tend vers zéro, le mélange tend vers A corps pur et le terme $RT\ln(\gamma_A)$ tend vers zéro, soit γ_A vers 1. La référence choisie pour exprimer le potentiel chimique de A est donc bien la référence corps pur. Le même résultat est obtenu pour B.

2. À température et pression fixées, la relation de Gibbs-Duhem impose :

$$\sum_i x_i^\ell \mathrm{d}\mu_i^\ell = 0$$

la variation $\mathrm{d}\mu_i^\ell$ étant due à la variation de composition de la phase. Appliquée au système à deux constituants étudié ici, nous obtenons :

$$x_A^\ell \mathrm{d}\mu_A^\ell + x_B^\ell \mathrm{d}\mu_B^\ell = 0.$$

Il faut exprimer les différentielles des potentiels chimiques en fonction de la composition de la phase. Nous avons pour l'espèce A :

$$\mu_A^\ell = \mu_{A,\,x}^{*,\ell}(T,\, p) + RT\ln x_A^\ell + \lambda_{A,1}(T,\, p)x_B^\ell + \lambda_{A,2}(T,\, p)(x_B^\ell)^2.$$

La différentiation de cette relation à température et pression fixées (seules x_A^ℓ et x_B^ℓ varient) conduit à :

$$\mathrm{d}\mu_A^\ell = RT\frac{\mathrm{d}x_A^\ell}{x_A^\ell} + \lambda_{A,1}\mathrm{d}x_B^\ell + 2\lambda_{A,2}\, x_B^\ell \mathrm{d}x_B^\ell.$$

Une relation similaire pour l'espèce B est vérifiée. En remplaçant dans la relation de GIBBS-DUHEM, nous obtenons :

$$x_A^\ell . \left(RT \frac{\mathrm{d}x_A^\ell}{x_A^\ell} + \lambda_{A,1} \mathrm{d}x_B^\ell + 2\lambda_{A,2}\, x_B^\ell \mathrm{d}x_B^\ell \right) + x_B^\ell . \left(RT \frac{\mathrm{d}x_B^\ell}{x_B^\ell} + \lambda_{B,1} \mathrm{d}x_A^\ell + 2\lambda_{B,2}\, x_A^\ell \mathrm{d}x_A^\ell \right) = 0$$

En tenant compte de la relation entre fractions molaires et en différentiant, nous avons :

$$x_A^\ell + x_B^\ell = 1 \qquad \text{soit} \qquad \mathrm{d}x_A^\ell = -\,\mathrm{d}x_B^\ell$$

et donc :

$$-\,x_A^\ell . \left(\lambda_{A,1} \mathrm{d}x_A^\ell + 2\lambda_{A,2}\, x_B^\ell \mathrm{d}x_A^\ell\right) + x_B^\ell . \left(\lambda_{B,1} \mathrm{d}x_A^\ell + 2\lambda_{B,2}\, x_A^\ell \mathrm{d}x_A^\ell\right) = 0.$$

On simplifie par l'élément différentiel et on remplace x_B^ℓ par $1 - x_A^\ell$; la relation de GIBBS-DUHEM apparaît comme un polynôme de degré deux de la variable x_A^ℓ :

$$-\,x_A^\ell . \left(\lambda_{A,1} + 2\lambda_{A,2}\,(1 - x_A^\ell)\right) + (1 - x_A^\ell) . \left(\lambda_{B,1} + 2\lambda_{B,2}\, x_A^\ell\right) = 0$$

$$2(\lambda_{A,2} - \lambda_{B,2}).(x_A^\ell)^2 - \left(\lambda_{A,1} + \lambda_{B,1} + 2\,(\lambda_{B,2} - \lambda_{A,2})\right).x_A^\ell + \lambda_{B,1} = 0.$$

Cette relation est vérifiée pour toute composition, quelle que soit la valeur de x_A^ℓ. Cela impose que les coefficients du polynôme soient nuls et donc :

- $\lambda_{A,2} = \lambda_{B,2}$
- $\lambda_{A,1} + \lambda_{B,1} + 2\,(\lambda_{B,2} - \lambda_{A,2}) = 0$
- $\lambda_{B,1} = 0$

ce qui conduit à :

$$\lambda_{A,1} = \lambda_{B,1} = 0 \qquad \text{et} \qquad \lambda_{A,2} = \lambda_{B,2} = \lambda$$

où λ est une fonction de la température et de la pression.

3. Pour un système à deux constituants, la différentielle de l'enthalpie libre de la phase liquide en variables (T, p, n_A, n_B) s'écrit :

$$\mathrm{d}G = -S\mathrm{d}T + V\mathrm{d}p + \mu_A^\ell \mathrm{d}n_A + \mu_B^\ell \mathrm{d}n_B.$$

La définition du volume molaire partiel de A et l'application du théorème de SCHWARZ conduisent à :

$$\overline{V}_A = \left(\frac{\partial V}{\partial n_A}\right)_{T,\,p,\,n_B} = \left(\frac{\partial \mu_A^\ell}{\partial p}\right)_{T,\,n_A,\,n_B}.$$

Fixer les quantités de matière n_A et n_B c'est fixer la composition du système. En utilisant les expressions des potentiels chimiques, nous obtenons :

$$\overline{V}_A = \left(\frac{\partial \mu_{A,x}^{*,\ell}}{\partial p}\right)_T + \left(\frac{\partial \left(RT \ln(\gamma_A x_A^\ell)\right)}{\partial p}\right)_T.$$

Le terme $RT\ln(x_A^\ell)$ est indépendant de la pression. En tenant compte de l'expression du coefficient d'activité en fonction de la fonction λ et en tenant compte de l'expression du volume molaire du corps pur, noté $V_{\mathrm{m},A}$, il vient :

$$\overline{V}_A = V_{\mathrm{m},A} + \left(\frac{\partial \lambda}{\partial p}\right)_T (x_B^\ell)^2.$$

Le volume molaire partiel de B est de façon comparable donné par :

$$\overline{V}_B = V_{\mathrm{m},B} + \left(\frac{\partial \lambda}{\partial p}\right)_T (x_A^\ell)^2.$$

Le volume molaire de mélange $\Delta_{\mathrm{mel}}V$ est défini par :

$$\Delta_{\mathrm{mel}}V = x_A^\ell \overline{V}_A + x_B^\ell \overline{V}_B - (x_A^\ell V_{\mathrm{m},A} + x_B^\ell V_{\mathrm{m},B})$$

soit, en remplaçant les volumes molaires partiels par les expressions précédemment obtenues :

$$\Delta_{\mathrm{mel}}V = x_A^\ell \left(\frac{\partial \lambda}{\partial p}\right)_T (x_B^\ell)^2 + x_B^\ell \left(\frac{\partial \lambda}{\partial p}\right)_T (x_A^\ell)^2.$$

En factorisant et en simplifiant par la relation existant entre les fractions molaires, il vient :

$$\Delta_{\mathrm{mel}}V = x_A^\ell x_B^\ell \left(\frac{\partial \lambda}{\partial p}\right)_T = x_A^\ell(1 - x_A^\ell) \left(\frac{\partial \lambda}{\partial p}\right)_T.$$

Le signe du volume de mélange est lié à celui de la dérivée de la fonction λ par rapport à la pression. L'absence de variation de volume au cours du processus de mélange impose que la fonction λ soit indépendante de la pression. Ce n'est donc pas une propriété spécifique des mélanges idéaux.

4. En procédant de façon comparable à ce qui a été fait pour le volume à la question **3.**, nous obtenons :

$$\overline{S}_A = \left(\frac{\partial S}{\partial n_A}\right)_{T,\, p,\, n_B} = -\left(\frac{\partial \mu_A^\ell}{\partial T}\right)_{p,\, n_A,\, n_B}$$

soit :

$$\overline{S}_A = -\left(\frac{\partial \mu_{A,x}^{*,\ell}}{\partial T}\right)_p - \left(\frac{\partial\left(RT\ln(\gamma_A x_A^\ell)\right)}{\partial T}\right)_p = s_A^* - R\ln(x_A^\ell) - \frac{\partial \lambda}{\partial T}(x_B^\ell)^2.$$

L'entropie molaire partielle est somme de trois termes : le premier est l'entropie molaire du corps pur, le second terme est dû à la dilution, au mélange, et le troisième terme est dû au comportement non idéal du mélange.

5. En utilisant la relation de GIBBS-HELMHOLTZ, nous obtenons :

$$\frac{\partial}{\partial T}\left(\frac{\mu_A^{\ell}}{T}\right) = -\frac{\overline{H}_A}{T^2} = \left(\frac{\partial}{\partial T}\left(\frac{\mu_{A,x}^{*,\ell}}{T}\right)\right)_p + \left(\frac{\partial}{\partial T}\left(R\ln(\gamma_A)\right)\right)_p$$

soit, en introduisant la fonction λ, et en considérant la grandeur $\overline{H}_A$:

$$\overline{H}_A = H_{\mathrm{m},A} - T^2\left(\frac{\partial}{\partial T}\left(\frac{\lambda}{T}\right)\right)_p (x_B^{\ell})^2.$$

Un calcul similaire à celui conduit à la question **3.** conduit à :

$$\Delta_{\mathrm{mel}}H = -x_A^{\ell}x_B^{\ell}T^2\left(\frac{\partial}{\partial T}\left(\frac{\lambda}{T}\right)\right)_p = -x_A^{\ell}(1-x_A^{\ell})T^2\left(\frac{\partial}{\partial T}\left(\frac{\lambda}{T}\right)\right)_p$$

4.3 Osmométrie

1. À une profondeur z sous le niveau de l'interface liquide/gaz du compartiment contenant le solvant pur, la condition d'équilibre pour le transfert de solvant entre les deux compartiments se traduit par l'égalité du potentiel chimique de l'eau, soit :

$$\mu^*(T, p(z)) = \mu(T, p(z+h), x)$$

où le potentiel chimique du membre de droite de l'égalité est celui de l'eau dans le compartiment en présence du soluté.

2. En supposant la solution suffisamment diluée, le potentiel chimique du solvant s'exprime en fonction de celui du solvant pur, noté μ^*, et de la fraction molaire x de celui-ci selon :

$$\mu = \mu^* + RT\ln(x).$$

La dérivée du potentiel chimique d'un corps pur par rapport à la pression à température fixée est égale au volume molaire V_{m}, ce qui donne par intégration :

$$\mu^*(T,\ p(z+h)) = \mu^*(T,\ p(z)) + \int_{p(z)}^{p(z+h)} V_{\mathrm{m}}\mathrm{d}p.$$

La condition d'équilibre s'écrit donc :

$$\mu^*(T, p(z)) = \mu^*(T,\ p(z)) + \int_{p(z)}^{p(z+h)} V_{\mathrm{m}}\mathrm{d}p + RT\ln(x)$$

soit :

$$RT\ln(x) = -\int_{p(z)}^{p(z+h)} V_{\mathrm{m}}\mathrm{d}p.$$

En supposant que le volume molaire V_{m} est indépendant de la pression :

$$RT\ln(x) = -V_{\mathrm{m}}.(p(z+h) - p(z))$$

3. La différence de pression est donnée par la relation de l'hydrostatique, soit en supposant que la solution est suffisamment diluée pour assimiler la masse volumique de la phase liquide à celle du solvant pur, notée ρ :

$$RT\ln(x) \;=\; -\,V_{\mathrm{m}}.h\rho g.$$

Soit x_s la fraction molaire du soluté. En effectuant un développement limité du logarithme, nous obtenons :

$$V_{\mathrm{m}}.h\rho g \;=\; RTx_s \;\approx\; RT\frac{n_s}{n} \;=\; RT\frac{m_s}{m}.\frac{M}{M_s}$$

$$M_s \;=\; RT\frac{m_s}{m}.\frac{1}{hg}$$

4. L'exploitation des résultats expérimentaux conduit à :

c / g.L^{-1}	5	10	15	20	25	30
M_s / kg.mol^{-1}	63,8	61,4	59,7	57,9	56,0	54,3

La valeur obtenue semble varier continûment avec la concentration. On peut proposer une estimation raisonnable de la meilleure masse molaire de la protéine en traçant la masse molaire en fonction de la concentration. On obtient une droite d'ordonnée à l'origine :

$$M_s \;=\; 65,4\ \text{kg.mol}^{-1}$$

4.4 Détermination d'un volume molaire partiel à partir d'une équation empirique

1. La molalité du chlorure de sodium est sa quantité de matière par kilogramme de solvant. En notant $m_{\mathrm{S}} = 1,00$ kg la masse d'eau, nous avons :

$$m = \frac{n_2}{m_{\mathrm{S}}}$$

Par définition du volume molaire partiel :

$$\overline{V}_2 = \left(\frac{\partial V}{\partial n_2}\right)_{p,T,n_1} = \left(\frac{\partial V}{\partial m}\right)_{p,T,n_1} \times \left(\frac{\partial m}{\partial n_2}\right)_{p,T,n_1} = \frac{1}{m_{\mathrm{S}}}\left(\frac{\partial V}{\partial m}\right)_{p,T,n_1}$$

En dérivant l'expression empirique proposée, on a ainsi :

$$\overline{V}_2 = 16,62 + 2,655m^{1/2} + 0,24m$$

où $\overline{V}_2$ est exprimé en mL.mol^{-1} et m en mol.kg^{-1}.

Les applications numériques fournissent :

$$\overline{V}_2(0,1) = 17,48\ \text{mL.mol}^{-1};\ \overline{V}_2(1,0) = 19,52\ \text{mL.mol}^{-1}$$

$$\overline{V}_2(0) \;=\; 16,62\ \text{mL.mol}^{-1}$$

2. Il s'agit ici de déterminer une grandeur partielle du constituant 1 connaissant celle du constituant 2. Il faut donc utiliser la relation de GIBBS-DUHEM. L'expérience étant menée à pression et température constantes, on a :

$$n_1\,\mathrm{d}\overline{V}_1 + n_2\,\mathrm{d}\overline{V}_2 = 0 \qquad \text{et} \qquad \mathrm{d}\overline{V}_1 = -\frac{n_2}{n_1}\,\mathrm{d}\overline{V}_2$$

or on a $n_2 = mm_S$ et $m_S = n_1 M_1$. On en déduit donc l'équation différentielle :

$$\mathrm{d}\overline{V}_1 = -mM_1\,\mathrm{d}\overline{V}_2$$

en intégrant avec des bornes cohérentes : lorsque la molalité est de m, alors le volume molaire partiel de l'eau est $\overline{V}_1$ et celui du chlorure de sodium est $\overline{V}_2$. Lorsque la molalité est de 0, le volume molaire partiel de l'eau est le volume molaire de l'eau pure, $V_{m,1}$, et le volume molaire partiel du chlorure de sodium est celui calculé à dilution infinie (voir question précédente). On a ainsi :

$$\overline{V}_1 - V_{m,1} = -M_1 \int_{\overline{V}_2(0)}^{\overline{V}_2} m\,\mathrm{d}\overline{V}_2'$$

3. Compte tenu de la première question, on a la différentielle :

$$\mathrm{d}\overline{V}_2 = \left(2,655 \times \frac{1}{2}m^{-1/2} + 0,24\right)\mathrm{d}m$$

et par conséquent après changement de variable :

$$\overline{V}_1 - V_{m,1} = -M_1 \int_0^m \left(2,655 \times \frac{1}{2}m'^{1/2} + 0,24m'\right)\mathrm{d}m'$$

$$\overline{V}_1 - V_{m,1} = -M_1 \left[\frac{2,655}{3}m'^{3/2} + \frac{0,24}{2}m'^2\right]_0^m$$

soit :

$$\overline{V}_1 = V_{m,1} - M_1(0,885m^{3/2} + 0,12m^2)$$

Le volume molaire de l'eau pure étant pris à $18,015 \times 1,00138 = 18,040$ mL.mol^{-1}, on a numériquement :

$$\overline{V}_1 = 18,040 - 1,59 \times 10^{-2}m^{3/2} - 2,16 \times 10^{-3}m^2$$

Ainsi :

$$\overline{V}_1(0,1) = 18,040\ \text{mL.mol}^{-1};\ \overline{V}_1(1,0) = 18,020\ \text{mL.mol}^{-1}$$

$$\overline{V}_1(0) = V_{m,1} = 18,040\ \text{mL.mol}^{-1}$$

4.5 Enthalpie d'un mélange non idéal

1. En suivant la définition proposée :

$$\Delta_{\text{mel}}H = x_1(\overline{H}_1 - H_{m,1}) + x_2(\overline{H}_2 - H_{m,2}) \qquad \text{soit} \qquad \Delta_{\text{mel}}H = (1 - x_2)h_1 + x_2 h_2$$

2. L'expression précédente fournit une première équation. L'utilisation de la dérivée de la grandeur de mélange en fournit une seconde. En effet :

$$\frac{\mathrm{d}\Delta_{\mathrm{mel}}H}{\mathrm{d}x_2} = h_2 - h_1 + x_1\,\mathrm{d}h_1 + x_2\,\mathrm{d}h_2$$

Or, $x_1\,\mathrm{d}h_1 + x_2\,\mathrm{d}h_2 = x_1\,\mathrm{d}\overline{H}_1 + x_2\,\mathrm{d}\overline{H}_2 = 0$, d'après la relation de GIBBS-DUHEM appliquée à la grandeur extensive H. Nous avons donc :

$$\frac{\mathrm{d}\Delta_{\mathrm{mel}}H}{\mathrm{d}x_2} = h_2 - h_1$$

$$h_1 = \Delta_{\mathrm{mel}}H - x_2\frac{\mathrm{d}\Delta_{\mathrm{mel}}H}{\mathrm{d}x_2} \quad \text{et} \quad h_2 = \Delta_{\mathrm{mel}}H + (1-x_2)\frac{\mathrm{d}\Delta_{\mathrm{mel}}H}{\mathrm{d}x_2}$$

L'expression empirique permet de calculer :

$$\frac{\mathrm{d}\Delta_{\mathrm{mel}}H}{\mathrm{d}x_2} = (1-x_2)(864,67+249,51\times(1-2x_2)+99,06\times(1-2x_2)^2+33,22\times(1-2x_2)^3)$$
$$-x_2(864,67+249,51\times(1-2x_2)+99,06\times(1-2x_2)^2+33,22\times(1-2x_2)^3)$$
$$+x_2(1-x_2)(-499,02-396,24(1-2x_2)-199,32(1-2x_2)^2)$$

ce qui permet d'obtenir h_1 et h_2 en fonction de x_2 uniquement.

3. Les résultats numériques sont regroupés dans le tableau suivant (les grandeurs autres que les fractions molaires sont en J.mol^{-1}).

x_2	$\Delta_{\mathrm{mel}}H$	$\frac{\mathrm{d}\Delta_{\mathrm{mel}}H}{\mathrm{d}x_2}$	h_1	h_2
0	0	1246,46	0	1246,46
0,25	190,94	369,11	98,66	467,78
0,50	216,17	$-124,76$	278,55	153,80
0,75	142,60	$-446,03$	477,12	31,09
1,0	0	$-681,00$	681,00	0

Corrigés des exercices chapitre 5

5.1 Production de dihydrogène par réaction du monoxyde de carbone avec l'eau

1. La réaction étudiée est :

$$CO\,(g) + H_2O\,(g) = CO_2\,(g) + H_2\,(g)$$

2. L'application de la loi de HESS, en tenant compte de l'enthalpie de formation nulle des corps simples dans leur état physique stable (ici le dihydrogène gazeux sous

$p = 1$ bar à T = 298 K) conduit à :

$$\Delta_r H^\circ_{1100} = \Delta_f H^\circ_{1100}(CO_2\,(g)) - \Delta_f H^\circ_{1100}(CO\,(g)) - \Delta_f H^\circ_{1100}(H_2O\,(g))$$

soit *numériquement* :

$$\Delta_r H^\circ_{1100} = -395,6 + 112,5 + 248,2 = -34,9 \text{ kJ.mol}^{-1}.$$

L'enthalpie standard de réaction est négative : la réaction est exothermique.

3. Écrivons la réaction de dissociation de l'eau en dihydrogène et en dioxygène (équilibre (1), à partir d'une quantité de matière n_0 d'eau :

$$\left[\begin{array}{lcccccc} & H_2O\,(g) & = & H_2\,(g) & + & \frac{1}{2}\,O_2\,(g) \\ \text{E.I.} & n_0 & & & & \\ \text{E.F.} & n_0 - \xi & & \xi & & \frac{\xi}{2} \end{array}\right]$$

Le coefficient de dissociation α de l'eau est défini par : $\alpha = \dfrac{\xi}{n_0}$. Les quantités de matière des différentes participants à la réaction de dissociation s'écrivent en fonction de la quantité de matière initiale et du coefficient α :

- $n(H_2O) = n_0\,(1 - \alpha)$;
- $n(H_2) = n_0\,\alpha$;
- $n(O_2) = \dfrac{n_0\,\alpha}{2}$;
- $n^{g}_{tot} = n_0\,(1 + \dfrac{\alpha}{2})$.

La constante d'équilibre standard de l'équilibre (1) s'écrit en fonction de α et de la pression totale p_{tot} :

$$K^\circ_T(1) = \frac{\alpha\left(\dfrac{\alpha}{2}\right)^{\frac{1}{2}}}{(1-\alpha)\left(1 + \dfrac{\alpha}{2}\right)^{\frac{1}{2}}}\left(\frac{p_{tot}}{p^\circ}\right)^{\frac{1}{2}}.$$

Le coefficient de dissociation de l'eau dans les conditions de température et de pression fixées étant une donnée de l'énoncé, on en déduit la valeur numérique de $K^\circ_{1100}(1)$:

$$K^\circ_{1100}(1) = 2,32.10^{-6}$$

4. Une étude tout à fait similaire sur l'équilibre de dissociation en phase gazeuse du dioxyde de carbone en monoxyde de carbone et dioxygène (équilibre (2)), conduit à la valeur numérique de $K^\circ_{1100}(2)$:

$$K^\circ_{1100}(2) = 7,44.10^{-6}$$

5. La constante de l'équilibre écrit à la question 1. s'écrit simplement en fonction des constante $K_T^\circ(1)$ et $K_T^\circ(2)$ des questions 3. et 4. :

$$K_{1100}^\circ = \frac{K_{1100}^\circ(1)}{K_{1100}^\circ(2)} = 0,312$$

5.2 Réactions simultanées

1. Écrivons les deux réactions en effectuant un bilan de quantité de matière dans chaque cas :

	CH_4 (g)	+ H_2O (g)	= CO (g)	+ $3\,H_2$ (g)
E. I.	$n_0(CH_4)$	$n_0(H_2O)$		
e. int.	$n_0(CH_4) - \xi_1$	$n_0(H_2O) - \xi_1$	ξ_1	$3\,\xi_1$

	CO (g)	+ H_2O (g)	= CO_2 (g)	+ H_2 (g)
e. int.	ξ_1	$n_0(H_2O) - \xi_1$		$3\,\xi_1$
E. F.	$\xi_1 - \xi_2$	$n_0(H_2O) - \xi_1 - \xi_2$	ξ_2	$3\,\xi_1 + \xi_2$

Les quantités de matière présentes lorsque les deux équilibres sont vérifiés sont :

- $n(CH_4) = n_0(CH_4) - \xi_1$;
- $n(CO) = \xi_1 - \xi_2$;
- $n(H_2O) = n_0(H_2O) - \xi_1 - \xi_2$;
- $n(CO_2) = \xi_2$;
- $n(H_2) = 3\,\xi_1 + \xi_2$;
- $n_{\text{tot}}^{\text{g}} = n_0(CH_4) + n_0(H_2O) + 2\xi_1$.

2. Le mélange gazeux se comportant comme un mélange parfait de gaz parfaits, la pression partielle du constituant i est égale au produit de la pression totale par la fraction molaire en phase gazeuse :

$$p_i = \frac{n_i}{n_{\text{tot}}^{\text{g}}}\, p_{\text{tot}}.$$

Nous avons donc les relations suivantes :

$$K_1^\circ = \frac{(\xi_1 - \xi_2)(3\,\xi_1 + \xi_2)^3}{(n_0(CH_4) - \xi_1)(n_0(H_2O) - \xi_1 - \xi_2)(n_0(CH_4) + n_0(H_2O) + 2\xi_1)^2}\left(\frac{p_{\text{tot}}}{p^\circ}\right)^2$$

$$K_2^\circ = \frac{\xi_2(3\xi_1 + \xi_2)}{(\xi_1 - \xi_2)(n_0(H_2O) - \xi_1 - \xi_2)}$$

3. Le principe du calcul est assez simple : les conditions initiales ($n_0(CH_4)$ et $n_0(H_2O)$) sont connues et on souhaite obtenir une certaine quantité de matière en dioxyde de carbone. Donc ξ_2 = 0,5 mol. Les constantes sont connues et donc l'expression de la constante K_2° permet d'accéder à ξ_1. En remplaçant dans l'expression de K_1°, on obtient donc la valeur de la pression totale.

Applications numériques :

La valeur de ξ_1 est donnée par la résolution de :

$$2,204 = \frac{0,5(3\xi_1 + 0,5)}{(\xi_1 - 0,5)(4 - \xi_1 - 0,5)}$$

soit par la résolution de l'équation du second degré :

$$\xi_1^2 + 3,319\,\xi_1 + 1,863 = 0$$

dont la seule racine acceptable est :

$$\xi_1 = 0,716 \text{ mol.}$$

Pour obtenir la valeur de la pression totale, on résout l'équation :

$$1,306 = \frac{(0,716 - 0,5)(3.0,716 + 0,5)^3}{(1 - 0,716)(4 - 0,716 - 0,5)(1 + 4 + 2.0,716)^2}\left(\frac{p_{\text{tot}}}{p^\circ}\right)^2.$$

La résolution donne :

$$p_{\text{tot}} = 3,27 \text{ bar.}$$

Les quantités de matière des différentes espèces chimiques sont :

- $n(\text{CH}_4) = 1 - 0,716 = 0,284$ mol ;
- $n(\text{CO}) = 0,716 - 0,5 = 0,216$ mol ;
- $n(\text{H}_2\text{O}) = 4 - 0,716 - 0,5 = 2,784$ mol ;
- $n(\text{CO}_2) = 0,5$ mol ;
- $n(\text{H}_2) = 3\,0,716 + 0,5 = 2,648$ mol ;
- $n_{\text{tot}}^{\text{g}} = 1 + 4 + 2.0,716 = 6,432$ mol.

5.3 Hydroxylamine et ion hydroxylaminium

1. En appliquant la loi de HESS à l'enthalpie libre de réaction, il vient :

$$\Delta_r G_{298}^\circ = \Delta_f G^\circ(\text{NH}_3\text{OH}^+\,(\text{aq})) - \Delta_f G^\circ(\text{NH}_2\text{OH}\,(\text{aq})) - \Delta_f G^\circ(\text{H}^+\,(\text{aq}))$$

soit *numériquement* :

$$\Delta_r G_{298}^\circ = -128,30 + 90,71 = -37,59 \text{ kJ.mol}^{-1}.$$

2. La constante d'acidité K_A est associée à la réaction de déprotonation de l'ion hydroxylamonium dans l'eau. En notant K_{298}° la constante de l'équilibre étudié, nous avons :

$$K_{\mathrm{A}} = \frac{1}{K^{\circ}_{298}} \qquad \text{et} \qquad \Delta_{\mathrm{r}}G^{\circ}_{298} + RT\ln(K^{\circ}_{298}) = 0.$$

La constante d'acidité vaut donc :

$$K_{\mathrm{A}} = \exp\left(-\frac{\Delta_{\mathrm{r}}G^{\circ}_{T}}{RT}\right)$$

ce qui donne *numériquement :*

$$K_{\mathrm{A}} = \exp\left(-\frac{34260}{8,314.298}\right) = 9,88.10^{-7}$$

soit pK_{A} = 6,01 = 6,0.

3. L'accord avec la littérature est très bon.

5.4 Solubilité de la calcite $CaCO_3$

1. En utilisant les enthalpies libres standard de formation à T = 298 K, il vient :

$$\Delta_{\mathrm{r}}G^{\circ}_{298} = \Delta_{\mathrm{f}}G^{\circ}_{298}(\mathrm{Ca^{2+}}\ (\mathrm{aq})) + \Delta_{\mathrm{f}}G^{\circ}_{298}(\mathrm{CO_3^{2-}}\ (\mathrm{aq})) - \Delta_{\mathrm{f}}G^{\circ}_{298}(\mathrm{CaCO_3}\ (\mathrm{s}))$$

ce qui donne *numériquement* :

$$\Delta_{\mathrm{r}}G^{\circ}_{298} = -553,5 - 527,9 + 1\ 128,8 = +47,4\ \mathrm{kJ.mol^{-1}}.$$

2. La relation entre enthalpie libre standard et constante de réaction est :

$$\Delta_{\mathrm{r}}G^{\circ}_{T} + RT\ln K^{\circ}_{T} = 0$$

et donc, en notant $K^{\circ}_{\mathrm{s}}(\mathrm{CaCO_3})$ le produit de solubilité du carbonate de calcium à $T = 298$ K :

$$K^{\circ}_{\mathrm{s}}(\mathrm{CaCO_3}) = \exp\left(-\frac{47\ 400}{8,314.298}\right) = 4,9.10^{-9}.$$

5.5 Le soufre à l'état gazeux

1. L'équilibre de dissociation demandé s'écrit :

$$\mathrm{H_2S}\ (\mathrm{g}) = \frac{1}{m}\,\mathrm{S}_m\ (\mathrm{g}) + \mathrm{H_2}\ (\mathrm{g})$$

2. Soit n_0 la quantité de matière initiale de sulfure de dihydrogène. L'écriture des quantités de matière pour un avancement $\xi = n_0\,\alpha$ conduit à :

	H_2S (g)	=	$\frac{1}{m}$ S_m (g)	+	H_2 (g)
E.I.	n_0				
E.F.	$n_0(1-\alpha)$		$\frac{n_0\,\alpha}{m}$		$n_0\,\alpha$

L'énoncé donne la valeur numérique pour une expérience de la pression totale, de la pression partielle en dihydrogène et du coefficient de dissociation du sulfure de dihydrogène. En exprimant la pression partielle en fonction de α, de m et de la pression totale p_{tot}, la seule inconnue est m, qui est ainsi déterminée :

$$p_{H_2} = \frac{n(H_2)}{n^{g}_{tot}} p_{tot} = \frac{n_0\,\alpha}{n_0\left(\alpha + \dfrac{\alpha}{m}\right)} p_{tot}$$

ce qui donne :

$$m = \frac{1}{\left(\dfrac{p_{tot}}{p_{H_2}} - \dfrac{1}{\alpha}\right)}$$

soit *numériquement* :

$$m = \frac{1}{\left(\dfrac{1}{0,235} - \dfrac{1}{0,265}\right)} = 2,08 \approx 2.$$

3. La connaissance de la pression totale, de la pression partielle en dihydrogène, de la stœchiométrie de la réaction permet d'accéder à toutes les pressions partielles :

- la stœchiométrie impose $p_{S_2} = \dfrac{0,235}{2}$ bar ;
- la pression en sulfure de dihydrogène se déduit de la pression totale : $p_{H_2S} = 1 - 0,235 - \dfrac{0,235}{2}$ = 0,647 bar.

La constante d'équilibre vaut donc :

$$K^{\circ}_{1362} = \frac{0,235.\left(\dfrac{0,235}{2}\right)^{1/2}}{0,647} = 0,124.$$

4. La formule de LEWIS du disoufre est comparable à celle du dioxygène.

5.6 Procédé WACKER

1. La constante d'équilibre standard est reliée à l'enthalpie libre standard de réaction par la formule :

$$\Delta_r G^{\circ}_T + RT \ln K^{\circ}_T = 0$$

et :

$$\Delta_r G^{\circ}_{298} = \mu^{\circ}_{298}(CH_3CHO\ (g)) - \mu^{\circ}_{298}(C_2H_4\ (g))$$

soit *numériquement* :

$$\Delta_r G^{\circ}_{298} = -134 - 68,1 = -202,1\ \text{kJ.mol}^{-1}$$

et pour la constante d'équilibre :

$$K^\circ_{298} = \exp\left(-\frac{-202100}{8,314.298}\right) = 2,67.10^{35}.$$

2. Écrivons la réaction en étudiant la transformation de la matière à partir d'un mélange initial stœchiométrique :

	C_2H_4 (g)	+ $\frac{1}{2}O_2$ (g)	= CH_3CHO (g)
E.I.	n_0	$\frac{n_0}{2}$	
E.F.	$n_0(1-\alpha)$	$\frac{n_0}{2}(1-\alpha)$	$n_0\alpha$

La quantité de matière gazeuse totale est :

$$n^{g}_{tot} = n_0\left(\frac{3}{2} - \frac{\alpha}{2}\right).$$

La constante d'équilibre s'écrit en fonction de la pression totale et du coefficient α selon :

$$K^\circ_{298} = \frac{\alpha(3-\alpha)^{1/2}}{(1-\alpha)^{3/2}}.$$

La valeur considérable de la constante standard d'équilibre conduit à une valeur de α très proche de 1. On pose donc $1 - \alpha = \varepsilon$ où ε est donné par la résolution de l'équation :

$$K^\circ_{298} = \frac{\sqrt{2}}{\varepsilon^{3/2}} = 2,67.10^{35} \quad \text{soit} \quad \varepsilon = 3,04.10^{-24}$$

ce qui confirme la validité des approximations effectuées ($\alpha \approx 1$).

5.7 Comparaison trifluorure de brome et pentafluorure de brome

1. Pour construire le cycle thermodynamique adapté au problème posé et aux données disponibles, on part de la réaction de formation du trifluorure de brome gazeux et on cherche à faire apparaître des étapes qui mettent en jeu les énergies de liaisons disponibles et celle qui est recherchée. Le cycle proposé figure 3.1 permet d'exprimer l'énergie de liaison $D_{\text{Br-F}}$ dans BrF_3 :

$$\Delta_f H^\circ(\text{BrF}_3\ (g)) = \frac{1}{2}\Delta_{vap}H^\circ(\text{Br}_2) + \frac{1}{2}D_{\text{Br-Br}} + \frac{3}{2}D_{\text{F-F}} - 3D_{\text{Br-F}}$$

soit :

$$D_{\text{Br-F}} = \frac{1}{3}\Big(\frac{1}{2}\Delta_{vap}H^\circ(\text{Br}_2) + \frac{1}{2}D_{\text{Br-Br}} + \frac{3}{2}D_{\text{F-F}} - \Delta_f H^\circ(\text{BrF}_3\ (g))\Big)$$

ce qui donne *numériquement* :

$$D_{\text{Br-F}} = \frac{1}{3}\Big(\frac{1}{2}.30,91 + \frac{1}{2}.190,2 + \frac{3}{2}.154,8 - (-255,6)\Big) = 199,5 \text{ kJ.mol}^{-1}.$$

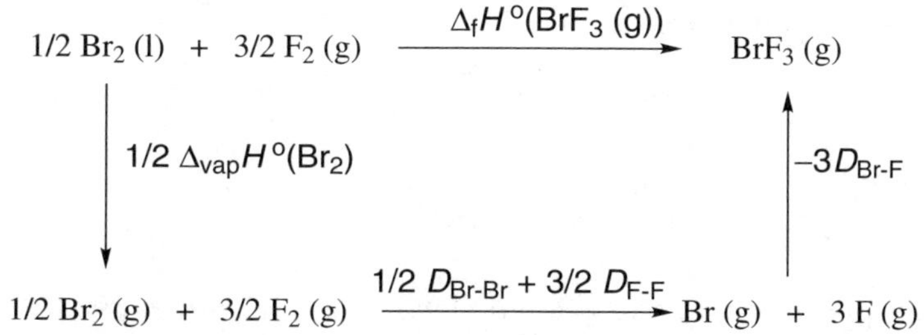

Figure 3.1 – Cycle thermodynamique pour le calcul de l'énergie de liaison Br – F dans le trifluorure de brome

2. Le même type de calcul sur le composé BrF_5 conduit à travailler avec le cycle thermodynamique représenté à la figure 3.2 et l'équation permettant la détermination de l'énergie de liaison $D_{\text{Br-F}}$ dans BrF_5 est :

$$\Delta_f H^\circ(\text{BrF}_5\ (\text{g})) = \frac{1}{2}\Delta_{\text{vap}} H^\circ(\text{Br}_2) + \frac{1}{2} D_{\text{Br-Br}} + \frac{5}{2} D_{\text{F-F}} - 5 D_{\text{Br-F}}$$

soit :

$$D_{\text{Br-F}} = \frac{1}{5}\big(\frac{1}{2}\Delta_{\text{vap}} H^\circ(\text{Br}_2) + \frac{1}{2} D_{\text{Br-Br}} + \frac{5}{2} D_{\text{F-F}} - \Delta_f H^\circ(\text{BrF}_5\ (\text{g}))\big)$$

ce qui donne *numériquement* :

$$D_{\text{Br-F}} = \frac{1}{5}\big(\frac{1}{2}.30,91 + \frac{1}{2}.190,2 + \frac{5}{2}.154,8 - (-\,428,9)\big) = 185,3\ \text{kJ.mol}^{-1}$$

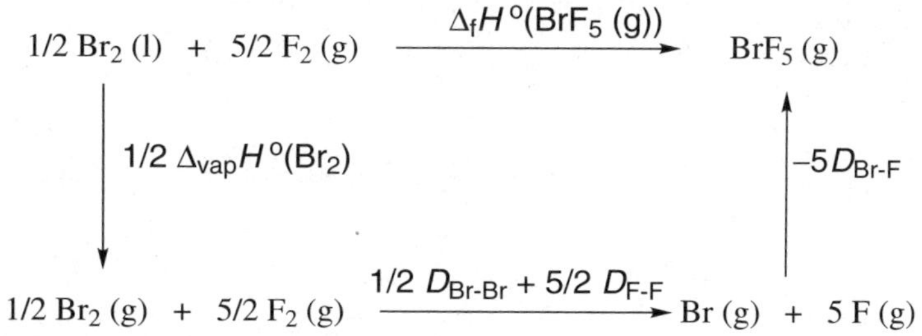

Figure 3.2 – Cycle thermodynamique pour le calcul de l'énergie de liaison Br – F dans le pentafluorure de brome

Les deux valeurs obtenues ne sont pas identiques car les énergies de liaison dépendent des structures moléculaires : par exemple, une liaison C-H dans CH_2 n'est pas *a priori* identique à une liaison C-H dans CH_3. On remarquera aussi que, dans la molécule BrF_5, les cinq liaisons Br-F ne sont pas identiques : la molécule est un octaèdre déformé où une direction est occupée par un doublet non liant.

3. À partir de la relation générale :

$$\Delta_r G_T^\circ = \Delta_r H_T^\circ - T.\Delta_r S_T^\circ$$

il vient :

$$\Delta_r S_T^\circ = \frac{1}{T}(\Delta_r H_T^\circ - \Delta_r G_T^\circ)$$

ce qui donne, appliquée à une réaction de formation à $T = T_0 = 298$ K :

$$\Delta_f S_{T_0}^\circ = \frac{1}{T_0}(\Delta_f H_{T_0}^\circ - \Delta_f G_{T_0}^\circ)$$

soit *numériquement* :

$$\Delta_f S_{298}^\circ(\mathrm{BrF_3\ (g)}) = -\ 87,7\ \mathrm{J.K^{-1}.mol^{-1}}$$

$$\Delta_f S_{298}^\circ(\mathrm{BrF_5\ (g)}) = -\ 259,1\ \mathrm{J.K^{-1}.mol^{-1}}$$

4. Les entropies standard de réaction s'expriment en fonction des entropies molaires absolues selon :

$$\Delta_f S_{298}^\circ(\mathrm{BrF_3\ (g)}) = S_{\mathrm{m,\,298}}^\circ(\mathrm{BrF_3\ (g)}) - \frac{1}{2}S_{\mathrm{m,\,298}}^\circ(\mathrm{Br_2\ (l)}) - \frac{3}{2}S_{\mathrm{m,\,298}}^\circ(\mathrm{F_2\ (g)})$$

$$\Delta_f S_{298}^\circ(\mathrm{BrF_5\ (g)}) = S_{\mathrm{m,\,298}}^\circ(\mathrm{BrF_5\ (g)}) - \frac{1}{2}S_{\mathrm{m,\,298}}^\circ(\mathrm{Br_2\ (l)}) - \frac{5}{2}S_{\mathrm{m,\,298}}^\circ(\mathrm{F_2\ (g)})$$

ce qui donne pour les entropies molaires absolues :

$$S_{\mathrm{m,\,298}}^\circ(\mathrm{BrF_3\ (g)}) = \Delta_f S_{298}^\circ(\mathrm{BrF_3\ (g)}) + \frac{1}{2}S_{\mathrm{m,\,298}}^\circ(\mathrm{Br_2\ (l)}) + \frac{3}{2}S_{\mathrm{m,\,298}}^\circ(\mathrm{F_2\ (g)})$$

$$S_{\mathrm{m,\,298}}^\circ(\mathrm{BrF_5\ (g)}) = \Delta_f S_{298}^\circ(\mathrm{BrF_5\ (g)}) + \frac{1}{2}S_{\mathrm{m,\,298}}^\circ(\mathrm{Br_2\ (l)}) + \frac{5}{2}S_{\mathrm{m,\,298}}^\circ(\mathrm{F_2\ (g)})$$

soit *numériquement* :

$$S_{\mathrm{m,\,298}}^\circ(\mathrm{BrF_3\ (g)}) = -\ 87,7 + \frac{1}{2}.152,2 + \frac{3}{2}.202,7 = 292,5\ \mathrm{J.K^{-1}mol^{-1}}$$

$$S_{\mathrm{m,\,298}}^\circ(\mathrm{BrF_5\ (g)}) = -\ 259,1 + \frac{1}{2}.152,2 + \frac{5}{2}.202,7 = 323,7\ \mathrm{J.K^{-1}mol^{-1}}.$$

L'entropie molaire absolue, pour des composés gazeux, est d'autant plus élevée que les vibrations molaires sont nombreuses (donc croît, toutes choses égales par ailleurs, avec le nombre d'atomes) et les liaisons lâches (vibrations faciles). Il n'est donc pas surprenant de trouver une entropie molaire absolue plus élevée pour le pentafluorure de brome que pour le trifluorure de brome.

5.8 Dissociation en phase gazeuse

1. L'existence de l'équilibre liquide/gaz impose l'égalité des potentiels chimiques des phases pures, à la température recherchée et sous la pression de 1 bar. Nous avons donc :

$$\Delta_{\text{vap}}G^{\circ}_{T_{\text{eb}}} = 0 \qquad \text{soit} \qquad \Delta_{\text{vap}}H^{\circ}_{T_{\text{eb}}} - T_{\text{eb}}.\Delta_{\text{vap}}S^{\circ}_{T_{\text{eb}}} = 0.$$

On suppose que l'enthalpie standard de vaporisation et l'entropie standard de vaporisation sont indépendantes de la température et égales aux valeurs indiquées à $T = 298$ K. Nous avons alors :

$$T_{\text{eb}} = \frac{\Delta_{\text{r}}H^{\circ}_{298}}{\Delta_{\text{r}}S^{\circ}_{298}} = \frac{30,9.10^3}{(245,4 - 152,2)} = 331,5 \text{ K}.$$

La littérature indique 331,9 K, soit un très bon accord.

2. Pour calculer la pression de vapeur saturante à la température $T = 400$ K, on utilise la relation de CLAUSIUS-CLAPEYRON en l'intégrant avec les hypothèses usuelles : la phase gazeuse se comporte comme un gaz parfait, l'enthalpie de vaporisation est indépendante de la température sur le domaine de température considéré et le volume molaire du liquide est négligeable devant celui du gaz. Il vient alors :

$$\ln\left(\frac{p^*(T_2)}{p^*(T_1)}\right) = \frac{\Delta_{\text{vap}}H^{\circ}}{R}\left(\frac{1}{T_1} - \frac{1}{T_2}\right)$$

ce qui donne pour la pression de vapeur saturante à la température $T_2 = 400$ K :

$$p^*(T_2) = p^*(T_1)\exp\frac{\Delta_{\text{vap}}H^{\circ}}{R}\left(\frac{1}{T_1} - \frac{1}{T_2}\right).$$

Application numérique :

$$p^*(T_2) = \exp\frac{30900}{8,314}\left(\frac{1}{331,5} - \frac{1}{400}\right) = 6,82 \text{ bar}.$$

3. Dans ce type d'exercice se pose la question récurrente de l'existence (ou non) d'une phase liquide. La méthode de résolution consiste à poser une hypothèse (existence ou non des deux phases) et à vérifier sa validité. Ici, supposons que la phase liquide n'existe pas. Si la réaction de dissociation du dibrome gazeux en brome atomique est négligeable, cela signifie qu'il y a n_0 quantité de matière de dibrome en phase gazeuse qui produisent une pression p calculée à partir de l'équation des gaz parfaits :

$$p = \frac{n_0RT}{V} \qquad \text{soit } \textit{numériquement} \qquad p = \frac{0,01.8,314.400}{10^{-3}} = 0,333 \text{ bar}.$$

Cette pression étant inférieure à la pression de vapeur saturante à cette température, l'absence de la phase liquide est assurée et l'hypothèse de travail est ainsi vérifiée. Dans la cas où la dissociation en brome atomique serait notable, cela ne remet pas en cause le résultat précédent car la dissociation du dibrome se traduirait par une diminution de la pression de celui-ci et donc serait encore moins favorable à l'apparition de la phase liquide. Pour calculer la pression réelle en dibrome et en brome atomique, il faut accéder aux grandeurs de la réaction de dissociation, soit :

$$\Delta_r H^\circ_{298} = 2\Delta_f H^\circ_{298}(\text{Br (g)}) - \Delta_f H^\circ_{298}(\text{Br}_2\text{ (g)})$$
$$\Delta_r S^\circ_{298} = 2S^\circ_{\text{m, }298}(\text{Br (g)}) - S^\circ_{\text{m, }298}(\text{Br}_2\text{ (g)}).$$

Ce qui donne *numériquement* :

$$\Delta_r H^\circ_{298} = 2.111,9 - 30,9 = 192,2\ \text{kJ.mol}^{-1}$$
$$\Delta_r S^\circ_{298} = 2.174,9 - 245,4 = 104,4\ \text{J.K}^{-1}\text{.mol}^{-1}.$$

En supposant l'enthalpie et l'entropie standard de réaction indépendantes de la température, nous obtenons :

$$K^\circ_T = \exp\left(\frac{(\Delta_r H^\circ_{298} - T.\Delta_r S^\circ_{298})}{RT}\right)$$

soit, à $T = 400$ K :

$$K^\circ_{400} = \exp\left(\frac{(192200 - 400.104,4)}{8,314.400}\right) = 1,83.10^{-20}.$$

Cette faible valeur rend plausible la faible dissociation du dibrome en phase gazeuse : supposons que la pression en dibrome est très proche de celle calculée en négligeant la dissociation, soit 0,33 bar. L'écriture de la constante permet d'estimer la pression en brome atomique :

$$K^\circ_T = \frac{\overline{p}^2_{\text{Br}}}{\overline{p}_{\text{Br}_2}} \qquad \text{soit} \qquad p_{\text{Br}} = p^\circ.\sqrt{K^\circ_T.\overline{p}_{\text{Br}_2}}$$

ce qui donne *numériquement* :

$$p_{\text{Br}} = \sqrt{1,83.10^{-20}.0,333} = 7,8.10^{-11}\ \text{bar}.$$

4. On reprend les calculs de la question **3.** avec $n_0 = 1$ mol. Avec l'hypothèse de l'absence de phase liquide et de faible dissociation en brome atomique, une mole de dibrome en phase gazeuse dans un récipient de volume $V = 1$ L à la température $T = 400$ K conduit à une pression de :

$$p = \frac{1.8,314.400}{10^{-3}} = 33,3\ \text{bar} > p^*(T = 400) = 6,82\ \text{bar}.$$

Ceci est contradictoire avec l'absence de phase liquide. Donc le dibrome liquide est présent et la pression de dibrome est égale à la pression de vapeur saturante. La pression de brome atomique se calcule à partir de la constante d'équilibre standard de la réaction de dissociation :

$$p_{\text{Br}} = p^\circ.\sqrt{K^\circ_T.\overline{p}_{\text{Br}_2}} \qquad \text{soit} \qquad p_{\text{Br}} = \sqrt{1,83.10^{-20}.6,82} = 3,5.10^{-10}\ \text{bar}.$$

5.9 Hydrodésulfuration

1. L'enthalpie standard de réaction s'exprime en fonction des enthalpies standard de formation :

$$\Delta_r H^\circ_{298} = \Delta_f H^\circ_{298}(C_4H_{10}\,(g)) + \Delta_f H^\circ_{298}(H_2S\,(g)) - \Delta_f H^\circ_{298}(C_4H_4S\,(g))$$

soit *numériquement* :

$$\Delta_r H^\circ_{298} = -125,8 - 20,6 - 114,9 = -261,3 \text{ kJ.mol}^{-1}.$$

L'enthalpie libre standard de réaction se calcule selon le même procédé :

$$\Delta_r G^\circ_{298} = \Delta_f G^\circ_{298}(C_4H_{10}\,(g)) + \Delta_f G^\circ_{298}(H_2S\,(g)) - \Delta_f G^\circ_{298}(C_4H_4S\,(g))$$

soit *numériquement* :

$$\Delta_r G^\circ_{298} = -16,6 - 33,6 - 126,1 = -176,3 \text{ kJ.mol}^{-1}.$$

En utilisant la relation entre enthalpie standard de réaction, entropie standard de réaction et enthalpie libre standard de réaction, avec $T_0 = 298$ K :

$$\Delta_r G^\circ_{T_0} = \Delta_r H^\circ_{T_0} - T_0.\Delta_r S^\circ_{T_0}$$

nous en déduisons :

$$\Delta_r S^\circ_{T_0} = \frac{\Delta_r H^\circ_{T_0} - \Delta_r G^\circ_{T_0}}{T_0}$$

soit *numériquement* :

$$\Delta_r S^\circ_{298} = \frac{-261,3 + 176,3}{0,298} = -285,2 \text{ J.K}^{-1}.\text{mol}^{-1}.$$

2. Pour calculer l'entropie molaire absolue standard du thiophène gazeux, on exprime l'entropie standard de réaction en fonction des entropies molaires absolues standard :

$$\Delta_r S^\circ_{298} = S^\circ_{m,\,298}(C_4H_{10}\,(g)) + S^\circ_{m,\,298}(H_2S\,(g)) - S^\circ_{m,\,298}(C_4H_4S\,(g)) - 4S^\circ_{m,\,298}(H_2\,(g))$$

soit *numériquement*, en exprimant l'entropie molaire absolue standard du thiophène gazeux :

$$S^\circ_{m,\,298}(C_4H_4S\,(g)) = 310,1 + 205,8 - 4.130,6 + 285,2 = 278,7 \text{ J.K}^{-1}.\text{mol}^{-1}.$$

3. Nous avons :

$$\Delta_r G^\circ_T = \Delta_r H^\circ_T - T.\Delta_r S^\circ_T = -RT\ln K^\circ_T.$$

En supposant l'enthalpie standard de réaction et l'entropie standard de réaction indépendantes de la température, nous obtenons :

$$T = \frac{\Delta_r H^\circ_{298}}{\Delta_r S^\circ_{298} - R\ln K^\circ_T}$$

soit *numériquement* :

$$T = \frac{-\ 261,3.10^3}{-\ 285,2\ -\ 8,314\ \ln(12)} = 854\ \text{K}.$$

4. Construisons un tableau d'avancement avec les conditions initiales précisées :

	C_4H_4S (g)	+	$4\,H_2$ (g)	=	C_4H_{10} (g)	+	H_2S (g)
E. I.	n_0		$6n_0$				
E. F.	$n_0 - \xi$		$6n_0 - 4\xi$		ξ		ξ

La quantité de matière gazeuse totale vaut $n_{\text{tot}}^{\text{g}} = 7n_0 - 3\xi$.

Chaque pression partielle s'exprime en fonction des quantités de matière :

$$p_i = \frac{n_i}{n_{\text{tot}}^{\text{g}}}.p_{\text{tot}}$$

et donc l'expression de la constante d'équilibre standard en fonction de la pression totale p_T des quantités de matière initiales et de l'avancement est :

$$K_T^\circ = \frac{\xi^2.(7n_0 - 3\xi)^3}{(n_0 - \xi).(6n_0 - 4\xi)^4}.\frac{1}{\overline{p}_T^3}.$$

L'état final recherché est caractérisé par :

$$\frac{\xi}{n_0} = 0,999 \approx 1 \qquad \text{et} \qquad \frac{n_0 - \xi}{n_0} = 10^{-3}.$$

La pression totale vaut donc :

$$p_{\text{tot}} = \left(\frac{(7 - 3)^2}{10^{-3}.(6 - 4)^2.1}\right)^{1/3} = 6,9\ \text{bar}.$$

5. La conversion étant de 99,9 % et la pression initiale en thiophène de 0,1 bar, la pression en thiophène à l'équilibre vaut $p^{\text{eq}}(C_4H_4S) = 10^{-4}$ bar. Le thiophène consommé se transforme en sulfure de dihydrogène et butane : ainsi à l'équilibre $p^{\text{eq}}(C_4H_{10}) = p^{\text{eq}}(H_2) = 0,1$ bar. L'écriture de la constante d'équilibre standard permet d'accéder à la pression de dihydrogène à l'équilibre :

$$K_T^\circ = \frac{\overline{p}^{\text{eq}}(C_4H_{10}).\overline{p}^{\text{eq}}(H_2S)}{\overline{p}^{\text{eq}}(C_4H_4S).(\overline{p}^{\text{eq}}(H_2))^4} \quad \text{soit} \quad \overline{p}^{\text{eq}}(H_2) = \left(\frac{\overline{p}^{\text{eq}}(C_4H_{10}).\overline{p}^{\text{eq}}(H_2S)}{\overline{p}^{\text{eq}}(C_4H_4S).K_T^\circ}\right)^{1/4}$$

soit :

$$p^{\text{eq}}(H_2) = \left(\frac{0,1^2}{10^{-4}.12}\right)^{1/4} = 1,7\ \text{bar}.$$

Il a fallu 4 fois plus de dihydrogène que de thiophène pour effectuer la transformation ; la disparition de dihydrogène qui réagit se traduit par une diminution de 0,4 bar de la pression en dihydrogène. La pression initiale en dihydrogène est donc de 1,7 + 0,4 = 2,1 bar.

5.10 Variation d'enthalpie libre au cours d'une réaction

1. Les données permettent de calculer l'enthalpie standard et l'entropie standard de réaction qui sont supposées indépendantes de la température.

$$\Delta_r H^\circ_{298} = \Delta_r H^\circ = \Delta_f H^\circ_{298}(H_2O\,(g)) - 2\Delta_f H^\circ_{298}(HCl\,(g))$$

$$\Delta_r S^\circ_{298} = \Delta_r S^\circ = S^\circ_{m,\,298}(H_2O\,(g)) + S^\circ_{m,\,298}(Cl_2\,(g)) - 2S^\circ_{m,\,298}(HCl\,(g)) - \frac{1}{2}S^\circ_{m,\,298}(O_2\,(g))$$

Numériquement :

$$\Delta_r H^\circ = -241,8 + 2.92,3 = -57,2\ \text{kJ.mol}^{-1}$$

$$\Delta_r S^\circ = 188,7 + 223 - 0,5.205,0 - 2.186,8 = -64,4\ \text{J.K}^{-1}.\text{mol}^{-1}.$$

Ainsi :

$$\Delta_r G^\circ_T = -57,2 + 64,4.10^{-3}.T\ \text{kJ.mol}^{-1}.$$

Applications numériques :

$$\Delta_r G^\circ_{298} = -38,0\ \text{kJ.mol}^{-1} \quad \text{et} \quad \Delta_r G^\circ_{600} = -18,6\ \text{kJ.mol}^{-1}$$

2. À la température de $T = 600$ K, la constante standard d'équilibre vaut :

$$K^\circ_{600} = \exp\left(\frac{18\ 600}{8,314.600}\right) = 41,6.$$

En construisant un tableau d'avancement pour les conditions initiales indiquées :

	$2\,HCl\,(g)$	+	$\frac{1}{2}\,H_2O\,(g)$	=	$H_2O\,(g)$	+	$Cl_2\,(g)$
E. I.	n_0		n_0				
E. F.	$n_0 - 2\xi$		$n_0 - \xi/2$		ξ		ξ

La quantité de matière gazeuse totale vaut $n^{g}_{tot} = 2n_0 - \xi/2$. La pression totale étant connue, on établit une équation dont la seule inconnue est l'avancement ξ de la réaction :

$$K^\circ_T = \frac{\xi^2(2n_0 - \xi/2)^{1/2}}{(n_0 - 2\xi)^2.(n_0 - \xi/2)^{1/2}}.\frac{1}{p_{tot}^{1/2}}.$$

Posons $\alpha = \dfrac{\xi}{n_0}$. La nature du système à l'équilibre est décrite par la valeur du paramètre α^{eq} à l'équilibre. Il s'agit donc de résoudre l'équation :

$$41,6 = \frac{(\alpha^{eq})^2(2 - \alpha^{eq}/2)^{1/2}}{(1 - 2\alpha^{eq})^2.(1 - \alpha^{eq}/2)^{1/2}}.$$

C'est le terme $(1 - 2\alpha^{eq}/2)$ qui limite la réaction : on peut supposer dans un premier temps que $\alpha^{eq}/2$ est proche de 0,5. On a alors :

$$\varepsilon^{eq} = (1 - \alpha^{eq}/2) = \frac{\alpha^{eq}(2 - \alpha^{eq}/2)^{1/4}}{\sqrt{41,6}(1 - \alpha^{eq}/2)^{1/4}}.$$

On remplace dans le membre de droite le paramètre par la valeur approchée 0,5. Cela permet de calculer ε^{eq} et donc de proposer une meilleure valeur pour α^{eq}. Le processus est répété jusqu'à convergence vers une valeur constante. On obtient successivement :

- pour α = 0,5, on trouve ε^{eq} = 0,096, soit α = 0,452 ;
- pour α = 0,452, on trouve ε^{eq} = 0,086, soit α = 0,457 ;
- pour α = 0,457, on trouve ε^{eq} = 0,087, soit $\alpha = 0{,}457 = \alpha^{eq}$.

La résolution est terminée et il est possible d'en déduire les pressions partielles de chaque participant :

- $p_{HCl} = \frac{1 - 2\alpha^{eq}}{2 - \alpha^{eq}/2}.p_{tot} = 0,049$ bar et $n_{HCl} = 0,086$ mol ;
- $p_{O_2} = \frac{1 - \alpha^{eq}/2}{2 - \alpha^{eq}/2}.p_{tot} = 0,436$ bar et $n_{O_2} = 0,771$ mol ;
- $p_{H_2O} = p_{Cl_2} = \frac{\alpha^{eq}}{2 - \alpha^{eq}/2}.p_{tot} = 0,258$ bar
  et $n_{H_2O} = n_{Cl_2} = 0,457$ mol.

3. Ici il faut bien lire le texte et bien comprendre que ce qui est demandé n'est pas une enthalpie libre (standard ou non) de réaction mais une variation de l'enthalpie libre entre l'état initial et l'état final. Pour cela on utilise le théorème d'EULER appliqué à la fonction enthalpie libre :

$$G_i = \sum n_i.\mu_i = n_0.(\mu_i^\circ(\text{HCl}) + RT\ln(\overline{p}_{\text{HCl}}^{\text{ini}}) + \mu_i^\circ(\text{O}_2) + RT\ln(\overline{p}_{\text{O}_2}^{\text{ini}})).$$

Le mélange initial est consitué d'une mole de O_2 et d'une mole de HCl : les pressions initiales sont donc :

$$p_{\text{HCl}}^{\text{ini}} = p_{\text{O}_2}^{\text{ini}} = 0,5 \text{ bar}.$$

Pour le mélange d'équilibre final :

$$\begin{aligned} G_f = {} & (n_0 - 2\xi^{eq})(\mu^\circ(\text{HCl}) + RT\ln(\overline{p}_{\text{HCl}}^{eq}) + (n_0 - \xi^{eq}/2)(\mu^\circ(\text{O}_2) + RT\ln(\overline{p}_{\text{O}_2}^{eq})) \\ & + \xi^{eq}(\mu^\circ(\text{H}_2\text{O}) + RT\ln(\overline{p}_{\text{H}_2\text{O}}^{eq}) + \xi^{eq}(\mu^\circ(\text{Cl}_2) + RT\ln(\overline{p}_{\text{Cl}_2}^{eq}) \end{aligned} \quad (3.1)$$

La variation d'enthalpie s'écrit donc :

$$\Delta G = G_f - G_i = n_0 RT\ln\left(\frac{p_{\text{HCl}}^{eq}}{p_{\text{HCl}}^{\text{ini}}}.\frac{p_{\text{O}_2}^{eq}}{p_{\text{O}_2}^{\text{ini}}}\right).$$

Les autres termes se simplifient quand on tient compte de la relation entre la constante standard d'équilibre et l'enthalpie libre standard de réaction.

Corrigés des problèmes du chapitre 5

5.1 Réduction du trichlorosilane en présence de dihydrogène

1. L'enthalpie standard de réaction est calculée par application de la loi de HESS :

$$\Delta_r H^\circ = \sum_{i=1}^{n} \nu_i \Delta_f H_i^\circ = 3\Delta_f H^\circ\,(\mathrm{HCl}) - \Delta_f H^\circ\,(\mathrm{SiHCl_3})\,.$$

L'*application numérique* fournit le résultat à 298 K :

$$\Delta_r H^\circ \;=\; 212,6 \text{ kJ.mol}^{-1}.$$

L'entropie standard de réaction est calculée en utilisant la relation :

$$\Delta_r S^\circ = \sum_{i=1}^{n} \nu_i S_{\mathrm{m}i}^\circ = S_\mathrm{m}^\circ\,(\mathrm{Si}) + 3S_\mathrm{m}^\circ\,(\mathrm{HCl}) - S_\mathrm{m}^\circ\,(\mathrm{SiHCl_3}) - S_\mathrm{m}^\circ\,(\mathrm{H_2})\,.$$

L'*application numérique* conduit à 298 K :

$$\Delta_r S^\circ = 135,2 \text{ J.K}^{-1}.\text{mol}^{-1}.$$

2. L'évolution de l'enthalpie standard de réaction avec la température est estimée par la relation :

$$\frac{\mathrm{d}\Delta_r H^\circ}{\mathrm{d}T} = \sum_{i=1}^{n} \nu_i C_{p,\mathrm{m},i}^\circ.$$

Dans le cas présent :

$$\frac{\mathrm{d}\Delta_r H^\circ}{\mathrm{d}T} = C_{p,\mathrm{m}}^\circ\,(\mathrm{Si}) + 3C_{p,\mathrm{m}}^\circ\,(\mathrm{HCl}) - C_{p,\mathrm{m}}^\circ\,(\mathrm{SiHCl_3}) - C_{p,\mathrm{m}}^\circ\,(\mathrm{H_2})$$
$$= -20 + 8,9.10^{-3}T + \frac{19,1.10^5}{T^2}$$

L'intégration entre 298 K et 1 273 K (correspondant aux 1 000 °C de l'énoncé) fournit le résultat :

$$\Delta_r H^\circ(1273) - \Delta_r H^\circ(298) =$$
$$-\;20(1\,273 - 298) + \frac{8,9.10^{-3}}{2}\left(1273^2 - 298^2\right) - 19,1.10^5\left(\frac{1}{1\,273} - \frac{1}{298}\right).$$

Application numérique :

$$\Delta_r H^\circ(1273) \;=\; 204,8 \text{ kJ.mol}^{-1}.$$

De façon voisine, l'évolution de l'entropie standard de réaction avec la température est estimée par la relation :

$$\frac{d\Delta_r S^\circ}{dT} = \sum_{i=1}^{n} \nu_i \frac{C^\circ_{p,m,i}}{T}.$$

Dans le cas présent, nous avons :

$$\frac{d\Delta_r S^\circ}{dT} = -\frac{20}{T} + 8,9.10^{-3} + \frac{19,1.10^5}{T^3}.$$

L'intégration entre 298 K et 1273 K (correspondant aux 1000 °C de l'énoncé) fournit le résultat :

$$\Delta_r S^\circ(1273) - \Delta_r S^\circ(298) = -20 \ln \frac{1273}{298} + 8,9.10^{-3}(1273 - 298) + 19,1.10^5.\left(-\frac{1}{2}\right).\left(\frac{1}{1273^2} - \frac{1}{298^2}\right)$$

Application numérique :

$$\Delta_r S^\circ(1273) = 125,0 \text{ J.K}^{-1}.\text{mol}^{-1}.$$

L'enthalpie libre standard $\Delta_r G^\circ$ est fournie par la relation :

$$\Delta_r G^\circ = \Delta_r H^\circ - T\Delta_r S^\circ.$$

Ici $\Delta_r G^\circ\ (1273) = 45,7$ kJ.mol^{-1}.

La loi de GULDBERG-WAAGE s'écrit :

$$\Delta_r G^\circ = -RT \ln K^\circ$$

qui permet ici un calcul numérique de la constante d'équilibre K°.

Application numérique :

$$K^\circ(1273) = 13,3.10^{-3}.$$

3. Le quotient de réaction s'écrit :

$$Q = \frac{p^3_{HCl}}{p_{H_2} p_{SiHCl_3}} \frac{1}{p^\circ}$$

4. Réalisons un tableau d'avancement entre l'état initial et l'état d'équilibre en notant d et e les quantités initiales de matière en trichlorosilane et en dihydrogène. L'avancement est noté ξ.

	$SiHCl_3$ (g)	+	H_2 (g)	=	Si (s)	+	3HCl (g)
E.I.	d		e		0		0
E.F.	$d - \xi$		$e - \xi$		ξ		3ξ

Compte tenu de la définition des paramètres α et β, il vient $\xi = \alpha d$ et $e = \beta d$. Le tableau d'avancement prend la forme suivante :

	$SiHCl_3$ (g)	+	H_2 (g)	=	Si (s)	+	3HCl (g)
E.I.	d		e		0		0
E.F.	$d(1-\alpha)$		$(\beta-\alpha)\,d$		αd		$3\alpha d$

La quantité de matière totale gazeuse à l'équilibre s'écrit :

$$n_{\text{tot}}^{\text{g}} = d(\alpha+\beta+1).$$

Chaque pression partielle est calculée par la relation :

$$p_i = \frac{n_i}{n_{\text{tot}}^{\text{g}}} p_{\text{T}}$$

avec n_i quantité de matière en gaz i. Ici nous avons les relations :

$$p_{\text{HCl}} = \frac{3\alpha}{\alpha+\beta+1} p_{\text{T}}, \quad p_{\text{H}_2} = \frac{\beta-\alpha}{\alpha+\beta+1} p_{\text{T}} \quad \text{et} \quad p_{\text{SiHCl}_3} = \frac{1-\alpha}{\alpha+\beta+1} p_{\text{T}}.$$

En conséquence la constante d'équilibre K° s'exprime par :

$$K^\circ = \frac{27\alpha^3}{(\alpha+\beta+1)\,(\beta-\alpha)\,(1-\alpha)} \frac{p_{\text{T}}}{p^\circ}.$$

5. La valeur numérique de K° a été calculée, avec :

$$p_{\text{T}} = 1 \text{ bar} \qquad \text{et} \qquad \beta = 1$$

mélange équimolaire de trichlorosilane et de dihydrogène, il vient :

$$\frac{27\alpha^3}{(\alpha+2)\,(1-\alpha)^2} = 13,3.10^{-3}.$$

En supposant α faible (négligeable devant 1) cette égalité se simplifie en :

$$\frac{27\alpha^3}{2} = 13,3.10^{-3} \qquad \text{soit} \qquad \alpha \approx 0,1$$

ce qui valide l'hypothèse émise pour l'application numérique.

Si on souhaite un résultat plus précis, il est possible de procéder par itérations : la valeur approchée de α ainsi obtenue sert de point de départ pour un nouveau calcul. On réinjecte cette valeur dans l'équation de la constante à chaque fois que α apparaît dans une somme, soit, par exemple, ici à résoudre :

$$\frac{27\alpha^3}{(0,1\,+\,2)\,(1\,-\,0,1)^2} = 13,3.10^{-3}$$

qui donne :

$$\alpha = 0,094.$$

Si on répète l'itération, cette nouvelle valeur de α sert de point de départ à un nouveau calcul : il faut maintenant résoudre :

$$\frac{27\alpha^3}{(0,094 + 2)(1 - 0,094)^2} = 13,3.10^{-3}$$

qui donne :

$$\alpha = 0,095.$$

Dans ces conditions les pressions partielles peuvent être calculées facilement en utilisant les expressions fournies à la question **4.**

Applications numériques :

$$p_{\text{HCl}} = 0,14 \text{ bar}, \quad p_{\text{H}_2} = 0,43 \text{ bar} \quad \text{et} \quad p_{\text{SiHCl}_3} = 0,43 \text{ bar}.$$

Dans le cas $\beta = 10$ (excès de dihydrogène) l'équation à résoudre s'écrit :

$$\frac{27\alpha^3}{(\alpha + 11)(10 - \alpha)(1 - \alpha)} = 13,3.10^{-3}$$

qui se simplifie en :

$$\frac{27\alpha^3}{110(1 - \alpha)} = 13,3.10^{-3}$$

en supposant α négligeable devant 10. La résolution numérique conduit au résultat :

$$\alpha \approx 0,32$$

et valide, en première approximation, l'hypothèse émise pour réaliser l'application numérique. Si on souhaite un calcul plus précis, on reprend le calcul en injectant cette première proposition pour la valeur numérique de α dans la résolution soit :

$$\frac{27\alpha^3}{(0,32 + 11)(10 - 0,32)(1 - 0,32)} = 13,3.10^{-3}$$

qui donne :

$$\alpha = 0,33.$$

Une nouvelle itération conduit au même résutat.

La transformation du trichlorosilane est plus efficace que dans le cas d'un mélange équimolaire envisagé à la même pression.

Dans le cas :

$$p_{\text{T}} = 0,1 \text{ bar} \qquad \text{et} \qquad \alpha = 1$$

l'équation à résoudre s'écrit :

$$\frac{27\alpha^3}{(\alpha + 2)(1 - \alpha)^2} 0,1 = 13,3.10^{-3}$$

qui se simplifie en :

$$\frac{27\alpha^3}{2\,(1-\alpha)^2}0,1 \ = \ 13,3.10^{-3}$$

en supposant α négligeable devant 2. La résolution numérique conduit au résultat :

$$\alpha \approx 0,18$$

et valide, en première approximation, l'hypothèse émise pour réaliser l'application numérique. Si on souhaite un calcul plus précis, on reprend le calcul en injectant cette première proposition pour la valeur numérique de α dans la résolution soit :

$$\frac{27\alpha^3}{(0,18+\ 2)\,(1\ -\ 0,18)^2}0,1 \ = \ 13,3.10^{-3}$$

qui donne :

$$\alpha \ = \ 0,19.$$

Une nouvelle itération conduit au même résutat.

La transformation du trichlorosilane est plus efficace que dans le cas d'un même mélange envisagé à la pression $p_{\mathrm{T}} = 1$ bar.

5.2 Les chlorures de phosphore, utilisation de la densité

1. Réalisons un tableau d'avancement en notant a la quantité de matière initiale en pentachlorure de phosphore et en faisant intervenir α, coefficient de dissociation du pentachlorure de phosphore.

	PCl_5 (g)	=	PCl_3 (g)	+	Cl_2 (g)
E.I.	a		0		0
E.F.	$a(1-\alpha)$		αa		αa

Le quantité de matière totale gazeuse à l'équilibre s'écrit :

$$n_{\mathrm{tot}}^{\mathrm{g}} \ = \ a(1\ +\ \alpha).$$

Quel que soit le gaz parfait, une quantité de matière donnée occupe, dans des conditions de température et de pression fixées, le même volume. La densité d'un mélange gazeux est alors définie comme le rapport de la masse d'un volume donné du mélange à celle du même volume d'air dans des conditions identiques de température et de pression. Soit n la « quantité de matière d'air », contenant $0{,}2n$ quantité de matière de dioxygène et $0{,}8n$ quantité de matière de diazote et donc de masse m_{air} :

$$m_{\mathrm{air}} \ = \ n.(0,2.32\ +\ 0,8.28) \ = \ 28,8.n.$$

Considérons un mélange gazeux de fraction molaire x_i du constituant de masse molaire M_i. Les n quantités de matière du mélange gazeux sont de masse totale m

telle que :

$$m = \sum_i n x_i M_i = n.\sum_i x_i M_i.$$

La densité du mélange gazeux peut être calculée en utilisant la relation :

$$d = \frac{m}{m_{\text{air}}} = \frac{\sum_i x_i M_i}{28,8}.$$

Nous avons, dans le cas du mélange gazeux en réaction :

$$M = \frac{(1 - \alpha).M_{\text{PCl}_5} + \alpha.M_{\text{PCl}_5} + \alpha.M_{\text{Cl}_2}}{(1 + \alpha)}.$$

Après simplification, il vient :

$$M = \frac{M_{\text{PCl}_5}}{(1 + \alpha)}$$

et donc :

$$d = \frac{208,5}{28,8(1+\alpha)}.$$

Application numérique :

$$\alpha = 0,86.$$

La constante d'équilibre K° s'exprime par :

$$K^\circ = \frac{p_{\text{PCl}_3} p_{\text{Cl}_2}}{p_{\text{PCl}_5}} \frac{1}{p^\circ}$$

et chaque pression partielle est calculée par la relation :

$$p_i = \frac{n_i}{n_{\text{tot}}^{\text{g}}} p_{\text{T}}$$

avec n_i quantité de matière en gaz i. Il vient alors :

$$p_{\text{PCl}_3} = p_{\text{Cl}_2} = \frac{\alpha}{1 + \alpha} p_{\text{T}} \qquad \text{et} \qquad p_{\text{PCl}_5} = \frac{1 - \alpha}{1 + \alpha} p_{\text{T}}.$$

Ainsi :

$$K^\circ = \frac{\alpha^2}{1 - \alpha^2} \frac{p_{\text{T}}}{p^\circ}$$

Application numérique :

$$K^\circ = 2,75 \quad \text{à } 250\ ^\circ\text{C}.$$

2. La température n'évoluant pas, la constante d'équilibre conserve la même valeur numérique. Nous avons désormais :

$$K^\circ = \frac{4\alpha^2}{1-\alpha^2} \qquad \text{soit} \qquad \alpha = 0,64.$$

Le mélange contient alors (en moles) 39 % de trichlorure de phosphore, 39 % de dichlore et 22 % de pentachlorure de phosphore.

3. L'enthalpie standard de réaction est calculée par application de la loi de HESS :

$$\Delta_r H^\circ = \sum_{i=1}^{n} \nu_i \Delta_f H_i^\circ = \Delta_f H^\circ (PCl_3) - \Delta_f H^\circ (PCl_5)$$

Application numérique :

$$\Delta_r H^\circ = 87,9 \text{ kJ.mol}^{-1} \qquad \text{à } T = 298 \text{ K.}$$

Cette valeur est peu différente de la valeur à 250 °C.

L'enthalpie libre standard de réaction peut être calculée en utilisant la relation de GULDBERG-WAAGE :

$$\Delta_r G^\circ = - RT \ln K^\circ .$$

À 250 °C (523 K) nous avons :

$$\Delta_r G^\circ = - 4\,400 \text{ J.mol}^{-1}.$$

Comme :

$$\Delta_r G^\circ = \Delta_r H^\circ - T \Delta_r S^\circ$$

il vient à 523 K :

$$\Delta_r S^\circ = 176,5 \text{ J.K}^{-1}.\text{mol}^{-1}.$$

4. Les deux relations :

$$\Delta_r G^\circ = \Delta_r H^\circ - T \Delta_r S^\circ \qquad \text{et} \qquad \Delta_r G^\circ = - RT \ln K^\circ$$

conduisent au résultat :

$$\ln K^\circ = \frac{- \Delta_r H^\circ}{RT} + \frac{\Delta_r S^\circ}{R}.$$

5. On désire ici :

$$K^\circ = \frac{\alpha^2}{1 - \alpha^2} = 49,3.$$

En utilisant la relation établie à la question **4.** et en supposant que l'enthalpie standard de réaction et l'entropie standard de réaction ne dépendent pas de la température, il vient :

$$\ln 49,3 = \frac{-87900}{8,31.T} + \frac{176,5}{8,31}$$

soit : $T = 609,96 \approx 610$ K (337 °C).

5.3 Équilibre de sublimation du diiode

1. La constante de l'équilibre de sublimation s'écrit :

$$K^\circ = \frac{p_{I_2}}{p^\circ}$$

Numériquement :

$$K^\circ(T_1) = 4,0.10^{-4} \qquad \text{et} \qquad K^\circ(T_2) = 6,3.10^{-2}.$$

L'application de la loi de VAN'T-HOFF :

$$\frac{\mathrm{d}\ln K^\circ}{\mathrm{d}T} = \frac{\Delta_\mathrm{r} H^\circ}{RT^2}$$

conduit après intégration entre T_1 et T_2 (et en considérant l'enthalpie standard de réaction constante sur l'intervalle de température considéré) à l'expression :

$$\ln\left(\frac{K^\circ(T_2)}{K^\circ(T_1)}\right) = \frac{\Delta_\mathrm{r} H^\circ}{R}\left(\frac{1}{T_1} - \frac{1}{T_2}\right).$$

Cette expression permet un calcul de l'enthalpie standard de réaction $\Delta_\mathrm{r} H^\circ$.

Application numérique :

$$\Delta_\mathrm{r} H^\circ = 62,3 \text{ kJ.mol}^{-1}.$$

2. À l'équilibre la constante d'équilibre standard est vérifiée, soit :

$$K^\circ = 6,3.10^{-2} \qquad \text{et donc} \qquad p_{I_2} = 6,3.10^{-2} \text{ bar}.$$

L'utilisation de l'équation d'état des gaz parfaits permet de calculer la quantité de matière de diiode gazeux présente :

$$n_{I_2}^{g} = \frac{p_{I_2} V}{RT}$$

Application numérique :

$$n_{I_2}^{g} = 0,01 \text{ mol}.$$

Il a donc fallu introduire une quantité de matière de diiode supérieure à 0,01 mole pour que l'équilibre solide/gaz existe.

3. Compte tenu du résultat mis en évidence à la question **2.** l'équilibre de sublimation ne sera pas établi dans l'état final. Tout le diiode solide est consommé. En fin de réaction :

$$n_{I_2}^{g} = 5.10^{-3} \text{ mol} \qquad \text{et} \qquad n_{I_2}^{s} = 0 \text{ mol}.$$

L'équation d'état des gaz parfaits permet de calculer la pression en diiode selon :

$$p_{I_2} = \frac{n_{I_2}^{g} RT}{V}.$$

Application numérique :

$$p_{I_2} = 0,03 \text{ bar}.$$

L'affinité chimique est calculée par la relation :

$$\mathcal{A} = RT \ln\left(\frac{K^\circ}{Q}\right)$$

avec Q quotient de réaction (en supposant qu'il reste du diiode solide, d'activité 1) :

$$Q = \frac{p_{I_2}}{p^\circ}$$

soit :

$$\mathcal{A} = 2300 \text{ J.mol}^{-1}$$

grandeur positive indiquant que le sens spontané de réaction est bien la sublimation du diiode.

4. La quantité de matière est suffisante pour que l'équilibre de sublimation puisse s'établir. Dans l'état final :

$$n_{I_2}^{g} = 0,01 \text{ mol} \qquad \text{et} \qquad n_{I_2}^{s} = 0,02 \text{ mol}.$$

L'équilibre étant établi, l'affinité chimique est nulle.

5. Lorsque tout le diiode solide a disparu :

$$n_{I_2}^{g} = 0,03 \text{ mol} \qquad \text{et} \qquad p_{I_2} = 6,3.10^{-2} \text{ bar}$$

puisque l'équilibre est établi. Le volume correspondant peut être estimé en appliquant une nouvelle fois l'équation d'état des gaz parfaits. Ainsi :

$$V_1 = \frac{n_{I_2}^{g} RT}{p_{I_2}}.$$

Application numérique :

$$V_1 = 14,8 \text{ L}.$$

Lorsque $V = V_f = 20$ L, l'équilibre de sublimation n'est pas établi, alors :

$$p_{I_2} = \frac{n_{I_2}^{g} RT}{V}.$$

Application numérique :

$$p_{I_2} = 0,046 \text{ bar}.$$

6. Pour un volume inférieur à 14,8 L l'équilibre de sublimation est établi, il fixe alors la pression en diiode ($p_{I_2} = 6,3.10^{-2}$ bar). Pour un volume supérieur à 14,8 L l'équilibre n'est pas établi, le diiode est entièrement gazeux et p_{I_2} est une fonction hyperbolique de V. L'évolution suivante est observée, et représentée à la figure 5.3 .

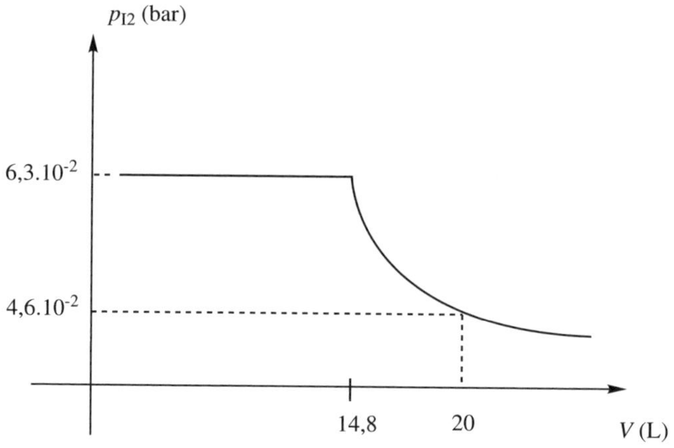

Figure 5.3 – Variation de la pression en fonction du volume dans un récipient dont la température est fixée et contenant n = 0,03 mol de diiode

5.4 Étude d'un équilibre entre gaz

1. Réalisons un tableau d'avancement (en quantité de matière) entre l'état initial et l'état d'équilibre, ξ désigne l'avancement de la réaction :

	$2\,HI\,(g)$	$=$	$I_2\,(g)$	$+$	$H_2\,(g)$
EI	2		0		0
EF	$2-2\xi$		ξ		ξ

L'équation d'état des gaz parfaits appliquée à l'état initial fournit la relation :

$$p_i V = 2RT.$$

Application numérique :

$$p_i = 24,96 \text{ bar} \approx 25,0 \text{ bar}$$

À l'équilibre la pression partielle en dihydrogène p_{H_2} s'exprime par :

$$p_{H_2} = \frac{\xi RT}{V} = 3,1 \text{ bar}.$$

Dans ces conditions la pression totale p_T vérifie la relation :

$$p_T = (2 - 2\xi + \xi + \xi)\frac{RT}{V}.$$

Par conséquent :

$$p_T = p_i = 24,96 \text{ bar}.$$

2. La constante d'équilibre K_1° s'exprime en fonction des pressions partielles par la relation :

$$K_1^\circ = \frac{p_{I_2} p_{H_2}}{p_{HI}^2}.$$

Or :

$$p_{I_2} = p_{H_2} \quad \text{et} \quad p_T = p_{I_2} + p_{H_2} + p_{HI}.$$

En conséquence :

$$K_1^\circ = \frac{p_{H_2}^2}{(p_T - 2p_{H_2})^2}.$$

Application numérique :

$$K_1^\circ = 2,73.10^{-2} \quad \text{à } T = 900 \text{ K}.$$

3. Réalisons le tableau d'avancement correspondant au même équilibre en notant n_0 la quantité de matière initiale en iodure d'hydrogène et α le coefficient de dissociation de l'iodure d'hydrogène :

	2 HI (g)	=	I_2 (g)	+	H_2 (g)
E.I.	n_0		0		0
E.F.	$n_0(1-\alpha)$		$\frac{\alpha}{2} n_0$		$\frac{\alpha}{2} n_0$

La pression partielle en dihydrogène s'exprime par :

$$p_{H_2} = \frac{\alpha RT}{V}$$

car $n_0 = 2$ mol dans le cas étudié. Ceci permet de calculer numériquement la valeur de α :

$$\alpha = \frac{p_{H_2} V}{RT} = 0,24.$$

4. Nous calculons le quotient de réaction observé dans l'état initial :

$$Q = \frac{p_{I_2} p_{H_2}}{p_{HI}^2}$$

avec :

$$p_{I_2} = p_{H_2} = \frac{RT}{V} \quad \text{et} \quad p_{HI} = \frac{2RT}{V}.$$

Le quotient de réaction est alors donné par $Q = 0,25$. Comme $Q \neq K_1^\circ$ le système n'est pas initialement à l'équilibre. Le signe de l'affinité chimique $\mathcal{A}$ indique le sens spontané de réaction :

$$\mathcal{A} = RT \ln\left(\frac{K_1^\circ}{Q}\right)$$

qui est ici de signe négatif. Il y a évolution dans le sens de formation de l'iodure d'hydrogène.

5. Nous appliquons la relation de VAN'T HOFF :

$$\frac{\mathrm{d}\ln K_1^\circ}{\mathrm{d}T} = \frac{\Delta_\mathrm{r}H^\circ}{RT^2}.$$

Comme la constante d'équilibre diminue alors que la température diminue, nous pouvons conclure que :

$$\frac{\mathrm{d}\ln K_1^\circ}{\mathrm{d}T}$$

est de signe positif. En conséquence l'enthalpie standard de réaction $\Delta_\mathrm{r}H^\circ$ est positive (réaction endothermique).

L'intégration de la relation de VAN'T HOFF entre les températures T_1 et T_2, en supposant $\Delta_\mathrm{r}H^\circ$ indépendant de la température dans la plage étudiée, fournit :

$$\ln\left(\frac{K_1^\circ(T_2)}{K_1^\circ(T_1)}\right) = \frac{\Delta_\mathrm{r}H^\circ}{R}\left(\frac{1}{T_1} - \frac{1}{T_2}\right).$$

Cette expression permet le calcul de l'enthalpie standard de réaction.

Application numérique :

$$\Delta_\mathrm{r}H^\circ = 9,9\ \text{kJ.mol}^{-1}.$$

6. Nous supposons ici que l'entropie standard de réaction varie peu avec la température. À 769 K :

$$\Delta_\mathrm{r}G^\circ = -RT\ln K_1^\circ = \Delta_\mathrm{r}H^\circ - T_2\Delta_\mathrm{r}S^\circ.$$

D'où :

$$\Delta_\mathrm{r}S^\circ = \frac{\Delta_\mathrm{r}H^\circ + RT\ln K_1^\circ}{T_2}.$$

Une *application numérique* conduit à :

$$\Delta_\mathrm{r}S^\circ = -19\ \text{J.K}^{-1}.\text{mol}^{-1}.$$

7. Réalisons un tableau d'avancement (en quantité de matière) entre l'état initial et l'état d'équilibre, ξ désigne l'avancement de la réaction :

	NH_4I (s)	=	NH_3 (g)	+	HI (g)
EI	excès		0		0
EF	excès		ξ		ξ

Dans ces conditions les pressions partielles sont telles que :

$$p_{\mathrm{HI}} = p_{\mathrm{NH_3}} \quad \text{et} \quad p_1 = p_{\mathrm{HI}} + p_{\mathrm{NH_3}} = 2\ \text{bar}.$$

Alors :

$$K^\circ = \frac{p_{\mathrm{NH_3}}p_{\mathrm{HI}}}{p^{\circ 2}} = 1.$$

8. L'iodure d'hydrogène HI(g) se dissocie selon la réaction :

$$\mathrm{HI\,(g)} \quad = \quad \frac{1}{2}\,\mathrm{H_2\,(g)} \quad + \quad \frac{1}{2}\,\mathrm{I_2\,(g)}.$$

La quantité de matière gazeuse n'évoluant pas, cette transformation n'occasionne pas de variation de pression. Cependant, comme la disparition de l'iodure d'hydrogène provoque la dissociation de l'iodure d'ammonium $NH_4I(s)$ en gaz, la pression augmente.

9. Nous devons réaliser un tableau d'avancement faisant intervenir les deux équilibres simultanés. Notons ξ_1 l'avancement correspondant à l'équilibre de dissociation de l'iodure d'ammonium et notons ξ_2 l'avancement correspondant à l'équilibre de dissociation de l'iodure d'hydrogène.

	NH_4I (s)	=	NH_3 (g)	+	HI (g)
EI	excès		0		0
EF	excès		ξ_1		$\xi_1 - 2\xi_2$

et

	2 HI (g)	=	I_2 (g)	+	H_2 (g)
EI					
EF	$\xi_1 - 2\xi_2$		ξ_2		ξ_2

À la température de travail, le premier équilibre a pour constante d'équilibre standard $K_2^\circ = 1$ et le deuxième équilibre a pour constante d'équilibre standard $K_1^\circ = 2,18.10^{-2}$.

Les pressions partielles s'expriment par :

$$p_{\mathrm{NH_3}} = \frac{\xi_1 RT}{V}, \quad p_{\mathrm{HI}} = \frac{(\xi_1 - 2\xi_2)\,RT}{V} \quad \text{et} \quad p_{\mathrm{H_2}} = \frac{\xi_2 RT}{V}.$$

Ces relations permettent d'établir deux relations entre pressions partielles, soit :

$$p_{\mathrm{NH_3}} = 2p_{\mathrm{H_2}} + p_{\mathrm{HI}} \qquad \text{et} \qquad p_{\mathrm{H_2}} = p_{\mathrm{I_2}}.$$

En utilisant les expressions des constantes d'équilibre en fonction de pressions partielles, nous obtenons :

$$\sqrt{K_1^\circ} = \frac{p_{\mathrm{H_2}}}{p_{\mathrm{HI}}} \qquad \text{et} \qquad K_2^\circ.(p^\circ)^2 = p_{\mathrm{NH_3}}.p_{\mathrm{HI}}$$

ce qui permet d'établir une équation dont la résolution donne p_{HI} :

$$K_2^\circ.(p^\circ)^2 = p_{\mathrm{HI}}.(p_{\mathrm{HI}} + 2\sqrt{K_1^\circ}.p_{\mathrm{HI}})$$

soit :

$$p_{\mathrm{HI}} = \sqrt{\frac{K_2^\circ}{(1 + 2\sqrt{K_1^\circ})}}.p^\circ$$

puis, en utilisant les expressions des constantes d'équilibre, les autres pressions partielles.

$$p_{\mathrm{HI}} = \frac{1}{\sqrt{(1 + 2.\sqrt{2,18.10^{-2}})}} = 0,88 \text{ bar}.$$

Les autres pressions s'en déduisent :

$$p_{\mathrm{H_2}} = p_{\mathrm{I_2}} = \sqrt{K_1^\circ} p_{\mathrm{HI}} = 0,13 \text{ bar}.$$

$$p_{\mathrm{NH_3}} = 2p_{\mathrm{H_2}} + p_{\mathrm{HI}} = 2.0,13 + 0,88 = 1,14 \text{ bar}.$$

La pression totale est enfin estimée par :

$$p_{\mathrm{T}} = p_{\mathrm{H_2}} + p_{\mathrm{I_2}} + p_{\mathrm{HI}} + p_{\mathrm{NH_3}} = 2,28 \text{ bar}.$$

5.5 Décomposition thermique du gypse

1. Exprimons les deux constantes d'équilibre en fonction des pressions partielles :

$$K_1^\circ = 0,95 = \frac{p_{\mathrm{SO_3}}}{p^\circ} \qquad \text{et} \qquad K_2^\circ = 400 = \frac{p_{\mathrm{SO_2}}^2 p_{\mathrm{O_2}}}{p_{\mathrm{SO_3}}^2} \frac{1}{p^\circ}$$

2. La pression partielle en trioxyde de soufre est calculée en utilisant la constante d'équilibre K_1° :

$$p_{\mathrm{SO_3}} = 0,95 \text{ bar}.$$

Comme :

$$p_{\mathrm{O_2}} = \frac{1}{2} p_{\mathrm{SO_2}}$$

il vient en utilisant la constante d'équilibre K_2° :

$$p_{\mathrm{SO_2}} = 8,96 \text{ bar} \qquad \text{et} \qquad p_{\mathrm{O_2}} = 4,48 \text{ bar}.$$

3. Réalisons un tableau d'avancement en notant ξ_1 l'avancement relatif à l'équilibre de décomposition du gypse et ξ_2 l'avancement relatif à l'équilibre de décomposition du trioxyde de soufre. À l'équilibre nous avons :

	$CaSO_4$ (s)	+	SiO_2 (s)	=	$CaSiO_3$ (s)	+	SO_3 (g)
EF	excès		excès		ξ_1		$\xi_1 - 2\xi_2$

et

	$2SO_3$(g)	=	$2SO_2$(g)	+	O_2(g).
EF	$\xi_1 - 2\xi_2$		$2\xi_2$		ξ_2

La quantité de matière en trioxyde de soufre est calculée par utilisation de la relation :

$$p_{\mathrm{SO_3}} = \frac{n_{\mathrm{SO_3}} RT}{V} \qquad \text{soit} \qquad n_{\mathrm{SO_3}} = 8,2.10^{-2} \text{ mol} = \xi_1 - 2\xi_2.$$

La quantité de matière en dioxygène est fournie par la relation :

$$p_{O_2} = \frac{n_{O_2} RT}{V} \qquad \text{avec} \qquad n_{O_2} = \xi_2 = 0,39 \text{ mol.}$$

Ces relations permettent d'estimer les avancements :

$$\xi_1 = 0,86 \text{ mol} \qquad \text{et} \qquad \xi_2 = 0,39 \text{ mol.}$$

En fin de réaction il reste une quantité de matière en $CaSO_4$(s) et SiO_2(s) égale à :

$$n(CaSO_4) = n(SiO_2) = 1 - \xi_1 = 0,14 \text{ mol.}$$

4. Lorsque survient la rupture de l'équilibre par disparition des réactifs, l'avancement ξ_1 est égal à 1 mol. Le calcul de $p_{SO_3} + p_{SO_2}$ conduit à :

$$p_{SO_3} + p_{SO_2} = \frac{\xi_1 RT}{V}.$$

Comme :

$$p_{SO_3} = 0,95 \text{ bar} \qquad \text{et} \qquad p_{SO_2} = 8,96 \text{ bar}$$

il vient :

$$V = 11,7 \text{ L.}$$

5. L'affinité chimique s'exprime par :

$$\mathcal{A} = RT \ln\left(\frac{K_3^\circ}{p_{SO_3}} p^\circ\right).$$

Comme $p_{SO_3} = 0,95$ bar, il vient :

$$\mathcal{A} = -\, 137,5 \text{ kJ.mol}^{-1}$$

qui indique par son signe négatif que la transformation en oxyde de calcium CaO(s) n'est pas permise thermodynamiquement.

5.6 Oxydes de vanadium

1. La température T_i est la température de transition entre les variétés α et β sous la pression considérée. Par analogie avec le changement d'état du corps pur, il existe une relation de la forme $p = f(T)$ liant pression et température correspondant à la réalisation de l'équilibre.

2. À la température $T_i = 72\ ^\circ\text{C} = 345$ K, l'affinité chimique de la réaction s'annule ($\mathcal{A} = 0$) : l'équilibre entre les deux phases existe à cette température. En considérant les deux variétés α et β non miscibles, leur activité est égale à 1 et l'affinité chimique se confond avec l'affinité chimique standard $\mathcal{A}^\circ$. Nous avons ici $\mathcal{A}^\circ = 0$.

Or :

$$\mathcal{A}^\circ(345) = -\,\Delta_r H^\circ(345) + T_i \Delta_r S^\circ(345)$$

qui permet de calculer l'entropie standard de réaction. Nous avons :

$$\Delta_r S^\circ(345) = \frac{\Delta_r H^\circ(345)}{T_i}$$

qui permet de calculer :

$$\Delta_r S^\circ(345) = S^\circ_m(V_2O_4(\beta)) - S^\circ_m(V_2O_4(\alpha)) = 25,0\,J.K^{-1}.mol^{-1}$$

à la température $T = 345$ K.

À partir des valeurs calculées à la température $T = 345$ K, il est possible de déterminer les valeurs de ces grandeurs à $T = 298$ K. Ainsi :

$$\frac{d\Delta_r H^\circ}{dT} = \sum_{i=1}^{n} \nu_i C^\circ_{p,m,i} = C^\circ_{p,m}(V_2O_4(\beta)) - C^\circ_{p,m}(V_2O_4(\alpha))$$

et donc par intégration entre 298 K et 345 K il vient :

$$\Delta_r H^\circ(345) - \Delta_r H^\circ(298) = \left[C^\circ_{p,m}(V_2O_4(\beta)) - C^\circ_{p,m}(V_2O_4(\alpha))\right].(345 - 298)$$

qui permet de calculer la valeur de l'enthalpie standard de réaction $\Delta_r H^\circ(298)$. Ainsi :

$$\Delta_r H^\circ(298) = 8\,551\,J.mol^{-1}.$$

De façon voisine :

$$\frac{d\Delta_r S^\circ}{dT} = \sum_{i=1}^{n} \nu_i \frac{C^\circ_{p,m,i}}{T} = \frac{C^\circ_{p,m}(V_2O_4(\beta)) - C^\circ_{p,m}(V_2O_4(\alpha))}{T}$$

et donc par intégration entre 298 K et 345 K il vient :

$$\Delta_r S^\circ(345) - \Delta_r S^\circ(298) = \left[C^\circ_{p,m}(V_2O_4(\beta)) - C^\circ_{p,m}(V_2O_4(\alpha))\right]\ln\frac{345}{298}.$$

Ainsi $\Delta_r S^\circ(298) = 24,8$ J.K^{-1}.mol^{-1}.

Finalement :

$$\mathcal{A}^\circ(298) = T\Delta_r S^\circ(298) - \Delta_r H^\circ(298) = -\,1\,160\,J.mol^{-1}.$$

L'affinité chimique standard (qui se confond ici avec l'affinité chimique) est négative. La réaction est alors spontanée dans le sens $\beta \rightarrow \alpha$. La variété α est la variété stable à 298 K.

Par ailleurs :

$$\Delta_r S^\circ(345) = S^\circ_m(V_2O_4(\beta)) - S^\circ_m(V_2O_4(\alpha)) > 0$$

et donc :

$$S^\circ_m(V_2O_4(\beta)) > S^\circ_m(V_2O_4(\alpha)).$$

La variété α est plus ordonnée que la variété β.

3. La température $T = 767\ ^\circ\mathrm{C}$ est la température d'inversion de l'équilibre.

Calculons l'affinité chimique initiale par la relation :

$$\mathcal{A} = \mathcal{A}^\circ - RT \ln Q$$

avec Q quotient de réaction (exprimé à l'aide des pressions partielles initiales). Dans le cas présent :

$$\mathcal{A} = \mathcal{A}^\circ - RT \ln \frac{p_{SO_3}^2}{p_{SO_2}^2 p_{O_2}} p^\circ.$$

En utilisant l'expression :

$$p_i = \frac{n_i}{n_{\text{tot}}^{\text{g}}} p_{\text{T}}$$

avec n_i quantité de matière en gaz i, $n_{\text{tot}}^{\text{g}}$ quantité de matière gazeuse et p_{T} pression totale il vient :

$$p_{SO_3} = 0,3 \text{ bar}, \quad p_{SO_2} = 0,2 \text{ bar} \quad \text{et} \quad p_{O_2} = 0,1 \text{ bar}.$$

Alors :

$$\mathcal{A} = -26,9 \text{ kJ.mol}^{-1}$$

et la réaction a lieu dans le sens de dissociation du trioxyde de soufre.

4. Réalisons un tableau d'avancement en faisant intervenir le coefficient de dissociation α du dioxyde de soufre :

	$2SO_2$ (g)	+	O_2 (g)	=	$2\ SO_3$ (g)
EI	1		1		0
EF	$1 - \alpha$		$1 - \dfrac{\alpha}{2}$		α

et il y a 4 moles de diazote. La constante d'équilibre s'écrit :

$$K^\circ = \frac{p_{SO_3}^2}{p_{SO_2}^2 p_{O_2}} p^\circ$$

avec une nouvelle fois :

$$p_i = \frac{n_i}{n_{\text{tot}}^{\text{g}}} p_{\text{T}}.$$

Nous avons après calcul :

$$K^\circ = \frac{\alpha^2 \left(6 - \dfrac{\alpha}{2}\right)}{(1-\alpha)^2 \left(1 - \dfrac{\alpha}{2}\right)} \frac{p^\circ}{p_{\text{T}}}.$$

La résolution (numérique) de cette équation donne $\alpha = 0,84$. Dans ces conditions la synthèse du trioxyde de soufre est favorisée.

5. Pour $T = 767\ ^\circ\mathrm{C}$ la constante d'équilibre est $K^\circ = 1$. La réaction n'est pas favorisée si on augmente la température. En conséquence il est préférable d'opérer à basse température. L'utilisation d'un catalyseur se révèle utile car la baisse de température favorise thermodynamiquement la réaction mais défavorise la cinétique.

5.7 Étude des alliages or-cuivre

1. Exprimons la constante de l'équilibre étudié :

$$K^\circ(T) = \frac{p_{H_2}}{p_{H_2S}}$$

compte tenu du fait que les solides, seuls dans leur phase, ont une activité égale à 1. En conséquence, le rapport :

$$\frac{p_{H_2}}{p_{H_2S}}$$

ne dépend que de la température.

2. L'enthalpie standard de réaction s'exprime par la relation :

$$\Delta_r G^\circ = \sum_{i=1}^{n} \nu_i \Delta_f G_i^\circ = \Delta_f G^\circ\,(Cu_2S) - \Delta_f G^\circ\,(H_2S)$$

Application numérique :

$$\Delta_r G^\circ = -\,60\ \text{kJ.mol}^{-1}.$$

Par définition de la constante d'équilibre standard :

$$\Delta_r G^\circ = -\,RT \ln K^\circ$$

et permet de calculer la valeur numérique de K° :

$$300R \ln K^\circ = 60\,000 \quad \text{et donc} \quad 6\,000 \log K^\circ = 60\,000.$$

Finalement :

$$K^\circ = 10^{10} \qquad \text{et} \qquad \frac{p_{H_2}}{p_{H_2S}} = 10^{10} \quad \text{à } T = 300\ \text{K}.$$

L'enthalpie standard de réaction à T = 300 K se calcule par application de la loi de HESS :

$$\Delta_r H^\circ = \sum_{i=1}^{n} \nu_i \Delta_f H_i^\circ = \Delta_f H^\circ\,(Cu_2S) - \Delta_f H^\circ\,(H_2S)$$

Application numérique :

$$\Delta_r H^\circ = -\,60\ \text{kJ.mol}^{-1}.$$

Le calcul de :

$$\Delta_r C_p^\circ = \sum_{i=1}^{n} \nu_i C_{p,\text{m},i}^\circ = 0$$

ici montre bien l'indépendance de l'enthalpie standard de réaction avec la température. En conséquence il est possible d'appliquer la relation de VAN'T HOFF :

$$\frac{\text{d} \ln K^\circ}{\text{d}T} = \frac{\Delta_r H^\circ}{RT^2}$$

et de l'intégrer facilement entre les températures $T_1 = 300$ K et $T_2 = 750$ K sous la forme :

$$\ln\left(\frac{K^\circ(T_2)}{K^\circ(T_1)}\right) = \frac{\Delta_r H^\circ}{R}\left(\frac{1}{T_1} - \frac{1}{T_2}\right).$$

Ainsi :

$$\ln\left(\frac{K^\circ(T_2)}{K^\circ(T_1)}\right) = \frac{\Delta_r H^\circ}{R}\frac{450}{300 \times 750} = \frac{-120}{R}$$

et donc :

$$20 \log\left(\frac{K^\circ(T_2)}{K^\circ(T_1)}\right) = -\ 120$$

ou encore :

$$K^\circ(750) = 10^4.$$

Lorsque la température augmente, l'équilibre est plus en faveur des produits qu'à basse température.

3. Dans cette plage de température la courbe est assimilable à une droite d'équation :

$$\ln\left(\frac{p_{H_2}}{p_{H_2S}}\right) = 9,2 + 2\ln x.$$

4. Dans le cas du mélange idéal l'activité est confondue avec la fraction molaire :

$$a_{Cu} = x_{Cu} = x.$$

Exprimons $K^\circ(750)$ sous la forme :

$$K^\circ(750) = \frac{p_{H_2} a_{Cu_2S}}{p_{H_2S} a_{Cu}^2} = \frac{p_{H_2}}{p_{H_2S} x^2}$$

qui fournit par passage au logarithme népérien :

$$\ln\left(\frac{p_{H_2}}{p_{H_2S}}\right) = 2\ln x + 9,2.$$

La compatibilité des résultats est assurée par la ressemblance des deux expressions.

5. En introduisant le coefficient γ dans l'expression de l'activité et en réitérant le raisonnement de la question **4.**, nous avons la relation :

$$\ln\left(\frac{p_{H_2}}{p_{H_2S}}\right) = 2\ln x + 9,2 + 2\ln\gamma.$$

Il ne reste qu'à réaliser l'application numérique pour la valeur de γ. Au point considéré :

$$\ln\gamma = -\ 0,05 \qquad \text{et} \qquad \gamma = 0,95.$$

5.8 Réaction chimique et création d'entropie

1. Préliminaires

1.a. La variation d'entropie est la somme de deux contributions : un terme de création d'entropie noté ici S_{cr} et un terme d'échange S_{ech}, relié au transfert thermique Q et à la température de la frontière qui ici est uniforme et constante au cours de la transformation :

$$\Delta S = S_{ech} + S_{cr} = \frac{Q}{T_0} + S_{cr}$$

ce qui donne :

$$S_{cr} = \Delta S - \frac{Q}{T_0}.$$

Le deuxième principe énonce que la création d'entropie est positive ou nulle. C'est un principe d'évolution car il énonce que parmi toutes les transformations compatibles avec le principe de conservation d'énergie, seules celles qui se font avec création d'entropie positive sont envisageables.

1.b. La grandeur ΔH représente la variation d'enthalpie entre l'état initial et l'état final d'équilibre :

$$\Delta H = H_f - H_i = U_f - U_i + p_f V_f - p_i V_i.$$

L'application du premier principe conduit à :

$$\Delta U = Q - \int p_{ext} \mathrm{d}V$$

soit, en tenant compte de la valeur constante de la pression extérieure au cours de la transformation ($p_{ext} = p^\circ$) :

$$\Delta U = Q - p_{ext}(V_f - V_i) = Q - p^\circ(V_f - V_i)$$

ce qui donne pour la variation d'enthalpie :

$$\Delta H = Q - p^\circ(V_f - V_i) + p_f V_f - p_i V_i$$

soit, en tenant a nouveau compte de $p_i = p_f = p^\circ$, les derniers termes se simplifient et :

$$\Delta H = Q$$

1.c. En utilisant la relation entre enthalpie libre et enthalpie ($G = H - TS$) et en tenant compte de la valeur constante de la température extérieure ($T = T_0$) :

$$\Delta G = \Delta H - \Delta(TS) = Q - T_0 \Delta S = Q - T_0.(\frac{Q}{T_0} + S_{cr}) = -T_0.S_{cr}.$$

Comme le deuxième principe stipule que S_{cr} est supérieur ou égal à zéro, nous en déduisons que la variation d'enthalpie libre est négative ou nulle (évolution à pression extérieure et température extérieure constantes).

2. Formation du chlorure d'hydrogène

2.a. La relation entre enthalpie standard de réaction, entropie standard de réaction et constante d'équilibre standard de réaction est donnée par les équations suivantes :

$$\Delta_r G_T^\circ + RT\ln K_T^\circ = \Delta_r H_T^\circ - T\Delta_r S_T^\circ + RT\ln K_T^\circ = 0.$$

Les données de l'énoncé indiquent les valeurs d'enthalpie standard de réaction et d'entropie standard de réaction à la température T_0 et donc :

$$K_{T_0}^\circ = \exp\left(-\frac{1}{R}\left(\frac{\Delta_r H_{T_0}^\circ}{T_0} - \Delta_r S_{T_0}^\circ\right)\right).$$

Application numérique :

$$K_{T_0}^\circ = \exp\left(\frac{1}{8,31}\left(\frac{185}{0,298} + 20\right)\right) = 2,97.10^{33}.$$

Cette valeur signifie que la réaction est totale. C'est la valeur de l'enthalpie standard de la réaction qui est principalement responsable de la formation très favorisée du chlorure d'hydrogène.

2.b. Pour la variation d'enthalpie dans les conditions où a lieu la réaction, il vient :

$$\Delta H = \int_{\xi_i}^{\xi_f} \left(\frac{\partial H}{\partial \xi}\right)_{T,\,p} \mathrm{d}\xi = \int_{\xi_i}^{\xi_f} \Delta_r H_T\, \mathrm{d}\xi.$$

Dans le cas d'un mélange parfait de gaz parfaits, l'enthalpie molaire partielle de chaque participant ne dépend que de la température et il vient :

$$\Delta_r H_T = \sum_i \nu_i \overline{H}_i = \sum_i \nu_i \overline{H}_i^\circ = \Delta_r H_T^\circ$$

et donc :

$$\Delta H = \Delta_r H_T^\circ.(\xi_f - \xi_i).$$

En tenant compte des conditions initiales, $\xi_f - \xi_i = n_0 - 0 = n_0$, soit :

$$\Delta H = -185 \text{ kJ}.$$

La réaction est très exothermique $\Delta_r H^\circ < 0$.

2.c. Pour un gaz parfait appartenant à un mélange parfait de gaz parfaits :

$$\mu_i(p,T) = \mu_i^\circ(T) + RT.\ln\left(\frac{p_i}{p^\circ}\right) = \mu_i^\circ(T) + RT\ln\left(x_i^g \frac{p}{p^\circ}\right).$$

2.d. Calcul de la variation d'enthalpie libre

Les quantités de matière initiales présentes sont n_0 en dihydrogène et n_0 en dichlore. À l'état final, la quantité de matière présente est $2n_0$ en chlorure d'hydrogène.

$$\Delta G = G_\mathrm{f} - G_\mathrm{i} = 2n_0(\mu^\circ(\mathrm{HCl}) + RT_0 \ln(x_\mathrm{f}(\mathrm{HCl})\frac{p}{p^\circ}))$$
$$- n_0(\mu^\circ(\mathrm{H_2}) + RT_0 \ln(x_\mathrm{i}(\mathrm{H_2})\frac{p}{p^\circ}))) - n_0(\mu^\circ(\mathrm{Cl_2}) + RT_0 \ln(x_\mathrm{i}(\mathrm{Cl_2})\frac{p}{p^\circ})))$$

L'état initial est un mélange équimolaire de dichlore et de dihydrogène. Donc $x_\mathrm{i}(\mathrm{H_2}) = x_\mathrm{i}(\mathrm{Cl_2}) = 0,5$.

La réaction étant totale, l'état final est du chlorure d'hydrogène pur. Donc $x_\mathrm{f}(\mathrm{HCl}) = 1$.

Il vient :

$$\Delta G =$$
$$n_0\left[2\mu^\circ(\mathrm{HCl}) + 2RT_0 \ln(x_\mathrm{f}(\mathrm{HCl})) - \mu^\circ(\mathrm{H_2}) - \mu^\circ(\mathrm{Cl_2})) - 2RT_0 \ln(x_\mathrm{i}(\mathrm{Cl_2}))\right]$$

soit :

$$\Delta G = n_0\left[\Delta_\mathrm{r} G^\circ_{T_0} + 2RT_0 \ln(\frac{x_\mathrm{f}(\mathrm{HCl})}{x_\mathrm{i}(\mathrm{Cl_2})})\right].$$

Il a été établi à la question **1.c.** que, pour un système évoluant à température extérieure constante et à pression extérieure constante, le terme de création d'entropie S_cr et la variation d'enthalpie libre sont liés par :

$$\Delta G = -T_0.S_\mathrm{cr}.$$

D'où on déduit, dans le cas de la transformation étudiée :

$$S_\mathrm{cr} = 2Rn_0 \ln(x_\mathrm{i}(\mathrm{Cl_2})) - \frac{n_0 \Delta_\mathrm{r} G^\circ_{T_0}}{T_0}.$$

Application numérique :

$$S_\mathrm{cr} = 2.8,31.\ln(0,5) - \frac{(-185.10^3 - 20.298)}{298} = 629,3\ \mathrm{J.K^{-1}}.$$

Pour la variation d'entropie ΔS au cours de la transformation chimique :

$$\Delta S = \frac{Q}{T_0} + S_\mathrm{cr} =$$
$$\frac{n_0 \Delta_\mathrm{r} H^\circ_{T_0}}{T_0} - \frac{n_0(\Delta_\mathrm{r} H^\circ_{T_0} - T_0.\Delta_\mathrm{r} S^\circ_{T_0} - 2RT_0 \ln(x_\mathrm{f}(\mathrm{Cl_2})))}{T_0}$$

ce qui donne après simplification :

$$\Delta S = n_0(\Delta_\mathrm{r} S^\circ_{T_0} + 2R \ln(x_\mathrm{i}(\mathrm{Cl_2})))$$

ce qui donne *numériquement* :

$$\Delta S = 20 + 2.8,31.\ln(0,5) = 8,5\,\text{J.K}^{-1}.$$

La source principale de création d'entropie est la réaction chimique : il existe une contribution de mélange (le terme en ln)

3. Dissociation du tétraoxyde de diazote

3.a. Les données thermodynamiques à T_0 = 298 K permettent le calcul de l'enthalpie standard de réaction et de l'entropie standard à la température T_0 :

$$\Delta_r H^\circ_{T_0} = 2\Delta_f H^\circ_{T_0}(NO_2) - \Delta_f H^\circ_{T_0}(N_2O_4)$$
$$\Delta_r S^\circ_{T_0} = 2S^\circ_{m,T_0}(NO_2) - S^\circ_{m,T_0}(N_2O_4)$$

ce qui donne *numériquement* :

$$\Delta_r H^\circ_{T_0} = 2.33,2 - 9,16 = 57,2\,\text{kJ.mol}^{-1}$$
$$\Delta_r S^\circ_{T_0} = 2.240 - 304 = 176\,\text{J.K}^{-1}.\text{mol}^{-1}$$

3.b. La constante d'équilibre standard s'écrit en fonction de l'enthapie standard de réaction et de l'entropie standard de réaction selon :

$$\Delta_r H^\circ_T - T\Delta_r S^\circ_T + RT\ln(K^\circ_T) = 0$$

soit, à la température T_0 = 298 K :

$$K^\circ_{T_0} = \exp\left(\frac{1}{8,31}(176 - \frac{57,2}{0,298})\right) = 0,147.$$

3.c. L'écriture des quantités de matière pour la réaction de dissociation du tétraoxyde de diazote donne :

	N_2O_4 (g)	=	$2\,NO_2$ (g)
E. I.	n_0		
E. F.	$n_0 - \xi^{eq}$		$2\xi^{eq}$

La quantité de matière gazeuse totale vaut $n^g_{tot} = n_0 + \xi^{eq}$. Ainsi, les pressions partielles s'écrivent en fonction de la pression totale, de la quantité de matière initiale n_0 et de l'avancement ξ^{eq} :

$$p_{N_2O_4} = \frac{n_0 - \xi^{eq}}{n_0 + \xi^{eq}}.p_{tot} \quad \text{et} \quad p_{NO_2} = \frac{2\,\xi^{eq}}{n_0 + \xi^{eq}}.p_{tot}.$$

L'expression de la constante d'équilibre conduit à :

$$K^\circ_{T_0} = \frac{(2\xi^{eq})^2}{(n_0 - \xi^{eq})(n_0 + \xi^{eq})}.\frac{p_{tot}}{p^\circ}$$

donc à résoudre :

$$\frac{K^\circ_{T_0}}{4\overline{p}_{tot}} = \frac{(\xi^{eq})^2}{(n_0^2 - (\xi^{eq})^2)}$$

soit, en posant $\alpha = \dfrac{\xi}{n_0}$:

$$\frac{4\overline{p}_{\text{tot}}}{K^\circ_{T_0}} = \frac{1}{\alpha^2} - 1$$

$$\alpha^{\text{eq}} = \frac{1}{\sqrt{1 + \dfrac{4\overline{p}_{\text{tot}}}{K^\circ_{T_0}}}}.$$

Application numérique :

$$\alpha^{\text{eq}} = \frac{1}{\sqrt{1 + \dfrac{4}{0,147}}} = 0,188.$$

$$n_{N_2O_4} = 1 - 0,188 = 0,812 \text{ mol} \qquad \text{et} \qquad n_{NO_2} = 2.0,188 = 0,376 \text{ mol}$$

3.d. La variation d'enthalpie entre l'état initial et l'état d'équilibre s'écrit :

$$\Delta H = H_{\text{f}} - H_{\text{i}} = (n_0 - \xi^{\text{eq}})\overline{H}_{\text{f}}(N_2O_4) + 2\xi^{\text{eq}}\overline{H}_{\text{f}}(NO_2) - n_0\overline{H}_{\text{ini}}(N_2O_4).$$

Or les gaz sont supposés se comporter comme des gaz parfaits et l'enthalpie se déduit facilement du potentiel chimique par utilisation de la relation de GIBBS-HELMHOLTZ :

$$\overline{H}_i = -T^2.\left(\frac{\partial(\frac{\mu_i}{T})}{\partial T}\right)_{P,comp.} = -T^2.\left(\frac{\partial}{\partial T}\left(\frac{\mu_i^\circ(T)}{T} + R\ln(x_i)\right)\right)_{p,comp.}$$

$$= -T^2.\left(\frac{\partial}{\partial T}\left(\frac{\mu_i^\circ(T)}{T}\right)\right)_{p,comp.} = \overline{H}_i^\circ$$

L'enthalpie molaire partielle ne dépend que de la température et donc :

$$\overline{H}_{\text{f}}(N_2O_4) = \overline{H}_{\text{ini}}(N_2O_4) = \overline{H}^\circ(N_2O_4)$$

et l'expression de la variation d'enthalpie se simplifie en :

$$\Delta H = -\xi^{\text{eq}}\overline{H}^\circ(N_2O_4) + 2\xi^{\text{eq}}\overline{H}^\circ(NO_2) =$$

$$\xi^{\text{eq}}(2\overline{H}^\circ(NO_2) - \overline{H}^\circ(N_2O_4)) = \xi^{\text{eq}}\Delta_{\text{r}}H^\circ$$

Application numérique :

$$\Delta H = 0,188.(57,1.10^3) = 10,8 \text{ kJ.mol}^{-1}.$$

La réaction est endothermique.

3e. L'entropie d'échange $S_{\text{ech}} = \dfrac{Q}{T_0} = \dfrac{\Delta H}{T_0}$, ce qui donne :

$$S_{\text{ech}} = \frac{10800}{298} = 36,1\,\text{J.K}^{-1}.$$

La variation d'entropie s'écrit donc :

$$\Delta S = S_{\text{ech}} + S_{\text{cr}} = 36,1 + 3,1 = 39,2\,\text{J.K}^{-1}.$$

Le terme de création d'entropie est lié au mélange des réactifs/produits.

5.9 Étude de la solubilité du chlorure de potassium KCl dans l'eau

1. Solubilité du chlorure de potassium dans l'eau pure

1.a. Le dosage permet de déterminer la quantité de matière d'ions chlorure. La réaction de dosage est la précipitation des ions chlorure avec les ions argent(I) selon :

$$Cl^-\,(aq) \quad + \quad Ag^+\,(aq) \quad = \quad AgCl\,(s).$$

La concentration en ions chlorure décroît au cours du titrage et diminue brutalement lors du passage par le point équivalent (réactifs introduits en proportions stœchiométriques). L'augmentation simultanée de la concentration en ions argent(I) se traduit par l'apparition du précipité de chromate d'argent(I) Ag_2CrO_4 de couleur rouge/rose, ce qui permet de mettre en évidence le point équivalent (colorimétrie).

1.b. La solution S est obtenue par dilution au centième : sa concentration c_S en ion chlorure est donc 100 fois inférieure à celle de la solution saturée. Notons V_0 le volume de l'échantillon à doser et c_0 celui de la solution titrante, V_{eq} le volume équivalent. La stœchiométrie de la réaction de titrage impose la relation :

$$c_0.V_{\text{eq}} = c_S.V_0$$

et la concentration c est donc égale à :

$$c = 100.\frac{V_{\text{eq}}}{V_0}.c_0.$$

1.c. La solubilité du chlorure de potassium croît avec la température : le processus de dissolution décrit par l'équilibre suivant :

$$KCl\,(s) \quad = \quad K^+\,(aq) \quad + \quad Cl^-\,(aq) \qquad K_s^\circ = \frac{[K^+].[Cl^-]}{c_{\text{réf}}^2} = \left(\frac{c}{c_{\text{réf}}}\right)^2.$$

La constante de cet équilibre croît avec la température et ce processus est donc endothermique : en utilisant la relation de VAN'T HOFF, il est établi que l'enthalpie standard de réaction est positive. Pour estimer l'entalpie standard de réaction, on fait l'hypothèse que cette grandeur est indépendante de la température. L'intégration dans ces conditions de la relation de VAN'T HOFF conduit à :

$$\ln(K_s^\circ) = -\frac{\Delta_r H^\circ}{R} \cdot \frac{1}{T} + \text{cte}$$

et le tracé de $\ln(K_s^\circ)$ en fonction de T^{-1} doit donner une droite. L'exploitation des résultats expérimentaux montre seulement un accord très approximatif avec cette corrélation linéaire sur l'intervalle de température exploré. Il est donc préférable de travailler sur un intervalle de température plus restreint, juste entre $\theta_1 = 20\ ^\circ\mathrm{C}$ et $\theta_2 = 30\ ^\circ\mathrm{C}$ pour l'estimation de l'enthalpie standard de réaction :

$$\ln\left(\frac{K_s^\circ(T_2)}{K_s^\circ(T_1)}\right) = \ln\left(\frac{c^2(T_2)}{c^2(T_1)}\right) = \left(\frac{\Delta_r H_T^\circ}{R}\right) \cdot \left(\frac{1}{T_1} - \frac{1}{T_2}\right)$$

Application numérique :

$$\Delta_r H_T^\circ = 8,31 \cdot \frac{2 \ln\left(\dfrac{4,32}{4,05}\right)}{\left(\dfrac{1}{293} - \dfrac{1}{303}\right)} = 9,53 \text{ kJ.mol}^{-1}.$$

1.d. Évaluation de l'enthalpie standard de dissolution par calorimétrie

Calculons la capacité thermique totale du système (calorimètre + solution) qui reçoit le transfert thermique de la réaction chimique. La solution recevant le transfert thermique est la solution finale qui contient 5 g de chlorure de potassium (soit $\dfrac{5}{(39,1 + 35,5)} = 0,067$ mol) et 200 mL d'eau (soit $\dfrac{200}{18} = 11,11$ mol). Comme la quantité de matière en chlorure de potassium est très inférieure à celle de l'eau, il est très raisonnable d'assimiler la capacité thermique de la solution à celle du solvant. La capacité thermique totale Γ_{tot} est donc :

$$\Gamma_{\text{tot}} = 88 + 75,47.11,11 = 926,2 \text{ J.K}^{-1}.\text{mol}^{-1}.$$

Le transfert thermique dû à la réaction chimique se traduit par la variation de température du système, soit :

$$Q = -\Delta H \approx -\Delta_r H^\circ.\xi = -\Gamma_{\text{tot}}.\Delta T$$

où ξ est l'avancement de la réaction de dissolution, limité par la quantité de matière initiale de chlorure de potassium, soit ξ = 0,067 mol.

Application numérique :

$$\Delta_r H^\circ = \frac{926,6.1,2}{0,067} = 16,6 \text{ kJ.mol}^{-1}.$$

1e. L'écart entre les deux valeurs ne peut pas être expliqué par les incertitudes expérimentales. Les données thermodynamiques permettent de calculer la valeur issue de la littérature.

Considérons la réaction de dissolution du chlorure de potassium

$$\text{KCl (s)} \quad = \quad \text{K}^+ \text{(aq)} \quad + \quad \text{Cl}^- \text{(aq)}.$$

L'enthalpie standard de réaction s'exprime en fonction des enthalpies standard de formation selon :

$$\Delta_{\text{diss}} H^\circ(\text{KCl}) = \Delta_\text{f} H^\circ(\text{K}^+ \text{(aq)}) + \Delta_\text{f} H^\circ(\text{Cl}^- \text{(aq)}) - \Delta_\text{f} H^\circ(\text{KCl (s)})$$

Application numérique :

$$\Delta_\text{r} H^\circ = -252,4 - 167,2 + 436,39 = 16,8 \text{ kJ.mol}^{-1}$$

qui est en bon accord avec la valeur déterminée par calorimétrie. L'explication de l'écart entre la valeur obtenue par application de la loi de VAN'T HOFF et les deux autres valeurs réside dans l'ordre de grandeur des concentrations rencontrées. En effet, les grandeurs standard sont obtenues pour la solution infiniment diluée. Or à des concentrations volumiques molaires de quelques mol.L^{-1} (cas des solutions aqueuses saturées en chlorure de potassium au voisinage de 25 °C), les solutions ne se comportent pas comme des solutions diluées. En revanche, lors de la détermination par calorimétrie, la solution obtenue est de concentration 0,335 mol.L^{-1}, plus compatible avec le modèle de la solution infiniment diluée.

2. Comparaison de la solubilité du chlorure de potassium et du chlorure de sodium

2.a. Les données proposées par l'énoncé sont insuffisantes pour clarifier sans ambiguïté les différentes contributions . D'une part, les solubilités sont directement liées aux constantes de solubilité K_s des deux solides et sont donc thermodynamiquement liées aux enthalpies libres standard des réactions de dissolution (et non simplement aux enthalpies standard). D'autre part, l'explication d'une solubilité plus ou moins grande d'un solide ionique dans un solvant donné s'appuie sur un cycle thermodynamique représenté à la figure 5.4.

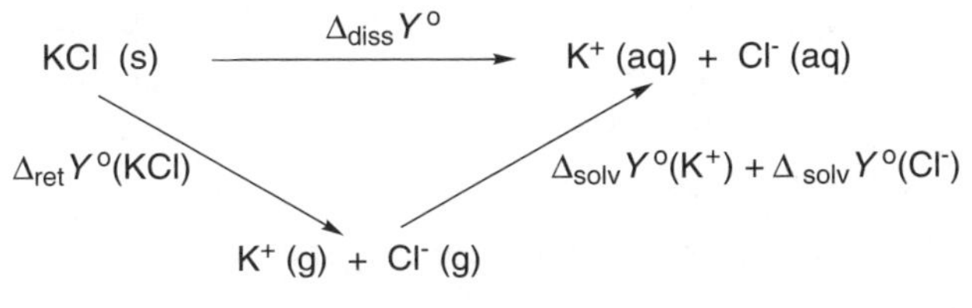

Figure 5.4 – Cycle thermodynamique détaillant les différentes contributions aux grandeurs de dissolution

Dans ce cycle, la grandeur Y est une grandeur extensive quelconque, par exemple l'enthalpie. Les grandeurs $\Delta_{\text{ret}} Y^\circ$ sont des grandeurs dites réticulaires qui traduisent les propriétés de cohésion du solide : l'enthalpie réticulaire est positive et plus elle est élevée, plus cela signifie que les interactions entre constituants ioniques du solide sont élevées, qu'il sera coûteux en énergie de le dissocier en ses constituants en phase gazeuse. Les grandeurs $\Delta_{\text{solv}}Y^\circ$ sont des grandeurs de solvatation associées à la mise en solution des ions. L'enthalpie de dissolution est une grandeur négative, d'autant plus négative que l'ion est fortement solvaté (qu'il est stabilisé par la présence du solvant). Ce qui peut expliquer qu'un solide est plus soluble qu'un autre c'est :

- que la cohésion du solide est moins grande ;
- que les ions du solide sont mieux solvatés.

Application numérique :

$$\Delta_{\text{diss}}H^\circ(\text{NaCl}) = 411,54 - 240,1 - 167,2 = 4,24\,\text{kJ.mol}^{-1}.$$

On trouve par ailleurs (données non fournies par l'énoncé)

Solide	NaCl	KCl
$\Delta_{\text{ret}}H^\circ$ / kJ.mol^{-1}	704	772

Ion	Na^+	K^+	Cl^-
$\Delta_{\text{solv}}H^\circ$ / kJ.mol^{-1}	– 407	– 324	– 376

Ces données montrent que la prévision de variation de grandeurs associées aux réactions de dissolution n'est pas évidente : ici, l'enthalpie réticulaire est plus élevée pour le chlorure de potassium que pour le chlorure de sodium, ce qui favorise la solubilisation du chlorure de sodium par rapport à celle du chlorure de potassium (écart : 68 kJ.mol^{-1}). Mais la solvation de l'ion sodium est plus favorable que celle de l'ion potassium, et donc favorise la solubilisation du chlorure de sodium (écart : 83 kJ.mol^{-1}). Numériquement, c'est ce terme qui l'emporte et permet de comprendre (en partie) pourquoi le chlorure de sodium est plus soluble que le chlorure de potassium. Remarquons que la discussion précédente n'est pas complète car elle ne considère que la contribution enthalpique et ne prend pas en compte les termes entropiques qui peuvent être sensiblement différents d'un cristal à un autre, d'un ion à un autre pour le processus de solvatation.

2.b. Les données de l'énoncé permettent de calculer l'enthalpie de dissolution du chlorure de sodium :

$$\text{NaCl (s)} \quad = \quad \text{Na}^+\text{ (aq)} \quad + \quad \text{Cl}^-\text{ (aq)}$$

$$\Delta_{\text{diss}}H^\circ(\text{NaCl}) = \Delta_{\text{f}}H^\circ(\text{Na}^+\text{ (aq)}) + \Delta_{\text{f}}H^\circ(\text{Cl}^-\text{ (aq)}) - \Delta_{\text{f}}H^\circ(\text{NaCl (s)}).$$

L'enthalpie de dissolution est positive mais plus faible que celle associée à la dissolution du chlorure de potassium. Ainsi la solubilité du chlorure de sodium augmente moins vite avec la température que celle du chlorure de potassium.

2.c. De façon qualitative, il est prévisible que le chlorure de potassium précipitera le premier.

2.d. Lorsqu'une espèce chimique est en phase condensée (ici en solution ou une phase solide pure), son activité est, avec une excellente approximation, supposée indépendante de la pression. Elle ne dépend que de la température et, dans le cas d'une phase à plusieurs constituants, de la composition de celle-ci. Soient s_1 la solubilité du chlorure de sodium et s_2 la solubilité du chlorure de potassium. Les concentrations des ions vérifient :

$$[\mathrm{Na^+}] = s_1 \ ; \quad [\mathrm{K^+}] = s_2 \ ; \quad [\mathrm{Cl^-}] = s_1 + s_2 \ ;$$

et les concentrations sont reliées par les deux constantes d'équilibre de solubilité qui ne dépendent que de la température. Ainsi, chaque concentration s'exprimant en fonction de la température, la solubilité de chaque sel ne dépend que de la température.

2.e. Pour enrichir un solide constitué d'un mélange hétérogène de chlorure de potassium et de chlorure de sodium, il suffit de placer le solide en présence d'eau et à basse température : le chlorure de sodium y est notablement soluble tandis que le chlorure de potasium l'est beaucoup moins. Cela enrichit de façon relative le solide présent (en fait deux solides non miscibles qui coexistent).

2.f. Principe du dosage

La solution ajoutée de tétraphénylborure de sodium $\mathrm{Na^+, B(C_6H_5)_4^-}$ permet la précipitation du tétraphénylborure de potassium $\mathrm{K^+, B(C_6H_5)_4^-}$ (s) beaucoup moins soluble. La pesée du solide obtenu permet d'accéder à la quantité de matière (gravimétrie). La masse de chlorure de potassium contenue dans l'échantillon prélevé est donc :

$$m(\mathrm{KCl}) = \frac{m}{M(\mathrm{K^+, B(C_6H_5)_4^-})}.M(\mathrm{KCl})$$

où m est la masse d'échantillon analysé. La teneur t en chlorure de potassium est donc, en gramme de chlorure de potassium pour 100 grammes de minerai :

$$t = \frac{0,228}{(39,1 + (5 + 4.(5+6.12)))}.(39,1 + 35,5).\frac{100}{5} = 0,966 \text{ g} / 100 \text{ g}.$$

Corrigés des exercices chapitre 6

6.1 Équilibre de BOUDOUARD

1. L'écriture de la constante d'équilibre établit une relation implicite entre les pressions partielles et la température. Ainsi le choix des deux pressions partielles fixe la température et la pression totale, somme des pressions partielles. Ce résultat se retrouve par application de la règle des phases de GIBBS :

$$v = c + 2 - \varphi = (3 - 1) + 2 - 2 = 2.$$

2. Le choix de deux paramètres intensifs ne permet plus, pour un système de variance 2 de choisir librement d'autres paramètres intensifs.

3. Lors d'une diminution isotherme de la pression, le principe de modération prévoit une évolution du système dans le sens d'une augmentation de quantité de matière en phase gazeuse, de façon à limiter la diminution recherchée. Le système évolue donc ici dans le sens de production de monoxyde de carbone (dans le sens $\rightarrow$).

4. L'enthalpie standard de réaction est positive : la réaction est donc endothermique pour une évolution de la gauche vers la droite et exothermique pour une évolution de la droite vers la gauche. Le principe de modération prévoit une évolution dans le sens exothermique lors d'un refroidissement isobare, donc une évolution dans le sens de production de dioxyde de carbone (dans le sens $\leftarrow$).

5. La constante standard d'équilibre s'exprime en fonction des pressions partielles d'équilibre selon :

$$K_T^\circ = \frac{p_{CO}^2}{p_{CO_2}.p^\circ}.$$

On remplace chaque pression partielle par le produit de la fraction molaire en phase gazeuse par la pression totale et on tient compte de la relation entre fractions molaires $(x_{CO} + x_{CO_2} = 1)$. Il vient :

$$K_T^\circ = \frac{x_{CO}^2}{(1 - x_{CO})}.\frac{p}{p^\circ}$$

où p est la pression totale et p° la pression de référence (1 bar).

6.2 Préparation du mercure

1. La constante standard d'équilibre de la réaction s'exprime en fonction des pressions partielles des 4 participants à la réaction chimique. Si on choisit ces 4 paramètres intensifs, la constante d'équilibre est alors fixée et donc la température n'est plus librement choisie. La pression totale étant fonction des pressions partielles, elle ne peut être librement choisie. La variance est donc égale à 4. L'application de la règle des phase de GIBBS conduit bien sûr au même résultat :

$$v = c + 2 - \varphi = (4 - 1) + 2 - 1 = 4.$$

2. Le mélange initial est constitué de $n_0 = (1 \text{ mol})$ quantité de matière de sulfure de mercure (II), n_0 quantité de matière de dioxygène et $4n_0$ quantité de matière de diazote. Écrivons le tableau d'avancement pour la réaction :

	HgS (g)	+	O_2 (g)	=	Hg (g)	+	SO_2 (g)
E.I.	n_0		n_0				
E.F.	$n_0 - \xi$		$n_0 - \xi$		ξ		ξ

Le nombre total de quantité de matière gazeuse N_g^{tot} est, quel que soit l'avancement :

$$N_g^{tot} = 6n_0.$$

Le taux de conversion τ du sulfure de mercure est défini comme la fraction de sulfure de mercure (II) ayant réagi, soit $\tau = \frac{\xi}{n_0}$. L'écriture de la constante d'équilibre standard, d'abord en faisant apparaître l'avancement ξ, puis le taux de conversion τ conduit à :

$$K_T^\circ = \frac{\xi^2}{(n_0 - \xi)^2} = \frac{\tau^2}{(1 - \tau)^2}$$

ce qui donne :

$$\tau = \left(1 + (K_T^\circ)^{-1/2}\right)^{-1/2}.$$

La pression totale n'influe pas sur la position de l'équilibre.

Application numérique :

$$K_{973}^\circ = \exp\left(-\frac{(-309.10^3)}{8,314.973}\right) = 3,88.10^{16}$$

soit :

$$\tau \approx 1 - 10^{-8}.$$

La conversion est quantitative.

3. Reprenons l'expression de l'affinité chimique :

$$\mathcal{A} = -\sum \nu_i\mu_i = -\sum_i \nu_i\mu_i^\circ - RT\sum_{i\ \text{gaz}} \nu_i \ln\left(\frac{n_i}{N_g^{tot}}.\frac{p}{p^\circ}\right).$$

Si on fait varier, à température et pression constantes, la quantité de matière n_i du constituant i de $\mathrm{d}n_i$ (= $\mathrm{d}N_g^{tot}$), la variation élémentaire d'affinité chimique qui en résulte est donc :

$$\mathrm{d}\mathcal{A} = -RT.\left(\nu_i\frac{\mathrm{d}n_i}{n_i} - \Delta\nu_g\frac{\mathrm{d}N_g^{tot}}{N_g^{tot}}\right).$$

Or la réaction étudiée se déroule sans variation de quantité de matière en phase gazeuse ($\Delta\nu_g = 0$). La variation élémentaire d'affinité chimique se simplifie en :

$$\mathrm{d}\mathcal{A} = -RT\nu_i\frac{\mathrm{d}n_i}{n_i}.$$

Pour l'ajout de dioxygène, $\nu_{O_2} = -1$ et l'affinité chimique résultant de l'addition de dioxygène est positive : le système évolue dans le sens $\rightarrow$ (consommation du dioxygène).

6.3 Déplacements d'équilibre

1. La constante standard d'équilibre s'exprime en fonction des quantités de matière des participants et de la pression totale selon :

$$K_T^\circ = \frac{n_2.(n_1 + n_2 + n_3)}{n_1^2}.\frac{p^\circ}{p}.$$

2. L'affinité chimique s'exprime en fonction des potentiels chimiques selon :

$$\mathcal{A} = -\sum \nu_i \mu_i = -\sum_i \nu_i \mu_i^\circ - RT\sum_i \nu_i \ln a_i = -\Delta_\mathrm{r} G^\circ - RT\sum_i \ln(a_i)^{\nu_i}.$$

En introduisant la constante standard d'équilibre K_T° et le quotient de réaction Q :

$$\mathcal{A} = -\Delta_\mathrm{r} G^\circ - RT\ln\prod_i (a_i)^{\nu_i} = RT\ln(K_T^\circ) - RT\ln(Q)$$

soit :

$$\mathcal{A} = RT\ln\left(\frac{K_T^\circ}{Q}\right).$$

3. La pression apparaissant au dénominateur du quotient de réaction, une augmentation de pression se traduit par un quotient de réaction qui est plus faible que la constante standard d'équilibre avant perturbation : en conséquence, l'affinitié chimique est positive et le système se déplace dans le sens $\rightarrow$.

4. L'introduction d'hélium se traduit par une augmentation du terme n_3 et donc le quotient de réaction est supérieur à la constante d'équilibre. L'affinité chimique est négative et le système se déplace dans le sens $\leftarrow$.

5. Pour évaluer l'effet de l'introduction du dioxyde d'azote, il faut un calcul détaillé car la contribution de la quantité de matière en dioxyde d'azote à l'expression du quotient de réaction apparaît à la fois au numérateur et au dénominateur. En considérant le logarithme de la constante :

$$\mathrm{d}(\ln(Q)) = \mathrm{d}(\ln(n_1 + n_2 + n_3) - 2\mathrm{d}\ln(n_1)) = \frac{\mathrm{d}n_1}{(n_1 + n_2 + n_3)} - 2\frac{\mathrm{d}n_1}{n_1}.$$

Cette expression permet d'évaluer le signe de la dérivée du quotient de réaction par rapport à la quantité de matière de dioxyde d'azote :

$$\frac{\mathrm{d}Q}{\mathrm{d}n_1} = Q.\frac{(x_1 - 2)}{n_1}$$

qui est toujours négatif. L'addition de dioxyde d'azote se traduit donc par un quotient de réaction inférieur à la constante standard d'équilibre : l'affinité chimique est positive et le système se déplace dans le sens $\rightarrow$

6.4 Effet de la température sur la solublité de l'hydroxyapatite

1. La constante de l'équilibre de solubilisation du solide hydroxyapatite s'écrit :

$$K_s^\circ = a(\text{Ca}^{2+})^5.a(\text{HPO}_4^{2-})^3.a(\text{OH}^-)^4$$

où a désigne l'activité de l'ion en solution. Dans le cas d'une solution diluée, l'activité se confond avec la concentration volumique divisée par la concentration volumique de référence : $c_{\text{ref}} = 1$ mol.L^{-1}.

2. La loi de VAN'T HOFF relie la dérivée de la constante standard d'équilibre par rapport à la température à l'enthalpie standard de réaction selon :

$$\frac{\text{d}\ln K_s^\circ}{\text{d}T} = \frac{\Delta_r H^\circ}{RT^2}.$$

Ainsi, en tenant compte de la conversion des logarithmes décimaux en logarithmes népériens :

$$\frac{\text{d}\ln K_s^\circ}{\text{d}T} = \frac{19\,360}{T^2} - 0,23.$$

L'enthalpie standard de réaction est du même signe que la dérivée du logarithme de la constante standard d'équilibre par rapport à la température. On définit ainsi une température critique T_C qui vérifie :

$$\frac{19\,360}{T_\text{C}^2} - 0,23 = 0 \qquad \text{soit} \qquad T_\text{C} = 290\,\text{K}$$

- si $T < T_\text{C}$, $\Delta_r H^\circ > 0$ et la réaction est endothermique ;
- si $T > T_\text{C}$, $\Delta_r H^\circ < 0$ et la réaction est exothermique.

3. Pour minimiser la perte de matière par dissolution, il est préférable de conduire la synthèse à une température où la solubilité de l'hydroxyapatite est minimale. C'est à la température critique qu'elle est maximale. En effectuant deux applications numériques aux bornes supposées du domaine (entre 0 °C et 100 °C), nous obtenons :

$$\text{p}K_s{}^\circ(273\,\text{K}) = 59,8 \qquad \text{et} \qquad \text{p}K_s{}^\circ(373\,\text{K}) = 61,5.$$

Il est donc préférable de travailler plutôt à haute température.

6.5 Synthèse du méthanol

1. En utilisant l'expression de l'affinité chimique à partir des potentiels chimiques :

$$\mathcal{A} = -\sum \nu_i \mu_i = -\sum_i \nu_i \mu_i^\circ - RT \sum_{i\ \text{gaz}} \nu_i \ln\left(\frac{n_i}{N_\text{g}^\text{tot}}.\frac{p}{p^\circ}\right)$$

soit :

$$\mathcal{A} = RT\ln(K_T^\circ) - RT\Delta\nu_\text{g}\ln\left(\frac{p}{N_\text{g}^\text{tot}.p^\circ}\right) - RT\sum_{i\ \text{gaz}} \ln(n_i)^{\nu_i}.$$

Pour une variation infinitésimale de n_i ($\mathrm{d}n_i = \mathrm{d}N_{\mathrm{g}}^{\mathrm{tot}}$) et à température et pression fixées, la relation se simplifie en :

$$\mathrm{d}\mathcal{A} = RT\Delta\nu_{\mathrm{g}}\mathrm{d}\ln(N_{\mathrm{g}}^{\mathrm{tot}}) - RT\mathrm{d}\ln(n_i)^{\nu_i} = RT(\frac{\Delta\nu_{\mathrm{g}}}{N_{\mathrm{g}}^{\mathrm{tot}}} - \frac{\nu_i}{n_i}).\mathrm{d}n_i$$

soit, en tenant compte de la définition de la fraction molaire en espèce i en phase gazeuse :

$$\mathrm{d}\mathcal{A} = RT(x_i.\Delta\nu_{\mathrm{g}} - \nu_i).\frac{\mathrm{d}n_i}{n_i}.$$

Pour l'équilibre étudié : $\Delta\nu_{\mathrm{g}} = -2$

Introduction de méthanol : $\nu_{\mathrm{CH_3OH}} = 1$

$$\mathrm{d}\mathcal{A} = -RT(2x_{\mathrm{CH_3OH}} + 1).\frac{\mathrm{d}n_i}{n_i}$$

terme toujours négatif. Ainsi l'addition de méthanol à température et pression constantes se traduit par l'évolution du système dans le sens $\leftarrow$.

Introduction de dihydrogène : $\nu_{\mathrm{H_2}} = -2$

$$\mathrm{d}\mathcal{A} = RT(2 - 2x_{\mathrm{H_2}}).\frac{\mathrm{d}n_i}{n_i}$$

terme toujours positif. L'addition de dihydrogène à température et pression constantes se traduit par l'évolution du système dans le sens $\rightarrow$.

Introduction de monoxyde de carbone : $\nu_{\mathrm{CO}} = -1$

$$\mathrm{d}\mathcal{A} = RT(1 - 2x_{\mathrm{CO}}).\frac{\mathrm{d}n_i}{n_i}$$

dont le signe dépend de la composition initiale.

- si $x_{\mathrm{CO}} < 0,5$, l'affinité est positive et l'addition se traduit par l'évolution du système dans le sens $\rightarrow$;
- si $x_{\mathrm{CO}} > 0,5$, l'affinité est négative et l'addition se traduit par l'évolution du système dans le sens $\leftarrow$.

2. Optimisation de la composition du mélange initial pour obtenir une fraction molaire maximale en méthanol.

Comme on recherche une optimisation de fraction molaire, il est logique d'écrire la constante standard d'équilibre en fonction des fractions molaires et de la pression totale :

$$K_T^\circ = \frac{x_{CH_3OH}}{x_{H_2}^2 . x_{CO}} . \left(\frac{p^\circ}{p}\right)^2 \qquad \text{soit} \qquad K_T^\circ . \left(\frac{p}{p^\circ}\right)^2 = \frac{x_{CH_3OH}}{x_{H_2}^2 . x_{CO}}.$$

En différentiant cette relation à température et pression fixées, nous obtenons :

$$\frac{dx_{CH_3OH}}{x_{CH_3OH}} - 2\frac{dx_{H_2}}{x_{H_2}} - \frac{dx_{CO}}{x_{CO}} = 0.$$

On étudie le système où la fraction molaire en méthanol est maximale, soit $dx_{CH_3OH} = 0$. D'autre part, la somme des fractions molaires étant égale à 1, nous obtenons :

$$dx_{CH_3OH} + dx_{H_2} + dx_{CO} = 0 = dx_{H_2} + dx_{CO}.$$

Cette relation, injectée dans la relation différentielle issue de la constante d'équilibre, donne :

$$\frac{2}{x_{H_2}} = \frac{1}{x_{CO}}.$$

Cette relation est vérifiée pour le mélange à l'équilibre. En faisant un tableau d'avancement avec les conditions initiales précisées, nous obtenons :

	$CO_{(g)}$	+	$2\,H_{2(g)}$	=	$CH_3OH_{(g)}$
E.I.	a		1		
E.F.	$a - \xi$		$1 - 2\xi$		ξ

Lorsque l'équilibre est atteint, le paramètre avancement atteint sa valeur d'équilibre ξ_{eq} et la relation précédemment obtenue s'écrit :

$$2(a - \xi_{eq}) = 1 - 2\xi_{eq}$$

soit :

$$a = 0,5.$$

Ainsi, le mélange stœchiométrique assure la fraction molaire maximale à l'équilibre.

3. Afin d'optimiser le mélange initial pour un avancement optimal, écrivons la constante d'équilibre standard en fonction de la pression totale et de l'avancement :

$$K_T^\circ . \left(\frac{p}{p^\circ}\right)^2 = \frac{\xi.(1 + a - 2\xi)^2}{(1 - 2\xi)^2.(a - \xi)} = f(a, \xi).$$

À température et pression fixées, la fonction f est constante et donc :

$$df = 0 = \left(\frac{\partial f}{\partial a}\right)_\xi .da + \left(\frac{\partial f}{\partial \xi}\right)_a .d\xi.$$

On cherche à optimiser la grandeur ξ vis-à-vis de la variable a et donc à annuler la dérivée $\frac{d\xi}{da}$. Cela revient à résoudre l'équation :

$$\left(\frac{\partial f}{\partial a}\right)_\xi = 0$$

et à vérifier que la solution obtenue n'annule pas le dénominateur. La fonction f n'est jamais nulle et donc :

$$\left(\frac{\partial f}{\partial a}\right)_{\xi} = f.\left(\frac{\partial \ln f}{\partial a}\right)_{\xi} = f.\left(\frac{2}{(1 + a - 2\xi)} - \frac{1}{(a - \xi)}\right).$$

Ainsi, la valeur de a qui optimise ξ vérifie :

$$2.(a - \xi) = 1 + a - 2\xi \qquad \text{soit} \qquad a = 1.$$

Nous avons aussi :

$$\left(\frac{\partial f}{\partial \xi}\right)_{a} = f.\left(\frac{\partial \ln f}{\partial \xi}\right)_{a} = f.\left(\frac{1}{\xi} - \frac{4}{(1 + a - 2\xi)} + \frac{1}{(a - \xi)} + \frac{2}{(1 - 2\xi)}\right).$$

Si on considère les deux premiers termes de la parenthèse, il est aisé de montrer que, dans le cas $a = 1$:

$$\frac{1}{\xi} > \frac{4}{(1 + a - 2\xi)} \qquad \text{soit} \qquad 1 + a - 2\xi > 4\xi$$

soit, en tenant compte de $a = 1$:

$$1 > \xi$$

ce qui est vrai car $1 - \xi$ est égal à la quantité de matière de monoxyde de carbone et ne peut être négatif ou nul. C'est donc le mélange équimolaire qui assure un avancement maximal. Ce résultat est en profond accord avec ceux de la question **2.**

6.6 Transformation de l'uranite en hexafluorure d'uranium

1. L'écriture de la constante standard d'équilibre montre que le choix des pressions partielles d'eau et d'acide fluorhydrique impose la température par l'intermédiaire de la constante et la pression totale, somme des pressions partielles. La variance est donc de deux.

Ce résultat se retrouve par application de la formule de GIBBS :

$$v = (4 - 1) + 2 - 3 = 2.$$

2.1. Lorsque la pression croît à température fixée, le système évolue dans le sens de disparition de quantité de matière gazeuse, soit ici dans le sens $\rightarrow$.

2.2. Pour évaluer l'effet de la température sur la position de l'équilibre, il faut calculer l'enthalpie standard de réaction. Une augmentation de température se traduit par un déplacement du système dans le sens endothermique. L'enthalpie standard de réaction se calcule en appliquant la loi de HESS :

$$\Delta_r H^\circ = \Delta_f H^\circ(UF_4\,(s)) + 2\Delta_f H^\circ(H_2O\,(g)) - \Delta_f H^\circ(UO_2\,(s)) - 4\Delta_f H^\circ(HF\,(g))$$

Application numérique :

$$\Delta_r H^\circ = -1921 - 2 \times 242 + 1\,085 + 4 \times 271 = -236 \text{ kJ.mol}^{-1}.$$

La réaction est donc exothermique dans le sens $\rightarrow$ et endothermique dans le sens $\leftarrow$. Une augmentation de température déplace la position de l'équilibre dans le sens $\leftarrow$.

3.1. L'objectif est d'écrire l'équation vérifiée pour l'avancement pour les conditions précisées et de résoudre celle-ci. Écrivons le tableau d'avancement correspondant aux conditions initiales et à la stœchiométrie de la réaction :

	UO_2 (s)	+	4 HF (g)	=	UF_4 (s)	+	2 H_2O (g)
E.I.	1		1				
E.F.	$1 - \xi$		$1 - 4\xi$		ξ		2ξ

La quantité de matière totale en phase gazeuse est $N_g^{tot} = 1 - 2\xi$. La constante standard d'équilibre s'écrit donc en fonction de la pression totale, de l'avancement et des conditions initiales de quantité de matière selon :

$$K_T^\circ = \frac{(2\xi)^2(1 - 2\xi)^2)}{(1 - 4\xi)^4} \cdot \left(\frac{p^\circ}{p}\right)^2 \quad \text{soit} \quad \frac{K_T^\circ}{4}\left(\frac{p}{p^\circ}\right)^2 = \frac{\xi^2(1 - 2\xi)^2}{(1 - 4\xi)^4}$$

soit à résoudre numériquement :

$$\frac{30}{2} = 15 = \frac{\xi(1 - 2\xi)}{(1 - 4\xi)^2}$$

c'est-à-dire l'équation du second degré :

$$242\xi^2 - 121\xi + 15 = 0.$$

Parmi les deux solution obtenues, seule celle inférieure à 0,25 convient car $1 - 4\xi$, quantité de matière d'acide fluorhydrique est positive ou nulle. On trouve donc :

$$\xi = 0,227 \text{ mol},$$

ce qui donne pour les quantités de matière des différentes espèces :

- n_{UF_4} = 0,227 mol
- n_{H_2O} = 0,454 mol
- n_{UO_2} = 0,773 mol
- n_{HF} = 0,092 mol

3.2. Avec les nouvelles conditions initiales, le tableau d'avancement s'écrit :

	UO_2 (s)	+	4 HF (g)	=	UF_4 (s)	+	2 H_2O (g)
E.I.	0,1		1				
E.F.	$0,1 - \xi$		$1 - 4\xi$		ξ		2ξ

La quantité de matière totale en phase gazeuse est $N_g^{tot} = 1 - 2\xi$. L'équation à résoudre est identique à celle de la question **3.2.** Mais la solution retenue n'est plus acceptable car la quantité de matière en dioxyde d'uranium est insuffisante. L'équilibre chimique n'existe pas : il n'y a plus de dioxyde d'uranium.

L'état final est caractérisé par les quantités de matière suivantes :

- n_{UF_4} = 0,1 mol
- n_{H_5O} = 0,2 mol
- n_{UO_2} = 0 mol
- n_{HF} = 0,6 mol

4.1. L'addition d'un constituant gazeux inerte se traduit par la dilution du milieu réactionnel : il y a déplacement du système dans le sens de production de quantité de matière gazeuse, donc dans le sens $\leftarrow$.

4.2. La quantité de matière ajoutée peut difficilement être traitée comme quantité infinitésimale : la seule façon de procéder est de reprendre le calcul de l'avancement pour les nouvelles conditions initiales imposées.

	UO_2 (s)	+	4 HF (g)	=	UF_4 (s)	+	2 H_2O (g)
E.I.	$1 - \xi_1$		$2 - 4\xi_1$		ξ_1		$2\xi_1$
E.F.	$1 - \xi_2$		$2 - 4\xi_2$		ξ_2		$2\xi_2$

où ξ_1 est l'avancement à l'équilibre pour les conditions initiales du **3.1.** et ξ_2 est l'avancement pour la nouvelle condition initiale due à l'addition d'une mole d'acide fluorhydrique. La quantité de matière totale en phase gazeuse est $N_g^{tot} = 2 - 2\xi_2$ et l'équation à résoudre est :

$$\frac{K_T^\circ}{4}\left(\frac{p}{p^\circ}\right)^2 = \frac{\xi_2^2(2 - 2\xi_2)^2}{(2 - 4\xi_2)^4} \qquad \text{soit} \qquad \sqrt{K_T^\circ}\left(\frac{p}{p^\circ}\right) = \frac{\xi_2(1 - \xi_2)}{(1 - 2\xi_2)^2}$$

soit à résoudre l'équation du second degré :

$$242\xi_2^2 - 121\xi_2 + 15 = 0.$$

On ne retient que la racine inférieure à 0,5 :

$$\xi_2 = 0,454 \text{ mol}.$$

L'équilibre se déplace vers la droite.

Corrigés des problèmes du chapitre 6

6.1 Production du dihydrogène par reformage

1. Si on choisit les quatre pressions partielles des participants à la réaction chimique, la pression totale est alors fixée et le libre choix de la température n'est plus possible car la constante standard d'équilibre prend une valeur fixée. La variance est donc égale à 4 : $v = 4$. Ce résultat peut se retrouver par application de la règle de GIBBS :

$$v = c + 2 - \varphi - r$$

avec ici $c = 4$ (constituants chimiques), $\varphi = 1$ (une phase gazeuse) et $r = 1$ (un équilibre existe). Nous avons donc $v = 4$. En partant d'un mélange équimolaire en eau et en méthane, les relations suivantes entre paramètres intensifs sont vérifiées :

$$p_{CH_4} = p_{H_2O} \quad \text{et} \quad 3p_{CO} = p_{H_2}.$$

Il existe donc deux relations supplémentaires qui abaissent la variance de deux unités. Dans ces conditions $v' = 2$. Un opérateur peut fixer arbitrairement deux paramètres intensifs en conservant une situation d'équilibre décrite par l'équation proposée.

2. L'enthalpie standard de réaction est calculée par application de la loi de HESS :

$$\Delta_r H° = \sum_{i=1}^{n} \nu_i \Delta_f H_i° = \Delta_f H°(CO) - \Delta_f H°(CH_4) - \Delta_f H°(H_2O).$$

L'enthalpie libre standard de réaction est calculée de façon analogue :

$$\Delta_r G° = \sum_{i=1}^{n} \nu_i \Delta_f G_i° = \Delta_f G°(CO) - \Delta_f G°(CH_4) - \Delta_f G°(H_2O).$$

Application numérique :

$$\Delta_r H° = 205,7 \text{ kJ.mol}^{-1} \quad \text{et} \quad \Delta_r G° = 141,7 \text{ kJ.mol}^{-1}.$$

La valeur de la constante d'équilibre $K_T°$ est calculée par la relation :

$$\Delta_r G° = -RT \ln K_T°.$$

Application numérique :

$$K_T° = 1,41.10^{-25} \quad \text{à } T = 298 \text{ K}.$$

3. La réaction est endothermique, une élévation de température conduit à un déplacement d'équilibre dans le sens endothermique (loi de VAN'T HOFF) et donc ici dans le sens $\rightarrow$. Ainsi, une élévation de température conduit à une amélioration du rendement de la réaction.

Une augmentation de pression conduit à un déplacement d'équilibre dans le sens de diminution de la quantité de matière gazeuse (loi de LE CHATELIER), et donc ici dans le sens $\leftarrow$. Ainsi une élévation de pression conduit à une diminution du rendement de la réaction.

4. L'application de la loi de VAN'T HOFF :

$$\frac{\mathrm{d}\ln K_T^\circ}{\mathrm{d}T} = \frac{\Delta_\mathrm{r} H^\circ}{RT^2}$$

conduit après intégration entre T_1 et T_2 (et en considérant l'enthalpie standard de réaction constante sur l'intervalle de température considéré) à l'expression :

$$\ln\left(\frac{K_T^\circ(T_2)}{K_T^\circ(T_1)}\right) = \frac{\Delta_\mathrm{r} H^\circ}{R}\left(\frac{1}{T_1} - \frac{1}{T_2}\right).$$

Cette expression permet un calcul de $K_T^\circ(T_2)$ en connaissant $K_T^\circ(T_1)$.

Application numérique :

$$T_1 = 298\,\mathrm{K} \quad \text{et} \quad T_2 = 1\,073\,\mathrm{K} \qquad K_T^\circ(T_2) = 15,6.$$

Réalisons un tableau d'avancement (en quantité de matière) entre l'état initial et l'état d'équilibre :

	CH_4 (g)	+	H_2O (g)	=	CO (g)	+	$3H_2$ (g)
EI	n_0		n_0		0		0
EF	$n_0 - \xi$		$n_0 - \xi$		ξ		3ξ

La quantité de matière présente en phase gazeuse est :

$$n_\mathrm{tot}^\mathrm{g} = 2n_0 + 2\xi = 2(1 + \xi)$$

et on introduit le paramètre adimensionnel α défini par :

$$\alpha = \frac{\xi}{n_0}.$$

L'écriture de la constante standard d'équilibre en fonction des pressions partielles conduit à la relation :

$$K_T^\circ = \frac{p_\mathrm{CO}p_{\mathrm{H_2}}^3}{p_{\mathrm{CH_4}}p_{\mathrm{H_2O}}}\frac{1}{p^{\circ 2}}$$

soit en conservant la pression totale et le paramètre α :

$$K_T^\circ = \frac{\xi.(3\xi)^3}{(n_0 - \xi)^2.(2n_0 + 2\xi)^2}.\left(\frac{p}{p^\circ}\right)^2$$

ce qui donne après réarrangement :

$$\left(\frac{4K_T^\circ}{27}\right)^{1/2}.\left(\frac{p^\circ}{p}\right) = \frac{\xi^2}{(n_0^2 - \xi^2)}.$$

Nous en déduisons l'expression du paramètre α :

$$\alpha = \left(1 + \frac{p}{p^\circ} \cdot \left(\frac{27}{4K_T^\circ}\right)^{1/2}\right)^{-1/2}$$

Applications numériques :

L'application numérique conduit à la valeur du paramètre α qui permet ensuite de calculer chaque pression partielle :

$$\alpha = 0,777$$

$$p_{CO} = 0,219 \text{ bar}, \quad p_{H_2} = 0,656 \text{ bar} \quad \text{et} \quad p_{H_2O} = p_{CH_4} = 0,063 \text{ bar}.$$

5. L'affinité chimique s'exprime par :

$$\mathcal{A} = RT \ln\left(\frac{K_T^\circ}{Q}\right)$$

avec Q quotient de réaction.

Ainsi, en différentiant l'expression à pression et température constantes :

$$d\mathcal{A} = -RT d\ln Q \qquad \text{avec} \qquad Q = \frac{p_{CO}p_{H_2}^3}{p_{CH_4}p_{H_2O}} \frac{1}{p^{\circ 2}} = \frac{C}{n_{H_2O}N_g^{\text{tot } 2}}$$

où C est une constante faisant intervenir la pression totale et les quantités de matière en espèces autres que H_2O, N_g^{tot} est le nombre total de moles gazeuses. Ainsi :

$$d\mathcal{A} = RT\frac{dn_{H_2O}}{n_{H_2O}} + 2RT\frac{dn_{H_2O}}{N_g^{\text{tot}}} = RTdn_{H_2O}\left(\frac{1}{n_{H_2O}} + 2\frac{1}{N_g^{\text{tot}}}\right).$$

La différentielle $d\mathcal{A}$ est positive dans la mesure où de l'eau est ajoutée ($dn_{H_2O} > 0$). L'équilibre est donc déplacé dans le sens de formation de dihydrogène.

6.2 Hydrates de sel

1. Il convient d'utiliser une enceinte thermostatée de volume fixe dans laquelle on place une masse connue du sel solide que l'on met en contact avec de la vapeur d'eau (en quantité connue). La mesure de la pression partielle p_{H_2O} permettra de déterminer la composition moyenne du solide. La mesure de la masse du solide permet d'évaluer l'évolution de la composition de la phase solide.

2. La variance v est le nombre de paramètres intensifs indépendants qui peuvent être librement choisis sans remettre en cause la nature chimique du système (existence de l'équilibre). Il est possible de calculer la variance par un raisonnement direct.

Si deux phases solides distinctes sont présentes, la constante d'équilibre impose, par choix de la température, la valeur de la pression partielle en eau, donc de la pression totale. Le choix d'un paramètre intensif ne laisse pas d'autre degré de liberté : la variance est égale à 1.

Si une seule phase solide est présente, le choix de la température impose, par l'intermédiaire de la constante standard d'équilibre, une relation entre température, pression partielle en eau et composition de la phase solide. La pression totale est égale à la pression partielle en eau. Ainsi, la variance est égale à 2.

Une autre façon commode de calculer la variance v est l'utilisation de la règle de GIBBS : $v = c + 2 - \varphi - r$ avec c le nombre de constituants chimiques du système, r le nombre d'équilibres indépendants réalisés et φ le nombre de phases en présence.

Dans le cas présenté, en supposant deux phases distinctes, il vient :

$$v = 3 + 2 - 3 - 1 = 1.$$

Le système est dit *monovariant*, en particulier, si la température est imposée, l'état du système est fixé à l'équilibre.

3. En supposant désormais qu'il n'existe qu'une phase solide, l'application du même calcul conduit au résultat :

$$v = 3 + 2 - 2 - 1 = 2.$$

Le système est dit *divariant*, si la température est imposée, l'état du système dépend encore d'un paramètre intensif (pression partielle en eau par exemple).

4. La température est fixée, par lecture de la courbe nous lisons que la pression partielle en eau l'est aussi lorsque l'équilibre est réalisé ($p_{H_2O} = 0,072$ bar). Le système est monovariant, il y a donc formation du composé défini $CdSO_4, H_2O$.

Pour $p_{H_2O} < 0,072$ bar, le système ne contient que $CdSO_4$(s), pour $p_{H_2O} = 0,072$ bar le système contient $CdSO_4$(s) et $CdSO_4, H_2O$(s). Pour $p_{H_2O} > 0,072$ bar le système contient $CdSO_4, H_2O$(s). En effet, tant que la pression partielle p_{H_2O} est inférieure à la pression partielle d'équilibre, l'affinité chimique de la réaction

$$H_2O\,(g) \quad + \quad S\,(s) \quad = \quad S, H_2O\,(s)$$

dont l'expression est :

$$\mathcal{A} = RT \ln \left(\frac{p_{H_2O}}{p_{H_2O}^{eq}} \right)$$

est négative et la seule phase solide est S(s). Pour $p_{H_2O} = 0,072 \text{ bar} = p_{H_2O}^{eq}$ l'affinité chimique est nulle, le système est à l'équilibre. Lorsque la pression partielle p_{H_2O} est supérieure à la pression partielle d'équilibre, l'affinité chimique est positive et la seule phase solide est S, H_2O(s).

5. Pour une température inférieure à 42 °C, $\varepsilon = 2,67$ et pour les mêmes raisons que celles évoquées précédemment le système est monovariant. Il s'agit par conséquent d'un composé défini de formule $3CdSO_4, 8H_2O$ (nous privilégions ici une écriture ne faisant intervenir que des nombres entiers).

6.3 Formation du trioxyde de soufre

1. L'enthalpie standard de réaction est calculée par application de la loi de HESS :

$$\Delta_r H^\circ = \sum_{i=1}^{n} \nu_i \Delta_f H_i^\circ = 2\Delta_f H^\circ(SO_3) - 2\Delta_f H^\circ(SO_2).$$

L'entropie standard de réaction est calculée par la relation :

$$\Delta_r S^\circ = \sum_{i=1}^{n} \nu_i S_{mi}^\circ = 2S_m^\circ(SO_3) - 2S_m^\circ(SO_2) - S_m^\circ(O_2).$$

Application numérique :

$$\Delta_r H^\circ = -198 \text{ kJ.mol}^{-1} \quad \text{et} \quad \Delta_r S^\circ = -187 \text{ J.K}^{-1}.\text{mol}^{-1}.$$

L'approximation d'ELLINGHAM suppose une faible variation de l'enthalpie standard de réaction et de l'entropie standard de réaction avec la température.

2. En supposant que $\Delta_r H^\circ$ et $\Delta_r S^\circ$ sont des grandeurs indépendantes de la température, il vient :

$$\Delta_r G^\circ = \Delta_r H^\circ - T\Delta_r S^\circ.$$

Ici :

$$\Delta_r G^\circ = -198.10^3 + 187T$$

(avec T en kelvin et $\Delta_r G^\circ$ en J.mol^{-1}).

La température d'inversion correspond à la température vérifiant :

$$\Delta_r G^\circ = 0 \quad \text{soit} \quad -198.10^3 + 187T_i = 0$$

et donc :

$$T_i = 1\,059 \text{ K}.$$

La relation liant l'enthalpie libre standard et la constante d'équilibre s'écrit :

$$\Delta_r G^\circ = -RT \ln K_T^\circ.$$

Par conséquent :

$$\ln K_T^\circ = -\frac{\Delta_r G^\circ}{RT} = \frac{198.10^3}{RT} - \frac{187T}{RT} = \frac{23830}{T} - 22,5.$$

3.

	$2\,SO_2$ (g)	+	O_2 (g)	=	$2\,SO_3$ (g)
EI	$1-\lambda$		λ		0
EF	$1-\lambda-2\xi$		$\lambda-\xi$		2ξ

Exprimons la constante d'équilibre K_T° :

$$K_T^\circ = \frac{p_{SO_3}^2}{p_{O_2}p_{SO_2}^2}p^\circ = \frac{(2\xi)^2(1-\xi)}{(\lambda-\xi)(1-\lambda-2\xi)^2}\frac{p^\circ}{p}.$$

4. Lorsque l'avancement est extrémal nous avons :

$$\frac{d\xi}{d\lambda} = 0.$$

On introduit la fonction $f(\xi, \lambda)$ définie par :

$$f(\xi, \lambda) = \frac{(2\xi)^2 (1 - \xi)}{(\lambda - \xi)(1 - \lambda - 2\xi)^2}$$

qui est constante à température et pression totale fixée. La différentielle de la fonction f s'écrit :

$$df = \left(\frac{\partial f}{\partial \xi}\right)_\lambda d\xi + \left(\frac{\partial f}{\partial \lambda}\right)_\xi d\lambda.$$

L'optimisation recherchée conduit à calculer la dérivée de l'avancement par rapport à la variable λ à température et pression fixées, soit :

$$\frac{d\xi}{d\lambda} = -\frac{\left(\frac{\partial f}{\partial \lambda}\right)_\xi}{\left(\frac{\partial f}{\partial \xi}\right)_\lambda}.$$

Cela revient donc à rechercher les valeurs de λ qui annulent la dérivée partielle de f par rapport à λ à ξ fixée, tout en vérifiant que ces valeurs n'annulent pas la dérivée partielle de f par rapport à ξ à λ fixée. D'autre part, la fonction f n'étant pas nulle, rechercher les zéros de la dérivée partielle de f par rapport à λ revient à rechercher les zéros de la dérivée de $\ln(f)$ par rapport à λ. Ainsi :

$$\left(\frac{\partial \ln(f)}{\partial \lambda}\right)_\xi = -\frac{1}{(\lambda - \xi)} + \frac{2}{(1 - \lambda - 2\xi)}.$$

L'annulation de la dérivée est obtenue lorsque :

$$1 - \lambda - 2\xi = 2(\lambda - \xi) \qquad \text{soit} \qquad \lambda = \frac{1}{3}.$$

Nous avons :

$$\left(\frac{\partial \ln(f)}{\partial \xi}\right)_\lambda = \left(\frac{2}{\xi} - \frac{1}{1 - \xi} + \frac{1}{\lambda - \xi} + 4\frac{1}{1 - \lambda - 2\xi}\right).$$

Remarquons que tous les dénominateurs sont positifs car ils représentent des quantités de matière. D'autre part, comme $\lambda = \frac{1}{3}$, nous avons :

$$\frac{1}{\lambda - \xi} > \frac{1}{1 - \xi} \qquad \text{soit} \qquad \lambda < 1.$$

Nous en déduisons que la dérivée partielle de f par rapport à ξ est strictement positive, le dénominateur ne s'annule pas et la solution $\lambda = \frac{1}{3}$ convient. Ceci correspond à un mélange initial dans les proportions stœchiométriques.

5. Nous ajoutons un constituant inerte qui ne fait varier que la quantité de matière totale gazeuse N_g^{tot}. Le quotient de réaction prend la forme :

$$Q = \frac{n_{SO_3}^2}{n_{O_2} n_{SO_2}^2} \frac{N_g^{tot} p^\circ}{p}$$

alors que l'affinité chimique s'exprime par :

$$\mathcal{A} = RT \ln\left(\frac{K_T^\circ}{Q}\right),$$

il vient donc dans les conditions évoquées :

$$d\mathcal{A} = -RT \frac{dN_g^{tot}}{N_g^{tot}}$$

qui est une grandeur négative. L'équilibre est donc déplacé dans le sens $\leftarrow$ (défavorable à la formation du trioxyde de soufre).

Il vaut donc mieux utiliser du dioxygène pur que de l'air (qui présente un excès de diazote). Le choix industriel s'explique par le caractère gratuit de l'air et sa facile utilisation. Le léger excès de dioxygène s'explique par le désir de voir le dioxyde de soufre jouer le rôle de réactif limitant.

6. Compte tenu du signe de l'enthalpie de réaction (négatif, réaction exothermique), la loi de VAN'T HOFF précise qu'il est préférable de travailler à basse température pour avoir un rendement acceptable. Attention, lorsque la température diminue trop, la cinétique de la réaction devient trop lente. Il convient alors de trouver un compromis acceptable entre thermodynamique et cinétique.

7. Le principe de LE CHATELIER précise qu'une augmentation de pression déplace l'équilibre dans le sens de diminution de la quantité de matière gazeuse (ici le sens de formation du trioxyde de soufre). Il est donc préférable de travailler à pression élevée si on désire augmenter le rendement de synthèse du trioxyde de soufre. L'industriel préfère travailler à pression atmosphérique pour des raisons de coût : le bénéfice d'une augmentation de pression en terme de rendement est inférieur au coût de revient d'une augmentation de la pression.

6.4 Dissociation du peroxyde de baryum

1. La variance v est le nombre de paramètres intensifs indépendants qui peuvent être librement choisis sans remettre en cause la nature chimique du système (existence de l'équilibre). Ici, le choix de la température fixe par l'intermédiaire de l'écriture de la constante d'équilibre la valeur de la pression partielle en dioxygène et donc la pression totale. La variance est donc égale à 1.

Une autre façon de calculer v est l'utilisation de la règle de GIBBS : $v = c + 2 - \varphi - r$ avec c le nombre de constituants chimiques du système, r le nombre d'équilibres indépendants réalisés et φ le nombre de phases en présence.

Dans le cas présenté, en supposant deux phases solides distinctes, il vient :

$$v = 3 + 2 - 3 - 1 = 1.$$

Le système est dit *monovariant*, en particulier si la température est imposée l'état du système est fixé à l'équilibre.

2. La constante d'équilibre prend la forme :

$$K_T^\circ = \frac{p_{O_2}}{p^\circ}.$$

3. La quantité initiale de peroxyde de baryum est $n_0 = 0,05$ mol. Dressons un tableau d'avancement (en quantité de matière) entre l'état initial et l'état d'équilibre.

	$2\,BaO_2$ (s)	=	$2\,BaO$ (s)	+	O_2 (g)
EI	$0,05$		0		0
EF	$0,05 - 2\xi$		2ξ		ξ

À l'équilibre :

$$K_T^\circ = \frac{p_{O_2}}{p^\circ} = 0,166$$

et donc :

$$p_{O_2}^{eq} = 0,166 \text{ bar}.$$

L'équation d'état des gaz parfaits conduit à la relation :

$$\xi = \frac{p_{O_2}^{eq} V}{RT}.$$

Application numérique :

$$\xi = 4,8.10^{-3} \text{ mol}$$

et donc :

$$n_{BaO} = 9,6.10^{-3} \text{ mol}, \; n_{BaO_2} = 40,4.10^{-3} \text{ mol}.$$

4. On ajoute un constituant actif (participant à l'équilibre établi) à T et V constants. L'équation d'état des gaz parfaits montre que dans ces conditions le rapport :

$$\frac{p_{O_2}}{n_{O_2}} = \frac{RT}{V}$$

reste constant. Le quotient de réaction prend la forme :

$$Q = \frac{n_{O_2} RT}{V p^\circ}$$

et l'affinité chimique s'exprime par :

$$\mathcal{A} = RT \ln\left(\frac{K_T^\circ}{Q}\right).$$

Il vient donc dans les conditions évoquées :

$$\mathrm{d}\mathcal{A} = -RT\frac{\mathrm{d}n_{O_2}}{n_{O_2}} < 0.$$

La réaction a lieu dans le sens $\leftarrow$ lors de cet ajout.

5. Il n'y a aucune modification du quotient de réaction compte tenu du fait qu'un solide seul dans sa phase possède une activité égale à 1. Il ne se passe rien au cours de cet ajout.

6. D'après le tableau fourni, la constante d'équilibre est une fonction croissante de la température. La relation de VAN'T HOFF précise que :

$$\frac{\mathrm{d}\ln K_T^\circ}{\mathrm{d}T} = \frac{\Delta_r H^\circ}{RT^2}.$$

Ainsi $\Delta_r H^\circ > 0$, la réaction est endothermique.

7. L'affinité chimique s'exprime par :

$$\mathcal{A} = RT\ln\left(\frac{K_T^\circ}{Q}\right) = RT\ln\left(\frac{p_{O_2}^{eq}}{p_{O_2}}\right).$$

Si $p_{O_2} < p_{O_2}^{eq}$ l'affinité chimique est positive, le système évolue dans le sens $\rightarrow$ (formation de dioxygène). En conséquence on observera la formation O_2 (g) et BaO (s).

Dans ces conditions l'équilibre n'est pas réalisé, la variance se calcule facilement par la règle de GIBBS : $v = c + 2 - \varphi - r = 2 + 2 - 2 - 0 = 2$.

8. Supposons tout d'abord que l'équilibre est réalisé dans le nouvel état final et dressons un tableau d'avancement (en quantité de matière) :

	$2\,BaO_2$ (s)	=	2 BaO (s)	+	O_2 (g)
EI	$40,4.10^{-3}$		$9,6.10^{-3}$		$4,8.10^{-3}$
EF	$40,4.10^{-3} - 2\xi$		$9,6.10^{-3} + 2\xi$		$4,8.10^{-3} + \xi$

Lorsque l'équilibre est atteint :

$$K_T^\circ = \frac{p_{O_2}}{p^\circ} = 1,245\,.$$

L'équation d'état des gaz parfaits permet le calcul de la quantité de matière en dioxygène :

$$n_{O_2} = \frac{p_{O_2}^{eq} V}{RT}.$$

Application numérique :

$$n_{O_2} = 3.10^{-2}\ \text{mol}.$$

Par conséquent $\xi = 2,5.10^{-2}$ mol. Une incohérence apparaît alors car cette valeur fournit une quantité de matière BaO_2 (s) négative. Nous concluons que l'équilibre n'est pas atteint en fin de réaction : il y a eu consommation totale du réactif BaO_2(s). En conséquence, dans l'état final :

$$n_{BaO_2} = 0, \; n_{BaO} = 5.10^{-2} \text{ mol et } n_{O_2} = 2,5.10^{-2} \text{ mol.}$$

La pression est alors :

$$p_{O_2} = \frac{n_{O_2} RT}{V}.$$

Application numérique :

$$p_{O_2} = 1,04 \text{ bar.}$$

9. À la fin de l'expérience nous avons :

$$p \neq p_{O_2}^{eq},$$

le système n'est pas à l'équilibre chimique et la réaction a lieu dans le sens de formation de BaO_2(s) (voir la question 4). En conséquence, BaO(s) a totalement disparu. Dans l'état final :

$$n_{BaO} = 0, \quad n_{BaO_2} = 5.10^{-2} \text{ mol} \quad \text{et} \quad n_{O_2} = n.$$

L'application de l'équation d'état des gaz parfaits permet de calculer numériquement n :

$$n = \frac{p_{O_2} V}{RT}.$$

Application numérique :

$$n = 40.10^{-3} \text{ mol.}$$

6.5 Raffinage du nickel par carbonylation (procédé Mond)

1. La réaction écrite dans l'énoncé ne spécifie pas l'état physique du tétracarbonylnickel, qui entre 0 et 43 °C est liquide et entre 43 °C et 100 °C est gazeux.

T est dans le domaine 0-43 °C.

L'enthalpie standard de réaction s'exprime en fonction des enthalpies standard de formation selon :

$$\Delta_r H^\circ = \Delta_f H^\circ(\text{Ni(CO)}_4 \text{ (l)}) - 4\Delta_f H^\circ(\text{CO (g)}).$$

L'entropie standard de réaction s'exprime en fonction des entropies molaires absolues des corps purs selon :

$$\Delta_r S^\circ = S^\circ_m(\text{Ni(CO)}_4 \text{ (l)}) - S^\circ_m(\text{Ni (s)}) - 4S^\circ_m(\text{CO (g)}).$$

Applications numériques :

$$\Delta_r H^\circ = -632 - 4 \times (-111) = -188 \text{ kJ.mol}^{-1}$$

$$\Delta_r S^\circ = 320 - 4 \times (-198) - 30 = -502\ \text{J.K}^{-1}\text{mol}^{-1}$$

$$\Delta_r G^\circ = -188 + 0,502.T\ \text{kJ.mol}^{-1}$$

T est dans le domaine $43 - 200\ ^\circ$C. Le tétracarbonylnickel est gazeux. Son enthalpie standard de formation se calcule à partir de l'enthalpie standard de formation du tétracarbonylnickel liquide et de l'enthalpie de vaporisation :

$$\Delta_f H^\circ(\text{Ni(CO)}_4\ (\text{g})) = \Delta_f H^\circ(\text{Ni(CO)}_4\ (\text{l})) + \Delta_{\text{vap}} H^\circ(\text{Ni(CO)}_4).$$

La connaissance de l'enthalpie de vaporisation et de la température de changement d'état sous la pression standard permet de calculer l'entropie de vaporisation et donc l'entropie du tétracarbonylnickel gazeux, celle du liquide étant indiquée par les données :

$$S^\circ_m(\text{Ni(CO)}_4\ (\text{g})) = S^\circ_m(\text{Ni(CO)}_4\ (\text{l})) + \frac{\Delta_{\text{vap}} H^\circ(\text{Ni(CO)}_4)}{T_{\text{eb}}}$$

Applications numériques :

$$\Delta_f H^\circ(\text{Ni(CO)}_4\ (\text{g})) = -632 + 30 = -602\ \text{kJ.mol}^{-1}$$

$$S^\circ_m(\text{Ni(CO)}_4\ (\text{g})) = 320 + \frac{30.10^3}{316} = 414,9\ \text{J.K}^{-1}\text{mol}^{-1}$$

$$\Delta_r H^\circ = -602 - 4 \times (-111) = -158\ \text{kJ.mol}^{-1}$$

$$\Delta_r S^\circ = 414,9 - 4 \times (-198) - 30 = -407\ \text{J.K}^{-1}\text{mol}^{-1}$$

$$\Delta_r G^\circ = -158 + 0,407.T\ \text{kJ.mol}^{-1}.$$

Le coefficient positif de T dans l'enthalpie libre standard est lié au signe négatif de l'entropie standard de réaction dû à la diminution de la quantité de matière gazeuse lors de la réaction.

Pour tenir compte de l'influence de la température sur les enthalpies standard et entropies standard de réaction, il faudrait disposer des capacités thermiques molaires à pression constante des différents participants à la réaction chimique. La capacité thermique standard à pression constante de la réaction ($\Delta_r C^\circ_{p,\text{m}}$) permet par application des relations de KIRCHHOFF d'estimer les enthalpies et entropies standard de réaction à une température quelconque.

2. La figure 6.1 représente les variations de l'enthalpie libre standard de réaction avec la température. La température d'inversion T_i de l'équilibre est caractérisée par $\Delta_r G^\circ(T_i) = 0$. Si on fait l'hypothèse que cette température est comprise entre 43 $^\circ$C et 200 $^\circ$C, nous avons :

$$T_i = \frac{158}{0,407} = 388,2\ \text{K} = 115,2\ ^\circ\text{C}.$$

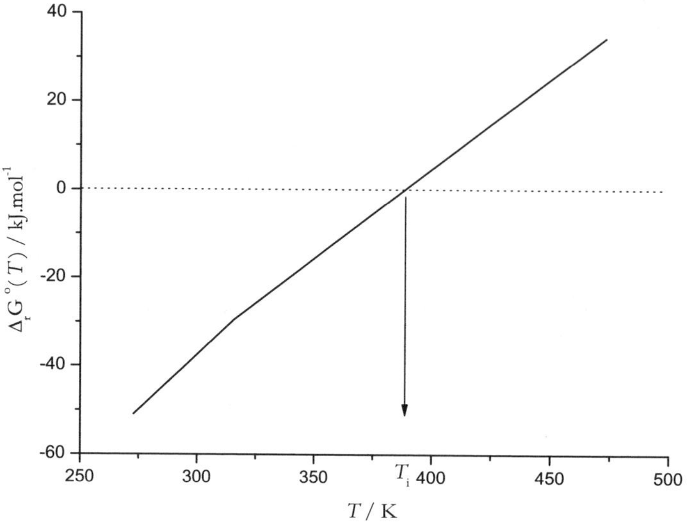

Figure 6.1 – Enthalpie libre standard de la réaction du nickel solide sur le monoxyde de carbone gazeux conduisant au tétracarbonylnickel en fonction de la température

3. Le monoxyde de carbone et le nickel carbonyle sont supposés gazeux.

Si on choisit les deux pressions partielles, la valeur de la constante d'équilibre est fixée, ce qui ne permet plus le libre choix de la température. D'autre part la pression totale, fonction des pressions partielles, est fixée. La variance est donc de 2 (le libre choix des deux pressions partielles ne permet plus de choisir librement d'autres paramètres intensifs).

Une augmentation de pression se traduit par une évolution du système dans le sens de diminution de la quantité de matière en phase gazeuse, soit ici dans le sens de formation du nickel carbonyle.

4. Dans le cas où le nickel carbonyle est liquide, le choix de la pression est aussi le choix de la pression en monoxyde de carbone, donc la température n'est plus librement choisie : la variance est égale à 1.

Dans ce cas, le libre choix de deux paramètres intensifs (température et pression) n'est en général plus compatible avec l'équilibre chimique : celui-ci n'existe plus et l'augmentation de pression rend le quotient de réaction Q inférieur à la constante d'équilibre. En conséquence, l'affinité chimique est positive et seul le nickel carbonyle liquide est présent dans le système.

5. Pour se débarasser des impuretés peu volatiles, il est préférable d'obtenir le nickel carbonyle sous forme gazeuse. Comme le produit à obtenir appartient à une phase contenant plusieurs constituants, le problème de séparation de nickel carbonyle du monoxyde de carbone se pose et ce point sera d'autant plus facilement résolu que la phase gazeuse est riche en nickel carbonyle. Afin de favoriser une phase gazeuse riche en nickel carbonyle, il est préférable de travailler à des températures qui correspondent à des fractions molaires élevées en nickel carbonyle, donc pour des constantes standard d'équilibre élevées, donc à plutôt basses températures. On choisira donc une température juste supérieure à la température d'ébullition du nickel carbonyle, soit par exemple 50 °C.

6. Pour décomposer le nickel carbonyle, on choisira à pression totale fixée, une température la plus élevée possible : à pression totale fixée, la fraction molaire en nickel carbonyle décroît avec la température. On choisira la température de 200 °C.

7.1. L'intérêt de procéder à plus haute température est d'augmenter la vitesse de réaction.

7.2. L'application de la relation de CLAUSIUS-CLAPEYRON permet de calculer la température de vaporisation du nickel carbonyle sous 20 bars :

$$\frac{\mathrm{d}p}{\mathrm{d}T} = \frac{\Delta_{\text{vap}}H}{T(V_{\text{m,g}} - V_{\text{m},\ell})}$$

où $V_{\text{m,g}}$ (resp. $V_{\text{m},\ell}$) est le volume molaire du constituant en phase gazeuse (resp. liquide). Avec les approximations usuelles (l'enthalpie de vaporisation est indépendante de la température, le volume molaire du liquide est négligeable devant celui du gaz, celui-ci se comportant comme un gaz parfait), la séparation des variables conduit à l'équation différentielle :

$$\frac{\mathrm{d}p}{p} = \frac{\Delta_{\text{vap}}H}{RT^2}.\mathrm{d}T$$

qui s'intègre selon :

$$\ln(p) = -\frac{\Delta_{\text{vap}}H}{RT} + \text{cte}$$

soit, entre les deux états (p_1, T_1), (p_2, T_2) :

$$\ln\left(\frac{p_1}{p_2}\right) = \frac{\Delta_{\text{vap}}H}{R}.\left(\frac{1}{T_2} - \frac{1}{T_1}\right).$$

La température d'ébullition sous la pression p_2 = 20 bars est donc :

$$T_{\text{eb}}(p_2) = \left(-\frac{8,314}{30.10^3}.\ln(20) + \frac{1}{316}\right)^{-1} = 428\,\text{K} = 155\ \text{°C}.$$

Donc à la température T = 160 °C et sous une pression de 20 bars, le nickel carbonyle est gazeux.

7.3. Soit x la fraction molaire en nickel carbonyle, $1 - x$ est alors la fraction molaire en monoxyde de carbone. Soit p la pression totale. La constante standard d'équilibre s'écrit :

$$K_T^\circ = \frac{x}{(1 - x)^4}.\left(\frac{p^\circ}{p}\right)^3.$$

Calcul de la constante d'équilibre à 160 °C, soit 433 K :

$$K_{433}^\circ = \exp\left(- \frac{(-158 + 0,407 \times 433)}{8,314 \times 0,433}\right) = 6,32.10^{-3}.$$

Il s'agit donc de résoudre l'équation :

$$6,32.10^{-3} \times 20^3 = 50,55 = \frac{x}{(1 - x)^4}.$$

Parmi les différentes valeurs proposées par l'énoncé, celle qui donne le meilleur résultat est 0,7. On trouve par itérations la valeur :

$$x = 0,66.$$

Corrigés des exercices du chapitre 7

7.1 Oxydation de l'argent par le dioxygène

1. La réaction d'oxydation de l'argent métal solide par le dioxygène gazeux s'écrit :

$$4\,Ag\,(s) + O_2\,(g) = 2\,Ag_2O\,(s).$$

2. En utilisant la loi de HESS, nous avons :

$$\Delta_r H^\circ = 2\,\Delta_f H^\circ(Ag_2O(s)) = -62,0\ kJ.mol^{-1}$$

$$\Delta_r S^\circ = 2\,S_m^\circ(Ag_2O(s)) - 4\,S_m^\circ(Ag(s)) - S_m^\circ(O_2(g)) = -132,4\ J.K^{-1}mol^{-1}.$$

L'enthalpie standard de réaction est négative : cela signifie que la combustion de l'argent dans le dioxygène est exothermique (transfert thermique vers l'extérieur).

L'entropie standard de réaction est négative : ceci est une conséquence de la disparition de quantité de matière en phase gazeuse, donc à une augmentation de l'ordre.

3. La constante standard d'équilibre s'écrit :

$$K_T^\circ = \left(\overline{p}_{O_2}^{eq}\right)^{-1} = \exp\left(-\frac{\Delta_r G^\circ}{RT}\right)$$

où la pression d'équilibre en dioxygène est appelée pression de corrosion. En remplaçant l'enthalpie libre standard par son expression en fonction de l'enthalpie standard et l'entropie standard de réaction :

$$\overline{p}_{O_2}^{eq} = \exp\left(\frac{\Delta_r H^\circ}{RT} - \frac{\Delta_r S^\circ}{R}\right).$$

Application numérique :

$$\overline{p}_{O_2}^{eq}(T = 298 \text{ K}) = 1,1.10^{-4}$$

soit :

$$p_{O_2}^{eq}(T = 298 \text{ K}) = 1,1.10^{-4} \text{ bar}$$

4. La pression en dioxygène est de 0,2 bar et supérieure à la pression de corrosion de l'argent : en conséquence l'argent est thermodynamiquement instable au contact de l'atmosphère terrestre. Pour que l'argent ne soit plus thermodynamiquement corrodé, il faut que la pression en dioxygène soit inférieure à la pression de corrosion à la température d'étude. Il faut donc rechercher la température T_{ox} telle que :

$$0,2 = \exp\left(-\frac{62\,000}{8,314.T_{ox}} + \frac{132,4}{8,314}\right)$$

soit :

$$T_{ox} = 425 \text{ K}.$$

Donc si $T > 425$ K, l'argent métal est stable. En pratique, même à température ambiante, l'oxydation de l'argent est difficile car très lente. Cela explique l'éclat métallique observé.

7.2 Oxydation par le chlorure d'hydrogène

1. La réaction d'oxydation du cuivre solide par le dichlore est :

$$2\,\text{Cu (s)} + \text{Cl}_2\text{ (g)} = 2\,\text{CuCl (s)}$$

2. Les données thermodynamiques permettent de calculer l'enthalpie standard et l'entropie standard de réaction à 298 K, valeurs qui seront supposées indépendantes de la température conformément à l'hypothèse d'ELLINGHAM.

$$\Delta_r H^\circ = 2\,\Delta_f H^\circ(\text{CuCl (s)}) = -\,274,6 \text{ kJ.mol}^{-1}$$

$$\Delta_r S^\circ = 2S_m^\circ(\text{CuCl (s)}) - 2S_m^\circ(\text{Cu (s)}) - S_m^\circ(\text{Cl}_2\text{ (g)}) = -\,117,0 \text{ J.K}^{-1}\text{mol}^{-1}$$

3. La pression de corrosion est ici la pression en dichlore à l'équilibre chimique, soit :

$$K_T^\circ = \left(\overline{p}_{Cl_2}^{eq}\right)^{-1} = \exp\left(-\frac{(\Delta_r H^\circ - T.\Delta_r S^\circ)}{RT}\right)$$

soit :

$$\overline{p}_{Cl_2}^{eq} = \exp\left(\frac{(\Delta_r H^\circ - T.\Delta_r S^\circ)}{RT}\right)$$

Application numérique :

$$p^{eq}_{Cl_2} = p^\circ \exp\left(\frac{(-274,6.10^3 + 10^3.117,0)}{8,314.10^3}\right) = 5,85.10^{-9}\text{ bar}$$

4. L'objectif de cette question est de savoir si la faible dissociation du chlorure d'hydrogène est suffisante pour produire la pression partielle de dichlore nécessaire à l'oxydation du cuivre en chlorure de cuivre(I). La dissociation du chlorure d'hydrogène peut s'écrire :

$$2\,HCl\,(g) \quad = \quad H_2\,(g) \quad + \quad Cl_2\,(g)$$

avec :

$$\Delta_r H^\circ = -\,2\,\Delta_f H^\circ(HCl\,(g)) = 184,6\text{ kJ.mol}^{-1}$$

$$\Delta_r S^\circ = S^\circ_m(H_2\,(g)) + S^\circ_m(Cl_2\,(g)) - 2S^\circ_m(HCl\,(g)) = -\,20,0\text{ J.K}^{-1}\text{mol}^{-1}.$$

À $T = 1\,000$ K, la constante d'équilibre vaut :

$$K^\circ_{1000} = \exp\left(\frac{-\,184,6.10^3 + 20.10^3}{8.314.10^3}\right) = 2,5.10^{-9}.$$

La faible valeur de la constante rend probable une faible dissociation du chlorure d'hydrogène : la pression de celui-ci reste proche de 1 bar. La stœchiométrie de la réaction impose :

$$p_{H_2} = p_{Cl_2}.$$

L'écriture de la constante standard d'équilibre conduit à :

$$K^\circ_{1000} = \frac{p_{H_2}p_{Cl_2}}{p^2_{HCl}}$$

soit :

$$p_{Cl_2} = \sqrt{K^\circ_{1000}}p^\circ = 5.10^{-5}\text{ bar} > p^{eq}_{Cl_2}.$$

Il y a donc corrosion du cuivre par le courant de chlorure d'hydrogène gazeux.

7.3 Aluminothermie

1. En utilisant la convention fixant le coefficient stœchiométrique $\nu_{O_2} = -1$ nous écrivons :

$$\frac{4}{3}\,Cr \quad + \quad O_2\,(g) \quad = \quad \frac{2}{3}\,Cr_2O_3$$

et :

$$\frac{4}{3}\,Al \quad + \quad O_2\,(g) \quad = \quad \frac{2}{3}\,Al_2O_3$$

2. Au point A survient la fusion du chrome, au point B la fusion de l'aluminium et au point C la fusion de Al_2O_3. Ces phénomènes se traduisent par de légères évolutions du coefficient directeur. Attention, dans cette question les données sont fournies en °C tandis que le diagramme est gradué en K.

Avant le point B, l'équation-bilan de formation de l'oxyde s'écrit :

$$\frac{4}{3}\,\text{Al (s)} \quad + \quad \text{O}_2\,\text{(g)} \quad = \quad \frac{2}{3}\,\text{Al}_2\text{O}_3\,\text{(s)}$$

Après le point B, l'équation-bilan de formation de l'oxyde s'écrit :

$$\frac{4}{3}\,\text{Al (l)} \quad + \quad \text{O}_2\,\text{(g)} \quad = \quad \frac{2}{3}\,\text{Al}_2\text{O}_3\,\text{(s)}$$

Le coefficient directeur est fourni par l'opposé de l'entropie standard de réaction. Il vient :

$$\Delta_r S_1^\circ = \sum_i \nu_i S_{m,i}^\circ = \frac{2}{3} S_m^\circ\,(\text{Al}_2\text{O}_3(\text{s})) - S_m^\circ\,(\text{O}_2(\text{g})) - \frac{4}{3} S_m^\circ\,(\text{Al(s)})$$

avant le point B et :

$$\Delta_r S_2^\circ = \sum_i \nu_i S_{m,i}^\circ = \frac{2}{3} S_m^\circ\,(\text{Al}_2\text{O}_3(\text{s})) - S_m^\circ\,(\text{O}_2(\text{g})) - \frac{4}{3} S_m^\circ\,(\text{Al(l)})$$

après le point B. Comme $S_m^\circ\,(\text{Al(l)}) > S_m^\circ\,(\text{Al(s)})$ (le désordre est plus important dans une phase liquide que dans une phase solide), il vient $\Delta_r S_2^\circ < \Delta_r S_1^\circ$. Le coefficient directeur est par conséquent plus grand après le point B.

3. Avant le point B, nous avons :

$$\Delta_r S_1^\circ = \sum_i \nu_i S_{m,i}^\circ = \frac{2}{3} S_m^\circ\,(\text{Al}_2\text{O}_3(\text{s})) - S_m^\circ\,(\text{O}_2(\text{g})) - \frac{4}{3} S_m^\circ\,(\text{Al(s)})$$

Application numérique : $\Delta_r S_1^\circ = -207\ \text{J.K}^{-1}.\text{mol}^{-1}$. Le coefficient directeur du segment NB est donc égal à $207\ \text{J.K}^{-1}.\text{mol}^{-1}$.

Pour déterminer l'entropie standard de réaction $\Delta_r S_2^\circ$, nous remarquons que l'équation-bilan :

$$\frac{4}{3}\,\text{Al (l)} \quad + \quad \text{O}_2\,\text{(g)} \quad = \quad \frac{2}{3}\,\text{Al}_2\text{O}_3\,\text{(s)}$$

est la somme des équations-bilans :

$$\frac{4}{3}\,\text{Al (s)} \quad + \quad \text{O}_2\,\text{(g)} \quad = \quad \frac{2}{3}\,\text{Al}_2\text{O}_3\,\text{(s)}$$

et :

$$\frac{4}{3}\,\text{Al (l)} \quad = \quad \frac{4}{3}\,\text{Al (s)}$$

L'application de la loi de HESS conduit à :

$$\Delta_r S_2^\circ = \Delta_r S_1^\circ - \frac{4}{3}\Delta_{fus} S^\circ(\text{Al}).$$

Le calcul de l'entropie standard de fusion de l'aluminium $\Delta_{fus}S^\circ(\text{Al})$ supposée indépendante de la température peut être réalisé en considérant l'équilibre de fusion à la température $T = T_{fus}(\text{Al})$, et en exprimant son enthalpie libre de réaction : $\Delta_{fus}G = \Delta_{fus}G^\circ$ car nous n'avons que des corps purs seuls dans leur phase. Il vient alors $0 = \Delta_{fus}H^\circ - T_{fus}\Delta_{fus}S^\circ$ et par conséquent :

$$\Delta_{fus}S^\circ(\text{Al}) = \frac{\Delta_{fus}H^\circ}{T_{fus}\,(\text{Al})}$$

Application numérique : $\Delta_r S_2^\circ = -207 - \frac{4}{3}\frac{10\,000}{933} \approx -221$ J.K^{-1}.mol^{-1}. Le coefficient directeur du segment BC est donc égal à 221 J.K^{-1}.mol^{-1}.

4. La réaction (E) s'écrit à 300 K :

$$2\,\text{Al (s)} \quad + \quad Cr_2O_3\,\text{(s)} \quad = \quad 2\,\text{Cr (s)} \quad + \quad Al_2O_3\,\text{(s)}$$

Cette équation-bilan est en fait une combinaison linéaire des équations-bilans :

$$(1) \quad \frac{4}{3}\,\text{Cr} \quad + \quad O_2\,\text{(g)} \quad = \quad \frac{2}{3}\,Cr_2O_3$$

et :

$$(2) \quad \frac{4}{3}\,\text{Al} \quad + \quad O_2\,\text{(g)} \quad = \quad \frac{2}{3}\,Al_2O_3$$

sous la forme $(\text{E}) = 1,5\,[(2) - (1)]$. La loi de HESS autorise alors l'écriture de l'enthalpie standard de la réaction (E) sous la forme :

$$\Delta_r G^\circ = 1,5\,[\Delta_r G_2^\circ - \Delta_r G_1^\circ] < 0$$

compte tenu de la position relative des droites d'ELLINGHAM. Nous sommes dans un cas particulier pour lequel $\Delta_r G = \Delta_r G^\circ$ (car le quotient de réaction ne fait intervenir que des phases condensées pures d'activité égale à 1). Ainsi, l'enthalpie de réaction reste toujours négative, pour toute température, occasionnant une réaction de réduction totale, ayant lieu jusqu'à disparition complète du réactif limitant.

Corrigés des problèmes du chapitre 7

7.1 Quelques réactions d'oxydation du cuivre

1. L'équation-bilan (3) est une combinaison linéaire des équations (1) et (2) qui s'exprime par :

$$(3) = \frac{1}{2}\left((1) + (2)\right).$$

La loi de HESS assure alors :

$$\Delta_r G_3^\circ = \frac{1}{2}(\Delta_r G_1^\circ + \Delta_r G_2^\circ)$$

et par conséquent :

$$\Delta_r G_3^\circ = -312 + 0,192T \quad (\text{en kJ.mol}^{-1}).$$

L'entropie standard de réaction correspondante $\Delta_r S_3^\circ$ est telle que :

$$\frac{d\Delta_r G_3^\circ}{dT} = -\Delta_r S_3^\circ.$$

Nous avons alors :

$$\Delta_r S_3^\circ = -0,192 \text{ kJ.mol}^{-1}.\text{K}^{-1}$$

qui est une grandeur négative. Ce signe est interprété comme la conséquence de la disparition d'une espèce gazeuse au cours de la réaction (3) : le désordre inhérent à la présence d'une forme gazeuse diminue. La valeur de l'enthalpie standard de réaction $\Delta_r H_3^\circ$ est :

$$\Delta_r H_3^\circ = \Delta_r G_3^\circ + T\Delta_r S_3^\circ$$

Application numérique :

$$\Delta_r H_3^\circ = -312 \text{ kJ.mol}^{-1}.$$

La réaction est exothermique (sa réalisation à pression constante s'accompagne d'un transfert thermique vers l'extérieur).

2. L'expression de la constante d'équilibre correspondant à l'équation (3) fournit :

$$K^\circ(T) = \frac{p^\circ}{p_{O_2}^{eq}}$$

en considérant chacun des solides seul dans sa phase (et par conséquent d'activité égale à 1). Par définition de la constante d'équilibre standard :

$$\Delta_r G_3^\circ = -RT\ln K^\circ$$

ou encore en utilisant la loi d'action des masses :

$$\Delta_r G_3^\circ = -RT\ln \frac{p^\circ}{p_{O_2}^{eq}}..$$

Nous avons :

$$\Delta_r G_3^\circ = \Delta_r H_3^\circ - T\Delta_r S_3^\circ \qquad \text{et} \qquad \Delta_r H_3^\circ - T\Delta_r S_3^\circ = -RT\ln \frac{p^\circ}{p_{O_2}^{eq}}$$

et donc :

$$\ln \frac{p_{O_2}^{eq}}{p^\circ} = \frac{\Delta_r H_3^\circ}{RT} - \frac{\Delta_r S_3^\circ}{R} = \frac{A}{T} + B \quad \text{avec} \quad A = \frac{\Delta_r H_3^\circ}{R} \text{ et } B = -\frac{\Delta_r S_3^\circ}{R}$$

3. Nous utilisons les résultats :

$$\Delta_r H_3^\circ = -312 \text{ kJ.mol}^{-1} \quad \text{et} \quad \Delta_r S_3^\circ = -0,192 \text{ kJ.mol}^{-1}.\text{K}^{-1}$$

pour effectuer l'application numérique. À la température $T = 300$ K :

$$\ln \frac{p_{O_2}^{eq}}{p^\circ} = -102 \quad \text{et donc :} \quad p_{O_2}^{eq} = 4,8.10^{-45} \text{ bar.}$$

Cette valeur très faible montre une facile oxydation du cuivre en oxyde de cuivre : en effet dès que la pression partielle en dioxygène sera supérieure à cette valeur calculée, l'affinité chimique $\mathcal{A}$ de la réaction prendra une valeur positive, rendant l'oxydation du cuivre thermodynamiquement possible.

4. Le calcul effectué à la question **3.** reste valable ($T = 27$ °C $= 300$ K). Comme $p_{O_2} = 21\,300$ Pa $= 0,213$ bar est une valeur supérieure à $p_{O_2}^{eq}$ calculée à la question **3.** , le cuivre est oxydé en CuO(s). Le raisonnement menant à cette conclusion peut être appliqué aux réactions (1) et (2) : comme la pression partielle en dioxygène appliquée est supérieure aux pressions partielles en dioxygène à l'équilibre, les affinités chimiques des réactions (1) et (2) sont positives. Les transformations du cuivre Cu(s) en oxyde Cu_2O(s) et de l'oxyde Cu_2O(s) en oxyde CuO(s) sont spontanées. En résumé, l'oxyde CuO(s) est la forme stable dont la formation est favorisée thermodynamiquement.

Il est cependant possible de conserver des objets en cuivre à cause de la lenteur de la dégradation du métal en son oxyde : nous parlerons alors de *blocage cinétique* de la réaction.

7.2 Étude d'un équilibre chimique entre deux oxydes de cobalt

1. Les données permettent de calculer l'enthalpie libre standard de réaction dans le cadre de l'hypothèse d'ELLINGHAM. L'application de la loi de HESS conduit à :

$$\Delta_r H^\circ = \Delta_f H^\circ(\text{Co}_3\text{O}_4\text{ (s)}) - 3\Delta_f H^\circ(\text{CoO (s)}).$$

Pour l'entropie standard de réaction :

$$\Delta_r H^\circ = S_m^\circ(\text{Co}_3\text{O}_4\text{ (s)}) - 3S_m^\circ(\text{CoO (s)}) - \frac{1}{2}S_m^\circ(\text{O}_2\text{ (g)})$$

Applications numériques :

$$\Delta_r H^\circ = -891 + 3 \times 237,9 = -177,3 \text{ kJ.mol}^{-1}$$

$$\Delta_r S^\circ = 102,5 - 3 \times 53 - \frac{1}{2}.205,2 = -159,1 \text{ J.K}^{-1}.\text{mol}^{-1}$$

et donc :

$$\Delta_r G^\circ = -177,3 + 0,1591.T \text{ kJ.mol}^{-1}$$

2. L'enthalpie libre standard de réaction est reliée à la constante standard d'équilibre par l'équation :

$$\Delta_r G^\circ = -RT.\ln(K_T^\circ)$$

soit, en utilisant les résultats de la question **1.** :

$$K_T^\circ = \exp\left(\frac{21320}{T} - 19,13\right).$$

D'autre part, la constante standard d'équilibre est reliée à la pression d'équilibre de dioxygène :

$$K_T^\circ = \left(\frac{p^\circ}{p_{O_2}^{eq}}\right)^{1/2}.$$

La pression d'équilibre en dioxygène à 1 150 K est donc :

$$p_{O_2}^{eq}(1\,150) = \exp\left(2\left(-\frac{21320}{1\,150} + 19,13\right)\right) \quad \text{soit} \quad p_{O_2}^{eq}(1\,150) = 3,27 \text{ bar}$$

3. Pour estimer la possiblité d'oxydation du monoxyde de cobalt(II) par le dioxygène, il est possible de faire une hypothèse quant à la nature du système chimique présent et de vérifier la validité des hypothèses. Supposons que l'oxydation n'ait pas lieu : dans ce cas, le dioxygène introduit est présent en phase gazeuse et en faisant l'hypothèse qu'il se comporte comme un gaz parfait, il est possible de calculer sa pression partielle :

$$p_{O_2}^{ini} = \frac{0,3.8,314.1\,150}{10^{-2}} = 2,87.10^5 \text{ Pa} = 2,87 \text{ bar}.$$

Cette pression est inférieure à la pression d'équilibre pour la coexistence de deux solides : en conséquence, il n'y a pas d'oxydation du monoxyde de cobalt(II) en Co_3O_4 solide.

4. Pour assurer l'oxydation, il faut faire croître la pression en dioxygène, donc diminuer le volume : on calcule le volume V_1 qui permet d'avoir la pression d'équilibre en dioxygène, soit :

$$p_{O_2}^{eq} = \frac{nRT}{V_1} \quad \text{soit} \quad V_1 = \frac{nRT}{p_{O_2}^{eq}}$$

Application numérique :

$$V_1 = 8,77 \text{ L}$$

5. Calcul de la variance

Le choix de la température fixe la valeur de la constante d'équilibre, donc de la pression en dioxygène et donc de la pression totale. La variance est donc égale à un. Lors du processus d'oxydation, c'est-à-dire lors de la coexistence des deux solides CoO et Co_3O_4, la pression en dioxygène reste constante.

6. Le bilan de matière lors du déroulement de la réaction se traduit par :

	3 CoO (s)	+ $\frac{1}{2}O_2$ (g)	= Co_3O_4 (s)
EI	1	0,3	0
EF	$1 - 3\xi$	$0,3 - \frac{1}{2}\xi$	ξ

Lorsque l'oxyde de cobalt(II) a été totalement oxydé, l'avancement de la réaction est maximal, soit :

$$\xi^{\max} = \frac{1}{3}$$

et on en déduit la quantité de matière restante de dioxygène :

$$n_{O_2}^{\text{fin}} = 0,3 - \frac{1}{2}\xi^{\max} = 0,133 \text{ mol.}$$

Lorsque la réaction vient juste de se terminer, la constante d'équilibre est encore vérifiée. Ceci permet de calculer le volume V_2 du récipient :

$$V_2 = \frac{n_{O_2}^{\text{fin}} RT}{p_{O_2}^{\text{eq}}}$$

Application numérique :

$$V_2 = \frac{0,133 \times 8,314 \times 1\,150}{3,27 \times 10^5} = 3,89 \text{ L}$$

7. La pression finale est fixée par la quantité de matière présente en phase gazeuse ($n_{O_2}^{\text{fin}}$), la température et le volume final :

$$p_{O_2}^{\text{fin}} = \frac{n_{O_2}^{\text{fin}} RT}{V}$$

soit *numériquement* :

$$p_{O_2}^{\text{fin}} = \frac{0,133 \times 8,314 \times 1\,150}{10^{-3}} = 12,71 \text{ bar}$$

8. L'évolution de la pression de dioxygène dans le récipient est représentée à la figure 7.1. L'équilibre chimique entre les deux oxydes de cobalt existe entre les volumes V_1 et V_2.

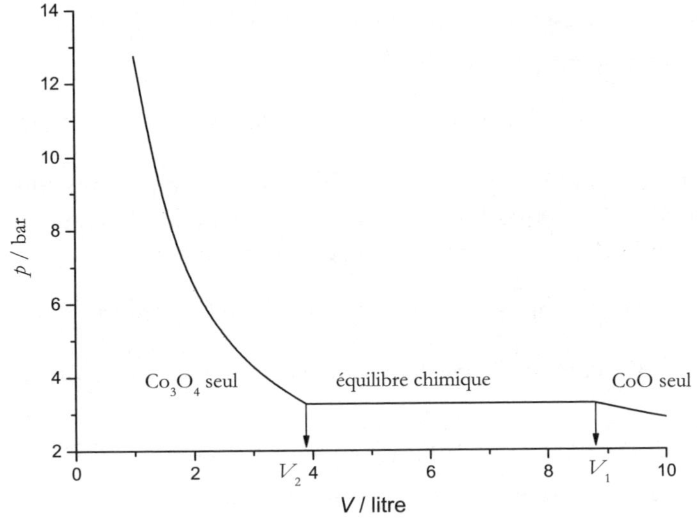

Figure 7.1 – Variation de la pression en dioxygène lors de l'oxydation du monoxyde de cobalt(II) par le dioxygène en Co_3O_4

7.3 Réduction de l'oxyde de plomb

1. L'approximation d'ELLINGHAM consiste à supposer que l'enthalpie standard de réaction $\Delta_r H^\circ$ et l'entropie standard de réaction $\Delta_r S^\circ$ ne dépendent pas de la température. Leurs valeurs respectives peuvent, par exemple, être évaluées par $\Delta_r H^\circ(298\ \text{K})$ et $\Delta_r S^\circ(298\ \text{K})$. L'enthalpie libre standard de réaction est une fonction continue représentée par un ensemble de segments de droites. Chaque segment correspond à un état physique précis de chacune des espèces intervenant dans l'équation-bilan d'oxydation.

2. Pour une température T inférieure à 980 K, les domaines de stabilité du monoxyde de carbone, situés respectivement au-dessous de la courbe (c) et au-dessus de la courbe (a), sont disjoints. En conséquence, le monoxyde de carbone est instable et se dismute en dioxyde de carbone CO_2 et en carbone C.

Dans un diagramme simplifié, nous ne conservons que le segment de droite relatif au couple CO_2(g)/C(s) (courbe (b)) pour $T < 980$ K, et nous conservons les segments de droites relatifs aux couples CO(g)/C(s) (courbe (a)) et CO_2(g)/CO(g) (courbe (c)) pour $T > 980$ K.

3. La réduction de l'oxyde PbO(s) devient thermodynamiquement possible dès que la droite d'ELLINGHAM relative au couple engageant le réducteur choisi se situe au-dessous de la droite d'ELLINGHAM relative au couple PbO/Pb. En effet l'affinité chimique standard associée à la réaction de réduction de PbO devient positive.

Cette condition est réalisée lorsque la température dépasse 220 K.

4. L'équation de réduction s'écrit

$$C\,(s) \quad + \quad 2\,PbO\,(s) \quad = \quad CO_2\,(g) \quad + \quad 2\,Pb\,(s)$$

Cette équation-bilan notée (E) est une combinaison des équations fournies dans les données (équation (1) et équation (2)) : (E) = (1) − (2). La loi de HESS assure que l'enthalpie libre standard $\Delta_r G^\circ$ associée à l'équation-bilan (E) s'écrit :

$$\Delta_r G^\circ = \Delta_r G_1^\circ - \Delta_r G_2^\circ = 45 - 0,205.T \text{ (kJ.mol}^{-1}).$$

La température d'inversion T_i est telle que $\Delta_r G^\circ(T_i) = 0$. Nous avons donc ici $T_i \approx 220$ K.

Si $T < T_i$, $\Delta_r G^\circ > 0$ et $K^\circ < 1$. En revanche, si $T > T_i$, $\Delta_r G^\circ < 0$ et $K^\circ > 1$.

5. Le sens spontané de réaction est fourni par le signe de l'affinité chimique ou, de façon équivalente, par le signe de l'enthalpie libre de réaction. L'enthalpie libre de réaction s'exprime en faisant intervenir le quotient de réaction Q par :

$$\Delta_r G = \Delta_r G^\circ + RT \ln Q.$$

Dans le cas présent :

$$Q = \frac{p_{CO_2}}{p^\circ}$$

car les solides sont supposés seuls dans leur phase, et donc d'activité égale à 1. Si la pression p_{CO_2} a une valeur fixée à 1 bar, $\Delta_r G = \Delta_r G^\circ$: le sens privilégié de réaction est indiqué par le signe de $\Delta_r G^\circ = \Delta_r G_1^\circ - \Delta_r G_2^\circ = 45 - 0,205.T$ (kJ.mol^{-1}).

6. Pour une température $T > 980$ K (correspondant à la stabilité du monoxyde de carbone), la droite d'ELLINGHAM engageant le monoxyde de carbone en tant que réducteur (courbe c) est située au-dessous de la droite d'ELLINGHAM relative au couple PbO/Pb : la réduction est possible. Ainsi, le monoxyde de carbone réduit l'oxyde de plomb au-dessus de 980 K.

7.4 Élaboration du magnésium par réduction de l'oxyde de magnésium

1.a. Nous appliquons la loi de KIRCHHOFF sous la forme :

$$\frac{d\Delta_r H^\circ}{dT} = \sum_i \nu_i C_{p,i,m}^\circ$$

et nous considérons les grandeurs $C_{p,i,m}^\circ$ indépendantes de la température. L'intégration effectuée entre une température T_{ref} et la température quelconque T conduit à :

$$\Delta_r H^\circ(T) = \Delta_r H^\circ(T_{ref}) + \sum_i \nu_i C^\circ_{p,i,m}\,(T - T_{ref}).$$

L'évolution de l'entropie standard de réaction avec la température est donnée par la relation $\dfrac{d\Delta_r S^\circ}{dT} = \sum_i \nu_i \dfrac{C^\circ_{p,i,m}}{T}$. L'intégration menée entre une température T_{ref} et la température quelconque T conduit au résultat :

$$\Delta_r S^\circ(T) = \Delta_r S^\circ(T_{ref}) + \sum_i \nu_i C^\circ_{p,i,m} \ln\left(\frac{T}{T_{ref}}\right).$$

Ces expressions permettent d'établir la loi d'évolution de l'enthalpie libre standard sous la forme :

$$\begin{aligned}\Delta_r G^\circ(T) &= \Delta_r H^\circ(T) - T\Delta_r S^\circ(T)\\ &= \Delta_r H^\circ(T_{ref}) - T\Delta_r S^\circ(T_{ref}) + \sum_i \nu_i C^\circ_{p,i,m}\,(T - T_{ref}) - T\sum_i \nu_i C^\circ_{p,i,m}\ln\left(\frac{T}{T_{ref}}\right).\end{aligned}$$

1.b. Nous choisissons ici $T_{ref} = 298$ K et nous étudions la réaction de formation de SiO_2. Dans ce cas :

$$\sum_i \nu_i C^\circ_{p,i,m} = C^\circ_{p,m}\,(SiO_2) - C^\circ_{p,m}\,(O_2) - C^\circ_{p,m}\,(Si)$$

et :

$$\Delta_r H^\circ(298\text{ K}) = \Delta_f H^\circ\,(SiO_2)$$

Application numérique :

$\sum_i \nu_i C^\circ_{p,i,m} = -4{,}6$ J.K^{-1}.mol^{-1} et $\Delta_r H^\circ(298\text{ K}) = -910{,}7.10^3$ J.mol^{-1}.

Entre 298 K et 1 700 K, $|\Delta_r H^\circ(T) - \Delta_r H^\circ(298\text{ K})| < \sum_i \nu_i C^\circ_{p,i,m}\,(1\,700 - 298)$, c'est-à-dire $|\Delta_r H^\circ(T) - \Delta_r H^\circ(298\text{ K})| < 6{,}5.10^3$ J.mol^{-1} (l'écart relatif constaté entre $\Delta_r H^\circ(T)$ et $\Delta_r H^\circ(298\text{ K})$ n'excède pas 1 %).

De façon similaire, $|\Delta_r S^\circ(T) - \Delta_r S^\circ(298\text{ K})| < \sum_i \nu_i C^\circ_{p,i,m} \ln\left(\dfrac{1\,700}{298}\right)$, c'est-à-dire $|\Delta_r S^\circ(T) - \Delta_r S^\circ(298\text{ K})| < 8{,}0$ J.K^{-1} .mol^{-1} (l'écart relatif constaté entre $\Delta_r S^\circ(T)$ et $\Delta_r S^\circ(298\text{ K})$ n'excède pas 5 %).

Il apparaît donc légitime d'appliquer l'approximation d'ELLINGHAM. Dans ces conditions :

$$\begin{aligned}\Delta_r G^\circ(T) &= \Delta_r H^\circ(298) - T\Delta_r S^\circ(298)\\ &= -910,7.10^3 + 182,3T \text{ (J.mol}^{-1}).\end{aligned}$$

2.a. Pour déterminer l'enthalpie standard de réaction $\Delta_r H_2^\circ$ et l'entropie standard de réaction $\Delta_r S_2^\circ$, nous remarquons que l'équation-bilan :

$$\text{Si (liq)} \quad + \quad O_2\text{ (g)} \quad = \quad SiO_2\text{ (s)}$$

est la somme des équations-bilans :

$$\text{Si (s)} \quad + \quad O_2\text{ (g)} \quad = \quad SiO_2\text{ (s)}$$

et :

$$\text{Si (liq)} \quad = \quad \text{Si (s)}$$

La loi de HESS autorise alors l'écriture :

$$\Delta_r H_2^\circ = \Delta_r H_1^\circ - \Delta_{\text{fus}} H^\circ(\text{Si}).$$

et :

$$\Delta_r S_2^\circ = \Delta_r S_1^\circ - \Delta_{\text{fus}} S^\circ(\text{Si}).$$

Le calcul de l'entropie standard de fusion du silicium $\Delta_{\text{fus}} S^\circ(\text{Si})$ supposée indépendante de la température peut être réalisé en considérant l'équilibre de fusion à la température $T = T_{\text{fus}}(\text{Si})$, et en exprimant son enthalpie libre de réaction : $\Delta_{\text{fus}} G = \Delta_{\text{fus}} G^\circ$ car nous n'avons que des corps purs seuls dans leur phase. Il vient alors $0 = \Delta_{\text{fus}} H^\circ - T_{\text{fus}}\Delta_{\text{fus}} S^\circ$ et par conséquent :

$$\Delta_{\text{fus}} S^\circ(\text{Si}) = \frac{\Delta_{\text{fus}} H^\circ\text{ (Si)}}{T_{\text{fus}}\text{ (Si)}}$$

Application numérique :

$$\Delta_r H_2^\circ = -950,3 \text{ kJ.mol}^{-1} \text{ et } \Delta_r S_2^\circ = -205,6 \text{ J.K}^{-1}.\text{mol}^{-1}.$$

Par conséquent :

$$\Delta_r G_2^\circ = -950,3.10^3 + 205,6T \text{ (J.mol}^{-1}).$$

Pour déterminer l'enthalpie standard de réaction $\Delta_r H_3^\circ$ et l'entropie standard de réaction $\Delta_r S_3^\circ$, nous remarquons que l'équation-bilan :

$$\text{Si (liq)} \quad + \quad O_2\text{ (g)} \quad = \quad SiO_2\text{ (liq)}$$

est la somme des équations-bilans :

$$\text{Si (liq)} \quad + \quad O_2\text{ (g)} \quad = \quad SiO_2\text{ (s)}$$

et :

$$SiO_2\text{ (s)} \quad = \quad SiO_2\text{ (liq)}$$

La loi de HESS autorise alors l'écriture :

$$\Delta_r H_3^\circ = \Delta_r H_2^\circ + \Delta_{fus} H^\circ(SiO_2).$$

et :

$$\Delta_r S_3^\circ = \Delta_r S_2^\circ + \Delta_{fus} S^\circ(SiO_2).$$

Le calcul de l'entropie standard de fusion $\Delta_{fus}S^\circ(SiO_2)$ supposée indépendante de la température est une nouvelle fois réalisé en considérant l'équilibre de fusion à la température $T = T_{fus}(SiO_2)$, et en exprimant son enthalpie libre de réaction : $\Delta_{fus}G = \Delta_{fus}G^\circ$. Alors :

$$\Delta_{fus}S^\circ(SiO_2) = \frac{\Delta_{fus}H^\circ\ (SiO_2)}{T_{fus}\ (SiO_2)}$$

Application numérique :

$\Delta_r H_3^\circ = -941,5$ kJ.mol^{-1} et $\Delta_r S_3^\circ = -201,1$ J.K^{-1}.mol^{-1}.

Par conséquent :

$$\Delta_r G_3^\circ = -941,5.10^3 + 201,1T\ (\text{J.mol}^{-1}).$$

2.b.

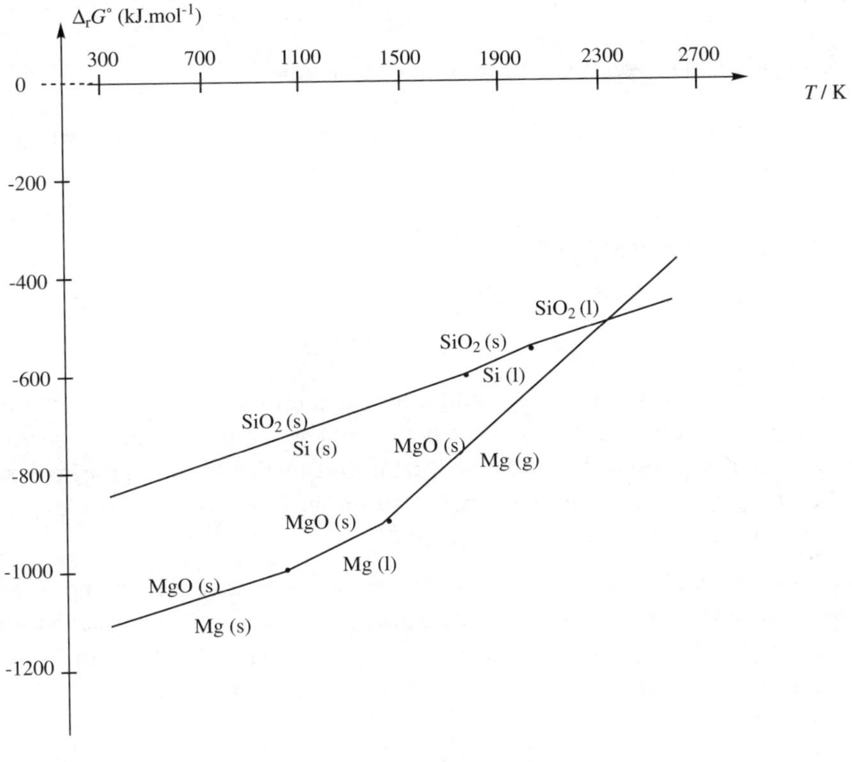

2.c. La réalisation de la réaction d'oxydation du silicium en silice est associée à une diminution de désordre microscopique (disparition d'une phase gazeuse au profit d'une phase solide). L'entropie de réaction $\Delta_r S^\circ$ est donc négative. Par conséquent la pente de la droite d'ELLINGHAM, évaluée par $-\Delta_r S^\circ$ est positive.

3.a. À une température $T = 1\ 773$ K, la réaction s'écrit :

$$2\,MgO\,(s) \quad + \quad Si\,(liq) \quad = \quad SiO_2\,(s) \quad + \quad 2\,Mg\,(g) \qquad (E)$$

3.b. L'équation (E) s'exprime en fonction des équations (2) et (6) selon (E) = (2) − (6). La loi de HESS assure alors $\Delta_r G^\circ\,(E) = \Delta_r G_2^\circ - \Delta_r G_6^\circ$.

Application numérique : $\Delta_r G^\circ\,(E) = 139,5.10^3$ J.mol^{-1}.

3.c. La constante d'équilibre s'exprime par $K^\circ = \left(\dfrac{p_{eq}}{p^\circ}\right)^2$.

À 1 773 K, appliquons la relation $\Delta_r G^\circ = -RT\ln K^\circ$ afin de calculer numériquement K°.

Application numérique :

$K^\circ = 7,8.10^{-5}$ et $p_{eq} = 8,8.10^{-3}$ bar.

3.d. L'affinité chimique $\mathcal{A}$ s'exprime par $\mathcal{A} = RT\ln\left(\dfrac{K^\circ}{Q}\right)$ avec Q quotient de réaction. Dans le cas de la réaction étudiée $\mathcal{A} = 2RT\ln\left(\dfrac{p_{eq}}{p}\right)$.

Pour que la réaction se déroule dans le sens de formation du magnésium gazeux, il convient de maintenir une pression p inférieure à la valeur de p_{eq}.

7.5 Obtention du mercure

1. L'enthalpie libre standard de réaction $\Delta_r G^\circ$ est donnée par la relation :

$$\Delta_r G^\circ = \Delta_r H^\circ - T\Delta_r S^\circ$$

avec $\Delta_r H^\circ$ et $\Delta_r S^\circ$ supposées indépendantes de la température dans l'approximation d'ELLINGHAM. En conséquence, le coefficient directeur de la droite correspond à l'opposé de l'entropie standard de réaction tandis que l'ordonnée à l'origine correspond à l'enthalpie standard de réaction. Ces grandeurs se rapportent évidemment à la réaction correspondant à la droite étudiée.

2. En utilisant le diagramme nous constatons que l'ordonnée à l'origine (enthalpie standard de réaction) prend une valeur négative (la réaction est exothermique). En conséquence, et par application de la loi de VAN'T-HOFF, une élévation de température à pression constante provoque une évolution dans le sens de dissociation de l'oxyde de mercure (sens $\leftarrow$).

3. Un changement de coefficient directeur est associé à l'intervention d'un phénomène de changement d'état (il y alors modification de l'entropie standard de réaction). Dans l'intervalle de température étudié (segment a), la réaction s'écrit

$$2\,\mathrm{Hg\,(g)} \quad + \quad \mathrm{O_2\,(g)} \quad = \quad 2\,\mathrm{HgO\,(s)} \qquad \mathrm{(E)}$$

Nous remarquons que cette équation-bilan est la somme des équations-bilans :

$$2\,\mathrm{Hg\,(l)} \quad + \quad \mathrm{O_2\,(g)} \quad = \quad 2\,\mathrm{HgO\,(s)} \qquad (1)$$

et :

$$2\,\mathrm{Hg\,(g)} \quad = \quad 2\,\mathrm{Hg\,(l)} \qquad (2)$$

La loi de HESS permet d'écrire :

$$\Delta_\mathrm{r} S^\circ_\mathrm{E} = \Delta_\mathrm{r} S^\circ_1 + \Delta_\mathrm{r} S^\circ_2$$

Par ailleurs, nous avons :

$$\Delta_\mathrm{r} S^\circ_1 = \sum_i \nu_i S^\circ_{i,\mathrm{m}} = 2S^\circ_\mathrm{m}\,(\mathrm{HgO(s)}) - 2S^\circ_\mathrm{m}\,(\mathrm{Hg(l)}) - S^\circ_\mathrm{m}\,(\mathrm{O_2(g)})$$

et :

$$\Delta_\mathrm{r} S^\circ_2 = -2\frac{\Delta_\mathrm{vap} H^\circ(\mathrm{Hg})}{T_\mathrm{eb}(\mathrm{Hg})}$$

Ce dernier résultat est obtenu en écrivant la nullité de l'enthalpie libre standard de réaction associée au changement d'état du mercure pour une température égale à sa température d'ébullition.

Application numérique : $\Delta_\mathrm{r} S^\circ_\mathrm{E} = -401$ J.K^{-1}.mol^{-1}. Le coefficient directeur est donc 401 J.K^{-1}.mol^{-1}

Une mesure du coefficient directeur réalisée sur le graphe conduit au résultat (approximatif) de 390 J.K^{-1}.mol^{-1}, ce qui constitue une résultat honorable.

4. L'affinité chimique $\mathcal{A}$ s'exprime par $\mathcal{A} = RT\ln\left(\dfrac{K^\circ}{Q}\right)$ avec Q quotient de réaction. Dans le cas de la réaction étudiée :

$$\mathcal{A} = -\Delta_\mathrm{r} G^\circ + RT\ln\left(\frac{p_{\mathrm{O_2}}}{p^\circ}\right).$$

Considérons la valeur numérique $p_{\mathrm{O_2}} = 0,2$ bar. Nous devons comparer le positionnement du segment de droite d'ELLINGHAM relatif au couple HgO(s)/Hg(l) à celui de la droite d'équation $y = RT\ln\left(\dfrac{p_{\mathrm{O_2}}}{p^\circ}\right)$ qui possède un coefficient directeur négatif. Le tracé de cette dernière droite sur le diagramme montre qu'elle ne croise pas le segment correspondant au couple HgO(s)/Hg(l), elle se situe au-dessus. En conséquence nous avons toujours $RT\ln\left(\frac{p_{O_2}}{p^\circ}\right) > \Delta_r G^\circ$ et par conséquent l'affinité chimique reste positive. La réaction a lieu de façon totale dans le sens de formation de l'oxyde de mercure, il n'est pas possible d'obtenir du mercure liquide.

5. On exprime l'affinité chimique de la réaction (1') et nous allons réitérer le raisonnement de la question précédente. L'affinité chimique $\mathcal{A}$ s'exprime par $\mathcal{A} = RT\ln\left(\frac{K^\circ}{Q}\right)$ avec Q quotient de réaction. Dans le cas de la réaction étudiée :

$$\mathcal{A} = -\Delta_r G^\circ + RT\ln\left(\frac{p_{Hg}^2 p_{O_2}}{p^{\circ,3}}\right)$$

Nous devons étudier le signe de l'affinité chimique. Pour cela, nous traçons la droite d'équation $y = RT\ln\left(\frac{p_{Hg}^2 p_{O_2}}{p^{\circ,3}}\right) = -13,4T$. Sur le graphe nous déterminons un point d'intersection avec le segment a autour de $T = 750$ K. La droite d'équation $y = -13,4T$ se situe au-dessous du segment a au-delà de 750 K. Ainsi, pour un température supérieure à $T_m = 750$ K, l'affinité chimique de la réaction envisagée est négative, le sens spontané de réaction est celui correspondant à l'obtention de mercure gazeux.

6. En utilisant exactement le même raisonnement qu'à l'occasion de la question 5, nous déterminons une température T_m de l'ordre de 2200 K. Il faut donc chauffer à une température supérieure à 2200 K pour obtenir le zinc. Ceci ne semble pas raisonnable d'un point de vue coût de revient.

7. Un réducteur sera susceptible de réduire favorablement l'oxyde de zinc dès que la droite d'ELLINGHAM dans laquelle il intervient se situe au-dessous de la droite d'ELLINGHAM relative au couple ZnO/Zn. Le graphe montre que le carbone engagé dans le couple CO/C est envisageable pour $T > 1200$ K. Le monoxyde de carbone engagé dans le couple CO_2/CO est envisageable pour $T > 1550$ K. Le zinc est obtenu dans les deux cas à l'état gazeux.

7.6 Élaboration du titane

1. L'expression de l'enthalpie libre standard de réaction associée au couple TiO_2(s)/Ti(s) est :

$$\Delta_r G_a^\circ = \Delta_r H_a^\circ - T\Delta_r S_a^\circ = -900 + 0,18.T \text{ (kJ.mol}^{-1}\text{)}$$

Elle est associée à la réaction :

$$\text{Ti (s)} \quad + \quad O_2\text{ (g)} \quad = \quad TiO_2\text{ (s)}$$

L'expression de l'enthalpie libre standard de réaction associée au couple CO(g)/C(s) est :

$$\Delta_r G_b^\circ = \Delta_r H_b^\circ - T\Delta_r S_b^\circ \;=\; -\,200 - 0,18.T \text{ (kJ.mol}^{-1}\text{)}$$

Elle est associée à la réaction :

$$2\,\mathrm{C\,(s)} \quad + \quad \mathrm{O_2\,(g)} \quad = \quad 2\,\mathrm{CO\,(g)}$$

L'allure du diagramme est donc la suivante.

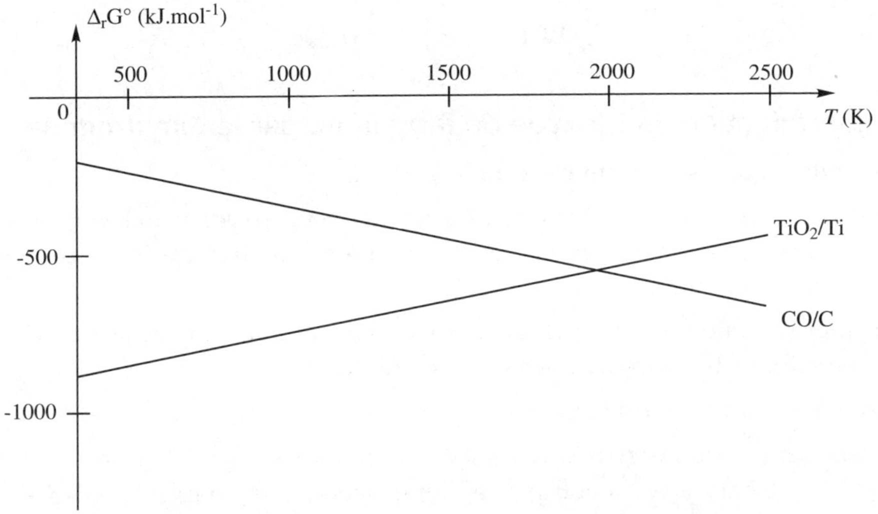

Figure 7.2 – Diagramme d'ELLINGHAM pour le titane : réduction de l'oxyde de titane TiO_2 par le carbone

La réaction de réduction du dioxyde de titane s'écrit

$$2\,\mathrm{C\,(s)} \quad + \quad \mathrm{TiO_2\,(s)} \quad = \quad 2\,\mathrm{CO\,(g)} \quad + \quad \mathrm{Ti\,(s)}$$

Cette réaction est favorable si la droite d'ELLINGHAM relative au couple CO/C se trouve au-dessous de la droite ELLINGHAM relative au couple TiO_2/Ti (ceci signifie que l'équation-bilan écrite bénéficie d'une enthalpie libre standard de réaction négative). Ceci est vérifié si $T > 1940$ K.

2. $\Delta_r G_1^\circ = \Delta_r H_1^\circ - T\Delta_r S_1^\circ = 150 - 0,10T$ (kJ.mol^{-1}).

Par ailleurs $\Delta_r G_1^\circ \;=\; -RT\ln K^\circ$. En conséquence si on désire $K^\circ \;>\; 10$, $\Delta_r G_1^\circ < -RT\ln 10 = -20T$. Alors $150000 - 100T < -20T$ et donc $1875 < T$.

3. $\Delta_r G_2^\circ = \Delta_r H_2^\circ - T\Delta_r S_2^\circ = -50 - 0,28T$ (kJ.mol^{-1}).

La réaction est favorisée dans la mesure où l'enthalpie standard de réaction prend une valeur négative (et d'autant plus négative que la température augmente).

4. Le sodium engagé dans le couple NaCl/Na est situé au-dessous du titane engagé dans le couple $TiCl_4$/Ti. De même le magnésium engagé dans le couple $MgCl_2$/Mg est situé au-dessous du titane engagé dans le couple $TiCl_4$/Ti. En conséquence les réactions de réduction du titane sont favorisées :

$$2\,\mathrm{Na} + \frac{1}{2}\,\mathrm{TiCl_4} = 2\,\mathrm{NaCl} + \frac{1}{2}\,\mathrm{Ti}$$

et :

$$\mathrm{Mg} + \frac{1}{2}\,\mathrm{TiCl_4} = \mathrm{MgCl_2} + \frac{1}{2}\,\mathrm{Ti}$$

7.7 La réduction du trioxyde de tungstène par le dihydrogène

1. Généralités sur les diagrammes d'ELLINGHAM.

1.a. Dans un diagramme d'ELLINGHAM relatifs à un oxydant (ici le dioxygène), toutes les réactions doivent être écrites avec le même nombre stœchiométrique pour celui-ci. Un choix courant est $\nu_{O_2} = -1$.

1.b. L'approximation d'ELLINGHAM consiste à choisir une représentation affine des enthalpies libres standard des réactions d'oxydation.

2. Réduction par le dihydrogène.

2.a. Dans les conditions standard, c'est-à-dire pour $p_{O_2} = 1$ bar, $p_{H_2} = 1$ bar et $p_{H_2O} = 1$ bar, la réduction par le dihydrogène d'un couple Ox/Red est possible lorsque Red et H_2O ont un domaine commun dans le plan, soit la disposition repésentée à la figure 7.3.

À T = 1 200 K, seule la courbe (4) n'est pas « bien » placée par rapport à la courbe (5), soit la réduction du trioxyde de tungstène WO_3 en dioxyde de tungstène WO_2 n'est pas possible dans les conditions standard.

2.b. Pour obtenir les réactions (6) à (9), on soustrait les réactions (1) à (4) à la réaction (5) et on multiplie par $\frac{1}{2}$ pour avoir $\nu_{H_2} = -1$ et $\nu_{H_2O} = 1$. Nous obtenons :

$$10\,\mathrm{WO_3\,(s)} + \mathrm{H_2\,(g)} = \mathrm{W_{10}O_{29}\,(s)} + \mathrm{H_2O\,(g)}$$

$$\alpha_6 = 10 \quad \beta_6 = 1$$

$$\frac{2}{3}\,\mathrm{W_{10}O_{29}\,(s)} + \mathrm{H_2\,(g)} = \frac{5}{3}\,\mathrm{W_4O_{11}\,(s)} + \mathrm{H_2O\,(g)}$$

$$\alpha_7 = \frac{2}{3} \quad \beta_7 = \frac{5}{3}$$

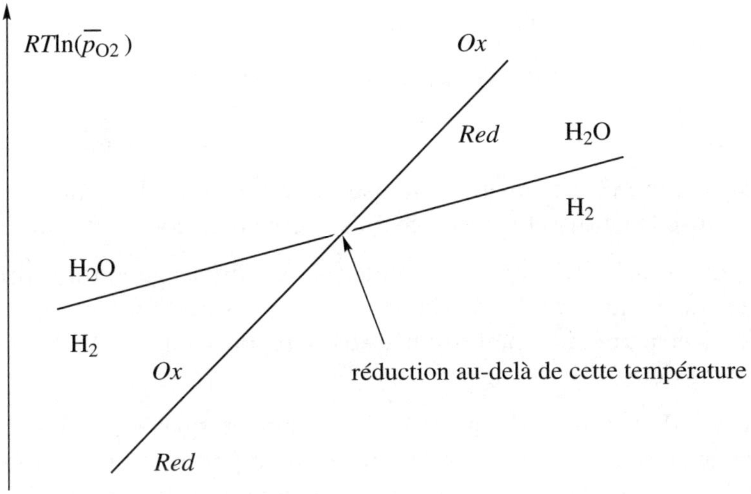

Figure 7.3 – Condition pour avoir réduction d'un oxyde de tungstène par le dihydrogène

$$\frac{1}{3}\,W_4O_{11}\,(s) \quad + \quad H_2\,(g) \quad = \quad \frac{4}{3}\,WO_2\,(s) \quad + \quad H_2O\,(g)$$

$$\alpha_8 = \frac{1}{3} \quad \beta_8 = \frac{4}{3}$$

$$\frac{1}{2}\,WO_2\,(s) \quad + \quad H_2\,(g) \quad = \quad \frac{1}{2}\,W\,(s) \quad + \quad H_2O\,(g)$$

$$\alpha_9 = \frac{1}{2} \quad \beta_9 = \frac{1}{2}$$

2.c. L'expression de l'enthalpie libre standard de réaction des réactions i s'exprime en fonction de l'enthalpie libre standard de la réaction $i - 5$ et de l'enthalpie libre standard de la réaction (5) :

$$\Delta_r G_i^\circ = \frac{1}{2}\left(\Delta_r G_5^\circ - \Delta_r G_{i-5}^\circ\right)$$

Applications numériques :

Enthalpies libres standard de réaction en kJ.mol^{-1}

$$\Delta_r G_6^\circ = 62,47 - 77,76.10^{-3}.T$$

$$\Delta_r G_7^\circ = 86,20 - 97,69.10^{-3}.T$$

$$\Delta_r G_8^\circ = 17,28 - 17,31.10^{-3}.T$$

$$\Delta_r G_9^\circ = 44,46 - 31,55.10^{-3}.T$$

3. La variance

3.a. C'est le nombre de paramètres intensifs que l'on peut librement choisir sans remettre en cause la nature et l'existence du système thermodynamique.

Pour un équilibre de réduction d'un solide par le dihydrogène transformé en eau gaz, la constante d'équilibre standard (donc la température) fixe la rapport des pressions partielles et la pression totale est liée aux deux pressions partielles. La variance est donc égale à deux.

3.b. Il n'y a pas de variation de quantité de matière en phase gazeuse : dans le cas où la phase gazeuse est décrite comme un mélange parfait de gaz parfaits, ceci se traduit par l'absence de l'influence de la pression totale sur la position de l'équilibre.

3.c. Appliquons la règle des phases de GIBBS : si les quatre équilibres existent, il y a 4 relations r, 7 espèces chimiques $c = 7$, et 6 phases $\varphi = 6$. La variance est donc égale à :

$$v = (c - r) + 2 - \varphi = (7 - 4) + 2 - 6 = -1$$

ce qui est impossible. Avec 3 équilibres, la variance est nulle : la température et la pression sont fixées. Avec deux équilibres, la variance est égale à un : le choix de la pression à la pression standard impose la valeur de la température d'équilibre.

4. Pour chaque équilibre, nous avons :

$$\Delta_r G_T^\circ = - RT.\ln(K_T^\circ)$$

soit :

$$\ln(K_T^\circ) = - \frac{\Delta_r G_T^\circ}{RT}$$

Application numérique :

$$\log(K_T^\circ(6)) = 4,062 - \frac{3263}{T}$$

$$\log(K_T^\circ(7)) = 5,103 - \frac{4503}{T}$$

$$\log(K_T^\circ(8)) = 0,903 - \frac{904}{T}$$

$$\log(K_T^\circ(9)) = 1,648 - \frac{2322}{T}.$$

La représentation graphique de $\log(K_T^\circ(i))$ en fonction de $1/T$ est indiquée à la figure 7.4.

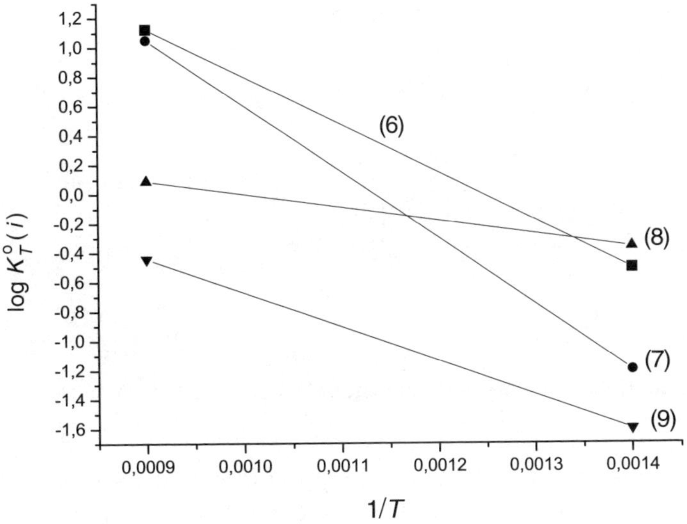

Figure 7.4 – Logarithme décimal des constantes de réactions en fonction de l'inverse de la température pour la réduction des oxydes de tungstène par le dihydrogène

5. L'équilibre entre les oxydes WO_3 (s) et $W_{10}O_{29}$ (s) est l'équilibre (6). L'affinité chimique de cet équilibre est donnée par la relation :

$$\mathcal{A} = -\sum \nu_i \mu_i = -\sum \nu_i \mu_i^\circ - RT \ln \Pi = RT \ln(K_T^\circ) - RT \ln \Pi$$

et donc :

$$\mathcal{A} = RT \ln\left(\frac{K_T^\circ}{\Pi}\right).$$

Si $\Pi > K_T^\circ$, l'affinité chimique est négative, l'équilibre chimique entre WO_3 (s) et $W_{10}O_{29}$ (s) n'existe pas, le système est totalement déplacé vers la gauche et seul l'oxydant du couple existe

6. De façon comparable à ce qui a été fait en cours sur les diagrammes d'ELLINGHAM, il est possible d'étendre la signification du diagramme tracé à la question **4.** en modifiant la grandeur portée en ordonnée : on remplace la constante d'équilibre par le quotient de réaction Π. Dans ce cas, le choix de la température et du quotient de réaction se traduit par la disparition de l'équilibre entre oxydant et réducteur du couple : le seul solide présent pour un point représentatif situé au-dessus de la droite d'équilibre est l'oxydant du couple et le réducteur pour un point situé au-dessous de la droite d'équilibre. Si on recherche une partition du plan, c'est-à-dire à attribuer à un point du plan un oxyde stable, la démarche précédente aboutit à une contradiction. Considérons les droites (7) et (8). La partition conduit à la situation représentée figure 7.5.

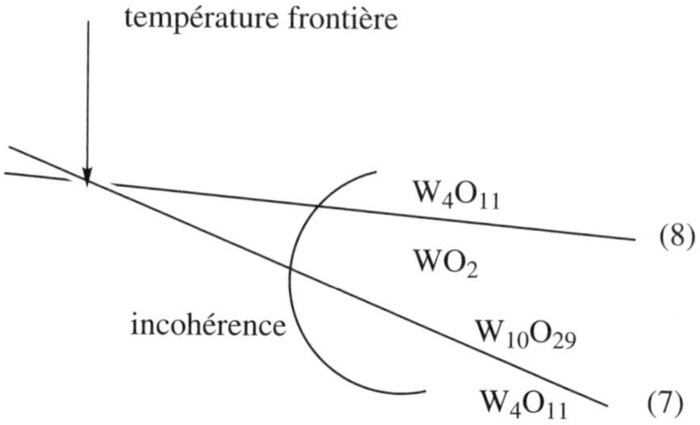

Figure 7.5 – Dismutation de l'oxyde de tungstène W_4O_{11} au-delà d'une température frontière

Au-delà de la température frontière T_f, qui correspond au croisement des deux droites, l'oxyde W_4O_{11} se dismute en WO_2 et en $W_{10}O_{29}$ selon la réaction :

$$3\,W_4O_{11}\,(s) \quad = \quad 2\,WO_2\,(s) \quad + \quad W_{10}O_{29}\,(s).$$

La figure est alors modifiée (voir figure 7.6) : les droites (7) et (8) disparaissent et sont remplacées, au-delà de la température frontière, par une droite, de coefficient directeur intermédiaire entre celui de la droite (7) et celui de la droite (8), séparant le domaine de l'oxyde $W_{10}O_{29}$ de celui de l'oxyde WO_2. La température frontière T_f est définie comme celle de l'intersection des droites (7) et (8), soit :

$$T_f \;=\; 857\,\mathrm{K}$$

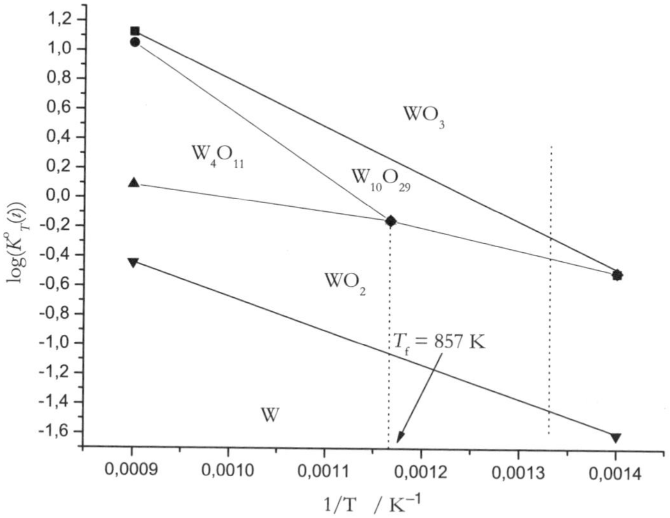

Figure 7.6 – Partition du plan (T, $\log(\Pi)$) définissant les domaines de stabilité des oxydes

7. Pour étudier la nature des oxydes successivement observés lors de la réduction du trioxyde de tungstène(VI) WO_3 à $T = 750$ K, on place sur la figure 7.6 la verticale correspondante. Le rapport des pressions partielles évolue par paliers : lorsque deux solides coexistent, le rapport de la pression partielle en eau à la pression partielle en dihydrogène est fixé. Quand l'équilibre chimique n'existe pas, un seul solide est présent dans le réacteur et le rapport décroît lors de l'introduction du réactif dihydrogène. La variation qualitative du rapport $\dfrac{p_{H_2O}}{p_{H_2}}$ est indiquée à la figure 7.7.

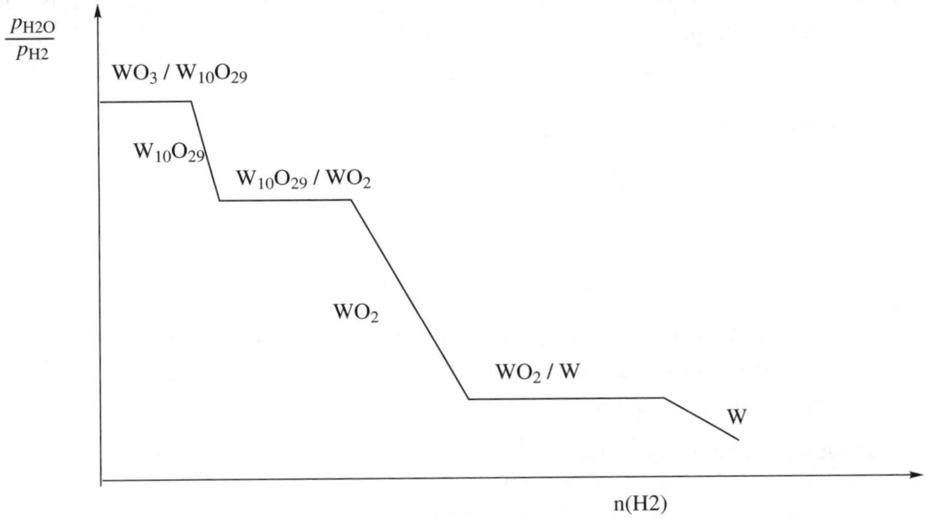

Figure 7.7 – Évolution du rapport de la pression partielle d'eau à la pression partielle de dihydrogène en fonction de la quantité de dihydrogène introduit lors de la réduction du trioxyde de tungstène (VI) à la température $T = 750$ K

7.8 Étude thermodynamique de la métallurgie du silicium

1. Utilisation du diagramme d'ELLINGHAM

1.a. L'approximation d'ELLINGHAM consiste à utiliser une expression affine de l'enthalpie libre standard de réaction.

1.b. La réduction de la silice par le carbone solide est possible au-delà du croisement des courbes des deux couples SiO_2/Si et CO/C, soit pour des températures supérieures à 1 750 K (point A sur le schéma).

1.c. Pour le couple silice/silicium, la réaction d'oxydation s'écrit :

$$Si \quad + \quad O_2\ (g) \quad = \quad SiO_2\ (s).$$

La variation de quantité de matière en phase gazeuse diminue : $\Delta\nu_g = -1$. Comme l'ordre croît lorsque la réaction a lieu, l'entropie standard de réaction est négative et la pente positive.

Pour le couple monoxyde de carbone/carbone, la réaction d'oxydation s'écrit :

$$2\,C\,(gr.) \quad + \quad O_2\,(g) \quad = \quad 2\,CO\,(g).$$

La variation de quantité de matière en phase gazeuse augmente : $\Delta\nu_g = +1$. Comme l'ordre diminue lorsque la réaction a lieu, l'entropie standard de réaction est positive et la pente négative. Pour le segment (1), l'entropie standard de réaction s'exprime en fonction des entropies molaires des participants :

$$\Delta_r S_1^\circ = S_m^\circ(SiO_2\,(s)) - S_m^\circ(Si\,(s)) - S_m^\circ(O_2\,(g)).$$

De façon comparable, pour le segment (2) :

$$\Delta_r S_2^\circ = S_m^\circ(SiO_2\,(s)) - S_m^\circ(Si\,(l)) - S_m^\circ(O_2\,(g)).$$

Comme le liquide est moins ordonné que le solide :

$$S_m^\circ(Si\,(l)) > S_m^\circ(Si\,(s))$$

et donc la pente qui est égale à l'opposé de l'entropie standard de réaction croît lors de la fusion du réducteur (ici du silicium). Ceci explique l'augmentation de la pente en A qui correspond à la fusion du silicium.

La variation de pente en A s'écrit :

$$p_2 - p_1 = S_m^\circ(Si\,(l)) - S_m^\circ(Si\,(s)) = \Delta_{fus}S^\circ = \frac{\Delta_{fus}H^\circ}{T_{fus}}.$$

Ce qui permet d'estimer l'enthalpie de fusion du silicium :

$$\Delta_{fus}H^\circ = 30 \times 1683 = 50,5\ \text{kJ.mol}^{-1}$$

1.d. Dans le domaine de température où est conduite la réaction de réduction de la silice par le carbone graphite, le silicium obtenu est liquide et donc la réaction de réduction s'écrit :

$$SiO_2\,(s) \quad + \quad 2\,C\,(gr.) \quad = \quad Si\,(l) \quad + \quad 2\,CO\,(g) \qquad \text{(réaction (4))}.$$

L'enthalpie libre standard de cette réaction s'exprime en fonction de $\Delta_r G_2^\circ$ et de $\Delta_r G_3^\circ$:

$$\Delta_r G_4^\circ = \Delta_r G_3^\circ - \Delta_r G_2^\circ$$

numériquement :

$$\Delta_r G_4^\circ = 686 - 0,392.T\ \text{kJ.mol}^{-1}.$$

Lorsque la dépendance de l'enthalpie standard de réaction est une fonction affine (et seulement dans ce cas), il est facile, par identification au terme constant, d'obtenir l'enthalpie standard de réaction :

$$\Delta_r H_4^\circ \;=\; 686 \;\; \text{kJ.mol}^{-1}$$

valeur positive qui montre que la réaction est bien endothermique.

2. Limitation de la quantité de carbone

2.a. À partir des coordonnées des points des différentes droites, il est aisé de calculer leur coefficient directeur :

- SiO_2/Si : $p_1' \;=\; \dfrac{(-10,8 \;+\; 13,9)}{(-4,9 \;+\; 8)} \;=\; 1$
- SiO_2/SiC : $p_2' \;=\; \dfrac{(-6,9 \;+\; 10,8)}{(-2 \;+\; 4,9)} \;=\; 1,34 \approx \dfrac{4}{3}$
- SiC/Si : $p_3' \;=\; \dfrac{(-10,8 \;+\; 14)}{(-4,9 \;+\; 6,5)} \;=\; 2.$

Lorsqu'un équilibre existe à température fixée, la constante d'équilibre standard impose une relation entre pressions partielles de monoxyde de carbone et de dioxyde de carbone selon :

$$K_T^\circ \;=\; \frac{(\overline{p}_{CO_2})^{\nu_{CO_2}}}{(\overline{p}_{CO})^{\nu_{CO}}}$$

soit, en prenant le logarithme décimal de cette relation :

$$\log(\overline{p}_{CO_2}) \;=\; \frac{1}{\nu_{CO_2}}.\log(K_T^\circ) \;+\; \frac{\nu_{CO}}{\nu_{CO_2}}.\log(p_{CO}).$$

Le coefficient directeur indique le rapport des nombres stœchiométriques des réactions ; nous proposons donc les équations suivantes pour les équilibres chimiques mis en jeu ici :

- SiO_2/Si : $SiO_2 \;+\; 2\,CO\,(g) \;=\; Si\,(s) \;+\; 2\,CO_2\,(g)$
- SiO_2/SiC : $SiO_2 \;+\; 4\,CO\,(g) \;=\; SiC \;+\; 3\,CO_2\,(g)$
- SiC/Si : $SiC \;+\; 2\,CO\,(g) \;=\; Si\,(s) \;+\; 2\,CO_2\,(g)$

2.b. Au point triple sont fixées les deux pressions partielles, donc la pression totale et la température : la variance est nulle.

2.c. D'après la relation établie à la fin de la question **2.a.**, la détermination numérique de l'équation de la droite représentant l'équilibre entre la silice et le silicium permet d'obtenir la valeur numérique de la constante à la température d'étude

($T = 1\ 500$ K). La pente est 1 et la droite passe par le point triple. Nous obtenons :

$$\log(\overline{p}_{CO_2}) = -5,9 + \log(\overline{p}_{CO})$$

et donc :

$$-5,9 = \frac{1}{2}.\log(K_T^\circ)$$

soit :

$$K_T^\circ = \left(\frac{p_{CO_2}}{p_{CO}}\right)^2 = 10^{-11,8}$$

2.d. S'il y a un excès de carbone, le silicium obtenu après réduction de la silice par le carbone peut réagir avec le carbone pour conduire au carbure de silicium

Corrigés des exercices chapitre 8

8.1 Purification du trichlorosilane

1. En dessous de $24,5\ ^\circ\mathrm{C}$, le système est constitué d'un unique liquide, mélange des deux constituants. Entre $24,5\ ^\circ\mathrm{C}$ et $29,5\ ^\circ\mathrm{C}$, le système est constitué d'un liquide mélange des deux constituants, et d'un gaz mélange des deux constituants. Au-delà de $29,5\ ^\circ\mathrm{C}$, le système est uniquement un gaz, mélange des deux constituants.

2. $SiHCl_3$ est le composé le moins volatil (température d'ébullition de $31,9\ ^\circ\mathrm{C}$). Il est donc le constituant du résidu de la distillation. Si on ne désire pas que le trichlorosilane s'évapore, il faut maintenir le bouilleur à une température légèrement inférieure à $31,9\ ^\circ\mathrm{C}$.

3. Une vapeur maintenue à $15\ ^\circ\mathrm{C}$, et en équilibre avec le liquide, a la composition de $20\ \%$ en trichlorosilane.

4. Entre l'alimentation et la tête de colonne, il y a 5 plateaux tandis qu'entre l'alimentation et le pied de colonne il y a 2 plateaux.

8.2 Mélange homoazéotropique

1. Tracé du diagramme.

Les points de coordonnées (x, T) correspondent à la composition de la phase liquide lorsque le mélange est à l'ébullition. C'est donc la courbe d'ébullition. Les points de coordonnées (y, T) correspondent à la composition de la phase gazeuse lorsque le mélange est à l'ébullition. C'est donc la courbe de rosée (figure 8.2)

Un système, de composition globale et de température fixées, représenté par un point de la zone A est constitué de butan-1-ol et de chlorobenzène gazeux uniquement. Dans la zone B, le système est diphasé (liquide et gazeux), chaque phase contenant les deux constituants. Dans la zone C, le mélange ne contient qu'un liquide homogène des deux constituants.

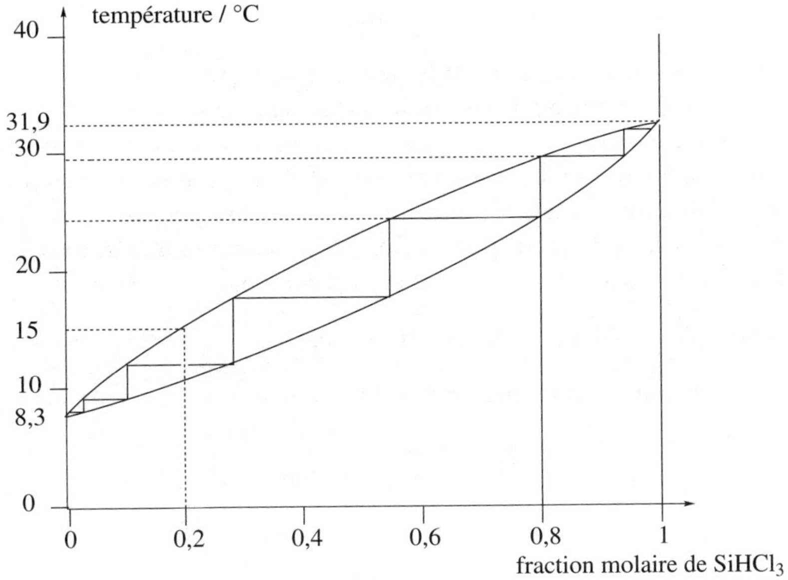

Figure 8.1 – Diagramme binaire isobare liquide vapeur du mélange $SiHCl_3$–SiH_2Cl_2

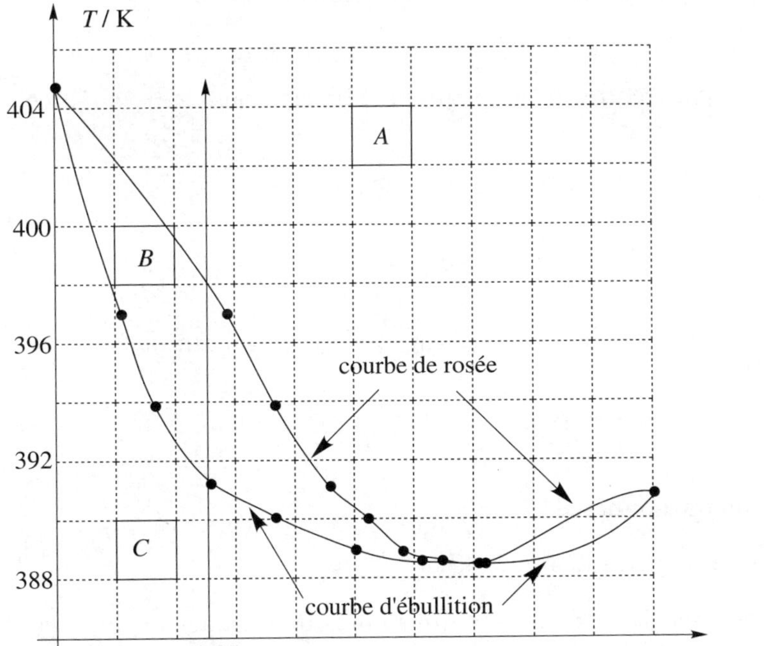

Figure 8.2 – Diagramme binaire isobare du mélange butan-1-ol/chlorobenzène

2. Évolution d'un mélange avec la température.

L'évolution d'un tel mélange est traduite par une verticale à l'abscisse de 0,250. Initialement, le mélange est constitué d'un liquide homogène. Lorsque ce mélange atteint la température $391,7\ \mathrm{K}$, la première bulle de gaz apparaît et est plus riche en butan-1-ol que le liquide. Lorsque la température augmente, le système reste biphasé, jusqu'à atteindre la température de $398,1\ \mathrm{K}$, température pour laquelle la dernière goutte de liquide est vaporisée. Au-delà de cette température, le système n'est plus constitué que de gaz seul dont la fraction molaire est de 0,250.

3. Composition d'un mélange à température fixée.

En utilisant le théorème des moments chimiques, on a :

$$\frac{n_\ell}{n_\mathrm{g}} = \frac{0,369 - 0,250}{0,250 - 0,170}$$

où n_ℓ est la quantité de matière liquide et n_g est la quantité de matière gazeuse. D'autre part, par conservation de la matière, on a :

$$n = n_\ell + n_\mathrm{g} = 5,00\ \mathrm{mol}$$

La résolution de ce système de deux équations conduit à :

$$n_\mathrm{g} = 2,02\ \mathrm{mol} \qquad \text{et} \qquad n_\ell = 2,98\ \mathrm{mol}.$$

D'autre part, par lecture sur le diagramme binaire, on a $x = 0,170$ et $y = 0,369$, permettant de calculer :

$$n_\mathrm{g}^{\text{butan-1-ol}} = y n_\mathrm{g} = 0,369 \times 2,02 = 0,745\ \mathrm{mol}$$

$$n_\mathrm{g}^{\text{chlorobenzène}} = (1 - y) n_\mathrm{g} = 0,631 \times 2,02 = 1,27\ \mathrm{mol}$$

$$n_\ell^{\text{butan-1-ol}} = x n_\ell = 0,170 \times 2,98 = 0,507\ \mathrm{mol}$$

$$n_\ell^{\text{chlorobenzène}} = (1 - x) n_\ell = 0,830 \times 2,98 = 2,47\ \mathrm{mol}$$

4. Distillation fractionnée.

Le dispositif est représenté figure 8.3.

En tête de colonne, les vapeurs sont constituées du mélange le plus volatil, soit ici le mélange de composition homoazéotropique. Le résidu dans le ballon s'enrichit donc progressivement en chlorobenzène.

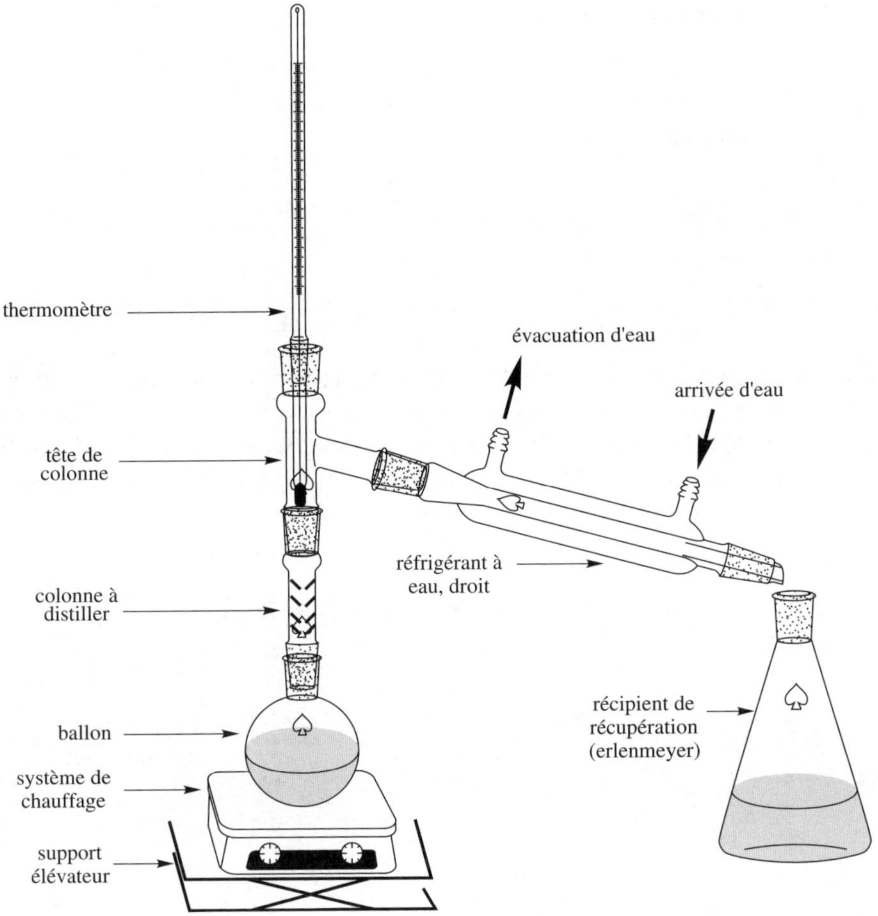

Figure 8.3 – Dispositif de distillation au laboratoire

8.3 Diagramme binaire liquide/liquide/vapeur

1. L'équation de CLAUSIUS-CLAPEYRON relie la dérivée de la pression par rapport à la température dans le cas où il existe un équilibre entre deux phases. Dans le cas de l'équilibre liquide/vapeur, en notant p^* la pression de vapeur saturante, $\Delta_{\text{vap}}H$ l'enthalpie de vaporisation supposée constante, $V_{\text{m},g}$ (resp. $V_{\text{m},l}$) le volume molaire du gaz (resp. du liquide), elle s'écrit :

$$\frac{\mathrm{d}p^*}{\mathrm{d}T} = \frac{\Delta_{\text{vap}}H}{T.(V_{\text{m},g} - V_{\text{m},l})}.$$

En utilisant les approximations de l'énoncé :

$$V_{m,l} \ll V_{m,g} \quad \text{et} \quad V_{m,g} = \frac{RT}{p^*}$$

soit, en séparant les variables :

$$\frac{dp^*}{p^*} = \frac{\Delta_{vap}H}{R}.\frac{dT}{T^2}$$

ce qui donne après intégration :

$$\ln(p^*) = -\frac{\Delta_{vap}H}{R}.\frac{1}{T} + \text{cte.}$$

Le tracé des courbes du logarithme de la pression de vapeur saturante en fonction de l'inverse de la température thermodynamique est reporté figure 8.4. La loi obtenue par intégration de la relation de CLAUSIUS-CLAPEYRON est bien vérifiée (coefficients de corrélation supérieurs à 0,999) et la détermination des coefficients directeurs t permet de déterminer les enthalpies de vaporisation :

- pour l'eau $t_1 = -5134$ K soit $\Delta_{vap}H(H_2O)$ = 42,7 kJ.mol^{-1} ;
- pour le bromobenzène $t_2 = -5157$ K soit $\Delta_{vap}H(H_2O)$ = 42,9 kJ.mol^{-1}

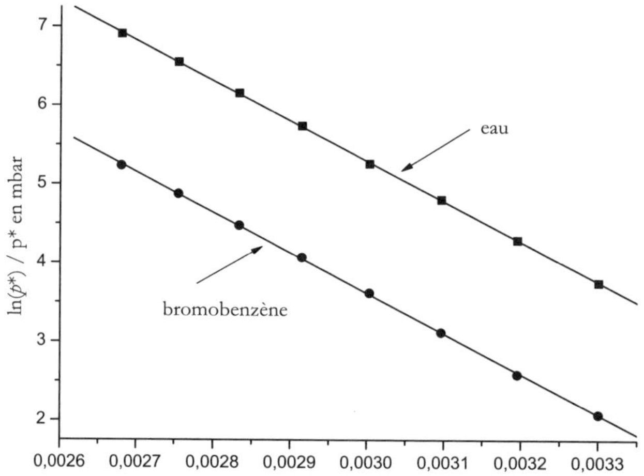

Figure 8.4 – Logarithme de la pression de vapeur saturante en fonction de l'inverse de la température

Les équations analytiques des courbes donnant les pressions de vapeur saturantes (en mbar) en fonction de la température sont :

$$p^*_{H_2O} = \exp\left(20,69 - 5134.\frac{1}{T}\right)$$

$$p^*_{PhBr} = \exp\left(19,09 - 5157.\frac{1}{T}\right)$$

3. Sur la figure 8.5 sont représentées les courbes $p^*_{H_2O}(T)$, $p^*_{PhBr}(T)$ et $\left(p^*_{H_2O} + p^*_{PhBr}\right)(T)$. Dans le cas où coexistent dans le système les deux liquides purs et la phase gazeuse, il existe deux équilibres liquide/gaz : chaque liquide pur en équilibre avec la phase gazeuse. Ainsi, les pressions partielles sont égales aux pressions de vapeur saturante et la température de l'hétéroazéotrope est celle qui permet d'avoir la somme des pressions de vapeur saturante égale à un bar. Ceci s'obtient par lecture directe sur le graphe. Nous obtenons :

$$T^{HZ} = 95,1\ °C.$$

La lecture des pressions partielles pour cette température conduit aux valeurs approchées :

$$p^*_{H_2O}(T^{HZ}) = 840 \text{ mbar}$$

$$p^*_{PhBr}(T^{HZ}) = 160 \text{ mbar}$$

ce qui donne la composition azéotropique :

$$x_{H_2O}(T^{HZ}) = 0,84$$

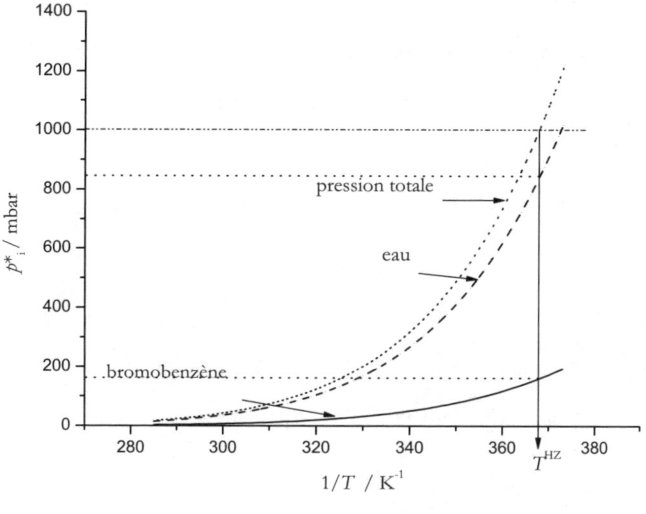

Figure 8.5 – Pressions de vapeur saturante et pression totale en fonction de la température

Corrigés des problèmes chapitre 8

8.1 Mélange binaire d'α et de β–pinène

1. Diagramme isotherme de l'équilibre liquide-vapeur du mélange d'α et de β–pinène

1.1. Équations des courbes $p = f(x_2^\ell)$ et $p = g(x_2^{\mathrm{g}})$

Les potentiels chimiques des constituants dans la phase liquide idéale sont :

$$\mu_i^\ell = \mu_i^{\circ,\ell}(T) + RT \ln x_i^\ell \quad (i = 1 \text{ et } 2).$$

Les potentiels chimiques des constituants dans la phase gazeuse sont :

$$\mu_i^{\mathrm{g}} = \mu_i^{\circ,\mathrm{g}}(T) + RT \ln \frac{p_i}{p^\circ} \quad (i = 1 \text{ et } 2).$$

À l'équilibre des phases, il y a égalité des potentiels chimiques du constituant i dans chaque phase. Par conséquent :

$$\mu_i^{\circ,\ell}(T) + RT \ln x_i^\ell = \mu_i^{\circ,\mathrm{g}}(T) + RT \ln \frac{p_i}{p^\circ} \quad (i = 1 \text{ et } 2).$$

Ces égalités restent vraies dans le cas du corps pur en équilibre biphasique ($x_i^\ell = x_i^{\mathrm{g}} = 1$ et $p_i^* = p_i$), et par conséquent :

$$\mu_i^{\circ,\ell}(T) = \mu_i^{\circ,\mathrm{g}}(T) + RT \ln \frac{p_i^*}{p^\circ} \quad (i = 1 \text{ et } 2).$$

En retranchant ces deux dernières équations, on établit donc :

$$p_1 = x_1^\ell p_1^* \quad \text{et} \quad p_2 = x_2^\ell p_2^*$$

permettant d'extraire :

$$p = p_1 + p_2 = (1 - x_2^\ell) p_1^* + x_2^\ell p_2^*$$

soit encore :

$$p = p_1^* + (p_2^* - p_1^*) x_2^\ell$$

Numériquement,

$$(p \ / \ \text{bar}) = f(x_2^\ell) = 0,40 - 0,08.x_2^\ell.$$

D'autre part, $p_2 = x_2^{\mathrm{g}}.p = x_2^\ell.p_2^*$ et par conséquent :

$$x_2^\ell = x_2^{\mathrm{g}}.\frac{p}{p_2^*}$$

En remplaçant cette expression dans celle de $f(x_2^\ell)$, on établit ainsi :

$$p = g(x_2^{\mathrm{g}}) = \frac{p_1^* p_2^*}{p_2^* - (p_2^* - p_1^*) x_2^{\mathrm{g}}}$$

soit *numériquement :*

$$(p\ /\ \text{bar}) = \frac{0,128}{0,32 + 0,08x_2^{\text{g}}} = \frac{1,6}{4,0 + x_2^{\text{g}}}$$

1.2. Diagramme binaire isotherme

La courbe $p = f(x_2^{\ell})$ est un segment de droite passant par les points $(0\ ;\ 0,40\ \text{bar})$ et $(1\ ;\ 0,32\ \text{bar})$. La courbe $p = g(x_2^{\text{g}})$ est une portion d'hyperbole passant par les mêmes points que précédemment et une application numérique conduit aussi aux points $(0,33\ ;\ 0,370\ \text{bar})$ et $(0,67\ ;\ 0,343\ \text{bar})$. Le graphe est donné figure 8.6.

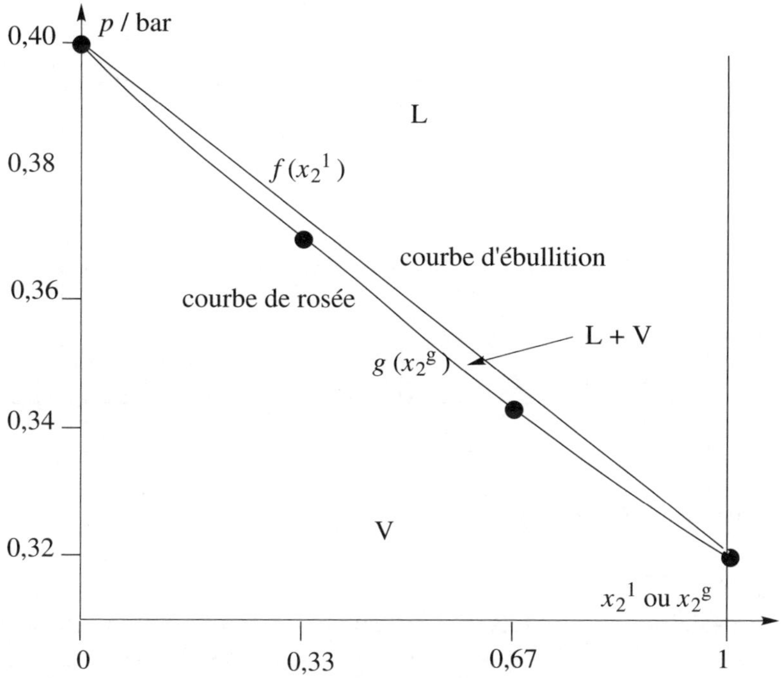

Figure 8.6 – Diagramme binaire isotherme de l'α et du β–pinène à 115 °C

1.3. Partition du plan

La courbe $p = f(x_2^{\ell})$ s'appelle la courbe d'ébullition, tandis que la courbe $p = g(x_2^{\text{g}})$ s'appelle la courbe de rosée. Pour les faibles pressions, le système n'est constitué que d'une phase gazeuse ; pour les hautes pressions, il n'est constitué que d'une phase liquide et enfin dans le fuseau, le système est constitué des deux phases en équilibre.

2. Diagramme isobare de l'équilibre liquide-vapeur du mélange d'α et de β–pinène

2.1. Allure du diagramme isobare

Le diagramme présenté permet de trouver les températures d'ébullition des composés purs sous la pression de $0,35$ bar, qui sont de 110 °C pour l'α–pinène et de 119 °C pour le β–pinène. Le diagramme a donc l'allure de celui présenté figure 8.7.

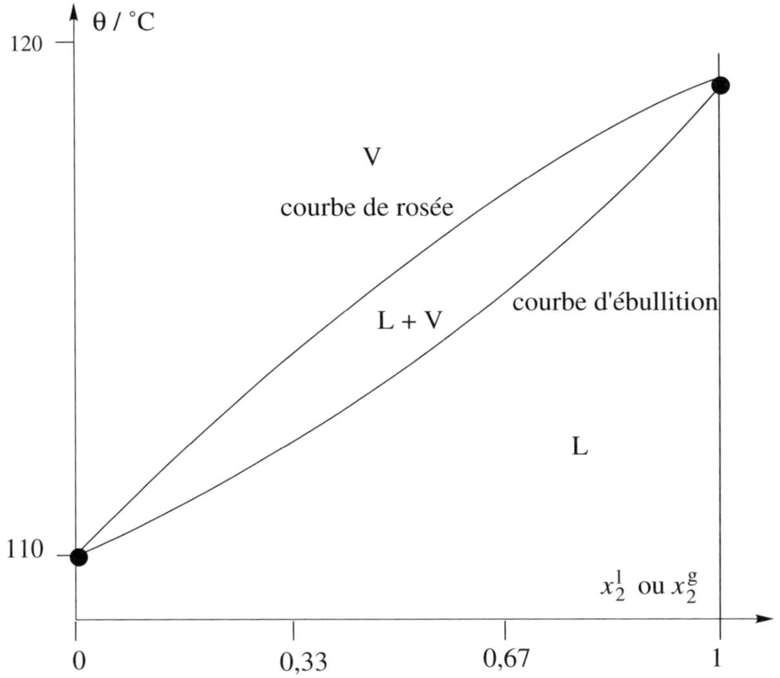

Figure 8.7 – Diagramme binaire isobare de l'α et du β–pinène à 0,35 bar

2.2. Partition du plan

La courbe supérieure est cette fois la courbe de rosée, tandis que la courbe inférieure est la courbe d'ébullition. Pour les hautes températures, le système est constitué d'une unique phase gazeuse ; pour les basses températures, le système est constitué d'une unique phase liquide tandis que dans le fuseau, le système est constitué des phases liquide et gazeuse.

2.3. Distillation sous pression réduite

L'écart des températures d'ébullition entre les deux pinènes est presque le même pour les deux pressions proposées, et par conséquent, la hauteur minimale de la colonne à distiller à utiliser est la même dans les deux cas. Par conséquent, il est préférable de réaliser la distillation sous la pression réduite de 0,35 bar, ce qui nécessitera une température du milieu plus faible, et donc moins de risque de dégradation des produits.

8.2 Mélange binaire eau–éthanol

Dans ce problème, les résultats sont indiqués avec 3 chiffres significatifs, en sachant que la valeur numérique du dernier chiffre est sujette à caution.

1. Diagramme binaire expérimental

1.1. Courbes 1 et 2

La courbe 1 (courbe de rosée) est la courbe de composition de la phase vapeur en fonction de la température, lorsque le système binaire est diphasé. La courbe 2 (courbe d'ébullition) est la courbe de composition de la phase liquide en fonction de la température, lorsque le système binaire est diphasé.

Un système dont la température et la composition globale est représenté par un point de la zone A, est constitué uniquement de la phase gaz (mélange homogène d'eau et d'éthanol gazeux). Un système dont la température et la composition globale est représenté par un point de la zone B, est constitué d'un liquide et d'un gaz (chaque phase étant un mélange homogène d'eau et d'éthanol). Un système dont la température et la composition globale est représenté par un point de la zone C, est constitué uniquement de la phase liquide (mélange homogène d'eau et d'éthanol liquide).

1.2. Mélange de fraction molaire $x_{\text{ol}} = 0,2$

Le mélange entre en ébullition lorsque le mélange atteint la température de la courbe d'ébullition, soit $\theta_{\text{eb}} = 83\ ^\circ\text{C}$. La composition en alcool de cette bulle de vapeur est l'abscisse de la courbe de rosée pour cette température, soit $y_{\text{ol}} = 0,53$. Lorsque la dernière goutte de liquide s'évapore, la phase vapeur a la fraction molaire $y_{\text{ol}} = 0,2$, et par conséquent ce phénomène a lieu pour la température $\theta_{\text{ev}} = 95\ ^\circ\text{C}$. La composition de cette dernière goutte de liquide est celle de l'abscisse de la courbe d'ébullition pour cette température, soit $x_{\text{ol}} = 0,02$.

1.3. Mélange à $\theta_{\text{eb}} = 90\ ^\circ\text{C}$

L'intersection de la droite horizontale à $\theta_{\text{eb}} = 90\ ^\circ\text{C}$ avec les courbes d'ébullition et de rosée fournit $x_{\text{ol}} = 0,05$ (fraction molaire en alcool de la phase liquide) et $y_{\text{ol}} = 0,33$ (fraction molaire en alcool de la phase gaz). On en déduit $x_{\text{e}} = 0,95$ (fraction molaire en eau de la phase liquide) et $y_{\text{e}} = 0,67$ (fraction molaire en eau de la phase gaz).

En appliquant le théorème des moments chimiques, et en notant n^{ℓ} et n^{g} les quantités de matière des phases liquide et gaz, on a :

$$\frac{n^{\text{g}}}{n^{\ell}} = \frac{0,2 - 0,05}{0,33 - 0,2} = 1,15.$$

D'autre part, le mélange est tel que $n^{\text{g}} + n^{\ell} = 1$ mol. On en déduit par conséquent $n^{\text{g}} = 0,536$ mol et $n^{\ell} = 0,464$ mol.

On a donc :

$$n_{\text{ol}}^{\ell} = x_{\text{ol}} n^{\ell} = 23 \text{ mmol}$$

$$n_{\text{ol}}^{\text{g}} = y_{\text{ol}} n^{\text{g}} = 177 \text{ mmol}$$

$$n_{\text{e}}^{\ell} = x_{\text{e}} n^{\ell} = 441 \text{ mmol}$$

$$n_{\text{e}}^{\text{g}} = y_{\text{e}} n^{\text{g}} = 359 \text{ mmol}$$

La phase gazeuse, considérée comme un gaz parfait, a ainsi un volume :

$$V_{\text{g}} = \frac{n^{\text{g}} RT}{p} = \frac{0,53 \times 8,31 \times (273 + 90)}{10^5} = 16,2 \text{ L}.$$

2. Comparaison avec un modèle idéal

2.1. Potentiels chimiques des corps purs

Pour un corps pur, $\mathrm{d}\mu^* = V_{\text{m}}\,\mathrm{d}p - S_{\text{m}}\,\mathrm{d}T$, et par conséquent :

$$\left(\frac{\partial \mu_{\text{e}}^{*,\ell}}{\partial T}\right)_p = -S_{\text{m},\ell}^{\text{e}}.$$

D'autre part, lorsqu'on est à la température d'ébullition T_{eb}^{e} de l'eau pure, l'équilibre liquide–gaz est assuré, et par conséquent, il y a égalité des potentiels chimiques de l'eau dans les deux phases, soit :

$$\mu_{\text{e}}^{*,\ell}(T_{\text{eb}}^{\text{e}}, p) = \mu_{\text{e}}^{*,\text{g}}(T_{\text{eb}}^{\text{e}}, p).$$

2.2. Potentiels chimiques des corps purs pour toute température

D'après la question précédente :

$$\left(\frac{\partial \mu_{\text{e}}^{*,\ell}}{\partial T}\right)_p - \left(\frac{\partial \mu_{\text{e}}^{*,\text{g}}}{\partial T}\right)_p = S_{\text{m,g}}^{\text{e}} - S_{\text{m},\ell}^{\text{e}}$$

qui ne dépend pas de la température par hypothèse de l'énoncé. L'intégration conduit donc à :

$$\mu_{\text{e}}^{*,\ell}(T, p) - \mu_{\text{e}}^{*,\text{g}}(T, p) = (S_{\text{m,g}}^{\text{e}} - S_{\text{m},\ell}^{\text{e}})T + \text{C}^{\text{te}}.$$

La constante d'intégration se trouve en considérant que :

$$\mu_{\text{e}}^{*,\ell}(T_{\text{eb}}^{\text{e}}, p) - \mu_{\text{e}}^{*,\text{g}}(T_{\text{eb}}^{\text{e}}, p) = 0.$$

On a alors :

$$\mu_{\text{e}}^{*,\ell}(T, p) - \mu_{\text{e}}^{*,\text{g}}(T, p) = (S_{\text{m,g}}^{\text{e}} - S_{\text{m},\ell}^{\text{e}})(T - T_{\text{eb}}^{\text{e}}).$$

La transition de phase étant une transformation réversible, on a d'autre part :

$$S_{\text{m,g}}^{\text{e}} - S_{\text{m},\ell}^{\text{e}} = \Delta_{\text{vap}} S^\circ = \frac{\Delta_{\text{vap}} H^\circ}{T_{\text{eb}}^{\text{e}}} = \frac{L_{\text{vap}}^{\text{e}}}{T_{\text{eb}}^{\text{e}}}.$$

En définitive :

$$\mu_e^{*,\ell}(T,p) - \mu_e^{*,g}(T,p) = L_{vap}^{e}\left(\frac{T - T_{eb}^{e}}{T_{eb}^{e}}\right)$$

et par analogie pour l'éthanol :

$$\mu_{ol}^{*,\ell}(T,p) - \mu_{ol}^{*,g}(T,p) = L_{vap}^{ol}\left(\frac{T - T_{eb}^{ol}}{T_{eb}^{ol}}\right).$$

2.3. Introduction des fractions molaires

En utilisant les expressions des potentiels chimiques en mélange idéal, on a :

$$(\mu_e^{\ell}(T,p) - RT\ln x_e) - (\mu_e^{g}(T,p) - RT\ln y_e) = L_{vap}^{e}\left(\frac{T - T_{eb}^{e}}{T_{eb}^{e}}\right).$$

Or à l'équilibre des phases, il y a égalité des potentiels chimiques de l'eau dans les deux phases, soit $\mu_e^{\ell}(T,p) = \mu_e^{g}(T,p)$. On en déduit par conséquent :

$$RT\ln\left(\frac{x_e}{y_e}\right) = -\frac{L_{vap}^{e}}{T_{eb}^{e}}(T - T_{eb}^{e}).$$

De la même manière pour l'éthanol on a :

$$RT\ln\left(\frac{x_{ol}}{y_{ol}}\right) = -\frac{L_{vap}^{ol}}{T_{eb}^{ol}}(T - T_{eb}^{ol}).$$

2.4. Expressions de x_{ol} et y_{ol}

Avec les notations de l'énoncé, on a :

$$\frac{x_e}{y_e} = A_e(T)$$

$$\frac{x_{ol}}{y_{ol}} = A_{ol}(T).$$

D'autre part, par définition des fractions molaires, $x_e + x_{ol} = 1$ et $y_e + y_{ol} = 1$. De ces quatre équations, on extrait :

$$x_{ol} = \frac{A_{ol}(T) - A_e(T)A_{ol}(T)}{A_{ol}(T) - A_e(T)}$$

$$y_{ol} = \frac{1 - A_e(T)}{A_{ol}(T) - A_e(T)}.$$

2.5. *Application numérique*

Numériquement, on a $A_e(363) = 1,4917$ et $A_{ol}(363) = 0,6405$ permettant de trouver, dans le cadre du modèle idéal, $x_{ol} = 0,370$ et $y_{ol} = 0,578$. Ces résultats sont notablement différents du résultat expérimental. Ceci était prévisible, car le diagramme binaire présente un extremum incompatible avec l'hypothèse d'un mélange liquide idéal. Au niveau microscopique, le mélange idéal suppose que les interactions entre deux molécules de natures différentes sont du même ordre de grandeur qu'entre deux molécules de même nature. Ceci n'est pas le cas pour l'eau et l'éthanol : les liaisons hydrogène entre deux molécules d'eau sont beaucoup plus intenses qu'entre une molécule d'eau et une molécule d'éthanol.

3. Mélanges riches en éthanol

3.1. Point minimum

Le point minimum s'appelle un homoazéotrope. L'existence de ce point entraîne que la distillation d'un mélange d'eau et d'éthanol conduit en tête de colonne, à un mélange dont la composition est celle du point homoazéotropique. Il est donc impossible d'obtenir de l'éthanol pur par distillation d'un simple mélange binaire eau–éthanol. Ceci explique aussi l'importance commerciale de l'éthanol à 95°, c'est-à-dire de composition massique $w_{\text{ol}} = 0{,}95$ qui est la composition de l'homoazéotrope.

3.2. Courbe d'analyse thermique

Lors du chauffage de ce mélange, il y a élévation de la température, jusqu'à 78,1 °C. L'ébullition a alors lieu, et la phase liquide ayant la même composition que la phase gazeuse, elle a lieu à température constante, jusqu'à disparition complète de la phase liquide. La température s'élève alors à nouveau (figure 8.8).

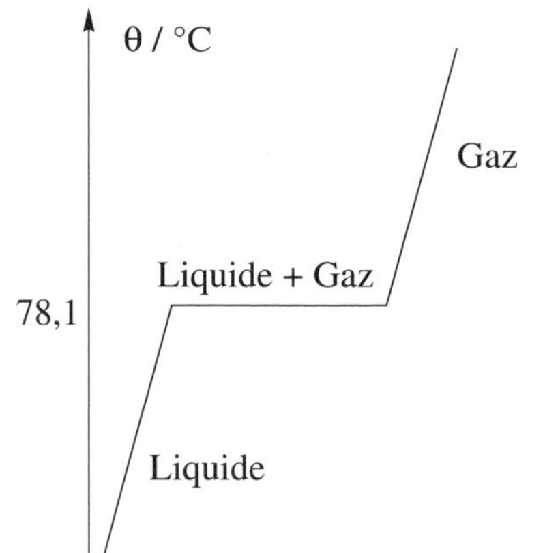

Figure 8.8 – Courbe d'analyse thermique lors du chauffage du mélange homoazéotropique

8.3 Décanteur de DEAN-STARK

1. Lecture du diagramme

1.1. La courbe d'ébullition est constituée de deux portions verticales, traduisant une composition d'eau pure ou de toluène pur dans les phases liquides : les deux liquides ne sont pas miscibles. Le point A est le point hétéroazéotropique.

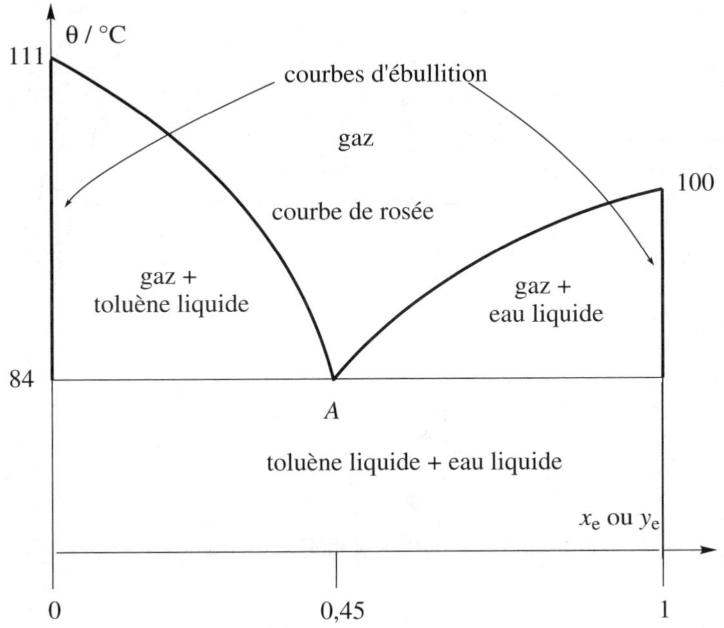

Figure 8.9 – Noms des différentes courbes et partition du plan

1.2. En chauffant le liquide M, la première bulle de vapeur apparaît à 84 °C et a la composition hétéroazéotropique ($x_e = 0,45$).

1.3. À 100 °C, le liquide n'est constitué que de toluène, et la dernière bulle de vapeur apparaît à 105 °C.

1.4. Le mélange ayant la composition hétéroazéotropique se comporte comme un corps pur : la première comme la dernière bulle de vapeur ont la composition hétéroazéotropique, la vaporisation se déroulant à la température constante de 84 °C.

1.5. Les courbes d'analyse thermique pour les fractions molaires en eau de 0 ; 1 et 0,45 sont analogues à celle d'un corps pur : décroissance de la température, puis palier lorsque le système contient la ou les phases liquides et la phase gazeuse (variance de 1), puis à nouveau décroissance de la température. Pour les deux autres fractions molaires, on a d'abord une décroissance de température (phase gazeuse, variance de 3), puis une rupture de pente correspondant à l'apparition de la phase liquide pure (eau si $x_e = 0,70$ et toluène si $x_e = 0,20$) ; la variance est alors de 2. Lorsque le système atteint la température de l'hétéroazéotrope, il y a apparition de la deuxième phase liquide, et la variance tombe à 1 : la température reste constante jusqu'à disparition complète de la phase gazeuse. Puis il y a à nouveau décroissance de la température, le système étant constitué des deux liquides purs dans leur phase (variance de 2). Les résultats sont reportés sur la figure 8.10.

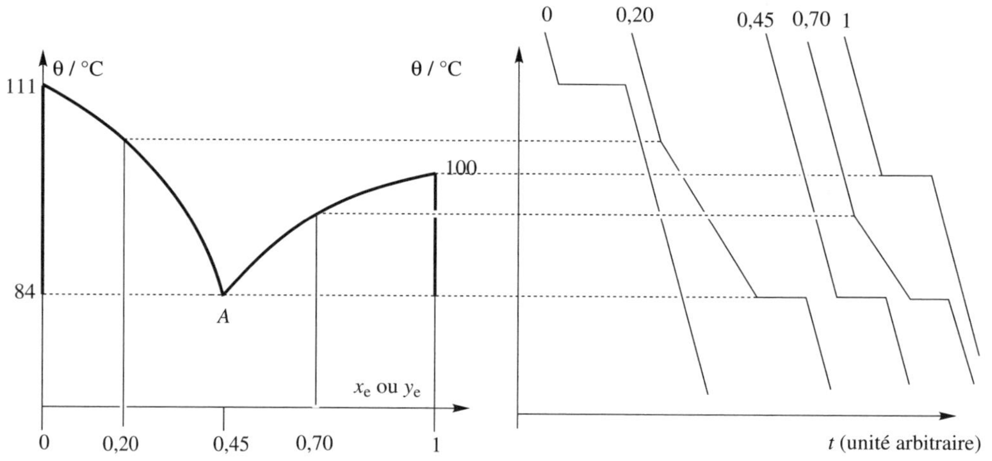

Figure 8.10 – Courbes d'analyse thermique

2. Appareil de DEAN-STARK

2.1. Le système contient le solvant toluène, les réactifs acide éthanoïque et alcool benzylique et les produits éthanoate de benzyle et eau, soit cinq espèces chimiques.

2.2. Le système chimique est déplacé vers la formation quantitative de l'ester si on retire l'eau au fur et à mesure de sa formation. Pour cela, le mélange réactionnel est porté à ébullition, c'est-à-dire environ à la température de l'hétéroazéotrope tant qu'il y a de l'eau dans le ballon. La vapeur a la composition de l'hétéroazéotrope, et contient donc de l'eau et du toluène. Ces vapeurs se recondensent dans le réfrigérant à eau, et tombent dans le tube latéral de l'appareil de DEAN-STARK. Le liquide qui apparaît est biphasique (un phase aqueuse et une phase organique de toluène), et tombe dans la partie gauche de l'appareil. L'eau étant plus dense que le toluène, elle tombe au fond, et lorsque le tube latéral est plein, seul du toluène retombe par gravité dans le ballon. L'eau a ainsi été retirée du ballon, tout en apportant de manière continue du toluène sec.

8.4 Loi de l'ébulliométrie de RAOULT

1. Expression de $\ln x_1$

Dans la phase liquide idéale, et en négligeant l'influence de la pression sur les phases condensées :

$$\mu_1^{\ell}(T,p) = \mu_1^{\circ,\ell}(T) + RT \ln x_1.$$

Dans la phase gazeuse parfaite :

$$\mu_1^{\mathrm{g}}(T,p) = \mu_1^{\circ,\mathrm{g}}(T) + RT \ln \frac{p_1}{p^{\circ}}.$$

Or le soluté est peu volatil, et par conséquent, $p_1 \approx p$.

Lorsque l'équilibre de phase est réalisé, il y a égalité du potentiel chimique du solvant dans les deux phases, et par conséquent :

$$\mu_1^{\ell}(T,p) = \mu_1^{\mathrm{g}}(T,p)$$

relation permettant d'extraire :

$$\ln x_1 = \frac{\mu_1^{\circ,\mathrm{g}}(T) - \mu_1^{\circ,\ell}(T)}{RT} + \ln \frac{p}{p^{\circ}} = f(T)$$

La pression étant constante, la fonction $f(T)$ ne dépend que de la température.

2. Pour les faibles fractions molaires en soluté, la température d'ébullition T est proche de celle de l'eau pure T_1^{eb}. On peut donc effectuer un développement de TAYLOR au premier ordre :

$$\frac{\mu_1^{\circ,\mathrm{g}}(T) - \mu_1^{\circ,\ell}(T)}{RT} + \ln \frac{p}{p^{\circ}} \approx \frac{\mu_1^{\circ,\mathrm{g}}(T_1^{\mathrm{eb}}) - \mu_1^{\circ,\ell}(T_1^{\mathrm{eb}})}{RT}$$
$$+ \ln \frac{p}{p^{\circ}} + (T - T_1^{\mathrm{eb}}) \frac{\partial}{\partial T} \left(\frac{\mu_1^{\circ,\mathrm{g}}(T) - \mu_1^{\circ,\ell}(T)}{RT} + \ln \frac{p}{p^{\circ}} \right)_{T=T_1^{\mathrm{eb}}}$$

Or l'expression trouvée à la question précédente est valable pour l'eau corps pur $(x_1 = 1)$ et par conséquent :

$$0 = \frac{\mu_1^{\circ,\mathrm{g}}(T_1^{\mathrm{eb}}) - \mu_1^{\circ,\ell}(T_1^{\mathrm{eb}})}{RT} + \ln \frac{p}{p^{\circ}}$$

D'autre part, en utilisant la formule de GIBBS-HELMHOLTZ appliquée aux grandeurs molaires partielles, on a :

$$\frac{\partial}{\partial T} \left(\frac{\mu_1^{\circ,\mathrm{g}}(T) - \mu_1^{\circ,\ell}(T)}{T} \right)_{T=T_1^{\mathrm{eb}}} = -\frac{\overline{H_1^{\circ,\mathrm{g}}}(T_1^{\mathrm{eb}}) - \overline{H_1^{\circ,\ell}}(T_1^{\mathrm{eb}})}{T_1^{*2}} = -\frac{\Delta_{\mathrm{vap}} H_1^{\circ}}{T_1^{*2}}$$

ainsi, on a :

$$\ln x_1 = -(T - T_1^{\text{eb}})\frac{\Delta_{\text{vap}} H_1^\circ}{R T_1^{*2}}.$$

Enfin, pour la solution diluée, $x_2 \ll 1$, et le développement limité $\ln x_1 = \ln(1-x_2) \approx -x_2$ permet d'établir :

$$T - T_1^{\text{eb}} = \frac{R T_1^{*2}}{\Delta_{\text{vap}} H_1^\circ} x_2.$$

3. Allure de la courbe d'ébullition

Pour les faibles fractions molaires en soluté, la courbe d'ébullition s'assimile à une droite de coefficient directeur $\frac{R T_1^{*2}}{\Delta_{\text{vap}} H_1^\circ}$ (figure 8.11).

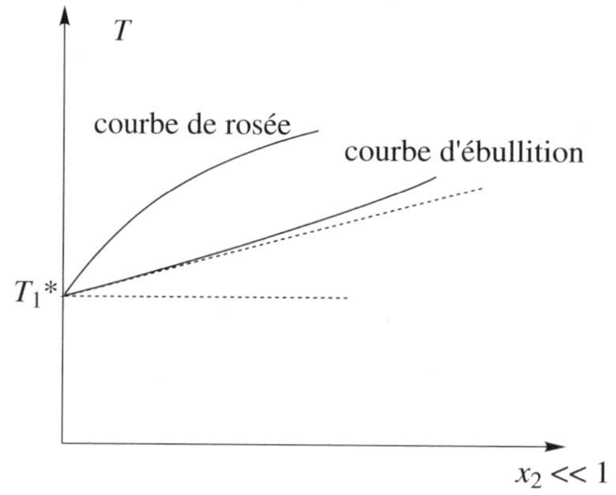

Figure 8.11 – Courbe d'ébullition pour les faibles fractions molaires en soluté

L'équation de cette droite ne dépend que des paramètres du solvant.

4. Introduction de la molalité

La molalité du soluté est le rapport de la quantité de matière de soluté dissous à la masse de solvant : $m_2 = \frac{n_2^\ell}{m_1^\ell}$. Or la fraction molaire du soluté est $x_2 = \frac{n_2^\ell}{n_1^\ell + n_2^\ell} \approx \frac{n_2^\ell}{n_1^\ell} = \frac{n_2^\ell}{m_1^\ell} M_1$. En posant $K_{\text{eb}} = \frac{R T_1^{*2}}{\Delta_{\text{vap}} H_1^\circ} M_1$, on établit donc :

$$T - T_1^{\text{eb}} = K_{\text{eb}} m_2$$

5. Masse molaire d'un polypeptide

En effectuant une régression linéaire $T = f(m_2)$ sur les données expérimentales, on trouve une droite de coefficient directeur $0,72$ kg.mol^{-1}. La masse molaire du polypeptide est par conséquent de 720 g.mol^{-1}.

8.5 Coefficients d'activité d'une solution non idéale

1. Diagramme binaire isotherme

Le report des valeurs de températures pour les différentes fractions molaires, ainsi que les températures d'ébullition des corps purs sont donnés sur la figure 8.12. Un des mélanges a une température plus basse que la température d'ébullition de l'acétone seule, ce qui permet d'envisager un diagramme avec un homoazéotrope.

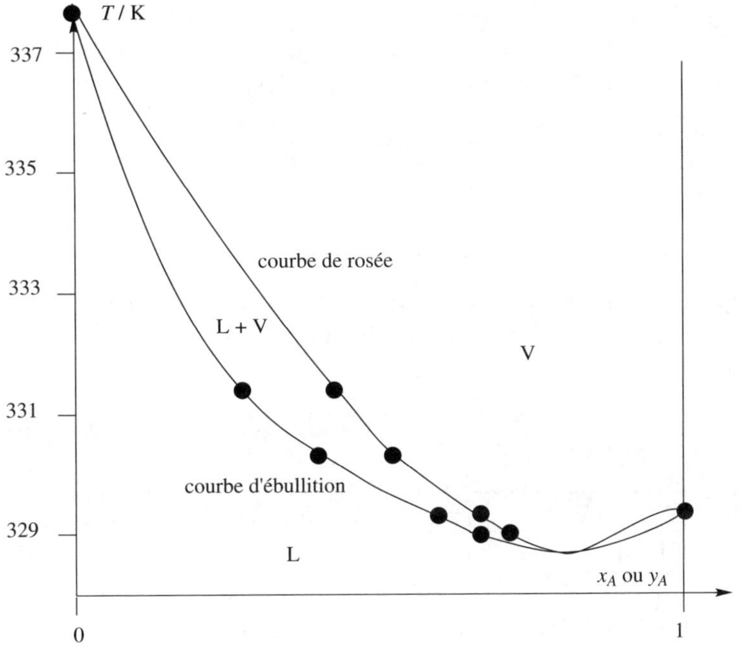

Figure 8.12 – Diagramme binaire isobare acétone-méthanol

2. Coefficients d'activité

Le potentiel chimique de l'acétone dans la phase liquide est :

$$\mu_A^{\ell} = \mu_A^{\ell,\circ}(T) + RT \ln \gamma_A x_A.$$

Le potentiel chimique de l'acétone dans la phase gazeuse supposée idéale est :

$$\mu_A^{g} = \mu_A^{g,\circ}(T) + RT \ln y_A \frac{p}{p^\circ}.$$

À l'équilibre des phases, il y a égalité des potentiels chimiques de l'acétone dans chaque phase. Par conséquent :

$$\mu_A^{\ell,\circ}(T) + RT \ln \gamma_A x_A = \mu_A^{g,\circ}(T) + RT \ln y_A \frac{p}{p^\circ}.$$

Ces égalités restent vraies dans le cas du corps pur en équilibre biphasique ($x_A = 1$, $\gamma_A = 1$ et $y_A = 1$), et par conséquent :

$$\mu_A^{\ell,\circ}(T) = \mu_A^{g,\circ}(T) + RT \ln \frac{p_A^*}{p^\circ}.$$

En retranchant ces deux dernières équations, on établit donc :

$$\gamma_A x_A = y_A \frac{p}{p_A^*}$$

soit encore :

$$\gamma_A = \frac{y_A}{x_A} \frac{p}{p_A^*}$$

et de la même manière

$$\gamma_B = \frac{y_B}{x_B} \frac{p}{p_B^*}$$

3. Comparaison avec un modèle semi-empirique

Les applications numériques fournissent les résultats donnés dans le tableau suivant. L'ajustement entre les résultats expérimentaux et la loi semi-empirique est évalué par la grandeur :

$$e_i = \left| \frac{\gamma_i - \gamma_{i,\text{empirique}}}{\gamma_i} \right| \times 100 \quad (i = A \text{ et } B)$$

γ_A	γ_B	$\gamma_{A,\text{empirique}}$	$\gamma_{B,\text{empirique}}$	e_A / %	e_B / %
$1,391$	$1,057$	$1,395$	$1,052$	$0,29$	$0,47$
$1,246$	$1,112$	$1,260$	$1,109$	$1,1$	$0,27$
$1,094$	$1,245$	$1,108$	$1,261$	$1,3$	$1,3$
$1,089$	$1,351$	$1,069$	$1,342$	$1,8$	$0,67$

L'écart entre les résultats expérimentaux et le modèle semi-empirique n'excède jamais $1,8$ %, ce qui est un excellent accord.

Corrigés des exercices du chapitre 9

9.1 Étude d'une réaction d'oxydoréduction en solution

1. La réaction thermodynamiquement favorisée s'écrit :

$$2\,Fe^{3+} \quad + \quad Sn^{2+} \quad = \quad 2\,Fe^{2+} \quad + \quad Sn^{4+}$$

En effet l'oxydant le plus fort (Fe^{3+}) réagit sur le réducteur le plus fort (Sn^{2+}).

2. L'affinité chimique standard $\mathcal{A}^\circ$ est donnée par la relation :

$$\mathcal{A}^\circ = nF\left(E^\circ_{Fe^{3+}/Fe^{2+}} - E^\circ_{Sn^{4+}/Sn^{2+}}\right)$$

avec $n = 2$ (nombre d'électrons transférés à l'occasion de la réaction) et F constante de FARADAY (prise égale à 96 500 C.mol^{-1}).

Application numérique : $\mathcal{A}^\circ = 123,5$ kJ.mol^{-1}. Cette valeur positive indique que l'équilibre est largement en faveur des produits de la réaction.

La constante d'équilibre K° obéit à la relation $-\mathcal{A}^\circ = -RT\ln K^\circ$ et donc :

$$\ln K^\circ = \frac{\mathcal{A}^\circ}{RT}.$$

Application numérique : à 298 K, $\ln K^\circ = 49,9$ et donc $K^\circ = 4,6.10^{21}$.

3. L'entropie standard de réaction $\Delta_r S^\circ$ est calculée en utilisant la relation $\Delta_r G^\circ = \Delta_r H^\circ - T\Delta_r S^\circ$ et par conséquent :

$$\Delta_r S^\circ = \frac{\Delta_r H^\circ - \Delta_r G^\circ}{T} = \frac{\Delta_r H^\circ + \mathcal{A}^\circ}{T}.$$

L'enthalpie standard de réaction $\Delta_r H^\circ$ est calculée par utilisation de la loi de HESS :

$$\Delta_r H^\circ = 2\Delta_f H^\circ\left(Fe^{2+}\right) + \Delta_f H^\circ\left(Sn^{4+}\right) - 2\Delta_f H^\circ\left(Fe^{3+}\right) - \Delta_f H^\circ\left(Sn^{2+}\right).$$

Application numérique : à 298 K, $\Delta_r H^\circ = -41,9$ kJ.mol^{-1} et $\Delta_r S^\circ = 274$ J.K^{-1}.mol^{-1}.

4. Réalisons un tableau d'avancement volumique en supposant la réaction totale (ce qui est légitime compte tenu de la valeur numérique de la constante d'équilibre).

	$2\,Fe^{3+}$	$+$	Sn^{2+}	$=$	$2\,Fe^{2+}$	$+$	Sn^{4+}
EI	0,2 mol.L^{-1}		0,2 mol.L^{-1}		0,1 mol.L^{-1}		0,1 mol.L^{-1}
EF	ε		0,1 mol.L^{-1}		0,3 mol.L^{-1}		0,2 mol.L^{-1}

La valeur de ε, très proche de zéro, peut être obtenue numériquement par utilisation de la constante d'équilibre :

$$K^\circ = 4,6.10^{21} = \frac{0,3^2 \cdot 0,2}{\varepsilon^2 \cdot 0,1}$$

et donc $\varepsilon \approx 6,3.10^{-12}$ mol.L^{-1}.

9.2 Calculs de potentiels standard d'oxydoréduction

1. Écrivons chacune des demi-équations d'oxydoréduction en définissant l'enthalpie libre standard $\Delta_r G^{\circ *}$ correspondante.

$$(1) \qquad VO_2^+ + 2\,H^+ + e^- = VO^{2+} + H_2O.$$

Cette demi-équation est associée à $\Delta_r G_1^{\circ *} = -FE^\circ\left(VO_2^+/VO^{2+}\right)$.

$$(2) \qquad VO^{2+} + 2\,H^+ + e^- = V^{3+} + H_2O.$$

Cette demi-équation est associée à $\Delta_r G_2^{\circ *} = -FE^\circ\left(VO^{2+}/V^{3+}\right)$.

$$(3) \qquad VO_2^+ + 4\,H^+ + 2\,e^- = V^{3+} + 2\,H_2O.$$

Cette demi-équation est associée à $\Delta_r G_3^{\circ *} = -2FE^\circ\left(VO_2^+/V^{3+}\right)$.

L'équation (3) s'écrit comme une combinaison linéaire des équations (1) et (2) : $(3) = 1/2\,((1) + (2))$. La loi de HESS assure $\Delta_r G_3^{\circ *} = 0,5\left(\Delta_r G_1^{\circ *} + \Delta_r G_2^{\circ *}\right)$ et donc :

$$E^\circ\left(VO_2^+/V^{3+}\right) = \frac{1}{2}\left(E^\circ\left(VO_2^+/VO^{2+}\right) + E^\circ\left(VO^{2+}/V^{3+}\right)\right)$$

2. Là encore, écrivons chacune des demi-équations d'oxydoréduction en définissant l'enthalpie libre standard ($\Delta_r G^{\circ *}$ ou $\Delta_r G^\circ$) correspondante.

$$(1) \qquad Fe^{3+} + e^- = Fe^{2+}$$

Cette demi-équation est associée à $\Delta_r G_1^{\circ *} = -FE^\circ\left(Fe^{3+}/Fe^{2+}\right)$.

$$(2) \qquad Fe^{2+} + Y^{4-} = [FeY]^{2-}$$

Cette équation est associée à $\Delta_r G_2^\circ = -RT \ln \beta_{[FeY]^{2-}}$.

$$(3) \qquad Fe^{3+} + Y^{4-} = [FeY]^{-}$$

Cette équation est associée à $\Delta_r G_3^\circ = -RT \ln \beta_{[FeY]^{-}}$.

$$(4) \qquad [FeY]^- + e^- = [FeY]^{2-}$$

Cette demi-équation est associée à $\Delta_r G_4^{\circ *} = -FE^\circ\left([FeY]^- / [FeY]^{2-}\right)$.

La demi-équation (4) s'écrit en fonction des équations i (i variant de 1 à 3) selon $(4) = (1) + (2) - (3)$. La loi de HESS assure alors $\Delta_r G_4^{\circ *} = \Delta_r G_1^{\circ *} + \Delta_r G_2^{\circ *} - \Delta_r G_3^{\circ *}$ et par conséquent :

$$E^\circ\left([FeY]^- / [FeY]^{2-}\right) = E^\circ\left(Fe^{3+}/Fe^{2+}\right) + \frac{RT}{F}\ln\left(\frac{\beta_{[FeY]^{2-}}}{\beta_{[FeY]^{-}}}\right).$$

Application numérique: $E^\circ\left([FeY]^- / [FeY]^{2-}\right) = 0,77 - 0,06 * 11,3 = 0,09$ V.

La forme oxydée du couple (fer de nombre d'oxydation +III est moins oxydante en milieu EDTA tandis que la forme réduite du couple (fer de nombre d'oxydation +II) est plus réductrice en milieu EDTA.

3. Envisageons la réaction d'oxydation du zinc par les ions H^+ :

$$Zn\,(s) \quad + \quad 2\,H^+ \quad = \quad Zn^{2+} \quad + \quad H_2\,(g).$$

L'affinité chimique standard de cette réaction s'écrit :

$$\mathcal{A}^\circ = 2F\left(E^\circ_{H^+/H_2} - E^\circ_{Zn^{2+}/Zn}\right) = -2FE^\circ_{Zn^{2+}/Zn}.$$

Par ailleurs $\mathcal{A}^\circ = -\Delta_r G^\circ = T\Delta_r S^\circ - \Delta_r H^\circ$. Ainsi :

$$E^\circ_{Zn^{2+}/Zn} = \frac{1}{2F}\left(\Delta_r H^\circ - T\Delta_r S^\circ\right).$$

L'enthalpie standard de réaction est calculée par :

$$\Delta_r H^\circ = \Delta_f H^\circ\left(Zn^{2+}\right) + \Delta_f H^\circ\,(H_2) - 2\Delta_f H^\circ\left(H^+\right) - \Delta_f H^\circ\,(Zn)$$

et l'entropie standard de réaction est donnée par :

$$\Delta_r S^\circ = S^\circ_m\left(Zn^{2+}\right) + S^\circ_m\,(H_2) - 2S^\circ_m\left(H^+\right) - S^\circ_m\,(Zn).$$

Application numérique : $\Delta_r H^\circ = -153,9$ kJ.mol^{-1}, $\Delta_r S^\circ = -23,1$ J.K^{-1}.mol^{-1} et $E^\circ_{Zn^{2+}/Zn} = -0,76$ V.

9.3 Eau de Javel

1. Cl^- : nombre d'oxydation -I

Cl_2 : nombre d'oxydation 0

HClO et ClO^- : nombre d'oxydation +I (pour le chlore).

2. Plus le potentiel augmente, plus les espèces rencontrées sont oxydées. Plus le pH augmente, plus les espèces rencontrées sont basiques.

3. À partir du point A, on assiste à une instabilité de Cl_2 en solution (le dichlore se dismute en chlore de nombre d'oxydation $-$I et en chlore de nombre d'oxydation $+$I).

4. On superpose le domaine de stabilité de l'eau, délimité dans les conditions de l'exercice par les droites d'équation $E = 1,23 - 0,06\text{pH}$ et $E = 0,00 - 0,06\text{pH}$ (voir figure 9.1). La forme ClO^- ne possède pas de zone commune de stabilité avec l'eau. Thermodynamiquement l'ion ClO^- devrait oxyder l'eau. L'eau de Javel existe à cause de la cinétique de cette réaction (lente).

5. En milieu acide, on assiste à la médiamutation (ou rétrodismutation) conduisant à la formation de dichlore gazeux. Il est donc dangereux d'ajouter un détergent acide dans de l'eau de Javel.

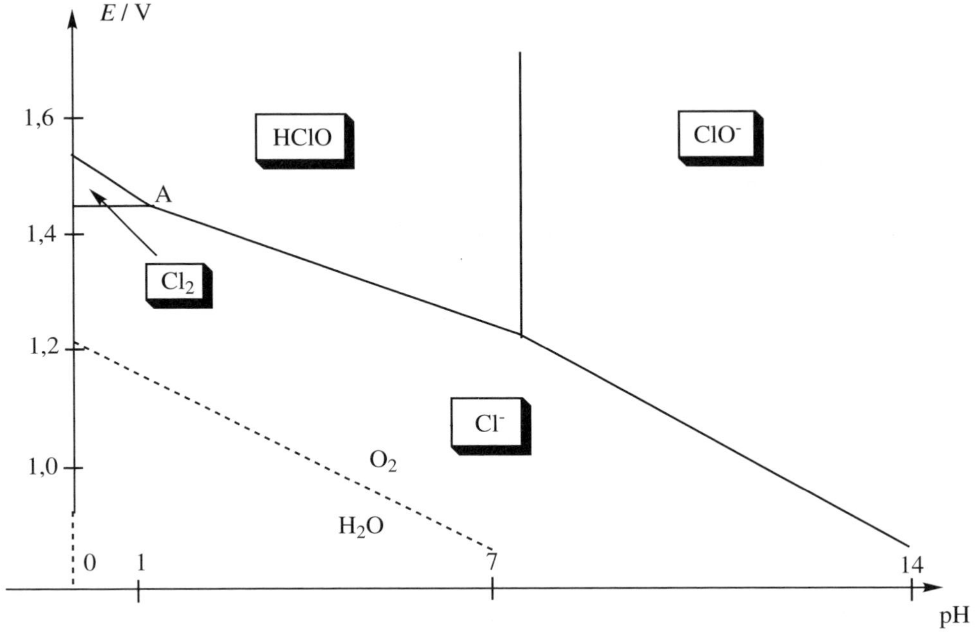

Figure 9.1 – Diagramme $E-$ pH complété pour le chlore

9.4 Diagramme potentiel-pH du chrome

1. Plus le potentiel augmente, plus les espèces oxydées sont rencontrées. Plus le pH augmente, plus les espèces basiques sont éventuellement rencontrées. L'état d'oxydation est caractérisé par le nombre d'oxydation (du chrome) indiqué ci-après entre parenthèses : Cr(0), Cr^{2+} (+II), Cr^{3+} (+III), Cr_2O_3 (+III), CrO_4^{2-} (+VI) et $Cr_2O_7^{2-}$ (+VI).

Le diagramme potentiel-pH du chrome est représenté à la figure 9.2

2. Les espèces stables sont celles dont le domaine de stabilité possède une zone commune avec celui de l'eau. Le domaine de stabilité de l'eau est délimité dans les conditions de l'exercice par les droites d'équation $E = 1,23 - 0,06\text{pH}$ et $E = 0,00 - 0,06\text{pH}$ (voir figure 9.2). Ainsi, Cr^{3+}, Cr_2O_3, CrO_4^{2-} et $Cr_2O_7^{2-}$ se révèlent stables tandis que Cr et Cr^{2+} sont instables.

3. Couple CrO_4^{2-}/Cr_2O_3 : la demi-équation d'oxydoréduction s'écrit :

$$Cr_2O_3 \quad + \quad 5\,H_2O \quad = \quad 2\,CrO_4^{2-} \quad + \quad 10\,H^+ \quad + \quad 6\,e^-$$

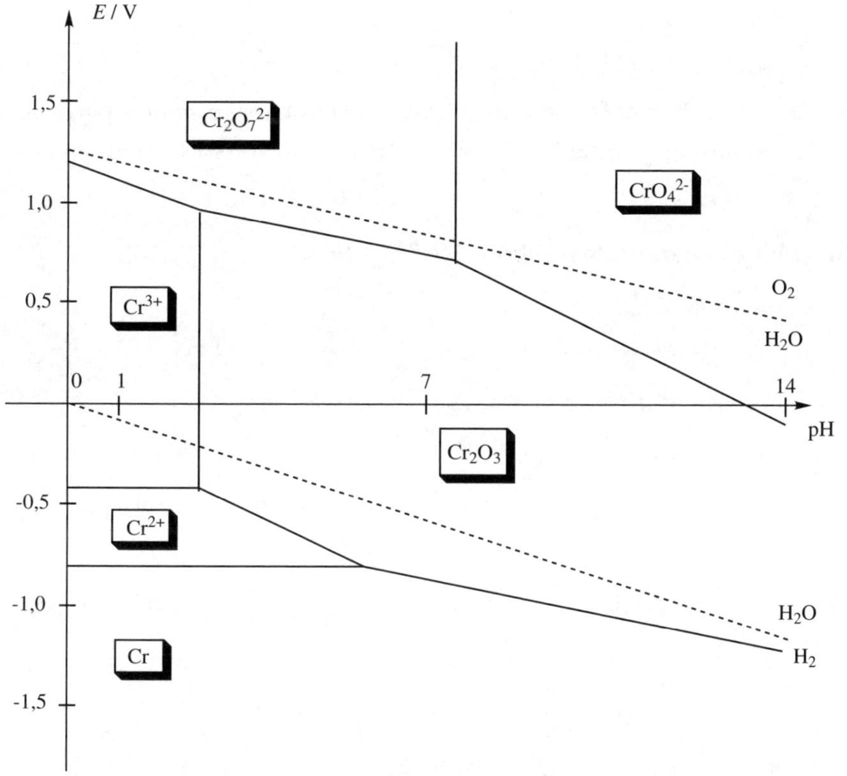

Figure 9.2 – Diagramme $E-$ pH complété pour le chrome

Le potentiel d'oxydoréduction prend à $25\ ^\circ$C la forme :

$$E = E^\circ_{CrO_4^{2-}/Cr_2O_3} + \frac{0,06}{6}\log\left(\left[CrO_4^{2-}\right]^2 h^{10}\right)$$
$$= E^\circ_{CrO_4^{2-}/Cr_2O_3} + \frac{0,06}{6}\log\left[CrO_4^{2-}\right]^2 - 0,1\text{pH}.$$

Le coefficient directeur vaut $-0,1$ V.

9.5 Dismutation de l'acide nitreux

1. La réaction s'écrit :

$$3\,HNO_2 \quad = \quad 2\,NO \ + \ H_3O^+ \ + \ NO_3^-$$

Cette équation d'oxydoréduction est obtenue à partir des deux demi-équations :

$$H_2O \ + \ HNO_2 \quad = \quad NO_3^- \ + \ 3\,H^+ \ + \ 2\,e^-$$

et :

$$H^+ \quad + \quad HNO_2 \quad + \quad e^- \quad = \quad NO \quad + \quad H_2O.$$

2. Le potentiel standard relatif au couple NO_3^-/HNO_2 est calculé à partir du potentiel standard relatif au couple NO_3^-/NO_2^-. Nous associons à la demi-équation :

$$(1) \quad H_2O \quad + \quad HNO_2 \quad = \quad NO_3^- \quad + \quad 3\,H^+ \quad + \quad 2\,e^-$$

l'enthalpie libre standard de réaction $\Delta_r G_1^{\circ *} = 2FE^{\circ}_{NO_3^-/HNO_2}$.

Nous associons à la réaction :

$$(2) \quad H_2O \quad + \quad NO_2^- \quad = \quad NO_3^- \quad + \quad 2\,H^+ \quad + \quad 2\,e^-$$

l'enthalpie libre standard de réaction $\Delta_r G_2^{\circ *} = 2FE^{\circ}_{NO_3^-/NO_2^-}$.

La réaction acido-basique s'écrit :

$$(3) \quad HNO_2 \quad + \quad H_2O \quad = \quad NO_2^- \quad + \quad H_3O^+$$

L'enthalpie libre standard vérifie $\Delta_r G_3^{\circ} = -RT \ln K_A$.

Une relation existe entre les équations-bilans : $(1) = (2) + (3)$. La loi de HESS assure que $\Delta_r G_1^{\circ *} = \Delta_r G_2^{\circ *} + \Delta_r G_3^{\circ}$ et donc :

$$E^{\circ}_{NO_3^-/HNO_2} = E^{\circ}_{NO_3^-/NO_2^-} - \frac{RT}{2F} \ln K_A$$

Application numérique : $E^{\circ}_{NO_3^-/HNO_2} = 0,95$ V.

De la même façon, nous associons à la réaction :

$$(1) \quad H^+ \quad + \quad HNO_2 \quad + \quad e^- \quad = \quad NO \quad + \quad H_2O$$

l'enthalpie libre standard de réaction $\Delta_r G_1^{\circ *} = -FE^{\circ}_{HNO_2/NO}$.

Nous associons à la réaction :

$$(2) \quad 2\,H^+ \quad + \quad NO_2^- \quad + \quad e^- \quad = \quad NO \quad + \quad H_2O$$

l'enthalpie libre standard de réaction $\Delta_r G_2^{\circ *} = -FE^{\circ}_{NO_2^-/NO}$.

La réaction acido-basique s'écrit :

$$(3) \quad HNO_2 \quad + \quad H_2O \quad = \quad NO_2^- \quad + \quad H_3O^+$$

L'enthalpie libre standard vérifie $\Delta_r G_3^{\circ} = -RT \ln K_A$.

Une relation existe entre les équations-bilans : $(1) = (2) + (3)$. La loi de HESS assure que $\Delta_r G_1^{\circ *} = \Delta_r G_2^{\circ *} + \Delta_r G_3^{\circ}$ et donc :

$$E^{\circ}_{HNO_2/NO} = E^{\circ}_{NO_2^-/NO} + \frac{RT}{F} \ln K_A$$

Application numérique : $E^{\circ}_{HNO_2/NO} = 0,98$ V.

3. L'affinité chimique standard est donnée par :

$$\mathcal{A}^\circ = nF\left(E^\circ_{\text{HNO}_2/\text{NO}} - E^\circ_{\text{NO}_3^-/\text{HNO}_2}\right)$$

avec $n = 2$ (nombre d'électrons transférés à l'occasion de la réaction) et F constante de FARADAY (prise égale à 96 500 C.mol^{-1}).

Application numérique : $\mathcal{A}^\circ = 5,8\ \text{kJ.mol}^{-1}$.

4. La solution d'acide nitreux est stable dès que le quotient de réaction est supérieur à la constante d'équilibre (le sens spontané d'évolution est alors le sens de formation de HNO_2). La constante d'équilibre vérifie $RT \ln K^\circ = \mathcal{A}^\circ$ et donc $K^\circ \approx 10,4$.

Il faut vérifier :

$$\frac{p_{\text{NO}}^2\,[\text{H}_3\text{O}^+]\,[\text{NO}_3^-]\,C^\circ}{p^{\circ,2}\,[\text{HNO}_2]^3} > 10,4$$

et donc $p_{\text{NO}} > 10,2$ bar.

Corrigés des problèmes du chapitre 9

9.1 Diagramme potentiel-pH simplifié du cadmium

1. Par lecture sur le diagramme, l'équation de la frontière entre Cd^{2+} et Cd est $E = -0,46$ V. Or une solution contenant des ions Cd^{2+} à la concentration c_T, en contact avec du cadmium métallique est siège de la demi-équation d'oxydo-réduction :

$$\text{Cd}^{2+}\,(\text{aq}) \quad + \quad 2\,\text{e}^- \quad = \quad \text{Cd}\,(\text{cr})$$

et le potentiel de NERNST de la solution est alors :

$$E = E^\circ + \frac{(0,06\ \text{V})}{2}\log\left(\frac{[\text{Cd}^{2+}]}{c^\circ}\right) = E^\circ + \frac{(0,06\ \text{V})}{2}\log\left(\frac{c_\text{T}}{c^\circ}\right).$$

On en déduit numériquement :

$$E^\circ = -0,46 - \frac{0,06}{2}\log\left(\frac{1,0\times 10^{-2}}{1}\right).$$

$$E^\circ = -0,40\ \text{V}$$

2. La constante standard de l'équilibre :

$$\text{Cd(OH)}_2\,(\text{s}) \quad = \quad \text{Cd}^{2+}\,(\text{aq}) \quad + \quad 2\,\text{HO}^-\,(\text{aq})$$

est le produit de solubilité K_S de $Cd(OH)_2$ (s). Une solution d'ions Cd^{2+}, en contact avec du cadmium métallique permet d'écrire l'égalité de GULDBERG et WAAGE :

$$K_S = \frac{[Cd^{2+}][HO^-]^2}{(c^\circ)^3}.$$

À la frontière pH$= 8,1$ (c'est-à-dire pour laquelle $[HO^-] = 10^{-5,9}$ mol.L^{-1}), la solution contient les ions Cd^{2+} à la concentration de tracé c_T en contact avec le précipité $Cd(OH)_2$ et par conséquent on a numériquement :

$$K_S = \frac{1,0 \times 10^{-2} \times 10^{-11,8}}{1^3}$$

$$K_S = 1,6 \times 10^{-14}$$

La constante d'équilibre standard de la réaction :

$$Cd(OH)_2\ (s) \quad + \quad HO^-\ (aq) \quad = \quad HCdO_2^-\ (aq) \quad + \quad H_2O\ (l)$$

est la constante de formation K_f. Une solution d'ions $HCdO_2^-$ et HO^- en contact avec du solide $Cd(OH)_2$ (s) permet d'écrire l'égalité de GULDBERG et WAAGE :

$$K_f = \frac{[HCdO_2^-]}{[HO^-]}$$

l'activité de l'eau solvant étant prise égale à 1. Sur la frontière pH $= 11,3$ la concentration en ions $HCdO_2^-$ est la concentration de tracé et la concentration en ions hydroxyde est $10^{-2,7}$ mol.L^{-1}. Par conséquent, on a numériquement

$$K_f = \frac{1,0 \times 10^{-2}}{10^{-2,7}} = 5,0$$

$$K_f = 5,0$$

3. La demi-équation d'oxydoréduction :

$$Cd(OH)_2\ (s) \quad + \quad 2\,e^- \quad = \quad Cd\ (cr) \quad + \quad 2\,HO^-\ (aq)$$

permet de calculer la frontière entre $Cd(OH)_2$ et Cd. Cependant il faut ici être prudent car le potentiel de NERNST de ce couple ne s'exprime pas en fonction du potentiel standard à pH $= 0$ mais à pH $= 14$ (présence des ions hydroxyde dans l'équation-bilan). Il donc préférable d'écrire la demi-équation équation d'oxydoréduction du couple Cd^{2+}/Cd et de l'adapter à la zone de pH concernée :

$$Cd^{2+}\ (aq) \quad + \quad 2\,e^- \quad = \quad Cd\ (cr)$$

dont le potentiel de NERNST est :

$$E_2 = E^\circ + \frac{(0,06\ \text{V})}{2} \log\left(\frac{[\text{Cd}^{2+}]}{c^\circ}\right).$$

Lorsque le solide $Cd(OH)_2$ existe dans le milieu, alors :

$$K_\text{S} = \frac{[\text{Cd}^{2+}][\text{HO}^-]^2}{(c^\circ)^3}.$$

En reportant cette expression dans l'expression du potentiel standard, on a :

$$E_2 = E^\circ + \frac{(0,06\ \text{V})}{2} \log\left(\frac{K_\text{S}(c^\circ)^2}{[\text{HO}^-]^2}\right)$$

$$E_2 = E^\circ + \frac{(0,06\ \text{V})}{2} \log\left(\frac{K_\text{S}}{K_\text{e}^2}\frac{[\text{H}_3\text{O}^+]^2}{(c^\circ)^2}\right)$$

$$E_2 = E^\circ + (0,06\ \text{V})\left(-\frac{1}{2}\text{p}K_\text{S} + \text{p}K_\text{e} - \text{pH}\right)$$

soit *numériquement* :

$$(E_2/\text{V}) = -0,40 - 0,03 \times 13,8 + 0,06 \times 14 - 0,06\text{pH}$$

$$(E_2/\text{V}) = 0,026 - 0,06\text{pH}$$

On vérifie bien que pour $\text{pH} = 8,1$ on a $E_2 = 0,026 - 0,06 \times 8,1 = -0,46\ \text{V}$.

Remarquons qu'ici il s'agit de la frontière entre deux solides, et par conséquent la concentration de tracé n'intervient pas.

4. Le domaine de stabilité de l'eau est au-dessus de la droite d'équation :

$$(E_\text{H}/\text{V}) = -0,06\text{pH}.$$

Cherchons les intersections de cette droite avec les droites du diagramme potentiel-pH du cadmium :

• avec la droite $E = -0,46$ V l'intersection est obtenue pour $-0,06\text{pH} = -0,46$ soit pour $\text{pH} = 7,7$.

• Les droites $(E_2/\text{V}) = 0,026 - 0,06\text{pH}$ et $(E_\text{H}/\text{V}) = -0,06\text{pH}$ sont parallèles, et n'ont donc pas d'intersection.

• Enfin, il faut calculer l'équation de la frontière entre les espèces Cd et $HCdO_2^-$. Il s'agit à nouveau d'espèces aux nombres d'oxydation 0 et (+II) pour laquelle la demi-équation est :

$$\text{HCdO}_2^-\ (\text{aq}) + \text{H}_2\text{O}\ (\text{l}) + 2\,\text{e}^- = \text{Cd}\ (\text{cr}) + 3\,\text{HO}^-\ (\text{aq})$$

dont le potentiel de NERNST est :

$$E_3 = E^{\circ\prime} + \frac{(0,06\ \text{V})}{2} \log\left(\frac{[\text{HCdO}_2^-](c^\circ)^2}{[\text{HO}^-]^3}\right)$$

où $E^{\circ\prime}$ est le potentiel standard du couple ($HCdO_2^-$ / Cd) à pH $= 14$. Cette grandeur étant inconnue, il faut travailler par continuité. On a :

$$E_2(11,3) = 0,026 - 0,06 \times 11,3 = -0,652\ \text{V} = E_3(11,3).$$

Or :

$$E_3 = k - (0,09\ \text{V})\text{pH}$$

$$E_3(11,3) = k - 0,09 \times 11,3$$

permettant d'extraire $k = 0,365$ V. L'intersection avec la droite $(E_{\text{H}}/\text{V}) = -0,06\text{pH}$ se fait au point de pH $= 12,2$ et de potentiel $E = -0,73$ V. La superposition des diagrammes potentiel-pH est donnée figure 9.3.

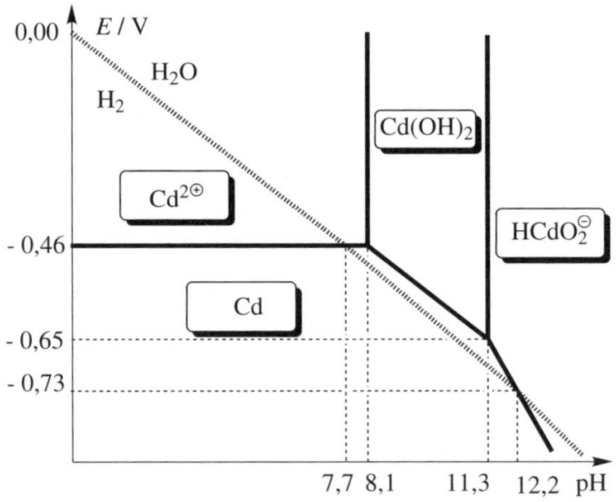

Figure 9.3 – Superposition des diagrammes potentiels-pH de l'eau et du cadmium

- pour un pH inférieur à 7,7, le cadmium n'est pas stable, et on assiste à la transformation :

$$\text{Cd (cr)} \quad + \quad 2\text{H}_3\text{O}^+ \text{(aq)} \quad \rightarrow \quad \text{Cd}^{2+} \text{(aq)} \quad + \quad \text{H}_2 \text{(g)}$$

- pour un pH compris entre 7,7 et 12,2 le cadmium est stable
- pour un pH supérieur à 12,2, le cadmium n'est pas stable et on assiste à la transformation :

$$\text{Cd (cr)} \quad + \quad \text{HO}^- \text{(aq)} \quad + \quad \text{H}_2\text{O (l)} \quad \rightarrow \quad \text{HCdO}_2^- \text{(aq)} \quad + \quad \text{H}_2 \text{(g)}$$

9.2 Diagramme potentiel-pH simplifié du plomb

1. Le nombre d'oxydation du plomb dans l'espèce Pb_3O_4 est de $8/3$. Cette espèce est en fait l'association de deux entités de PbO (n.o. = +II) et d'une entité de PbO_2 (n.o. = +IV). Le tableau de répartition des espèces est rempli du bas vers le haut en nombre d'oxydation croissant, et en plaçant les oxydes basiques à droite (pH élevés). Le diagramme est présenté figure 9.4.

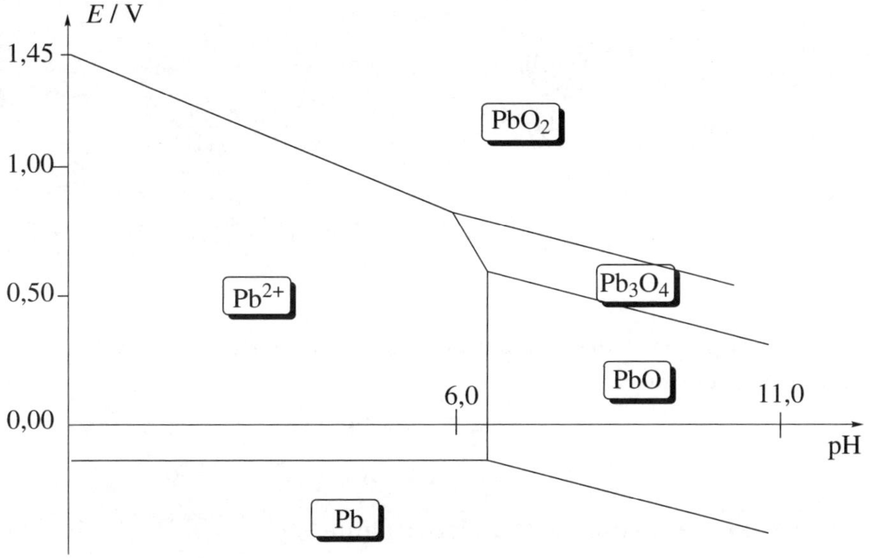

Figure 9.4 – Diagramme potentiel-pH simplifié du plomb pour une concentration de tracé de $c_T = 1,0$ mol.L^{-1}

2. La demi-équation d'oxydoréduction faisant intervenir les espèces Pb^{2+} et PbO_2 est :

$$PbO_2\text{ (s)} \quad + \quad 4\,H^+\text{ (aq)} \quad + \quad 2\,e^- \quad = \quad Pb^{2+}\text{ (aq)} \quad + \quad 2\,H_2O$$

Le potentiel de NERNST de ce couple est :

$$E = E^\circ(PbO_2/Pb^{2+}) + \frac{(0,06\text{ V})}{2}\log\left(\frac{[H_3O^+]^4}{[Pb^{2+}](c^\circ)^3}\right).$$

Sur la frontière, la concentration de l'espèce dissoute Pb^{2+} est de $c_T = 1,0$ mol.L^{-1}. Pour un pH de 0, soit $[H_3O^+] = 1,0$ mol.L^{-1} le diagramme fournit un potentiel de $1,45$ V, et par conséquent :

$$E^\circ(PbO_2/Pb^{2+}) = 1,45\text{ V}$$

L'équation numérique de la frontière est donc :

$$(E^\circ/\mathrm{V}) = 1,45 - 0,12\mathrm{pH}$$

3. Les demi-équations d'oxydoréduction des couples de l'eau sont :

$$2\,\mathrm{H^+}\ (\mathrm{aq}) \quad + \quad 2\,\mathrm{e^-} \quad = \quad \mathrm{H_2}\ (\mathrm{g})$$

$$\mathrm{O_2}\ (\mathrm{g}) \quad + \quad 4\,\mathrm{H^+}\ (\mathrm{aq}) \quad + \quad 4\,\mathrm{e^-} \quad = \quad 2\,\mathrm{H_2O}\ (\mathrm{l})$$

dont les potentiels de NERNST sont :

$$E_\mathrm{H} = E^\circ(\mathrm{H^+/H_2}) + \frac{RT}{2F}\log\left(\left(\frac{[\mathrm{H_3O^+}]}{c^\circ}\right)^2 \frac{p^\circ}{p(\mathrm{H_2})}\right)$$

$$E_\mathrm{O} = E^\circ(\mathrm{O_2/H_2O}) + \frac{RT}{4F}\log\left(\left(\frac{[\mathrm{H_3O^+}]}{c^\circ}\right)^4 \frac{p(\mathrm{O_2})}{p^\circ}\right)$$

En remplaçant la pression des gaz par la pression de tracé $p_\mathrm{T} = 1,0$ bar on établit les équations numériques :

$$(E_\mathrm{H}/\mathrm{V}) = -0,06\mathrm{pH}$$

$$(E_\mathrm{O}/\mathrm{V}) = 1,23 - 0,06\mathrm{pH}$$

et la superposition de ces droites est reportée figure 9.5.

4. Le diagramme montre que le plomb est instable dans l'eau pour un pH inférieur à celui du point de croisement de la droite E_H et de l'horizontale frontière entre les espèces Pb et $\mathrm{Pb^{2+}}$. L'équation de cette droite est donnée par le potentiel de NERNST du couple $\mathrm{Pb^{2+}}$ / Pb, de demi-équation :

$$\mathrm{Pb^{2+}}\ (\mathrm{aq}) \quad + \quad 2\,\mathrm{e^-} \quad = \quad \mathrm{Pb}\ (\mathrm{s})$$

$$E = E^\circ(\mathrm{Pb^{2+}/Pb}) + 0,03\log\frac{[\mathrm{Pb^{2+}}]}{c^\circ}.$$

Pour $[\mathrm{Pb^{2+}}] = c_\mathrm{T}$, on a $E = E^\circ(\mathrm{Pb^{2+}/Pb}) = -0,13$ V. Le point d'intersection avec la droite $(E_\mathrm{H}/\mathrm{V}) = -0,06\mathrm{pH}$ est à $\mathrm{pH} = 2,2$.

Ainsi,

- pour $\mathrm{pH} < 2,2$ le plomb est instable et réagit avec les protons de l'eau suivant la réaction :

$$\mathrm{Pb}\ (\mathrm{s}) \quad + \quad 2\,\mathrm{H^+}\ (\mathrm{aq}) \quad = \quad \mathrm{Pb^{2+}}\ (\mathrm{aq}) \quad + \quad \mathrm{H_2}\ (\mathrm{g})$$

- pour $\mathrm{pH} > 2,2$ le plomb est stable en solution aqueuse.

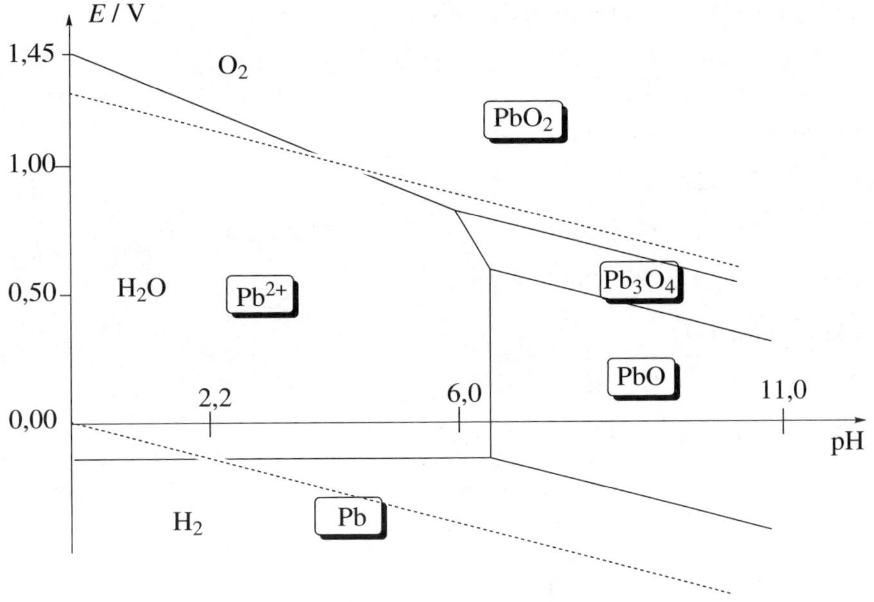

Figure 9.5 – Diagramme potentiel-pH simplifié du plomb pour une concentration de tracé de $c_T = 1,0$ mol.L^{-1} et de l'eau pour une pression de tracé de $p_T = 1,0$ bar

5. Le plomb et le dioxyde de plomb ont des domaines de stabilité disjoints et réagissent pour former, en milieu acide, des ions Pb^{2+} suivant la réaction d'équation-bilan :

$$Pb\,(s) \quad + \quad PbO_2\,(s) \quad + \quad 4\,H^+\,(aq) \quad = \quad 2\,Pb^{2+}\,(aq) \quad + \quad 2\,H_2O\,(l)$$

Il y a transformation du plomb de nombres d'oxydation 0 et (+IV) en plomb de nombre d'oxydation intermédiaire (+II). C'est donc une réaction de *médiamutation*.

6. Un accumulateur au plomb fonctionne effectivement en milieu acide, et la réaction du plomb sur les protons est un facteur de décharge de l'accumulateur. La réaction doit *a priori* être lente vu que l'accumulateur au plomb est un système qui fonctionne. La réaction entre le plomb et le dioxyde de plomb est une réaction entre deux solides, et par conséquent *a priori* très limitée cinétiquement par la diffusion.

9.3 Stabilité des ions du cuivre en solution aqueuse : influence des ions chlorure et de l'ammoniac

1. Préliminaires

1.1. Équilibre des espèces du cuivre

Pour la réaction (1) de dismutation du cuivre :

$$2\,\mathrm{Cu^+}\,(\mathrm{aq}) \quad = \quad \mathrm{Cu}\,(\mathrm{s}) \quad + \quad \mathrm{Cu^{2+}}\,(\mathrm{aq})$$

1.2. Constante thermodynamique standard

- Pour la réaction (2) :

$$\mathrm{Cu^{2+}}\,(\mathrm{aq}) \quad + \quad \mathrm{e^-} \quad = \quad \mathrm{Cu^+}\,(\mathrm{aq})$$

on a $\Delta_\mathrm{r}G_2^{\circ *} = -FE^\circ(\mathrm{Cu^{2+}/Cu^+}) = -0,16F$.

- Pour la réaction (3) :

$$\mathrm{Cu^+}\,(\mathrm{aq}) \quad + \quad \mathrm{e^-} \quad = \quad \mathrm{Cu}\,(\mathrm{s})$$

on a $\Delta_\mathrm{r}G_3^{\circ *} = -FE^\circ(\mathrm{Cu^+/Cu}) = -0,52F$.

- La réaction (1) est la combinaison linéaire (3) − (2) et par conséquent, $\Delta_\mathrm{r}G_1^\circ = \Delta_\mathrm{r}G_3^\circ - \Delta_\mathrm{r}G_2^\circ = -0,36F$. Par définition :

$$K_1^\circ = \exp\left(-\frac{\Delta_\mathrm{r}G_1^\circ}{RT}\right) = \exp\left(\frac{0,36F}{RT}\right) = \exp\left(\frac{0,36 \times 2,3}{0,06}\right)$$

$$K_1^\circ = 9,8 \times 10^5$$

1.3. Stabilité de l'ion cuivre (I) en solution aqueuse

La constante d'équilibre standard de la dismutation est très grande devant 1. Si on introduit en solution aqueuse une concentration de 1 mol.L^{-1} en ion $\mathrm{Cu^+}$, on observe à l'équilibre thermodynamique une concentration :

$$[\mathrm{Cu^+}] = \sqrt{\frac{1}{9,8 \times 10^5}} = 1,0 \times 10^{-3}\ \mathrm{mol.L^{-1}}$$

soit $0,1\ \%$ de la concentration introduite : l'ion $\mathrm{Cu^+}$ est peu stable en solution aqueuse.

2. Influence des ions chlorure

2.1. Nomenclature

- $[\mathrm{CuCl_2}]^-$ est l'ion dichlorocuprate (I)
- $[\mathrm{CuCl}]^+$ est l'ion chlorocuivre (II)
- $[\mathrm{CuCl_2}]$ est le dichlorocuivre (II)

2.2. Cuivre(II)

Les espèces du cuivre (II) sont $\mathrm{Cu^{2+}}$, $[\mathrm{CuCl}]^+$ et $[\mathrm{CuCl_2}]$.

• On a :

$$[Cu^{2+}] > [[CuCl]^+] \quad \Leftrightarrow \quad \frac{[Cu^{2+}]}{[[CuCl]^+]} > 1$$

$$\Leftrightarrow \quad K_{d1}\frac{c^\circ}{[Cl^-]} > 1 \quad \Leftrightarrow \quad pK_{d1} < pCl$$

• De la même manière :

$$[[CuCl]^+] > [[CuCl_2]] \quad \Leftrightarrow \quad \frac{[[CuCl]^+]}{[[CuCl_2]]} > 1$$

$$\Leftrightarrow \quad K_{d2}\frac{c^\circ}{[Cl^-]} > 1 \quad \Leftrightarrow \quad pK_{d2} < pCl$$

Le diagramme de prédominance est par conséquent présenté figure 9.6.

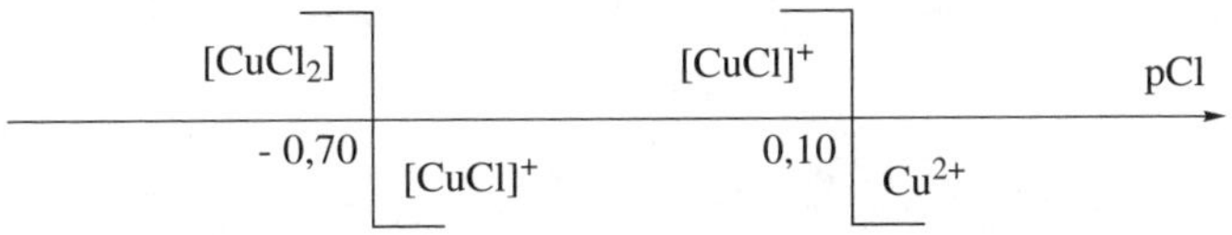

Figure 9.6 – Diagramme de prédominance des espèces du cuivre (II) en fonction de pCl

2.3. Cuivre (I)

Dans le cas du nombre d'oxydation (I) du cuivre, CuCl est solide, et permet de définir des domaines d'existence et non de prédominance.

• Pour l'équilibre :

$$CuCl\,(s) \quad = \quad Cu^+ \quad + \quad Cl^-$$

pour la concentration de tracé $c_T = [Cu^+]$, le solide est présent en solution si $[Cl^-] = \dfrac{K_{S1}}{[Cu^+]} = \dfrac{K_{S1}}{c_T} = \dfrac{10^{-6,7}}{0,010}$ c'est-à-dire $pCl = 4,7$. Pour $pCl > 4,7$, $[Cu^+][Cl^-] < K_{S1}$ et donc le solide n'existe pas.

• Pour l'équilibre :

$$CuCl\,(s) \quad + \quad Cl^- \quad = \quad [CuCl_2]^-$$

pour la concentration de tracé $c_T = [[CuCl_2]^-]$, le solide est présent en solution si $[Cl^-] = \dfrac{[[CuCl_2]^-]}{K_{S2}} = \dfrac{c_T}{K_{S2}} = \dfrac{0,010}{2,0 \times 10^{-2}}$ c'est-à-dire $pCl = 0$. Pour $pCl < 0$, $\dfrac{[[CuCl_2]^-]}{[Cl^-]} < K_{S2}$ et donc le solide n'existe pas.

Le diagramme d'existence est par conséquent présenté figure 9.7.

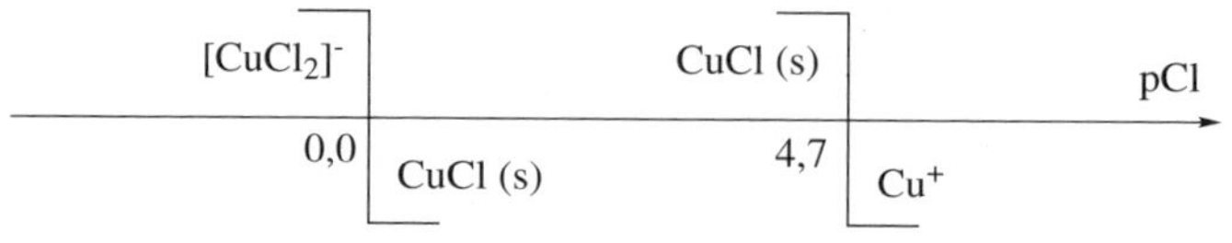

Figure 9.7 – Diagramme d'existence des espèces du cuivre (I) en fonction de pCl

On peut ainsi présenter un diagramme de situation du cuivre en milieu ions chlorure (figure 9.8).

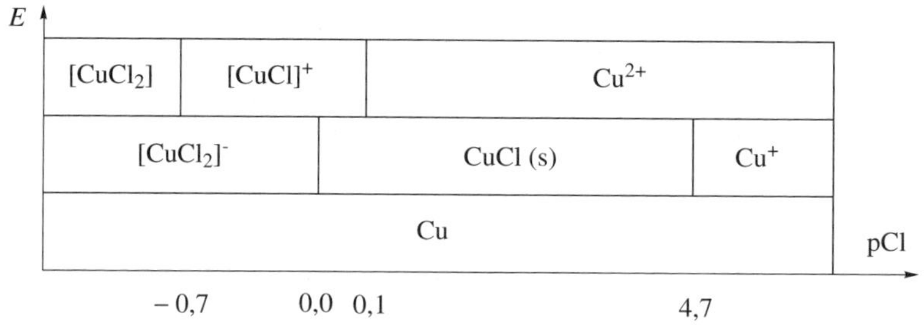

Figure 9.8 – Diagramme de situation

2.4. Couple Cu (0) / Cu (I)

• Pour $\mathrm{pCl} > 4,7$, la frontière est entre les espèces $\mathrm{Cu^+}$ et $\mathrm{Cu\ (s)}$, dont l'équation-bilan est :

$$\mathrm{Cu^+} \quad + \quad \mathrm{e^-} \quad = \quad \mathrm{Cu\ (s)}$$

et dont le potentiel de NERNST est :

$$E_1 = E^\circ(\mathrm{Cu^+/Cu\ (s)}) + \frac{RT}{F}\ln[\mathrm{Cu^+}]$$

En utilisant la concentration de tracé pour l'espèce dissoute :

$$(E_1/\mathrm{V}) = 0,52 + 0,06 \log c_\mathrm{T}$$

$$E_1 = 0,40\ \mathrm{V}$$

On a donc une frontière horizontale.

• Pour $0,0 < \mathrm{pCl} < 4,7$, la frontière est entre les espèces $\mathrm{CuCl\ (s)}$ et $\mathrm{Cu\ (s)}$, dont l'équation-bilan est :

$$\mathrm{CuCl\ (s)} \quad + \quad \mathrm{e^-} \quad = \quad \mathrm{Cu\ (s)} \quad + \quad \mathrm{Cl^-}.$$

Le potentiel standard du couple $CuCl\,(s)/Cu\,(s)$ n'étant pas connu, il est préférable d'utiliser le potentiel de NERNST du couple $Cu^+/Cu\,(s)$:

$$E_1 = E°(Cu^+/Cu\,(s)) + \frac{RT}{F}\ln[Cu^+]$$

et :

$$K_{S1} = [Cu^+][Cl^-]$$

permettant d'établir :

$$E_1 = E°(Cu^+/Cu\,(s)) + \frac{RT}{F}\ln\frac{K_{S1}}{[Cl^-]}$$

$$(E_1/V) = 0,52 + 0,06 \times (\log 10^{-6,7} + pCl)$$

$$(E_1/V) = 0,12 + 0,06pCl$$

La frontière étant entre deux solides, elle ne dépend pas de la concentration de tracé.

- Pour $pCl < 0,0$, la frontière est entre les espèces $[CuCl_2]^-$ et $Cu\,(s)$, dont l'équation-bilan est :

$$[CuCl_2]^- \quad + \quad e^- \quad = \quad Cu\,(s) \quad + \quad 2\,Cl^-\ .$$

Le potentiel standard du couple $CuCl\,(s)/Cu\,(s)$ n'étant pas connu, il est préférable d'utiliser le potentiel de NERNST du couple $Cu^+/Cu\,(s)$:

$$E_1 = E°(Cu^+/Cu\,(s)) + \frac{RT}{F}\ln[Cu^+]$$

et :

$$\frac{K_{S1}}{K_{S2}} = \frac{[Cu^+][Cl^-]^2}{[[CuCl_2]^-]}$$

permettant d'établir :

$$E_1 = E°(Cu^+/Cu\,(s)) + \frac{RT}{F}\ln\left(\frac{K_{S1}}{K_{S2}} \times \frac{[[CuCl_2]^-]}{[Cl^-]^2}\right).$$

Sur la frontière, $[[CuCl_2]^-] = c_T$ et par conséquent :

$$(E_1/V) = 0,52 + 0,06 \times \left(\log\left(\frac{10^{-6,7}}{10^{-2,0}} \times 0,010\right) + 2pCl\right)$$

$$(E_1/V) = 0,12 + 0,12pCl$$

2.5. Cu (II) / Cu (I)

Compte-tenu du diagramme de situation présenté figure 9.8, les couples mis en jeu sont :

- pour $pCl < -0,7$, couple $[CuCl_2]/[CuCl_2^-]$
- pour $-0,7 < pCl < 0,0$, couple $[CuCl]^+/[CuCl_2^-]$

- pour $0,0 < \mathrm{pCl} < 0,1$ couple $[\mathrm{CuCl}^{+}]/\mathrm{CuCl}\ (\mathrm{s})$
- pour $0,1 < \mathrm{pCl} < 4,7$ couple $[\mathrm{Cu}^{2+}]/\mathrm{CuCl}\ (\mathrm{s})$
- pour $4,7 < \mathrm{pCl}$ couple $\mathrm{Cu}^{2+}/\mathrm{Cu}^{+}$

2.6. Tracé de E_1

Les valeurs numériques sont :

- $E_1(-2,0) = 0,12 - 0,12 \times 2,0 = -0,12$ V
- $E_1(0,0) = 0,12$ V
- $E_1(4,7) = 0,12 + 0,06 \times 4,7 = 0,40$ V
- $E_1(7,0) = 0,40$ V

Le graphe est présenté figure 9.9.

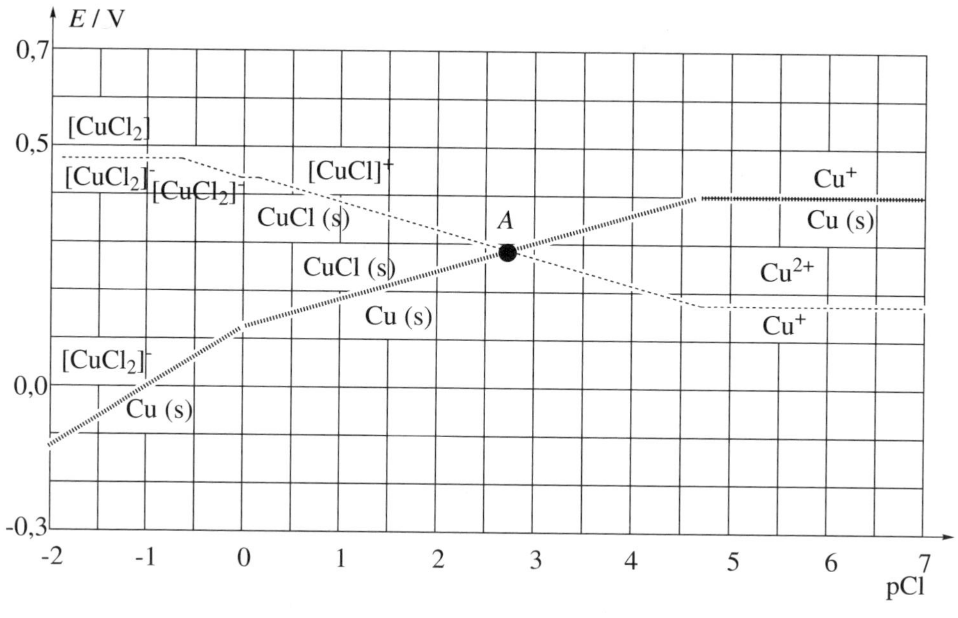

Figure 9.9 – Diagramme de situation

2.7. Point A

- Le point A a pour abscisse $\mathrm{pCl}(A) = 2,7$ et pour ordonnée

$$E(A) = 0,12 + 0,06 \times 2,7 = 0,28 \text{ V}.$$

- Pour $\mathrm{pCl} > \mathrm{pCl}(A)$, la droite représentative du couple $\mathrm{Cu}^{+}/\mathrm{Cu}$ (s) est au-dessus de la droite représentative du couple $\mathrm{Cu}^{2+}/\mathrm{Cu}^{+}$. Par conséquent, le cuivre (I) n'est pas stable et il faut reprendre le diagramme avec les espèces stables.

- Ces espèces sont Cu^{2+} et Cu (s), dont l'équilibre est donné par l'équation-bilan :

$$Cu^{2+} \quad + \quad 2\,e^{-} \quad = \quad Cu\ (s)$$

dont le potentiel de NERNST est :

$$E_3 = E^\circ(Cu^{2+}/Cu\ (s)) + \frac{RT}{2F}\ln[Cu^{2+}].$$

Sur la frontière, $[Cu^{2+}] = c_T$ et le potentiel prend donc la valeur indépendante de pCl :

$$E_3 = \frac{0,16 + 0,52}{2} + 0,03 \log 0,01 = 0,28\ \text{V}$$

On retrouve bien la valeur du potentiel au point A.

- Le diagramme est donc celui présenté figure 9.10.

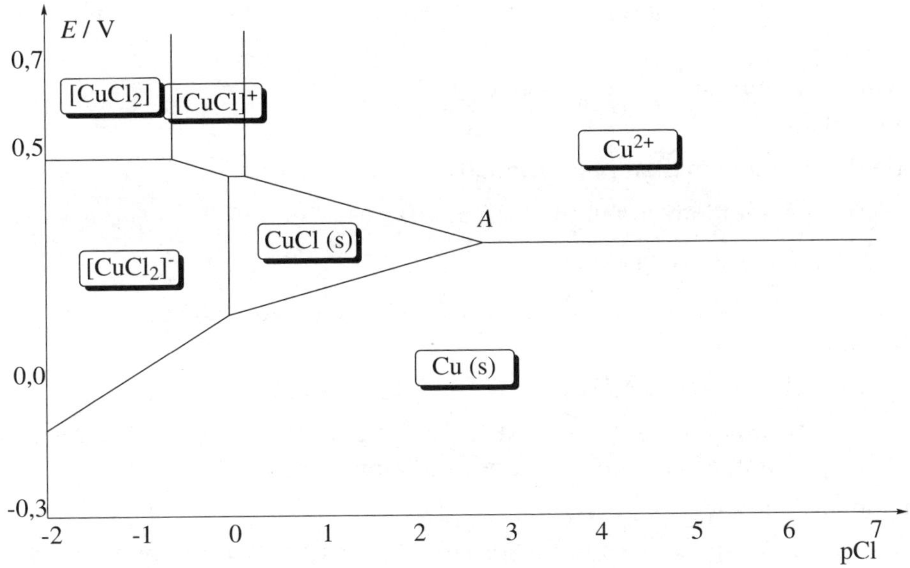

Figure 9.10 – Diagramme potentiel-pCl du cuivre

- L'analyse du diagramme montre que le nombre d'oxydation (I) du cuivre est stable en milieu aqueux si $\text{pCl} < 2,7$, c'est-à-dire si $[Cl^-] > 10^{2,7}$ mol.L^{-1}. On le rencontre alors sous la forme CuCl (s). En augmentant encore la concentration en ions chlorure, ($[Cl^-] > 1,0$ mol.L^{-1}) le cuivre au nombre d'oxydation (I) est alors soluble dans la solution, sous forme de complexe $[CuCl_2]^-$.

2.8. Analyse du mode opératoire

• Le cuivre est en milieu concentré en ions chlorure grâce à l'acide chlorhydrique. Dans la solution il y a donc le complexe $[CuCl_2]^-$ soluble. En versant la solution dans une grande quantité d'eau, on dilue le milieu, et par conséquent on diminue la concentration en ions chlorure : pCl augmente, et on arrive alors dans le domaine d'existence de CuCl (s). Le solide qui apparaît est par conséquent le chlorure de cuivre CuCl.

• L'acide nitrique HNO_3 permet d'oxyder le cuivre grâce aux ions nitrate qui se réduisent en monoxyde d'azote NO (g) (potentiel standard de $0,95$ V). La demi-équation d'oxydoréduction de ce couple est :

$$NO_3^- + 4\,H^+ + 3\,e^- = NO\,(g) + 2\,H_2O$$

• La réaction qui se produit entre les composants est :

$$NO_3^- + 3\,Cu\,(s) + 4\,H^+ + 3\,Cl^- \longrightarrow NO\,(g) + 3\,CuCl\,(s) + 2\,H_2O$$

L'acide chlorhydrique sert d'une part à fournir les ions chlorure, et d'autre part à fournir les protons nécessaires à la réaction (l'acide nitrique n'apporte qu'un proton par ion nitrate).

3. Influence de l'ammoniac

3.1. Nomenclature

- $[Cu(NH_3)_2]^+$ est l'ion diamminecuivre (I)
- $[Cu(NH_3)_4]^{2+}$ est l'ion tétraamminecuivre (II)

3.2. Ajout d'ammoniac sur CuCl (s)

L'ion chlorure et l'ammoniac sont deux ligands de l'ion cuivre (I). On a donc la réaction d'échange :

$$CuCl\,(s) + 2\,NH_3 = [Cu(NH_3)_2]^+ + Cl^-$$

dont la constante standard de réaction est $K^\circ = \beta_2 K_{S1} = 10^{10,8} \times 10^{-6,7} = 1,3 \times 10^4 \gg 1$. La réaction est quantitative car on est en excès d'ammoniac.

3.3. Solution à l'air libre

Le dioxygène de l'air oxyde le complexe de cuivre (I) en complexe de cuivre (II), dont la couleur est bleue. Les demi-équations d'oxydoréduction sont :

$$[Cu(NH_3)_2]^+ + 2\,NH_3 = [Cu(NH_3)_4]^{2+} + e^-$$

car l'ammoniac est en excès, et :

$$O_2\,(g) + 2\,H_2O + 4\,e^- = 4\,HO^-$$

La réaction qui se produit a donc pour équation-bilan :

$$4\,[Cu(NH_3)_2]^+ + 8\,NH_3 + O_2\,(g) + 2\,H_2O \longrightarrow 4\,[Cu(NH_3)_4]^{2+} + 4\,HO^-$$

3.4. Oxydation par le dioxygène

Le dioxygène gazeux est un oxydant qui peut oxyder le cuivre ($E^\circ(O_2(g)/H_2O) > E^\circ(Cu^+/Cu\,(s))$). L'énoncé ne propose pas de donnée sur le dioxygène dissous, mais le résultat est comparable. La réaction est lente par passivation du métal qui se recouvre d'une couche d'oxyde de cuivre (I) Cu_2O solide. En revanche, en présence d'ammoniac, Cu_2O se solubilise dans l'eau par formation du complexe de cuivre (I) $[Cu(NH_3)_2]^+$ selon l'équation-bilan

$$Cu_2O\,(s) \quad + \quad 4\,NH_3 \quad + \quad H_2O \quad = \quad 2\,[Cu(NH_3)_2]^+ \quad + \quad 2\,HO^-$$

Le complexe de cuivre (I) est alors oxydé en complexe de cuivre (II). Le cuivre métalique reste alors brillant en surface jusqu'à ce que l'oxygène de l'air vienne à nouveau le passiver.

Corrigés des exercices chapitre 10

10.1 Corrosion de l'aluminium

1. La plaque en aluminium n'est pas *a priori* attaquée dans la mesure où la couche superficielle d'oxyde protège la pièce du phénomène de corrosion (à condition que la couche d'oxyde ne se révèle pas poreuse). Il s'agit d'un phénomène de passivation du métal.

2. Concernant l'expérience n°1, nous devons considérer les courbes i, E tracées en milieu acide ($Al \rightarrow Al^{3+}$ et $H^+ \rightarrow H_2$) puis déterminer le potentiel E pris par la pièce métallique (voir figure 10.1). Ce potentiel doit vérifier $i = i_a + i_c = 0$ et par conséquent une égalité en valeur absolue du courant anodique et du courant cathodique. Nous supposerons que ces intensités anodique et cathodique ne possèdent pas une valeur importante pour expliquer la lenteur du phénomène.

L'expérience n°2 peut être expliquée par une mise à nue de la plaque en aluminium : la couche protectrice d'oxyde est éliminée (fin du phénomène de passivation).

L'expérience n°3 est interprétée en utilisant les courbes i, E tracées en milieu basique ($Al \rightarrow Al(OH)_4^-$ et $H_2O \rightarrow H_2$). La recherche du potentiel E vérifiant $i = i_a + i_c = 0$ conduit à une valeur plus importante des intensités i_a et i_c que dans le cas de l'expérience n°1, ce qui est en accord avec une cinétique plus rapide.

3. Seul l'aluminium est oxydé par la solution aqueuse en complexe $[Al(OH)_4]^-$ soluble (tandis que l'eau est réduite en dihydrogène gazeux). L'alliage nickel-aluminium est alors dépouillé de l'aluminium qu'il contient : nous obtenons un nickel particulièrement poreux (ce nickel poreux est un catalyseur important dans certaines réactions en chimie organique).

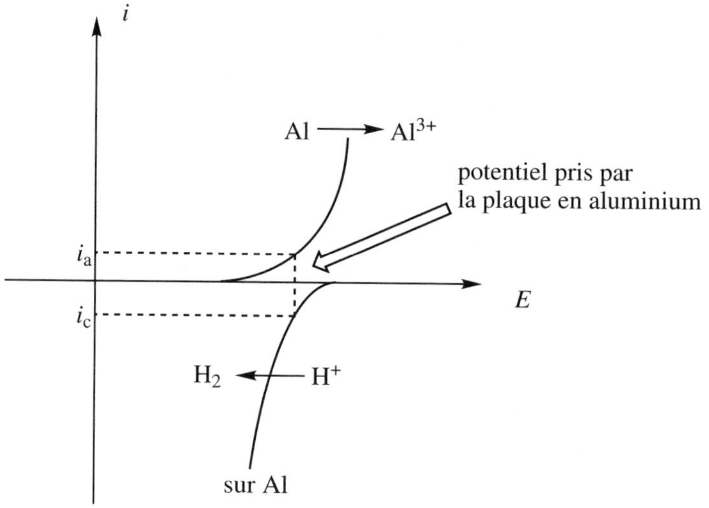

Figure 10.1 – Potentiel pris par la plaque en aluminium, milieu acide (expérience 1)

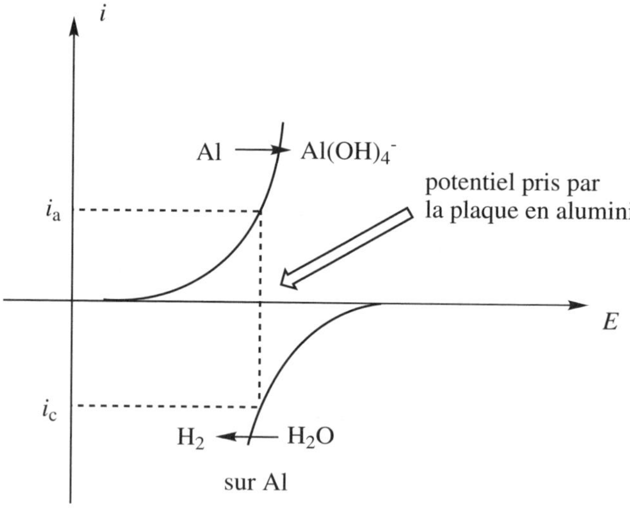

Figure 10.2 – Potentiel pris par la plaque en aluminium, milieu basique (expérience 3)

10.2 Corrosion d'une tôle zinguée

1. À pH $= 6,0$ le potentiel E_1 associé au couple Zn^{2+}/Zn est inférieur au potentiel E_2 associé au couple H^+/H_2. En conséquence l'oxydation du zinc par l'eau est envisageable selon l'équation-bilan :

$$\mathrm{Zn\,(s)} \quad + \quad 2\,\mathrm{H^+} \quad = \quad \mathrm{Zn^{2+}} \quad + \quad \mathrm{H_2\,(g)}$$

Cette équation-bilan est la somme des deux demi-réactions électroniques :

$$\mathrm{Zn\,(s)} \quad = \quad \mathrm{Zn^{2+}} \quad +2\,\mathrm{e^-}$$

et :

$$2\,\mathrm{H^+} \quad + \quad 2\,\mathrm{e^-} \quad = \quad \mathrm{H_2\,(g)}$$

2. En supposant une concentration en ions Zn^{2+} égale à 10^{-6} mol.L^{-1}, l'équation de NERNST fournit à 25 °C :

$$E_1 = E^\circ_{\mathrm{Zn^{2+}/Zn}} + \frac{(0,06\ \mathrm{V})}{2}\log\left[\mathrm{Zn^{2+}}\right] = -0,94\ \mathrm{V}$$

La même équation appliquée au couple H^+/H_2 fournit :

$$E_2 = 0,00 - 0,06\mathrm{pH} = -0,36\ \mathrm{V}$$

3. Afin d'expliquer le phénomène, traçons l'allure des courbes i, E engagées (voir figure 10.3). En considérant la surtension cathodique correspondant au dégagement du dihydrogène à la surface d'une électrode en zinc, nous calculons un potentiel de début de dégagement gazeux selon $E_2' = E_2 + \eta_c = -0,36 - 0,75 = -1,11$ V.

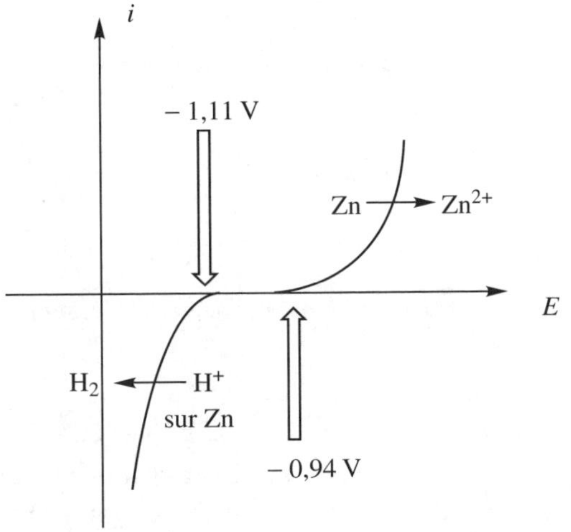

Figure 10.3 – Courbes i, E : cas d'une électrode en zinc

Le potentiel pris par la plaque en zinc est tel que $i = i_a + i_c = 0$. Une solution possible situe ce potentiel entre $-1,11$ V et $-0,94$ V. Les intensités i_a et i_c sont alors nulles, ce qui explique l'absence de phénomène.

4.

4.1. Le couple oxydant-réducteur étudié est Fe^{2+}/Fe. En supposant une concentration en ions Fe^{2+} égale à 10^{-6} mol.L^{-1}, l'équation de NERNST fournit à $25\ ^\circ$C :

$$E_3 = E^\circ_{Fe^{2+}/Fe} + \frac{0,06}{2}\log\left[Fe^{2+}\right] = -0,62 \text{ V}.$$

4.2. Les oxydations du fer et du zinc (en ions Fe^{2+} et Zn^{2+}) sont rapides. La réduction des ions H^+ en dihydrogène gazeux H_2 est lente. Le potentiel à partir duquel cette réduction est observée sur électrode en fer est donné par $E_3^{'} = E_3 + \eta_c = -0,36 - 0,25 = -0,61$ V. L'allure des courbes est représentée à la figure 10.4

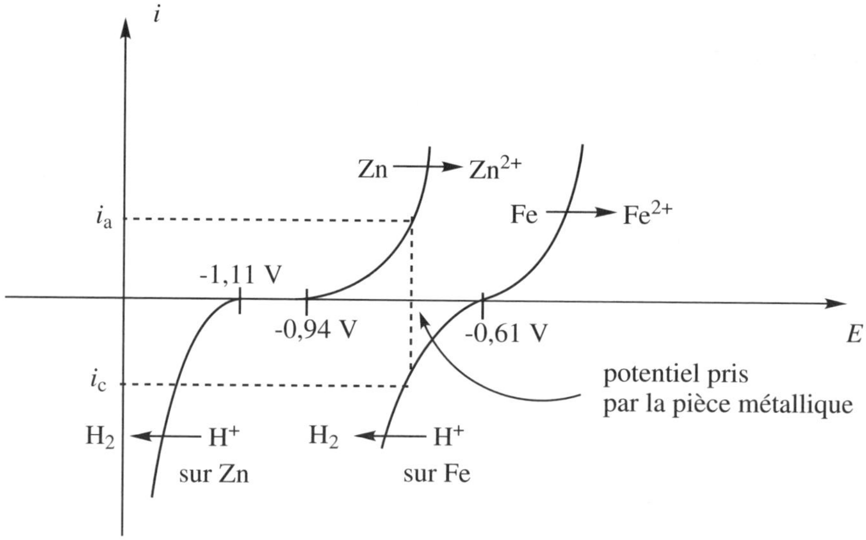

Figure 10.4 – Courbes i, E : électrode en fer et en zinc et positionnement du potentiel observé

Le potentiel pris par l'association métallique vérifie $i = i_a + i_c = 0$. Le seul potentiel vérifiant cette relation est placé sur la courbe i, E précédente : une oxydation du zinc en ions Zn^{2+} est observée alors qu'une réduction des ions H^+ en dihydrogène a lieu sur le fer. En résumé, le fer n'est pas oxydé car le zinc est plus réducteur que le fer. Le zinc protège le fer vis-à-vis du phénomène de corrosion.

5.

5.1. Lorsque la solution n'est pas désaérée le meilleur oxydant présent est le dioxygène dissous. On assistera à la réduction de O_2 en eau à la cathode. À pH$= 6,0$ l'oxydation du zinc par le dioxygène est très favorisée thermodynamiquement (le potentiel d'oxydoréduction relatif au couple Zn^{2+}/Zn est toujours égal à $-0,94$ V et le potentiel d'oxydoréduction relatif au couple O_2/H_2O est égal à $E_4 = 1,23 - 0,06\text{pH} = 0,87$ V). L'allure des courbes i, E représentée figure 10.5 montre la réalisation de la réaction.

5.2. À l'occasion de cette dernière réaction, le zinc se comporte en anode et le fer se comporte en cathode (voir figure 10.5). En effet le positionnement du potentiel pris par l'ensemble métallique témoigne de l'oxydation du zinc en ions Zn^{2+} selon :

$$\text{Zn (s)} \quad = \quad \text{Zn}^{2+} \quad + \quad 2\,\text{e}^-$$

et de la réduction du dioxygène sur électrode de fer (préférentiellement) selon :

$$\text{O}_2\text{ (g)} \quad + \quad 4\,\text{H}^+ \quad + \quad 4\,\text{e}^- \quad = \quad 2\text{H}_2\text{O}.$$

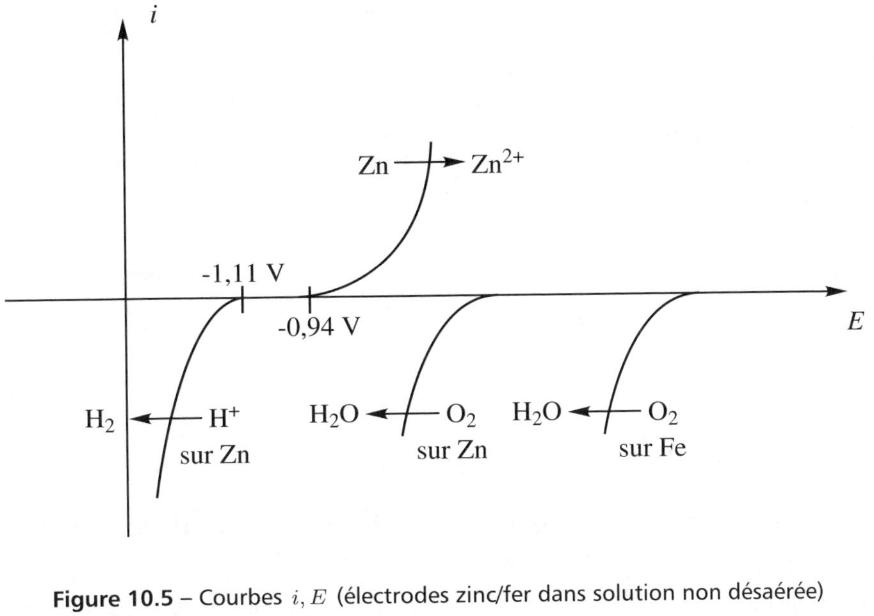

Figure 10.5 – Courbes i, E (électrodes zinc/fer dans solution non désaérée)

La réaction de réduction du dioxygène s'accompagne d'une consommation d'ions H^+ et par conséquent de l'augmentation du pH de la solution. En milieu suffisamment basique l'hydroxyde $Zn(OH)_2$ (s) précipite (ce qui pourra contribuer à un arrêt du phénomène de corrosion).

10.3 Corrosion différentielle d'une coque et d'une statue

1. La coque est corrodée préférentiellement dans la zone la plus pauvre en dioxygène dissous, à savoir à l'extrémité inférieure de la coque. Cette zone joue le rôle de zone anodique et correspond à la réaction :

$$Fe\ (s) \quad = \quad Fe^{2+} \quad + \quad 2\ e^{-}.$$

Les électrons sont libérés sur la coque métallique et gagnent la zone cathodique située dans les régions de plus forte teneur en dioxygène dissous (zones proches de l'interface eau/air). Dans la zone cathodique, la réaction observée s'écrit :

$$O_2 \quad + \quad 4\,H^{+} \quad + \quad 4\ e^{-} \quad = \quad 2\,H_2O.$$

Les anions contenus dans l'eau de mer sont en mouvement dans la solution, ils gagnent la zone anodique (où il y a apparition de charge positive) tandis que les cations contenus dans l'eau de mer gagnent la zone cathodique (où il y a disparition de charge positive).

Nous pouvons représenter schématiquement le phénomène.

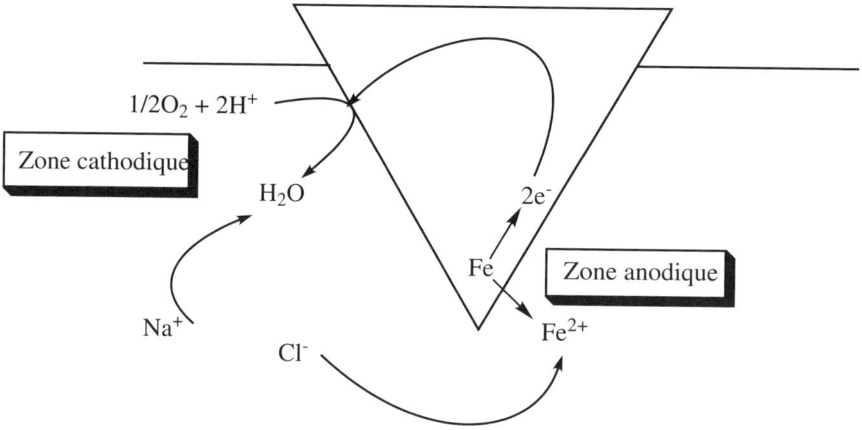

Figure 10.6 – Mouvement de charges et réactions observées

2. Le cuivre est plus difficilement oxydable que le fer, en conséquence le socle a toutes les chances d'être beaucoup moins oxydé que la statuette.

3. Le zinc est beaucoup plus facilement oxydable que le fer, en conséquence le socle sera beaucoup plus oxydé que la statuette (le zinc protège le fer contre la corrosion en se corrodant préférentiellement, il s'agit d'une anode sacrificielle).

Index

A

activité, 89, 114
affinité
chimique, 111, 162, 191, 283
standard, 116
aluminothermie, 212
anode, 279
appareil de Dean-Stark, 270
approximation d'Ellingham, 121, 186
athermanes, 7
athermique, 118
avancement
de la réaction, 106
volumique, 106
azéotrope, 237
à maximum, 237
à minimum, 237

B

blende, 208
Boudouard, 205

C

capacité
thermique molaire, 26
thermique molaire à pression constante, 20, 26
thermique molaire à volume constant, 26
thermique molaire partielle, 122
cathode, 279
cémentation, 307, 320
chaleur latente, 59, 60
changement d'état, 133, 189
coefficient
d'activité, 38, 89
de compressibilité isotherme, 22
de diffusion, 340
de dilatation isobare, 22
de fugacité, 38
thermoélastique, 22, 27
colonne
à distiller au laboratoire, 249
à distiller industrielle, 247
composition d'une phase, 97
conducteur
ionique, 274
métallique, 274
conjuguée, 5
constante
d'équilibre, 113, 285
standard, 116
d'AVOGADRO, 13
de FARADAY, 276
de HENRY, 87, 96
constituants chimiquement indépendants, 158
continuité du potentiel, 298
continuité du potentiel, 311
contre-électrode, 336
convection, 339
convention
de frontière, 292
de tracé, 291
de travail, 291
corrosion, 331
sèche, 331
couche de NERNST, 340
courant
anodique, 337
cathodique, 337
d'oxydation limite, 337
de réduction limite, 337
limite, 339
courbe
d'ébullition, 235, 240, 242
de rosée, 235, 239, 240, 242, 255
intensité-potentiel, 336

covolume, 41
création d'entropie, 6, 111
cristal liquide, 53
cyanuration, 319

D

demi-pile, 279
densité de courant, 336
déplacement d'équilibre, 162, 172
déviation
  négative, 86, 237
  positive, 86, 237
diagramme
  $E - pL$, 315
  $E -$ pH
    de l'eau, 292
    du cuivre, 309
    du fer, 294
    du zinc, 301
  (T,p), 63
  (V_m,p), 64
  binaire, 229
  d'Ellingham, 189, 200, 209
  de situation, 295, 303, 310, 316
  potentiel-pH, 291
diffusion, 339
diffusion-convection, 340
dismutation, 193
distillation, 260
  fractionnée, 247
domaine
  biphasique, 233
  de stabilité de l'eau, 294
  monophasique, 233

E

ébulliométrie, 271
ébullition, 63
échelle
  des concentrations, 97, 98
  des fractions molaires, 98
  des molalités, 97, 99
élaboration du zinc, 208
électrode, 274, 279
  auxiliaire, 336
  de première espèce, 274
  de référence, 337
  de travail, 336
électrolyse, 308
endothermique, 118
énergie
  de GIBBS, 10
  de HELMHOLTZ, 10
  de liaison, 131
  de liaison moyenne, 132
  interne, 9
  libre, 10, 11
enthalpie, 10, 11
  de changement de phase, 60
  de mélange, 90
  de réaction, 109
  libre, 10, 12, 160
  libre de réaction électrochimique, 277
  libre standard d'oxydoréduction, 284
  libre standard de réaction, 116
  standard de réaction, 129, 130
  standard de réaction., 118
entropie
  d'échange, 6
  de mélange, 91
  de réaction, 109
  molaire, 20
  molaire absolue, 24, 34
  résiduelle, 45
  standard de réaction, 120, 128
équation
  de NERNST, 279
  de CLAUSIUS-CLAPEYRON, 244
  de GIBBS-DUHEM, 93
  de GIBBS-HELMHOLTZ, 119
équilibre
  de phase, 55, 80
  incomplet, 111
  monovariant, 58
état
  d'équilibre, 6
  de référence, 97
évolution
  d'un système, 10, 55
exothermique, 118

F

flottation, 306, 318
fluide supercritique, 66
fonction
  d'état, 3
  homogène, 71, 72
force
  électromotrice, 10, 278, 279
  généralisée, 5

fraction
massique, 234
molaire, 234
fugacité, 38, 83, 114

G

gaz
parfait, 36
réels, 38
grandeur, 5
de réaction, 109, 125
extensive, 4
intensive, 4
molaire, 14
molaire partielle, 71, 73
standard de formation, 130
standard de réaction, 119, 186

H

haut-fourneau, 207
hétéroazéotrope, 254
homoazéotrope, 237, 240, 254
à maximum, 251
à minimum, 252
humide, 331
hydrométallurgie, 306, 318

I

influence
de la dilution, 165
de la pression, 165
de la température, 164
introduction d'un constituant
actif, 167
inerte, 166
irréversibilité, 111
isothermes d'ANDREWS, 64

J

jonctions
électriques, 277
électrochimiques, 277

L

liaison hydrogène, 92
ligne triphasique, 253
liquides non miscibles, 254
lixiviation, 307
loi
de FICK, 340
de HESS, 285
de DALTON, 242
de HENRY, 87, 96, 172
de HESS, 130
de modération de LE CHÂTELIER, 164
de RAOULT, 85, 87, 93, 94, 235, 242

M

médiamutation, 193
mélange
de gaz réels, 83
gazeux parfait, 82
idéal, 84, 235, 250
réel, 89, 236, 246, 251, 252
migration, 339
miscibilité partielle, 257
molalité, 97
montage à trois électrodes, 336

N

nématique, 54
nombres stœchiométriques
algébriques, 106
arithmétiques, 106

O

opérateur de LEWIS, 108, 116
or, 318
ordre
d'orientation, 52
de position, 52
osmométrie, 101

P

parois, 7
passivation, 342, 345
pétrole, 259
phase, 51
pile, 278
DANIELL, 281
sans jonction, 279
plateau, 248
platine platiné, 341
point
azéotropique, 240
critique, 65, 66
triple, 58

pont
    salin, 279
potentiel
    électrochimique, 274, 276
    chimique, 16, 36, 56, 77, 88, 113, 158, 281
    chimique d'un constituant d'un mélange, 76, 84
    chimique d'un gaz, 82
    d'oxydoréduction, 278
    de NERNST, 274
    de diffusion, 275
    de GALVANI, 274
    de jonction, 275
    de jonction liquide, 280
    mixte, 344
potentiostat, 337
premier principe, 4
pression, 2
    cinétique, 3
    critique, 66
    de corrosion, 188
principe
    de NERNST, 24
    zéro, 3
procédé
    MOND, 183
    WACKER, 141
protection
    anodique, 343
    cathodique, 343
    contre la corrosion, 342
    d'un métal, 342
    par anode sacrificielle, 343

Q

quantité
    de matière, 2, 13
quotient de réaction, 116

R

raffinage du pétrole, 259
réaction
    de Boudouard, 193
    de formation, 129
référence
    corps pur, 97
    infiniment diluée, 98
règle
    de GIBBS, 158, 188, 230
    des phases, 229
    du levier, 234
relation
    d'ERHENFEST, 69
    de CLAPEYRON, 22
    de CLAUSIUS-CLAPEYRON, 59
    de GIBBS-DUHEM, 74, 90, 100, 246
    de GIBBS-HELMHOLTZ, 23, 79, 117, 255
    de KIRCHHOFF, 122, 135
    de MAYER, 27, 28
    de VAN'T HOFF, 117, 164, 256
réunion, 4
rotation, 29
rouille, 342
rupture d'équilibre chimique, 162

S

second principe, 6, 111
smectique, 54
soluté, 93, 114
solutions, 93
solvant, 93, 115
stœchiométrie d'une réaction, 105
surtension, 341
    anodique, 341
    cathodique, 341
système, 1
    fermé, 1
    hétérogène, 161
    homogène, 160
    isolé, 1, 12
    ouvert, 2, 16

T

température, 2, 3
    critique, 60, 66
    d'inversion, 198
    de DEBYE, 32, 33
théorème
    d'équipartition de l'énergie, 29
    d'EULER, 72
    de GIBBS-KONOVALOV, 240, 246
    de SCHWARZ, 19, 78, 79
    des moments chimiques, 232
transfert
    électrique, 2
    électromagnétique, 2
    de matière, 55, 80, 158, 340
    mécanique, 1, 5
    thermique, 1, 5
transformation
    irréversible, 9
    quasi-statique, 7
    réversible, 7
transformée de BOUDOUARD, 207

translation, 28
travail électrique, 10
troisième principe, 24

U

univers, 1

V

variable
canonique, 15
conjuguée, 16
d'état, 2, 14
de DE DONDER, 106
de GIBBS, 73, 107
naturelle, 15
variance, 157, 188, 230, 241
variété allotropique, 53
vibration, 29
volume
de mélange, 91
de mélange molaire, 75
molaire, 20
molaire partiel, 74

W

wurtzite, 208